中国西北春小麦

ZHONGGUO XIBEI CHUNXIAOMAI

◆ 杨文雄　主编

中国农业出版社

《中国西北春小麦》

编辑委员会

主　编：杨文雄

副主编：张怀刚　王世红

编写人员（按姓名拼音为序）

　　　　曹　东　虎梦霞　李永平　刘效华　柳　娜

　　　　谭璀榕　王世红　杨长刚　杨文雄　袁俊秀

　　　　张　波　张怀刚　张雪婷

统　稿：杨文雄　张怀刚　杨长刚

前言

　　小麦是世界上分布范围最广、种植面积最大的粮食作物，也是我国重要的口粮作物和食品工业的主要原料。我国小麦常年播种面积和产量分别占粮食作物播种面积和产量的22％和21％左右，其生产水平的高低和品质的优劣，对保证国家粮食安全战略目标起着极为重要的作用。

　　西北春小麦种植区地处黄河上游三大高原（黄土高原、青藏高原、内蒙古高原）的交叉地带，境内地势复杂，河谷、平川、丘陵、高原并存。干旱、寒冷，日照充足，昼夜温差大，蒸发量大，大气干燥是其基本气候特点。春小麦是该区主要的粮食作物，春小麦生育期降水50～250mm，干旱是小麦生产上最严重的问题。在20世纪80年代以前，春小麦产量低而不稳，旱、冻、病、虫等灾害频繁，产量和品质提高缓慢。自1978年科学大会以来，春小麦生产的基本条件得以改善，品种不断改良更新，栽培技术、病虫害防治技术取得长足发展，春小麦单位面积产量和产量稳定性都得到较大提升。

　　为了系统总结我国西北春小麦科研、生产中取得的成功经验，更好地指导春小麦生产，挖掘生产潜力，促进春小麦育种、栽培、生产的深入研究，由甘肃省农业科学院小麦研究所杨文雄研究员牵头，联合中国科学院西北高原生物研究所张怀刚研究员，共同编著《中国西北春小麦》一书。编写过程中，邀请小麦科研、教学、推广等领域的育种、栽培和植保专家，对编写方案、编写要求等进行充分磋商。2015年2月完成编写初稿，后经2次修改、补充，于2015年12月完成书稿全部编写工作。

　　《中国西北春小麦》以甘肃、宁夏、青海、新疆和内蒙古西北部春小麦种植区为主要覆盖面，以育种与栽培为重点，全面论述了西北春小麦生产中的诸多问题。全书共11章，依次论述了西北春小麦生产概况、西北春小麦种植环境、西北春小麦种植区划、西北春小麦生态、春小麦生长发育、西北春小麦种植制度、西北春小麦品种改良、西北春小麦栽培技术、西北春小麦主要气象灾害及其防御、西北春小麦病虫草害及其综合防治和西北春小麦品质研究及其食品加工。

本书以农业科研单位的研究人员、农业院校师生为主要读者对象，也可供农业行政部门、农业技术推广部门、生产单位的有关人员参考。

由于编者水平有限，书中难免存在一些缺点和不足，恳请读者批评指正。

编　者

目录

前言

第一章　西北春小麦生产概况 ……………………………………………… 1

　第一节　中国小麦生产 …………………………………………………… 1

　　一、世界小麦生产概况 ……………………………………………………… 2

　　二、中国小麦分布 …………………………………………………………… 3

　　三、小麦生产在国民经济中的地位 ………………………………………… 3

　　四、中国小麦生产变化 ……………………………………………………… 4

　　五、中国小麦品质变化 ……………………………………………………… 5

　　六、中国小麦产业化现状 …………………………………………………… 6

　　七、中国小麦生产中存在的主要问题 ……………………………………… 7

　　八、中国小麦增产的潜力和方向 …………………………………………… 8

　　九、当前中国小麦生产面临的新形势和新挑战 …………………………… 10

　　十、未来中国小麦生产发展的建议 ………………………………………… 11

　第二节　中国春小麦生产 ………………………………………………… 12

　　一、中国春小麦生产现状 …………………………………………………… 13

　　二、中国春麦区自然生态条件 ……………………………………………… 14

　　三、中国春小麦的分布 ……………………………………………………… 16

　　四、中国春小麦生产布局 …………………………………………………… 18

　第三节　西北春小麦生产 ………………………………………………… 20

　　一、西北春小麦的分布 ……………………………………………………… 20

　　二、西北春小麦生产的有利条件 …………………………………………… 22

　　三、西北春小麦生产存在的问题 …………………………………………… 24

　　四、西北春小麦继续发展对策 ……………………………………………… 25

　　五、西北春小麦主要种植区农业资源环境概况 …………………………… 26

第二章　西北春小麦种植环境 ……………………………………………… 30

　第一节　气候条件 ………………………………………………………… 30

　　一、光照资源 ………………………………………………………………… 30

　　二、热量资源 ………………………………………………………………… 32

　　三、水资源 …………………………………………………………………… 34

四、西北主要春麦区气候特征 ……………………………………………… 41

第二节　土壤条件 …………………………………………………………… 43

一、春小麦种植区土壤分布特点 ………………………………………… 43

二、春小麦种植区土壤分布规律 ………………………………………… 44

三、春小麦种植区主要土壤类型 ………………………………………… 49

四、土壤的中、微量元素 ………………………………………………… 53

第三章　西北春小麦种植区划 ……………………………………………… 56

第一节　中国小麦种植区划 …………………………………………………… 56

一、中国小麦种植区域的生态特点 ……………………………………… 56

二、中国小麦种植具体区划 ……………………………………………… 58

第二节　西北春小麦种植区划 ………………………………………………… 68

一、甘肃春小麦种植区划 ………………………………………………… 68

二、青海春小麦种植区划 ………………………………………………… 71

三、宁夏春小麦种植区划 ………………………………………………… 76

四、新疆春小麦种植区划 ………………………………………………… 78

五、内蒙古春小麦种植区划 ……………………………………………… 81

第三节　中国小麦品质区划 …………………………………………………… 82

一、国外小麦品质区划现状 ……………………………………………… 82

二、制定中国小麦品质区划的必要性 …………………………………… 83

三、中国小麦品质区划的初步方案 ……………………………………… 84

四、中国专用小麦优势区域 ……………………………………………… 86

五、西北春小麦种植区品质区划 ………………………………………… 87

第四章　西北春小麦生态 …………………………………………………… 94

第一节　生态型特点 …………………………………………………………… 94

一、小麦的生态型 ………………………………………………………… 94

二、中国春小麦生态型 …………………………………………………… 96

三、熟性 …………………………………………………………………… 99

四、植株形态 ……………………………………………………………… 102

第二节　西北麦区春小麦生态型 ……………………………………………… 108

一、西北春小麦灌区生态型 ……………………………………………… 108

二、西北春小麦旱作区的生态型 ………………………………………… 113

第五章　春小麦生长发育 …………………………………………………… 120

第一节　小麦生理 ……………………………………………………………… 120

一、小麦种子 ……………………………………………………………… 120

二、无机营养与施肥 ……………………………………………………… 122

三、小麦与水 ……………………………………………………………… 127

第二节 春小麦的一生 ……………………………………………………… 132

一、春小麦的物候期 ……………………………………………………… 132

二、春小麦的生育阶段 …………………………………………………… 133

三、春小麦的需水规律 …………………………………………………… 134

四、春小麦的需肥规律 …………………………………………………… 135

第三节 生育期与阶段发育 ………………………………………………… 136

一、小麦的生育期 ………………………………………………………… 136

二、小麦的阶段发育 ……………………………………………………… 138

第四节 营养和生殖器官建成 ……………………………………………… 141

一、根 ……………………………………………………………………… 141

二、茎 ……………………………………………………………………… 145

三、叶 ……………………………………………………………………… 147

四、麦穗 …………………………………………………………………… 150

五、籽粒 …………………………………………………………………… 155

第五节 产量形成机理 ……………………………………………………… 158

一、小麦产量构成 ………………………………………………………… 159

二、产量形成过程的连续性 ……………………………………………… 159

三、构成产量三因素间的关系 …………………………………………… 160

四、限制产量的原因与改进措施 ………………………………………… 160

第六章 西北春小麦种植制度 ………………………………………………… 162

第一节 种植制度演变 ……………………………………………………… 162

一、种植制度概述 ………………………………………………………… 162

二、西北春小麦种植制度历史演变 ……………………………………… 165

三、西北春小麦种植制度 ………………………………………………… 168

第二节 种植技术体系 ……………………………………………………… 169

一、种植技术体系发展的结构性分析 …………………………………… 169

二、种植技术体系发展的适当性分析 …………………………………… 170

三、中国种植制度的发展趋势 …………………………………………… 171

四、西北春小麦种植技术体系 …………………………………………… 173

第七章 西北春小麦品种改良 ………………………………………………… 187

第一节 育种目标与策略 …………………………………………………… 187

一、制定育种目标的原则 ………………………………………………… 187

二、西北春麦区不同生态类型区的育种目标 …………………………… 190

三、育种策略 ……………………………………………………………… 192

第二节 育种方法与成就 …………………………………………………… 198

一、品种间杂交育种 ……………………………………………………… 198

二、诱变育种 ……………………………………………………………… 216

三、远缘杂交育种 ·· 220

四、单倍体育种 ·· 225

五、轮回选择育种 ·· 230

六、西北春小麦杂种优势利用 ·· 236

第三节　生产品种演变 ·· 239

一、地方品种的评选鉴定和扩大应用阶段 ··························· 239

二、引种、试验示范和推广阶段 ··· 240

三、自主选育新品种大面积应用阶段 ·································· 242

第四节　主要品种及其系谱 ·· 244

第八章　西北春小麦栽培技术 ·· 247

第一节　限制因素与生产潜力 ·· 247

一、春小麦生长发育特点 ··· 247

二、西北春小麦生产特点及制约因素 ·································· 249

三、西北春小麦增产潜力 ··· 252

四、西北春小麦增产途径 ··· 255

第二节　测土配方施肥 ·· 258

一、测土配方施肥基本内容 ··· 258

二、春小麦的需肥规律 ·· 259

三、春小麦测土配方施肥技术 ·· 260

四、春小麦测土配方施肥配套技术 ····································· 264

五、春小麦的缺素症状 ·· 266

第三节　栽培技术 ·· 268

一、沿黄灌溉区 ··· 268

二、干旱丘陵区 ··· 272

三、高寒阴湿区 ··· 276

四、河西走廊区 ··· 277

五、春小麦栽培技术规程 ··· 280

第九章　西北春小麦主要气象灾害及其防御 ································· 291

第一节　干旱 ·· 291

一、干旱的定义 ··· 291

二、干旱对小麦生长的影响 ··· 292

三、干旱危害小麦的指标 ··· 295

四、应对小麦干旱的措施 ··· 298

五、西北春麦区干旱监测和预警 ··· 299

第二节　干热风 ·· 300

一、干热风的类型及发生规律 ·· 300

二、干热风的危害及症状 ··· 302

三、干热风的危害原理 ·· 302

四、干热风的防治 ·· 303

第三节 穗发芽 ·· 305

一、小麦穗发芽发生的条件 ·· 305

二、穗发芽损害程度的鉴定 ·· 307

三、穗发芽防治 ·· 309

第十章 西北春小麦病虫草害及其综合防治 ·························· 311

第一节 病害及其防治 ·· 311

一、锈病 ·· 311

二、白粉病 ·· 314

三、黑穗病 ·· 315

四、全蚀病 ·· 317

五、黄矮病 ·· 319

六、根腐病 ·· 320

第二节 虫害及其防治 ·· 321

一、麦蚜 ·· 321

二、吸浆虫 ·· 324

三、地下害虫 ·· 325

四、黏虫 ·· 327

五、麦蜘蛛 ·· 328

第三节 草害及其防治 ·· 330

一、主要麦田杂草 ·· 330

二、麦田杂草防除措施 ·· 332

第十一章 西北春小麦品质研究及其食品加工 ······················ 334

第一节 品质概念及评价 ·· 334

一、小麦品质 ·· 334

二、品质评价 ·· 335

第二节 西北春小麦品质现状及其影响因子 ································ 344

一、西北春小麦品质现状 ·· 344

二、品质影响因子 ·· 347

第三节 春小麦加工 ·· 359

一、面粉加工 ·· 359

二、食品加工 ·· 371

主要参考文献 ·· 378

附件 2005—2015 年西北地区通过审定春小麦品种 ················ 390

第一章
西北春小麦生产概况

    小麦是一种适应性极强的作物，中国从南到北都有种植。种植面积较大的省（自治区）主要有河南、山东、河北、江苏、安徽、陕西、山西、四川、湖北、甘肃、新疆、内蒙古和黑龙江等，这些地区的小麦种植面积约占全国的90％。按1996年版的《中国小麦学》中有关中国小麦种植区划的划分，中国小麦一般分为：北部冬麦区、黄淮冬麦区、长江中下游冬麦区、华南冬麦区、西南冬麦区、新疆冬春麦区、青藏高原春冬麦区、东北春麦区、北部春麦区、西北春麦区等十大类型区。北部冬麦区、黄淮冬麦区、长江中下游冬麦区和西南冬麦区的小麦种植面积约占全国的80％以上，总产量占全国的90％以上。

    中国西北地区按行政区划一般包括新疆、甘肃、宁夏、青海和陕西等五省（自治区）。而通常所讲的西北春麦区则位于黄河上游三大高原（黄土高原、内蒙古高原和青藏高原）的交汇地带，其包括内蒙古的阿拉善盟，宁夏全部，甘肃的兰州、临夏、张掖、武威、酒泉、嘉峪关、金昌全部以及定西、天水和甘南藏族自治州部分县，青海省西宁市和海东地区全部以及黄南、海南藏族自治州的个别县。考虑到春小麦生产形势的变化，本书中的"中国西北春小麦"种植区域应为北部春麦区、西北春麦区以及新疆麦区和青藏高原麦区所界定的范围，主要包括甘肃、青海、宁夏、新疆以及内蒙古西部等区域，总种植面积约156.7万hm²，约占全国小麦面积的6.5％（2015）。

第一节　中国小麦生产

    小麦是世界上分布范围最广、种植面积最大的粮食作物，占全球1/3以上的人口以其为主粮。小麦目前也是中国仅次于水稻的第二大口粮作物，常年播种面积和产量分别占中国粮食作物播种面积和产量的22％和21％左右。小麦也是中国重要的商品粮和战略性粮食储备品种，对保证国家粮食安全战略目标起着极为重要的作用。

    中国是13亿人口的大国，粮食需求量约占全球粮食产量和消费量的25％，是目前全球粮食总贸易量的2倍。尽管国际市场仍有较大的供给增长潜力，但国际市场不足以为中国提供充足、稳定的粮源。目前中国粮食安全问题形势严峻，粮食不足省份占多数。缺粮省份达到18个，能调出500万t以上粮食的省份只有黑龙江、河南、吉林、安徽和内蒙古5个，能调出5万t以上粮食的省份还有湖北、江西、新疆、甘肃、江苏、宁夏和河北7个。"国以民为本，民以食为天"，"稼穑之重，重于泰山"，粮食是国家特殊的战略性物资，保障中国粮食安全，不仅仅是解决民生和社会经济问题，而且涉及国际政治问题。受水资源和地理气候条件限制，中国水稻总产量已很难再有较大幅度增长，而小麦的增产潜力还很大。为保障未来中国粮食安全，小麦增产被业界寄予厚望。此外，小麦在耕作制中的轮作、机械化栽培等方面有其他作物不具备的优势。因此，小麦在中国农业生产中具有不可代替的地位，小麦产业的健康、可持续发展，举足轻重，直接关系到中国的粮食安全和社会稳定，具有重要的战略意义和现实意义。

一、世界小麦生产概况

小麦是世界性的粮食作物，全球约 40% 的人以其为主食，其种植面积、产量、贸易量在世界谷物常年产销中均占有较大比重。1961—2014 年，世界小麦种植面积一直维持在 2.0 亿～2.4 亿 hm^2 之间，占世界谷物总面积的 31% 以上，在世界三大粮食作物中一直居于第一位。世界小麦年总产量基本呈直线上升趋势，在 1961 年为 2.7 亿 t，到 2014 年已达 7.2 亿 t。2010—2014 年世界小麦每年总产近 7 亿 t，占谷物总产量 27%。小麦产量在 1993 年之前一直领先于水稻和玉米，此后由于玉米和水稻单产的快速提高，产量逐渐超过了小麦。近年来，小麦在谷物种植面积和产量中所占的比例呈下降趋势，就产量而言，玉米明显高于小麦和水稻，小麦居第三位。小麦也是世界上分布范围最广、贸易额最多的粮食作物。1961—2013 年，世界小麦年贸易量在波动中不断上升，1961 年世界小麦年贸易量仅 0.40 亿 t，到 1999 年已增加到 1.15 亿 t，增加近 1.9 倍。进入 21 世纪后，世界小麦年贸易量一直保持 1.10 亿～1.35 亿 t，约占世界谷物贸易总量的 50%。小麦籽粒中含有丰富的碳水化合物、蛋白质、脂肪、维生素和多种对人体有益的矿质元素，易加工、耐储运，不仅是世界多数国家各种主食和副食的加工原料，还被许多国家视为重要的战略物资。

世界小麦分布极广，从北纬 67°（北欧）至南纬 45°（阿根廷），从低于海平面 150m 处（吐鲁番盆地）至海拔 4 100m 处（西藏高原），均有种植。但世界小麦主产区分布在北纬 30°～60° 之间的温暖地带和南纬 23°～40° 之间的地带。世界小麦种植面积中，冬春小麦比例约为 4:1，春小麦约 90% 集中在俄罗斯、美国和加拿大等国。从世界范围来看，小麦产地主要集中在亚洲、欧洲及北美洲，其面积分别约占世界小麦面积的 45%、27% 和 13%，大洋洲、非洲及南美洲分别只约占 6%、5% 和 4%。

种植小麦的国家很多，2013 世界小麦种植面积约为 2.2 亿 hm^2，其中种植面积最大的 10 个国家依次为：印度、中国、俄罗斯、美国、澳大利亚、哈萨克斯坦、加拿大、巴基斯坦、土耳其以及伊朗。这 10 个国家的种植面积之和约占世界小麦种植面积的 70% 以上，排名前 7 位的国家种植面积均在 1 000 万 hm^2 以上。在原苏联解体后，中国一度成为世界小麦种植面积最大的国家，长期种植面积约占世界小麦总面积的 1/7，近年来种植面积虽略有波动，被印度超过，但基本稳定在 2 000 万 hm^2 以上。从近年来各国小麦平均单产来看，单产水平较高的国家主要集中在欧洲。2013 年世界单产水平排名前 10 的国家依次为：新西兰、爱尔兰、比利时、荷兰、德国、阿联酋、纳米比亚、英国、丹麦和法国，欧洲国家占 8 个，其中前 4 位国家单产基本在 9 000kg/hm^2 左右，排名首位的新西兰单产达 9 105kg/hm^2，而中国小麦平均单产为 5 055kg/hm^2，除中国和加拿大外其他的小麦主产国单产水平都低于世界 3 268kg/hm^2 的平均水平。从总产量来看，2013 年世界小麦总产前 10 位的国家依次为：中国、印度、美国、俄罗斯、法国、加拿大、德国、巴基斯坦、澳大利亚以及乌克兰，它们总产约占世界总产的 69.4%。中国以绝对优势位居历年小麦产量首位，年均占世界小麦总产的 16.8%。因此，中国小麦生产在世界小麦生产中占有举足轻重的位置。

世界小麦在 20 世纪 50 年代总产量增加，主要通过扩大种植面积；60 年代以后，主要依靠提高单产。近半个世纪来，由于垦荒增加了世界小麦种植面积，也引发了水土流失、沙漠化等环境恶化，所以各国小麦种植面积趋于稳定。提高单产，成为各国增加小麦总产，保持世界粮食供需平衡的首选途径。1960 年世界小麦单产水平仅约为 1 256kg/hm²，到 2013 年已达到 3 268kg/hm²，约增长 1.6 倍。而欧美等发达国家小麦种植策略中也十分注意改善小麦品质和提高种植效益。总的来看，稳定面积，提高单产，改善品质，提高效益是今后世界小麦生产发展的趋势。

二、中国小麦分布

中国小麦生产上普通小麦面积占 99％以上，其他诸如密穗小麦、硬粒小麦、圆锥小麦等多零星分布。中国小麦分布虽广，但主产区比较集中，主要集中在河南、山东、河北、江苏、安徽、陕西、山西以及甘肃，小麦面积和总产量分别约占全国面积和总产量的 45％和 48％。

小麦是中国种植历史悠久，分布范围最广的一种作物。北起漠河，南至海南岛，西起天山脚下，东抵沿海各岛，均能种植小麦。从其垂直分布来看，由低于海平面 150m 的吐鲁番盆地，到海拔高达 4 000m 以上的西藏江孜地区，也都能种植小麦。因中国地域辽阔，各地自然条件差异悬殊，全国范围内四季皆有小麦生长，每个季节又皆有小麦播种和收获。从播期来看，南方地区播期幅度较宽，10 月至 12 月均可播种；北方的秋播小麦一般在 9 月中、下旬至 10 月上、中旬播种；东北、内蒙古和西北的大部分冬季气候严寒地区，秋播小麦不能安全越冬，一般只能种植春小麦，多在 4 至 5 月份播种。从收获期来看，西藏高原等高寒地带秋播小麦，从种到收接近一整年；北方的秋播小麦，一般由 5 月下旬开始至 7 月初收获，春小麦则多在 7～8 月间收获；继续向南，小麦收获提早到 5 月下旬至 6 月上旬；而海南、广东及云南等省，1 月底至 2 月初就有小麦收获。

三、小麦生产在国民经济中的地位

小麦是中国仅次于水稻的口粮作物，是北方居民食用最广的细粮作物，也是中国重要的商品粮和战略性储备粮品种。在中国居民口粮消费中，小麦比例约占 40％以上。由于小麦特有的生长和经济特性，随经济社会发展和人民生活水平提高，小麦在国民经济中的地位越来越重要。

第一，小麦籽粒营养物质丰富，含有人体所必需的物质，其中碳水化合物含量 60％～80％，蛋白质 8％～15％，脂肪 1.5％～2.0％，矿物质 1.5％～2.0％，以及维生素等。第二，小麦对温光感应的特殊适应性，使小麦对气候和土壤的适应能力较强，既能在温度较高的南方生长，也能忍受北方－20～－30℃的低温，无论平原、山地及丘陵、壤土、沙土及黏土均可种植。第三，小麦能利用冬春季节生长发育，可与多种作物实行间作、套种，充分利用自然资源，提高复种指数，增加作物的年总产量。第四，小麦种植的各项田间管理、收获、加工等作业易实行机械操作，利于提高劳动生产率，形成规模化生产。第五，小麦特有的化学组成、独特的面筋蛋白和丰富的营养成分，使其易于加工成各种食品，是食品工业的重要原料；小麦加工后的副产品含有蛋白质、糖类、维生素等物质，是优良的精饲料；麦秆则是编织、造纸的好原料。此外，小麦籽粒含水量低，易于贮藏和运输，是中国主要的商品粮之一，对保证国家粮食安全和经济社会发展具有重要的影响和作用。

四、中国小麦生产变化

新中国成立以后，中国小麦生产水平不断提高，产量不断增加，高产、优质、高效全面发展，为全国粮食安全做出了重要贡献。回顾改革开放以来中国小麦生产发展历程，具有以下特点（图1-1）。

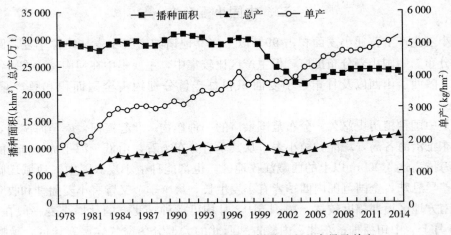

图1-1 1978—2014年中国小麦播种面积、产量及单产

（数据来源：《中国农业统计资料：1978—2014年》）

（一）单产水平不断提升

改革开放以来，随着中国农业生产发展政策的不断完善，水肥、农药等物质投入的增加，以及一批高产新品种的推广，小麦单产水平快速提高，特别是高产栽培技术的推广，对小麦单产水平提高起到重要作用。2004年以来，中国小麦单产水平屡创新高，这是新中国成立以来的首次。2004—2009年中国小麦单产分别达到4 252、4 275、4 550、4 608、4 762和4 739kg/hm² 的历史最高纪录，走出了多年徘徊的局面，突破4 500kg/hm² 大关。2013年中国小麦单产水平达5 056kg/hm²，突破5 000kg/hm² 大关，2014年单产水平再创历史新高，达5 243kg/hm²，较2003年每公顷增加1 311kg，增长33.3%，年均增幅3.0%。小麦在中国粮食作物中单产提高最多、增幅最大。

（二）播种面积恢复增加，逐步稳定

从1978年开始中国小麦播种面积逐年下降，1998—2004年中国小麦播种面积更是连续7年大幅下滑，由1997年的3 006万hm² 下降到2 163万hm²，面积减少了843万hm²，比最高的1991年下降了30%。2004—2011年中国小麦播种面积连续7年恢复性增加，2011年播种面积达到2 427万hm²，比2004年的历史最低点增加了264万hm²，增长了12.2%，年均增长1.7%，是历史上增长最快的时期。2012—2014年中国小麦播种面积略有小幅下降，但仍稳定在2 400万hm² 以上。近年来，播种面积的稳定对中国小麦总产量增加起到了基础作用。

（三）总产快速增长

1978—1997 年中国小麦总产量连续 19 年快速增加，由 1978 年总产量仅 5 384 万 t，到 1997 年达到 12 328 万 t，增长 1.3 倍，年均增幅 6.8%。1998—2003 年因播种面积连续 6 年大幅下滑，中国小麦总产量呈现 6 年连降，到 2003 年降低到 8 648 万 t，比最高的 1997 年降低了 29.8%。其后在党中央和国务院的高度重视下，中国小麦播种面积和单产水平持续提高，到 2015 年总产量实现自 2003 年后的"十二连增"。2014 年中国小麦产量 12 617 万 t，比历史最高的 1997 年增加 288 万 t，增长 2.3%。

五、中国小麦品质变化

20 世纪 80 年代以前，中国人民生活水平处于温饱状态，小麦生产中强调以高产为主，而忽略了对品质的要求。80 年代以后，随着市场经济的不断发展和人们生活水平的提高，中国居民对食品多样性、营养性提出了更高的要求，对小麦由数量需要转变对质量与数量同等重要，优质专用小麦应运而生。

2000 年中国优质小麦播种面积为 319.3 万 hm²，2010 年增加至 1 646.7 万 hm²，增长近 4.2 倍；总产量则由 1 265 万 t 增加至 8 100 万 t，增长近 5.4 倍。中国小麦生产中优质小麦的播种面积和产量所占比重迅速上升，到 2010 年已达 70%。同时，优质小麦的单产水平也明显提高，2010 年优质小麦单产达到 4 920kg/hm²，超过全国小麦平均单产（4 748kg/hm²）（表 1 - 1）。

表 1 - 1 2000—2010 年中国优质小麦播种面积、单产和总产量

年　份	播种面积 （万 hm²）	单产 （kg/hm²）	总产 （万 t）
2000	319.3	3 960.0	1 265.0
2001	391.6	3 915.0	1 532.0
2002	535.0	3 930.0	2 105.0
2003	640.0	4 110.0	2 630.0
2004	728.0	4 395.0	3 194.0
2005	960.0	4 560.0	4 378.0
2006	1 317.2	4 350.0	5 698.0
2007	1 507.2	4 365.0	6 582.0
2008	1 600.0	4 485.0	7 167.0
2009	1 626.9	4 605.0	7 500.0
2010	1 646.7	4 920.0	8 100.0

数据来源：《中国小麦产业发展与政策选择》，2012 年。

中国小麦种植以冬小麦为主，主要分布在黄淮海、华北平原和长江流域等区域。春小麦主要集中在北部的寒冷地区种植，主要分布在内蒙古、青海、新疆、甘肃、黑龙江、宁夏等地。中国优质小麦生产区域主要包括黄淮海强筋小麦生产带、长江中下游弱筋小麦生产带和大兴安岭沿麓强筋小麦生产带等 3 个种植区域带，其中黄淮海强筋小麦生产带集中全国约

60％～70％的优质小麦。其具体区域包括河南、山东、河北、安徽、江苏等省，陕西、山西、内蒙古、新疆等地也有种植。

在政策扶持、科技支撑和产业引导等因素的综合作用下，全国优质小麦发展迅速，小麦优势区域逐步形成，生产能力稳步提升，小麦优质率明显提高，品质明显改善。2010 年中国小麦优质率达到 72.6％，比 2009 年提高 4.7 个百分点，比 2008 年提高 9.4 个百分点，比 2002 年则提高 1 倍以上。据国家小麦产业技术体系测算，2006—2011 年 6 年中国小麦蛋白质含量、湿面筋含量和稳定时间平均为 13.9％、30.2％和 5.8min，比 1982—1984 年 3 年平均 13.4％、24.3％和 2.3min 的水平明显提高。

六、中国小麦产业化现状

近年来，中国小麦消费总量增长平稳，年增长约 1％。中国小麦消费主要为口粮，其约占国内总消费量的 77％。随居民生活水平的提高，小麦作为口粮消费的比例逐渐下降，而作为工业和饲料消费的比例逐渐上升。据农业部畜牧业司的数据，在 2010 年中国直接用于饲料消费的小麦仅为 730 万 t，到 2011 年增加到 1 700 万 t，而在 2012 年则达到 2 500 万 t 以上。近几年，在国家大幅度提高最低收购价格政策作用下，中国国内市场小麦价格呈平稳中略有上涨趋势，其中普通小麦价格上涨明显大于优质小麦。作为国内最主要粮食作物和口粮供给，小麦在粮食安全中占有举足轻重的位置。相比较而言，在保障粮食安全过程中，生产成本和机会成本较大，必须以合理的成本强制保障粮食安全；为确保中国粮食安全，必须统筹分析中国粮食供求存在着品种、质量、种粮生产效率、粮食流通等四个方面的问题，同时要考虑到农业自然资源减少、人口增加、经济发展等因素的作用。

截止到 2015 年，尽管中国国内小麦实现"十二连增"，供给比较充足，但国际市场小麦价格较低，导致进口小麦量仍大幅提高，而同期出口小麦量明显降低。如 2012 年，中国进口小麦同比增长 1.9 倍，小麦进口量达 370.1 万 t；而同期中国出口小麦减少 12.9％，累计出口小麦量仅 28.6 万 t。中国从国际市场进口的小麦来自美国和澳大利亚的分别占进口总量的 17％和 66％，而中国小麦出口地主要是中国香港和朝鲜，出口量分别为出口总量的 37％和 55％。2012 年上半年国际市场小麦价格下降明显，而中国国内小麦价格受成本、需求及国家粮食价格政策等因素的影响稳中略有上升，进口小麦就有明显价格优势，进口小麦量明显增加，且进口小麦多为价格较低的饲用小麦。但长期以来，中国进出口小麦量占国内消费量的比重均较小，对国内市场小麦未形成明显影响。

2005—2010 年，中国小麦平均总成本从 5 844.0 元/hm² 逐年递增至 9 279.5 元/hm²，增加了 58.8％。总成本中，土地成本上涨幅度最大，增长了 1.3 倍；其次为人工成本，增长了 47.4％。受成本增加影响，小麦种植收益持续较低，2010 年小麦单产净利润平均仅为 1 992.6 元/hm²，在三大粮食作物中收益最低，与蔬菜水果等经济作物每公顷近万元的种植收益相比，差距更大。小麦优质率呈下降趋势，优质专用小麦供需缺口较大。据专家估计，中国优质小麦每年需求量约为 2 000 万 t，供需缺口约 1 000 万 t。小麦玉米比价持续倒挂，口粮安全存在隐患。

中国小麦加工往往与育种、栽培严重脱节，精深加工和副产品利用很少，难以形成"育种→栽培→订单→加工→深加工→副产品利用"的完善的小麦产业链条。目前中国大多数小麦加工企业产品种类少、层次低，加工能力 100t 以上的小麦加工企业中，约 60％只生产普通面粉，5%～10%的企业生产专用粉，5%的企业具有食品生产车间，具有副产品利用的企业更是屈指可数。

为此，应切实加强小麦进口调控，保障国内小麦市场稳步发展。随着小麦进口量增加，小麦进口将逐渐对国内产业产生影响。为此应密切跟踪小麦生产、价格与进口情况，综合运用关税、关税配额、技术性措施、国际贸易等手段，因时因势适度调控进口，避免过度进口对国内产业造成冲击。特别是在开放条件下对小麦市场进行调控，要注重国内托市收购等调控政策与贸易政策的配合，以保障中国小麦市场健康稳定发展。

七、中国小麦生产中存在的主要问题

中国小麦总产量在1997年达历史最高，但当年低质量小麦大量积压难卖，而优质专用小麦供应不足，小麦结构性过剩问题十分严重。随中国对优质专用小麦品种选育和生产逐渐重视，专用小麦种植面积不断扩大，国内优质专用小麦的供需矛盾得到有效缓解，面粉企业需求基本得到满足。近些年，中国小麦单产水平虽不断提高，但随种植业结构调整，经济作物挤占大量小麦种植面积，造成小麦供需矛盾呈日益紧张趋势。目前中国小麦生产中存在的突出问题包括：

（一）生产面临资源和环境的双重制约

资源和环境约束对中国小麦生产的影响日益加剧。受农业结构调整、生态恶化以及工业化、城镇化占用大量耕地和淡水资源等的影响，中国可供农业利用水土资源日益紧缺，利润低薄的小麦生产面临种植面积难以稳定的挑战。在中西部黄土高原和华北等水资源短缺的小麦产区生产中面临的挑战更大，甚至在一些地下水严重超采地区亟须通过开展小麦退耕休耕来恢复脆弱的生态环境。据测算，华北地区如果每公顷麦田灌溉水成本提高到4 000元，小麦种植面积将下滑40%以上。全球气候变暖影响加剧，极端天气增多，自然灾害多发频发，对农作物中生长期较长的小麦生产的影响最大，2008—2015年国内小麦在不同产区已经历多次严重干旱及冻害的不利影响。

（二）农田基本设施建设不足

近年来，国家不断加大对农业生产的投入，大江大河治理成效显著，但农田水利工程建设不足。目前，全国有半数的耕地没有灌溉水源或缺少基本灌排条件，现有灌溉面积中灌排设施配套差、标准低、效益衰减等问题十分突出，全国50%以上的中小型灌区及小型农田水利工程基础设施不配套和老化失修，农田水利工程问题突出，特别是遇到严重干旱时供水不足，易导致大面积受灾，遇到较强暴雨容易造成农田渍涝。下一阶段仍需加大力度建设农田基础设施和增加农业防灾减灾能力。

（三）生产经营规模小，产业化模式难以适应新要求

中国小麦的总产量和面积虽均居世界前列，但主要以小规模单农户种植的模式存在，随着市场化的进程，中国小麦产业发展面临的组织问题越来越突出。麦农规模小、数量多、组织成本高，作为单个分散的个体获取市场信息的能力不足，无法将小麦生产与市场供需相匹配，也难以与企业形成利益联合体，限制了一体化经营的自身扩展，而且中国小麦产业化经

营起步晚，加工企业规模偏小，龙头企业整体仍处于初级层次，对产业化经营的带动能力不强，也影响了中国小麦产业的长远发展。据中央农村固定观察点调查数据，目前全国户均小麦种植规模仅有 0.3hm²，规模过小不仅大大限制了劳动生产率的提高，而且制约了先进生产技术的应用和推广，不利于小麦产业实现现代化。

（四）优质专用品种缺乏，区域专业化程度低

长期以来，为解决众多人口的温饱问题，中国小麦生产以满足量的需求为主要目标，在各区域广泛开展了自给性生产，导致种植分散，专业化程度较低。世界各国发展现代农业的实践证明，区域化布局、专业化生产是现代农业的基本特征。发展中国特色现代小麦产业，必然选择区域专业化的道路。21 世纪初，中央提出加快农产品生产向优势地区集中，各级政府积极贯彻落实，对中国小麦区域专业化生产起到了明显促进作用，河南、山东、河北等省的优质专用小麦得到了较快发展。但与美、澳、法、德、加等小麦主产国小麦规模化、区域化、专业化生产相比，中国小麦区域专业化生产格局仅具雏形，小麦质量和效益存在很大差距，国际竞争能力很弱。区域专业化程度低已成为制约中国小麦产业发展的根本问题之一。面对国际市场小麦量大、质优、价廉的严峻挑战，加速推动中国小麦区域化布局、专业化生产，以降低生产成本，提高质量和生产效益，显得十分重要和迫切。此外，尽管中国优质小麦种植面积逐年增加，但由于生产区域专业化程度低，生产技术落后，近年来达标的优质品质数量却呈下降趋势。如 2010 年中国种植 0.7 万 hm² 以上冬小麦品种共计 314 个，种植面积共计 2 282.8 万 hm²，达到烘焙品质要求品种只有 9 个，仅占品种总数的 2.9%、种植面积的 4.3%、产量的 4.2%

（五）种植效益持续下滑，国际竞争力下降

近年来，尽管国家不断提高补贴和最低收购价水平，但小麦的种植收益不仅仍较低，而且持续下滑。据国家发改委调查数据，2008 年以来全国小麦种植净利润连续 5 年下降，从 2 467.6元/hm² 降至 2012 年的 319.4 元/hm²，降幅近 87%，成本利润率不足 3.0%。主要原因是种麦投入成本和人工成本不断增加以及小麦价格提高幅度低于农资上涨幅度。人均水土等农业资源短缺是中国农业缺乏国际竞争力的根本原因，而且很难改变。过去十多年来，除了全球粮食危机期间国际小麦价格高于国产小麦价格之外，其余大多数时间都是国产小麦缺乏价格优势，而且国内外价差越来越大。综合来看，中国小麦在价格、成本及品质等方面都不具有优势，国际竞争力逐渐减弱，未来在最低收购价及成本增加的推动下，国内小麦价格还将进一步上涨，中国小麦的国际竞争力将继续下降。

通过多年的探索，当前中国小麦生产已经由中产迈入中高产。现阶段，中国小麦生产发展方向是在稳定面积的基础上，努力提高单产水平，并继续改善品质，提高总产和种植效益。在优质专用小麦发展过程中，要并重发展品种选育和配套种植技术研究，以充分发挥优质小麦的遗传潜力。要实现高产、优质与高效并重，改变过去不计成本，不求经济效益，单纯追求高产的做法，研究轻简高效化种植技术，降低生产成本，防止环境污染，保证食品安全，提高生产效益，促进农业可持续发展。

八、中国小麦增产的潜力和方向

小麦是中国最重要口粮作物，2014 年中国小麦种植面积 2 406 万 hm²，总产 1.3 亿 t，

平均单产 5 243kg/hm²。根据《国家粮食安全中长期规划纲要（2008—2020 年)》，2020 年中国小麦消费总需求 1.0 亿 t，约束性生产目标为 1.1 亿 t。随着耕地难以避免的刚性减少、加上种植小麦比较效益低，到 2030 年人口达 16 亿高峰时，要继续保障小麦口粮供给平衡，压力巨大。今后中国小麦增产将主要依靠稳定面积和提高单产。

（一）进一步挖掘和释放品种潜力

大面积种植主导品种的产量潜力有待进一步挖掘。据统计，近年主产省主推品种区试产量与省平均产量的差距可达 1 618～2 717kg/hm²，挖掘现有品种增产潜力尚有较大空间。特别是，主产区新推广的某些品种在集优高产栽培技术的作用下，产量突破 10 000kg/hm²，显示出巨大增产潜力（表 1-2）。同时高产高效新品种将不断释放，中国小麦品种一般每 5～7 年更新换代 1 次，预计未来中国将会育成一批高产、超高产与肥水高效、多抗结合的新品种，实现新一轮品种更替和产量、效率的综合提升。更新品种结合配套栽培技术，可使小麦单产提高 5%～7%。此外，还可通过种子精选纯化和种子处理，确保质量优化，为全面丰产打好基础。

表 1-2　主要省份小麦主导品种区试产量与全省平均产量的差距

（王志敏，2012）

省份	主导品种区试单产（kg/hm²）			省平均单产（kg/hm²）			差　距（kg/hm²）		
	2010 年	2011 年	平均	2010 年	2011 年	平均	2010 年	2011 年	平均
河南	8 219	8 220	8 220	5 835	5 867	5 851	2 384	2 353	2 369
山东	8 051	8 055	8 053	5 775	5 370	5 573	2 276	2 685	2 481
河北	7 922	7 922	7 922	5 085	5 326	5 206	2 837	2 596	2 717
安徽	7 700	7 700	7 700	5 100	5 102	5 101	2 600	2 598	2 599
江苏	6 689	6 690	6 690	4 815	4 844	4 830	1 874	1 846	1 860
四川	5 513	5 513	5 513	3 375	3 462	3 419	2 138	2 051	2 095
湖北	5 033	5 040	5 037	3 435	3 402	3 419	1 598	1 638	1 618

（二）发挥综合配套技术的增产作用

多年来，小麦栽培专家理论与实际结合，不断解决生产问题，在高产优质高效综合技术研究方面取得许多成果，一大批实用技术得到了推广和应用，为小麦生产的稳定发展做出了重大贡献。进一步完善和发展现有技术，因地因种制宜调整优化，将主推技术与主导品种、区域特殊技术、其他多学科技术组合集成，结合农技推广体系进行全面推广与应用，将能持续推进中国小麦增产增效。近年来，全国开展的高产创建活动，立足高产良田，将高产良种与高产良法综合集成应用实施，充分显示了技术集成的巨大增产效果，也对大面积高产起到了引领带动作用。通过高产创建活动的示范推动，全面提升大面积机械化作业水平，促进小麦生产的标准化和规模化，提高生产效率和降低劳动成本实现小麦大面积平衡增产。继高产创建活动之后，根据农业发展新形势的要求，农业部又提出大力开展"粮食绿色增产模式攻关"，可以预见在不久的将来中国小麦生产的技术水平将再一次获得质的飞越。

（三）确保区域间、农户间均衡稳定发展

受资源约束、改善质量、提升效益等诸多因素影响，中国小麦单产增速必然减缓，要实现总量的稳定必须坚持各区域平衡发展。要不断提高西南和西北冬麦区的生产水平，保障全国稳定发展。此外，不同农户间的产量差距也很大，许多农民仍在沿用传统技术，对新品种和新技术的接受程度较低，制约单产提高。通过技术革新与替代、品种的推广与应用，缩小农户间技术差距，全面均衡增产的潜力十分巨大。根据国家小麦产业技术体系专家的调查分析，仅仅通过全面实施规范化播种、严格抓好整地播种质量这一环节，全国平均产量就可再增加3%～10%。

（四）充分发挥灾害防控在生产中的作用

在全球气候变暖大背景下，自然灾害发生频繁，对小麦生产威胁很大，抗灾减灾技术在小麦生产中作用日益突出。为应对小麦生长关键时期的灾害，全国大面积实施小麦一喷三防，为小麦丰收、夏粮增产提供了有力保障。2013年4月中旬，华北、黄淮大部分地区出现大范围霜冻天气，5月下旬苏北、淮北及豫北地区遭遇暴风雨造成小麦倒伏、穗发芽或霉变，产量受到严重影响。未来应采用工程措施与生物措施、抗逆栽培相结合，主动应对与灾后应变相结合，有效应对气候变化为小麦增产提供有力保障。

九、当前中国小麦生产面临的新形势和新挑战

小麦生产是自然生产和经济生产的统一，受市场和资源的双重影响。随中国工业化、城镇化、信息化、市场化和国际化的快速推进，影响小麦生产的内外部因素也更趋复杂，当前中国小麦生产过程中出现了一些新情况新问题，需引起高度重视。

（一）确保全国粮食安全供应的任务日趋艰巨

进入21世纪，中国粮食生产经历了4年减产、8年恢复的生产周期，粮食综合生产能力达到了5亿t以上，但年际间波动较大，稳定性较低。今后中国粮食总需求量还将持续增长，根据《国家粮食安全中长期规划纲要（2008—2020年）》预测，2020年中国粮食需求总量将达到5.7亿t，同时粮食消费结构不断升级。口粮消费比例下降，饲料用粮比例显著增加，到2020年口粮消费比例仅占43%，饲料用粮比例基本与口粮消费比例持平，达41%。在保持粮食播种面积基本稳定和国内粮食自给率95%的条件下，2020年中国粮食生产能力要保障在5.4亿t以上，确保国家粮食安全的任务将更加艰巨。

（二）经济全球化对中国小麦生产的影响日趋明显

随经济全球化进程加快，中国农业与国际市场的联系更加紧密，价格传导途径增多，产业关联度增强，影响也越来越大。一是国际农产品进口对国内农产品冲击增大。目前，除稻谷外，国际粮油产品价格均明显低于国内价格，国际小麦对中国小麦生产冲击很大。二是外资进入农业隐忧增大。目前，已有多家外资企业在华设立了种子企业，这些企业正逐步向大宗粮食作物的加工、仓储、运输等领域渗透，对保障中国粮食安全构成隐患。三是部分投入产品对外依存度高。中国钾肥约50%从国外进口，磷肥生产所需硫黄70%需要进口。加之

石油、天然气等化肥生产原料短缺，国内供给缺口较大，进口依存度逐步提高。

（三）政府政策对农业生产的激励效应明显下降

近年来，尽管国家对粮食生产的扶持政策不断加强，但总体来看，政策性补贴对种粮农民的激励作用在逐年下降。2011年中央财政对农民的种粮直补、良种补贴、农机具购置补贴等全年的人均转移收入为563元，对农民收入的贡献率为10.4％，而人均工资收入达2 963元，对农民收入的贡献率达50.3％。特别是对于种植规模较小的农户，每亩 * 的种粮政策补贴仅60～80元，仅相当于外出打工一天的收入，对农民吸引力不足，农民种粮积极性降低。

（四）科技增产难度加大

中国小麦实现"十二连增"，面积贡献率仅30％，单产提高贡献率达70％。目前，中国小麦种植面积扩大潜能得到了充分释放，继续扩大的空间十分有限，单产继续提高难度也较大。近年来，新品种培育和更换速度加快，提高了小麦生产科技水平，但受创新能力、服务能力、应用能力的制约，农业科技成果转化难度加大，短期内农业技术难有重大突破。由于缺乏自主创新能力，中国科技进步对粮食单产贡献率仅约50％，比发达国家约低20个百分点；科技成果转化率不到30％，比发达国家低30个百分点以上。由于基层农技推广服务体系不到位，目前中国农业科技成果转化率仅30％～40％，远低于发达国家65％～85％的水平，科研成果不能转化为现实生产力。加上农村青壮年劳动力大多外出务工，农业兼业化现象日益严重，农业劳动力素质呈现结构性下降，平均受教育年限仅有7.3年，受过农业职业教育的不足5％。

十、未来中国小麦生产发展的建议

要实现中国小麦产量目标，保证粮食自给水平，需通过政策推动、投入优化、农田改造、品种改良、技术配套、高产创建等综合措施，进一步提高单产水平，确保总量稳定发展。

（一）促进优良品种和配套技术的研发与应用，推进品种区域布局

通过培育一批高产、超高产与肥水高效、多抗相合的新品种，实现新一轮品种更替和产量、效率的综合提升。主导品种确定之后，还应对其进行配套技术研究，发挥主导品种的增产效应。同时在开发优质品种的基础上，在各主产麦区筛选主导品种和特异品种，推进品种区域布局。如在西南、西北地区，干旱成为共性的限制性因素，应强化抗旱育种和耐旱品种布局，降水较多的长江流域应加强抗穗发芽品种布局工作。

（二）加强中低产田改造，提升耕地质量

在生产管理层面上，加强耕作技术、秸秆还田技术、平衡施肥技术的研究应用，推进中低产田改造工程，不断改良培肥土壤，为实现高产与持续高产、环境改善、质量安全目标夯

---

* 亩为非法定计量单位，1亩＝1/15hm²。——编者注

实条件基础。长期旋耕造成耕层变浅，土壤结构劣化，水肥利用效率下降，需要改革耕作技术，如深松技术、垄作免耕技术等。有机肥严重短缺，高产对化肥的依赖程度越来越高，化肥偏施导致土壤质量下降，必须依靠大量的富余秸秆，提升土壤有机质，培育健康土壤，深入研究秸秆还田技术及其与其他技术的融合使用。

（三）促进机具改良与全程机械化技术研发，为增产增效提供新的支撑

机械化技术不仅要考虑耕作、播种、管理、收获等单一环节的机械化问题，更要考虑两种或更多因素综合作用下的机械化技术问题。进一步加强机械化宽幅精播和窄行匀播技术、稻茬麦新型机械化耕播技术、机械化等深撒播栽培技术等新技术的应用，在机具研制、机械化生产技术研发的基础上，形成比较完备的机械化工艺流程和机器系统，加快机械化技术的传递推广。

（四）加强灾害预警与抗逆减灾技术研发，科学抗灾减损

为有效减轻灾害损失，必须加强抗逆减灾减损技术的研究与应用，特别要做好：抗（耐）逆品种的选育与合理布局；栽培调控措施的集成运用，如覆盖保墒技术，化学制剂施用技术，造墒保墒播种技术等；工程技术措施配套，如排管渠系建设，提高排湿、抗旱等能力；完善下场初级处理技术，减少产后损失；应对气候变化，加强减灾预警。在隐性灾控技术研发、预警预报平台建设的基础上，做到"灾前预防、灾中防控、灾后补救"，最大限减轻各类灾害对小麦产量、品质和产业造成的危害。

（五）加快发展适度规模经营，促进生产经营方式转变

实现小麦生产的适度规模经营，对有效提高单产以及稳定种粮主体队伍至关重要。随着中国农村劳动力不断转移，在一些小麦主产区推进适度规模经营已具备良好的客观条件。应根据各地的资源禀赋、农业生产传统、农业劳动力和人口转移等条件因地制宜确定小麦生产经营规模，通过创新土地流转机制、完善社会化服务体系、培育规模经营管理人才、加强政策扶持等措施，积极引导小麦适度规模经营健康发展。

（六）创新服务模式，促进科技研发与技术推广的紧密衔接

随着中国社会经济的快速发展，农业生产主体、生产方式、生活方式都发生显著变化。相应地，小麦新技术的示范推广思路、实现路径、方式方法都必须加以调整。需要加快构建多元化的农技推广服务体系，充分发挥农民专业合作组织、农业科研教学单位、涉农企业等主体在农技推广中的重要作用；促使小麦产业技术体系与农技推广服务体系紧密衔接，更好的发挥体系试验站和示范县在推广中的示范带头作用。

第二节 中国春小麦生产

春小麦是小麦的一个重要生态型类群，由春性强弱不同的品种生态型组成。分布在世界各地的春小麦有 4 500 万 hm² 左右，主要在高纬度地区或自然条件较严酷的中纬度地区种植。经过长期自然选择和人工选择，春小麦是在其适生地区最能充分利用其自然生态条件的

谷物。世界范围内，一大批春小麦品种由于品质较好而受市场欢迎。例如，产自北美洲的硬质红粒春小麦，是筋力最强的春小麦，是生产面包粉的理想原料，也可代替部分硬粒小麦用于生产通心粉，以降低通心面条的生产成本。加拿大每年出口小麦 1 200 万～2 000 万 t，收入近 20 亿美元，硬红春麦是其主要出口农产品。春小麦的独特品质与中高纬度地区生长季节日照时间长、光照强度大、昼夜温差大、干旱少雨等生态条件有关。

中国的春小麦主要分布在长城以北，岷山、大雪山以西，分属东北春麦区、北部春麦区、西北春麦区、新疆冬春麦区和青藏春冬麦区，是积温不足地区的特色作物。中国春小麦常年种植面积曾占全国麦田总面积的 14% 左右，但目前种植面积下滑较严重，仅占约 7%。目前中国种植春小麦省份主要包括：内蒙古、新疆、甘肃、黑龙江、青海、宁夏、河北、西藏、陕西、辽宁、四川，以西北地区分布面积最大。

一、中国春小麦生产现状

过去多年来，在中国各春麦区中，以东北春麦区最为重要，再为西北春麦区、北部春麦区、新疆冬春麦区和青藏春冬麦区。进入 20 世纪 90 年代，由于农业产业结构调整，春小麦种植面积全面下降，尤以东北春麦区下降较多，新疆等麦区面积也下降，但下降较少。目前东北春麦区的春小麦种植面积不超过 25 万 hm²。黑龙江省在 20 世纪 80 年代，春小麦种植面积高达 200 多万 hm²，但在 2004 年以后种植面积仅 20 万 hm² 左右，2013 年种植面积不足 14 万 hm²。辽宁省的面积不足 1 万 hm²，吉林省 2004 年以后种植面积常年在 1 万 hm² 左右，2011 年以后再无统计数据上报。目前东北春麦区的地位下降，而新疆、内蒙古、甘肃等麦区的地位上升（表 1 - 3）。

表 1 - 3　全国春小麦种植面积统计

单位：万 hm²

地区	2004 年	2005 年	2006 年	2007 年	2008 年	2009 年	2010 年	2011 年	2012 年	2013 年
全国总计	167.39	167.65	154.29	164.69	156.31	186.83	170.5	166.88	175.46	156.47
内蒙古	41.87	46.06	40.91	53.34	45.22	52.82	56.62	56.79	60.96	57.12
新疆	27.55	24.34	21.6	17.57	30.11	40.88	31.83	30.62	36.53	42.35
西藏	1.36	1.41	1.15	1.16	0.89	0.99	0.9	0.97	0.95	0.98
甘肃	33.44	36.9	36.82	36.34	28.99	34.63	28.62	26.62	25.7	24.15
青海	10.22	9.68	9.84	15.4	10.44	10.41	10.1	9.4	9.42	9.54
宁夏	19.58	18.67	14.88	13.76	13.12	13.73	10.98	9.53	17.9	6.42
山西	0.12	0.13	0.06	0.05	0.06	0.06	0.06	0.05	0.05	0.04
黑龙江	25.5	24.85	24.9	23.3	23.88	29.31	28	29.78	21.01	13.3
辽宁	1.72	2.13	1.59	1.24	1.03	0.88	0.75	0.69	0.68	0.56
吉林	1.14	0.95	0.75	0.54	0.57	0.41	0.36	0.32		
天津	0.41	0.5	0.25	0.49	0.5	0.79	0.7	0.85	0.8	1.07
河北	0.17	0.5	0.28	0.33	0.35	0.35	0.45	0.36	0.56	0.94

数据来源：《中国农业统计资料：1978—2014 年》。

　　春小麦的分布与布局也发生了较大变化，由于种植面积减少，旱作区春小麦的分布更加缩小集中，许多省、自治区都出现了春麦区的"北移"现象，过去"麦浪滚滚"的现象在许多老麦区已不再现。而由于产区北移，生产条件和自然生态条件也更加恶劣，极大地限制了春小麦的高产和稳产。灌溉区春小麦由于有水的保证，面积相对较为稳定。

　　从各麦区本身看，新疆春麦区和西北春麦区，小麦在种植业结构和粮食作物结构中所占的面积比重相对较大；青藏春麦区较以上麦区次之；其余春麦区小麦在种植结构和粮食作物结构中的比重普遍较低。中国春小麦生产所形成的这种格局、比重及生产水平，是春小麦生态适应性与社会经济条件共同作用的结果，不可能也不应该有较大改变和调整。

　　总体看来，中国主要春麦区的气候生态与社会经济条件均适于春小麦生长发育，但各区又有较大不同。除自然生态条件差异较大以外，各省、自治区的经济条件及发展水平也不一样，导致对春小麦的生产投入也不一样，这也影响春小麦的发展。从气候生态适应性看，中国主要春麦区的自然条件并不很优越，其中自然生态条件最好的是青藏高原的灌区小麦，单产潜力最大，但面积太小。而西北、东北旱地小麦还存在着生育期干旱的严重威胁。

二、中国春麦区自然生态条件

　　中国春麦区地处北温带。除东部麦区海拔较低，气候较湿润外，大多数地方海拔较高，大陆性气候和高原生态特点比较明显。

（一）日照充足，光热资源丰富

　　中国春麦区多处北方地区，光能资源得天独厚，日照时数长，日照率高，大部分地方年日照时数 2 600～3 100h，年日照率达 56%～72%，年太阳辐射量为 585.8～672.6kJ/cm² （表 1-4）。就光能条件而言，中国春麦区比南方冬麦区丰富，农作物布局基本不受光能条件的制约。此外，强光照与较大的昼夜温差相叠加，有利于春小麦的生长发育。春麦区热量条件较好，有利于提高复种指数。新疆南部、黄土高原南部均属暖温带，农作物可两年三熟或一年两熟；其他地区大多属中温带，热量条件也基本上可保证一年一熟，有的也可两年三熟。

表 1-4　中国春麦区的光能资源及与南方麦区的比较

地点	北纬	海拔（m）	年太阳辐射量（kJ/cm²）	年日照时数（h）	年日照百分率（%）
银川	38°29′	1 111.5	611.3	3 054.0	69
张掖	38°56′	1 482.7	620.9	385.1	70
西宁	36°37′	2 261.2	615.0	2 795.4	63
乌鲁木齐	43°47′	917.9	536.0	2 617.6	59
哈尔滨	45°41′	171.7	467.8	2745.7	62
长春	43°54′	236.8	510.9	2 614.4	59
杭州	30°14′	41.7	460.2	1 783.9	40
成都	30°40′	505.9	382.0	1 206.5	27

资料引自：《中国北方春小麦》，2005 年。

（二）雨热同季，但大部分地区降水量小、变率大

中国春麦种植区域雨热基本同季，降水量的 80%～90% 集中于小麦的主要生长季节（4～10 月），尤其是在小麦生长的重要季节夏季（6～8 月），光热水同步，有利于小麦生长发育。由于春麦区大多降水量少，大部分地区多年平均年降水量仅 300～500mm，且变率很大，旱灾不仅十分频繁而且还相当严重。其中，黄土高原地区年降水量为 300～500mm，年际变率达 15%～50%，年内 7～8 月变率达 30%～70%。春季和夏季，≤5mm 的无效降水分别占同期降水总量的 60% 和 13%；夏季，≥25mm 易产生径流的低效降水约占 40%；真正对作物有益的降水，春季和夏季不过 30mm 和 120mm 左右，远低于作物正常生长所需降水量。

（三）温度适宜、昼夜温差大

中国春麦种植区大多夏季较热、冬季寒冷，白天较热、夜晚较冷。年均气温 3.6～9.1℃，年均气温日较差 12～15℃，≥0℃ 积温 2 700～3 800℃，≥10℃ 积温 2 000～3 350℃，无霜期 129～169d。与南方麦区相比，气温较低，热量资源不足，因而大部分地区冬小麦不能安全越冬。但对春小麦来说，热量资源完全能够满足需要。各发育阶段的气温均在春小麦适宜温度指标之内，积温也高于春小麦全生育期对活动积温的要求（表 1-5）。特别需要指出的是，春麦区的气温日较差远高于南方麦区，因而有利于干物质的积累。

表 1-5　春小麦生育期所需的温度条件及春麦区实际达到的温度指标

（李守谦，1991）

项目		出苗—拔节（℃）	拔节—抽穗（℃）	抽穗—成熟（℃）	全生育期活动积温（℃）
需要	下限温度	4	7	12	
	适宜温度	10～18	12.5～20.0	16～22	1 600～2 000
	上限温度	20	22	25	
实际达到	甘肃张掖	8～18	18～20	19～20	3 388.0
	青海西宁	8.0～13.4	13.4～15.2	16.0～17.7	2 745.9
	宁夏银川	8.3～15.4	16.9～19.7	21.0～23.3	3 794.3

（四）面积辽阔，可供开发耕地资源潜力大

中国春麦区有大面积的土地资源可供开发利用，现有草地、灌木林地、疏林地及未利用的土地等后备耕地资源近 2 300 万 hm²，适林的草地及尚待退耕还林的土地等后备林地近 8 400 万 hm²，后备牧地近 2 500 万 hm²。从春麦区土地分布情况看，土地主要分布于人口稀少的西北内陆区，并以人口稀少的西北内陆河区土地面积最为广阔。从各省、自治区的土地情况看，西北和内蒙古地广人稀，人均土地资源较多。春麦区人均土地面积最多的是青海省，其人均土地面积近 15hm²，其次为新疆（9.6hm²）和内蒙古（5.0hm²）。从耕地面积的区域分布情况看，人均耕地面积最多的省在西北，据《中国农业统计资料》分析，人均耕地面积最多的是内蒙古，其人均 0.31hm²，其次为宁夏（0.24hm²）和新疆（0.19hm²）。

（五）平地多、山地少，利于机械化，但水资源短缺、危害生态环境

中国春麦种植区域内分布着松嫩平原、三江平原、汾河平原、宁夏平原、内蒙古河套平原等较大的平原，还有地势平坦的甘肃河西走廊和新疆的绿洲地带。这些地区也都是中国农业机械化与水利化高水平区。除松嫩平原和三江平原外，耕地以水浇地为主，但旱涝保收率低。为了增强农业生产的稳定性，各地加强了水利建设，耕地面积不断扩大，耕地灌溉率不断提高。但黄河流域和西北内陆河区灌溉率很低，仅分别为 37.9% 和 38.7%。中国春麦种植区虽然水利化程度已较高，但由于降水的变率大，时常出现严重的干旱或暴雨天气，农田稳定性差。

中国春麦区大多水资源短缺、生态环境脆弱正日趋恶化，问题突出表现在：地表水过度利用，地下水大量超采，引发一系列灾害；土壤盐碱化日益严重；水土流失和土地沙化还在进一步加剧；旱灾严重威胁着农业生产和生态环境；水质污染剧烈。在大面积耕地退耕和被非农占用的同时，由于缺水导致大面积可开垦利用的土地不能有效利用，耕地复种指数难以提高，粮食作物面积大幅度下降，粮食将由富裕转为短缺。如果水源无保障，具有优势地位的春小麦生产也将会受到限制。据调查在西北内陆干旱区水资源利用程度高达 43%，各大流域水资源利用率均已超过合理的限度，地下水过量开采严重。

三、中国春小麦的分布

春小麦在全国不少省（自治区）均有种植，但主要分布在长城以北，岷山、大雪山以西。大多地处寒冷、干旱或高原地带。物候期出现日期表现为由南向北逐渐推迟。太阳总辐射量和日照时数由东向西逐渐增加。全区降水量分布差异较大，总趋势为由东向西逐渐减少。全年≥10℃的积温平均在 2 750℃左右，变幅为 1 650～3 620℃。这些地区冬季严寒，其最冷月（1月）平均气温及年极端最低气温分别为 -10℃左右及 -30℃左右，秋播小麦不能安全越冬，故种植春小麦。近年来，中国春小麦种植面积在 156.3 万～186.8 万 hm² 波动，主要分布在内蒙古、新疆、甘肃、黑龙江、宁夏、青海等地。中国春麦区依据雨量、温度及地势可分为东北春麦、北部春麦及西北春麦三个亚区。由于新疆、西藏、青海、云南等省春小麦种植面积也较大，因此将其统一划为西部春麦区一并讨论。

（一）东北春（播）麦区

主要包括黑龙江、吉林两省全部，辽宁省除南部大连、营口两市和锦州市个别县以外的大部，内蒙古自治区东北部的呼伦贝尔、兴安、通辽市及赤峰市。北部小麦面积偏大，愈南愈小。1980—1983 年全区麦田面积平均近 250 万 hm²，占全国总麦田面积的 8% 以上，总产占全国的 6.5% 左右。在中国所有各春麦区中本区的面积最大，总产最多，面积和总产分别占整个春麦区的 55% 和 53% 左右，地位十分重要，但单产不高不稳，平均 1 700kg/hm² 左右，比西北春麦区低，而略高于北部春麦区。近年由于面积下降，全区小麦总面积不足 25 万 hm²，种植区也明显北移。

本区西部干旱多风沙，东部部分地区雨多低洼易涝，北部高寒，热量不足，是导致小麦生产中诸多不利因素的主因。

（二）北部春（播）麦区

本区地处大兴安岭以西，长城以北，西至内蒙古的鄂尔多斯市和巴彦淖尔盟。全区以内蒙古自治区为主，包括内蒙古的锡林郭勒盟、乌兰察布盟、鄂尔多斯市、巴彦淖尔盟以及呼和浩特、包头和乌海市，河北省张家口、承德市全部，山西省大同市、朔州市、忻州市全部，陕西省榆林长城以北部分县。

20世纪80年代，麦田近80万 hm²，约占全区耕地面积的15%，是一个以杂粮为主的麦区。小麦面积占全国麦田面积的2.7%，总产为全国的1.2%，而平均单产仅略高于1 000 kg/hm²，在全国属最低。其原因主要在于自然条件差，干旱少雨，土壤贫瘠，耕作管理粗放。随着生产条件的变化，小麦在全区生产水平亦很不平衡，1980—1983年内蒙古黄河灌区的鄂尔多斯市、巴彦淖尔盟小麦平均单产为2 250～3 000kg/hm²，而非灌溉区仅750kg/hm²或略低。

全区主要属内蒙古高原，地处内陆，纯属大陆性气候，寒冷干燥。地势起伏缓和，海拔通常700～1 500m。全区日照充足，年日照2 700～3 200h，和西北春麦区同属中国光能资源最丰富的地区。但水资源比较贫乏，雨量不足，雨量一般低于400mm，不少地区则在250mm以下，全区属干旱及半干旱区。雨量不足，保证率低，远远不能满足小麦生长需要，缺水干旱问题严重，这是本区小麦生产水平低而不稳的最主要原因。

（三）西北春（播）麦区

本区位于黄河上游三大高原（黄土高原、内蒙古高原和青藏高原）的交汇地带，包括内蒙古阿拉善盟；宁夏全部；甘肃兰州、临夏、张掖、武威、酒泉各地区全部以及定西、天水和甘南藏族自治州部分县；青海省西宁市和海东地区全部，以及黄南、海南藏族自治州的个别县。本区主要由黄土高原和内蒙古高原组成，海拔1 000～2 500m，多数为1 500m左右。北部及东北部为内蒙古高原，地势缓平；东部为宁夏平原，黄河流经其间，地势平坦，水利发达；南及西南部为属于黄土高原的宁南山地、陇中高原以及青海省东部，梁岭起伏，沟壑纵横，地势复杂。

全区处于中温带内陆地区，属大陆性气候。冬季寒冷，夏季炎热，春秋多风，气候干燥，日照充足，昼夜温差大。全区自东向西温度递增和雨量减少。温度在各春麦区中最高，而常年降水不足300mm，最少地区仅几十毫米，形成水热资源严重不协调，加剧了干旱危害。全区主要麦田分布在祁连山麓和有黄河过境的平川地带，由于有丰富的水资源可供灌溉，补偿降水的严重不足，辅之以光能资源丰富、辐射强、日照时间长、昼夜气温日较差大等有利条件，成为全国春小麦的主要商品粮基地之一。此外，由于降雨量少，蒸发量大，风沙多，致使沙漠、戈壁遍布于内蒙古自治区西部，形成一个特殊的生态环境，不利于小麦种植。

（四）西部春麦区

此区位于冬春麦兼播区内，主要包括新疆春麦区、西藏春麦区、青海大部和四川、云南、甘肃省部分地区。多为冬、春麦兼种，其中青海省主要以春小麦为主，仅海东地区有少量冬小麦种植。北疆、川西、云南、甘肃部分地区以春小麦为主，冬、春小麦兼而有之；而南疆、西藏则以冬小麦为主，春、冬小麦兼而有之。

新疆春（播）麦区位于中国西北边疆。全区边境多山，地处内陆，天山横亘其中，分为南、北疆，自然条件差异明显。北疆属中温带，南疆属暖温带。小麦是本区的主要粮食作物。春小麦的播种成熟期北疆晚于南疆。北疆在 4 月上旬前后播种，7 月下旬至 8 月上旬成熟；南疆为 2 月下旬至 3 月初播种，7 月中旬成熟。

青藏春（播）麦区包括西藏自治区全部，青海除西宁及海东地区以外的大部，甘肃西南部的甘南藏族自治州大部，四川西部的阿坝藏族羌族自治州和甘孜藏族自治州及云南西北的迪庆藏族自治州和怒江傈僳族自治州部分县。青藏麦区中春小麦面积为全区麦田的 60% 以上。除青海省全部种植春小麦，四川省阿坝、甘孜及甘肃省甘南也均以春小麦为主。春小麦播期在 3 月下旬至 4 月中旬，8 月下旬至 9 月上旬收获。

四、中国春小麦生产布局

小麦的生产布局与气候因素、土地因素有关，也与当地生产条件、经济发展快慢有关，近年市场经济发展，小麦加工出口转化能力等对春小麦生产布局的影响也很大。有时会促进春小麦发展，有时则会限制春小麦发展，随着中国经济发展融入全球化的进程加快，小麦市场对外开放程度加大，中国的小麦特别是春小麦所受到的国际影响更大。

（一）春小麦的生态适应性

小麦生态适应性很广，生态适应性特点主要有：一是耐寒、喜温凉、怕热。小麦喜冷凉，温度过高不利于分蘖和幼穗分化，后期高温则影响籽粒灌浆。二是稍耐干燥、需水、怕旱、忌湿。小麦生育后期温度高雨水过多，病害严重；收获期若常遇阴雨，不利于贮藏，也影响品质。干旱是世界小麦进一步增产的限制因素，湿热则是影响小麦分布的主要障碍。三是喜肥沃土或多肥。小麦较适宜深厚肥沃的土层，以排水良好的粉沙壤土产量最高。由于小麦生长期大多处于冷凉季节，土壤养分分解释放缓慢，故需肥相对较多。因此，小麦应布局于肥沃土壤上，或给以较多的肥料投入。四是属典型的 C_3 作物，CO_2 补偿点高，约为 $50cm^3/m^3$；光补偿点随温度升高而升高；光饱和点在全光量的 $1/3 \sim 1/2$ 处，即 $30\ 000 \sim 50\ 000lx$；净光合率在 $10 \sim 25℃$ 之间为适宜范围，光合速率最高可达 $30 \sim 50mg/(dm^2 \cdot h)$。日照与产量成正比。

从整体看，中国各春麦区，小麦生育阶段都具有"前长后短"的特点。在春麦区营养生长期为生殖生长期的 $1.2 \sim 2.0$ 倍。一般来讲，营养生长期长，有利于养分积累和营养器官的建成。这阶段生态条件对决定穗数多少、穗大小及穗粒数多少至关重要。生殖生长期长，利于粒重增加，对提高产量关系重大。

中国各主要春麦区小麦所处的生态环境不同，从产量构成看，其生态适应性表现也不同。小麦分蘖期最适温度为 $10 \sim 14℃$。北部春麦区，适于分蘖的日数很少，分蘖成穗率低。小麦穗分化一般要求较低温度，高温则加快穗分化进程，不利穗大粒多的形成。中国大多春麦区气温回升快，小穗分化期气温较高，故表现为穗数较小，穗粒数亦少。小麦籽粒灌浆阶段最适温度为 $16 \sim 20℃$，$>22℃$ 灌浆期明显缩短，$<14℃$ 灌浆缓慢，$<8℃$ 灌浆极微。灌浆期长短对千粒重影响也很大。抽穗至成熟天数 $<30d$，千粒重明显减低，$>50d$ 则明显增加。中国春小麦区域广泛，灌浆期长短相差较大；东北、内蒙古一带灌浆期 $30 \sim 35d$，千粒重多为 30～35g；青藏高原灌浆期长达 60～80d，千粒重高达 45～50g。

（二）气候因素对中国春小麦布局的影响

影响春小麦生产布局的主要气候因素有日照、热量资源、降水及季节分布。

1. 日照　小麦属长日照作物，但长期适应环境的结果，使其对长日照的敏感程度不同。中国春小麦大多分布在北方，对长日照更为敏感。日照长短会影响小麦在一个地区内的分布比例和品种类型。

2. 热量资源　中国春小麦大多生育期短，一般仅为 70～90d，且耐寒，因此大部春麦种植区的热量资源都可满足春小麦种植，且极少低温和霜冻危害。一般春小麦多分布在不适合其他作物生长，也不利冬小麦生长的高纬、高寒地区和各省、自治区内的高海拔地区。如高纬度低海拔的东北三省，高海拔低纬度的青藏高原和内蒙古及山西、河北的北部，大都因冬小麦越冬困难而在早春种植春小麦。近年黑龙江省春小麦面积急剧下降，但地处最北部的大兴安岭地区种植面积却有上升趋势，这充分说明热量资源多少是决定春小麦布局的重要因素。

3. 降水及季节分布　小麦属不耐春旱作物，无论冬、春小麦，都要求生育期间降水充沛，降水季节分布与生长同步。对春小麦来讲，伏秋降水可增加土壤墒情，特别是提高底墒，有利其春播出苗，在 3～5 月期间，要求有适量降水以满足生育期水分需求。生育中后期，又不要求过多降水，否则病害加重，影响籽粒灌浆和收获。因此，降水无保证的地区应适当减少春小麦种植面积。选用品种时也一定要考虑成熟期和收获期与降水分布的关系，避免不必要的损失。

（三）土地因素对中国春小麦生产布局的影响

土地因素主要包括地势、地形与土壤，只有考虑小麦与土地因素的关系，才能做到因地种植，合理布局。

1. 纬度与地势　纬度与春小麦布局的关系表现在小麦分布的南北空间上，而地势与春小麦布局的关系表现在小麦分布的垂直地带上。纬度越高，气候条件越恶劣，降水减少，积温不足，冬季过于严寒，低温和霜冻问题突出，适于其他作物的条件缺少。而在这一地区，则显示出春小麦的独特优势。因此，春小麦多集中在中国北方地区。近年随着春小麦种植面积下降，其分布区域也相应北移。地势即海拔高低，海拔越高，温度越低，积温越少。一般海拔高度每增加 1 000m，积温约减少 1 500℃，相当于纬度北移十几度。因此，地势越高，春小麦分布的比例就越大。

2. 土壤　土壤是小麦生育的基础。春小麦适宜种植在土层深厚、肥力较高、地势平坦、有地下水资源或临近水源、易于浇灌的土壤上。对于土壤肥力较低的土壤，只要掌握好肥水管理，照样可以获得较高产量。对于一些盐碱地、中低产田，如采用适当的土壤修复技术和合理施肥技术，也可使其利于小麦生育而获得高产。

（四）社会、经济条件对中国春小麦生产布局的影响

社会、经济条件包括生产条件（水利、肥料、机械化程度等）、科技发达水平、投入水平（资金、技术、物质）、政策导向、市场竞争等方面。在一定的自然生态条件下，通过人类科技水平的提高，进一步改善生产条件，增加小麦生产投入水平，也会导致小麦生产布局

的改变。

1. 水利 中国许多麦区，就热量资源来讲，对于种植小麦是适宜的，但在春麦区，往往由于春旱，使小麦生产的发展受到限制。水是影响小麦布局的重要限制因素，广大的西北春麦区和西部春麦区正是因为有充足的雪水和河水灌溉，才使得小麦在当地占有相当大的比例和布局。近年旱作春麦区种植面积下降的主要原因是春旱严重，当地缺少水利设施和灌溉设施，导致单产低，效益差。如"水"的问题不解决，旱作区春小麦面积的恢复仍需时间。

2. 肥料 肥料是影响春小麦布局的一个重要因素。不同春小麦品种对施肥水平和土壤肥力水平有不同的要求。而不同产量水平和不同品质要求也对肥料和施肥提出了不同要求。新中国成立以来，小麦单产水平不断提高，主要是施肥和灌水在起作用，今后科学施肥，特别是施肥与灌溉结合仍是决定小麦布局稳定的重要途径。

3. 机械化水平 小麦是机械化程度最高的作物。特别在北方春麦区，小麦种植比例大、地多人少，播种与收获时农时紧张，没有机械力量就无法保证"不误农时"和及时收获。黑龙江、新疆等省（自治区）在过去小麦种植面积较大时，常因机械力量不足，收获不及时而导致丰产不丰收。目前春小麦生产布局仍与当地小麦种植的机械化水平密切相关。

其他诸如小麦科技发达水平（品种、种植技术）、投入水平（资金、技术、机械、水利与灌溉设施、农业教育等）、龙头加工企业的有无、小麦补贴的有无与多少等也都不同程度直接或间接地影响春小麦在各麦区内的布局。

第三节 西北春小麦生产

一、西北春小麦的分布

中国西北春小麦种植区包括甘肃、陕西、宁夏、青海、新疆、西藏、内蒙古等7省份，目前总面积约156.67万 hm²，其中约80%分布在内蒙古、新疆、甘肃3省份，总种植面积约123.6万 hm²，其中新疆约42.33万 hm²，占本省小麦总面积37.8%；甘肃省约24万 hm²，占本省小麦总面积29.8%；内蒙古全区小麦总面积约57.33万 hm²，均为春小麦。

根据当前中国小麦生产形势，西北春小麦种植区范围应包括西北春（播）麦区、新疆冬春（播）麦区以及青藏春冬（播）麦区。西北春（播）麦区位于黄土高原、内蒙古高原和青藏高原的交汇地带，包括内蒙古的阿拉善盟，宁夏全部，甘肃兰州、临夏、张掖、武威、酒泉各地区全部以及定西、天水和甘南藏族自治州部分县，青海省西宁市和海东市全部以及黄南、海南藏族自治州的个别县。新疆冬春（播）麦区位于中国西北边疆，全区边境多山，地处内陆，天山横亘其中，分为南、北疆，北疆属中温带、南疆属暖温带。青藏春冬（播）麦区包括西藏自治区全部，青海除西宁及海东市以外的大部，甘肃的甘南大部，四川的阿坝和甘孜及云南的怒江部分县和迪庆。

西北春小麦种植区包括的西北春（播）麦区，大部分属大陆性气候，水热条件较差，旱寒同驻。区内自东向西温度渐增和降水量递减，大部分地方年降水 200～400mm，蒸发强烈，越向内陆气候条件越严酷。小麦生育期太阳辐射总量 276～309kJ/cm²，日照时数 1 000～1 300h，≥0℃积温 1 400～1 800℃。春小麦播种至成熟期降水量 50～300mm，由北向南逐渐增加，缺水干旱是小麦生产最主要的限制因素。春小麦播种期通常在3月中旬至4月上旬，7月下旬至8月中旬成熟，全生育期120～150d。小麦后期常有干热风为害，造成小麦青枯，籽粒灌浆不足。

西北春小麦种植区包括的新疆冬春（播）麦区，大部分为典型的温带大陆性气候，冬季严寒、夏季酷热，降水量少，日照充足。区内年日照时数2 500～3 600h。气温从南向北逐渐降低，但温度的垂直变化比水平变化更为显著，昼夜温差大，平均日较差在10℃以上，最多可达20～30℃。从南疆的暖温带向北疆的中温带过渡，南北疆各地的无霜期差异很大，一般南疆多于北疆，平原区多于山区。年均降水量145mm，变幅约15～500mm，南少北多。春小麦的播种期与成熟期，北疆晚于南疆，北疆在4月上旬前后播种，7月下旬至8月上旬成熟，而南疆在2月下旬至3月初播种，7月中旬成熟。春小麦生产中常遇早春低温冻害和后期干热风为害，干旱、盐碱和病害也是小麦生长的不利因素。依靠河水灌溉的地区，春季枯水期长，春小麦播种期易受干旱。抽穗以后常有干热风为害，吐鲁番、哈密等地区尤为严重；次生盐渍化现象在灌区发生普遍，河流下游盐碱为害较重。

西北春小麦种植区包括的青藏春（播）麦区，均属青藏高原，海拔高、日照强、气温偏低、日较差大、无霜期短，降水分布极度不均是本区的主要特点。全区≥10℃年积温为1 290℃左右，变幅为84～4 610℃，不同地区间受地势地形影响，温度差异极大。降水量分布极不平衡，高原东南两面边沿地带年降水量可达1 000mm以上，而柴达木盆地年降水量大都在50mm以下，盆地西北少于20mm，是中国最干燥的地区之一。降水季节分配不均，多集中在7、8月，其他各月干旱，冬季降水很少，春小麦一般需造墒播种。区内太阳辐射多，日照时间长，气温日较差大，小麦光合作用强，净光合效率高，易形成大穗、大粒。一般春小麦在3月下旬至4月中旬播期，9月初至9月底成熟，全生育期130～190d；生育期间太阳辐射总量276～460kJ/cm²，日照时数1 300～1 600h，>0℃积温1 600～1 800℃。区内制约小麦生产的主要因素为温度偏低，热量不足，无霜期短，气候干旱，降水量少，蒸发量大，盐碱及风沙危害等自然因素。

改革开放以来，由于种植结构调整和耕地刚性减少，全国春小麦种植面积不断下滑，相应地西北春小麦种植区面积也随之压缩。2013年与1980年相比（表1-6），全国春小麦种

表1-6　西北春小麦生产情况

单位：万hm²、万t、kg/hm²

省份	2013年			1980年			2013年较1980年提高（%）		
	面积	总产	单产	面积	总产	单产	面积	总产	单产
内蒙古	57.12	180.4	3 158	95.73	82.5	862	−40.3	118.7	266.4
西藏	0.98	—	—	1.73	3.5	2019	−43.5	—	—
陕西	—	—	—	0.69	0.5	728	—	—	—
甘肃	24.15	88.0	3 644	71.23	171.0	2 401	−66.1	−48.5	51.8
青海	9.54	36.0	3 769	20.11	56.5	2 809	−52.6	−36.3	34.2
宁夏	6.42	32.5	5036	23.52	46.5	1 977	−72.7	−30.5	154.7
新疆	42.35	216.6	5 114	56.63	83.0	1 466	−25.2	161.0	248.8
全国总计	156.47	607.3	3 881	519.35	871.5	1 678	−69.9	−30.3	131

数据来源：《中国农业统计资料：1978—2014年》。

植面积下降 69.9％，总产下降 30.3％，而单产提高 1.31 倍。相应地，西北各省（自治区）春小麦种植面积均大幅下降，下降幅度 25.2％～72.7％，但单产水平各省（自治区）均有不同程度的提高，其中内蒙古、新疆和宁夏单产提高幅度远高于全国平均水平，而总产除内蒙古和新疆大幅提高外，其余各省份均因种植面积大幅下降而降低。中国春小麦种植面积大幅下滑，主要因为种植春小麦对土壤的要求很高，劳动强度、投入成本等也高于其他作物，春小麦种植比较效益下降，越来越多的农民对种植春小麦失去兴趣，将更多的耕地改种向日葵、玉米等作物。当前就西北春小麦种植区在全国春小麦种植的地位来看，西北春小麦种植区种植地位超过东北春麦区，2013 年西北春小麦种植区面积和总产占全国春小麦面积和总产的比例分别为 89.8％和 91.1％，分别比 1980 年提高37.9 和 40.2 个百分点。

二、西北春小麦生产的有利条件

（一）日照充足、光能资源丰富，且温度适宜、昼夜温差大

西北春小麦种植区年日照时数高达 2 600～3 100h，年日照百分率 56％～72％，比中国东部同纬度地区显著增多。年太阳辐射量 585～627kJ/cm²，高于中国其他地区，从而为春小麦高产奠定了基础。

西北春小麦种植区大部分区域春小麦营养生长期的气温指标与所要求的适宜温度范围基本吻合（表 1-7），而且生长前期的较低温度有利于延缓光照阶段的通过，延长穗分化时间，促进小穗小花的分化，为形成大穗和增加穗粒数创造了条件。另外，本区气温的日较差大，年均为 12.4～15.0℃，有利于干物质的积累。特别是在春小麦灌浆期，日照充足，昼夜温差大，日平均温度较低，灌浆持续时间较长，千粒重明显增大。例如，在青海柴达木盆地春小麦穗粒数达 36.2，千粒重达 56.2g，产量高达 15 195kg/hm²。有的地方春小麦的千粒重甚至能达 70g。据资料计算，西北春小麦种植区的光温生产潜力很大。在青海省的柴达木盆地，春小麦的光温潜力达 19 185～22 605kg/hm²。表 1-8 列出了西北春小麦种植区的光合生产潜力和光温生产潜力，从中可以看出，目前实际达到的生产水平与潜在的产量水平差距很大，说明本区春小麦还有巨大的生产潜力。

表 1-7　春小麦生育期所需的温度条件及西北春麦区实际达到的温度指标

（李守谦，1991）　　　　　　　　　　　　　　　　　　　单位：℃

项目		出苗—拔节	拔节—抽穗	抽穗—成熟	全生育期活动积温
需要	下限温度	4	7	12	
	适宜温度	10～18	12.5～20.0	16～22	1 600～2 000
	上限温度	20	22	25	
实际达到	甘肃张掖	8～18	13～20	12～20	3 388.0
	青海西宁	8.0～13.4	13.4～15.2	16.0～17.7	2 745.9
	宁夏银川	8.3～15.4	16.9～19.7	21.0～23.3	3 794.3
	新疆奇台	6.5～14.6	14.6～21.6	21.6～23.1	1 920.5

表 1-8　西北春麦区的光温生产潜力与光合生产潜力

（李守谦，1991）　　　　　　　　　　单位：kg/hm²

地点		光合生产潜力	光温生产潜力	当前产量水平
甘肃	兰州	22 302	16 312.5	3 900～6 300
	张掖	26 185.5	17 412	5 250～8 250
青海	西宁	25 572	17 895	5 250～9 000
	贵德	30 424.5	20 565	5 250～9 000
宁夏	银川	24 141	18 189	5 250～9 000
	固原	23 184	13 746	3 000～6 000

（二）土地资源丰富

西北春小麦种植区，土地资源丰富，并以人口稀少的西北内陆河区土地面积最为广阔。从各省（自治区）的土地情况看，西北春小麦种植区地广人稀，人均土地资源较多，人均土地面积最多的是青海省，其人均土地面积近 15hm²，其次为新疆（9.6hm²）和内蒙古（5.0hm²）。

（三）单产提高潜力巨大

历史上曾出现的一批高产典型说明，西北地区是一个春小麦高产区。例如，1989 年青海省互助县哈拉乡 0.8hm² 青春 533 春小麦，平均单产达 9 595.5kg/hm²；1987 年甘肃省永昌县焦家庄乡 7.2hm² 陇春 8 号春小麦，平均单产达到了 7 741.5kg/hm²，其中 1.5hm² 平均单产 8 659.5kg/hm²；新疆吉木萨尔县泉子街乡 53.6hm² 春小麦，平均单产达到 7 936.5kg/hm²。但由于国家对春小麦发展重视度不够，至今西北多数地区春小麦的单产水平还相当低，尽快提高这部分中低产田的单产水平仍然是今后西北春小麦发展的必由之路。

（四）依靠科技，实现增产潜力还很大

新中国成立以来，特别是改革开放以后，西北春小麦种植区在育种、栽培、耕作、植保等方面取得了一批科研成果，这些成果的推广应用无疑对春小麦的发展起了很大的促进作用。据不完全统计，20 世纪 70～80 年代西北春小麦种植区有关小麦的科研成果约 60 多项，但与全国相比，差距仍很大。特别是 20 世纪 90 年代后，国家对春小麦发展较为轻视，导致西北地区发展春小麦资金、科技投入严重不足，以致西北春小麦种植区春小麦生产长期徘徊不前。当前西北春小麦种植区，依靠科技，实现增产潜力还很大。

（五）品质优良

西北春小麦种植区日照时间长、光照强度大、昼夜温差大，有利于提高光合效率和干物质积累、增加粒重。同时，深处内陆腹地，大陆性气候强烈，病虫种类较少、危害相对较轻。因此，农药和化肥用量较少，生产成本低，有利于绿色食品基地建设。同时，温差大有利于蛋白质积累，小麦籽粒蛋白质含量、面筋含量一般高出湿润麦区 2 个百分点左右，营养品质较好，种子含水量低、外观品质好。干燥低温的气候条件也有利于种子储藏。

(六) 自给缺口大、销售压力小，且具有不可替代的地位

小麦是西北最主要口粮，但西北春小麦种植区均自给不足，供需缺口较大，基本不存在积压和销售难的问题。同时自给性生产也减少了外销运输成本。

西北春小麦种植区大多热量不足，旱寒叠加，可适应种植的作物种类有限，而春小麦对这些逆境条件具有较强适应性，不能种植其他作物的地方往往只能种春小麦。同时，春小麦也是西北地区与玉米、马铃薯等轮作倒茬最主要作物。春小麦秸秆适合作饲草，粮草兼收，并且种植春小麦的劳力、农资投入低于玉米、马铃薯、蔬菜等作物，综合效益较高。春小麦是西北机械化作业程度最高的作物，在目前农村劳力紧张的现状下，春小麦生产省力省时、多重利好的优势日益凸显，这也是近年西北春小麦种植面积保持基本稳定的主要原因。

三、西北春小麦生产存在的问题

(一) 降水稀少且时空分布不匀，生产生态条件差产量低而不稳

西北春小麦种植区深处内陆，不仅降水稀少，土壤蒸发量大、气候干燥，而且降水时空分布不匀，冬春少雨干旱，夏秋降水集中，小麦生长季节与降水季节错位严重，年际间降水变幅也大。大部分产区年降水 400～600mm，60％降水集中在 7～9 月夏闲期，小麦受旱是常态，常出现春夏连旱甚至三季或四季连旱。干旱是西北春小麦种植区产量低而不稳的首要原因，因此通过耕作纳雨、覆盖保墒等途径，提高土壤水库跨季节供水调配能力，提高蒸腾/蒸发比，是提高有限降水资源利用效率、实现旱地小麦稳产高产的关键。

西北春小麦种植区，土壤条件差，物化投入水平低，80％的耕地分布于水土流失区和生态环境脆弱区，土层浅薄，土壤保水保肥力差。受生产条件差和自然资源限制，产量低而不稳。长期以来对春小麦生产、新技术研发与推广重视不够，技术覆盖度低，耕种粗放和广种薄收面积比例大，单产提升较慢。

(二) 旱薄相连，土壤肥力低下

西北春小麦种植区多数土壤结构疏松，易风蚀沙化，地力贫瘠，水土流失严重，常常致使旱地易薄、薄地易旱、旱薄相连，肥力不足限制了有限降水资源生产效率。资料显示，甘肃春小麦种植区总体表现为富钾、贫氮、急缺磷，0～30cm 耕层土壤有机质多在 1.2％以下。尤其近 20 年随着农业生产形势转变，小麦种植区逐渐边缘化，麦田有机肥投入迅速减少，主要依靠化肥维持生产，土壤肥力低下，因此必须通过培肥地力、科学施肥等途径，实现以肥调水、以水调肥、水肥耦合互调。

(三) 发展很不平衡

全国小麦的高产典型出在西北地区，但低产典型也在本区，发展很不平衡。例如，20世纪 90 年代甘肃省定西县的春小麦平均单产只有 1 326kg/hm²，而临泽县的春小麦平均单产 7 368kg/hm²，两者相差 5.5 倍。主要是因为本区大部分地区的生态环境较差，自然灾害比较频繁，特别是旱灾，其次风沙、盐碱、干热风和病虫害等对春小麦生产的危害较大。因此，如何从大农业的观点出发，逐步改善生态环境，是发展本区农业和小麦生产的一项长期

而艰巨的任务。

（四）缺乏过硬的优良接班品种

新中国成立以来，西北春小麦种植区虽然进行了5～7次春小麦品种更换，对增产发挥了重要作用，目前仍有一批良种在生产上应用。但是整个春小麦育种工作仍赶不上生产发展、抗御自然灾害和不断提高人民生活的要求，主要反映在育成品种的数目较多，但大多数品种的多抗性、丰产性和适应性都存在一定问题：①适应川水地区丰产栽培的矮秆高产品种较少；②适应间套带种的专用小麦品种缺乏；③适应非保灌地区明显增产的后继品种为数较少；④适于食品加工和烘烤面包的优质小麦品种，尚未得到适当解决。另外，良种繁育体系普遍不够健全，多乱杂和单一化两种倾向都不同程度的存在。

（五）栽培研究和推广长期停留在一般水平上

主要表现在：单项技术研究较多，综合技术研究较少；定性研究较多，定量研究较少；初级模式研究较多，数学模式和专家系统研究较少；应用技术研究较多，应用基础研究较少；局部研究推广较多，分区分类系统的研究推广较少。

四、西北春小麦继续发展对策

（一）稳定面积，主攻单产

西北春小麦种植区虽有一部分宜农荒地可以开垦，但由于水资源及农业结构调整的限制，在今后扩大春小麦的种植面积是不大可能的。因此，从总体上讲，西北春小麦种植区春小麦生产应当走"稳定面积、主攻单产"的路子。

（二）狠抓中低产田，实现均衡增产

西北地区国民经济发展较慢，投入水平和科学技术水平较低，加之气候条件较差，因此，西北地区单产3 000kg/hm² 以下的中低产田面积约占小麦播种面积的60％以上。水地少、旱地多，旱薄相连，要提高西北春小麦的总产，采取综合措施改造这部分中低产田十分必要。改造中低产田比开发宜农荒地投资少，见效快，同时在中低产田上采用综合栽培技术，可实现大面积均衡增产。

（三）努力增加投入

合理的增加物质投入是挖掘潜力的有效手段。首先应在增施农肥、扩种绿肥的同时，改进化肥施用方式。此外，地膜等农用物资的投入也应逐步增加。技术的投入也是必不可少的，而且只有增加技术投入才能更有效地提高物质投入的效益。

（四）把节水问题作为首要问题

西北地处欧亚大陆腹地，大陆性气候特点十分明显，干旱少雨问题非常突出。年降水量350mm 以下的地区主要依靠灌溉，是本区的春小麦灌溉区，约占小麦面积的3/4。其中甘肃河西地区、新疆哈密地区属内陆河灌区；宁夏灌区，甘肃兰州、白银灌区，青海东部地区

属引黄灌区。无灌溉条件的面积占小麦面积的约1/4，属雨养农业区。无论是灌溉农业区还是雨养农业区，由于受水资源总量不足，时空分布不均匀等特点的限制，发展节水型农业均势在必行。

（五）加强育种和良种繁育工作

选育良种是一个长期的连续过程。实践证明，在品种上没有新的突破，产量很难上新的台阶。目前由于春小麦育种工作普遍存在着种质资源缺乏，经费不足，力量分散等问题，处于艰难的爬坡阶段，急需有关部门给予大力支持，加强育种部门的协作攻关。同时，尽快健全良种繁育体系，以加速现有良种示范推广的步伐。

五、西北春小麦主要种植区农业资源环境概况

（一）甘肃农业资源环境

1. 气候特点　光照充足，热量条件区域差异大。甘肃省大部分地区光照丰富，太阳辐射能多，是农业气候的一大宝贵资源。日照时数，除秦岭以南武都地区的大部和天水地区一部分外，其他广大地区的年均日照时数均在 2 000h 以上，其中河西地区高达 2 600～3 300h；太阳年均总辐射量在 502.4kJ/cm² 以上，其中河西地区多达 586.15～669.9kJ/cm²。日照时数和太阳总辐射量比同纬度的东北地区多，有利于植物进行光合作用。甘肃省的热量条件，除高寒山区外，可以满足耐寒作物生长发育对积温的要求。由于甘肃地域跨度大，热量条件的区域差异很大。陇南地区热量条件较好，稳定通过10℃的年活动积温多在 3 200℃以上，农作物可一年两熟、两年三熟或一年一熟，热量有余；其中陇南山区南部河川区的热量条件最好，稳定通过10℃的年活动积温在 4 000℃以上，农作物一年两熟；陇东陇中及河西走廊部分地区稳定通过10℃的年活动积温多在 2 000～3 000℃，可种植春小麦、冬小麦，为一年一熟或一年一熟热量有余。而甘南高原及祁连山山地因海拔高、气候严寒，农作物难以生长发育。

2. 水资源特点

（1）降水变率大，干旱发生频繁。甘肃的降水具有两大特征：一是分布极不均匀；二是干旱发生频繁，旱情趋于严重。

（2）水资源不足，时空分布极不均衡。甘肃全省人均自产水资源为 1 150m³，不到全国平均水平的1/2，耕地亩均水资源量378m³，仅约为全国平均水平的1/4。由于水资源短缺，甘肃近80%的耕地无灌溉条件（据统计资料，甘肃无灌溉耕地面积比例为57%，而据普查数据，甘肃无灌溉耕地面积比例近80%），属于旱作农业，处于靠天吃饭状态。

（3）沙尘暴危害加剧。逐年发生次数递增，每次持续时间延长。

3. 土地资源特点

（1）土地广阔，草地面积比重大。甘肃省土地面积占全国土地总面积的4.7%，其中耕地面积占全国耕地总面积的3.9%。全省人口 2 533.7 万，占全国人口的2%；人均土地面积1.8hm²，为全国平均水平的2.3倍；人均耕地面积0.2hm²，为全国平均水平的1.9倍。

（2）海拔高，地形复杂，坡地比重大。甘肃省95%以上的土地海拔高于 1 000m，其中35%的土地海拔高于 2 000m。山地、丘陵和平地面积分别占土地总面积的56.0%、21.8%

和22.2%，以山地为主。

（3）草地退化，土地沙化、盐碱化和沙漠化。甘肃省的荒漠化土地包括四大类型：一是沙漠沙丘，二是风蚀地，三是盐碱地，四是水蚀地。全省现有土地侵蚀面积28.3万km²，占全省土地总面积的62.9%，每年输入江河的泥沙6.4亿t，其中黄土高原最为严重，水土流失面积3.6万km²，年输沙量5.2亿t。全省沙漠戈壁和受风沙危害的土地占全省土地总面积的40%以上。

（二）宁夏农业资源环境

1. 气候特点

（1）光温条件优越有利于春小麦优质高产。宁夏位于中纬度高原地区，除六盘山区外，绝大部分地区太阳辐射强，日照时间长，热量条件好。银川地区实测年太阳辐射总量为611.3kJ/cm²，比同纬度地区的华北平原高出43.5kJ/cm²，宁夏大部分地区的年日照时数在2 800～3 100h，日照百分率高达69%，是全国日照时数最多的地区之一。≥10℃年活动积温为2 000～3 000℃，气温日较差高达12～15℃。

（2）雨量少，蒸发强，风沙大。宁夏深居内陆，年降水量少。在宁夏，除六盘山地区年降水达400～700mm外，其他地区年降水量一般在300mm以下，中部的盐池、同心一带年降水量250～300mm，北部引黄灌区只有200mm左右。而蒸发量远远大于降水量，是典型的干旱、半干旱区。降水量的70%以上集中于7～9月，由于降水的年际变化大及季节分配不均，降水的局限性强，多以暴雨形式出现，历时短、强度大，使本来不多的降水量利用率大为降低。由于降水少、气候干燥，风沙较大，中部贺兰山东麓洪积扇地区尤为严重。

2. 水资源特点

（1）地表水以过境水为主，自产径流较少。丰富的黄河过境水量，是宁夏发展经济和改善生态环境极其重要的条件，但黄河过境水源对宁夏的作用主要限于北部平原地区，且使用有限制，目前每年分配给宁夏的可利用水资源为40亿m³，不可无限利用。

（2）自产地表径流的矿化度高、水质差，水量变率很大。宁夏是中国地表水矿化度最高的地区之一。咸苦水的分布面积达3.5万km²，占全区面积的50%以上。

（3）地下水主要集中于平原地区，主要来自于灌溉水的渗漏。宁夏全区地下水资源25.3亿m³，其中84%集中于仅占全区土地总面积15%的宁夏平原。宁夏平原地下水93%～98%的补给量来自于引黄渠系及田间灌溉水的大量渗漏。

3. 土地资源特点

（1）土地类型多样，平原集中连片。受综合因素影响，宁夏形成了复杂多样的土地类型，其中山地、丘陵、平原、台地、沙丘沙地、水域面积各为10 491km²、25 232km²、17 264km²、7 304km²、5 577.6km²、500km²，分别占全区土地总面积的15.8%、38.0%、26.0%、11.0%、8.4%和0.8%，以丘陵面积为最大，平原面积次之。

（2）农用地以牧草地为主，耕地次之，林地较少。全区可利用草场面积、耕地面积、林业用地面积和可用于发展水产业的水面面积分别占全区土地总面积的39.5%、19.1%、9.7%和0.8%，以草场面积为最大，其次为耕地。

（3）水土流失、土地沙化、草地退化与耕地盐渍化。宁夏水土流失面积约3.5万km²，在宁南山区，年侵蚀模数达5 000～10 000t/km²的严重水土流失区为8 200km²，这是造成宁南山区农作物低产的重要原因之一。

（三）青海农业资源环境

1. 气候特点　青海省海拔高，空气干燥，大气洁净而透明度好，太阳辐射强度大，光照时间长，光能资源丰富，太阳年总辐射量高达 586.2～753.6kJ/cm²，仅次于西藏。青海大部分地区年日照时数在 2 300～3 600h，日照百分率为 50％～80％。这种长日照对促进植物光合作用、加速有机物的形成和转化是极为有利的。

2. 水资源特点

（1）水资源丰富，但水、土资源组合不平衡。青海全省水资源总量 627.6 亿 m³，地广人稀耕地少，人均、亩均占有水资源量分别为全国平均水平的 6.0 倍和 3.7 倍。受地形、气候等自然地理因素的影响，东南部和东北部水量多，但地势高寒，耕地少；东部和西部水量少，而可耕地多，形成了有地无水或有水无地的局面。

（2）农业灾害发生频繁。青海省种植业灾害主要是旱灾、霜灾、雹灾，牧业以风灾、雪灾和鼠虫危害草场为主，每年因灾损失近 10％的粮食和油料。

3. 土地资源特点

（1）地广人稀，草地面积广阔。青海全省土地面积 71.7 万 km²，占全国土地总面积的 7.5％，仅小于新疆、内蒙古和西藏，在 31 个省（自治区）中居第四位；而全省总人口仅高于西藏，在全国 31 个省（自治区）中倒数第二；在农用土地面积中以草地面积为最大。

（2）以高海拔山地为主。青海省地处青藏高原，其地面海拔高度多在 3 000～5 000m。全省平地、丘陵和山地面积分别占全省土地面积的 30.1％、18.7％和 51.2％，以山地为主。

（3）水土流失，土地沙化与草地退化。全省水蚀、风蚀两项面积之和占全省土地总面积的 25.3％；风、水、冻融侵蚀面积之和占全省土地总面积的 46.3％。据预测，2030 年青海省沙漠化面积将扩大到 15.5 万 km²，全省退化草地面积平均每年以 34.8 万 hm²的速度增加。

（四）新疆农业资源环境

1. 气候特点

（1）光能资源丰富，为国内日照时数最长、日照率最高的地区之一。太阳总辐射量仅次于青藏高原，为中国农业区中光合有效辐射能最为丰富的地区之一；年均日照百分率高达 60％～80％，是国内日照时数最长、日照率最高的地区之一。

（2）昼夜温差大，热量条件的稳定性差。新疆年均气温 10～16℃，年均昼夜气温北疆为 12～14℃，南疆为 14～16℃，较大的昼夜温差有利于光合产物的积累。热量条件的稳定性较差，一是农作物生长季节积温不稳定，二是春秋季节气温升降剧烈。春季升温快，有利于早春作物和越冬作物迅速生长和发育；秋季降温急，易发生冷冻灾害。

（3）降水少，蒸发强。新疆距海洋遥远，又因大气环流条件的限制，降水稀少，且地区分布不均匀。因光照强，白天温度高，水分蒸发强烈。

2. 水资源特点

（1）水资源总量少。新疆水资源总量为 882.8 亿 m³，占全国水资源总量的 3％，土地面积占全国土地面积的 17%，平均单位土地面积水资源量不足全国平均水平的 1/5，耕地面积水资源量相当于全国平均水平。

（2）水资源主要来自于中、高山，而平原区自产径流极少。新疆河川径流量的分布与高山降水量的多寡及高山冰雪的分布有密切关系。

（3）地下水一般呈带状分布。其分布特点以河流所经过的地质地貌为转移。河流出山口后，地下水运动方向从冲积扇上中部流向扇缘，再流向冲积平原上、中部。在水流过程中，地表水与地下水经常互换。

（4）山前平原水源较丰。因新疆径流源于中、高山地的降水和高山区的永久积雪和冰川，所以山前平原水源一般较为丰富，并形成绿洲农业区。

3. 土地资源特点

（1）地域辽阔，但可农用土地面积比重小。新疆土地面积占全国土地总面积的 17%。在土地面积构成中，山地占 49.5%，平原占 28.0%，沙漠占 22.5%；适宜农、林、牧业直接利用的土地面积不足 1/3。

（2）耕地面积广，开发潜力大，但土壤盐碱化。据土壤普查数据显示，新疆耕地面积 398.6 万 hm²，人均耕地 0.3hm²，为全国平均水平的 2.1 倍，在全国居第四位。其盐碱化耕地面积达 100 多万 hm²，占耕地总面积的 1/4 以上。

（3）草地面积广阔，但草场退化。新疆有可利用草原面积 5 040 万 hm²，占全国草原面积的 23%，居全国第二位。由于利用不合理，草地退化面积高达 904 万 hm²，占可利用面积的 18% 左右。

第二章
西北春小麦种植环境

第一节　气候条件

　　西北春小麦种植区（下文简称西北地区）深处内陆，由于远离海洋，周围又受高山阻隔，来自海洋的气流，难以长驱直入，只能滞缓前进，造成降水稀少，而又蒸发强烈，故而大部分地区属干旱半干旱气候。气候的不利因素主要有干旱、冰雹、暴雨、霜冻、干热风、大风和风沙等灾害性天气，对春小麦生产有不同程度的危害。

一、光照资源

　　太阳辐射能是地球上一切生命过程最基本的能源，是土壤形成中物理风化过程最基本的原动力，也是农作物和一切植物进行光合作用的主要能量。太阳光的辐射能使土壤和空气变暖、温度升高，是植物生活中不可缺少和不可代替的重要因素之一。

（一）太阳辐射

　　1. 总辐射　西北地区深处内陆，空气干燥，云雨稀少，晴天多，加之一般海拔较高，总辐射削弱较小，故日照丰富，因此，实际年总辐射值都较大。大部分地区年均太阳总辐射量均在 4 300～7 000MJ/（m² · a）之间。新疆东南部、青海、甘肃西部是西北地区年均总辐射最多地区，一般为 6 000～7 000MJ/（m² · a），其中以青海高原北部最多。青海高原东部、甘肃中东部、宁夏以及内蒙古西部年均总辐射为 5 000～6 000MJ/（m² · a）；新疆西北部年均总辐射量为 5 200～6 000MJ/（m² · a），其中乌鲁木齐是一个相对低值中心。

　　2. 总辐射季节变化　一年四季中以夏季总辐射量最多，冬季最少，春季多于秋季。各季太阳总辐射分布的状态与年分布基本一致，从东南和西北向中部增加，青海高原为总辐射高值区。

　　夏季太阳总辐射量最多，全区为 540～750MJ/（m² · a），宁夏南部在 600MJ/（m² · a）以下，青海高原东部、甘肃中部、宁夏大部和内蒙古西部为 600～650MJ/（m² · a），新疆和青海高原大部为 650～750MJ/（m² · a）。春季总辐射量次于夏季，全区 400～685MJ/（m² · a），青海南原东部、甘肃东部、宁夏、陕北、新疆大部和内蒙古西部为 500～600MJ/（m² · a），新疆东部、青海高原和河西走廊为 600～685MJ/（m² · a）。秋季太阳总辐射全区为 290～530MJ/（m² · a），甘肃东部、宁夏、北疆和内蒙古西部地区为 290～400MJ/（m² · a），南疆、青海高原和河西走廊为 400～530MJ/（m² · a）。冬季太阳总辐射量最少，全区为 185～400MJ/（m² · a），甘肃东部和新疆地区为 185～300MJ/（m² · a），青海高原、河西走廊、宁夏和内蒙古西部为 300～400MJ/（m² · a）。四季中，春、夏、秋三季太阳总辐射量均以青海高原中部的格尔木为最多，而冬季以青海高原东部最多。

从各月来看，西北地区因为干燥，全年少云，在一年当中，太阳总辐射量变化比较规律，以 12 月、1 月最低，以 9 月、7 月最高。

3. 光合有效辐射 通常把绿色植物吸收的光，称为光合有效辐射（或生理辐射）。西北地区的光合有效辐射资源和太阳年总辐射量一样，十分丰富。青海柴达木盆地、甘肃北部、宁夏和内蒙古西部由于海拔高、空气稀薄，水汽含量少，大气透明度好，光合有效辐射特强，一般都在 2 930MJ／（m² · a）以上；新疆北疆在 2 510～2 720MJ／（m² · a）之间。由于植物利用太阳辐射能只有在气温超过 5℃时的生长季节才能进行，所以春小麦实际上可以利用的光合有效辐射量较年光合有效辐射总量要少些。本区大部分地区气温较低的时期较长，大大限制了太阳辐射能利用。

此外，由于土壤变热或变冷过程中的能量转换，是在土壤的上层进行的。尘埃少的大气层中辐射增加的速率快，一旦辐射到达土面，必须先吸收而后才能变热。土壤颜色、植物覆被的密度等都会影响太阳辐射土面和土温的提高。

（二）日照

1. 日照时间 西北地区是中国日照时间最为丰富的地区，全区年均日照时数在 1 500～3 400h 之间，且东南少西北多，从东南向西北逐渐增加。新疆东部、青海北部、甘肃西部、宁夏北部是西北地区日照时数最多地区，一般为 3 000～3 400h，以甘青新交界区最多。青海高原南部（玉树、果洛）、甘南高原、陇中南部、陇东、宁夏南部日照时数为 2 000～2 500h；新疆西部、青海中部、甘肃中部、宁夏中部的日照时数为 2 500～3 000h；而天山、祁连山区和南疆西部是相对少日照地区。

年日照百分率的分布，基本上与日照时数的分布一致。西北地区全年日照百分率一般在 50%～70%之间，从东南向西北逐渐增大；最大值出现在青海的冷湖，为 80%。各省、自治区全年日照百分率，宁夏和内蒙古西部为 56%～77%，甘肃为 43%～75%，青海为 54%～80%，新疆为 61%～76%。

2. 日照季节分布 对农业生产影响比较大的是光照的季节分配。西北各省（自治区）的日照时数和日照百分率都是夏季最多，冬季最少，春季多于秋季，这是因为夏季昼长夜短，冬季昼短夜长，秋季阴雨天气多的缘故。各季日照时数分布的状态与年分布基本一致，天山、祁连山区和南疆西部是相对少日照区。

冬季日照时数最少，全区为 270～720h，但整个区域冬季日照的空间变化小，新疆天山地区日照时数为 300～550h，其余大部为 550～650h。夏季日照时数最多，全区为 520～1 010h，南疆西部和祁连山两个相对低日照区日照时数约 650～750h，天山约 800h，以北疆东部的哈巴河日照时数最多。春季日照时数次于夏季，全区为 440～920h，南疆西部、祁连山和天山相对低日照区日照时数与夏季相当，其余大部分地区为 650～900h。秋季日照时数全区为 280～840h，除东南部的小部分区域外，其他大部分地方的日照接近冬季，为 650～800h。

西北地区的日照百分率在一年中各季节变化不大。10 月日照百分率为全年最高，南疆、阿拉善高原等地都在 80%以上，其余各地多在 70%～80%。其次，1 月日照百分率也较高，大多在 70%～80%，一部分地区为 60%～70%。春、夏两季日照百分率略低，4 月与 7 月多约 70%。

二、热量资源

作物生长要在一定的温度条件下进行。当温度高于作物生长发育的最低温度，并满足生长发育对温度的要求时，作物便可迅速生长、发育，形成产量。而温度过高或过低时，不仅影响作物生长发育和产量，而且往往会造成危害。因此，生长季内的累积温度多少、夏季温度高低以及冬季寒冷程度往往成为决定作物种类、作物布局、品种类型、种植制度以及产量高低的基本前提。

（一）年均气温

西北地区年均温一般在 0～16℃之间，各地之间差异较大。一般来讲，各地具有南热北冷的特点。具体看，新疆北疆地处西北地区最北，冬季寒冷漫长，夏季气温较低，因而年均温较低，一般为 3～8℃，其中以阿尔泰山区年均温最低，低于 2℃。新疆南疆地区纬度位置偏南，又有天山屏障阻挡北来冷空气，所以年均温较高，多为 6～12℃，显著高于北疆及西北其余大部分地区，其中吐鲁番盆地年均温高达 14℃。内蒙古的阿拉善高原、甘肃的河西走廊以及黄土高原各地，年均温通常高于新疆北疆，大部分地区又略低于新疆南疆，一般在 6～10℃之间，其仅在阿拉善西端的北山山地及河西走廊南侧等地，由于地势较高，年平均气温略低，在 6℃以下。青海省全境海拔较高，至少高出西北其他地区 1 000m 以上，因而年均温在西北地区中最低，基本均在 4℃以下，其中以柴达木盆地最高，也仅约 4℃。青海省南部，海拔更是高达 4 500m 以上，年均温更低，约 0℃以下。青海省仅东北部年均温高于 4℃。

总体来看，西北地区年均温除新疆的南疆、东疆等地区在 10℃以上外，其余广大地区均在 10℃以下；宁夏、甘肃以及新疆的北疆、伊犁谷地均在 5～10℃之间；青海及其他各省（自治区）少数地区因地势较高，在 5℃以下，其中青海的玛多、称多清水河等地区由于在海拔 4 500m 以上，所以年均温在 −4℃以下，为全区最低。

（二）气温的季节变化

西北地区属大陆性气候，温度随时间的变化比较明显，冬季寒冷，夏季温热，日温差大。西北地区整个冬季，天气十分寒冷。1 月均温变化范围在 −27～4℃之间。宁夏、甘肃大部，气温由东南至西北逐渐降低，从 0℃降至 −11℃左右；青海东南部，海拔高，气候较严寒，均温降至 −16.8℃，青海省其余地区 1 月均温多在 −12～−7℃之间；再向西北，气温逐渐回升，由于天山阻挡了冷空气的入侵，新疆南疆大部地区 1 月均温在 −9～−4℃之间，新疆北疆大部地区 1 月均温在 −10℃以下，而新疆阿勒泰地区东部和天山部分地区 1 月均温在 −20℃以下。

春季是气候从冬到夏剧烈变化的过渡季节。4 月，西北大部分地区的月均温均在 0℃以上。宁夏大部、甘肃大部 4 月均温为 8～12℃；青海省东南部成为西北地区 4 月均温最低的地方，只有约 0℃，青海省其他地区 4 月均温大多在 4～8℃；新疆春季气温上升很快，北疆大部 4 月均温不到 10℃，南疆大部 4 月均温为 14～16℃，而吐鲁番 4 月份均温已达 19℃。

夏季是一年中最热的季节。西北地区夏季气温的特点是气温日变化幅度较大，昼热夜凉。西北地区 7 月均温除阿尔泰山、天山山地及青海全境以外，普通在 22～28℃之间，以吐鲁番最高，为 32.4℃。青海是西北地区夏季气温最低的地区，大部分地区 7 月均温约 8～18℃，部分地区甚至不到 7℃。

秋季，西北各地降温较快。新疆南疆 10 月均温为 10～16℃，其他地区大多在 0～10℃之间，青海省东南部与新疆天山中部最冷，10 月均温已降至 -3～0℃。

（三）最热月和最冷月气温

西北最热月均温与年均温的分布趋势基本一致，甘肃的西部少数地区武都、新疆的南疆、东疆以及北疆的克拉玛依等地区在 25～30℃之间，吐鲁番盆地甚至高达 33.0℃，宁夏、兰州、河西三地区以及新疆的伊犁谷地、塔城盆地均在 20～25℃之间，其余地区均在 20℃以下。

最冷月均温都在 0℃以下，其中河西三地区、青海和北疆在 -10℃以下，新疆青河最低达 -23.5℃。至于年绝对最低温度，均在 -20℃；低于 -30℃的地区也不少，如宁夏银川、甘肃酒泉、老东庙，青海祁连托勒、冷湖、乌兰、德令哈，新疆塔城、克拉玛依、乌鲁木齐、哈密等；个别地区甚至低于 -40℃，如青海玛多，新疆青河、哈巴河、伊宁等，其中新疆青河最低达 -49.7℃。

（四）气温年较差和气温日较差

最冷月均温与最热月均温的差距，称作气温年较差。总体上看，西北地区气温年较差多在 30℃以上，越向西北部气温年较差越大。西北黄土高原地区，夏季气温相对不甚高，气温年较差在 26～32℃之间。青海高原因海拔较高，夏季凉爽，气温低，冬季寒潮不易侵入，气温下降不剧烈，气温年较差不如西北北部大，一般为 30℃左右，其昆仑山以南，夏季气温更低，气温年较差更小，一般都小于 24℃。新疆南疆、阿拉善高原、甘肃河西走廊和宁夏平原等地的气温年较差多在 32～40℃之间。新疆北疆的准噶尔盆地冬季气温特别低，而夏季气温又较高，因而气温年较差为西北地区最大，多在 40℃以上。

日最高气温均值与日最低气温均值之差，称作平均气温日较差。总体来讲，西北地区气温日较差西部大于东部，盆地大于山地，沙漠和戈壁大于农田绿洲。新疆北疆气温日较差在 12～14℃之间，天山小于 22℃。南疆、河西走廊、阿拉善高原及青海全境，一般在 14～16℃以上。西北黄土高原地区在 12～14℃之间。

（五）积温和无霜期

通常把指示农业生产的温度称为农业界限温度或农业指标温度。在农业气候分析中常采用日均温≥0℃、≥10℃的农业指标温度。一般来讲，日均温 0℃的开始和终止时期，与春季土壤解冻和冬季土壤冻结的时期相当，可以此评定农事活动的长短，因此日均温达 0℃以上的持续期称作农耕期。≥0℃积温的多寡，可表明小麦生长能被利用积温的多寡。大多数作物的生长过程在日均温稳定通过 10℃以上才能活跃，故日平均气温 10℃以上的持续期称作生长活跃期。≥10℃的积温的多寡，可用以判别和衡量喜温作物能否栽培，能否进行复种及其复种潜力等。

≥10℃的活动积温，是评定一个地区对农作物的热量供应广泛应用的指标。西北地区的热量资源除青海因海拔高而较差外，其余省（自治区）都比较丰富。一般的规律是：≥10℃气温的开始日期南部早、北部迟，盆地早、山地迟，低海拔区早、高海拔区迟；≥10℃气温的终止日期则相反。≥10℃气温的持续日期一般南部多、北部少，盆地多、山地少，低海拔区多、高海拔区少。最终≥10℃活动积温南部多于北部，盆地多于山地，低海拔区多于高海拔区。

西北地区热量资源具体分布的情况大致为：宁夏、甘肃大部以及伊犁谷地，≥10℃气温的开始日期为4月中下旬、终止日期为10月上中旬，≥10℃气温持续天数为160～180d，≥10℃活动积温为2 800～3 700℃。新疆北疆，≥10℃气温的开始日期为5月上中旬、终止日期为9月中下旬，≥10℃气温持续天数为120～150d，≥10℃活动积温为2 000～2 600℃，其准噶尔盆地南缘沿天山一带地区热量较多，如克拉玛依等地≥10℃活动积温在3 600℃以上。青海因海拔较高，热量资源最少，一般≥10℃气温的开始日期为5月中下旬、终止日期为9月中下旬，≥10℃气温持续天数为100～160d，≥10℃活动积温除个别地方外，均低于2 000℃，热量最少的玛多，≥10℃气温持续天数仅为4.3d，≥10℃活动积温仅47.0℃。此外，如宁夏固原、甘肃甘南和新疆乌鲁木齐小渠子等地，亦因海拔较高，其热量资源也较本省（自治区）其他地方为少，≥10℃活动积温分别为2 271.0℃、744.2℃和1 170.6℃。

西北地区≥0℃气温初、终日期与西北地区无霜期初、终日期相对应。霜冻特征也是影响利用热量资源的重要因子。因为其他热量指标尽管相同，如果这个地区的早霜冻和晚霜冻出现的时间不稳定，或前或后日期相差很大，就会大大限制热量资源的利用。一般西北各省（自治区）无霜期大致如下：甘肃河西地区和定西初霜为10月上旬，终霜为4月中下旬，无霜期为160～180d；兰州及庆阳地区初霜为10月下旬，终霜为4月上中旬，无霜期约200d；天水地区初霜为11月上旬，终霜为3月下旬，无霜期约220d；武都地区初霜12月上旬，终霜2月下旬，无霜期最长，约282d；甘南初霜8月下旬，终霜6月上旬，无霜期最短，只有82d。新疆北疆初霜为9月下旬到10月上旬，终霜为5月上旬，无霜期约150d；南疆初霜多在10月下旬前后，终霜多在3月下旬前后，无霜期多在200d以上；无霜期以吐鲁番最长为270～300d，青河最短只有41～74d。宁夏的无霜期一般在160～180d之间。青海因海拔较高，无霜期较短，除海拔4 000m以上地区，都在100d以上。

三、水　资　源

（一）水资源基本特点

1. 水资源贫乏，人均占有量少，供需矛盾突出　西北地区属干旱半干旱地区，降雨稀少，蒸发强烈，在许多地区年蒸发达2 000mm以上，超过降水量的10倍。全区多年平均径流量40.9亿m^3，但人均水量仅约590m^3，相当于全国人均水量的1/5。每公顷耕地占有水量不及长江、珠江流域的1/10，加之城市附近的水资源不同程度的污染，进一步缩小了可利用的水资源，加剧了供需矛盾。

2. 地区分布不均，水土资源不平衡　西北地区水资源除总量贫乏外，在地区分布上很不均匀，有自东南向西北剧减的规律。银川一带，年降水量不足200mm，径流深低于5mm，是水资源最贫乏的地区之一。黄土丘陵和黄土高原区，年降水量400～500mm，年径流深20～50mm，地形破碎，沟壑纵横，加之植被破坏严重，水土流失剧烈，塬区土地资源十分丰富而水资源严重不足，水土资源分布极不平衡，影响了该区农业生产发展。

3. 径流年际变化和季节变化随补给来源的不同差异明显 西北地区深处内陆，因气候干燥，降水稀少，雨水补给一般只占河流年径流量的 5％～30％。高山永久积雪或冰川融水补给对西北河流补给有着重要意义。西北地区河流的冰雪融水补给普遍占河流年径流量的 40％～50％以上。地下水补给是中国河流补给的一种普遍形式，几乎所有河流都有一定数量的地下水补给。黄土高原丘陵沟壑区地下水补给可占 40％～50％，西北黄土高原山麓洪、冲积扇地带地下水补给普遍高达 50％～60％以上。以地下水补给为主的河流，水量的年内变化比较稳定。

以冰雪补给为主的河流，径流年际变化不大，但春季来水偏少。西北内陆河多接受冰川和积雪融水补给，河流径流年际变化不大，且水热同步，有利于农业稳定生产。高山地区径流的年变差系数在 0.2 左右；中低浅山区为 0.20～0.45；而祁连山东段及西北黄河区以降水补给为主的河流，年径流变差系数较大，一般为 0.3～0.7。从季节分配看，春季的来水偏少，约占全年来水的 20％，而春季灌溉需水占全年需水的 35％左右，经常发生春旱。因此，农业灌溉要求调节径流，补充春季农业灌溉用水之不足。

以降水补给为主的河流，径流年内分配不均，年际变化大。黄河河川径流主要由降水补给，径流的年内分配与降水相适应，主要集中于汛期，7～9 月径流量占年径流的 60％以上。受沙漠影响的河流，地下水补给丰富，径流年内分配就较均匀，汛期径流占年径流的 40％～50％。

4. 地表水地下水转换频繁，关系复杂 西北内陆山区地势高，气温低，蒸发弱，降水较多，有利于冰川、地表径流及地下水的形成和发育。山丘区的降水除部分积累于冰川和消耗于蒸发外，其余均转化为地表径流和地下水。由于山前屏障的阻挡，山区地下水在河流出山之前已经绝大部分转化为地表水，经河道排到山外。河流出山后首先进入盆地的山前洪积扇带，河流水位一般高出地下水 10～20mm，河床及其以下的地层，均为大空隙的卵砾层，具有极强的透水性，河水大量渗漏为地下水，一般可达河流水量的 20％～70％，水量小的出山后不久即消失无踪，本地带是盆地地下水的主要补给区。地下水流到山前细土带前缘直至盆地出口，又以泉水的形式大量溢出地面形成地表水，转化为河川径流。这种重复转化，使得各种形式的水资源开发利用之间具有紧密联系。

5. 水域分散广，开发难度大 黄河虽发源于西北地区，但黄河水为西北地区用之甚少。成本之高，靠本区经济开发只能是望梅兴叹，西北各省（自治区）尚有部分集中的淡水资源可供开发。新疆的引额工程，引水渠道经 100km 的沙漠，兰州的引洮、引大工程，都耗资数十亿元，若国家经济不扶植，单靠地方经济是很难实现的。

（二）降水资源

1. 年降水量 西北地区年降水量多介于 15～1 000mm 之间，多数地区年降水量不多，整体属干旱、半干旱气候。西北地区年降水量分布趋势，由东南至西北先渐少、而后又略有增多（图 2-1）。青海东南部年均降水量为 500～1 000mm，降水资源充沛。宁夏大部、甘肃中部、青海中东部和内蒙古西部年均降水量为 100～500mm。甘肃西北部、青海西北部、新疆中南部年降水量一般不足 100mm，青海西北部的柴达木盆地和新疆的塔克拉玛干沙漠、吐鲁番盆地等地年均降水量在 20mm 以下，其中最少的吐鲁番年均降水量仅为 15.6mm。新疆北疆地区年降水量有所增加，一般100～250mm。西北地区境内有青藏高原、内蒙古高原和黄土高原。东部属气候变化的敏感区和生态脆弱带，也是生产条件严酷带，基本气候特征是干旱和变异性大，在西北东部即使到了雨季，也还存在明显的春末夏初和伏期两个相对少雨段。大部地区可利用降水资源十分紧缺，自然降水年变率大，是限制农业可持续发展的瓶颈。具体各省（自治区）年均降水量分布情况如下：

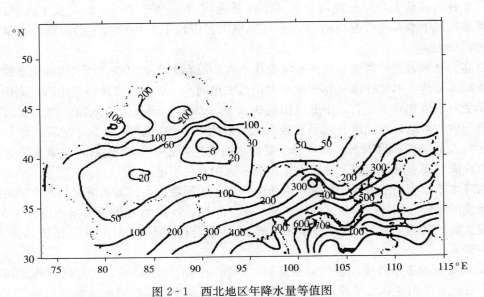

图 2-1　西北地区年降水量等值图
（引自：《中国西北地区资源与环境问题研究》，2001年）

甘肃省大部地区属半干旱、干旱气候，降水量不多，年降水量分布由东南至西北迅速减少，南部岷县年均降水量为579.9mm，而西北部敦煌仅为38.7mm。陇南、陇东、陇中地区属于东部季风区，受季风影响，降水相对较多，陇南山区和甘南高原，年均降水量达500～800mm，陇东地区南部年降水量也有500mm左右。河西走廊和阿拉善高原降水稀少，是辽阔的荒漠地带，走廊西端是甘肃省降水最少的地区，年降水量一般不足50mm。河西走廊降水量虽然很少，但由于分布在走廊地带的内陆河径流量稳定，加之有大量的地下水资源，光能资源也相当丰富，因此对发展农业很有利。

宁夏全省年降水量由南至北迅速减少。南部六盘山，东南来的暖湿气流在这里爬坡上升，形成相对较多的降水。银南地区年均降水量一般约200～450mm。银北地区年均降水量一般约150～200mm，虽然这里降水量不如南部，但有黄河主河道贯穿，引黄灌溉工程自古有之，而且宁夏西北贺兰山与内蒙古阴山阻挡了蒙古干冷空气和戈壁风沙的侵袭，对银吴灌区起到了天然屏障的作用。

青海省年降水量分布也是由东南向西北递减。青海省东南部年均降水量约500mm左右；东北部湟水流域降水较多，年均降水量也约500mm左右；西北部是干燥的柴达木盆地，年降水量一般不足50mm。

新疆是西北地区降水量最少的省份。从海洋而来的水汽经过长途跋涉、高山阻隔，不断地凝结降落，能够到达新疆上空的已是不多，这是新疆地区干燥的主要原因。新疆地形条件多种多样，海拔高度差异悬殊，因此降水的空间分布很不均匀。南疆大部地区年均降水量不足 100mm，降水量最少的地方是吐鲁番盆地，年均降水量仅 15.2mm，这里也是西北年降水量最少地区。北疆大部地区年降水量为 200mm 左右，但该区降水的年际变化率大，绝大部分地区降水的相对变率大于 50%，是中国降水相对变率最大的地区。

2. 降水季节分布　西北地区各季降水量分布趋势大体与年降水量相似。冬季（12 月至翌年 2 月）降水量最小，除新疆北疆的西北部外，绝大多数地区不足 50mm。宁夏大部、甘肃大部、青海大部、新疆南疆大部不足 10mm。春季（3～5 月），大部分地区已开始有一定的降水，特别是甘肃南部降水量已超过 100mm，新疆北疆地区也有 20～80mm 的降水，而甘肃西北部、青海西北部的柴达木盆地及新疆南疆大部降水量仍然不足 20mm。夏季（6～8 月）各地降水明显增多，甘肃南部、青海东南部降水量有 100～200mm，宁夏大部、甘肃中部、青海中部在 30～100mm 之间，其余地区大部分有 50～100mm。10 月各地降水量迅速减少，除甘肃东南部外，绝大多数地区月降水量不足 50mm。秋季（9～11 月）各地降水量迅速减少，甘肃东南部、宁夏南部和青海东南部仍有 100～250mm 的降水，宁夏大部、甘肃中部、青海局部地区及新疆北疆西北部降水量 50～100mm，其余大部地区不足 50mm。各季降水量的分布基本可分为三个区域，即天山以南到青海柴达木盆地一带是西北地区的降水最少区，天山以北和青海中部及甘肃河西走廊一带为降水稍多区，甘肃中部以东地区为相对多雨区。

总体看，西北地区年降水量主要集中于夏季，且从南向北、从东南向西北，集中的程度越大。一般占年降水量的 50%～60%，个别地区占年降水量的 70% 左右。只有新疆集中于夏季的现象不很突出，一般只占全年降水量的 40% 左右。此外，宁夏、内蒙古西部、甘肃东部、新疆北疆以及青海的玉树、玛多等地秋季降水多于春季，占年降水量的 20%～30%。而甘肃河西三地区、新疆南疆及青海大部地区相反，春季多于秋季，冬季降水最少，除新疆及甘肃的玉门镇以西等地区占年降水量的 10% 以上外，其余大部分地区只有 1%～5%。以上这种降水在季节分配上的不均匀现象，主要与冬、夏季风及其进退有密切的关系。

3. 降水强度及降水变率　降水强度的大小对农作物的利用价值关系很大。暴雨不但不能充分为作物所利用，往往还会造成土壤板结，甚至演成水涝灾害。西北地区不但降水集中于夏季，而且暴雨亦大部分发生在夏季，尤其 7、8 月出现最多；甘肃环县、酒泉、岷县、青海格尔木等地，也有 9 月出现的；新疆以 6、7 月出现最多，唯吐鲁番、新源、克拉玛依等地出现在 8 月。在地区分布上新疆暴雨最小，其他省（自治区）相差不大。西北地区的暴雨日数除少数山区外，大部分地区平均不足一日。但各地一日间的最大降水量却是很大的，往往接近或超过该月平均降水量。加之，西北地区由于山地较多，坡度较大，地形崎岖，植被较差，因此遇到暴雨或强度较大的降水，极易造成山洪暴发，常常给农业生产及人民生命财产带来严重危害，特别是黄土高原沟壑地区，水土流失极为严重，对农业生产危害很大。

一地全年平均降水变率之大小，表明该地区降水可靠之程度。西北地区的降水变率都较大，除甘肃兰州和青海西宁较小，在 18% 以下外，其余都在 20% 以上，其中宁夏、新疆南疆在 30% 左右，甘肃河西走廊的西部降水变率最大，可达 40% 以上。西北地区年降水变率大是该地区大陆性气候显著的重要标志。对农业来说，生长期内（4～10 月）的降水变率比年降水变率更有实际意义。西北地区作物生长期内的降水变率一般较年变率都大，这对农作物的生长更是不利，不仅容易发生旱灾，同时也容易造成涝灾。

4. 蒸发量　西北地区年蒸发量很大，其分布特点是东南小，西北大。宁夏南部、甘肃南部、青海中南部及新疆南部年蒸发量一般在 1 000～1 500mm 之间；甘肃的祁连山地区、新疆的中部天山地区和北部的阿勒泰山区，年蒸发量大多在 1 000mm 以下；西北其余地区年蒸发量多在 1 500～3 000mm 左右。因为气温随海拔高度升高而降低，相对湿度一般随高度增加而增大，所以蒸发量随高度增高而减少。柴达木盆地、塔里木盆地、准噶尔盆地、吐鲁番盆地的年蒸发量都在 3 000～4 000mm 之间，这是由于沙漠盆地温度较高、湿度小，风速大、气候干燥。新疆东北部的七角井、淖毛湖一带多风酷热，年蒸发量在 4 000mm 左右。

冬季（12 月至翌年 2 月）是全年最冷的季节，也是全年蒸发量最少的季节。西北大部地区蒸发量小于 200mm，新疆北疆部分地区年蒸发量不足 30mm。西北大部地区冬季蒸发量比中国南部地区小。春季（3～5 月）各地气温迅速上升，风速增大，蒸发量也迅速增大。大部地区春季蒸发量在 400～1 500mm 之间，春季柴达木盆地、塔里木盆地、吐鲁番盆地、准噶尔盆地及新疆东北部的蒸发量最大。夏季（6～8 月）大部地区蒸发量在 400～2 000mm 之间，虽然气温高，但由于处于雨季，云雨较多，相对湿度也大，风速又没有春季大，因此夏季蒸发量只比春季稍多，几大盆地仍是夏季蒸发量最大的地区。秋季（9～11 月），气温下降，蒸发量也减小。西北地区秋季蒸发量远比春季要小，大部地区在 300～750mm 之间，甘肃祁连山一带和新疆天山一带秋季蒸发量不足 300mm。

5. 干燥度 用一地的年平均最大可能蒸发量除以该地的年均降水量，即得年干燥度。年干燥度可以表示一个地方的干、湿程度。根据干燥度的大小，可将西北地区划分为湿润、半湿润、半干旱和干旱四种气候类型，分述如下：

（1）湿润气候：年干燥度小于 1.0，表明年降水量大于年蒸发量。包括甘肃最南部，农田以水田为主。

（2）半湿润气候：年干燥度 1.0～1.5，表明降水量与蒸发量值相当或蒸发量不超过降水量的 1.5 倍。包括青海东南部一带，农田以旱田为主。

（3）半干旱气候：年干燥度 1.4～4.0，包括甘肃和宁夏的黄土高原大部，宁夏平原及青海、西宁江河源一带，农田以旱田为主。

（4）干旱气候：年干燥度 4.0 以上，许多区域达 16 以上，包括新疆的大部、甘肃河西走廊、青海柴达木盆地等，占有西北广大面积，以畜牧、绿洲农业为主。

由上述可知，西北地区干燥度自东南向西北逐渐增大，整个西北地区除甘肃最南部等少数地区属于湿润或半湿润气候外，绝大部分面积处于干旱半干旱地带，尤其新疆、甘肃西部最为干旱，这些地区的降水特别稀少，对发展农业生产非常不利。特别在新疆南疆地区，一次降水很少能达到 10～15mm。因此，西北地区要使农业得到迅速发展，必须解决水的问题。而西北地区高山较多，常年积雪，冰川广布则成为发展农业生产的重要水资源之一。同时，西北地区地下水资源也很丰富，这些都是保证本区农业生产灌溉用水的有利条件。

（三）地表水资源

西北地区的地表水资源主要分属黄河、长江、澜沧江、额尔齐斯河等外水系以及塔里木河、伊犁河等内陆水系。中国两条最大的河流黄河、长江均发源于区内青海省。青海南部大部分地区、甘肃陇南地区属长江流域，黄河是本区内流程最长的河流，流经除新疆以外的西北其余地区，包括青海东部、甘肃中东部和宁夏西北部。西北是中国主要的内陆河区，内陆河流域面积约占总面积的 64%。内陆河主要分布于新疆、甘肃河西地区和青海。其中新疆内陆河径流量占全疆水资源总量的 86％。西北各地区地表水资源分布状况大致如下：

甘肃地表水资源分属内陆河、黄河、长江三大流域，水资源总量 601 亿 m³；其中，境内自产水量 297 亿 m³，外省入境水量 304 亿 m³。甘肃内陆河流域位于省内河西地区，流域面积约占全省总面积的 60％，分属疏勒河、黑河、石羊河三个水系，流域面积分别占内陆河总流域面积的 37.6％、28.3％和 15.3％。内陆河流域年总水量 73.2 亿 m³，但大部分水量在走廊区消耗于灌溉引水与河床渗漏。由于河西内陆河发源于祁连山高寒山区，3 月份为无产流区，故春旱相当严重，称之为"卡脖子旱"，而春季农业需水量为全年的 34％，供需矛盾十分突出。黄河流域位于甘肃省中部和东部，流域面积约占全省总面积的 32％，河川径流量为 131 亿 m³，分为黄河干流、大夏河、洮河、湟水、渭河、泾河六大水系。黄河流域自产水资源少，流经甘肃省中部最干旱地区和东部黄土高原沟壑区，水土流失严重。长江流域位于甘肃省南部，含嘉陵江水系和汉江水系（所占比重甚小），流域面积约占全省总面积的 8.5％，河川径流量 108 亿 m³，经过甘肃省的丰水区，年径流深一般在 100～300mm，几个主要高山地高达 400～600mm，其中陇南地区水多地少，水低地高，土地分散，水资源利用困难。

宁夏地表水资源大部分属黄河流域，内陆河区只有中卫县甘塘，盐池县中、北部为黄河闭流区。黄河干流及其支流为宁夏的主要水源。黄河干流多年平均年径流量 325 亿 m³，国家分配给宁夏的黄河可用水量为 40 亿 m³。除黄河干流外，宁夏当地年均河川径流量为 8.89 亿 m³，每 1km² 产水量约 1.72 万 m³，仅为全国平均值的 6％，平均径流深 17.2mm。宁夏当地地表水资源总量中扣除高矿化水和泥沙，不计年径流深小于 5mm 地区的径流量，最大可利用地表水资源量约 5.56 亿 m³，保证率只有 50％左右。

青海地表水资源以黄河、长江、澜沧江、内陆河四大流域为主织成，内陆河又分为 6 个水系，全省有集水面积 500km² 以上的河流 271 条，其中，黄河流域 79 条，长江流域 85 条，澜沧江流域 20 条，内陆河流域 87 条。全省集水面积大于 1 万 km² 的河流 15 条，集水面积在 5 000～10 000km² 的河流 15 条，集水面积在 1 000～5 000km² 的河流 109 条，500～1 000 km² 的河流 132 条，多年平均流量 1m³/s 以上的河流有 245 条。全省流域面积 72.2 万 km²，年地表径流总量 622 亿 m³，年保证率 50％以上径流量为总径流量的 99％；省内黄河流域、长江流域和内陆河流域径流面积分别约占全省总面积的 21.1％、21.9％和 51.8％，年径流总量分别为 156 亿、177 亿和 129 亿 m³。

新疆全区共有大小河流 570 条，其中大部分为内陆河，地表水径流量 884 亿 m³，其中境内产流 793 亿 m³，国外流入量 91 亿 m³，不重复的平原地下水资源量为 85 亿 m³，水资源总量为 878 亿 m³。地表水径流量中除目前引用的 460 亿 m³，流出境外 237 亿 m³，羌塘高原区难以利用的水资源量为 21.4 亿 m³，其余为生态用水和无效蒸发、渗漏。大部河流为内陆河，多以高山冰川雪水为源，而流失于盆地沙漠，或积水成咸湖。

（四）地下水资源

地下水是水资源的极重要组成部分。地下水的补给来源主要是大气降水和地表水，高山冰川融化形成的径流也源于大气降水。西北干旱区年降水量在 150～500mm 以下地区，地下水中降水入渗量较少，地表水和地下水在一定条件下可以相互转化，在西北干旱区内陆河流域，这种转换因其频繁而表现得较为明显，组成独特的河流及含水层系统。地下水资源量包括与地面水资源重复部分，不重复的只是很少一部分。西北各地区地下水资源分布状况大致如下：

甘肃地下水天然资源总量约 149 亿 m^3，分布于河西内陆河流域的约 76.1 亿 m^3，占全省地下水资源总量的 49.6%，其次为黄河流域约 44.3 亿 m^3，占 28.9%，长江流域最少，约 33 亿 m^3，占 21.5%。

宁夏地下水资源量约 25.3 亿 m^3，可开采资源量 15.8 亿 m^3。宁夏地下水资源分布情况有三个突出特征：一是地区分布极不平衡，83.4% 的地下水资源量和 80.4% 的地下水开采资源量分布在只占宁夏总面积 13.9% 的宁夏平原地区。二是水质复杂，多矿化、高氟地下水分布广泛。矿化度大于 3g/L 的咸苦水占地下水总量的 14.6%，分布面积占宁夏总面积的 34.6%。三是地下水与地表水关系密切，地下水大部分依赖于黄河灌溉渗漏水补给。

青海省地下水资源总量年为 268.9 亿 m^3。其中，黄河流域占全省地下水量的 34%，长江流域占 25%，澜沧江流域占 14%，内陆河流域占 27%。此外，柴达木盆地尚有 300m 以下深层地下水储量 3 424 亿 m^3，为全省水资源总量的 5.5 倍，是青海有待开发的一项宝贵水资源。

新疆地下水资源，按自然地理条件划分为山丘区地下水和平原区地下水两部分。来自降水的山丘区地下水年天然补给量约 396 亿 m^3，其中约 325 亿 m^3 在河流出山口前后汇入河道成为地表水资源的组成部分，只有约 71 亿 m^3 成为平原区地下水的补给来源。平原区地下水年补给量约 395 亿 m^3，其中除上述 71 亿 m^3 属天然补给量外，其余的 298 亿 m^3 系由树流、渠系、水库和田间入渗形成的转化补给量。新疆地下水资源总量为 572 亿 m^3，占全国地下水资源总量的 7%，居全国各省（自治区）的第六位，在平原地下水年补给量中可开采量为 252 亿 m^3。

（五）冰川和湖泊水资源

1. 冰川水资源 中国是世界上低纬度山丘冰川最多的国家之一，冰川总面积约 5.9 万 km^2，冰川主要分布于西北各大山系，较为集中地分布于天山、昆仑山。西北地区冰川分布于新疆、青海、甘肃三省（自治区），依冰川面积、总储量、年融水量排依次为：新疆、青海、甘肃。冰川融水年径流量是西北水资源的重要成分，冰川在干旱区具有多年调节河川径流的作用，对气候变化十分敏感，降水、气温的变化对雪线移动、冰川运动都会产生影响。西北各地冰川资源分布状况如下：

甘肃冰川分布于祁连山区，河西石羊河、黑河、疏勒河三大水系总计有冰川 2 444 条，面积约 1 596km²，约占祁连山冰川总面积的 81%。冰川储量约 786 亿 m^3，占祁连山冰川总储量的 82%，相当于河西地表径流量的 11 倍。祁连山的冰川平均每年补给河西三大水系的冰川融水径流量约 10 亿 m^3，占祁连山多年平均冰川融水径流量的 87%，河西地区河川径流量约 73.2 亿 m^3，约有 14% 是由冰川融水补给。疏勒河水系的冰川融水补给量占河西地区冰川总融水量的 64%，黑河水系占 30%，石羊河水系占 6%。

青海共有冰川面积约 4 621km²，主要分布于昆仑山、祁连山和唐古拉山，约占全国冰川面积的 7.9%。其中，昆仑山冰川面积约 2 007km³，占全省冰川面积的 43.4%；祁连山冰川面积约 1 314km²，占全省冰川面积的 28.4%；唐古拉山冰川面积约 1 299km²，占全省冰川的 28.2%。冰川冰储量共约 3 988 亿 m^3，占全国冰川储量的 7.8%；全省多年冰川平均融水量约 35.8 亿 m³，占全国冰川年融水量的 6.4%。

新疆的冰川主要分布在天山、帕米尔和喀喇昆仑山、昆仑山，阿尔泰山只有少量的冰川。天山山区冰川最大，其面积占全疆冰川面积的 40%，储量占全疆冰川储量的 47%，融水量占全疆冰川融水量的 54%；昆仑山区和帕米尔及喀喇昆仑山的冰川面积合计占全疆的 59%，储量占 52%，融水量占全疆冰川融水量 44%；阿尔泰山脉冰川面积最小，约占全疆面积的 1.3%，储量约占 1%，融水量约占全疆融水量 2%。新疆冰川面积占全国冰川总面积的 42%，冰储量占全国的 50%。冰川储量自西向东随山势降低而减少。大多数河流有冰川融水补给，补给量占全疆地表水资源量 793 亿 m³ 的 22.5%。在各条河流的年径流总量中补给量所占比重与河流所在地区的冰川储量相对应。冰川每年融水量为其总储量的 0.8%，全部补给冰川径流。新疆冰川储量达 2 亿 m³ 以上，但它是静态水资源，取用部分需 1 000多年才能恢复，为保持环境生态平衡，冰川储量不宜轻易取用。

2. 湖泊水资源 西北湖泊主要分布在青海、新疆，共有 405 个大于 1km² 的湖泊，总面积约 1.5 万 km²，绝大部分湖泊为咸水湖，少部分为盐湖，淡水湖约占 1/5。其中，博斯腾湖是中国最大的内陆淡水湖，罗布泊是中国内流区最大的咸水迁移湖，青海湖是中国最大的咸水湖。

青海共有面积 0.5km² 以上的湖泊总面积约 1.5 万 km²，其中淡水湖和微咸水湖湖水面积约 3 900km²，咸水湖和盐水湖湖水面积约 1 万 km²。青海省湖泊约占全国湖泊面积的 19.2%。青海湖泊主要分布在海拔 3 000～5 000m 之间，0.5km² 以上的湖泊总储水量约 2 250 亿 m³，其中淡水湖和微咸水湖储水量约 380 亿 m³，咸水湖和盐水湖储水量约 1 866 亿 m³。

新疆为多湖泊的地区。除著名的罗布泊、台特马湖及玛纳斯湖因河流开发利用断绝入湖水量现已干涸外，现有面积大于 1km² 的湖泊总面积约 5 505km²，居全国第四。其中一些对新疆生态环境有重大影响的湖泊，如博斯腾湖和艾比湖的水面不断缩小。湖泊中除少数吞吐湖（天池、喀纳斯湖及博斯腾湖等）为淡水或微咸水外，其余多为河流尾闾的咸水湖。湖水矿化度很高，多在每吨 5kg 以上，湖水的年蒸发量约为 55 亿 m³。

四、西北主要春麦区气候特征

（一）河套灌溉区

本区是经黄河沉积而形成的相对开阔的平原，包括磴口、杭锦后旗、临河、五原、乌拉特前旗（西部）等县（旗）。境内地势平坦，土壤和地表水资源较丰富，是内蒙古的主要产粮区。区内光热充足，气温日较差大，降水稀少，蒸发强烈，空气干燥。从光能资源看，太阳年辐射总量约 6 280MJ/m²，年日照时数 3 100～3 300h，属中国光能资源丰富地区之一。由于受到阴山、狼山以及贺兰山对北方冷空气的屏障，本区热量资源也较丰富，≥0℃年积温约 3 500℃，最热月均温 22～24℃，无霜期 130～150d。但本区降水极少，空气干燥，年降水量仅 130～220mm，已低于旱作农业的水分下限，相反年蒸发量高达 2 000mm 以上。但由于境内为黄河及其支流冲积而成，水资源丰富，引黄灌溉成为这里得天独厚的水利优势。光、热、水资源的有机配合，使这里成为内蒙古农业生产条件较优越的粮、糖生产基地。

（二）银川灌溉区

本区指贺兰山沿山平原和引黄灌区，濒临沙漠边缘，西部为腾格里沙漠，西北为乌兰布和沙漠。但由于贺兰山位于本区西部，既阻挡了西来寒流和风沙，使银川灌区不致被黄沙所淹没，又能增加水分涵养，使沿山平原有较丰富的地下水资源。因此，本区尽管地处沙漠边缘，气候干燥，年降水量仅200mm，蒸发量远远大于降水量，植被为干旱草原化荒漠，但由于利用黄河水发展灌溉，使丰富的光热资源得以充分利用。这里渠道纵横，稻田遍布，是宁夏乃至全国的主要粮食基地之一，堪称"塞上江南"。主要农业气候特点如下：

1. 光热资源丰富，积温有效性较高　≥0℃年积温3 700～3 900℃，最热月均温约23℃，无霜期约150d，可以种植水稻、玉米、高粱等喜温作物及小麦。从热量条件看，一季有余，二季稍嫌不足，复种指数平均为128%。但由于本区日照充足，全年日照时数约3 000h，气温日较差大（13～15℃）。对于促进光合作用，增加营养物质的积累有利，因而本区积温有效性较高。加上合理搭配作物，适当选择早熟品种，随种随收，也可实现一年两熟，近年来在中部、南部，稻麦两熟已局部获得成功。

2. 小麦干热风较重　本区小麦开花至乳熟期间常出现高温、低湿，伴有一定风力的干热风天气，使小麦叶片萎蔫卷曲，千粒重下降，一般减产5%～10%，严重时可达20%以上。银川以北地区干热风天气较银南更为严重，雨后猛晴的青干现象平均每两年一遇，多发生在6月下旬至7月上旬。石嘴山、陶乐等地高温低湿型天气最严重，几乎每年都出现，发生时段以6月中下旬较多，7月上旬最少。

（三）河西走廊灌溉区

河西走廊区位于祁连山和走廊北山之间，东起乌鞘岭，西至甘肃、新疆交界处。区内又多石沙，降水少，蒸发大，因而多数地方呈荒漠、半荒漠景观。但走廊南部的祁连山山体高大，海拔4 000m以上的地方终年积雪。春天雪水融化后顺山向北流出，所到之处景观大改，成为绿洲良田。因此，祁连山是河西走廊农业赖以生存发展的"高山水库"。敦煌、瓜州≥0℃年积温在4 000℃以上，农业气候条件和生产状况与南疆、东疆接近，因而划在南疆、东疆的塔里木、哈密、吐鲁番盆地区内。本区仅指敦煌、瓜州以东直至乌鞘岭的狭长走廊范围。包括甘肃酒泉、嘉峪关、张掖、金昌、武威等地市。

干旱、少雨、风大是河西走廊区突出的不利气候条件。这里年降水量多为100～200mm，白天温度很高，土壤、植物的蒸腾作用十分强烈，风沙也较大。因此，日平均气温稳定通过0℃和10℃期间的天然降水量远远不能满足作物对水分的要求，有的地方甚至连耐旱牧草也难以生存。由于冬季寒冷、夏季炎热，这里春小麦易受高温和干热风的危害。

尽管存在这些不利气候条件，但本区光资源比较丰富，年总辐射量5 860～7 220MJ/m²，年日照时数也在2 700h以上，有利于植物进行光合作用；区内≥0℃年积温都在3 000℃以上，最热月气温在20～23℃，作物能够一年一熟到部分两年三熟，并可种植喜温作物；气温日较差很大，全年日较差平均为13～16℃，对于作物、林木、牧草的有机产物积累十分有利；干燥的气候还制约着许多病虫害的发生发展。特别是本区有较丰富的祁连山消融雪水灌溉农业，这一得天独厚的条件与光能、积温、日较差等有利条件相配合，使本区仍不失为具有广阔发展前景的地区。

（四）青海湖盆地—祁连山区

本区包括西宁市和海北藏族自治州全部，黄南和海南藏族自治州北部，以及海西藏族蒙古族自治州东部边缘地区。地势中北部高，东南—西北走向的山脉其间河流有疏勒河、北大河、黑河等，都属内流水系；西北—东南走向的山脉都属祁连山脉。青海湖位于本区中南部，为中国第一大咸水湖；湟水、大通河等都属流经本区南部的黄河外流水系的一、二级支流。本区气候有明显的过渡特色，主要农业气候特点如下：

1. 光照资源由东向西增加，远较东部同纬度地区丰富 本区东部的贵德、西宁、互助、天祝松山和乌鞘岭、门源、祁连、民乐等地，年总辐射量约 6 000～6 500MJ/m²，日照时数 2 500～3 000h；西部茶卡、天峻等地 6 900MJ/m² 左右，日照 2 600～3 100h；南部同德、兴海、共和等地年总辐射量约 6 500～6 700MJ/m²，日照 2 700～3 000h；中北部托勒、木里等地年总辐射量 6 600MJ/m² 左右，日照 2 900～3 000h。

2. 热量条件东南部好，西北部差 祁连山东麓的河西走廊和西侧的黄、湟谷地，海拔较低，为祁连山垂直带的基础带，全年生长季 190～250d，≥0℃积温 2 500～3 500℃，为青、甘两省的主要农区。

3. 降水量较多，灌溉条件尚好 与河西走廊和柴达木盆地相比，本区降水可称丰富。由于季风只能影响到乌鞘岭一带，故降水总的趋势由东向西减少，由低到高增加。乌鞘岭、互助、大通、门源等地，年降水量 400～600mm，比较湿润；祁连、民乐、肃南等地 300～400mm，水分条件相对较差；西部茶卡等地，年降水量不足 200mm，干旱较重。但是，从本区降水的垂直分布来看，海拔 2 500～2 800m 地带较多，向上略减少，随后又增加，3 000m 以下约 400mm，4 000m 上下达 490mm 以上。在气温随高度降低、蒸发减弱的条件下，山上湿润度较大。由于祁连山海拔 4 200m 以上多有冰川和积雪，低海拔地区的川谷地多可引山上冰川雪水灌溉，发展农业条件较好。

4. 水热垂直分布明显，为发展农、林、牧多种经营提供了物质基础 本区的水热垂直变化非常明显，如纬度相近的天祝松山—乌鞘岭，每上升 100m，冬、夏和年均温递减率分别为 0.13℃、0.66℃ 和 0.44℃，生长季缩短 7～8d，≥0℃积温减少 140℃左右；年降水量增加 45mm 以上；祁连—木里冬、夏及全年气温递减率分别为 0.26℃、0.54℃ 和 0.49℃，生长季缩短 6～7d，积温减少约 100℃；降水增加 25mm 以上。受水热条件的影响，本区海拔 2 300m 以下以农为主；2 400～3 000m 为林牧带，3 000m 以上为纯牧区。

第二节 土壤条件

土壤是小麦生长的基础。了解小麦所需要的土壤条件、土壤性能以及土壤管理、培肥和调控技术，是获得小麦高产稳产的关键措施。科学研究和生产实践证明，凡是高产稳产麦田，都具有良好的土壤结构，水、肥、气、热诸因素协调供应。而在比较瘠薄土壤上，不仅产投比低，而且对栽培技术要求也高，很难赶上高肥力小麦田的产量水平。

一、春小麦种植区土壤分布特点

西北地区土壤的形成类型与分布受区域气候条件、植被发育程度、地貌及水文条件的影响，具有山地垂直地带性和平原区水平地带性的分布规律。随海拔高度变化，山地土壤类型由低到高呈现灰钙土—栗钙土—灰褐土—高山草甸土—寒漠土的分布带谱；平原区随气候条件与植物类型的差异，出现了黑钙土—灰钙土（栗钙土）—灰漠土—灰从棕漠土—棕漠土的分布规律；受人工灌耕及水盐条件等因素的影响，非地带性分布有草甸土、沼泽土、盐土、风沙土及灌耕土等类型组成，其中盐土与风沙土多分布于流域下游地区。西北春小麦种植区域按气候和地形特征等的不同，大致可分为黄土高原、干旱区以及青藏高原三大类型区，各类型区土壤分布大致为：

1. 黄土高原地区土壤类型 主要土壤包括黑垆土、黄绵土等。黑垆土主要分布于陇东等地；黄绵土则是黄土高原面积最大的农业土壤，分布区域多干旱少雨，蒸发强烈，开发以前为干旱草原和旱生森林草原。

2. 干旱区的土壤类型 西北干旱区主要包括新疆、青海西北部、甘肃河西走廊等地。由草甸草原的黑钙土继续向干旱地区过渡，则相继出现栗钙土、棕钙土、灰漠土和棕漠土。在广阔的荒漠中，沿河流两岸及河流三角洲等水分条件较好的地区，分布着绿洲土壤，如灌淤土。除此之外还分布有大面积的盐碱土。

3. 青藏高原的土壤类型 本类型区土壤类型少，垂直带谱简化。高原面的基带土壤以寒漠土、高山荒漠草原土面积最大，其次为高山草原土及分布于唐古拉山南麓长江源头区的高山草甸土。此外，尚有风沙土、盐土等。

二、春小麦种植区土壤分布规律

西北春小麦种植的黄土高原、干旱区以及青藏高原三大类型区，根据气候、地形、土地利用方式等的不同，土壤分布具体可分为11大区域，其分布规律是：

（一）陇东黄土丘陵耕种土壤区

本区域包括甘肃陇东和宁夏东南部，大部分地区为黄土丘陵。黄土丘陵多塬、梁、峁、洞以及沟壑状地貌。梁为长条状，峁为圆丘状，梁峁顶部比较平坦，而坡面倾斜大，水土流失严重。塬则为侵蚀轻微的黄土高原，地面比较平坦。在塬、梁、峁之间常有沟壑贯穿其间，地貌支离破碎。本区域气候变化较大，年均温6～9℃，年日照约2 500h、日照率56％，≥10℃积温2 000～3 500℃，无霜期约150d，年降水量270～500mm，但分布不均，约60％集中7～9月降落，常形成春季干旱，夏季多洪灾，因此，储水灌溉和耕作保墒，对发展本区农业生产具有重要意义。

本区域主要土壤为黑垆土和黄绵土。黑垆土是古老的耕作土壤。在长期耕作过程中，由于大量施用土粪及风积，黑垆土埋藏于耕层之下，多具有覆盖层、垆土层和母质层三个明显层次。耕作层灰黑色，有机质含量1.0％～1.5％，氮、磷、钾养分含量一般比较丰富，土体疏松，孔隙率很高，具有良好的保水性能，土壤肥力较高，适种作物广，主要种植小麦、糜子、豆类和玉米等，多为一年一熟。黄绵土分布于黄土丘陵区，土层深厚，层次不明显。耕层土色淡黄，质地均匀，土性绵软，轻壤至沙壤土，全剖面呈石灰反应，耕作容易，适耕时间长，渗水性、通透性良好，全磷量0.1％～0.2％，全钾1.8％～2.2％，有机质不足1.0％，全氮0.06％～0.1％。土性暖，肥效快，发小苗、不发老苗、缺后劲。由于土壤经常处于干旱状态，又缺水灌溉，故以种植耐旱的糜子、谷子为主，在劳动力较多、水分条件较好的地方则种植小麦、玉米、马铃薯等，以一年一熟为主。

本区域主要山地丘陵，植被遭到破坏，水土流失严重，春旱严重影响作物生长。

（二）陇中—湟水黄土高原耕作土壤区

本区域位于黄土高原的最西部，包括宁夏贺兰山的西南部、甘肃六盘山以西以及青海东部湟水流域，以深厚黄土物质覆盖的丘陵为主，塬地次之，间有石质低山、中山。海拔高度大部分在 1 200～2 500m 之间，地势南高北低。气候寒冷干旱，年均温 2～10℃，日照约3 000h，日照率约62％，≥10℃积温约 2 000～3 500h，无霜期 150～220d，年降水量 200～380mm，约 60％集中于 6～8 月，干燥度 1.8～3.5。

本区域的地带性土壤是灰钙土，在山地中有山地栗钙土、山地黑钙土等。灰钙土多称黄白土，有机质层厚达 50～70cm，但有机质含量很低（约 1.0％），土壤呈碱性（pH＝8.5～9.5）。灰钙土土质疏松，耕性和通气透水性能好，保墒能力差，土性热，出苗快而整齐，但由于 5～6 月干旱多风，对作物生长影响较大，作物单产较低。为了保证农业生产，在低地有水源地区发展灌溉，解决缺水受旱问题；在无水灌溉地区，则铺砂石以保持水分，提高土温，防止旱害威胁。灰钙土的主要作物为春小麦、糜子和谷子，但在铺砂石土和有水灌溉地区，还可以栽培棉花和瓜类，产量较稳定。麻土分布于高寒阴湿山地向黄土丘陵过渡的低山丘陵地带。麻土的成土母质为黄土，表土层有机质含量为 1.5％～3.0％，全剖面均有石灰反应。麻土疏松易耕，抗旱保墒能力强，作物产量较稳定，一年一熟，以春小麦、糜子、谷子为主。麻土分黑麻土、黄麻土两种，黑麻土有机质含量较高，此土耕作时间较久，少施有肥料，即演变为黄麻土。

本区域气候干旱，大部分又无灌溉水源，干旱缺水和水土流失成为限制土壤肥力和作物产量的主要因素。

（三）宁西—陇北灌溉农业耕作土壤区

本区域包括宁夏西部和北部、甘肃中北部以及新疆的东北边缘。地貌类型多种多样，东部为阿拉善高平原，西部为北山山地，南部为河西走廊东段的山间丘陵盆地。气候属干旱的大陆性气候，年均温5～8℃，日照约 3 000h，日照率约70％，≥10℃积温 3 000～3 500℃，冬季漫长而寒冷，温度日较差和年较差都较大。年降水量不足 100mm，局部可达 150mm，全年降水量 50％～65％集中于夏季。蒸发量大，干旱、风沙和冰雹灾害频繁。

本地区地带性土壤为灰棕漠土，次为风沙土、盐土，绿洲耕作土（灰板土、二潮土）的面积较小；在山地还有山地黑钙土、山地栗钙土。

灰棕漠土表顶有蜂窝状的结皮层，结皮层下为片状层，再下为较轻松的石膏层，深浅不一，石膏多呈粗针状或粉末，石膏层以下为含石膏较少的沙质或砾质沉积层，全剖面呈石灰性反应，表土有机质含量在 0.5％以下。山地黑钙土与山地栗钙土常成复区存在，分布在河西走廊南部山地，开垦种植农作物后，称为黑黄土、栗黄土。盐土主要分布于扇形带以及河流两岸，多为草甸盐土和沼泽盐土，盐分组成以硫酸盐为主，地下水位一般 2～4m，全剖面呈强石灰性反应。风沙土分布于腾格里沙漠和巴丹吉林沙漠，部分沙丘已呈固定半固定状态。绿洲耕作土主要分布于河西走廊，有灰板土和二潮土。灰板土耕作层 10～20cm，有机质含量一般可达 1％，耕层下出现犁底层，耕作时间较久的，由于灌溉水携带泥沙淤积，表层有明显的淤积层，熟化程度和肥力较高。多种植小麦、谷子、糜子、玉米、高粱等。二潮土分布在河西走廊内陆河岸及河滩地、湖滩地，为冲积或洪积的物质经长期耕作灌溉而成，耕层厚 12～18cm，有机质含量 2％～3％，剖面下部有明显的冲积层次，局部地区农田地下水位高，排水措施未跟上而发生次生盐渍化。农作物与灰板土大致相同。

（四）准噶尔盆地农业耕作土壤区

本区域位于新疆北部的准噶尔盆地，盆地地势平坦，由东南向西北微缓倾斜。年均温 5～8℃，冬季严寒，长达 4 个月，≥10℃积温 3 400～3 800℃，日照 2 600～3 000h，日照率约 65％，无霜期 160～180d。由于南面有天山屏障，夏季地形雨较多，年降水量 150～200mm，蒸发量为 1 700～2 200mm，干燥度为 4～8。冬季积雪厚度变化大，大部分地区可达 15～25cm。

本区域河流大部分发源于天山，为发展农牧业的主要水源，土壤有灰棕漠土、灰漠土、风沙土、绿洲白板土、草甸土、盐土、龟裂土、水稻土等。

灰棕漠土主要分布于盆地东部及西缘的乌尔禾山前平原和第三纪剥蚀高平原以及西部的艾比湖流域，其性状与宁夏西部、甘肃北部的灰棕漠土基本一致。灰漠土分布在盆地南部，地下水位一般 5～10m。灰漠土土壤剖面有机质层不明显，一般含量为 0.6％～1％，pH 通常大于 9，在有灌溉条件时，可以开垦利用。盐土主要分布于盆地南部扇缘，地下水溢出地带和沿河低阶地，地下水位多为 1～3m。绿洲土根据土壤熟化程度不同分为白板土、黄板土、红板土等。白板土的熟化程度较弱，黄板土、红板土的熟化程度中等。这些绿洲土主要分布在天山北麓山前的洪积—冲积扇的中部和下部，地下水位在 4～5m 以下，耕作灌溉的历史较长，土层一般深厚，但农业灌溉淤积层较薄，与南疆绿洲耕作土具有深厚灌溉淤积层有所不同。草甸土广泛分布于沿河阶地以及河流末端干三角洲和扇缘地下水溢出带，地下水位一般为 1～3m。草甸土一般有机质层发育明显，厚 15～25cm，表层有机质含量为 2％～5％，但大部都具有不同程度的盐渍化，pH 一般 7.5～9.2。土壤质地较轻，以沙壤或轻壤为主。草甸土一般作为牧地，开垦耕作以后，称为黑潮土、盐化黑潮土、青板土三种，潜在肥力较高。

（五）阿勒泰—塔城农业耕作土壤区

本区域位于新疆最北部，包括阿尔泰山西南坡山地和塔城一带山地。阿尔泰山系处于本区域东北部，海拔 3 000～3 400m，山势高而平缓。塔城山地位于西南部，由数条断块山地组成，海拔一般 1 500～2 000m，山间由宽平的盆地和谷地相隔，其中最大的为塔城盆地。气候比准噶尔盆地湿润，年降水量 200～500mm，冬季积雪 20～40cm，年均温 4～6℃，≥10℃积温 2 500～2 900℃，日照约 3 000h，日照率 67％，无霜期 120～135d，适于麦类和甜菜生长。

本区域土壤多呈垂直带分布，尤以阿尔泰山最明显，从上到下为高山寒漠土—草毡土—黑毡土—暗棕壤和灰色森林土—山地栗钙土或山地黑钙土—山地棕钙土—棕钙土，在山前洪积冲积扇扇缘部分和某些湖滨地带，有草甸土、沼泽土和盐土等土壤。

（六）天山农业耕作土壤区

本区域位于新疆中部的天山山脉，自西向东，从汗腾格里峰起，经哈尔克山、那拉特山、伊连哈比尔承山、乌肯山、博格多山、巴里坤山到哈尔里克山。天山山脉中多陷落盆地和谷地，其中以伊犁谷地最大。本区域因地处山地，地势高低差异悬殊，气候变化较大，天山西段比东段湿润，北坡比南坡湿润，如西部伊犁谷地，年均温 7～8℃，日照约 2 800h，日照率约 63％，≥10℃积温 3 000～3 500℃，无霜期 150～160d，年降水量为全疆之冠，高达 400～500mm，3～6 月降水量占全年总降水量的 40％～50％，年蒸发量为 1 200～1 900 mm，干燥度为 2～4。冬季降雪比较稳定，平均积雪深度 20～30cm。灾害性天气较少。

天山山脉的土壤呈垂直带谱分布，从冰雪线向下的土壤垂直分布规律：北坡是高山草甸（草毡土）—亚高山草甸土（黑毡土）—暗棕壤—山地黑钙土、山地灰褐土—山地栗钙土—山地棕钙土—山地灰漠土和灰漠土；但天山南坡的垂直带不完整，为高山草甸土（草毡土）—亚高山草甸草原土—山地栗钙土—山地棕钙土—山地棕漠土。此外，在伊犁谷地海拔 1 000m 以下还出现次钙土，在河流两侧及扇缘地区还有草甸土、沼泽土、绿洲土以及盐土等。

本区域农业生产集中在各大谷地，有伊犁谷地、特克斯谷地和尼勒克谷地，多种植小麦、马铃薯、胡麻等。山地栗钙土和山地黑钙土区，也有小面积开垦，种植燕麦、青稞等。

（七）塔里木盆地农业耕作土壤区

塔里木盆地位于新疆的天山与昆仑山之间，是中国最大的内陆盆地。盆地中心为塔克拉玛干沙漠，沙漠外围多为水草丰茂的河流冲积平原，如塔里木河平原，叶尔羌河平原、喀什平原和昆仑山北麓山前平原等，灌溉便利，农业发达，成为沙漠中的绿洲，且绿洲多集中于西部，是本区域主要的农业基地。绿洲外围为环形戈壁滩。本区域气候干燥，是中国最典型的沙漠气候，雨量极少，全年降水量不到 100mm，大部分低于 50mm，年蒸发量多达 2 500～3 000mm，干燥度达 8～40，大部分在 16 以上。年均温 10～12℃，无霜期达 180～230d，年日照 2 700～3 100h，日照率 61％～70％，≥10℃积温 4 000～4 500℃。由于日光充足，日照很长，作物生长期 190～230d，只要解决水源，对发展粮棉生产是很有利的。本区域河流主要有塔里木河、叶尔羌河、喀什噶尔河、托什干河、库车河等，是发展农业的主要水源，但由于河水流量在年平均上很不均匀，洪、枯季节水量相差悬殊，对农业生产影响很大。

主要土壤类型，除面积最大的风沙土外，地带性的土壤为棕漠土，此外还有盐土、草甸土、龟裂土、绿洲灌淤白土、灌淤潮土和水稻土。

灌淤白土集中分布于叶城、泽普、莎车、阿图什、喀什、阿克陶等地的扇形地中上部，淤灌层质地多以沙壤或轻壤为主，底部常出现砾石或粗沙，地下水位约 5～10m，不受盐渍化威胁。耕层厚度 15～20cm，沙壤土或中壤土有机质含量不高（0.5％～1.0％，很少超过 1.5％），耕层以下为厚约 10cm 的过渡界限不明显的犁底层，紧接犁底层之下为厚 50～100cm 的灌溉淤积层，再下为砾石或粗沙，pH 7.5～8.5。灌淤白土分白土、黄土两种，白土比较瘠薄，作物以早熟玉米、小麦为主，产量低；黄土肥力和熟化程度较高，适种作物较多，主要为棉花、玉米、小麦等，产量较高。棕漠土主要分布在天山南麓和昆仑山、阿尔金山北麓的山前倾斜平原的砾质戈壁上。一般利用困难，但若有水利灌溉条件，仍可开垦耕作，耕作后，经长期淤灌，形成灌淤白土。灌淤潮土（灰黑土）主要分布在扇缘地上部及广大冲积平原上，地下水位多在 2～3m，由于长期灌溉，具有质地较细且深厚的灌溉淤积层，有机质含量一般为 0.8%～1.0%，pH 一般 8.0～8.5。以种植小麦、玉米等为主。盐土分布面积很广，含盐量高，0～30cm 土壤平均含盐量 10%～30%，并往往形成 5～15cm 厚的结壳，盐分含量由表层向剖面深处减少，但底层含盐量仍达 1%～2%，盐分组成以氯化物为主，硫酸盐次之，碳酸钙含量亦高，石膏含量较少，多聚积于表层。机械组成除平原下游个别地方较黏重外，大部分以沙壤，轻壤为主，底土质地更轻。

（八）东疆—河西走廊西部农业耕作土壤区

本区域位于新疆东部以及甘肃西部玉门敦煌地区，全境有石质山地、砾石戈壁和山间盆地。较大的盆地有吐鲁番盆地、哈密盆地和疏勒河盆地，较小的有库木什盆地。本区域气候干旱，夏季炎热，光照长，多风，年均温 8～14℃，≥10℃积温大部分在 4 000℃ 以上，日照约 3 500h，日照率 70%～77%，无霜期 180～230d，年降水量一般多在 50mm 以下，而年蒸发量多在 3 000mm 以上。

本区域的土壤分布面积最大的是石膏盐盘棕漠土，表面为黑色砾幕，土壤剖面厚度30～70cm。表土有荒漠结皮，厚约 1～2cm，20～40cm 之间为一层易溶性盐所形成的氯化钠岩盐，与粗盐屑碎片胶结而成坚硬盐盘。由于气候干旱，土壤最为贫瘠，砾石又多，很难利用。绿洲土集中于哈密、马耆、吐鲁番和疏勒河等盆地，这些都是重要的农业区。绿洲土主要有两大类：一是灌淤白土（即灌溉自成型古老绿洲耕作土），大多数在干三角洲上中部、上戈壁、扇形地上中部或是在残余盐土上经长期灌溉耕作形成的。这类土壤群又分为白土和黄土两种。白土是熟化程度低的土壤；黄土多半位于扇形地下部，由于长期灌溉耕作，结构和保水保肥性都比白土好。二是灌淤潮土（即灌溉—水成型绿洲耕作土），在西部马耆盆地，开都河和吐鲁番一带，称为灰黑土、黑枣土等，玉门、敦煌一带称为二潮土。此外，本区域还有盐土、草甸土、沼泽土等，多分布在各盆地的洪积扇下部，河流三角洲下部和边缘地带。

（九）青藏高原北缘农业耕作土壤区

本区域主要包括青藏高原北缘的山地高原和盆地，山地有祁连山脉、阿尔金山脉、昆仑山脉和喀喇昆仑山脉等。盆地最大的为柴达木盆地。本区域由于山地较多，大部分为寒冷干旱气候。年均温一般 0～2℃左右，但祁连山偏低，可在 0℃ 下，而柴达木盆地年均温稍高，为 1.4～4.2℃。年日照 3 200～3 600h，日照率为 70%～80%。由于本区域山地高原东西近 2 300km，加上气候和地形的影响，年降水量分布趋势是西部少东部较多，如昆仑山脉由于受塔里木盆地干旱气候的影响，年降水量一般小于 100mm，但祁连山区东部山地可达 400～500mm，柴达木盆地西部一般少于 50mm，干燥度达 8～16，而青海湖南部共和、贵德一带增到 200～300mm。

本区域从不同地区土壤的分布来看，昆仑山脉和阿尔金山区以高山漠土的分布面积最大，其次是高山草原土和山地棕钙土；祁连山西段以高山草甸土分布最广，高山草原土多出现在东段大通山一带，山地黑钙土以西段最多，东段只呈带状分布，山地栗钙土以山体南坡较多，而灰褐土则多出现于北坡；柴达木盆地四周为戈壁和丘陵，主要有灰棕漠土和棕漠土，灰棕漠土环绕盆地东部和南部，而棕漠土则多处于盆地西部和西南部。在戈壁下缘盆地中部的平原湖沼，分布着大片盐土、盐壳、沼泽土和风沙土；青海湖环湖地区的山地高原，分布面积最大的为山地栗钙土，其次为山地黑钙土和山地灰钙土。

（十）青藏高原中部农业耕作土壤区

本地区位于青藏高原中部，包括青海省东南部的玛多、玉树。东北部海拔3 500～4 000 m，西南段玉树绝大部分在4 500m以上。本区域属寒冷半湿润气候，北部越靠近高原内部越寒冷干燥，越靠近东南越寒凉偏湿。年均温大部分在0℃以下，大概为－3～－1℃。年日照2 400～2 700h，日照率56％～62％。年降水量一般为370～560mm，蒸发量可达1 800 mm左右，冬季多大风。

高山草甸土为本区域分布最广的土壤，大部分土层不超过50cm，其上有10～20cm的草皮层，其下有厚约10cm的腐殖质层，下面为厚约20cm的过渡层，再下为以岩屑为主的母质层。这种土壤有机质含量丰富，氮磷钾含量高。亚高山草甸土在本区域东南边缘也有分布，它与高山草甸上的不同处在于表层植物残体腐殖质化较强，土壤反应并逐渐过渡到微酸性到酸性。除上述两类土壤外，本区域还有部分高山草原土分布。

本区域农业仅分布在玉树、称多等河谷地区，一般海拔在3 800m以下，除气候条件有利外，水源、肥料的来源都比较充裕，可垦地尚多。一般在海拔3 000～3 750m地区可种小麦、豌豆、马铃薯等；海拔3 750～4 000m的地区可种青稞、油菜、燕麦等。本区域的青海南部和东南部沿河谷地发展农业的潜力比较大。

（十一）温都尔庙高原—银川河套平原农业耕作土壤区

本区域位于内蒙古西北、西南部，宁夏东北部，包括内蒙古的二连浩特市、温都尔庙，以及后套平原、鄂尔多斯台地东部，宁夏贺兰山地以及银川平原等地。地貌类型较为单调，除贺兰山地和后套、银川冲积平原外，广大高原一般起伏不大，海拔多在950～1 350m，气候较为干旱。年均温度3.5～8.5℃，≥10℃积温2 000～3 000℃，年日照3 000～3 200h，日照率64％～73％，年降水量150～250mm，降水量远小于蒸发量，干燥度为2.0～4.0。

本区域的地带性土壤为棕钙土，但盐土、淤灌土分布也不少。

棕钙土是在荒漠草原形成的土壤，其剖面层次发育明显，有机质层一般厚15～25cm，有机质含量0.5％～1.5％，呈弱团粒—团粒状结构，土表常砾质化或沙化，钙积层很明显，位置不深，层次厚，坚实，下部没有明显的石膏层，全剖面呈碱性反应，机械组成以轻壤和沙壤为主。盐土以草甸盐土为多，其盐分组成以氯化物—硫酸盐为主，硫酸盐—氯化物次之，多分布在排水不畅的低平地，盐分集中于地表，形成白色盐霜或结皮。淤灌土也叫澄土，主要分布于后套和银川平原，是在黄河冲积平原上，开垦利用之后，在人为耕作、灌溉、施肥等措施影响下形成。在耕作熟化过程中，地面逐步填高平整，地下水位逐渐降低，盐化减轻，土壤有机质及其他养分提高，通气性好，生物活动强烈，剖面中原沉积层次不见，耕作灌溉时间越长，熟化层越厚，熟化程度越高。一般有机质含量0.5％～1.6％，少数可达3％以上，全氮0.03％～0.15％，全磷0.14％～0.24％，全钾1.2％～2.4％，结构好，耕性生产性能均好，是本区域古老耕作土壤，重要的农业生产基地。

三、春小麦种植区主要土壤类型

小麦的适应能力较强，对土壤的要求不是十分严格。现将西北春小麦种植区几种主要土壤的类型、分布特点及理化性质等，简单做一阐述。

(一) 黄绵土

初育土纲，黄绵土类，又称绵土或黄土性土壤，主要分布在甘肃省的黄土丘陵、塬区和沟坡以及宁夏回族自治区银南地区。

黄绵土分布地区属于暖温带半干旱气候向温带干旱气候过渡地带，夏季多降暴雨，春季常有大风，雨量偏少，干旱严重，尤以春旱为甚。由于水热条件的限制和风蚀的影响，土壤的物理风化强烈，化学风化较弱，沙化明显，质地较粗，有机质不易积累且含量很低。同时，由于长期的粗放耕作，掠夺式经营，不仅不能提高地力，反而助长了土壤侵蚀的发展，造成肥力下降，所以黄绵土是以侵蚀为主的地质过程和耕种熟化为主的成土过程共同作用下的产物。黄绵土土壤中有机质积累少，碳酸钙含量高，平均可达13.5%。有机质含量一般为0.5%～0.8%，全氮0.03%～0.06%，全磷比较稳定，多在0.05%左右，pH值一般为8.3～8.5。

黄绵土分布在旱地春小麦的主要产区，土壤侵蚀比较严重，耕作层较厚，由于肥力不高，土壤干旱，所以要增施肥料，深耕改土，培养地力，加强抗旱保墒的耕作措施。

(二) 灌淤土

人为土纲，灌淤土类。灌淤土是指在长期灌水落淤与耕作施肥交替作用下形成的一种土壤。主要分布于宁夏银川平原、内蒙古河套平原、甘肃河西走廊、新疆塔里木盆地和准噶尔盆地的四周以及青海湟水河谷地等，是西北干旱区最重要的农田和产粮基地。灌淤土分布区有较为丰富的热量，但降水不足。年均温6～10℃，≥10℃积温2 500～3 500℃，年均降水量100～400mm。灌淤土区每年灌溉落淤量因灌溉水中的泥沙含量、作物种类及其灌水量不同而异。宁夏引黄灌区小麦地每年灌溉落淤量每公顷为10.3～14.1t。除灌溉落淤外，每年人工施用土粪每公顷30.0～75.0t不等，土粪中还带进了碎砖瓦、碎陶瓷、碎骨及煤屑等侵入体。

人为耕作在灌淤土形成中起了重要的作用，耕作消除了淤积层次，并把灌水淤积物、土粪、残留的化肥、作物残茬和根系、人工施入的秸秆和绿肥等，均匀地搅拌混合。年复一年，使这种均匀的灌淤土层不断加厚，在原来的母土之上，形成了新的土壤类型—灌淤土。由于土层加厚，地面相应抬高，地下水位相对下降。在灌溉水的淋洗下，土壤中的盐分和有机无机胶体，可被淋洗下移。故在灌淤心土层的结构面上，可见到有机无机胶膜。除分布于低洼地区的盐化灌淤土外，灌淤土多无盐分积聚层。因形成的泥沙组成有较大的差异，灌淤土理化特性的量化在剖面上指标难于比较。但在同一地区或地域，灌淤土在剖面上颗粒组成均一，碳酸盐分布均一，土壤有机质、有效态营养元素含量耕作层以下层逐渐降低。

灌淤土一般有充足的水源灌溉，土壤疏松、深厚，地势平坦，成为西北的主产粮地区。

(三) 灰棕漠土

漠土纲，灰棕漠土类，也称灰棕色荒漠土，为温带荒漠地区的土壤，是温带荒漠气候条件下粗骨母质上发育的地带性土壤。土壤有机质含量低，介于灰漠土和棕漠土之间。主要分布在降水量100～200mm的温带干旱的准噶尔盆地西部山前平原与东部将军戈壁、诺敏戈壁，以及青海柴达木盆地至都兰一线以西戈壁；在河西走廊中、西段和阿拉善—额济纳高原的山前平原也有分布。分布区夏季热而少雨，冬季冷而少雪，温度年变化、日变化大。年均温 7～9℃，≥10℃ 积温一般在 3 300～4 100℃，1 月均温 −16～−10℃，7 月均温 24～28℃，年降水量多在 100mm 以下。

灰棕漠土的成土母质多为山前砾质洪积物，地表有砾幕，土壤砾石含量多。有机质积累不明显，肥力较低。碳酸钙的表聚作用较明显，表层平均含量 10% 左右，以下逐渐减少。可溶盐也有表聚现象，盐分组成以硫酸盐为主，氯化物和重碳酸盐含量较低，阳离子以 Ca^{2+} 为主。土壤呈碱性或强碱性反应，pH 在 8.5～9.5 之间，有些灰棕漠土有碱化特征。灰棕漠土一般细土部分的颗粒组成以中细沙为主，黏粒含量在剖面中有所提高。灰棕漠土的磷、钾元素含量比较丰富，由于气候干旱，原生矿物分解和淋溶作用都很微弱，元素分布都比较稳定。

灰棕漠土只有在利用引水（雪山融水与地下水）灌溉时，才能种植作物，是典型的绿洲农业。由于土壤质地粗，多砾石，漏水严重，应采用滴灌等节水灌溉措施。

（四）灰钙土

干旱土纲，灰钙土类，一般认为是发育于暖温带荒漠草原黄土母质上，腐殖质含量不高，但染色较深，土壤剖面为风化不甚明显的干旱型土壤。分布在甘肃河西走廊东部、中部的兰州、白银、定西、张掖、武威，青海省西宁、海东、黄南、海南贵德县黄河主干流的山前阶地、谷地及低山丘陵区。分布区地形为起伏的丘陵，以及由洪积—冲积扇组成的河谷山前平原及河流高阶地等。分布区年均温 6～9℃，≥10℃ 积温 2 800～3 100℃，年降水量 200～300mm，东区主要集中于 7～9 月，而西区一年中降水较均匀，仅春季稍高一些。

因气候干旱，灰钙土土壤中腐殖质积累不多，腐殖酸占有机碳的比例不超过 45%，胡敏酸与富里酸的比值多为 0.7～1.0，小于栗钙土，而大于黄绵土。两组腐殖酸均以活性较高的钙结合腐殖酸居多。灰钙土富含碳酸钙，全剖面碳酸钙含量一般为 100～200g/kg，pH 为 8～9。灰钙土的化学组成在剖面层间无明显变化，虽然硅、铁、铝率各地有一定差异，但仍比较一致。

在利用上一般作为天然放牧场；在兰州地区常开垦为旱作农田，主要种植春小麦，由于降水不足，一般产量不高，且极不稳定，有些已"退耕还牧"；在有水源条件地区开辟为灌溉农田，可以获得较高生产力，但由于长期连作，耕作粗放，导致土壤肥力降低，应当增加牧草及豆科作物比重，合理轮作，增施肥料，精耕细作，以不断提高土壤肥力和作物产量。

（五）黑钙土

钙层土纲，黑钙土类，是钙层土中较湿润的类型，以土色深暗发黑而得名。主要分布在甘肃祁连山东部及青海省西宁市和海东大部分地区。分布区为温带半湿润大陆型气候，年均温 −3～3℃，年降水量 350～500mm。

黑钙土的表层质地多为黏壤土至壤黏土，而下层质地比表层稍黏；表层密度较小，变幅在 0.82～1.30g/cm³；土壤孔隙度较大，为 50.9%～69.1%。黑钙土呈中性至微碱性反应，pH 7.0～8.5，有由上层向下层逐渐增大趋势，个别有碱化特征的黑钙土 pH 大于 8.5。黑钙土有机质和养分含量虽不及黑土，但总体上养分含量仍较高。表层有机质含量一般在 3%～8%，腐殖质组成多以胡敏酸为主，胡敏酸与富里酸比在 1.0～1.5。土壤一般全氮

1.5～2.9g/kg，全磷0.3～0.9g/kg，全钾18.0～26.0g/kg。速效养分中，碱解氮86～289mg/kg，有效磷3.9～27.8mg/kg，速效钾104～475mg/kg。微量元素成分中，铜、铁、锰较丰富，而钼、锌、硼含量往往较低。

黑钙土是潜在肥力较高的土壤，有相当一部分适宜发展粮食（小麦）和油料作物（向日葵）。主要的限制因素是水分不足，干旱发生频繁，需进行补充灌溉。

（六）栗钙土

钙层土纲，栗钙土类，是在温带半干旱大陆性季风气候下弱腐殖质化和钙沉积过程形成的具有较薄的腐殖质层和钙积层的地带性土壤。主要分布在青海省海南、海东、海北等地。分布区海拔2 300～2 800m，年均温2～6℃，夏季短而热，冬季长而寒，≥10℃积温1 000～2 500℃，年降水量250～450mm，热量上只能满足一年一熟短生长期作物。

栗钙土发育在草原植被下，在湿度大、温度低的气候条件下，有机质分解缓慢，逐渐积累而形成30～40cm厚的腐殖质层，有机质平均含量为2%～3%，有时可达4.2%，有机质在土壤剖面中的分布上层高于下层。在腐殖质层形成的同时，有机质分解产物促进了$CaCO_3$的溶解和淋移，一般在60～80cm处积聚，含量可达14%左右，显著高于上下部位，<0.001mm黏粒也一同下移和积聚，两者结合而形成了紧实、板块状结构的钙积层。栗钙土土壤中植物所需的钾较丰富，但磷较缺乏。栗钙土呈碱性反应，pH多在8.0～8.5之间，少数高于8.5，并有随剖面加深而增高趋势。不同亚类的pH不尽相同，一般碱化栗钙土＞盐化栗钙土＞草甸栗钙土＞淡栗钙土＞栗钙土＞暗栗钙土。

（七）灰漠土

漠土纲，灰漠土类，是石膏盐层土中稍微湿润的类型，是温带荒漠边缘细土物质上发育的土壤。过去曾有灰漠钙土、漠钙土、荒漠灰钙土等名称。分布在沙漠边缘地带内蒙古河套平原、宁夏银川平原的西北角，新疆准噶尔盆地沙漠的南北两边山前倾斜平原、古老冲积平原和剥蚀高原地区，甘肃河西走廊的西段也有一部分。整个土带东西近1 200km，但实际分布面积并不大。除东头和西头灰漠土比较集中外，其余零星分布。灰漠土是在温带荒漠气候条件下形成的，年均温6～8℃，热量接近暖温带，与邻近的灰钙土差不多。年降水量0～150mm，水分条件虽不及灰钙土地区好，但比起其他漠土来就湿润得多了，只要有足够的灌溉条件和合理的耕作施肥管理，农业生产的效果还是比较好的。

生物气候条件均较典型荒漠优越。既有漠土成土过程的特点，又有草原土壤形成过程的雏形。表层有机质含量约1%，胡敏酸与富里酸之比为0.5～1.0；碳酸钙弱度淋溶，含量达10%～30%；深位残余积盐，总盐量＞1.0%；pH大于8，碱化比较普遍。可分龟裂灰漠土、灰漠土、钙积灰漠土三亚类。在有水源灌溉条件下，灰漠土为荒漠地区较好的宜农土壤资源，但在利用上应注意深耕，增施有机肥，防止盐渍化、土壤侵蚀和风沙危害。

（八）潮土

半水成土纲，潮土类，是发育于富含碳酸盐或不含碳酸盐的河流冲积物土，受地下潜水作用，经过耕作熟化而形成的一种半水成土壤。在西北春麦区主要分布在甘肃河西走廊的大部分地区，青海海东、西宁两地（市）的黄河、湟水河谷及海南、海北、黄南三州的黄河、黑河、浩门河、隆务河流域的河漫滩地。

潮土分布区多为冲积细土平原的低下部，内陆湖泊的周围及河谷两岸河床阶地上，由于地势低平、坡缓平缓，排水不畅，径流滞缓，土性潮湿，地温低，春秋两季地下水位上升，地表返潮较为严重，称为"二阴地"、"碱潮地"等。潮土碳酸钙含量高，含量变化多在5％～15％之间，沙质土偏低，黏质土偏高，土壤呈中性到微碱性反应，pH 为 7.2～8.5，碱化潮土 pH 高达 9.0 或更高。潮土腐殖质含量低，多小于 10g/kg，普遍缺磷，钾含量丰富。潮土养分含量除与人为施肥管理水平有关外，与质地也有明显相关性。

四、土壤的中、微量元素

在植物必需元素中，根据元素作用的不同，植物需要量的不同，以及在土壤中含量的不同，区分为大量元素和中、微量元素。土壤中量元素包括硫、钙、镁，微量元素包括铜、锌、铁、锰、硼、钼等。它们是植物酶、维生素、激素的构成成分，直接参与有机物质的代谢过程，和大量元素同样重要，是植物正常生长不可缺少的营养元素。

中、微量元素的自然来源主要有成土母质，大气沉降和火山烟雾等，人为来源主要是施用中、微量元素肥料和有机肥料等。其中，成土母质决定了土壤中、微量元素的最初含量，成土过程则又改变了各种元素的结合形态和分布特征。通常所说的中、微量元素的含量为有效含量，也就是可以被植物体直接吸收利用的部分。中、微量元素的全量含量往往比有效含量高得多，但全量含量的大小并不能代表土壤的供肥能力，只能表示土壤中该元素的潜在储藏量，有些土壤元素全量含量虽大，但是植物同样会出现缺素的症状，这是因为只有元素的有效态才能被植物吸收利用。例如，铁全量中只有 0.02％为有效态，锌为 0.7％，锰为 1.4％，硼为 0.9％，钼为 10.0％，铜为 4.1％。因此对于土壤中、微量元素的全量与有效含量的全面了解对于指导农业生产至关重要。

小麦所需的中、微量元素主要来自土壤，中、微量元素供应不足时，会影响小麦的正常生长，导致生长不良，降低产量，品质下降，过多也会引起中毒，产生不良后果。所以认识中、微量元素在不同土壤中的含量及其供应水平，对制定适宜的施肥措施，提高作物产量，改进作物的品质具有十分重要的意义。

（一）硫

中国早期对于硫肥的研究开展于南方各省，最近几年北方缺硫现象也比较严重。研究表明，北方省份部分地区施硫可以显著提高产量，但针对西北地区硫的研究相对较少。甘肃全省范围内耕地土壤中硫的研究非常少，区域性的研究显示，甘肃省石灰性土壤的表层有效硫含量低，有较强的淋溶现象，有效硫平均含量为 21.6mg/kg。由于甘肃地区降水量小，蒸发量大，所以基本处于缺乏状态。宁夏、青海、新疆及内蒙古西部关于土壤硫的研究很少，有待于进一步研究。

（二）钙和镁

西北地区主要为石灰性土壤，降雨量少，淋溶较弱，土壤含钙量通常在 1％以上，有的甚至达到 10％以上，所以基本不缺钙。缺钙的土壤主要分布于降雨量大，淋溶强烈的南方非石灰性土壤上。由于镁与钙属于同一族化学物质，具有极为相似的化学性质。但土壤中活性镁的含量却比钙低得多，同时随着 pH 的降低，镁的活性增强。因此，在西北地区石灰性土壤上，土壤 pH 高，镁的活性比较低，再加上吸收过程中钙的拮抗作用，植物对镁离子的吸收也有一定的障碍。钙与镁为互补离子，因此交换性钙镁的比值是研究两元素有效性的一个重要指标，钙镁比值的大小直接影响到植物体对这两种元素的吸收。随着 pH 的升高，钙镁比值变大。与南方相比，西北地区土壤 pH 较高，钙含量充足，镁则相对不足。

（三）锌

西北地区主要以石灰性土壤为主，土壤类型为黄绵土、灰钙土、黄潮土、棕壤等，这都是缺锌和低锌土壤，黄土丘陵地区有效锌的平均含量比较低，只有 0.388mg/kg，低于土壤有效锌缺乏的临界值。西北地区缺锌现象普遍存在，以黄土和黄河冲击物发育的土壤缺锌最为严重，锌已经成为影响农作物生产的主要因素，西北地区耕地中缺锌面积已经占到耕地总面积的 70% 左右。具体看，甘肃省土壤锌的全量含量平均值为 73mg/kg，有效锌的含量平均值为 0.92mg/kg，全省土壤缺锌面积约为 70%，缺锌现象在甘肃境内相当严重。宁夏北部土壤为洪积母质发育的非地带性土壤，由于碳酸钙含量高，有机质含量较少。所以该区土壤锌元素的有效含量不高，锌的全量含量为 56.8～74.4mg/kg，土壤缺锌现象普遍存在。青海省东部土壤锌的全量含量平均值为 74.2mg/kg，低于全国平均水平，有效锌含量 0.28～1.02mg/kg，仍有相当大一部分土壤供锌不足。新疆土壤锌含量为 1.05mg/kg，为中低水平，在石河子地区有效锌平均含量只有 0.38mg/kg，缺锌比较严重。

（四）铜

总的来讲，西北地区土壤铜含量比较丰富，除宁夏地区缺铜现象稍显严重外，其他地区基本不缺。具体看，甘肃省土壤全铜含量的平均值为 27.1mg/kg，也高于全国平均水平，土壤有效铜含量平均值为 0.96mg/kg。除武威地区有一小部分土壤缺铜外，其他地区基本不缺铜，土壤含铜量比较丰富。新疆土壤铜的含量也十分丰富，土壤有效铜含量 2mg/kg 以上，有些地区甚至达 2.5mg/kg，且呈现出增加的趋势。青海省东部土壤全铜含量的平均值为 20.8mg/kg，对于青海耕地土壤来说基本不缺铜。和其他省份相比，宁夏则有所不同，有近 28.5% 土壤面积缺铜，在西北属于比较缺铜的省份，但情况并不严重。

（五）铁

总体来讲，西北地区缺铁土壤的空间分布没有明显规律性，但与土壤质地有一定关系，如青海的棕钙土，青海、甘肃的灰钙土、灰棕漠土等有效铁含量较低，存在明显的缺铁可能性。具体看，甘肃耕地土壤全铁含量在 3%，有效铁含量平均值为 6.33mg/kg，个别地区缺铁比较严重，缺铁土壤面积约占总面积 13%，部分耕地土壤施用铁肥没有明显的肥效。青海东部耕地土壤全铁含量为 2.38%，有小范围土壤面积缺铁。宁夏土壤局部缺铁，但范围并不大，分布特征与土壤母质有一定的关系，总体来说土壤中有效铁的含量还是比较适宜作物生长。新疆土壤有效铁平均含量为 8.89mg/kg，但新疆仍有近 40% 的土壤潜在缺铁。

（六）锰

西北耕地土壤有效锰的供应能力较低。由于锰在 pH 较高环境下有效性低，所以锰的分布特征与锌极为相似，缺锌地区往往伴随着缺锰现象。以石灰性土壤为主的西北地区，尤其是质地较轻，通透性好，有机质含量少的土壤中，包括黄绵土、填土、黄潮土、棕壤、褐土、栗钙土等缺锰现象比较明显。具体看，甘肃省土壤锰的全量含量为 624mg/kg，有效锰含量为 0.96～11.2mg/kg，平均值为 5.10mg/kg，就全省而言，有效锰含量属于中等偏下水平，45.5％的土壤都缺锰。宁夏宁南山区土壤全锰含量为 450～603mg/kg，土壤缺锰现象并不严重。青海东部耕地土壤全锰含量平均值为 522mg/kg，有效含量为 4.1～8.2mg/kg。新疆地区土壤有效锰在空间分布上为北疆高、南疆低，平均值为 7.06mg/kg，个别地区有效锰缺乏严重，但绿洲地区土壤有效锰含量相对较高，如阜康和阿勒泰地区，土壤有效锰的含量分别为 8.53 和 10.42mg/kg，荒漠区土壤有效锰含量较低。

（七）硼

西北地区缺硼土壤主要分布于黄土高原部分地区和黄河冲积物发育的土壤，如宁夏部分地区以及甘肃等地，而西北其他省份如青海、新疆等地土壤有效硼含量比较丰富。部分地区如青海的棕钙土、灰棕漠土有效硼属极丰富水平，供硼充足甚至过量。但由于西北地区特别是新疆全年降水量少，虽然硼全量含量高，但施用硼肥后仍有不同程度增产效果。具体看，甘肃土壤全硼含量变幅为 12.2～259.1mg/kg，平均为 60.4mg/kg。全省 50％土壤硼含量达到适中水平以上，位于甘肃陇西地区的风沙土区土壤硼含量较低。宁夏南部山区地处黄土高原西北部，土壤全硼含量变幅为 57.5～76.5mg/kg，与全国平均水平相当。青海东部土壤全硼含量平均值为 78.5mg/kg，土壤含硼量比较丰富。新疆土壤速效硼含量变幅为 1.36～12.09mg/kg，平均值为 2.95mg/kg。新疆绿洲缺硼土壤只占绿洲面积的 2.75％，绿洲地区水溶态硼含量丰富。但新疆土壤全硼含量呈下降趋势。

（八）钼

西北地区土壤中钼的含量普遍低于全国平均水平，在西北地区占大部的黄土区土壤全钼含量和有效钼含量不高，有效钼含量平均值仅为 0.072mg/kg，属于极缺水平，施用钼肥有显著的肥效。例如，宁夏南部山区耕地土壤全钼含量的变幅为 0.49～0.97mg/kg，缺钼现象还是普遍存在。新疆地区存在不同程度的缺钼，施用钼肥有增产效果。

第三章
西北春小麦种植区划

第一节 中国小麦种植区划

一、中国小麦种植区域的生态特点

（一）中国小麦种植区域分布

中国小麦分布极广，北起漠河，南至海南岛，西起新疆，东至海滨，遍布全国各地。从低于海拔 150m 的盆地至海拔 4 000m 以上的西藏高原，从北纬 18°的热带地区到北纬 53°的严寒地带，都有小麦种植。由于各地自然条件、种植制度、品种类型及生产水平的差异，形成了明显的种植区域。中国幅员辽阔，既能种植冬小麦又能种植春小麦。由于各地自然条件的差异，小麦的播种期和成熟期不尽相同。生育期最短在 100d 左右，最长的达到 350d 以上。春（播）小麦多在 3 月上旬至 4 月中旬播种；冬（秋播）小麦播种最早的在 8 月中下旬，最晚可迟至 12 月下旬。广东、云南等地小麦成熟最早，最早在 2 月底收获，随之由南向北陆续收获到 7、8 月份，但主产麦区冬小麦多数在 5 月至 6 月成熟，而西藏高原可延迟至 9 月下旬或 10 月上旬，是中国小麦成熟最晚的地区，其秋播小麦从种到收有近一年时间。因此，一年之中每个季节都有小麦在不同地区播种或收获。中国栽培的小麦以冬小麦为主，目前种植面积和总产量均占全国常年小麦总面积和总产的 90％以上，其余为春小麦，冬小麦平均单产高于春小麦。中国小麦主产区主要种植冬小麦，种植面积依次为河南、山东、安徽、河北、江苏、四川、湖北、陕西、新疆、山西、甘肃等 11 个省（自治区），约占全国冬小麦总面积的 94.6％（2013 年）。栽培春小麦的主要有内蒙古、新疆、甘肃、黑龙江、青海、宁夏、西藏等省（自治区），以内蒙古面积最大，西藏单产最高，其次为新疆，其平均单产均在 5 000kg/hm² 以上（2012 年）。

（二）中国小麦种植区域的气候、土壤特点

中国小麦种植区域极广，各地气候条件差异较大。最南的海南省地处热带地区，向北逐步过渡到亚热带、温带，直至最北部的属寒温带的黑龙江省漠河。气候特征表现为从内陆大陆性干旱或半干旱气候逐步过渡到东南沿海的海洋性季风气候。年均气温从海南省的23.8℃，逐步过渡到漠河的 0℃左右。冬小麦播种至成熟所需＞0℃积温 1 800～2 600℃，以新疆最多，华南地区最少；春小麦播种至成熟所需＞0℃积温 1 200～2 400℃，也以新疆最多，最少则为辽宁。冬、春小麦播种到成熟日照时数分别为 400～2 800h 和 800～1 600h，均以西藏最多。无霜期从海南省的终年无霜逐步过渡到青藏高原部分地区全年有霜。华南地区无霜期 300d 以上，有的年份全年无霜；长江流域从 4 月到 11 月，无霜期约 250d；华北

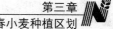
地区初霜见于 10 月中旬，终霜见于 4 月上旬，无霜期约 200d；东北地区平均初霜见于 9 月中旬，终霜见于 4 月下旬，无霜期不到 150d。降水东西、南北差异均较大，年降水量从内陆地区的 100mm 左右（个别地区终年无降水）到东南沿海的 2 500mm 以上，且分布极为不均，约占全年降水量的 60％以上多集中于 6 至 8 月份。冬小麦生育期间降水最多的可达 900mm，降水少的在 20mm 以下；春小麦生育期间降水量从 300mm 至 20mm 以下不等。

中国小麦种植区域覆盖全国陆地和主要海岛，各地土壤类型复杂。新疆南部地区多为灰钙土、灌淤土、棕漠土，北部地区多为灰钙土、灰漠土和灌淤土。西藏的农业区多在河流两岸，土壤类型主要是石灰性冲积土、土层薄、沙性重。青海高原农业区主要是灰钙土和栗钙土，东北地区多为肥沃的黑钙土。华北平原农业区的土壤类型主要是褐土、潮土。山西、陕西、甘肃等境内的黄土高原多为栗钙土和黑垆土，沿太行山东坡及辽东半岛南部为棕壤，沿渤海湾有大片的盐碱土。内蒙古、宁夏等地主要是栗钙土、黄土和河套灌淤土。长江流域土壤类型比较复杂，汉水流域上游为褐土及棕壤，云贵高原为红壤、黄壤，淮南丘陵为黄壤、黄褐土，长江中下游平原为黄棕壤、潮土、水稻土，江西有大面积红壤。四川盆地主要是冲积土、紫棕壤和水稻土。华南地区则主要是红壤和黄壤。

中国主要类型土壤的颗粒组成，表现为自从南向北、由东向西，即从高温带向低温带、由湿润区向干旱区，土壤细颗粒递减而粗颗粒渐增，土壤质地相应呈现黏土、壤土、沙土到砾质沙土的变化趋势。如南方地区以红壤为主的土壤中主要为黏土，长江中下游、华北、西北及东北地区的土壤中主要为壤土，新疆、内蒙古及青海等地的土壤中以沙土较多。全国小麦种植区域的土壤质地多为壤土，次为沙壤土和粉土，少有黏土和沙土。

土壤酸碱度是影响小麦生长的重要因素之一，中国土壤 pH 值表现为从北向南、由西向东逐渐降低的趋势。全国小麦种植区域的土壤酸碱度多为中性至偏碱性，pH 多在 6.5～8.5 之间。土壤有机质表现为东北地区含量最高，其次为西南昌都周边地区，华南地区高于华北地区，内蒙古西部和新疆、西藏东部地区含量最低。中国小麦种植区域的土壤有机质含量多在 0.8％～2.0％之间，近年来由于保护性耕作的发展和秸秆还田量的增加，土壤有机质含量有增加的趋势。

（三）中国小麦种植区域的种植制度及小麦品种类型

中国小麦种植区域遍及全国，各地种植制度有明显不同。从北向南逐渐演变，熟制依次增加，但海拔不同，种植制度也有很大变化。东北地区种植制度多为一年一熟，春小麦与大豆、玉米等倒茬。河北中北部长城以南、山西中南部、陕西北部、甘肃陇东以及宁夏南部等地区种植制度多为一年一熟或两年三熟，与小麦轮作的主要作物有谷子、玉米、高粱、大豆、棉花等，北部还有荞麦、糜子和马铃薯等。河北中南部、河南、山东、江苏、安徽北部、山西南部、陕西关中以及甘肃天水等地区，有灌溉的地区多为一年两熟，夏玉米是小麦的主要前茬作物，此外有大豆、谷子、甘薯等；旱地小麦以两年三熟为主，以春玉米（或谷子、高粱）—冬小麦—夏玉米（或甘薯、谷子、花生、大豆），或高粱—冬小麦—甘薯（或绿豆、大豆）的种植方式为主；极少数旱地一年一熟，冬小麦播种在夏季休闲地上。长江流域种植制度多为一年两熟，水稻区盛行稻麦两熟，旱地多为棉、麦或杂粮、小麦两熟。华南地区多为一年两熟或三熟，小麦与连作稻或杂粮轮作。新疆的北疆地区主要为一年一熟，小麦与马铃薯、油菜、燕麦、亚麻、糜子、瓜等作物换茬。南疆以一年二熟为主，部分地区实行二年三熟。青藏高原主要为一年一熟，小麦与青稞、豌豆、蚕豆、荞麦等作物换茬，但西藏高原南部的峡谷低地可实行一年两熟或两年三熟。

中国小麦种植区域南北纬度跨度大，海拔高低变化多，土壤类型复杂，气候条件多变，因此各地种植的小麦品种类型有明显不同。从分类学来讲，中国种植的小麦主要是普通小麦，占99％以上，其余为圆锥小麦、硬粒小麦和密穗小麦。目前生产中普遍应用的品种，都是经过国家或地方审定的普通小麦的育成品种。从小麦春化特性来讲，生产中种植的普通小麦品种，又可分为春性小麦、冬性小麦、半冬性小麦三大类型，也有人进一步把春性小麦分为强春性和春性小麦，把冬性小麦分为强冬性和冬性小麦，把半冬性小麦分为弱冬性、半冬性和弱春性小麦，但尚缺乏统一的标准。从播期来讲，又可为冬（秋播或晚秋播）小麦和春（播）小麦。目前在东北地区和内蒙古等地主要是春播春性小麦；华北平原地区主要是秋播冬性小麦和半冬性小麦；长江流域主要是秋播半冬性和春性小麦；华南地区主要是晚秋播半冬性和春性小麦；青藏高原和新疆既有秋播冬性小麦，又有春播春性小麦种植。

二、中国小麦种植具体区划

参照前人小麦种植区域划分依据，将全国小麦自然区域划分为3个主区，10个亚区。即春（播）麦区，包括东北春（播）麦区、北部春（播）麦区和西北春（播）麦区3个亚区；冬（秋播）麦区，包括北部冬（秋播）麦区、黄淮冬（秋播）麦区、长江中下游冬（秋播）麦区、西南冬（秋播）麦区和华南冬（晚秋播）麦区5个亚区；冬、春兼播麦区，包括新疆冬春兼播麦区和青藏春冬兼播麦区2个亚区。本节仅依具现有研究结果对3个主区和10个亚区的情况作简要介绍（表3-1，图3-1）。

表3-1　中国小麦种植区域

主 区	亚 区	范 围	副 区
春（播）麦区	Ⅰ．东北春（播）麦区	黑龙江、吉林全部，辽宁大部，内蒙古东4盟，共4省（自治区）204县	1. 北部高寒区，2. 东部湿润区，3. 西部干旱区
	Ⅱ．北部春（播）麦区	内蒙古锡林郭勒盟以西，河北坝上，山西雁北，陕西榆林，共4省（自治区）95县市	4. 北部高原干旱区，5. 南部丘陵平原半干旱区
	Ⅲ．西北春（播）麦区	以甘肃、宁夏为主，内蒙古、青海、新疆小部分，共5省（自治区）71县	6. 银宁灌溉区，7. 陇西丘陵区，8. 河西走廊区，9. 荒漠干旱区
冬（秋播）麦区	Ⅳ．北部冬（秋播）麦区	河北长城以南，山西中、东南部，陕西和河南北部，辽宁南部，甘肃陇东，北京，天津，共8省（直辖市）189县	10. 燕太山麓平原区，11. 晋冀山地盆地区，12. 黄土高原沟壑区
	Ⅴ．黄淮冬（秋播）麦区	山东全部，河南大部，河北中南部，江苏和安徽北部，陕西关中，山西西南，甘肃天水，共8省415县	13. 黄淮平原区，14. 汾渭谷地区，15. 胶东丘陵区
	Ⅵ．长江中下游冬（秋播）麦区	浙江和江西全部，河南信阳，江苏、安徽、湖北、湖南部分地区，共7省420县	16. 江淮平原区，17. 沿江滨湖区，18. 浙皖南部山地区，19. 湘赣丘陵区
	Ⅶ．西南冬（秋播）麦区	贵州全部，四川和云南大部，陕西南部，甘肃东南部，湖南和湖北西部，共7省401县	20. 云贵高原区，21. 四川盆地区，22. 陕南鄂西山地丘陵区
	Ⅷ．华南冬（晚秋播）麦区	福建、广东、广西、台湾全部及云南部分县，共5省（自治区）311县	23. 内陆山地丘陵区，24. 沿海平原区

（续）

主 区	亚 区	范 围	副 区
冬、春兼播麦区	Ⅸ. 新疆冬、春兼播麦区	南北疆，共78县	25. 北疆区，26. 南疆区
	Ⅹ. 青藏春、冬兼播麦区	西藏全部，青海大部，四川西部，甘肃西南部，云南西北部，共5省（自治区）144县	27. 环湖盆地地区，28. 青南藏北区，29. 川藏高原区

资料引自：《中国专用小麦育种与栽培》，2006年。

（一）春（播）麦区

春小麦在全国不少省（自治区）均有种植，但主要分布在长城以北，岷山、大雪山以西。大多地处寒冷、干旱或高原地带。分布范围除新疆、西藏以及四川西部冬、春麦均种有一定面积外，春麦区包括黑龙江、吉林、内蒙古、宁夏全部，辽宁、甘肃省大部以及河北、山西、陕西各省北部地区。春麦区主要分布在中国北部狭长地带。东北与俄罗斯、朝鲜交界，西北与蒙古接壤，南以长城为界与北部冬麦区相邻，西至新疆冬春兼播麦区和青藏春冬兼播麦区的东界。春麦区全年≥10℃的积温2 750℃左右，变幅为1 650～3 620℃。这些地区冬季严寒，其最冷月（1月）平均气温及年极端最低气温分别为−10℃左右及−30℃左右。太阳总辐射量和日照时数由东向西逐渐增加。降水量分布差异较大，总趋势为由东向西逐渐减少。物候期出现日期表现为由南向北逐渐推迟。春麦区因秋播小麦不能安全越冬，故种植春小麦。以一年一熟制为主。种植方式有轮作和套作，轮作方式如小麦—大豆—玉米轮作，小麦—大豆—马铃薯轮作，小麦—油菜—小麦轮作等；套作方式如小麦套种玉米的粮粮套作，小麦套种向日葵的粮油套作，小麦套种甜菜的粮糖套作等。

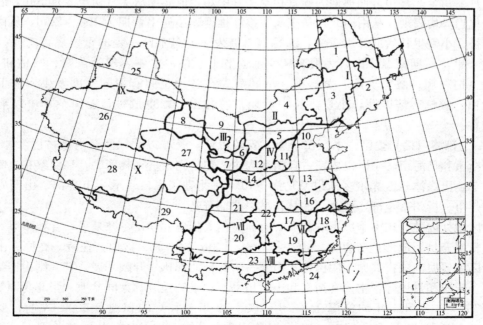

图 3-1　中国小麦种植生态区划

（引自：《中国小麦学》，1996年）

根据降水量、温度及地势可将春麦区分为东北春麦、北部春麦及西北春麦等三个亚区。

Ⅰ. 东北春（播）麦区　本区位于中国东北部，包括黑龙江、吉林两省全部，辽宁省除南部大连、营口两市以外的大部，内蒙古东北部的呼伦贝尔市、兴安盟、通辽市及赤峰市。全区地形地势复杂，境内东、西、北部地势较高，中、南部属东北平原，地势平缓。海拔一般为50～400m，山地最高的1 000m左右。土地资源丰富，土层深厚，适于大型机具作业，尤以黑龙江省为最。

全区气候南北跨越寒温和中温两个气候带，温度由北向南递增，差异较大。最冷月平均气温北部漠河为−30.7℃，中部哈尔滨为−19.4℃，而南部锦州则为−8.8℃，是中国气温最低的一个麦区。热量及无霜期均因受气温影响而南北差异大，≥10℃积温为1 600～3 500℃；无霜期最长达160d左右，最少仅90d。无霜期偏短而热量不足是本区的一个主要特点。降水量是制约春播麦区小麦生产的最主要因素，干旱常导致各春播麦区小麦产量低而不稳，但东北春播麦区则降水量充沛，通常600mm以上，主要麦区小麦生育期降水均可达到300mm以上，为中国春播麦区降水最多的地区。但地区间及年际间分布不均匀，沿江东部地区多而西部少，6、7、8月3个月降水量占全年降水量65％以上，以致部分地区小麦播种时降水少影响下种；而东部则在小麦收获时降水多受涝，不能及时收获。

本区土地肥沃，有机质含量较高。土壤类型主要为黑钙土、草甸土、沼泽土和盐渍土。黑钙土分布面积最广，主要在松辽、松嫩和三江平原，腐殖层厚，矿质营养丰富，土壤结构良好，自然肥力较高。草甸土分布在各平原的低洼地区和沿江两岸，肥力较高，透水性较差。盐渍土主要分布在西部地区，湿时泥泞，干时板结，耕性和透气性均很差。主要作物有玉米、春小麦、大豆、水稻、马铃薯、高粱、谷子等。种植制度主要为一年一熟，春小麦多与大豆、玉米、谷子、马铃薯、高粱等轮作倒茬。小麦播种期为3月中旬至4月下旬，拔节期为4月下旬至6月初，抽穗期为6月初至7月中旬，成熟期从7月初至8月下旬，各物候期总变化趋势均表现为从南向北，从东向西逐渐推迟。小麦生育期为100～120d，从南向北逐渐延长。小麦生长后期降水较多，赤霉病常有发生，是本区小麦的重要病害之一。早春播种时干旱，后期高温多雨，为根腐病发生创造了条件，主要表现为苗腐、叶枯和穗腐。叶锈病、白粉病、散黑穗病、黄矮病、丛矮病等在各地也间有不同程度发生。地下害虫有金针虫、蝼蛄、蛴螬等，小麦生长中后期常有黏虫、蚜虫危害，麦田杂草中以燕麦草危害较重。

Ⅱ. 北部春（播）麦区　本区位于大兴安岭以西，长城以北，西至内蒙古巴彦淖尔市、鄂尔多斯市和乌海市。全区以内蒙古自治区为主，包括内蒙古锡林郭勒、乌兰察布、呼和浩特、包头、巴彦淖尔、鄂尔多斯以及乌海等市，河北省张家口、承德市全部，山西省大同市、朔州市、忻州市全部，陕西省榆林长城以北部分县。

全区地处内陆，东南季风影响微弱，为典型的大陆性气候，冬寒夏暑，春秋多风，气候干燥，日照充足。地形地势复杂，由海拔3～2 100m的平原、盆地、丘陵、高原、山地组成。全区主要属内蒙古高原，阴山位于内蒙古中部，北部比较开阔平展，其南则为连绵起伏的高原、丘陵和盆地等，主要有河套和土默川平原、丰镇丘陵、大同盆地、张北高原等。年日照2 700～3 200h，年均气温1.4～13.0℃，全年≥10℃的积温2 600℃左右，变幅为1 880～3 600℃。年降水量200～600mm，降水季节分布不均，多集中在7～9月。一般年降水在350mm左右，不少地区低于250mm，属半干旱及干旱地区。小麦生育期太阳总辐射量

242～276kJ/cm²，日照时数为 1 000～1 200h，播种至成熟期＞0℃积温为 1 800～2 000℃，小麦生育期降水 50～200mm，由东向西逐渐减少。各地无霜期差异很大，变幅为 80～178d，其中忻州市无霜期 110～178d 为最长，锡林郭勒盟 90～120d 为最短，张家口市 80～150d，变幅最大。

本区土壤类型以栗钙土为主，腐殖层薄，易受干旱，在植被受破坏后且易沙化。主要作物有小麦、玉米、马铃薯、糜子、谷子、燕麦、豆类、甜菜等。种植制度以一年一熟为主，间有两年三熟。小麦在旱地则主要与豌豆、燕麦、谷子、马铃薯等轮作。在灌溉地区多与玉米、蚕豆、马铃薯等轮作，少数在麦收之后，复种糜子、谷子等短日期作物或蔬菜，间有小麦套种玉米或其他作物。小麦播种期自 3 月中旬始至 4 月中旬，拔节期在 5 月下旬至 6 月初，抽穗在 6 月中旬至 7 月初，成熟期在 7 月下旬至 8 月下旬，各物候期总变化趋势均表现为从南向北逐渐推迟，但内蒙古锡林郭勒盟多伦地区成熟期最晚。小麦生育期为 110～120d，从南向北逐渐延长。小麦生育期主要病害有黄矮、丛矮、根腐、条锈、叶锈及秆锈病，各地时有不同程度发生，白粉病、纹枯病、赤霉病偶有发生。地下害虫有金针虫、蝼蛄、蛴螬等，常在播种出苗期危害；小麦生长中后期麦秆蝇危害较严重，此外还常有黏虫、蚜虫、吸浆虫危害。

Ⅲ. 西北春（播）麦区 本区位于黄河上游三大高原（黄土高原、内蒙古高原和青藏高原）的交汇地带，北接蒙古，西邻新疆，西南以青海省西宁和海东地区为界，东部则与内蒙古巴彦淖尔市、鄂尔多斯市和乌海市相邻，南至甘肃南部。包括内蒙古阿拉善盟；宁夏全部；甘肃、兰州、临夏、张掖、武威、酒泉区全部以及定西、天水和甘南自治州部分县；青海省西宁市和海东地区全部，以及黄南、海南自治州的个别县。本区处于中温带内陆地区，属大陆性气候。冬季寒冷，夏季炎热，春秋多风，气候干燥，日照充足，昼夜温差大。本区主要由黄土高原和内蒙古高原组成，海拔 1 000～2 500m，多数为 1 500m 左右。北部及东北部为内蒙古高原，地势缓平；东部为宁夏平原，黄河流经其间，地势平坦，水利发达；南及西南部为属于黄土高原的宁南山地、陇中高原以及青海省东部，梁岭起伏，沟壑纵横，地势复杂。

全区≥10℃年积温为 3 150℃左右，变幅为 2 056～3 615℃。年均气温 5～10℃，最冷月气温－9℃。无霜期 90～195d，其中宁夏 127～195d，甘肃河西灌区 90～180d，中部地区 120～180d，西南部高寒地区 120～140d。年均降水量 200～400mm，一般年份不足 300mm，最少地区在 50mm 以下。其中宁夏年降水量为 183～677mm，由南向北递减；甘肃河西灌区 35～350mm，中部地区 200～550mm，西南部高寒地区 400～650mm；内蒙古阿拉善盟年均降水 200mm 左右。自东向西温度渐增和降水量递减。小麦生育期太阳辐射总量 276～309kJ/cm²，日照时数 1 000～1 300h，＞0℃积温 1 400～1 800℃。春小麦播种至成熟期降水量 50～300mm，由北向南逐渐增加。

本区土壤类主要有棕钙土、栗钙土、风沙土、灰钙土、黑垆土、灰漠土、棕色荒漠土等多种类型，多数土壤结构疏松，易风蚀沙化，地力贫瘠，水土流失严重。主要作物为春小麦，其次为玉米、高粱、糜子、谷子、大麦、豆类、马铃薯、油菜、青稞、燕麦、荞麦等，经济作物有甜菜、胡麻、棉花等，宁夏灌区还有水稻种植。种植制度主要为一年一熟，轮作方式主要是豌豆、扁豆、糜子、谷子等和小麦轮作。低海拔灌溉地区间有其他作物与小麦间、套、复种的种植方式。春小麦播种期通常在 3 月中旬至 4 月上旬，5 月中旬至 6 月初拔节，6月中旬至6月下旬抽穗，7月下旬至8月中旬成熟。全生育期120～150d，以西宁地区生育期最长。小麦生育期主要病害有红矮病、黄矮病、条锈病、黑穗病、白粉病、根腐病、全蚀病等，各地时有发生，以红矮病、黄矮病和发生危害较重。常在播种出苗期进行危害的地下害虫有金针虫、蝼蛄、蛴螬等，苗期有蚜虫、灰飞虱、叶蝉等危害幼苗并传播病毒病，红蜘蛛也多在苗期危害，小麦生长中后期以蚜虫危害最重。田间鼠害时有发生，以鼢鼠活动危害较重。

（二）冬（秋播）麦区

冬（秋播）麦是中国小麦生产的主要组成部分，面积大，单产高，总产多。分布范围北起长城以南，西自岷山、大雪山以东。由于分处在暖温带及北、中、南亚热带，致使南、北自然条件差异较大，主要是受温度和降水量变化的影响。以秦岭及淮河为界，其北为北方冬（秋播）麦区，以南则属南方冬（秋播）麦区。

北方冬麦区在长城以南，岷山以东，秦岭—淮河以北，为中国主要麦区，包括山东省全部、河南、河北、山西、陕西省大部，甘肃省东部和南部及苏北、皖北。小麦面积及总产通常为全国的60％以上。除沿海地区外，均属大陆性气候。全年≥10℃积温4 050℃左右，变幅为2 750～4 900℃。年均气温9～15℃，最冷月平均气温－10.7～－0.7℃，极端最低气温－30.0～－13.2℃。偏北地区冬季寒冷，低温年份小麦易受不同程度冻害。北方冬麦区年降水量440～980mm，小麦生育期间降水150～340mm，多数地区200mm左右。西北部地区降水量较少，东部地区降水量较多，降水季节间分布不匀，多集中于7、8两个月，春季常遇干旱，有些年份秋季干旱也很严重，但以春旱为主，有时秋、冬、春连旱，成为小麦生产中的主要问题。黄河至淮河之间，气候温暖，降水量适度，是中国生态环境最适宜于种植冬小麦的地区，面积大、产量高。北方冬麦区以冬小麦为主要种植作物，其他还有玉米、谷子、豆类、甘薯以及棉花等粮食和经济作物。种植制度主要为一年两熟，北部地区则多两年三熟，旱地多为一年一熟。依据纬度高低，地形差异、温度和降水量的不同，又分为北部冬麦、黄淮冬麦两个亚区。

南方冬麦区位于秦岭—淮河以南，折多山以东，包括福建、江西、广东、海南、台湾、广西、湖南、湖北、贵州等省、自治区全部，云南、四川、江苏、安徽省大部以及河南南部。全区主要属亚热带气候，但海南省以及台湾、广东、广西等省（自治区）南部和云南省个旧市以南地区已由亚热带过渡为热带。受季风气候影响，气候温暖，全年≥10℃的积温5 750℃左右，变幅为3 150～9 300℃。最冷月平均气温5℃左右，华南地区可达10℃以上，年均气温16～24℃，全年适宜作物生长。年降水量多在1 000mm以上，湖南、江西、浙江及安徽南部和广东等地区降水量可达1 600～2 000mm，其中台湾降水量最多可达5 000mm以上。受降水量偏多影响，湿涝灾害及赤霉病连年发生，对小麦生产不利。作物以水稻为主，水田面积占耕地面积的30％左右，小麦虽不是本区主要作物，但在轮作复种中仍处于十分重要地位，多与水稻进行轮种，主要方式有稻、麦两熟或稻、稻、麦等三熟制。依据地形、气候、栽培特点又可分为长江中下游、西南及华南冬麦等三个亚区。

Ⅳ．北部冬（秋播）麦区 本区东起辽东半岛南部，沿长城及燕山南麓进入河北省，向西跨越太行山经黄土高原的山西省中部与东南部及陕西省北部，向西迄甘肃省陇东地区，以及北京、天津两直辖市，形成东西向的狭长地带。陕西境内一段基本沿长城与其北的春麦区为界。全境地势除辽东半岛为沿海低丘，北京、天津和河北省地段属平原外，山西及陕西省部分以及陇东地区，均属黄土高原。由于地表均覆盖有深厚的黄土层，受断层及河流切割作用，塬谷交错，中有盆地，主要的有晋中、上党和陕北盆地。海拔通常约500m左右，高原地区为1 200～1 300m，而近海地区则4～30m。全区地处冬小麦北界，自然条件较差，特别是北缘地区冬季低温常造成冻害，产量水平不高，在冬麦区中除华南冬麦区外以此区产量最低。

全区属暖温带，除沿海地区比较温暖湿润外，主要属大陆性气候，冬季严寒少雨雪，春季干旱多风，且蒸发强，旱、寒是小麦生产中的主要问题。最冷月平均气温−10.7～−4.1℃，绝对最低气温通常−24℃，其中以山西省西部的黄河沿岸、陕北和甘肃陇东地区气温最低。正常年份一般地区小麦均可安全越冬，但低温年份或偏北地区则易受冻害。全年降水440～710mm，以沿海辽东半岛，河北平原及北京、天津降水量稍多，主要集中在7、8、9月3个月，小麦生育期降水约210mm，以致常年都有不同程度的干旱发生，主要为春旱。

本区土壤类型主要有褐土、黄绵土和盐渍土等。褐土多分布在华北平原、黄土高原的东南部以及山西省中部等地，土壤表层质地适中，通透性和耕性良好，有较深厚的熟化层，质地疏松肥沃，保墒耐旱。黄绵土分布在晋西、陕北及陇东的黄土高原地区，而盐渍土则多在沿海地带，前者质地疏松，易受侵蚀，抗旱力弱；而后者则耕性及透性均很差。本区种植作物种类繁多，以小麦和杂粮为主，主要有小麦、玉米、高粱、谷子、糜子、黍子、豆类、马铃薯、油菜以及绿肥作物等，棉花、水稻在局部平原或盆地区也有种植。冬小麦占粮食作物面积的30%～40%，在轮作中起到纽带作用，是各种主要作物的前茬作物。旱地轮作以一年一熟为主，冬小麦是主要作物。两年三熟面积比较大，主要方式是春播作物收获后，秋播小麦，小麦收获之后夏种早熟作物。也有一些地区实行小麦与其他作物套种。一年两熟则主要在肥水条件较好地区，麦收之后以夏玉米为主。由于气候变暖、品种改良和栽培技术的进步，一年两熟面积迅速扩大，全年产量大幅增加。

本区小麦播期一般在9月中旬至10月上旬，但多数集中在9月下旬至10月上旬，有的延迟到10月中旬。由于气候逐渐变暖，播期较传统普遍推迟5～7d。成熟期多为6月中、下旬，少数地区晚至7月上旬，播期和收获期均表现为从南向北逐渐推迟。全生育期一般为250～280d，有些地区晚播小麦生育期在250d以下。本区小麦生育期条锈偶发，一般年份发生不重，近年小麦纹枯病有向本区蔓延的趋势。随着生产发展和氮肥施用量增加，白粉病在水浇地高产麦田也常有发生。秆锈、叶锈、全蚀病、黄矮病、叶枯病、根腐病分别在不同地区局部发生，散黑穗病、腥黑穗病、秆黑粉病、线虫病近年也有回升趋势。常见的地下害虫有蝼蛄、蛴螬、地老虎和金针虫等。红蜘蛛在干旱地区常有发生，蚜虫、黏虫在密植高产麦田每年均有不同程度发生。麦叶蜂、吸浆虫近年也有回升发展趋势，局部地区发生严重。

Ⅴ．黄淮冬（秋播）麦区 本区位于黄河中、下游，南以淮河—秦岭为界，西沿渭河河谷直抵春麦区边界，东临海滨。包括山东省全部，河南省除信阳地区以外全部，河北省中、南部，江苏及安徽两省的淮河以北地区，陕西关中平原及山西省南部，甘肃省天水市全部和平凉及定西地区部分县。全区除鲁中、豫西有局部丘陵山地外，大部地区是平原，坦荡辽阔，地势低平，海拔平均200m左右，西高东低，其中西部通常400～600m，河南全境100m左右，苏北、皖北50m以下，气候适宜，是中国生态条件最适宜于小麦生长的地区。

面积和总产量在各麦区中均居第一，历年产量比较稳定。冬小麦在各省所占耕地面积的比例为49%～60%，为本区的主要作物。

全区地处暖温带，南接北亚热带，为由暖温带向亚热带过渡的气候类型。大致以淮河—秦岭一线与长江中下游冬麦区为界，沿淮河北侧一带为亚热带北部边缘，为暖温带最南端，属半湿润性气候，此线以南则雨量增多，气候湿润。本区大陆性气候明显，尤其北部一带，春旱多风，夏、秋高温多雨，冬季寒冷干燥，南部则情况较好。区内最冷月平均气温—4.6～—0.7℃，绝对最低气温—27.0～—13.0℃，北部地区华北平原，在低温年份仍有遭受寒害或霜冻的可能，以南地区气温较高，冬季小麦生长基本仍不停止，没有明显的越冬及返青期。年降水520～980mm，小麦生育期降水约280mm，一般可以满足小麦生育期需水，但北部降水量不及南部多，年际间仍不免时有旱害发生，需进行灌溉。小麦灌浆、成熟期高温低湿，常形成不同程度的干热风为害。

本区土壤类型主要有潮土、褐土、棕壤、砂姜黑土、盐渍土、水稻土等。其中潮土主要分布在黄淮海平原，一般地势平坦，土层深厚，适宜小麦生产。褐土主要分布在黄土高原与黄淮海平原结合部、山麓平原、海拔700～1 000m及以下的低山丘陵及地带，适宜发展种植业。棕壤主要分布在海拔700～1 000m及以下的低山丘陵地带，一般土层深厚，保水保肥能力较强，适宜种植粮食作物及经济作物。砂姜黑土主要分布在低洼地区，土壤结构性差，适耕期较短。水稻土主要分布在黄河两岸、低洼地及滨海地区。盐渍土主要分布在低洼地及滨海地带。种植制度主要以冬小麦为中心的轮作方式，以一年两熟为主，即冬小麦—夏作物。丘陵、旱地以及水肥条件较差的地区，多实行两年三熟，即春作物—冬小麦—夏作物的轮换方式，间有少数地块实行一年一熟。全区作物种类主要有冬小麦、玉米、棉花、大豆、甘薯、花生、烟草和油菜等，高粱、谷子和水稻也有一定种植面积。近年随着国家对农业投入增加和生产条件改善，一年两熟面积逐渐扩大，特别是苏北徐淮地区，种植制度由旱作逐渐向水田过渡，稻麦两熟已成为当地的重要种植方式。河南、山东及河北省南部地区主要是冬小麦—夏玉米复种的一年两熟制，间有小麦—夏大豆等复种方式。

本区小麦播期参差不齐，西部丘陵、旱塬地区多在9月中、下旬播种，华北平原地区则以9月下旬至10月上、中旬播种。淮北平原一般在10月上、中旬播种。成熟期由南向北逐渐推迟，淮北平原5月底至6月初成熟，全生育期220～240d；其他地区多在6月上旬成熟，由于播期不一致，全生育期在230～250d之间变化。条锈是本区小麦主要病害，以关中地区发生较为普遍，叶锈、秆锈间有发生。早春纹枯病常有发生，且有向北蔓延趋势。白粉病近年呈上升趋势，水肥条件好，植株密度大，田间郁闭的麦田发生较重。全蚀、叶枯及赤霉病在局部地区时有发生，尤其赤霉病近年有发展趋势。黄矮病、散黑穗病、腥黑穗病、秆黑粉病有局部发生，以西部丘陵地区较重。小麦前期害虫主要为地下害虫，有蝼蛄、蛴螬、金针虫等，近年金针虫有发展趋势。中后期害虫主要为麦蚜、麦蜘蛛、黏虫、吸浆虫和麦叶蜂等，其中吸浆虫呈上升态势。

Ⅵ. 长江中下游冬（秋播）麦区　本区北以淮河、桐柏山与黄淮冬麦区为界，西抵鄂西及湘西山地，东至东海海滨，南至南岭，包括浙江、江西及上海市全部，河南省信阳地区以及江苏、安徽、湖北、湖南各省的部分地区。由于自然条件比较优越，光、热、水资源良好，大部分地区均适于小麦生长，主要的集中产麦区为苏、皖中部及湖北襄樊等江淮平原地区。

全区地域辽阔，地形复杂，平原、丘陵、湖泊、山地兼有，而以丘陵为主体，面积约占全区 3/4 左右，海拔 2～341m，地势不高。本区位于北亚热带，全年气候湿润，热量条件良好。区内河湖众多，水网密布，降水充沛，水资源丰富。各地年降水量 830～1 870mm，小麦生育期间降水 340～960mm 左右。常受湿渍危害，且愈往南降水量愈大，湿害也愈加严重。北部地区偶有春旱发生，但主要为后期降水偏多。江西省贵溪、玉山、广昌以及湖南衡阳等地区，降水量过多，年降水 1 600～1 800mm。

本区土壤类型较多，汉水上游地区为褐土或棕壤，丘陵地区为黄壤和黄褐土，沿江沿湖地区为水稻土，江西、湖南部分地区有红壤。红、黄壤偏酸性，肥力较差，不利于小麦生长。长江中下游冲积平原的水稻土，有机质含量较高，肥力较好，有利于小麦高产。本区种植制度多为一年两熟以至三熟。两熟制以稻—麦或麦—棉为主，间有小麦—杂粮的种植方式；三熟制主要为稻—稻—麦（油菜）或稻—稻—绿肥。丘陵旱地区以一年二熟为主，麦收之后复种玉米、花生、芝麻、甘薯、豆类、杂粮、麻类、油菜等。本区小麦适播期为 10 月下旬至 11 月中旬，成熟期北部 5 月底前后，南部地区略早，生育期多为 200～225d。品种多为春性。自然环境、生态条件和耕作栽培制度决定了本区主要病害的发生情况，早春纹枯病有加重发生趋势，中后期以赤霉病、锈病、白粉病较为流行，小麦开花灌浆期降水过多，极易引起赤霉病盛发流行。小麦害虫主要有麦蜘蛛、黏虫、蚜虫和吸浆虫等，不同年份发生轻重程度有差异。渍害是普遍存在的问题，也是制约小麦生产的重要障碍因素。

Ⅶ. 西南冬（秋播）麦区　本区位于中国西南部，地处秦岭以南，川西高原以东，南以湖南、贵州两省省界以及云南南盘江和景东、保山、腾冲一线与华南冬麦区为界，东抵鄂西山地、湘西丘陵区。包括贵州全省，四川、云南大部，陕西南部以及湖北、湖南西部。全区地势复杂，山地、高原、丘陵、盆地相间分布，其中以山地为主，约占总土地面积的 70%左右，海拔大致为 500～1 500m，最高达 2 500m 以上。其次为丘陵，盆地面积较小，且多为面积碎小而零散分布的河谷平原和山间盆地，当地均称坝子，其中以成都平原最大。平坝少，丘陵旱坡地多，是本区小麦生产环境中的一个特点。由于周边及境内多山，长江又由西南而东向横穿其间，在塬面高且受江河急流长期冲刷切割而形成的陡狭山间谷地，其塬面和谷底海拔高度差相当大，黔西高原可达 200～500m，从而构成了同一地区不同的气候带，影响小麦分布及品种使用。

全区冬季气候温和，高原山地夏季温度不高，降水多、雾大、晴天少，日照不足。最冷月平均气温为 4.9℃，绝对最低气温－6.3℃。其中四川盆地较高，甚至比同纬度的长江流域也高 2～4℃，冬暖有利于冬小麦、油菜、蚕豆等作物越冬生长。无霜期长达 260d 左右，仅次于华南冬麦区。唯日照不足是本区自然条件中对小麦生长的主要不利因素，年日照 1 620h 左右，日均只有 4.4h，为全国日照最少地区。其中川、黔两地常年云雾阴雨，日照不足，直接影响小麦后期灌浆和结实。年降水 1 100mm，比较充沛，除北部甘肃武都地区不足 500mm 外，其余均在 1000mm 左右，基本可以满足小麦生育期需水。但部分地区由于季节间降水量分布不均，冬、春降水偏少，干旱时有发生。

本区土壤类型主要为黄、红壤。前者分布在湖南、湖北西部及四川盆地；红壤则多在云贵高原，质地黏重，结构性差，排水不良，地力贫瘠，不利于小麦生长。水稻为本区主要作物，其次是小麦、玉米、甘薯、棉花、油菜、蚕豆以及豌豆等，作物种类丰富。农业区域内海拔差异较大，热量分布不均，种植制度多样。有一年一熟、一年两熟、一年三熟等多种方式。本区小麦品种多为春性。适播期因地势复杂而很不一致。高寒山区为8月下旬至9月上旬，浅山区为9月下旬至10月上旬，丘陵区为10月中旬至10月下旬，而平川地区一般10月下旬至11月上旬，最晚不过11月20日前后。全区播期前后延伸近3个月。成熟期在平原、丘陵区分别为5月上、中旬及5月底；山区较晚，在6月20日至7月上、中旬。小麦生育期在一般175～250d，以内江、南充、达县等地小麦生育期最短，武都地区较长。高寒山区小麦面积极少，但生育期可达300d左右。条锈病是威胁本区小麦生产的第一大病害，尤其在丘陵旱地麦区流行频率较高。赤霉病在多雨年份局部地区间有发生。白粉病时有发生，尤其在小麦拔节前后降水较多时，高产麦田容易发病。其他病害发生较轻。蚜虫是本区小麦的主要害虫。

Ⅷ. 华南冬（晚秋播）麦区 本区位于中国最南端，东抵东海之滨和台湾省，西至缅甸国界，南迄海南省以及与越南和老挝的边界，北以武夷山、南岭横跨间、粤、桂以及云南省南盘江、新平、景东、保山、腾冲一线与长江中下游及西南两个冬麦区分界。包括福建、广东、广西、台湾、海南省（自治区）全部及云南南部的德宏、西双版纳、红河等州大部分或部分县。区内地形复杂，有山地、丘陵、平原、盆地；而以山地丘陵为主，约占总土地面积的90%。平原除台湾省的台南平原外，在大陆主要分布在沿海一带，如广东省的珠江三角洲、潮汕平原以及闽南沿海小平原等。耕地集中分布在平原、盆地和台地上，面积约占总土地面积的10%。

全区主要为南亚热带，其中只有台湾、海南和广东省雷州半岛、广西北海市以及云南省西南部如西双版纳等地为热带。气候终年暖热，长夏无冬，水热资源在全国最为丰富。无霜期290～365d，其中西双版纳等热带地区全年基本无霜冻。≥10℃积温5 100～9 300℃。种植制度主要为一年三熟。土壤以红壤为主，福建省中部及东部兼有黄壤，均质地黏重，排水不良。年降水1 500mm，小麦生育期间降水430mm，季节间分布不均。4～10月为雨季，约占全年降水量70%～80%，而11月起至翌年2月恰值旱季，干旱少雨。2月底前后雨季来临。

本区土壤以红壤和黄壤为主。红、黄壤酸性较强，质地黏重，排水不良，湿害时有发生。丘陵坡地多为沙质土，保水保肥能力较差。主要作物为水稻，小麦面积较小，其他作物还有油菜、甘薯、花生、木薯、芋头、玉米、高粱、谷子、豆类等。种植制度以一年三熟为主，多数为稻—稻—麦（油菜），部分地区有水稻—小麦或玉米—小麦一年两熟，少有两年三熟。小麦除主要作为水稻的后作外，部分为甘薯、花生的后作。种植小麦品种主要为春性秋播品种，苗期对低温要求不严格，光照反应迟钝。山区有少数半冬性品种，分蘖力较弱，籽粒红色，休眠期较长，不易穗发芽。小麦播期通常在11月上、中旬，少数在10月下旬。成熟期一般在3月初至4月中旬，从南向北逐渐推迟，生育期多为125～150d，由南向北逐渐延长。进入21世纪以后，本区小麦面积急剧减少，其中福建、广东和广西3省（自治区）分别从历史上最高纪录的15.4万hm²（1978年）、50.8万hm²（1978年）、30.6万hm²（1956年），减少到2009年的0.38万hm²、0.08万hm²、0.4万hm²，但是单产均有大幅度提高。海南省20世纪70年代期间小麦尚有一定面积，80年代面积锐减，1982年仅崖县一带尚有小麦6.7hm²；进入21世纪以来小麦已无统计面积。由于温度高、湿度大，小麦条锈病、叶锈病、秆锈病、白粉病及赤霉病经常发生。小麦蚜虫是为害本区小麦的主要害虫之一，历年均有不同程度的发生。

（三）冬春麦兼播区

本区位于中国最西部地区，东部与冬、春麦区相连，北部与俄罗斯、蒙古、哈萨克斯坦毗邻，西部分别与吉尔吉斯斯坦、哈萨克斯坦、阿富汗、巴基斯坦接壤，西南部与印度、尼泊尔、不丹、缅甸交界。包括新疆、西藏全部，青海大部和四川、云南、甘肃省部分地区。全区以高原为主体，间有高山、盆地、平原和沙漠，地势复杂，气候多变。海拔除新疆农业区在 1 000m 左右外，其余各地农业区通常在 3 000m 左右。全区≥10℃年积温为 2 050℃左右，变幅为 84～4 610℃。最冷月平均气温多在－10.0℃左右，其中雅鲁藏布江河谷平原为 0℃左右。降水量除川西和藏南谷地外，一般均感不足，但有较丰富的冰山雪水、地表径流和地下水资源可供利用。本区除青海省全部种植春小麦外，其余均为冬、春麦兼种。其中北疆、川西、云南、甘肃部分地区以春小麦为主，冬、春小麦兼有；而南疆和西藏自治区则以冬小麦为主，春、冬小麦兼种。种植制度以一年一熟为主，兼有一年两熟。

Ⅸ. 新疆冬春（播）麦区　本区位于中国西北边疆，以蒙古、前苏联、巴基斯坦、阿富汗及印度等国为北界及西界，南以喀喇昆仑山及阿尔金山和西藏自治区及青海省为邻，东部为甘肃省。全区边境多山，地处内陆，天山横亘其中，分为南、北堰，自然条件具有明显差异。北疆居中温带，温度偏低，降水稍多。南疆则属暖温带，气温稍高，但降水过少，为中国最干旱的地区。全年日照长达 2 850h 左右，略高于西藏，居全国之首。境内由山地、河谷、盆地、戈壁沙漠组成，农业区域主要分布在盆地或沙漠边缘的冲积平原，以及低山丘陵和山间谷地。

全区由于南北自然条件差异大，在小麦品种使用上类型繁多，包括春性、弱冬性、冬性和强冬性的品种。冬小麦播期北疆为 9 月中旬，南疆晚至 9 月下旬，而均于 6 月底至 7 月初成熟。春小麦的播种成熟期则北疆均晚于南疆。北疆在 4 月上旬前后播种，7 月下旬至 8 月上旬成熟；南疆为 2 月下旬至 3 月初播种，7 月中旬成熟。种植制度以一年一熟为主，南疆部分地区有实行一年两熟的。依据气候、地形可分南、北疆两个副区。

小麦生育期北疆主要病害有白粉病、锈病，个别地区有小麦雪腐病、雪霉病和黑穗病。播种至出苗期的地下害虫主要有蛴螬、蝼蛄和金针虫，中后期的主要害虫有小麦皮蓟马和麦蚜。南疆小麦白粉病和腥黑穗病时有发生；锈病以条锈为主，叶锈次之，秆锈甚少。小麦播种至出苗期时有蛴螬、蝼蛄和金针虫等地下害虫危害，小麦皮蓟马和麦蚜历年均有不同程度发生。

Ⅹ. 青藏春冬（播）麦区　本区包括西藏自治区全部，青海省除西宁市及海东地区以外的大部，甘肃省西南部的甘南藏族自治州大部，四川省西部的阿坝、甘孜州以及云南省西北的迪庆藏族自治州和怒江傈僳族自治州部分县。全区属青藏高原，是全世界面积最大和海拔最高的高原。高寒是气候条件的主要特点。以山丘状起伏的辽阔高原为主，还有一部分台地、湖盆、谷地。地势西高而东北、东南部略低，青南、藏北是高原主体，海拔 4 000m 以上。与主体高原相连的东、南部为岭谷相间，其偏东的阿坝、甘孜是高原的较低部分，但海拔也在 3 300m 以上。

全区气温偏低，无霜期短，热量严重不足，不同地区间受地势地形影响，温度高低差异极大。如最冷月平均气温由−18~4℃，无霜期 0~197d，有的地区全年霜冻，≥10℃积温 4 613℃以下。降水在各地亦很不平衡，柴达木盆地的冷湖、诺木洪降水偏少，年降水分别只有 15.4mm 及 39.0mm，而云南省迪庆藏族自治州降水最多，维西县达 957.3mm，西藏雅鲁藏布江流域一带年降水在 500mm 左右。降水季节分配不均，多集中在 7、8 月，其他月份干旱，冬季降水很少，春小麦一般需要造墒播种。

本区农耕区的土壤类型主要有灌淤土、灰钙土、栗钙土、黑钙土、灰棕漠土、棕钙土、潮土、高山草甸土、亚高山草原土等，在西藏东南部的墨脱县、察隅县还有水稻土分布。本区种植的作物有春小麦、冬小麦、青稞、豌豆、蚕豆、荞麦、水稻、玉米、油菜、马铃薯等，以春、冬小麦为主，青稞一般分布在 3 300~4 500m 地带，其次为豌豆、油菜、蚕豆等，藏南的河谷地带海拔 2 300m 以下的地区，还可种植水稻和玉米。主要为一年一熟，小麦多与青稞、豆类、荞麦换茬。西藏高原南部的峡谷低地可实行一年两熟或两年三熟。

本区小麦面积常年在 14.6 万 hm² 左右，是全国小麦面积最小的麦区。其中春小麦面积为全部麦田面积的 66% 以上。除青海省全部种植春小麦外，四川省阿坝、甘孜州及甘肃省甘南藏族自治州也以春小麦为主；西藏自治区则冬小麦面积大于春小麦面积，2010 年冬小麦面积占全部麦田面积的 75% 以上，1974 年以前春小麦面积均超过冬小麦。本区太阳辐射多，日照时间长，气温日较差大，小麦光合作用强，净光合效率高，易形成大穗、大粒。一般春小麦播期在 3 月下旬至 4 月中旬，拔节期在 6 月上旬至中旬，抽穗期在 7 月上旬至中旬，成熟期在 9 月初至 9 月底，全生育期 130~190d。冬小麦一般 9 月下旬至 10 月上旬播种，次年 5 月上旬至中旬拔节，5 月下旬至 6 月中旬抽穗，8 月中旬至 9 月上旬成熟，生育期达 320~350d，为全国冬小麦生育期最长的地区。小麦生育期病害主要有白秆病、根腐病、锈病、散黑穗病、腥黑穗病、赤霉病、黄条花叶病等。播种至出苗期主要有地老虎、蛴螬等危害，中后期主要是蚜虫危害。

第二节　西北春小麦种植区划

本书中的"中国西北春小麦"种植区域指北部春麦区、西北春麦区以及新疆麦区和青藏高原麦区所界定的范围，主要包括甘肃、青海、宁夏、新疆以及内蒙古西部等区域，总种植面积约 156.7 万 hm²（2015 年）。本节主要介绍西北种植春小麦面积较大省份的种植区划情况。

一、甘肃春小麦种植区划

小麦种植几乎遍布甘肃全境，但由于各地自然条件、耕作栽培制度、品种类型及产量水平存在很大差异，因此具有相差明显的种植区划。根据甘肃农业生态环境特点，将甘肃省小麦种植区划分为 7 个生态区，分别为：河西内陆河灌溉春小麦种植区、陇中黄土高原春小麦种植区、洮岷高寒阴湿冬春小麦混种区、陇东黄土高原冬小麦种植区、渭河上游黄土高原冬小麦种植区、嘉陵江上游冬小麦种植区（图 3-2）。以下主要介绍甘肃春小麦种植区。

图 3-2 甘肃小麦种植分布区域图

（一）河西内陆河灌溉春小麦种植区

本区包括黄河以西的武威、张掖、酒泉、嘉峪关、金昌 5 市。本区具有疏勒河、黑河、石羊河等河流和丰富的地下泉水，以灌溉农业为主，沿山地带有部分旱地小麦。区内小麦种植区海拔 1 200~2 600m，年降水量 35~350mm，日照 2 600~3 300h，太阳年辐射总量为 585.5~660.8kJ/cm²，年均温 5.0~9.3℃，≥0℃活动积温 2 600~3 900℃，≥10℃活动积温 1 900~3 600℃，无霜期 90~180d，年蒸发量 2 000~3 400mm。

本区小麦播种面积 20 世纪稳定在 36.7 万 hm²，近 10 多年来，主要由于玉米制种面积和啤酒大麦面积的扩大，春小麦面积逐年下降，2008 年小麦统计面积 17.3 万 hm² 左右，其中春小麦面积约 14.0 万 hm²。灌区春小麦单产 5 250~8 250kg/hm²，是甘肃著名小麦高产区和主要商品粮基地。春小麦生产的有利和不利条件是：昼夜温差大、光照充足；大部分麦区地势平坦，灌溉方便，便于机械化作业，适于规模化生产和经营；受强烈内陆气候影响，条锈病、白粉病危害较轻；成熟期高温强光照，干热风危害严重。局部地方盐碱危害较重；许多地方土层较浅，1~1.5m 以下就遇到卵石层，因此土壤蓄水能力差，容易跑水、跑肥。加上蒸发量大、生育期灌水不及时容易脱水脱肥，因此形成一种恶性循环，水肥使用量过大；受水资源日益匮乏和季节性供水紧张的影响，灌区春小麦也受旱日益普遍。

本区进一步可划分为以下 4 个种植带：

1. 温热特干旱沿沙漠可种植带 包括敦煌市及瓜州县西部海拔在 1200m 以下的地区。春小麦幼穗分化期温度偏高、灌浆期干热风危害和高温逼熟现象重。

2. 温和干旱走廊适宜种植带 包括玉门、嘉峪关、酒泉、金塔、高台、临泽、张掖、山丹、永昌、武威、民勤等县（市）及瓜州东部，海拔在 1 200~1 800m 之间的走廊平川地带。高温、干热风危害虽较温热特干旱沿沙漠种植带轻，但仍是主要障碍因素，春小麦生产上除应种植抗干热风品种外，要注意适时早播、早浇头水等问题。

3. 温凉干旱沿山最适宜种植带　包括玉门、酒泉、高台、肃南、张掖、山丹、民乐、永昌、武威、古浪、天祝等县（市）海拔 1 800～2 300m 的地区。热量适中，光温匹配和灌溉条件较好。春小麦生育期较长，千粒重高，产量水平高。生产上应重视前期抗旱、后期防阴雨和倒伏。

4. 温寒半干旱浅山可种植带　包括天祝、古浪、武威、永昌、张掖、山丹、民乐、肃南等县（市）海拔 2 300～2 600m 的地区。热量不足，春小麦生育期长，降水量虽多，但大多地方无灌溉条件，降水少的年份则减产严重，春小麦条锈病、蚜虫、黑穗病发生较重。

（二）陇中黄土高原春小麦种植区

本区包括位于六盘山以西、乌鞘岭以东的 20 多个县（区），具体包括兰州市 3 县 6 区、白银市靖远、会宁，定西市临洮、安定，临夏州永靖、广河、东乡等县。区内均为黄土丘陵，以干旱、半干旱气候为主。海拔一般在 1 400～2 500m 之间，年降水量 200～550mm，日照 2 400～2 800h，太阳年辐射总量为 522.6～585.5kJ/cm^2，≥0℃活动积温 2 500～3 800℃，≥10℃活动积温 1 500～3 200℃，年均温 5.0～10.4℃，无霜期 120～180d，年蒸发量 1 400～2 000mm。

本区以旱地春小麦为主，灌区春小麦面积只有 4.6 万 hm^2，习惯上也称中部干旱春麦区。春小麦种植面积 26.7 万 hm^2 左右，受旱薄影响，区内春小麦单产 750～2 250kg/hm^2，其中水浇地春小麦单产 5 220kg/hm^2。春小麦生产的有利和不利条件是：土层深厚，土质疏松，气候温和，光照充足；坡塬旱地比例大、土壤瘠薄、旱灾频繁、旱薄相连。旱作区雨量分布少而不匀、春小麦生长季节与降雨季节错位严重，春末夏初干旱最为突出，常造成春小麦卡脖旱，春小麦生育后期土壤干燥伴随大气干旱，是甘肃省旱情最严酷的地方，也是旱薄地面积分布最大地区。

本区进一步可划分为以下 3 个种植带：

1. 温和干旱可种植带　包括景泰、靖远、白银、皋兰、永登等县（市）以及永靖县北部。海拔 1 400～1 800m、年降水量 200～350mm，大部分无灌溉条件，旱情严酷。

2. 温凉半干旱次适宜种植带　包括兰州、会宁、安定、榆中等县（市）以及东乡、永靖的南部，海拔 1 500～2 500m，年降水量 300～450mm，热量条件较为适宜、有少部分沿黄灌区春小麦的产量较高。

3. 温凉半湿润适宜种植带　包括临洮县以及东乡县南部地区，海拔 1 800～2 400m，年降水量 450～550mm，热量条件较为适宜，春末夏初干旱仍较突出，少部分灌区春小麦产量较高。

（三）洮岷高寒阴湿春小麦种植区

本区位于甘肃西南部，属青藏高原的一部分，主要包括临夏、甘南两州，具体包括临夏、康乐、积石山、和政、广河、渭源、碌曲、夏河、卓尼、临潭等县（除舟曲以外）。区内海拔 1 900～2 800m，气候阴湿，云雾较多，年降水量 400～650mm，日照 2 300～2 600h，≥0℃活动积温 1 600～2 800℃，≥10℃活动积温 800～2 300℃，年均温小于 2～6℃，无霜期 120～140d。

本区春小麦主要分布于浅山及河谷川地，一年一熟。区内种植春小麦约 6.7 万 hm^2，平均单产 2 250~6 750kg/hm²。沿川地区灌溉便利，耕作精细，春小麦单产可高达 6 000~6 750kg/hm²。春小麦生产的有利和不利条件是：土壤肥沃，雨量较充沛，干热风危害轻；低温寡照，条锈病、白粉病、穗发芽、倒伏和后期低温阴雨危害较重；春小麦生育迟缓，麦草产量高，容易形成徒长但结实不良的"草包庄稼"。

本区进一步可划分为以下 2 个种植带：

1. 温凉半湿润最适宜种植带　属陇西黄土高原的边缘地带，包括积石山、临夏、和政、广河、康乐和渭源等县（市）的河谷、盆地相间的丘陵山地，海拔高度 1 900~2 400m，年降水量 500~650mm，气候冷凉，春小麦幼穗分化期和灌浆期较长，有部分灌溉条件，品种以抗病、抗倒伏、耐阴湿、早熟高产类型为主。

2. 温寒阴湿可种植带　位于青藏高原的边缘地区，包括碌曲、夏河、卓尼、临潭等县，分布在大片的平坦滩地和浅沟宽谷的盆地上，海拔 2 400~2 800m，热量条件较差，尤其是后期低温阴雨较多。

（四）陇西黄土高原冬春小麦兼种区

本区自西南的迭部县西部起，向东边延伸，经岷县、宕昌北部、漳县、陇西、通渭到静宁，呈一条西南至东北向的带状地带，位于全省冬麦和春麦两大片之间，气候也介于冬、春麦两大片之间，属于高寒向温热、湿润向干旱过渡的地带。

本区内小麦种植面积约 8.7 万 hm²，占作物播种面积的 20%~30%，平均单产 2 250~3 750kg/hm²，春麦面积约占 40%，冬麦占 60%，近年冬小麦面积比例不断上升。小麦生产的有利和不利条件是：气候冷暖适宜，土层深厚、蓄水保墒能力较强；坡改梯田面积较大、土壤稳产性能较好；光照较充足、后期高温、干热风危害相对较轻；干旱仍然较严重，坡地水土流失严重；冬春小麦之间红黄矮病容易交叉感染，条锈病、白粉病仍时有危害，尤其是冬小麦红矮病发生严重。

本区进一步可划分为以下 2 个种植带：

1. 温和半干湿冬、春小麦次适宜种带　包括静宁、通渭、陇西等县以及漳县的东北部地区，海拔高度 1 400~2 300m，年降水量 440~480mm，春末夏初干旱是影响小麦产量的主要因素。

2. 温凉湿润冬、春小麦适宜种植带　包括迭部、宕昌、岷县等县以及漳县的西南部地区，海拔高度 1 500~2 500m，年降水量 590~640mm，小麦生长前期干旱较重，后期易受低温阴雨和冰雹的危害。

二、青海春小麦种植区划

青海高原地处青藏高原与黄土高原的交汇处，幅员辽阔，地形地貌复杂，高山、丘陵、谷地、盆地、平滩交错分布。高山寒冷，低谷温暖，丘陵冷凉，气候条件千差万别。春小麦分布于省内的多种气候区，南自北纬 32°11′、海拔 3 650m 的玉树藏族自治州囊谦县，北至北纬 38°11′、海拔 2 780m 的海北藏族自治州祁连县，西从东经 90°31′、海拔 2 840m 的海西蒙古族藏族自治州海拉尔，东至东经 102°56′、海拔 1 675m 的民和回族自治县下川口均有种植。其种植区地跨 6 个纬度、12 个经度，海拔高度相差达 1 800m。依据自然环境、耕作制度、品种、栽培特点等对春小麦生长发育的综合影响，将青海高原春小麦种植区划分黄湟谷地麦区、黄湟沟岔麦区、柴达木盆地绿洲麦区三大灌溉麦区（表3-2）和海东低、中位山旱麦区两个旱地麦区（表3-3）。具体介绍如下：

（一）黄湟谷地麦区

本区全称为黄、湟谷地暖温较高辐射低位水地生态类型区，位于青海高原黄河、湟水流域的中下游河谷地带，为青海高原海拔最低、热量资源最为丰富的麦区。区内水地面积约占全省水地总面积的22.1％，常年春小麦播种面积约占全省水地春小麦播种面积的29.3％。

本区海拔一般1 700～2 400m，年降水量259.4～430.0mm，日照2 610.9～2 800.0h，太阳年辐射总量600～6 312kJ/cm²，年均温5.7～8.6℃，≥0℃积温2 323～3 510℃，湿润系数0.25～0.45，属干旱和半干旱气候类型。区内最暖月平均气温16.3～19.8℃，大部分地区＞18℃，超过了春小麦高产栽培所需16～18℃的最佳温度指标，春小麦抽穗—成熟期日均太阳辐射量2.2～2.4kJ/cm²，低于柴达木绿洲麦区而高于其他麦区。春小麦生育期，平均气温12.4～13.8℃，日照时数1 100～1 286h，太阳辐射量286～348kJ/cm²，≥0℃积温1 701～1 892℃，种植一季春小麦尚有余季60～70d，余热600～1 600℃，大部分地区还可夏种蔬菜、饲草、马铃薯等作物。春小麦生育期降水量仅98.1～224.1mm，生育期需水的70％～80％要靠灌溉补给；但本类型区光温条件较优越，春小麦的光温生产潜力可达14 925～19 755kg/hm²。

本区处在黄河、湟水河谷的滩地及其沿岸的阶地上，河谷狭窄，地势由河谷至两侧由东向西逐渐升高，土层由河谷至两侧逐渐增厚。土壤多为灌淤型灰钙土、灌淤型栗钙土，土壤肥力等级多为中等或中上等水平。本区是青海高原海拔最低而平均气温最高的麦区，春小麦生育期较短，141～151d，一般2月中旬至3月中旬播种，7月上旬至8月上旬成熟。春小麦播种面积占区内作物总播种面积的80％～85％左右，而油菜、蚕豆、蔬菜等倒茬作物仅占15％～20％，大部分麦田为重茬小麦。可夏种绿肥、饲草和蔬菜等养地作物，进行小倒茬，解决春小麦重茬问题。本区种植业历史悠久，人均耕地少，耕作精细，生产水平高，是青海高原的春小麦大面积丰产区。

由于本区的范围较大，又分布在相隔100多km的两条河谷地带，生态条件有一定差异，故又将其划分为2个亚区：

1. 黄河谷地亚区 主要分布在黄河谷地龙羊峡至松坝峡之间的4个小盆地内。区内水地面积约占黄湟谷地麦区水地总面积的47.2％。

2. 湟水谷地亚区 本亚区分布在湟水中下游的河谷地区，西起西宁市大堡子乡，东至民和县马场垣乡。区内水地面积约占黄湟谷地麦区水地总面积的52.8％。

两个亚区气候生态条件的不同点是，与湟水谷地亚区比较，黄河谷地亚区年降水量较少，湿润系数小，光温条件较为优越，光温生产潜力亦较高。

（二）黄湟沟岔麦区

本区全称为黄、湟沟岔温凉较高辐射高位水地生态类型区，位于湟水、黄河上游的台地及其两侧沟岔上游的阶地，习惯上称为高位水地，为青海高原海拔较高、热量资源较差的麦区。区内水地面积约占全省水地总面积的19.9％，常年春小麦播种面积约占全省水地春小麦播种面积的 19.1%。

本区海拔一般 2 400～2 839m，年降水量 311.8～500.0mm，日照 2 500～3 001h，太阳年辐射总量 561～693kJ/cm²，年均温 3.0～5.2℃，≥0℃积温 2 100～2 539℃，湿润系数 0.25～0.45，区内最暖月平均气温 13.9～15.9℃，春小麦抽穗—成熟期日均太阳辐射量 2.0～2.2kJ/cm²，属青海高原的中产麦区。春小麦生育期，降水量 236.8～330.4mm，平均气温 10.2～12.3℃，日照时数 1 118～1 359h，太阳辐射量 290～342kJ/cm²，≥0℃积温 1 691～1 963℃。

本区耕地除黄河上游两侧的台地较开阔外，其余都分布在山间河沟的阶地或台地上，山峦起伏，沟脊相间，地形支离破碎。土壤多为灌淤型栗钙土，次为黑钙土。本区春小麦一般于 3 月下旬至 4 月上旬播种，8 月下旬至 9 月上旬成熟，全生育期 154～164d。农作物轮作方式多为春小麦—蚕豆（豌豆）或小麦—油菜（马铃薯）。但由于春小麦种植面积大，重茬麦占麦播面积的 30% 以上。本区春小麦单产水平很不均衡，中低产田面积大。

由于本区分布在黄河、湟水上游两岸及其沟岔地区，气温、降水、湿润系数及春小麦品种特性有所不同，故又将其划分为 2 个亚区：

1. 黄河沟岔生态亚区　主要分布在黄河上游台地及两侧的山间沟岔阶。区内水地面积约占黄湟沟岔麦区水地总面积的 55.6%。

2. 湟水沟岔生态亚区　主要分布在湟水上游及其支流两侧的阶地。区内水地面积约占全黄湟沟岔麦区总面积的 44.4%。

（三）柴达木盆地绿洲麦区

本区全称柴达木盆地温和高辐射绿洲生态类型区，位于青海省西北部、青藏高原东北部，是个被高山环抱的巨大内陆盆地。本区耕地主要集中于盆地北部西起马海东至西里沟、南部西起乌图美仁东至察汗乌苏这两条狭长地带，海拔 2 800～3 200m。区内水地面积约占全省水地总面积的 25%，常年春小麦播种面积约占全省水地春小麦播种面积的 21.2%。由于本区分布在盆地的南沿和北沿，其间相距 200 多 km，两地的气候、耕作和栽培条件都有一定的差异，因而又将本区划分为盆地南部亚区和盆地北部亚区 2 个亚区。其中，盆地南部亚区水地面积约占本区水地总面积的 43.5%，盆地北部亚区水地面积约占本区水地总面积的 56.5%。

盆地南部亚区海拔 2 790～2 905m，是本区海拔最低、热量条件最优越的地区。最暖月平均气温 17.2～16.0℃，处在春小麦高产栽培最佳热量指标的范围内，抽穗—成熟期的日均太阳辐射量达 2.3～2.6kJ/cm²，居各类型麦区之首，因而此亚区属青海高原的高产麦区。春小麦生育期和全年的气候条件分别为：平均气温 11.7～12.7℃和 3.4～4.4℃，≥0℃积温 2 134～2 227℃和 2 325～2 593℃，太阳辐射量 403～424kJ/cm² 和 681～722kJ/cm²，日照时数 1 490～1 677h 和 2 971～3 310h，降水量 22.8～116mm 和 25.2～163mm，湿润系数 0.03～0.15。本亚区光温生产潜力达 20 175～23 100kg/hm²，亚区内气温适宜，太阳辐射强，日照时间长，气温日较差大，大气干燥，为春小麦的光合生产和物质积累创造了得天独厚的气候生态条件，历史上春小麦最高亩产 3 次突破 1t 大关。

盆地北部亚区，海拔高度为 2 981～3 191m，降水量、湿润系数也相对较高，但光温条件及其生产潜力均不及南部亚区。

柴达木盆地是中国面积最大、海拔最高的内陆盆地。西北高、东南低，四周高、中间低。自盆地周围向盆地中心，依次为戈壁、沙丘、平原、湖沼等向心环状分布带。其中平原带界于戈壁与湖沼之间，地势平坦广阔，有利于建设大面积条田，发展农业机械化和提高劳动生产车，是绿洲农业的集中分布地区。土壤主要为荒漠土型棕钙土和盐化灰棕荒漠土。其自然肥力差，含盐量较高，开垦后须经灌水排盐方能种植作物。已垦绿洲农田的土壤养分含量，因垦殖年限和施肥耕作水平的不同而有很大差异。

本区的耕作制度为一年一熟制。种植业结内，春小麦占总播种面积的50%以上，其他种植作物有青稞、油菜、豌豆、蚕豆、马铃薯及蔬菜等。轮作方式多为小麦—油菜，或小麦—豌豆。但春小麦种植面积大，每年重茬麦约占播种总面积的60%以上。春小麦一般于4月上、中旬播种，8月下旬至9月上旬成熟，全生育期150~165d。

表3-2　青海高原三大灌溉麦区生态条件

气候指标		黄湟谷地麦区		黄湟沟岔麦区		柴达木盆地绿洲麦区	
		黄河谷地	湟水谷地	黄河沟岔	湟水沟岔	盆地南部	盆地北部
海拔高度（m）		1 800~2 400	1 700~2 400	2 491~2 835	2 400~2 800	2 790~2 905	2 981~3 191
平均气温（℃）	最暖月（7月）	18.3~19.8	16.3~19.8	15.2~15.9	13.9~15.7	16.0~17.2	14.9~15.6
	小麦生育期	12.4~13.3	11.8~13.8	11.5~12.3	10.2~10.8	11.7~12.7	10.3~11.7
	全　年	7.2~8.6	5.7~8.0	3.4~5.2	3.0~4.0	3.4~4.4	2.8~3.8
≥0℃积温（℃）	小麦生育期	1 701~1 873	1 766~1 893	1 791~1 810	1 691~1 963	2 134~2 227	1 797~2 081
	全　年	3 127~3 510	2 323~3 400	2 246~2 539	2 100~2 400	2 325~2 593	2 129~2 364
太阳辐射量（kJ/cm²）	抽穗—成熟日均	2.22~2.42	2.20~2.28	2.01~2.15	2.10~2.15	2.34~2.60	2.38~2.40
	小麦生育期	310~348	286~293	290~312	329~342	403~424	389~407
	全　年	600~632	608/622	598~693	551~621	681~722	704~707
日照时数（h）	小麦生育期	1 100~1 200	1 127~1 286	1 119~1 311	1 306~1 359	1 490~1 677	1 479~1 610
	全　年	2 686~2 914	2 611~2 800	2 569~3 001	2 500~2 785	2 971~3 310	3 110~3 183
降水量（mm）	小麦生育期	98~180	148~224	237~276	313~330	23~117	138~146
	全　年	259~354	323~430	312~419	430~500	25~163	177~180
湿润系数	小麦生育期	0.17~0.26	0.29~0.41	0.36~0.53	0.53~0.55	0.03~0.15	0.15~0.18
	全　年	0.25~0.41	0.43~0.45	0.40~0.56	0.57~0.62	0.03~0.15	0.17~0.19

资料引自：《青海高原春小麦生理生态》，1994年。

（四）海东低位山旱地麦区

本区全称海东温暖较高辐射低位山旱地生态类型区，位于青海东部农业区的中部，黄河和湟水流域两侧干旱半干旱黄土丘陵及低山地带，习惯上称浅山地。其上部为中、高位山旱地，下部为川水地。区内低位山旱地面积约占全省山旱地总面积的21.2%，耕地总面积的12.4%；常年小麦播种面积约占全省麦田面积的14.3%和旱地麦田面积的28.3%。

本区海拔2 000~2 500m，最暖月平均气温为15.3~18.4℃，春小麦抽穗—成熟期的日均太阳辐射量为 2.0～2.2kJ/cm²，与黄湟谷地麦区相近，具有良好的光热条件。春小麦生育期和全年的光温条件分别为：平均气温 12.1～13.1℃和 4～7℃，≥0℃积温 1 877～1 885℃和 2 332～2 914℃，太阳辐射量 310～312kJ/cm²和 574.4～594.9kJ/cm²，日照时数 1 163～1 244h 和 2 567～2 775h。本区光温条件完全能够满足春小麦丰产稳产的需求，光温生产潜力可达 12 720kg/hm²。但由于气候干旱、耕地肥力差，光温水生产潜力为 5 604kg/hm²，土壤生产潜力仅为 1 905kg/hm²，这是本区小麦生产的主要障碍因子。本区年降水量 333.7～433.9mm，春小麦生育期降水量为 160.1～326.1mm，仅为春小麦需水量的 34.1％～76.2％。

由于长期的雨水冲刷、切割和过度开垦，本区形成了丘陵重叠、沟壑纵横、沟深坡大、植被稀疏、下雨水流、雨停地干的自然面貌。耕地除少部分在平台上外，大多分布在 5°～25°的坡梁上。区内土壤以淡栗钙土和灰钙土类为主，母质以黄土为主，土壤肥力低下。受干旱和土壤贫瘠的制约，春小麦单产水平长期徘徊不前。

本区熟制为一年一熟。种植业中春小麦约占耕地面积的 39.5％，其他作物主要有青稞、豌豆、蚕豆、马铃薯、油菜以及其他杂粮，歇地约占 13.7％。本区春小麦一般不重茬，常见的轮作方式主要有豌豆或歇地—小麦—马铃薯—小麦、豌豆或歇地—青稞—豌豆—小麦、歇地—小麦—马铃薯—豌豆以及绿肥—小麦—油菜—小麦。合理轮作是低位山旱地恢复地力、改善土壤水分状况必不可少的措施。在本区生态条件下，春小麦一般 3 月下旬至 4 月初播种，8 月上中旬成熟，全生育期 132～148d。

（五）海东中位山旱地麦区

本区全称海东凉温较高辐射中位山旱地生态类型区，位于青海东部农业区的中部，属高位山旱地与低位山旱地的过渡地带，习惯上称半浅半脑山。区内中位山旱地面积约占全省山旱地面积的 35.8％，耕地总面积的 20.9％；常年春小麦播种面积约占全省麦田面积的 23.9％和旱地麦田面积的 47.5％。本区青海高原 5 个春小麦生态类型区中最大的一个（表 3-3）。

本区海拔 2 400～2 700m，最暖月平均气温 14.2～15.9℃，春小麦抽穗至成熟期日均太阳辐射量为 2.0～2.3kJ/cm²，属青海高原的春小麦中产区。区内年平均气温 2.8～4.4℃，≥0℃积温 2 034～2 463℃，太阳辐射量 587～624kJ/cm²，日照时数 2 606～2 681h，降水量 447.6～527.6mm，湿润系数 0.62～0.78。春小麦生育期内的气候条件与湟黄沟岔水地麦区相似（表 3-2）。总的看来，本类型区气候比较温凉湿润，既不像高位山旱地那样冷凉、生长季短，也不像低位山旱地那样干旱、土壤瘠薄。光、温、水、土等生态要素基本上能满足春小麦生长的需求，是山旱地中比较稳产的地区。

本区大部分耕地分布在山前冲积扇，坡度较缓，集中连片，有利于机械化耕作。耕作土壤以栗钙土和淡栗钙土为主，土肥力相对较高。耕作制度为一年一熟制。种植业中春小麦约占总耕地面积的 44.0％，其他作物主要有青稞、豌豆、蚕豆、马铃薯、油菜以及其他杂粮。春小麦与青稞的种植面积约占 60％、养地作物约占 38％，另有部分歇地。春小麦一般不连年重茬。本区春小麦一般于 3 月下旬至 4 月初播种，8 月下旬成熟，全生育期 148～168d。

表3-3 青海东部低、中位山旱地麦区生态条件

气候指标		低位山旱地	中位山旱地
海拔高度（m）		2 000～2 500	2 400～2 700
平均气温（℃）	最暖月（7月）	15.3～18.4	14.2～15.9
	小麦生育期	12.1～13.1	10.8～12.6
	全 年	4.0～7.0	2.8～4.4
≥0℃积温（℃）	小麦生育期	1 877～1 885	1 532～1 960
	全 年	2 332～2 914	2 034～2 463
太阳辐射量（kJ/cm²）	抽穗—成熟日均	2.01～2.22	2.00～2.30
	小麦生育期	310～312	312～328
	全 年	574～595	587～624
日照时数（h）	小麦生育期	1 163～1 244	1 162～1 203
	全 年	2 567～2 775	2 606～2 681
降水量（mm）	小麦生育期	160～326	334～411
	全 年	334～434	448～528
湿润系数	小麦生育期	0.37～0.61	0.74～0.79
	全 年	0.40～0.56	0.62～0.78

资料引自：《青海高原春小麦生理生态》，1994年。

三、宁夏春小麦种植区划

小麦是宁夏山川种植的主要粮食作物。随着种植业结构的调整，宁夏小麦的发展趋势也同全国小麦发展趋势一样，呈缩减趋势，面积也由第一位下降到继马铃薯、玉米之后的第三大作物。受内陆高原干旱性季风气候影响，有无灌溉条件是宁夏小麦生产的主要制约因素，由南到北，小麦种植区域的分布仍以生态区划为主。南部山区小麦种植面积近6.7万hm²，其中春小麦约2.3万hm²。中部干旱带重点区域包括盐池、同心、海原、红寺堡开发区、原州区北部、西吉县西部和中宁县、中卫城区的山区部分，小麦种植面积约8.7万hm²左右，该区域干旱缺水严重，小麦种植面积波动较大。北部引黄灌区小麦种植面积约11.3万hm²，其中春小麦约9.3万hm²。宁夏小麦种植区划，以生态区域为主，分为南部山区冬春麦混播区、中部干旱冬春麦混播区和北部灌溉冬春麦混播区（图3-3）。具体分区介绍如下。

（一）南部山区冬春麦混播区

本区包括固原市所辖原州区、彭阳、隆德、泾源、西吉4县1区，小麦播种面积约9.5万hm²，占本区粮食作物播种面积近20%。该区地貌类型复杂，地形起伏较大，土地类型以梁、峁、沟、坡、塬、台地等为主。由于远离海洋，气候干燥，降水量少，多年平均降水量400～600mm，年际变化幅度高达30%以上，且多分布在7～9月，占全年降水量的65%以上，蒸发量为降水量的5～7倍，无霜期150～195d，≥10℃积温3 200～3 500℃，年日照时数为3 000h左右。该区地表过境河流少，水资源匮乏，有限的地表、地下水均依赖于天

然补给，地下水埋藏深，土壤水分补给主要靠大气降水，植物难以利用。冬麦约占 2/3，春麦约占 1/3。小麦生产形势严峻，小麦面积由最大时 20 万 hm² 压减到近 10 万 hm²，总产占全自治区 23％左右，人均小麦占有量低于全自治区水平。由于小麦是山区的主要口粮，因此，稳定小麦产量对于确保山区粮食安全非常重要。

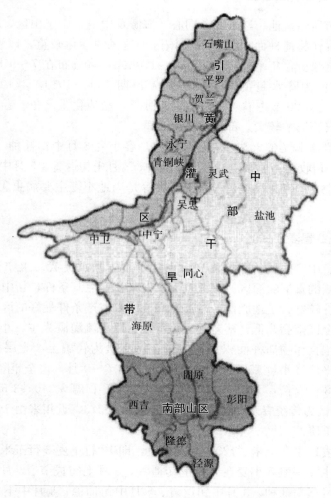

图 3-3　宁夏小麦种植区域图
(李志军，2010)

生产中，原来种植小麦条件较好的川水地已被玉米和设施农业占去较多，缺水和品种是小麦高产的主要制约因素。从生产上看，由于山区气候变化大、气候类型多，加上政府在小麦种子生产上扶持的力度小，主要由个体经营和农户自己留种、串换种子，造成了品种的多乱杂，冬春小麦品种有近 100 个之多。小麦良种覆盖率仅在 5％左右。

栽培技术上，20 世纪 90 年代末推广的小麦膜侧栽培较为成功，目前仍有小面积应用，增产幅度在 50％左右。主要限制因素是地膜、机械投入成本较高，同时收获后残膜污染问题也存在。近年来，重点放在了秋覆膜的地膜玉米推广上，发展面积约 2 万 hm²。

常规小麦种植上，春小麦 3 月下旬播种、5 月中旬拔节、6 月中旬抽穗、7 月下旬收获；

冬小麦 9 月上旬播种、3 月中旬返青、5 月中旬抽穗、6 月中下旬收获。当地生产中，小麦条锈是主要病害，小麦白粉病、蚜虫、吸浆虫、麦秆蝇等也有一定危害，限于经济条件，一般没有防治习惯。

（二）中部干旱冬春麦混播区

本区包括吴忠市所辖盐池、红寺堡、同心、海源及中卫、中宁山区，小麦播种面积 3.9 万 hm²，占本区粮食作物播种面积 11.8%。该区土地风蚀沙化较重，以沙地或轻沙壤土为主。气候干燥，降水量少，年平均降水量 150～170mm，多分布在 7～9 月，占全年降水量的 70% 以上，蒸发量为降水量的 8～10 倍，无霜期 150～195d，≥10℃ 积温 3 200～3 650℃，年日照时数为 3 200h 左右。该区水资源匮乏，盐渍化重。冬、春麦各占约 1/2。小麦面积受玉米、向日葵影响较大，部分靠补水灌溉。

小麦品种良种覆盖率仅在 25% 左右。栽培上，春小麦 3 月中旬播种、5 月中旬拔节、6 月上旬抽穗、7 月中旬收获；冬小麦 9 月上旬播种、3 月中旬返青、5 月中旬抽穗、6 月中下旬收获。当地生产中，小麦条锈、白粉病、蚜虫等是当地小麦主要病虫害，限于经济条件，一般没有防治习惯。

（三）北部灌溉冬春麦混播区

本区包括中卫、中宁区域的卫宁灌区和吴忠、青铜峡、灵武、永宁、银川、贺兰、平罗、惠农等市县区域的青铜峡灌区。该区自秦汉以来就有灌溉条件，新中国成立后修筑了青铜峡大坝，排灌条件较好、土地肥沃，是河套灌区小麦生产条件最好的区域，有"天下黄河富宁夏"之美称。全区南高北低，落差小、地势平，以自流灌溉为主，小麦种植面积在 8.5 万 hm²，约占本区粮食作物播种面积 21.5%。该区土壤为轻壤土，土层深厚，保水保肥性好。日照丰富，年平均降水量 150～170mm，多分布在 7～9 月，占全年降水量的 70% 以上，蒸发量为降水量的 8～10 倍，无霜期 150～195d，≥10℃ 积温 3 340～3 650℃，年日照时数为 3 300h 左右。该区为传统春麦种植区，种植面积约占 2/3，近年来由于冬麦北移种植，春小麦种植面积逐年下降。

栽培上，春小麦以麦套玉米"123"模式为主，即 12 行小麦 3 行玉米；冬麦以麦后复种青贮玉米、油葵为主。一般春小麦在 3 月上旬播种，5 月上旬拔节、5 月下旬抽穗、7 月中旬收获；冬小麦 9 月下旬播种、3 月中旬返青、5 月中旬抽穗、6 月中下旬收获。春小麦生育期灌水 3～4 次；冬小麦除冬灌外，返青后灌水 2～3 次。小麦收获后套种玉米灌水 2 次。腥黑穗病、条锈、白粉病、蚜虫等是当地小麦主要病虫害，一般可防治 2～3 次，条件较好的地区进行统防统治。

四、新疆春小麦种植区划

小麦是新疆主要的农作物，种植面积占粮食作物总面积的 50% 以上，产量占粮食总产的 41.7%，是保障新疆全区粮食安全的关键。新疆小麦的单产水平高于全国平均水平，但是区内小麦生产水平发展不平衡，单产水平表现为南疆高、北疆低，平原高、山区低；冬小麦产量高、春小麦产量低的特点。新疆的小麦生态类型区多样，生产条件差别较大，春小麦主要分布在北疆北部、准噶尔西部山地和东疆，焉耆盆地春小麦种植也较集中。在南疆，冬春小麦兼播，春小麦比较分散，分布在阿克苏、喀什及和田境内的冷凉山区和河流下游。具体分区介绍如下（图3-4）。

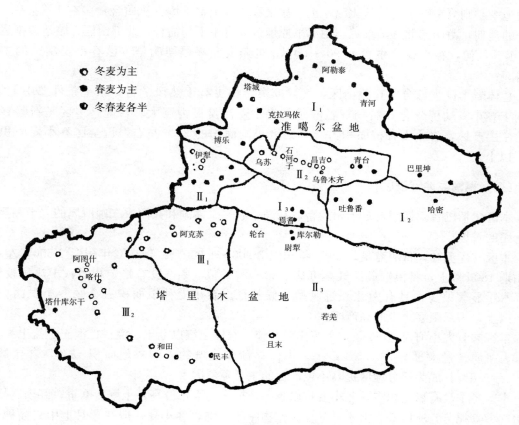

图3-4 新疆小麦种植区域图
（吴锦文，1987）

（一）山地灌溉春麦区

本区位于新疆北部、西北部和东北部，包括阿勒泰地区的全部、博尔塔拉蒙古自治州温泉，哈密地区巴里坤和伊吾，塔城地区塔城、额敏、托里、裕民，昌吉回族自治州吉木萨尔、奇台、木垒，伊犁哈萨克自治州巩留、尼勒克、特克斯、新源和昭苏，兵团农四师、农五师、农六师、农九师、农十师和农十三师所属农场等山区和山下平原地区有灌溉的春麦区。平原多风积雪不稳定，山地积雪时间长；干热风较轻。该区是新疆春小麦的主要产区，春小麦种植面积约占全自治区小麦面积的20%左右，占全区春小麦面积的70%以上。

本区是全疆最寒冷的地区，绝对最低气温可达-50℃以下。区内山区热量资源较少，晚熟品种不能正常成熟。河谷平原及低山丘陵地带年均气温2~6℃，≥0℃和≥10℃积温分别为2 500~3 500℃和2 000~3 200℃，无霜期90~170d。本区年日照时数2 000~3 300h；年降水量126~320mm，随海拔高度而增加，降水多集中于4~7月，对春小麦生长有利。本区海拔500m以下的戈壁平原，冬季没有稳定的积雪，冬麦不能安全越冬；海拔800m以上的地带虽然雪层稳定，但积雪时间长达120d以上，也不适宜于种植冬小麦。

本区地形复杂,有高山、丘陵、山前冲积平原和戈壁沙漠,春小麦主要分布在海拔400～1 200m 地带。土壤类型主要有漠化草甸土、荒漠灰钙土、棕钙土和栗钙土,河流下游和盆地中心则分布有少量的盐化沼泽土、盐土和风沙土,土壤有机质含量多在1%左右。春小麦的播期,由南向北逐渐推迟,南部平原地区 3 月中下旬播种,北部山区丘陵地带推迟到4 月至 5 月初,春小麦全生育期 90～120d。野燕麦和腥黑穗病是本区春小麦生产的主要威胁。

总体看本区大部分为丘陵山区,气候凉爽,很少有干热风危害,水土条件属中上等,有利于春小麦幼穗分化和后期籽粒灌浆,春小麦产量潜力巨大。目前,本区是新疆春小麦的主要产区,春小麦种植面积占全自治区小麦面积的 20%左右,占全区春小麦面积的70%以上。

(二)焉耆盆地春麦区

本区包括巴音郭楞蒙古自治州焉耆、和静、和硕、博湖和兵团农二师所属的二十一至二十七团的农场。

本区气候温和,日照充足,≥0℃年积温 3 900～4 000℃,≥10℃年积温 2 500℃左右;无霜期 180d 以上;年极端最低气温可达－30～－32℃,冬季没有稳定积雪;干热风较轻。但降水量显著偏少,具有南北疆过渡型气候特征。春小麦种植面积占全区春小麦面积的10%以上,为新疆春小麦的高产区。

本区共有大小河流 10 多条,水源比较充沛,农田土壤以潮土、灌耕棕漠土、盐土为主,土壤有机质含量大部分在 1.5%以上。本区盐渍化土壤约占到耕地面积 42%,含盐量达0.5%～0.8%,成为部分地区提高小麦产量的主要障碍因素。

本区冬季没有稳定积雪,冬小麦难以越冬,加之地下水位高,土壤盐碱重,春季返盐容易引起冬麦死苗,所以基本上不种冬麦。作物一年一熟,春小麦一般在 3 月上中旬播种,7月下旬成熟。

(三)山地旱作春麦区

本区主要包括阿勒泰地区布尔津、哈巴河,伊犁哈萨克自治州昭苏、特克斯、尼勒克,塔城地区裕民、额敏,昌吉回族自治州木垒、奇台等地。比较集中的是昭苏县和木垒县,其余各县分布比较零散。本区年降水量 300～550mm,小麦生长期内(4～9 月)的降水为300～400mm,年际间变化大。

本区春小麦产量受水分条件的影响,产量不稳定,杂草特别是野燕麦的危害严重。农田投入少,有些地区甚至根本不投入,全靠土壤自然肥力维持生产。

(四)吐鲁番—哈密盆地春麦区

本区位于东部天山以南,包括托克逊、吐鲁番、鄯善、哈密四个县市和所在区域的兵团农场。

本区是典型的大陆性气候,干燥少雨,光热资源丰富,昼夜温差大,无霜期长。年均气温,哈密盆地 9～12℃,吐鲁番盆地 14℃左右,极端最高气温 44～48℃;吐鲁番年降水量9.4～37.1mm,蒸发量则达 2 879～3 821mm;本区≥10℃年积温 3 600～5 400℃;无霜期

197～300d；年极端最低气温可达－25～－29℃，冬季无积雪；4～6月平均相对湿度32％～34％，干热风多，危害严重。

本区地势高低悬殊，哈密盆地海拔81～1 700m，吐鲁番盆地最低处在海平面以下154m，农田主要分布在洪积冲积扇下部、潜水溢出带。"坎儿井"是本区特有的灌溉设施。农田土壤为灌耕土、灌淤土、耕种棕漠土、耕种草甸土、潮土、盐土和风沙土，有机质含量大都在1％～2％。本区小麦生产历来以春麦为主，一般春小麦于3月上中旬播种，6月下旬至7月初成熟。由于气候干燥、干热风危害严重，目前本区的小麦种植面积已很少。

五、内蒙古春小麦种植区划

内蒙古自治区属一年一作制春麦区，为中国春小麦的重要产区之一，春小麦播种面积约占全国春小麦面积的1/4，居全国春小麦产区各省份之首。由于小麦适应性较强，自治区各地均有分布，但主要集中在阴山山脉和大兴安岭两侧与南段低山的高寒地带。依据种植地区的自然气候特点、经济发展水平、耕作栽培制度、生产方式、资源利用状况等的不同，可将内蒙古小麦分布区域划分为3个生态主区、10个副区。具体分区情况图3-5所示。因本书仅介绍西北春小麦种植情况，因而仅将内蒙古属于西北春小麦种植区的中西部干旱、较干旱春麦区的情况作以介绍。

内蒙古中西部干旱、较干旱春麦区主要分布在背汗庙、朱日和、沙尔莫仁索木、百灵

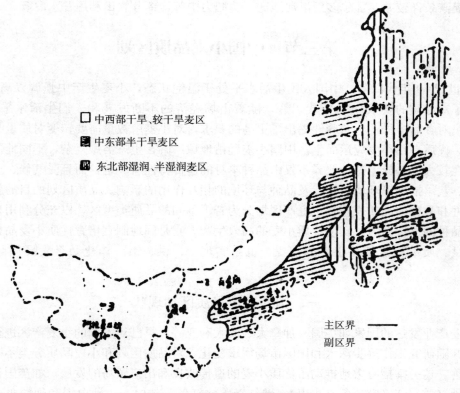

图3-5　内蒙古小麦种植区域图

（陆正铎，1980）

庙、大余太镇，鄂托克旗府一线以西地区。其中，干旱春麦区主要指没有灌溉条件就没有农业或不宜种植春小麦的地区；较干旱麦区处于干旱春麦区的边缘，仅在多雨年份才能基本满足小麦的要求，产量低而不稳。本区按自然地理、生产条件、耕作水平和小麦品种生态类型特点，又可划分为3个副区。本区春小麦种植主要分布在河套平原黄灌早熟区，其他2个副区都是以牧业为主的牧区，春小麦种植面积很少，故省略不作介绍。

河套平原黄灌早熟区包括巴彦淖尔、鄂尔多斯黄灌区的磴口、杭后、临河、五原、乌前、杭锦、达拉特、准格尔等八个旗县的全部和大部。本区降雨稀少，但大部分地区可以引黄灌溉，是内蒙古自治区主要水地春小麦产区，种植面积约占全区小麦种植面积的18%。

本区为黄河冲积平原，海拔1 000～1 100m。有利的自然条件是：日照充足，热量丰富，灌溉水源充沛。本区年日照3 000h左右，日照率达70%，年均气温6～8℃，≥5℃积温3 291～3 533℃，无霜期130～140d，以引黄灌溉为主，井灌补充，基本上能够满足小麦灌溉需要。不利的自然条件是：土壤盐碱化严重，盐碱地占耕地50%以上，自然降水少，年降水量仅130～250mm，年际变化率30%以上，大气干旱严重，7月均温22.7～23.8℃，绝对最高气温36.4～38.2℃。小麦生育期≥30℃的高温日数每年20～29d，成为小麦高温逼熟、青枯早衰的主要因素。本区还是小麦锈病易发区，麦秆蝇危害也较严重。适应本区种植的春小麦品种，应具有耐盐碱、抗锈、抗麦秆蝇、抗高温、抗青枯早衰和适应不同土地肥力、耕作栽培水平的特性。

本区中西部土壤肥力较高，多为中等和上中等耕地；东部土壤瘠薄，盐碱化严重，耕作粗放，灌溉条件较差；鄂尔多斯沿河地区土壤肥力中等，部分农田利用井水灌溉。

第三节　中国小麦品质区划

20世纪80年代以前，中国人民生活水平处于温饱状态，小麦生产中强调以高产为主，而忽略了对品质的要求。80年代以后，随着市场经济的不断发展和人们生活水平的提高，中国居民对食品多样性、营养性提出了更高的要求，对小麦由数量需要转变对质量与数量同等重要，优质专用小麦应运而生。中国小麦种植地域广阔，生态类型复杂，不同地区间小麦品质存在较大的差异。这种差异不仅由品种本身的遗传特性所决定，而且受气候、土壤、耕作制度、栽培措施等环境条件以及品种与环境的相互作用的影响。品质区划的目的就是依据生态条件和品种的品质表现将小麦产区划分为若干不同的品质类型区，以充分利用自然资源优势和品种的遗传潜力，实现优质小麦的高效生产。它是因地制宜培育优质小麦品种和生产品质优良、质量稳定商品小麦的前提，也是实现产、供、销一体化乃至发展国际贸易的基础。

一、国外小麦品质区划现状

小麦产业发达的国家如美国、加拿大、澳大利亚等，早已对本国的小麦产区进行了品质区划，并随研究工作逐步深入和国际市场需求变化，对品质区划和小麦品质分类不断进行补充和完善。这一举措有力地推动了优质小麦的遗传改良和出口贸易的发展。如美国把小麦产区分为硬（质）红（粒）冬（小麦）、硬红春、软红冬、软白麦、硬白麦和硬粒小麦区，其中硬白麦是近几年出现的新类型。普通小麦中的硬质小麦蛋白质含量高，面筋强度大、延展性好，适合制作面包；软质小麦蛋白质含量低，面筋强度弱、延展性好，适合加工饼干和糕点；硬粒小麦是区别于普通小麦的另一物种，专门用于加工通心粉类的面制品。

对美国、加拿大和澳大利亚的小麦品质区划及其优质麦生产进行分析可以看出：①各国小麦品质分类分区的基本原则相同，即根据籽粒颜色、冬春性、硬度、蛋白质含量和面筋质量进行分类。②品质类型的分布是有地区性的，但同一类型的小麦可能在不同地区生产，同一地区也可能生产几种不同类型的小麦，这主要取决于特定地区的气候、地貌、土壤类型、土壤质地与肥力以及栽培管理措施等。例如澳大利亚昆士兰和新南威尔士州西北部95％的小麦品种都具备澳大利亚优质硬麦的品质，但由于受灌浆期温度和土壤肥力的影响，当地所生产的小麦则依蛋白质含量高低分为优质硬麦、硬麦和标准白麦。因此品质区划是相对的。③品质区划的形成与国内外市场需求紧密相关。④各国的小麦品质区划是在多年品质研究和小麦生产与贸易市场分析的基础上逐步完善起来的。

二、制定中国小麦品质区划的必要性

（一）不同区域间品质差异较大

中国小麦常年播种 2 400 万 hm² 左右，地域分布广，生态类型较复杂。1996 年出版的《中国小麦学》将小国分为春播麦区、冬（秋）播麦区和冬、春麦兼播区，并进一步划分为 10 个麦区。各麦区的气候特点、土壤类型、肥力水平和耕作栽培措施不同，地区间小麦品质存在较大的差异。

中国粮食部门在收购小麦时首先看粒色，分红、白两大类，红、白相混者为花麦；然后再分辨质地，分硬、半硬、软 3 种，以此为标准定级。1999 年公布的国家标准（GB1351—1999　小麦）中，将小麦分为白硬冬、白软冬、红硬冬、红软冬、白硬春、白软春、红硬存、红软春和混合小麦 9 类，但并未反映蛋白质含量和质量等内在指标。粒色和质地的地理分布有一定的规律性。长江以南由于雨水多，收获时易穗发芽，多种植红皮小麦；淮河以北地区气候干旱，农民喜爱种植白皮小麦，因其皮色浅、皮层较薄、出粉率高，即使把一部分麸皮混磨于面粉中也不至于明显影响粉色。硬度方面，北方冬麦区和春麦区以硬质和半硬质为主，而南方冬麦区软质和半硬的比例较高。总体上，北方冬麦区的蛋白质数量和质量都优于南方冬麦区和春播麦区。就北方冬麦区而言，由北向南品质逐渐下降，这些情况有利于进行品质区划。但即使是同一品种，在不同地区或在同一地区的不同地点种植，其品质也不一样，甚至同一品种在相同地点的不同地块种植，其品质也有较大差异。因此，在品质区划时必须考虑土壤、肥力水平及栽培措施的影响。

（二）有利于发挥品种的品质遗传特性

品种的遗传特性是造成各地小麦品质差异的内在原因，上述麦区间和麦区内的品质差异也与各地育种中所用的骨干亲本不同有关。如北部冬麦区多为美国中西部硬红冬麦区种质的衍生后代，意大利品种则在黄河以南、长江流域的种质改良中发挥了关键性作用，而东北春麦区的主体品种多为美国和加拿大硬红春麦的后代。

20 世纪 80 年代前期，全国各地开始重视小麦加工品质研究，积累了不少基础资料，并取得一些共识，既要大力加强优质面包麦和饼干麦品种的选育，也要在现有基础上进一步开展面条和馒头加工品质的研究。90 年代中后期，各地已先后育成一批适合制作面包、面条、饼干的专用或兼用小麦品种并大面积生产应用，为优质麦的区域化、产业化生产创造了有利条件。对优质麦的大量需求势必要求因地制宜，选择当地适合的品质类型，以实现优质麦的高效生产。

（三）有利于农业产业结构调整

近些年，中国的粮食生产和消费形势发生了根本性变化，各级政府都在致力于农业结构调整，小麦优质化已成为种植业结构调整的重点。由于全国性的小麦品质区划方案尚未形成，这给国家及省、市农业主管部门的宏观决策及投资带来很大困难，也对企业与生产部门的合同种植和原料采购产生极大不便，还造成各地育种单位的工作针对性不强，影响品质改良的进展。因此，中国小麦品质区划的制定迫在眉睫，对于发挥自然条件和品种资源合理配置的优势，做到地尽其利、种得其所，推动中国优质麦生产区域化、产业化的发展十分必要。

（四）已有一些资料积累

河南、江苏、山西、新疆等省（自治区）已分别对本省（自治区）的小麦品质区划做了初步研究，如河南将全省的小麦品质分为 7 个生态区、江苏省分为 3 个生态区。这些工作虽然也受行政区域和试验材料的限制，但所获结果对全国的小麦品质区划仍有参考价值。同时，对全国秋播和春播麦区的品质性状及其与环境的关系进行了研究。这些资料与 1982—1984 年和 1998 年两次全国品质普查的结果都为全国小麦品质区域的初步划分提供了可能。基于以上情况，各级政府、生产部门、加工企业和科研单位都迫切期望早日提出中国小麦品质区划方案，以充分发挥自然条件和品种资源合理配置的优势，做到地尽其利、种得其所，推动中国优质麦生产区域化、产业化的发展。

三、中国小麦品质区划的初步方案

根据上述原则，中国农业部将中国小麦产区初步划分为三大品质区域。每个区域因气候、土壤和耕作栽培条件有所不同，又进一步分为几个亚区。

（一）小麦品质分类术语说明

为了规范小麦品质定义，在本方案中特加入对小麦品质术语的说明。

1. 强筋小麦 籽粒硬质，蛋白质含量高，面筋强度强，延伸性好，以及搭配生产其他专用粉的小麦。

2. 中筋小麦 籽粒硬质或半硬质，蛋白质含量和面筋强度中等，延伸性好，适于制作面条或馒头的小麦。

3. 弱筋小麦 籽粒软质，蛋白质含量低，面筋强度弱，延伸性较好，适于制作饼干、糕点的小麦。

（二）小麦品质区划方案

1. 北方强筋、中筋冬麦区 主要包括北京、天津、山东、河北、河南、山西、陕西大部、甘肃东部以及江苏、安徽北部。重点发展白粒强筋和中筋的冬性、半冬性小麦，主要改进磨粉品质和面包、面条、馒头等食品的加工品质；在南部沿河平原潮土区中的沿河冲积沙壤至轻壤土，也可发展白粒软质小麦。本区可划分为以下 3 个亚区：

（1）华北北部强筋麦区。主要包括北京、天津、山西中部、河北中部、东北部地区。该区年降水量 400～600mm，土壤多为褐土及褐土化潮土，质地沙壤至中壤，土壤有机质含量适宜发展强筋小麦，也可发展中强筋面包、面条兼用麦。

（2）黄淮北部强筋、中筋麦区。主要包括河北中南部，河南黄河以北地区和山东中、北部，山西南部，陕西关中和甘肃天水、平凉等地区。该区年降水量 500～800mm，土壤以潮土、褐土和黄绵土为主，质地沙壤至黏壤，土壤有机质含量 0.5%～1.5%。土层深厚、肥力较高的地区适宜发展强筋小麦，其他地区如胶东丘陵地区多数土层深厚，肥力较高，春夏气温较低，湿度较大，灌浆期长，小麦产量高，但蛋白质含量较低，适宜发展中筋小麦。

（3）黄淮南部中筋麦区。主要包括河南中部、山东南部、江苏和安徽北部、陕西关中、甘肃天水等地区。该区年降水 600～900mm，土壤以潮土为主，部分为砂姜黑土，质地沙壤至重壤，土壤有机质含量 1.0%～1.5%，肥力不高，以发展中筋小麦为主。沿河冲积地带和黄河故道肥力较高的沙姜黑土和潮土地带可发展强筋小麦。沿河冲积沙壤至轻壤潮土地区可发展白粒弱筋小麦。

2. 南方中筋、弱筋冬麦区　主要包括四川、云南、贵州和河南南部、江苏、安徽淮河以南、湖北等地区。该区湿度较大，小麦成熟期间常有阴雨，以种植较抗穗发芽的红皮麦为主，蛋白质含量低于北方冬麦区约 2 个百分点，较适合发展红粒弱筋小麦。鉴于当地小麦消费以面条和馒头为主，在适度发展弱筋小麦的同时，还应大面积种植中筋小麦。南方冬麦区的中筋小麦其磨粉品质和面条、馒头加工品质与北方冬麦区有一定差距，但通过遗传改良和栽培措施大幅度提高现有小麦的加工品质是可能的。本区域可划分为以下 3 个亚区：

（1）长江中下游中筋、弱筋麦区。包括江苏、安徽两省淮河以南，湖北大部以及河南省南部地区。该区年降水 800～1 400mm，小麦灌浆期间降水量偏多，湿害较重，穗发芽时有发生。土壤多为水稻土和黄棕壤，质地以黏壤土为主，土壤有机质含量 1% 左右。本区大部地区适宜发展中筋小麦，沿江及沿海沙土地区可发展弱筋小麦。

（2）四川盆地中筋、弱筋麦区。包括四川盆地西部平原和丘陵山地。该区年降水量约 1 100mm，湿度较大，光照严重不足，昼夜温差较小。土壤主要为紫色土和黄壤土，紫色土以沙质黏壤土为主，有机质含量 1.1% 左右。黄壤土质地黏重，有机质含量低（<1%）。四川盆地西部平原区土壤肥沃，小麦单产水平较高。丘陵山地土层较薄，肥力低，肥料投入不足，小麦商品率较低。该区大部分适宜发展中筋小麦，部分地区也可发展弱筋小麦。现有品种多为白粒，穗发芽较重，经常影响小麦的加工品质。应加强选育抗穗发芽的白粒品种，并适当发展一些红粒中筋麦。

（3）云贵高原麦区。包括四川省西南部，贵州全省以及云南省大部地区。该区海拔相对较高，年降水 800～1 000mm，湿度大，光照严重不足，土层薄，肥力差，小麦生产以旱地为主，蛋白质含量通常较低。土壤主要是黄壤和红壤，质地多为壤质黏土和黏土，土壤有机质含量 1%～3%，总体上适于发展中筋小麦。其中贵州省小麦生长期间湿度较大、光照不足、土层薄、肥力差，可适当发展一些弱筋小麦；云南省小麦生长后期降水较少，光照强度较大，应以发展中筋小麦为主，也可发展弱筋或部分强筋小麦。

3. 中筋、强筋春麦区　主要包括黑龙江、辽宁、吉林、内蒙古、宁夏、甘肃、青海、新疆和西藏等地区。除河西走廊和新疆可适宜发展白粒、强筋面包小麦和中筋小麦外，其他地区小麦收获期前后降水较多，常有穗发芽现象发生，影响小麦品质，以黑龙江最为严重，适宜发展红粒中筋和强筋小麦。该区可划分为以下 4 个亚区：

（1）东北强筋春麦区。主要包括黑龙江北部、东部和内蒙古大兴安岭等地区。该区光照时间长，昼夜温差大，年降水 450～600mm。土壤主要有暗棕壤、黑土和草甸土，质地为沙质壤土至黏壤，土壤有机质含量 1％～6％。该地区土壤肥沃，有利于蛋白质积累，但在小麦收获期前后降水较多，易造成穗发芽和赤霉病发生，常影响小麦品质。适宜发展红粒强筋或中强筋小麦。

（2）北部中筋红粒春麦区。主要包括内蒙古东部、辽河平原、吉林省西北部和河北、山西、陕西等春麦区。除河套平原和川滩地外，主体为旱作农业区，年降水 250～480mm。以栗钙土和褐土为主，土壤有机质含量较低，管理粗放，投入少，小麦收获期前后常遇高温或多雨天气，适宜发展红粒中筋小麦。

（3）西北强筋、中筋春麦区。主要包括甘肃中西部、宁夏全部以及新疆麦区。河西走廊干旱少雨，年降水 50～250mm。土壤以灰钙土为主，质地以致壤土和壤土为主，土壤有机质含量 0.5％～2.0％。该地区日照充足，昼夜温差大，收获期降水频率低，灌溉条件较好，小麦单产水平高，适宜发展白粒强筋小麦。银宁灌区土壤肥沃，年降水 350～450mm，生产水平和集约化程度高，但小麦生育后期高温和降水对品质不利，适宜发展红粒中筋小麦。陇中和宁夏西海固地区，土地贫瘠，以黄绵土为主，土壤有机质含量 0.5％～1.0％，年降水 400mm 左右。该区降水分布不均，产量水平和商品率较低，小麦以农民食用为主，适于发展红粒中筋小麦。新疆冬、春麦兼播区光照充足，年降水 150mm 左右。土壤主要为棕钙土，质地为沙质沙土到沙质黏壤土，土壤有机质含量 1％。该区昼夜温差较大，在肥力较高地区适宜发展强筋白粒小麦，其他地区可发展中筋白粒小麦。

（4）青藏高原春麦区。主要包括青海和西藏的春麦区。该地区海拔高、光照足、昼夜温差大、空气湿度小、土壤肥力低，小麦灌浆期长，产量水平较高，蛋白质含量较其他地区低 2～3 个百分点。但西藏拉萨、日喀则地区生产的小麦粉制作馒头适口性差，亟待改良。通过品种改良，适宜发展红粒中筋小麦。

四、中国专用小麦优势区域

2003 年，中国农业部根据降水量、温度、日照、纬度、海拔，土壤类型、质地、肥力水平，消费、市场、交通、商品率，以及小麦品种优势、发展趋势等条件对小麦品质的影响，按照《中国小麦品质区划方案》中对北方强筋、中筋冬麦区，南方中筋、弱筋冬麦区，中筋、强筋春麦区的划分，选择具有比较优势的华北北部麦区、黄淮北部麦区、黄淮南部麦区、长江中下游麦区和东北春麦区，构成黄淮海专用小麦优势产业带、大兴安岭沿麓专用小麦优势产业带和长江下游专用小麦优势产业带等三个专用小麦优势产业带，前两个以强筋为主，后一个以弱筋为主。

（一）黄淮海专用小麦优势产业带

该区主要包括河北、山东两个省和河南大部、江苏和安徽北部、陕西关中、山西中南部。光热资源丰富，降水量较少，土壤肥沃，生产条件较好，非常有利于小麦蛋白质和面筋的形成与积累。是中国发展优质强筋小麦的最适宜地区。

该产业带由河北、河南、山东、山西、陕西、江苏、安徽等7省的39个地（市）82个县（市）组成。包括河北石家庄、保定等5地（市）15个县（市），山东潍坊、菏泽等10地（市）18个县（市），河南新乡、濮阳等10地（市）18个县（市），陕西宝鸡、咸阳等5地（市）10个县（市），山西运城、临汾等3地（市）8个县（市），江苏连云港、徐州等2地（市）7个县（市），安徽淮北、亳州等4地（市）6个县（市）。

（二）大兴安岭沿麓专用小麦优势产业带

该区主要包括黑龙江西北部、内蒙古呼伦贝尔盟等地区，是重要的商品春小麦生产基地。土地肥沃，年降水量550～650mm，生态条件与加拿大、美国等强筋小麦生产地区相似，具有发展中国面包用硬红春小麦的生态资源优势，小麦商品率高达70%以上。

该产业带主要包括黑龙江省黑河、齐齐哈尔2地（市）6个县（市）及垦区九三、北安2个管理局，内蒙古呼伦贝尔盟的4个旗县及垦区海拉尔农场。

（三）长江下游专用小麦优势产业带

该区主要包括江苏、安徽两个省淮河以南，湖北北部，河南南部等地区。现有小麦面积约240万hm^2，占全国的10%左右。该区土壤以水稻土为主，气候湿润，热量条件良好，年降水800～1 400mm。小麦灌浆期间降水量偏多，湿害较重，不利于小麦蛋白质和面筋的积累，但非常有利于小麦低蛋白和弱面筋的形成，适宜发展弱筋小麦。小麦商品率较高，且紧邻沿海粮食主销区，水陆交通便利，运输成本低，有利于发展产业化经营。

该产业带以江苏中部弱筋小麦产区为重点，主要包括江苏南通、泰州等4地（市）10个县（市），安徽合肥、六安等3地（市）5个县（市），河南南阳、信阳2地（市）3个县（市）以及湖北襄樊市的2个县（市）。

五、西北春小麦种植区品质区划

（一）甘肃春小麦品质区划

从气候条件看，甘肃全省范围内可生产硬红春麦、硬红冬麦、硬白麦、软白麦、软红麦等多种类型。渭河上游冬麦区和长江上游冬麦区光照条件差，河西走廊海拔2 000m以上灌区和洮岷高寒春麦区温度低，日照条件差，适合软质小麦生产，其他地区的气候条件均可生产强筋小麦。根据可供商品量和气候因子的不同，甘肃小麦可分为强筋春麦区、红粒弱筋春麦区、白粒中强筋冬麦区和红粒中弱筋冬麦区等四大品质区域。以下主要介绍春小麦品质区（图3-6）。

1. 强筋春麦区

（1）硬红粒春麦区。包括沿黄河灌区和河西走廊海拔2 000m以下灌区，面积约23.3万hm^2，行政区域为兰州市的秦王川引黄灌区，白银市景泰、平川高扬程引黄灌区，武威、张掖、金昌市海拔2 000m以下灌区。本区光照充足，小麦生长后期热量条件好，病虫害轻，小麦收获季节降水频率低，约5年发生1次多雨年份。收获期多雨年造成穗发芽或黑胚率

Ⅰ. 强筋春麦区
Ⅰ-1. 硬红春麦区
Ⅰ-2. 硬白麦区
Ⅰ-3. 红粒中强筋春麦区
Ⅱ. 红粒弱筋春麦区
Ⅲ. 白粒中强筋冬麦区
Ⅳ-1. 红粒中弱筋冬麦区
Ⅳ-2. 渭河上游红粒中强筋麦区
Ⅳ-2. 长江上游红粒中弱筋麦区

图 3-6 甘肃小麦品质区划图

（引自：《中国小麦品质区划与高产优质栽培》，2012 年）

增加。

（2）硬白麦区。包括河西走廊西端区域，自然降水 150mm 以下，面积约 6.7 万 hm²，行政区域为酒泉市，是传统的白小麦产区，降水稀少，无穗发芽。

（3）红粒中强筋春麦区。包括定西地区大部分县、白银市会宁县和兰州市榆中县。本区无灌溉条件，水土流失严重，土壤贫瘠，小麦生长季节干旱少雨，产量波动大，面积约 20 万 hm²。适宜发展中强筋小麦，以满足当地居民消费。

2. 红粒弱筋春麦区 该区包括河西走廊海拔 2 000m 以上灌区，主要有民乐、山丹、肃南、肃北等县大部和永昌县、武威市一部分，面积约 6.7 万 hm²；洮岷高寒春麦区有临洮、临夏全区、甘南藏族自治州卓尼和临潭两县、兰州市永登县和永靖县部分，面积约 10.0 万 hm²。本区热量偏低，光照不足。河西灌区小麦生产条件好，产量和商品率高，可生产专用软质小麦；洮岷高寒区产量高，锈病和草害较严重，小麦生长后期阴雨天气较多，适合发展红粒弱筋小麦。

（二）宁夏春小麦品质区划

宁夏是一个小麦生产基本可以自给自足的地区，面条、馒头、饺子是宁夏小麦消费的主体。因此，应以生产适合制作面条、馒头、饺子的中筋或中强筋小麦为主。小麦品质受品种基因型、环境、基因型与环境互作，以及栽培技术措施的影响较大。以下对宁夏小麦品质区划及分区特征作简要叙述（图 3-7）。

图 3-7　宁夏小麦品质区划图

（引自：《中国小麦品质区划与高产优质栽培》，2012 年）

1. 北部强筋春麦区　主要包括宁夏石嘴山市惠农区、平罗县陶乐镇等靠近内蒙古巴彦淖尔市和鄂尔多斯市地区。这些地区干旱少雨，年降水量 180～300mm。本区种植小麦的区域一般都有较好的灌溉条件，土壤以灌淤土、灰钙土、风沙土为主，质地以中壤土和沙壤土为主，土壤有机质不高。本区日照充足，昼夜温差大，收获期降水频率低。本区域目前适宜发展红粒强筋春小麦。

2. 中部强筋、中筋冬、春麦区　主要包括宁夏引黄灌区大多数县，以及宁夏中部干旱带扬黄灌区的中宁县南部山区乡镇、长头山农场、同心县、红寺堡区、海原县东部、固原市原州区北部、彭阳县北部、盐池县等。

宁夏引黄灌区土壤以灌淤土为主，土壤肥沃，年降水量 180～350mm。由于有便利的引黄灌溉条件，是宁夏小麦的主产区。但小麦生长后期高温和降雨对春小麦的品质形成不利，适宜发展红粒中筋春小麦。近 20 年，由于冬麦北移及在冬小麦栽培和育种方面有很大突破，因而本区目前也可发展红粒强筋冬小麦。

宁夏中部干旱带扬黄灌区地势平坦的地方有着较好的扬黄灌溉条件，且本区以灰钙土为主，因而适宜发展红粒中筋小麦。

3. 南部中筋、弱筋冬、春麦区 主要包括西海固大部分地区。本区土壤贫瘠，以黄绵土为主，土壤有机质含量0.5%～1.0%，年降水量400～500mm。本区降水分布不均，主要集中于小麦生长后期，对品质影响较大。本区小麦产量水平和商品率均较低，适宜发展中筋、弱筋小麦。

（三）新疆春小麦品质区划

新疆位于中国西北边陲，四周环山，中部天山山脉横跨东西，把新疆分成南、北疆两大部分。北疆准噶尔盆地周围形成绿洲农业生产圈，南疆中部塔里木盆地形成周边绿洲农业生产圈及塔里木河沿岸绿洲生产带。小麦无论在自治区还是兵团都是主要粮食作物，播种面积一直占粮食作物2/3以上。小麦面积中冬小麦种植面积占60%左右，春小麦占40%左右。北疆以种春小麦为主，是春冬麦兼种区，南疆以种冬麦为主，是冬春麦兼种区，其中天山南北两侧从丘陵到山前平原的多数地区为冬春麦混种区。

新疆是荒漠绿洲灌溉农业，农场密集、机械化水平高，工业污染少，小麦病虫危害轻，小麦品质稳定可控性强，适于区域化发展规模种植。根据新疆各地区的生产实际条件，新疆小麦按品质区划为3个主区7个亚区（图3-8）。即强筋、中筋麦区，包括天山北麓准噶尔盆地南缘冬春麦兼种区和吐鲁番—哈密盆地绿洲盆地春麦区；中强筋、中筋麦区，包括天山西部伊犁河谷冬麦区和焉耆盆地绿洲春麦区；中筋、弱筋麦区，包括昭苏山间盆地春麦区、北疆沿边绿洲春麦区和塔里木绿洲冬麦区。以下仅就涉及春小麦种植的各区作简述。

1. 天山北麓准噶尔盆地南缘强筋、弱筋冬春麦兼种区 本区位于天山北麓至准噶尔盆地腹地之间的绿洲，从西到东包括温泉、博乐、精河、乌苏、沙湾、奎屯、石河子、玛纳斯、呼图壁、昌吉、乌鲁木齐、米泉、阜康、吉木萨尔、奇台、木垒等16个县（市）和区域内的农五师、农六师、农七师、农八师、农十二师所属的国有农场。

本区海拔189～1 300m，地势东高西低，气候温和，年均气温6～17℃（西部高于东部），≥10℃积温2 500～3 800℃，7月平均气温20～27℃，但6月底至7月上旬有干热风出现；年日照时数2 780～3 110h，无霜期110～180d；平原农区年降水量100～294mm，主要分布在4～9月，对小麦生长需水能起到补充作用。本区为冬春麦兼种区，小麦籽粒中蛋白质14%～16%，湿面筋26.0%～33.7%，均高于全疆麦区，烘烤品质好，适合种植优质高产早熟的强筋和强中筋白粒冬、春小麦。春小麦主要分布在精河以西和吉木萨尔以东的进山地带。

2. 吐鲁番—哈密盆地绿洲强筋、弱筋春麦区 本区位于东部天山以南，包括吐鲁番地区和哈密市及其附近的国有农场。火焰山横跨东西，地势北高南低，海拔81～1 700m，是典型的大陆性气候，属暖温带干旱区，光热资源丰富，昼夜日较差大。主要农田分布在冲积扇下部和潜水溢出带，土壤有灌耕土、灌淤土、耕种棕漠土、耕种草甸土、潮土、盐土、风沙土等。土壤有机质含量多在1%～2%。哈密盆地年均气温9.1～11.9℃，7月平均26.5℃，年日照时数3 450h，年辐射总量669.7kJ/cm²，是全疆光照资源最丰富的地区。吐鲁番年均气温14℃，7月平均温度32.1℃，是中国夏季最热的地方，年降水量仅有9.4～

Ⅰ. 强筋、中筋麦区
Ⅰ-1. 天山北麓准噶尔南缘强筋、中筋麦区
Ⅰ-2. 吐—哈盆地绿洲强筋、中筋麦区
Ⅱ. 中强筋、中筋麦区
Ⅱ-1. 天山西部伊犁河谷中强筋、中筋麦区
Ⅱ-2. 焉耆分地绿洲中强筋、中筋麦区
Ⅲ. 中筋、强筋麦区
Ⅲ-1. 昭苏山间盆地中筋、弱筋麦区
Ⅲ-2. 北疆沿边中筋、弱筋麦区
Ⅳ-3. 塔里木盆地绿洲中筋、弱筋麦区

图 3-8 新疆小麦品质区划图

（引自：《中国小麦品质区划与高产优质栽培》，2012 年）

37.1mm，蒸发量则达 2 879～3 821mm。本区温度高，气候干燥，相对湿度低，干热风多，降水少，不利小麦灌浆成熟，千粒重低，籽粒中蛋白含量在 14％左右。宜种植强、中筋春麦，但后期温度过高籽粒中醇溶蛋白太大和麦谷蛋白含量比例适调（谷/醇），影响烘烤品质。应选用优质高产、多穗型、抗干热风能力强的早熟品种，后期应适当供足水分。

3. 焉耆盆地绿洲中强筋、中筋春麦区　本区为天山南麓的山间盆地，开都河下游，包括焉耆、和静、和硕、博湖 4 县和境内农二师所属的部分农场。本区河流众多，水源比较充沛；土地资源丰富，农田土壤以潮土、灌耕棕漠土、盐土为主，土壤有机质含量在 1.5％以上。海拔 1 000～1 050m，光照充足，≥10℃积温 3 415～3 694℃，3～6 月平均气温 14.3℃，7 月平均气温 22.5℃，年均降水量 64.7mm，4～6 月平均降水量 16.6～17.1mm，具有南、北疆过渡型气候特征。开春早，但气温上升慢，春麦苗期生长时间较长，小麦开花灌浆成熟期间，气候适宜，干热风危害轻，有利于小麦分蘖成穗，开花结实，千粒重高，增产潜力大。优质小麦品质稳定，质量好。本区农场较多，集约经营，小麦产量高，宜建设中强筋和中筋春麦产业化生产基地。

4. 昭苏山间盆地中强筋、弱筋春麦区 本区在新疆西部沿天山一带，位于昭苏境内及包括其区域内农四师所属的国有农场。该地区为山间盆地，海拔高，气温较低，冬季时间长，开春晚，以旱作物种植为主，土壤以肥栗钙土为主，有机质含量为 3%～4%。本区春小麦种植面积 90% 左右。小麦灌浆成熟期间气候温凉，有利灌浆，蛋白质含量在 11%～13% 之间，为全疆最低。有些年份小麦灌浆成熟期间由于阴雨过多，易发生锈病、细菌性条斑病等和出现穗发芽现象，影响品质。宜选用优质、丰产、抗锈和休眠期较长的红皮麦品种。适于建成中、弱筋优质专用小麦产业化生产基地。

5. 北疆沿边绿洲中强筋、弱筋春麦区 本区位于新疆西北部和北部，包括额敏（以东）、阿勒泰、巴里坤等县（市）及其范围内的农五师、农九师、农十师、农十三师所属的农场。本区分布范围广、地形复杂，有高山、丘陵、平原、戈壁和沙漠。土壤有灰钙、栗钙土、漠化草甸土，河流下游和盆地中心有少量的盐土、沼泽土、风沙土等。土壤有机质含量多数耕地在 1.0% 左右。土壤中氮、磷含量差异较大，但速效磷普遍较少。海拔普遍为540～740m，除额敏县以东浅山、平原地带种冬麦外，基本上种植春麦，是北疆春麦较集中的种植地区。小麦灌浆成熟期气候温凉，空气湿度较大，降水多，集中于 4～7 月。小麦幼穗分化好，灌浆时间长，灌浆成熟期间很少有干热风出现，千粒重高，小麦籽粒中蛋白质含量一般在 12%～14%，面筋偏少，强度低。宜选用大穗型，灌浆速度快，休眠期较长的红皮品种。防止麦收时受连阴雨影响，穗上发芽降低品质。

（四）内蒙古春小麦品质区划

内蒙古自治区是中国春小麦的主产区之一，种植面积居全国春小麦产区之首。春小麦是内蒙古自治区的重要粮食作物，种植范围遍及全区各地，常年播种面积稳定在 50 万 hm²。依据各地区生产实际情况，内蒙古自治区春小麦主要产区由东到西依次划分为：内蒙古大兴安岭沿麓优质红粒强筋、中筋麦区，内蒙古赤、通西辽河流域优质中强筋麦区，内蒙古中部阴山北麓温凉旱薄地中强筋麦区，内蒙古土默川平原优质强筋、中筋麦区，内蒙古巴彦淖尔市河套灌区优质中筋偏强筋麦区（图 3-9）。以下仅就涉及西北春小麦种植的各区作简述。

1. 内蒙古土默川平原优质强筋、中筋麦区 本区主要包括呼和浩特市、土默特左旗、包头市郊区、土默特右旗及鄂尔多斯市的达拉特旗等除山区外的全部平原地区。北部为大青山山前倾斜冲积平原，南部为黄河和大黑河的冲积平原，地势平坦，海拔 1 000～1 100m。该区属温带大陆性季风气候，年均气温 4～6℃，冬季 1 月平均气温 -13℃，夏季 7 月平均气温 20～22℃，年日照时数 3 000h，无霜期 130～150d，年均降水量 350～450mm，约 70% 集中于 7～9 月降落，年蒸发量为降水量的 4.5～6.0 倍。土壤以草甸土、栗褐土和盐土为主，耕层土壤由黄河、大黑河冲积淤灌形成，厚度 20～70cm，有机质含量 1% 以上，土壤肥沃。本区常年春小麦播种面积在 5.5 万 hm² 左右。小麦生产中存在的主要问题是生育后期高于 30℃ 的天数长达 14～25d，并伴有天气大旱，致使小麦易青枯早衰、高温逼熟、品质变劣、粒重降低、产量下降。故本地区适于早熟或中晚熟的优质、高产、抗逆性强的红粒、白粒中筋、强筋春小麦品种。

2. 内蒙古巴彦淖尔市河套灌区优质中筋偏强筋麦区 本区包括巴彦淖尔市行政区的全部，属温带大陆性季风气候，年均气温 5.8～7.5℃，日较差为 6.1～7.6℃，夏季 7 月平均气温 23℃，冬季 1 月平均气温 -10℃，年日照时数 3 100～3 300h，无霜期 130～150d，年

Ⅰ.内蒙古大兴安岭沿麓优质红粒强筋、中筋麦区
Ⅱ.内蒙古赤、通西辽河流域优质中强筋麦区
Ⅲ.内蒙古中部阴山北麓旱薄地中强筋麦区
Ⅳ.内蒙古土默川平原优质强筋、中筋麦区
Ⅴ.内蒙古巴彦淖尔市河套灌区优质中筋偏强筋麦区

图 3-9 内蒙古小麦品质区划图

(引自:《中国小麦品质区划与高产优质栽培》,2012 年)

均降水量 125～300mm,约 60％集中于 7～8 月,年蒸发量高达 2 032mm。土壤以灌淤土、草甸土和盐土为主,耕层土壤按其质地又可分为红泥土、两黄土、沫土和沙土等。本区得益于黄河自流灌溉,是国家和内蒙古自治区重要的商品粮生产基地。本区由于黄河入境后,坡度变小,水流平稳,多年漫灌,土壤次生盐渍化现象严重,成为农业发展的一个主要限制因素。再加上天气干旱少雨,小麦灌浆期气温急剧上升,气温高于 30℃的天数可达 13～55d,因而常发生干热风的危害,往往造成小麦青枯早衰、高温逼熟、粒重降低、品质变劣。

第四章
西北春小麦生态

　　生态型是同一种植物对不同环境条件趋于适应的结果，也就是种内分化的定型过程。它是一种能更好地与不同环境条件取得统一的适应形式和与特定环境相协调的基因型群。小麦生态型的划分依据是以气候基本因素（温、光、水等）相适应的生育特性（春、冬性），对温度、日照和水分等条件反应的特性（植株形态、籽粒产量和籽粒品质）以及生育期为基础的。中国西北春小麦种植区以甘肃、青海、宁夏、新疆以及内蒙古西部为主，气候类型复杂多变。由于在多种多样的生态条件下经长期自然选择和人工选择，使西北春小麦形成了极为丰富多彩的品种类型，它们各具特色，带有明显的适应不同生态条件的特性。春小麦在西北地区已有上千年的种植历史，各地所形成的品种类型不仅适应当地的气候、土壤等自然条件，而且也与当地的耕作制度相适应。对于适应不同生态条件与相应耕作制度的小麦品种类型（即生态型）和与其相适应的生态区域的了解与掌握，对西北春小麦引种、育种以及高产高效栽培技术制定等具有指导意义。

第一节　生态型特点

一、小麦的生态型

　　中国种植小麦有近 4 000 年历史，所形成品种都是经过遗传基因长期与外界环境条件相互作用的结果，它们均具备与其生产地区气候条件及耕作制度相适应的特征特性。因此，一定地区和一定栽培制度下的地方品种都有一定的适应范围，同时具有相对的相同特征特性。这些在一定地区条件下形成的，又在性状上有一定程度相似的一群品种，被视为属于同一生态型的品种。生态型是与特定生态环境相协调的基因集群，生态型也可称为生态小种。从遗传角度，将生态型定义为某一物种在特定生态环境下分化形成的特定基因类型。由于中国生态环境复杂多样，加之小麦栽培历史悠久，故而拥有较多的小麦生态类型。

（一）小麦生态型的划分

　　小麦生态型是小麦不同个体群长期生育在不同环境下的产物。小麦生态型的划分依据是以气候基本因素（温、光、水等）相适应的生育特性（春、冬性），对温度、日照和水分等条件反应的特性（植株形态、籽粒产量和籽粒品质）以及生育期为基础的。品种温、光反应决定品种发育进程，决定越冬和抽穗、成熟的早晚。不同纬度和海拔形成不同的温光变化，不同播期使小麦生长的各生育期处于不同温光变化中，形成各地区小麦幼苗期、形态建成期和籽粒形成期 3 个发育时期不同的组合模式，成为品种发育的重要特征。

　　小麦对生态的适应性主要包括春化反应、光照反应以及温光发育的组合方式、生育期、抗逆性等。早在 20 世纪，前苏联科学家根据小麦生活周期的长短将全世界收集的小麦品种分为春性、冬性、半冬性和两性 4 种类型；其中春性品种在春季播种，冬性品种必须在秋季播种，半冬性品种在秋季较长而冬季相对不太冷的地区播种，两性品种可在晚秋和早春播种。这是根据在特定地区的播种期，并依据品种的生长习性进行品种归类的生态型划分研究。1939 年日本科学家通过分期播种试验，对全世界收集来的 847 个品种进行春性等级鉴定，根据抽穗情况分成 0、Ⅰ、Ⅱ、Ⅲ、Ⅳ、Ⅴ六个等级，0 级代表春性最强，Ⅴ级为春性最弱。20 世纪 50 年代，中国学者黄季芳、崔继林依据春化阶段要求的温度条件和持续时间长短，将中国小麦分为强冬型、冬型、半冬型、春型共四大类型。此后，金善宝于 1960 年提出，小麦生态型是"具备着相对的相同特征、特性，反映着一定的地区条件，而在一定的程度上性状相似的一群品种"。

小麦生态类型的区别主要反映在小麦生理特性、植株形态习性、抗逆适应性、产量构成和籽粒品质等方面性状的集合，是对外部综合生态环境的适应和反映。决定品种生态类型的环境因素是多方面的。气候因素（包括温度、光照、降水）是主导，土壤因素、生物因素、栽培因子相互制约、互相关联，形成生态系统的各个因素共同对品种适应性起作用。研究生态条件与品种生态类型特性形成的关系表明，特定的生态类型是品种适应环境和人工选择的历史的沉积结果。在尊重区域环境的自然规律前提下，随栽培种植制度的完善，人们发挥遗传改良的主动性，生态类型的遗传特性也在不断创新。研究自然生态条件和品种生态特性，对育种、栽培和品种应用规划是十分有意义的。

（二）小麦生态型划分原则

小麦生态型划分的一般性原则如下：

1. 作为分类的指标必须分辨力较高，便于掌握，同时使所分化出的类型间有较大的差异。

2. 所选作为分类的形态、生育指标必须主要是受遗传因子控制，受环境影响较小，或受生态环境变化的影响是呈现规律性变化的。

3. 所选的指标必须是不同类型品种温光反应特性的综合体现，即与温光等生态因子具有密切相关，对温光反应特性的不同而呈现出较大差异。

关于如何具体应用上述原则，以 1991 年金善宝主编的《中国小麦生态》中对普通小麦生态型分类为例，其依据上述三原则选用了三类指标性状，具体如下：

第一类形态数量指标：主茎总叶片数，其是小麦品种的属性，遗传性稳定。品种随温光反应特性的不同而有很大差异，但呈有规律的变化，如随着冬性程度的增强、主茎叶片数增多。另外，株高、小穗数、千粒重、穗长等形态也属这一类性状。

第二类生育指标：三叶期至生理拔节期天数。生理拔节期即植株主茎基部第一伸长节间达 0.2～0.5cm 时的日期。因为一般无论同一生态条件下的各品种之间还是同一品种在不同生态条件下，从播种（或出苗）到成熟的天数差异主要体现在三叶期至生理拔节期天数的不同。三叶期至生理拔节期的天数主要受温度制约，也随品种冬性程度的增强而增多，呈现出连续变异性，可作主要指标。

第三类生物气候指标：三叶期至生理拔节期间的日平均温度，≥0℃积温，平均日长，日均降水量。≥0℃的积温又可分为日均温度 0～3.0℃积温，3.1～5.0℃积温，5.1～8.0℃积温，8.1～15.0℃积温，15.1～20.0℃积温，20.1～25.0℃积温，25.1～30.0℃积温等级别。上述气象因素是影响三叶期至生理拔节期长短的主要因素，田间春化反应也主要由上述因素所决定。

以上三类性状指标对某一品种是具体的，在品种分类时既易掌握，又符合品种生态型划分的一般原则。

（三）中国小麦的生态型

中国小麦生态型的划分，为较多人所承认的，有以生态区为主的分类和以温光条件为主的分类。它们分类的依据不同，其特点与应用也各有侧重，现分别介绍如下：

1. 以生态区为主的生态型　1961 年，金善宝主编的《中国小麦栽培学》，将中国普通小麦划分为黄土高原生态类型、华北平原生态类型、长江中下游流域平原生态类型、云贵高原生态类型、四川盆地生态类型、华南山丘生态类型、东北平原生态类型、甘蒙高原生态类型、新疆盆地生态类型以及青藏高原生态类型等 10 个生态区。其划分依据各生态区自然条件和耕作特点，从当地主栽小麦品种自身的形态、生育、生物学特性出发，采用直观比较分析的方法，所依据的性状直观、易于掌握，同时紧密结合各有关生态区的生态条件和生产，实用性强。迄今各生态区内小麦品种虽几经更替，但由于中国小麦生态区的自然生态要素变化不大，加之现代应用于生产的品种基本上继承了当时分区品种主要适应生态条件的特性，所以其对认识目前生产用种及育种仍有重要参考价值。而这种生态型的划分方法，直至今日仍为小麦生态型分类的主要方法。

2. 以温光生态条件为主的小麦生态型　中国以温光生态为主的小麦生态型的划分是根据金善宝主持的"全国小麦生态研究"结果，于 1991 年提出的。1982—1985 年和 1988—1990 年，金善宝主持开展了"全国小麦生态研究"，该研究选用了全国各主要麦区有代表性的不同类型品种 31 个，放在基本代表了中国主要生境特征的 42 个试验点上，每个点进行连续 3 年分期播种，每一个播期均具有特定的生态条件，就其生态的多样性为世界所罕见。该研究将各试验点能抽穗成熟的材料，选取 17 个指标即三叶至生理拔节天数、日均温（℃）、≥0℃积温、平均日长（h）、日均温 0～3℃积温、日均温 3.1～5.0℃积温、日均温 5.1～8.0℃积温、日均温 15.1～20.0℃积温、日均温 20.1～25.0℃积温、日均温 25.1～30.0℃积温、主茎叶数、株高（cm）、小穗数（个）、千粒重（g）、穗长（cm），进行模糊聚类；同时用这 17 个指标按不同方式进行数据处理，又作了 18 种系统的聚类分析。其结果基本一致。将中国普通小麦品种分成：Ⅰ-0 型（春型超强春性品种生态型）、Ⅰ-1 型（春型强春性品种生态型）、Ⅰ-2 型（春型春性品种生态型）、Ⅰ-3（春型弱春性品种生态型）、Ⅱ型（过渡型生态型：包括偏春性、偏冬性和二者之间中性 3 个等级）、Ⅲ-1 型（冬型弱冬性品种生态型）、Ⅲ-2 型（冬型冬性品种生态型）、Ⅲ-3 型（冬型强冬性品种生态型）和Ⅲ-4 型（冬型超强冬性品种生态型）等由春性逐渐向强冬性连续变化的 9 个生态型。该分类系统的特点是在生态型与春、冬性两个层次上归类的。以温光生态为主又结合产量性状及生育性状归类的生态型分类划分方法，突破了以往以生态区为主划分生态型的方法模式。使用此方法划分的生态型有可能在更多的生态区与更大的地域范围得到利用。

二、中国春小麦生态型

金善宝曾对中国主要麦区有代表性的品种进行生态型分类，结果将普通春小麦分为春型超强春性品种生态型、春型强春性品种生态型、春型春性品种生态型、春型弱春性品种生态型以及过渡型生态型偏春性品种等 5 个生态型，其具体特点如下：

（一）春型超强春性品种生态型

该生态型主茎叶数最少，可少到 5 片，在可播期中，全生育期天数最少；在生长发育过程中，有独特的温光反应特性，是小麦品种中的非春化类型。

（二）春型强春性品种生态型

该生态型品种能在全国各点春播抽穗成熟；在夏播中能抽穗成熟；在华南、西南等地秋播和冬播能抽穗成熟；在其他地区秋冬播种，只要不被冻死也能抽穗成熟；在越冬地区的"土里捂"播期，也能完成抽穗成熟。这类品种其生长发育全过程能在长日照条件下完成，也能在短日照条件下完成，还能在由短日转入长日和由长日转向短日条件下完成。对于种植地域和季节，具有广泛的生态适应性。秋冬播全生育期 104～322d，夏播 54～120d，春播 52～168d，一般随播期推迟而减少。同一播期，生育期在高纬度或高海拔地区一般较长，而低纬或低海拔地区则较短；同一地点，总的表现秋播比春播长。

生育期长短的变异，春播受播种至拔节天数变化影响最大，其次是抽穗至成熟，而拔节至抽穗相对稳定。秋播则以拔节至抽穗变异幅度最大，而播种至拔节较为稳定。麦区间以春播差异较小，秋播的变化则大。同一试点的播种至拔节和拔节至抽穗天数，春播则随播期推迟而减少，秋播则前者随播期推迟而增多；抽穗至成熟春秋播各期之间差异不大，总的表现仍为随播期推后呈缩短趋势。年度间在适宜播期范围内，春播同一播期年度间总生育天数与各生育期的天数变化不大；秋播因暖冬年和寒冬年之间差异很大，特别在南方麦区。

植株主茎可见叶片数，秋播 6.0～10.9 片，冬播 6.0～11.4 片，春播 5.5～8.4 片；总体 7 片左右。强春性品种的生育早期没有低温要求，整个生育进程体现积温效应。播种至生理拔节对光周期反应没有严格的日长要求，可在平均日长为 10.6～15.5h 下进行。而生理拔节至抽穗可在 10.8～16.4h 条件下进行。即它们可表现为长日型，也可为短日型或短—长日型。

总之，强春性品种具有宽广的生态适应性。在全国各麦区春播基本能正常成熟。秋播在北方麦区多不能越冬，但除东北麦区外临冬播种，大多能以种子萌动状态越冬，年后出苗正常抽穗成熟；在南方麦区多能抽穗成熟，入冬后播种则基本能正常抽穗成熟。夏播在部分地区能正常拔节、抽穗和成熟。只要不因严寒或酷热伤害使植株死亡，不论播种早晚，纬度差别或海拔高低，在全国各地麦区田间温光条件均能保证其生育要求，在全国范围内是"四季小麦"。

（三）春型春性品种生态型

该生态型品种全生育期，秋冬播为 140～335d，夏播为 52～143d，春播为 65～179d，一般随播期推迟而逐渐减少，在同一播期纬度高或海拔高的地区其生育天数一般较长。播种至拔节，春播平均约 50d，秋播平均约 94d；拔节至抽穗，春播平均约 24d，秋播约 73d；抽穗至成熟，春播约 37d，秋播约 55d。麦区间的变化，以春播较小，而秋播则大。播种至拔节，春秋播表现为由北向南渐减。拔节至抽穗，春播区间差异小，变动为 22～25d；秋播则大，黄淮、长江中下游和西南麦区该期长达 80～110d，而春麦区和北部麦区仅需约 30d，华南麦区无越冬期只需约 40d。抽穗至成熟，春播在春麦区需约 46d，其他区差别不大，为

33~36d；秋播差异较大，除春麦区外，总趋势为由北往南生育期逐渐增多。同一点不同播期之间，春播从播种至拔节、拔节至抽穗、抽穗至成熟随播期推迟而有减少趋势；秋播从播种至拔节有随播期推迟到增多，而后两个时期则随播期推迟而减少。年度间的同一播期，春播的差异小，秋播的大，在南方麦区年度间的差异往往大于播期间的。

该生态型品种植株主茎可见总叶数，秋播为 16.8~14.6 片，冬播为 6.8~14.1 片，春播为 6.1~11.4 片，夏播为 6.7~12.6 片。在同一点和同一年度中，随秋冬播期的推迟而叶片数有减少趋势，春播则差异不大。生育期适应温度 7.2~27.6℃，而其总生育天数不论试点间还是播期间都与温度呈负向对应关系，在一定范围内，温度升高，生育期缩短。从播种至拔节、拔节至抽穗、抽穗至成熟均可在长日照条件或短日照条件下完成，并随日长加长，生育天数减少，但抽穗至成熟天数与日长的相关不显著。

该生态型的品种，在全国春播基本能正常成熟。在黄淮南部秋播，长江中下游、西南、华南麦区入冬播种的均能正常越冬与正常成熟。夏播能正常成熟的范围比强春性品种小。在不受严寒或酷热伤害情况下，全国各麦区田间温光条件均可完成整个生育进程。对生育早期不表现低温效应，总生育期随日均温升高而缩短，而抽穗至成熟与较高温出现的天数有直接关系，对日长无严格要求。总之该生态型具较广的生态适应性。

(四) 春型弱春性品种生态型

该生态型品种全生育期，秋冬播为 144~338d，春播 72~178d，夏播 75~145d。播种至拔节，春播平均约 54d，秋播约 106d；拔节至抽穗，春播约 35d，秋播则约为 91d；抽穗至成熟，春播约 35d，秋播约 44d。麦区间，春播变动幅度较小，而秋播的变幅都较大，尤以播种至拔节期。播种至拔节天数，春秋播均表现由北往南渐少。拔节至抽穗天数，春播除西南麦区外，各区间均比较接近；秋播的南北麦区差异大，北方麦区由北往南生育日数渐增，南方则西南麦区相对校长江中下游与华南麦区为少。抽穗至成熟天数，春播的南北很接近，而西南与春麦区较长；秋播的南北也很接近，而西南与华南麦区较长。总的趋势仍表现由北往南天数渐减。同一点不同播期，播种至拔节，春播随播期推迟而缩短；秋播则因地而异，其变化与该时期的日均温变化一致。拔节至抽穗，春秋播均随播期推迟而减少，但春播各期间差异小，而秋播则较大。抽穗至成熟也随播期推迟而缩短。同一播期年度间，春播差异小，秋播大。在南方麦区年度间的差异往往大于播期间的差异。

春型弱春性品种的生育早期有一定的低温要求（8~15℃或 15~20℃）。其生长发育的全过程，既能在长日条件下完成，又能在由短日转入长日或由长日转入短日的条件下实现。植株主茎可见叶，秋播为 7.6~18.0 片，冬播为 8~18 片，春播为 8.0~12.3 片，夏播为 9~12 片。在同地同年有随秋冬播期的推迟而有减少的趋势。

该生态型除在华南不能成熟外，能春播，也能在一些地区夏播。除东北、华北北部、西北，新疆等地外，在秋、冬播期中能抽穗成熟。在越冬地区只要整株不被冻死，或种"土里捂"也可抽穗成熟。其生育进程对温度、日长无严格要求，只要不受严寒与酷热伤害，全国各麦区的田间温光条件可完成其整个生长发育。其生态适应性较春性品种窄。

(五) 过渡型生态型偏春性品种

该生态型品种全生育期，秋播 143~331d，春播 75~185d，同地同年秋冬春播随播期推迟天数逐渐减少。对温光条件无秋、春播或南、北方麦区之别，其对各生育期长短的影响趋势是一致的。播种至拔节天数与日均温呈负相关，积温高可缩短生育天数。>15℃积温高，生育天数呈缩短趋势，<15℃积温高，生育天数呈延长趋势。可照日数长则延缓本阶段的生育天数。春播各期全国各地平均值为50d左右，南北差异很小；秋播这段生育期，南北差异较大。拔节至抽穗的长短也与日均温呈负相关，高温加速发育。>20℃积温高，生育天数缩短。与平均日长关系不显著。抽穗至成熟天数与积温呈负相关，其中高温段的作用明显。25～30℃积温高、生育期缩短，<25℃积温高，生育日数延长，25℃以上高温加快发育速度的作用明显。与平均日长呈负相关而与日均温关系不明显。但高温、长日条件下促进发育短缩生育天数，所需积温值明显减少。植株主茎可见总叶片数，秋播为8.0～16.6片，冬播为7.0～17.0片，春播为8.0～13.7片。同地同年秋、冬播随播期推迟而渐少，春播则有相反趋势。该生态型品种在全国各麦区春播能完成生长发育全过程。除东北、华北北部、西北，新疆麦区外秋冬播能抽穗成熟。

三、熟　　性

（一）春小麦的熟性

不同地区不同品种熟性的春小麦全生育期（播种至成熟）天数和所需热量条件是不同的。一般情况下，早、中早和中晚熟品种的全生育期依次为100～110d、110～120d和120～135d，需要≥0℃积温依次为1 500～1 600℃、1 650～1 800℃和1 800～2 000℃。春小麦生长前期需适宜低温，中期需较高热量，后期宜凉爽的气候。在实际生产中为了促进早熟，一般在早春土壤开始解冻即开始播种。所以，在春季气温高的地区应提早播种。春小麦幼穗分化期适宜的低温有利于延长其分化，使幼穗发育充分。据统计，此时的低温与结实小穗数密切相关，当气温为9～12℃时，结实小穗数明显增多。而拔节至抽穗期>0℃积温与穗粒数相关显著，积温高穗粒数增加多。灌浆期则要求温度偏低，一般在16～19℃时有利于延长灌浆时间，促进籽粒饱满，粒重增加。

（二）西北春小麦的熟性

西北春小麦种植区一般海拔1 000～2 000m，多数为1 500m左右，≥10℃年积温为2 840～3 600℃，无霜期118～236d，生育期短，仅有同纬度或同地区冬小麦品种的1/3或1/2。在西北春小麦种植区，除超强春性品种生态型难以找到外，强春性品种、春性品种以及弱春性品种均有分布，但以春性和弱春性为主。强春性和春性品种生育前期发育对低温和长日照要求不严，适应的温度和日长范围都较宽，在一定的温度范围内发育速度随着温度的升高明显变快，萌发至拔节的天数也相应变短。总的情况是，高温长日条件下春性小麦发育最快，生育期最短，而低温短日条件下春小麦的全生育期则延长。西北春小麦种植区因光照及热量差异，在3月上中下旬均有种植，其全生育期变异幅度为85～125d之间，涵盖了早熟、中早熟、中熟及晚熟共4个熟性的春小麦品种。这4个熟性的品种按地区划分为：

1. 内蒙古高原西部的早熟春性地区　该区域深处内陆，因常年干旱少雨且缺乏灌溉条件，加速了小麦分蘖、拔节、抽穗、灌浆、籽粒成熟等各项生育进程。故此区域的春小麦全生育天数一般短于100d。

2. 河西及银宁灌区中早熟春性地区　该区域河西地区全生育期一般在110d左右，银宁灌区稍短，为94～105d。该区域春小麦的春化反应适中或者迟钝。其发育前期对温度较为敏感，即温度越高，抽穗越快，成熟期越短。但如果播期太晚，外界无低温刺激，即缺少春化条件的情况下，春小麦品种很可正常抽穗但无法正常结实。就光照反应而言，此区春小麦在短日条件下能显著延缓抽穗，长日能促进抽穗，即日照越长，抽穗越快。

3. 陇西和陇中中熟春性地区　该区域春小麦全生育期一般100～120d。该地区的环境温度在西北春麦区表现温和，既无春季高寒区的持续低温，也无夏季河西走廊的极端高温。这反映了小麦植株的营养生长和生殖生长是在较为平缓的环境中通过的。

4. 洮岷及天祝高寒阴湿晚熟春性地区　该区域海拔较高，一般在2 000m以上，个别地区海拔达到3 000m，其春季气候冷凉且低温持续时间较长，有利于春小麦幼穗分化，为大粒的形成打下了良好基础。同时，小麦成熟后期因环境温度适中，延长了籽粒灌浆时间，使粒重较平原地区有显著增加。综上所述，该区春小麦在植株各项发育进程中所受的环境温度较低，使其通过营养生长及生殖生长的时间较长，故其全生育期较长，一般在120～135d。

以上4个区域主要由黄土高原和内蒙古高原组成，与国内平原地区比较，春季气温较低，有利于春性、弱春性及弱冬性品种完成春化阶段。

（三）积温对熟性的影响

小麦生长前期天数的差异主要是播种至生理拔节期天数的差异。春小麦播种至二棱期对低温条件反应较为敏感，在一定低温范围内，发育速度随温度的升高而加快，经历的天数缩短。春小麦生长中后期，生育期的长短主要表现为积温效应；日均温低，积温积累慢，生育期延长；日均温高，积温积累快，生育期缩短。如在甘肃河西地区的武威黄羊镇试验站，春小麦陇春30号、宁春4号以及未审定的酒泉品系酒0423、张掖品系张182和武威品系武科M85-1等5个品种，在2013年4～5月，即抽穗期前≥10℃积温较2014年同期高出81℃（表4-2），春小麦幼穗分化通过伸长期、单棱期、二棱期、护颖原基、小花原基等发育进程的速度加快，故2013年5个品种抽穗期比2014年提早7～10d（表4-1）。又因在5～7月春小麦生长的中后期，2013积温为1 782.5℃，比2014年同期高49℃（表4-2），缩短了灌浆进程，加速了籽粒成熟。总体看，2013年春小麦生育期≥10℃积温较2014年高出206.5℃，较高的温度加速了拔节、抽穗、灌浆、成熟等各个发育阶段，使上述5个品种2013年成熟期较2014年提前10～15d（表4-1）。故西北春麦区春性早熟、中早熟品种若引种到北方春麦区，会因此类地区春季温暖，日照时间长，生育中、后期日均气温较高，积温积累快，致使生育期缩短并提早成熟。

表4-1　2013年和2014年春小麦品种的抽穗期与成熟期（甘肃武威）

品种（品系）	2014年		2013年	
	抽穗期	成熟期	抽穗期	成熟期
陇春30号	5月6日	7月27日	5月25日	7月14日
宁春4号	4月6日	7月31日	5月27日	7月16日
酒0423	3月6日	7月30日	5月24日	7月20日
张182	4月6日	7月29日	5月25日	7月13日
武科M85-1	3月6日	7月25日	5月23日	7月7日

表 4-2　2013 年和 2014 年春小麦全生育期各月份积温（甘肃武威）

单位：℃

年份	3 月积温	4 月积温	5 月积温	6 月积温	7 月积温	8 月积温	≥10℃积温
2013	100	316.5	525	610.5	668	660.5	2 880.5
2014	59.5	306.5	454	590.5	689	574.5	2 674

（四）熟性的选择

西北春小麦种植区多属一年一作区，除地处洮岷及天祝高寒阴湿区的春小麦生育期滞后、生长季较长，正常年份其他区域的春小麦全生育期在 95～120d 左右。据统计，春小麦生长后期的 7 月夏季，2013 年和 2014 年，银宁灌区气温≥30℃的天数均为 20d，河西地区分别为 12d 和 17d，而属荒漠干旱副区的阿拉善则高于 20d，更有出现 39.5℃ 的极端温度。这反映出西北春小麦种植区的成熟期一般处在全年气温高峰期，极易受高温逼熟及干热风危害。同时，春小麦生育后期也常遭遇雨后青干危害。这成为限制晚熟品种生长的重要因子。若在此区域种植晚熟品种或因其他原因造成生育期推迟，青干和高温逼熟会更加明显，以致后期小麦旗叶、茎秆等营养器官陆续干死，无法进行光合作用，与此同时籽粒呼吸作用加强，消耗大量干物质，致使粒重降低、籽粒干瘪，严重影响产量及品质，故该区域品种的熟性应较为提前。如在西北春小麦种植区运用的骨干品种（品系），墨引 504、永 1265、陇春 19 号、武春 5 号等水地骨干品种（品系），属于早熟类型；而陇春 27 号、西旱 3 号等旱地骨干品种（品系）属较早熟类型。所以，西北春小麦种植区由于后期高温的限制，已将早熟、中早熟、中熟作为品种选择的主要指标之一，尤其是河西地区和银宁灌区以早熟、中早熟为宜。

洮岷及天祝高寒阴湿区的海拔较高，春小麦生长发育迟缓，比较有利高粒重的形成。但在春小麦发育后期，如灌浆期、籽粒成熟期，在海拔 2 500m 以上的麦田，三季度的平均气温仅为 13.5℃，有些区域入夜温度仅为 4℃，甚至有的山区 8 月极端温度曾出现 0℃，处于小麦生长发育的下限温度，且气温由全年最高峰呈持续下降趋势，这使得植株的光合强度下降，并延缓了籽粒干物质积累的速率。与此同时，小麦在灌浆期耐寒力较弱，极易造成冻害而降低产量。所以，该区域不应选择过于晚熟的品种，以防止春小麦生育后期遭遇低温霜冻的危害。

（五）引种

西北春小麦种植区引种，要注意小麦春化阶段的特性。从温暖的南方引进弱冬性小麦，于翌年春季播种，可正常抽穗、结实。如河西地区从福建引进晋 2148 冬麦品种做春播，不但产量高，而且较河西本地品种成熟早。西北春小麦种植区不能从寒冷的冬麦区引种作春麦用，否则小麦发育前期，因低温达不到要求，植株无法通过春化阶段，其幼穗发育停止，不能正常抽穗，犹如杂草。

春化特性与早熟性有密切关系。春播的春性和半冬性品种，虽然都能抽穗、结实，但成熟期不一，春性比半冬性成熟期早。春性愈强的品种，生育期愈短，成熟期愈早。所以，生产上可利用成熟期的迟早，选择种植不同熟性品种来躲避小麦后期的灾害性天气。

四、植株形态

小麦的植株形态特征是：须根；茎中空有节，呈圆柱形；叶互生，排成两纵裂；叶片有叶鞘，叶舌和叶耳；叶脉平行；无花萼、花冠。小麦植株的形态发育是一个有机整体，缺一不可。任何一个形态特征发育的好坏，都直接影响小麦产量与质量的高低。小麦植株形态除受自身基因型控制外，还与温度、光照、水分、土壤氮磷比等外界环境的影响有关。现将西北春小麦的植株形态特征，简述如下：

（一）根

根系是小麦吸收水分和养分的主要器官。不同生态型，根系的长短和扩展程度不同，因而其吸水能力亦不同。在西北春小麦种植区，陇中及陇西地区因全年降水少且农田水利设施不完善，小麦根系往往长于河西及银宁灌区。这种长根系是西北旱作区主导的抗旱生态型。如甘肃省农业科学院培育的陇春27号，在甘肃定西干旱环境下种植，其根系最大深度可达180cm。西北旱地春小麦苗期鲜有降水，土壤表层水分含量急剧下降，而土壤下层因贮存上年秋季部分降水，土壤墒情较为充足。国内外研究表明，土壤水分向干土层移动的距离很小，且速度很慢。当土壤含水量为28.9%时，土壤中下层水分通过毛细管向上移动的最大距离仅为19.1cm，且需150d；而土壤含水量为15.5%时，下层水分通过毛细管向上移动的最大距离不到5.1cm，且需156d。因此，在土壤上层干旱情况下，仅利用毛细管移动水分以维持植株的正常生长发育是不可行的，故只有依靠分布到土壤中下层的根系来主动吸水，才能解决小麦的缺水问题。可见，在西北春小麦种植区干旱环境下，快速伸长的根系是该抗旱类型品种对干旱的主要适应性。

另据甘肃省农业科学院小麦研究所对陇春系列、宁春系列、定西系列等10个春小麦品种，用聚乙二醇（PEG-6000）高渗溶液渗透法模拟干旱环境，胁迫其幼苗发育，结果发现所有春小麦品种的发芽势、发芽率、根数、主根长、苗高、根鲜重、苗鲜重都比正常水分下有所下降，而根冠比较正常水分有所上升。一定程度的干旱胁迫不仅对根系的物理形态有所影响，同时对其生理活性也有一定改变。孟宪芝（2008）曾对干旱胁迫下春小麦的根系呼吸进行研究，发现在拔节期、开花期及成熟期，中度水分胁迫处理下的根系呼吸速率和根际微生物呼吸速率均高于充分供水的处理。

河西及银宁地区的春小麦生长环境，较陇中及陇西旱地相比，虽降水量亦稀少且蒸发量大，但因其灌溉系统发达，春小麦生长发育一般不受水分限制，因此根长较旱作区短。同时，充足的水分供应为小麦从出苗—分蘖—拔节（营养生长阶段）的根系良好发育提供了保证，也避免了发育后期（生殖生长阶段）遇高温干旱，致使小麦根系萎蔫甚至死亡。故河西及银宁灌区的春小麦根重及根量均高于西北旱地春小麦。

（二）叶

不同环境条件下种植的不同生态类型品种，叶片的数量及形态有所不同。西北陇中、陇西旱作地区的春小麦主茎出叶数为7片，且叶片窄小，而与此相对应的河西灌区的水地品种主茎叶片数能达到8片，宁夏银川的一些春麦品种甚至达到9片。叶片数少能减少水分损失，对水分平衡有利，其品种抗旱性好。但叶片数过少，会延缓发育速率，当原始小穗形成期遇到长时间干旱时，幼穗发育不充分，不孕小穗增多，最终导致产量下降，这也是陇中陇西旱作区小麦产量低于灌区的原因之一。

叶面积小是西北旱地春小麦叶片形态的另一特征。2014 年甘肃省农业科学院小麦研究所在榆中试验站，对西北春小麦种植区的 14 个小麦品种的旗叶叶面积进行测量，发现 7 个旱地品种的旗叶叶面积均小于 20cm²；而 7 个水地品种的旗叶叶面积，除甘春 20 号偏下，约为 27cm²，其余均在 30～45cm² 之间（表 4 - 3）。旱地春小麦旗叶叶面积平均值仅约为水地的 45%。另据，苟作旺（2008）对甘肃陇中地区推广种植的旱地品种受水分胁迫下的植株形态特征进行研究，发现无论在拔节期、抽穗期、灌浆期，陇春 18 号、陇春 8139 和定西24 号在干旱处理下的主茎叶面积均低于补水灌溉处理，并且陇春 8139 和定西 24 号随生长发育推进，其主茎叶面积的减少百分率呈上升趋势。3 个品种中以定西 24 号在干旱处理下的主茎叶面积降幅最大，其拔节期与灌浆期的主茎叶面积减少百分率分别占补水灌溉处理的11.2%、17.9%（表 4 - 4）。

表 4 - 3　春小麦品种的旗叶叶面积（甘肃榆中）

旱地品种	旗叶叶面积（cm²）	水地品种	旗叶叶面积（cm²）
陇春 27 号	17.8	陇春 26 号	37.5
银春 9 号	17.5	陇春 30 号	35.7
西旱 3 号	15.3	银春 8 号	36.3
定西 38 号	18.8	武春 6 号	43.7
定西 41 号	13.0	临麦 32 号	44.8
定西 42 号	19.3	甘春 20 号	26.3
定丰 12 号	14.3	甘春 26 号	30.5
平均值	16.6	平均值	36.4

表 4 - 4　旱地春小麦主茎叶面积受水分胁迫的变化
（苟作旺，2008）

品种名称	拔节期叶面积			抽穗期叶面积			灌浆期叶面积		
	补水（cm²）	干旱（cm²）	减少（%）	补水（cm²）	干旱（cm²）	减少（%）	补水（cm²）	干旱（cm²）	减少（%）
陇春 18 号	160.1	152.1	5.0	264.7	230.7	12.8	212.3	194.4	8.4
陇春 8139	138.5	130.5	5.8	233.2	212.0	9.1	206.8	182.6	11.7
定西 24 号	142.9	126.9	11.2	230.8	216.8	6.1	210.0	172.4	17.9

干旱环境中，植株的光合速率低，干物质积累少。上述试验中的陇春 18 号、陇春 8139和定西 24 号在干旱处理下的叶片光合速率，随开花后天数的延长呈急速下降趋势，其开花20d 的叶片光合速率不到补水灌溉处理的 30%（图 4 - 1）。至开花 35d 时，干旱处理下的叶片光合速率停止，植株不再制造有机物，而补水处理的叶片仍进行光合作用。张杰（2008）

对西北半干旱区春小麦的生理特征进行研究，发现干旱胁迫增加时，叶片水分减少，叶水势降低，气孔导度有所减小。同时，气孔下腔的 CO_2 浓度也呈现下降趋势，故植株的净光合速率缓慢，不利于半干旱区小麦生物量的累积。所以，陇中陇西的旱地春小麦产量普遍低于河西及银宁灌区。

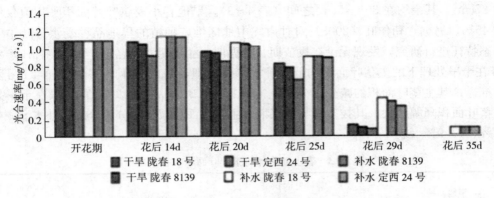

图 4-1　干旱与补水灌溉处理下 3 个春小麦品种的叶片光合速率变化
(苟作旺，2008)

（三）株高

西北春小麦种植区的春小麦品种植株高度变异幅度较大，一般在 70～115cm 之间，半矮秆、中秆、偏高秆类型均有。李春霞（2007）曾对宁夏选育的春小麦新品种（系）进行性状调查，发现银宁灌区种植的品种株高平均 83.5cm（表 4-5），其中宁春 4 号的株高最低、为 77.3cm，宁春 35 号的株高最高、为 91.7cm。而目前最新选育的宁春 50 号，其株高不及 90cm。故该区春小麦品种属于半矮秆、中秆类型。甘肃省农业科学院小麦研究所 2014 年对适宜在河西地区种植的春小麦品种农艺性状调查，发现株高一般为 90～115cm，其中有 70% 的品种在 100cm 以下，属中秆类型，偶见偏高秆类型，如甘育 1 号、酒春 6 号株高达 115cm。陇西和陇中地区灌溉面积小，少雨干旱，土壤贫瘠，故春小麦多为旱地品种，株高 ≤90cm，如定西系列、定丰系列及近年来大面积推广的陇春 27 号，株高均在 90cm 以下，属中秆类型。由于西北春小麦种植区夏季高低温差异显著，常有强空气对流形成，易产生风害，故植株降秆在本区域仍是较为重要的育种目标。

西北春小麦种植区多为灌区，不同灌溉量对该区域春小麦株高的影响有所不同。张磊等（2009）研究发现，在春小麦分蘖前期，不同灌溉量对株高的影响无明显差异，但在拔节期至乳熟期，株高随灌溉量增大而增加。株高与产量也有着密切的关系。傅大雄等（2007）研究表明，株高与单株粒重高度呈正相关，株高每增加 1cm，单株粒重增加 0.24g。株高在 50cm 以下时，地上生物量太低，难以用于育种，但过高时又易出现倒伏问题。适中的株高不仅可以抗倒，而且能使叶层错落有致，提高光合利用效率，进而提高收获指数。同时，水肥条件不同对株高和产量的互作也有影响。据陈集贤等（1982）研究，随着栽培水平的提高，株高与产量的正相关系数逐渐下降、而负相关系数则逐渐上升；即低栽培水平下，高秆品种产量较高，高栽培水平下，矮秆品种产量高。

表 4 - 5　西北春麦区不同区域的品种及其株高

银宁灌区		河西地区		陇西和陇中地区	
品种	株高（cm）	品种	株高（cm）	品种	株高（cm）
宁 J210	82.9	陇春 25 号	96	陇春 27 号	75
I188 - 1	87.8	陇春 30 号	100	银春 8 号	82
宁春 43 号	77.3	武春 7 号	97	定丰 12 号	90
宁春 32 号	82.8	甘春 20 号	92	定西 39 号	87.2
宁春 35 号	91.7	金春 5 号	110	甘春 25 号	90
宁春 4 号	78.3	陇春 26 号	94	银春 9 号	78
		武春 5 号	96	定丰 16 号	81 - 96
		武春 8 号	101	定西 41 号	90
		甘春 21 号	98	西旱 3 号	90
		张春 21 号	83	定丰 10 号	88
		陇春 29 号	94	定西 38 号	90
		武春 6 号	98	定西 42 号	102
		甘育 1 号	115		
		陇辐 2 号	95		
		酒春 6 号	115		

资料引自：李春霞，2007 年；甘肃农业科学院小麦研究所，2014 年。

（四）穗下节长

在西北春小麦种植区，灌区品种的穗下节长占株高的比例较旱区略高，如河西灌区该比例平均值为 38.3%，而在兰州、白银、定西等地的旱作区该比例平均值略低，为 34.3%。西北春小麦种植区穗下节长占株高的比例与黑龙江等北方春麦区大致相同，但此区域海拔高而寒冷的青海高原春麦区略高于此区域的其他区域（表 4 - 6）。

穗下节光合强度大，同化能力强，是小麦重要的光合器官。穗下节光合强度占小麦同化能力的 26.4%。杜久元等（2004）曾就遮光条件下穗下节对小麦籽粒产量的影响进行研究，发现在水地处理中穗粒重最大损失率达 19.3%，旱地处理中穗粒重损失率达 25.9%。小麦植株的抗倒性与穗下节占株高的比例呈正相关，该值越长，小麦的抗倒能力越强。在长期的生产实践中，由于西北春小麦种植区灌区的小麦穗大、粒重，为降低重心使植株免于风害，育种工作以穗下节占株高的比例大为另一选育目标。

表 4 - 6　不同区域春小麦穗下节长占株高的比例

地区	品种	穗下节长（cm）	株高（cm）	穗下节长/株高（%）
河西灌区	陇春 25 号	40	96	42
	陇春 26 号	34	94	36
	陇春 29 号	38	94	41
	陇春 30 号	39	100	39
	武春 5 号	39	96	41

（续）

地区	品种	穗下节长（cm）	株高（cm）	穗下节长/株高（%）
河西 灌区	武春6号	40	98	41
	武春7号	39	97	41
	武春8号	41	101	40
	甘育1号	36	115	31
	甘春20号	39	106	37
	甘春21号	35	92	38
	陇辐2号	36	95	38
	金春5号	31	110	28
	张春21号	35	83	42
	酒春6号	47	115	41
	平均值	38	99	38
兰州 白银 定西 旱作区	西旱3号	31	105	30
	银春8号	37	93	39
	银春9号	26	78	34
	甘春25号	32	90	35
	陇春27号	32	90	35
	定丰10号	32	88	36
	定丰12号	30	90	33
	定丰16号	40	100	40
	定西38号	30	100	30
	定西40号	31	106	30
	定西41号	34	104	32
	定西42号	39	102	38
	平均值	33	96	34
青海高原 春麦区	青春533	45	107	42
	高原602	42	102	41
	高原338	37.1	75	49
	互助红	53	117	46
	绿叶热	48	105	46
	互麦12号	56	120	47
	互麦11号	56	109	51
	辐射阿勃1号	52	115	45
	青农524	42	95	44
	平均值	47.9	105	46
黑龙江	克旱6号	34	84	40
	克涝2号	33	84	39

（五）穗、粒形态

麦穗属生殖器官。穗部穗型、小穗数、穗粒数、穗粒重的发育好坏，受温、光、水、肥等环境因子的综合影响。在西北春小麦种植区，小麦穗型多为纺锤形。在水分亏缺"靠天吃饭"的旱作区，穗部形态多表现为穗小粒稀，而在灌溉条件较为发达的河西地区及宁夏引黄灌区，穗部形态多以大穗、密穗为主。如 2014 年在甘肃武威黄羊试验站观测的陇春系列、武春系列、张春系列、酒春系列春小麦，其穗长均大于 10cm，其中酒春 6 号的穗长最长，达 13.7cm。与此相比，宁夏引黄灌区的宁春系列春小麦，穗长虽不及上述甘肃省育种单位育成的品种，但因其小穗排列紧密，且每个小穗数达 4～5 满仓，故产量不低。

据甘肃省农业科学院 2014 年，对近 10 年来甘肃省春小麦审定品种的农艺性状进行观察，发现河西地区春小麦品种的穗粒数平均约为 44.2 个、千粒重平均约为 47.7g、穗粒重平均 2.36g（表 4-7），分别高于陇中陇西旱作区 27.0%、9.2% 和 30.2%（表 4-7，4-8）。

表 4-7　甘肃省近 10 年来审定的水地春小麦品种产量构成性状

品种	穗粒数（粒）	千粒重（g）	穗粒重（g）	品种	穗粒数（粒）	千粒重（g）	穗粒重（g）
陇春 22 号	28.6	44.7	1.51	甘春 21 号	47.1	51.2	2.62
陇春 23 号	34.6	43.5	1.72	甘春 24 号	47.8	51.5	2.75
陇春 25 号	45.3	49.9	2.42	甘春 26 号	50.7	47.5	2.74
陇春 26 号	48.6	53.1	2.63	陇辐 2 号	47.2	52.6	2.67
陇春 28 号	36.1	45.8	2.00	金春 5 号	37.1	42.8	1.90
陇春 29 号	44.4	48.4	2.27	张春 21 号	53.0	48.7	2.47
陇春 30 号	36.5	52.1	1.92	酒春 6 号	46.1	48.5	2.41
陇春 31 号	43.9	48.7	2.54	银春 8 号	45.8	45.7	2.46
武春 5 号	45.0	48.5	2.61	临麦 32 号	47.4	44.6	2.31
武春 6 号	43.3	49.7	2.61	临麦 33 号	40.0	45.7	2.27
武春 7 号	47.5	50.5	2.44	临麦 34 号	45.9	43.0	2.23
武春 8 号	49.7	49.8	2.77	临麦 35 号	38.8	46.0	2.20
甘育 1 号	43.3	41.2	1.85	定丰 16 号	52.2	47.6	2.68
平均值			穗粒数：44.2 个；千粒重：47.7g；穗粒重：2.36g				

西北春小麦种植区的春小麦粒色多为红粒。中国目前尚没有较大规模的硬红春麦生产。在春小麦产区，东北春麦由于春寒和收获季节的多雨，穗部常出现病虫害及穗发芽等现象，其产量和品质都不及西北春小麦种植区。而西北春小麦种植区的河西走廊绿洲区域与宁夏引黄灌区，其农田水利设施发达，而且由于自然降水少，小麦穗部基本无病害发生。这与国际硬红粒春小麦产区—北美春麦区（美国北部 4 个州、加拿大西部 3 个省）的气候条件十分相似，既保证了产量，也保证了商品质量。如西北春小麦种植区的硬红粒小麦甘春 20 号，其品质达到强筋标准。所以，西北春小麦种植区是中国生产硬红粒小麦的理想产区。

表 4 - 8　甘肃省近 10 年来审定的旱地春小麦品种产量构成性状

品种	穗粒数 （粒）	千粒重 （g）	穗粒重 （g）	品种	穗粒数 （粒）	千粒重 （g）	穗粒重 （g）
陇春 27 号	42.0	39.5	2.17	定西 41 号	25.9	46.2	1.20
银春 9 号	41.8	48.6	2.06	定西 42 号	25.2	45.2	1.55
西旱 3 号	25.9	42.4	1.40	定丰 10 号	36.0	44.6	1.84
定西 38 号	34.2	36.2	1.85	定丰 12 号	43.7	40.2	2.04
定西 40 号	38.7	42.1	2.08	甘春 25 号	33.7	51.9	1.83
平均值			穗粒数：34.7 个；千粒重：43.7g；穗粒重：1.80g				

第二节　西北麦区春小麦生态型

西北春小麦种植区主要由黄土高原和内蒙古高原组成，海拔 1 000～2 000m，多数为 1 500m 左右。区内分属内蒙古高原的部分，地势平缓，包括阿拉善盟高原和河西走廊；区内分属宁夏平原的部分，黄河流经期间，地势平坦，水利发达；区内分属黄土高原的部分，梁岭起伏，沟壑纵横，地势复杂。作物因水量分布的不同形成不同的生态型，介于西北春小麦种植区的降水分配差异及农田灌溉系统的发达程度，该区域春小麦的栽培生态环境形成灌区和旱作区两大生态型，分述如下：

一、西北春小麦灌区生态型

西北灌区主要包括沿黄、引黄地区，以及河西走廊三大内陆河（石羊河、黑河、疏勒河）流经地区。依据地理位置，西北春小麦种植区灌溉农业主要包括银宁灌区及河西走廊两大灌区。

（一）灌区的地理特征

银宁灌区，位于宁夏回族自治区北、中部，海拔 1 000～1 200m，土层深厚，地形平坦，黄河流经其中，引水便利，生产条件十分优越。全区春小麦面积占粮食作物面积的 44％左右，占全区冬春小麦面积的 85％，产量高而稳定，平均单产达 4 500kg/hm² 以上。据樊明（2014）报道，近几年培育出的水地春小麦品种宁春 47 号和宁春 50 号，最大平均单产可分别达到 9 725kg/hm² 和 8 466kg/hm²。

河西走廊灌区，位于祁连山以北，北山山地以南，西北至疏勒河下游，东南至乌鞘岭止，形成狭长走廊，是中国春小麦主要商品粮食基地之一。河西走廊地势平坦，但海拔高，农区为 1 000～1 200m，耕地面积近 66.7 万 hm²，穿插在沙漠、戈壁和草滩之中，以水定田，其中约 80％为川地。该区年降水量约 100mm，气候干燥，蒸发量大，不灌溉无农业，灌溉面积约占耕地面积的 75％。该区麦田面积不大但产量高，2011 年武威、金昌、张掖、酒泉、嘉峪关等五地的春小麦平均单产 6 227.3kg/hm²，2012 年达到 6 483.5kg/hm²（表 4 - 9）。

表 4 - 9　2011—2012 年河西走廊五地春小麦生产情况

地点	2011 年			2012 年		
	总产（万 t）	面积（khm²）	单产（kg/hm²）	总产（万 t）	面积（khm²）	单产（kg/hm²）
武威	26.89	46.8	5 745.0	12.81	23.3	5 509.4
张掖	28.35	46.0	6 160.7	29.13	48.1	6 055.8
酒泉	12.85	19.7	6 520.7	10.90	16.4	6 663.5
金昌	13.54	23.0	5 880.3	13.19	23.0	5 727.2
嘉峪关	0.03	0.4	6 830.0	0.33	0.4	8 461.5
平均值			6 227.3			6 483.5

数据来源：甘肃省农业信息网。

（二）灌区的温度与光照

1. 温度　银宁灌区和河西走廊灌区的生态环境虽不同，但有其共性。就春小麦生育期生态气候条件看，首先全生育期平均气温适中。若两区春小麦如能适期播种，一般在发芽后至三叶一心时，即通过了春化阶段。两区的春小麦发育前期气温温凉，苗期至拔节的日平均气温 10～15℃，持续时间为 30～40d。此种适中而充足的有效积温非常有利于春小麦的幼穗分化，并为后期授粉、籽粒灌浆及干物质积累打下良好基础。在灌浆期，高温逼熟和干热风的灾害天气频繁，缩短了籽粒灌浆的时间，使大部分品种的熟性提前，表现出早熟或中早熟的特征。其中，河西走廊是干热风发生较为严重的地区，其最早出现在 5 月上旬，最迟出现在 8 月下旬。故两区的春小麦均表现出"早、快、短"的生育特点。

2. 光照　银宁灌区与河西走廊区的太阳辐射强烈，仅次于青藏高原。银宁灌区地处宁夏，全年太阳辐射量达 578.1kJ/cm²，略低于河西走廊。其空间分布特征是北部多于南部，南北相差较大，约 100kJ/cm²。而河西走廊区，全年日照时数在 2 800～3 200h 之间，日照百分率为 60%～70%，比同纬度的天津多 300h。随着海拔高度上升，日照时数和百分率也相应减少，其川区和腾格里沙漠边缘地区的日照时数为 3 051～3 088h，略高于浅山区 122～368h。河西走廊的太阳年总辐射量为 558.5～621.3kJ/cm²，比同纬度的天津（530.5kJ/cm²）及日照时数较高的哈尔滨（468.1kJ/cm²）皆多。

银宁灌区与河西走廊的年日照时数从 3 月逐渐增多，6 月达到最高值，伏期和秋季维持次高状态，直到冬季的 12 月至翌年 2 月降到最低值，即夏季强、冬季弱、春秋两季居中。两区小麦全生育期的太阳总辐射量为 233.4～260.5kJ/cm²，日照时数在 1 020～1 212.6h，太阳辐射占全生育期 50%以上。银宁灌区与河西走廊充足的日照时数，有利于春小麦茎生长锥的伸长，使其顺利地通过光照阶段，并为雌雄蕊分化和性细胞的形成提供保证，从而减少不孕花粉及不正常子房的数量，以稳定穗粒数。同时，两区丰富的太阳辐射提高了春小麦的光合强度，为其干物质积累创造了有利条件。

3. 光温条件配合好　银宁灌区与河西走廊的光温生产潜力高。春小麦在抽穗至成熟期，光合作用强烈，积累大量干物质。其中，银宁灌区光合生产潜力指数为 627，河西走廊灌区光合生产潜力指数为 705.2。以河西走廊为例，在 20 世纪 60 年代末到 70 年代初，就有部分田块单产达到 7 500kg/hm²。按李自珍估算法，当麦田单产在 7 500kg/hm² 水平时，光能利用率仅为1.6，如果光能利用率提高到5，单产应达到23 437kg/hm²，并高于国内光温生产潜力较高的青海灌区（柴达木盆地22 605kg/hm²、黄河流域19 755kg/hm²、湟水灌区18 675kg/hm²）。当然，光温生产潜力的估算，还要考虑各个品种的叶面积指数、生育期长度、光呼吸消耗、收获指数及合理密植等因素的影响。但目前小麦产量与此相比，尚存很大差距。笔者认为，要想在现有产量寻求突破，还得借助分子生物学手段，将C₄植物的光反应机理转嫁到原有C₃植物中，以提高小麦单株的光饱和点、净同化速率及光合产物运输速率，创造出更多有机物，同时减少蒸腾作用，提高品种的耐旱性（表4-10）。关于此类研究，国内河南农业大学及河南省农业科学院（2010）已将玉米C₄型全长PEPC（磷酸烯醇式丙酮酸羧化酶）基因初步导入普通小麦中。

表4-10　C₃与C₄植物的区别

生理生化项目	C₃植物	C₄植物	生理生化项目	C₃植物	C₄植物
CO_2固定酶	Rubisco	PEPC，Rubisco	光呼吸	高，易测出	低，难测出
最初CO_2受体	RuBp	PEP	光饱和点	最大光照的1/4～1/2	最大日照以上
光合最初产物	PGA	OAA	光合最适温度	低（13～30℃）	高（30～47℃）
CO_2补偿点	高（40～70）	低（5～10）	净同化率	低[15.6～23.4g/（m²·d）]	高[16.5～44.1g/（m²·d）]
Warburg效应	明显	不明显	光合产物运输速率	较慢	较快

注：Rubisco：核酮糖-1,5-二磷酸羧化酶/加氧酶；PEPC：磷酸烯醇式丙酮酸羧化酶。

（三）灌区的水资源分布特征

1. 河西走廊的水资源分布　河西走廊的水资源一部分来源于境内降水，另一部分来源于石羊河、黑河、疏勒河等地表径流以及祁连山区的冰雪融水。该区降水量的空间分布很不均匀，受地形抬升作用，山区降水大于川区。走廊境内绝大部分地区年降水量低于150mm，西部地区的敦煌、瓜州、玉门等地只有约5～50mm，是河西年降水量最少的地方。而民乐、古浪、乌鞘岭年降水量较高，超过300mm，是河西年降水量最多的地方。

河西走廊雨季在5～9月，持续4个月左右，秋雨多于春雨，其固有的特点之一就是雨热同期。除乌鞘岭外其他地方月平均气温大于10℃的持续时期，不仅是年内气温较高时期，也是雨水相对丰沛时期，这无疑对春小麦生长发育有利。川区春小麦生长季内平均降水量35～65mm，占全年降水量的40%～50%；浅山区和山区春小麦生长季内平均降水量为230～240mm。如按春小麦一生需水量下限400mm衡量，河西走廊川区必须要灌溉才能保证其正常生长，而浅山区和山区必须补充灌溉。

河西走廊蒸发量较大，一般在1 500mm以上，而该区西部最大蒸发量可达3 360mm。境内蒸发与降水之比为3.8～59.4倍，其西部的蒸发与降水之比在22倍以上，是中国蒸发与降水量比值较大地区。由于蒸发强烈，地表非常干燥，因此也是中国较为干旱的地区。

2. 银宁灌区的水资源分布　银宁灌区的农业发展主要依靠黄河过境水资源，属引黄灌区，区内沟渠纵横，地势自南向北渐趋平缓。该区年均温8～9℃，小麦生长季节4～9月≥10℃积温达2 900～3 100℃。据统计1955—2005年50年间，银宁灌区夏季平均气温在26～

31℃之间，冬季平均气温在−8～−15℃之间。自 20 世纪 90 年代末，随着全球变暖的影响，银宁灌区夏季与冬季的气温皆有缓慢上升趋势。该区年均降水量 166.9～647.3mm，北部银川 200mm，六盘山区可达 647.3mm。在降水量季节分配上，与河西走廊相同，夏多春少，春季降水占年降水量的 12%～21%，夏季降水占年降水量的 53%～69%。在月份上，一般 7～8 月降水最多，达到 120～130mm，而最冷的 1～2 月降水量仅有 10mm 左右。总体而言，银宁灌区的降水量不足黄河流域平均值的 2/3，全国平均值的 1/2。该区的年蒸发量夏多冬少，全区北部石嘴山年蒸发量最大，为 1 800～2 500mm，中部银川、永宁年蒸发量最小，为 1 500～1 700mm，但总体略低于河西走廊地区。

上述气候生态条件的共性形成了春小麦生态型的共性，西北灌区春小麦生态特点主要表现为耐肥水、抗倒伏、大穗多花、大粒等特点。

（四）西北灌区春小麦生态型

由于西北春小麦种植区灌区的某些局部区域海拔偏高，使得灌区内部的春小麦生态型各有特点。黄河流经的平原地区海拔在 1 000～1 200m 之间，较低的海拔致使春小麦生育期间气温一直不断上升，成熟时气温接近或达到年气温最高点。尤其在河西走廊灌区的春小麦成熟前半个月，气温常在 30～35℃，外加干热风的影响，使该区春小麦生态型表现为灌浆速率快、早熟、落黄好等特性。而在海拔高度 2 750～3 000m 的河西走廊东南区乌鞘岭一带及海拔高度 2 655～2 955m 的银宁灌区南部，其春小麦生育期气温偏低，并且灌浆初期气温达到最高点后转为下降趋势，致使灌浆期长，收获期晚于平原地区，一般于 8 月初收获。

银宁灌区与河西走廊灌区的空气湿度在小麦生长后期有所不同。在多雨的夏季，银宁灌区蒸发量小，空气湿度偏大，一般在 60%～70% 之间。这对该区春小麦植株顶层叶片生长十分有利，但顶层叶面茂盛在一定程度上削减了群体下层空间光照度，减少了太阳辐射，从而限制大田的群体密度。多年生产实践表明，当春小麦亩成穗 45 万时，常常因麦田光照条件变弱造成后期倒伏减产。其次，空气温度相对增大，加大了条锈病等多种病害的爆发。而大面积化学药剂的使用，又进一步恶化了农田污染。与银宁灌区相比，多地戈壁的河西走廊地区，虽有石羊河、黑河、疏勒河伴随其中，但地表蒸发远大于地表径流及大气降水，尤其在多雨的夏季，空气湿度仅在 35%～50% 之间。干燥的气候对绿洲春小麦群体密度的提高创造了条件，同时也抑制了多种病害的发生。但空气湿度小又成为河西走廊地区提高春小麦穗粒数的限制因子。由上可见，不同的生态条件塑造了不同的春小麦生态型。银宁灌区对锈病、白粉病要求严格，而河西绿洲农业区则要求春小麦具备旗叶上举，株形紧凑的植株形态。

按各生态区种植品种可划分为两个品种生态型，即高产类型和丰产类型，对其性状及代表品种分别阐述如下：

1. 高产类型　西北春小麦种植区光能资源丰富，气温适宜，光温生产潜力大。当地宁夏回族自治区农业科学院、武威市农业科学院、张掖市农业科学院以及甘肃省农业科学院等相关春小麦育种单位，利用有利气候生态条件，通过矮败轮选、多个优良基因聚合、分子标记等育种手段，以充分挖掘春小麦生产潜力，培育出一批早熟或中早熟、半矮秆、穗型为长方形或纺锤形、穗大粒大、千粒重 50～60g、不易倒伏、落黄好、抗青干，群体优良且株型紧凑的喜水喜肥高产型品种。此类品种适宜在引黄灌区及银（川）吴（忠）平原灌溉系统发达的区域种植。在水肥配套，田间标准化管理的栽培措施下，常获得高产。

如甘肃省农业科学院小麦所培育的陇春30号：生育期98d，株高85cm，半矮秆；分蘖成穗率高，亩成穗数35.1万～57.3万；茎秆粗壮、抗倒伏，叶片上举、株型紧凑；大穗大粒、籽粒琥珀色、角质、饱满度好；穗粒数31～48粒，千粒重43.2～56.3g，容重792～833g/L。2010—2011年连续两年在甘肃省西片水地区试中，平均单产达7 804.8kg/hm²，比对照宁春4号增产9.8%，居所有参试品系第1位；在2012年甘肃省西片水地生产试验中，平均单产8 039.4kg/hm²，较对照宁春4号平均增产10.8%，居3份参试品系第1位。该品种成株期对条锈病总体表现中抗。高产品种除陇春30号外，还有武春5号、宁春50等品种。

2. 丰产稳产类型　在银宁灌区及河西灌区的局部地区，一些农田虽耕作细致，但由于农田水利设施不够完善，外加夏季水库容水量不足，导致某些田块缺乏有效灌溉，肥水条件欠佳。为此该地引进和培育出一批适合当地灌溉环境的丰产稳产类型。其特性主要表现为春性或弱冬性；半矮秆、茎秆粗壮、抗倒伏、株型紧凑；大穗多花、籽粒较大；后期灌浆较快、落黄好；耐肥水、抗锈性强等。代表品种如宁春4号、陇春34号等，对它们特性分别介绍如下：

1981年宁夏回族自治区农业科研究所裘志新研究员，育出丰产性突出、适应性广泛的半矮秆良种"宁春4号"，即"永良4号"。该品种幼苗直立，根系发达，生长繁茂，发育稳健，分蘖能力强，成穗率低，叶色浓绿，叶片中宽略披，茎秆粗壮，株型紧凑，中矮秆，株高75～85cm，穗纺锤形，长芒、白壳，小穗排列适中，穗长10cm，穗大粒多，穗粒数24～28粒，千粒重40～47g。籽粒大，卵圆形，红粒，硬质，黑胚率中等。1979年，宁春4号在宁夏灌区区域试验中平均单产5 598kg/hm²，较对照单产5 121.8kg/hm²的墨卡、单产4 959.8kg/hm²的斗地1号分别增产8.0%、12.9%；1980年平均单产6 277.5kg/hm²，较对照单产5 379.8kg/hm²的墨卡、单产5 210.3kg/hm²的斗地1号，分别增产16.7%、20.5%。宁春4号以其突出的丰产性和广泛的适应性创下了种植20年不衰的奇迹。截至2007年，宁春4号累计推广面积达733.3万hm²，新增产值55亿元。

由甘肃省农业科学院小麦所培育的代号为9687 - 2（2015年报送甘肃省品种委员会审定，定名为陇春34号）的春小麦新品种，中早熟，株高82～83cm，生育期102d。长芒白穗，穗长方形，籽粒红色、角质、卵圆，饱满度较好，穗粒数34粒，千粒重48.5g，容重719.0g/L。该品系灌浆速度快，成熟时落黄好，籽粒饱满度好，株型紧凑，茎秆弹性好，抗倒性强，穗层整齐，丰产性和适应性好，综合性状优良，适应性广。新品系9687 - 2于2012—2013年参加甘肃省西片水地春小麦区试，2012年6试点平均单产8 369kg/hm²，较对照宁春4号增产11.9%，居参试品系第1位；2013年6试点平均单产7 182.3kg/hm²，较对照宁春4号增产8.9%，居参试品系第5位。2014年参加甘肃省西片区试生产试验，5试点平均单产8 287.4kg/hm²，较对照增产8.9%，居参试品系第1位。

（五）西北灌区高产品种的主攻方向与突破口

1. 西北高产春小麦的主攻方向　西北灌区春小麦高产育种目标是：高产且稳产、品质优良、抗倒性好、抗逆性强、适应性广。高产育种首先以丰产为前提，只有育成品种的群体性表现良好，才能保证丰产。其次，高产品种要有良好的抗倒性，这要求育成品种的高度适中，且茎秆具有韧性。若为避免倒伏而一味追求"降秆"，因株群郁蔽引起的下层叶片将无法接受充足阳光进行光合作用，从而导致干物质积累下降。同时，因群体通风差，易引起病虫害的发生。河西走廊及银宁灌区的春夏两季，因早晚温差大，常形成强对流的大风天气。此时，若茎秆不粗壮不强韧，很容易因风害引起田间大面积倒伏，最终使产量降低。所以良好的抗倒性为丰产搭起了骨架。两者相依存在，缺一不可。

2. 西北高产春小麦的突破口　根据西北春小麦种植区各育种单位多年的育种经验发现，高产春小麦虽具有大穗粒多，千粒重高的特性，但不稳产。这可能是由于高产品种适应性狭窄，对自然条件要求较苛刻，特别当降雨量减少，大气及土壤较为干旱，而后期受高温及干热风不利天气影响时，常引起植株高温逼熟、叶片青干、籽粒干瘪、千粒重下降等不能正常成熟的现象，从而致使产量不稳，变幅波动大。所以，在西北春麦区如何处理好高产与稳产的关系，关键在抗干旱、抗高温、抗叶片青干上下工夫。

3. 西北高产春小麦的理想株型　株高 90～100cm；茎秆粗壮，茎壁厚，充实度高，茎秆韧性好；第一、二节间距短且穗下节长，抗倒性强；幼苗直立，前期生长快，幼穗分化快；叶色深绿，旗叶上举，叶片较短、宽、厚；分蘖力中等，成穗率高，单穗重 1.5g 以上；根系发达，生理活性强，株型紧凑，群体结构合理；叶功能期长，光合效率高，灌浆快，耐高温，抗青干叶枯，集多种优良性状于一体。但是，在具体的育种实践中，为兼顾各性状之间的关系，应确立两种不同的产量模式比较合理。一是公顷成穗数 420 万，穗粒数 55 粒，千粒重 50g，单穗重 2.75g 的超大穗型模式；二是公顷成穗数 525 万，穗粒数 40 粒，千粒重 48g，单穗重 1.92g 的重穗型模式。

二、西北春小麦旱作区的生态型

（一）西北旱作区的地理特征

西北春小麦旱作区主要包括甘肃省定西地区部分县，青海省海东市以及黄南、海南个别县，宁夏回族自治区固原地区大部和银南地区少数县，在地域划分上称为陇中陇西旱作区。该区域属黄土高原西部，其中陇中高原为黄土高原的极西部，地势西南高而东北稍低，海拔 1 400～2 200m。东北部以黄土山峁为主，西南部为梁岭起伏、沟壑纵横的河谷山区，宁夏南部及青海东部部分地区沟深坡陡，地形破碎，水土流失严重。本区土壤以棕钙土及灰钙土为主，结构松散，易风蚀沙化。

（二）西北旱作区的温度与光照

陇中陇西旱作区的全年平均气温 6.6～8℃，夏季极端高温与冬季极端低温较整个北方旱作区相比，表现居中（表 4-11）。该区全年≥10℃的有效积温在 2 000～3 200℃之间；无霜期 120～150d；光能资源丰富，全年光合有效辐射大，高于西安、石家庄、哈尔滨等北方其他地区（表 4-12），热量条件较好。但该区昼夜温差大，有利于降低小麦在夜间的呼吸强度，减少有机物的消耗，增大了小麦养分的物质积累。但由于春、夏旱频发，加之土壤贫瘠，耕作粗放，常使土壤有机质不能维持平衡，并呈逐年下降态势。

表 4 - 11　中国北方旱区年平均气温

单位:℃

地点	最热月 7 月	最冷月 1 月	年 平均	年 较差	平均 最高	平均 最低	极端 最高	极端 最低	3～5 月 气温差	8～10 月 气温差
兰州	22.2	−6.9	5.7	29.1	16.3	3.4	39.1	−21.7	14.4	11.6
西宁	17.2	−8.4	8.5	25.6	13.5	−0.3	33.5	−26.6	10.1	10.1
银川	23.4	−9.0	5.7	32.4	15.5	2.4	39.3	−30.6	14.1	12.5
北京	25.9	−4.6	12.9	30.4	17.5	6.1	40.6	−27.4	15.3	12.0
石家庄	26.6	−2.9	9.5	29.5	19.1	7.6	42.7	−26.5	14.3	11.3
太原	23.5	−6.6	5.8	30.1	16.6	3.0	39.4	−23.5	14.0	11.9
呼和浩特	21.9	−13.1	5.9	35.0	12.8	−0.7	37.3	−32.8	15.6	13.6
哈尔滨	22.8	−19.4	4.9	42.2	9.7	−2.0	36.4	−38.1	19.1	15.5
长春	23.0	−16.4	7.8	39.4	10.9	−0.5	38.0	−36.5	18.5	14.5

资料引自:《中国旱地农业》,2004 年。

表 4 - 12　北方旱区光合有效辐射

单位:×10^8 J/m^2

地点	春	夏	秋	冬	全年
兰州	7.8	9.1	5.5	4.1	26.5
西宁	8.1	9.3	5.9	4.6	27.9
银川	8.2	9.6	5.8	4.2	27.8
北京	7.6	8.3	5.3	3.6	24.8
石家庄	7.4	8.2	5.2	3.7	24.5
太原	7.4	8.4	5.2	3.7	24.7
呼和浩特	8.1	9.1	5.4	3.8	26.6
哈尔滨	6.8	8.0	4.3	2.7	21.8
长春	7.0	7.8	4.6	3.1	22.5
沈阳	7.0	7.7	4.7	2.9	23.0

资料引自:《中国旱地农业》,2004 年。

(三)西北旱作区的水资源分布特征

西北旱作区属于干旱、半干旱区,年降水量在 200～400mm 之间,部分极端干旱区域的小麦生育期降水量仅在 56～106mm 之间,春小麦通常在缺水条件下生长,产量低而不稳。以"兰州—西宁—银川"为代表的西北旱作区全年降水量仅有华北旱作区的 50%(北京、石家庄、太原等),东北旱作区的 60%(哈尔滨、长春、沈阳),且西北旱作区冬、春、秋三季少雨,夏季雨量集中,其作物生长季降水量占全年降水量的 85%以上,7～8 月占生长季的 50%～60%,4～6 月占生长季 25%～35%(表 4 - 13)。

西北春小麦旱作区降水集中,降水强度较大,日最大降水量如兰州为 96.8mm(1978

年8月7日），西宁为62.2mm（1964年8月19日），银川为66.8mm。该区大雨、暴雨少，大雨日年平均在1～2d，暴雨日年平均0.1～0.2d，但由于黄土高原土质疏松、坡度较大、植被覆盖度小，常造成严重的水土流失。整个黄土高原水土流失面积占总面积的90％以上，水土流失使生态系统失去平衡，严重影响春小麦生产。

表4-13　中国西北、华北、东北旱作区降水季节分布

地点	全年	作物生长季（4～9月）（mm）	生长季占全年降水量（％）	4～6月降水量（mm）	4～6月占4～9月的比例（％）	7～8月降水量（mm）	7～8月占4～9月的比例（％）
兰州	327.0	284.3	86.8	86.1	30.3	148.9	52.4
西宁	368.1	331.5	90.1	114.0	34.4	162.4	49.0
银川	202.8	173.9	85.7	47.1	27.1	194.7	57.2
北京	644.5	592.1	91.9	130.3	22.0	405.0	68.4
石家庄	649.9	474.5	86.3	108.2	22.8	307.5	64.8
太原	459.5	392.7	85.5	106.4	27.1	221.9	56.5
哈尔滨	523.3	463.2	88.5	139.4	30.1	258.0	55.7
长春	593.8	465.9	78.5	154.7	33.2	311.0	66.7
沈阳	734.4	631.3	86.0	185.0	29.3	364.3	57.7

资料引自：《中国旱地农业》，2004年。

　　由于西北旱作区辐射强、风速大，水分蒸发量强，致使农田水分盈亏常为负值。兰州、西宁、银川的农田水分盈亏均达到500mm以上，远高于以北京、石家庄、太原为代表的华北旱作区（300～500mm），以及以哈尔滨、长春、沈阳为代表的东北旱作区（200～300mm）（表4-14）。在农田水分盈亏量的自然季节分配方面，属春季最为严重，缺水量在120～260mm之间，缺水程度大于华北及东北旱作区。

表4-14　西北、华北、东北旱作区农田年蒸发量和水分盈亏量（1951—1987）

	西北地区			华北地区				东北地区	
	兰州	西宁	银川	北京	石家庄	太原	哈尔滨	长春	沈阳
年蒸发量（mm）	908.4	874.0	1 079.0	927.1	904.7	851.6	790.8	930.1	749.0
水分盈亏（mm）	−540.0	−527.0	−742.0	282.8	−354.6	−414.0	−273.0	−237.0	−39.0

资料引自：《中国旱地农业》，2004年。

（四）西北旱作区春小麦生态型

　　在西北旱作区特殊的生态和气候影响下，经过长期的自然和人工选择，形成了根系发达、抗旱、茎叶繁茂、大穗多花、耐瘠薄等旱作区的春小麦生态型。

　　1. 一般具有较强的出苗率　由于长期受春季土壤干旱，干土层厚，耕作方式粗放，播种质量差等因素的影响，西北旱作区春小麦早已进化出适应当地环境的生长特性，其中最显著的特征就是种子具有较强的发芽势和出苗率。如抗旱型春小麦定西24号的发芽势为83％，田间出苗率达到89％。

2. 具有发达的根系 西北旱作区春旱频繁，前期耕层水分胁迫是春小麦有无收成、收成丰歉的关键。发达的根系可使植株吸水率提高，获得土壤深层的水分，减轻旱情威胁。李话（1999）曾对西北旱地春小麦品种陇春8139、定西33号、陇春8275、陇春8624、定西24号、和尚头共6个品种的根系特征进行研究，发现地方品种和尚头及定西24号的种子根数目最多可达6条，而达到5条的比例占84％，且和尚头在苗期具有最大的根系下扎速度，故该品种可在苗期反复干旱的情况下正常生长发育。所以，种子根数量的多少及其长势决定了干旱胁迫下品种的存活率，是春小麦重要的抗旱指标。

3. 幼穗分化早，进程快，过程短 良好的幼穗分化需要一定时间的低温与光照。西北旱作区春季虽温度较低，但持续时间较短，春小麦苗期很快通过春化阶段并进入幼穗单棱期，此时幼穗分化一般始于三叶期，较早的还出现在两叶一心时。而该地区持续的低温进一步缩短单棱期的持续天数。同时，由于日照长度与小麦幼穗伸长到二棱期的时间呈显著负相关，而西北地区属长日照地区，这进一步加快了幼穗分化进程。

4. 有限的水资源缩短了春小麦的生育期、降低了春小麦的分蘖成穗率 西北旱作区春小麦的生育期仅为80～100d，属于早熟品种，而且分蘖过程短，一般在10～20d，且品种分蘖过程的长短与其早熟性呈正比，即越早熟的品种其分蘖期越短，分蘖成穗率越低。通常条件下，抗旱品种只有1～2个穗子，主要依靠主穗保证产量。虽然该区域的品种常受干旱、土壤板结及播种粗放等不利因素的影响，但由于品种的自身调控能力，仍可以达到相对合理的群体结构。在水肥条件较好的环境中，抗旱品种的分蘖率和单株有效分蘖率均呈上升趋势。

5. 灌浆期较长，千粒重高 西北旱作区春小麦由于灌浆期间气温相对较低，昼夜温差大，有时高达20℃以上，且日照时间长，光照充足，有利于碳水化合物的积累，因此其灌浆期相对较长，千粒重高。但有时也不排除灌浆期出现的高温与干旱的异常天气情况。此种恶劣的环境因子，致使最大灌浆速率出现时间提前，灌浆持续期缩短，籽粒干物质积累量下降，千粒重降低。

6. 植株形态方面 旱地春小麦株高在70～95cm之间，穗下节较长，占株高的40％～50％。如陇春27号，株高72cm，穗下节28.7cm，穗下节长占株高39.9％；定西42号，株高90cm，穗下节长37cm，占株高的41.1％。抗旱型春小麦叶形窄细，长宽比大，部分品种叶片有茸毛；而旱丰型春小麦叶片宽大，光滑无茸毛，叶面积大，长宽比小。

7. 产量构成因素与地力、土壤水分含量密切相关 不同产量水平旱区春小麦产量构成因素的差异主要是穗数不同，其次是穗粒数，一般千粒重较为稳定。随着土壤含水量的减少和地力的下降，单株有效穗数减少，单位面积穗数和穗粒数减少。

（五）西北旱地春小麦生态型分类

因西北地势较高，沟壑纵横，山旱地形多，且海拔不尽相同，各地生态环境不一，故依据气候因素可将旱作区划分为温暖低海拔旱地生态类型区和冷凉高海拔山旱地生态类型区。前者海拔在1 600～2 500m之间，年均气温5.7～7.7℃，≥10℃有效积温2 000～2 700℃，无霜期122～160d，年均降水量300～600mm，主要集中在7、8、9月3个月，且多以暴雨的形式出现，而蒸发量高达1 400～1 760mm。该地区春、夏、秋三季均有旱情发生，尤以春旱最为严重。干旱频发使本地区土壤腐殖质含量匮乏，有机质含量较低，土壤贫瘠，且表土流失严重，外加广种薄收的耕作习惯及干旱引起的化肥使用量低等因素，导致春小麦的产量总体降低，如甘肃定西旱作区裸地的春小麦单产仅在2 250kg/hm² 左右。

冷凉高海拔山旱地生态类型区，主要位于甘肃省中西部、河西走廊东端的乌鞘岭北坡，此区属于山脉纵横，土壤贫瘠，自然条件恶劣，生态环境较差的高寒二阴山区，海拔分布在2 500～2 900m 之间，年均气温－8～4℃，年均降水量390mm，年均蒸发量1 547mm，生长季日照时数1 680h。该地区耕地多为沙土地，保墒蓄水性能差，日蒸发量大，加之近年气候变暖，致使降雨量进一步减少。与温暖低海拔旱地生态类型区相比，该地区在春季降水量更为稀少，而全年虽也集中于7～9月，但与当地5～8月的农作物生长季并不完全协调。在旱地只有25%～35%降水被保墒利用，50%～60%被蒸发，5%～15%流失，加之粗放式耕作，致使耕地退化日益严重，春小麦产量波动很大，常出现一方水土不能养活一方人的现象。

（六）西北旱作区春小麦的生产优势

西北旱作区气候温凉、日照充足、年辐射量大、昼夜温差大，有利于春小麦等农作物碳水化合物的积累。在病害方面，锈病、白粉病、赤霉病、黑穗病病害较轻，甚至有些地区不发生，非常适合优质春小麦生产。其次，旱区春小麦从前茬收获到第二年春季播种有较长的休闲期，有利于土壤蓄水保墒，改善其理化性状，提高地力。此外，旱区春麦区一般耕地面积较大，易于实行种养结合的轮作种植制度和机械化作业，对提高土壤耕作效能、节约劳力、实现高效持续增产十分有利。在品质方面，由于西北地区的海拔高低不一，加之降水稀少，特别在春小麦抽穗灌浆期，降水较少有利于蛋白质的合成积累。这些因素促使该地区生产出适于不同品质要求的专用春小麦。从某种程度上讲，西北旱作区春麦的开发及其优质高效种植技术的推广利用，对生产优质中国春小麦具有重要意义。

（七）西北旱作区春小麦的增产途径

1. 改良坡耕地 中国西北旱作区春小麦近60%种植在极易形成地表径流和水蚀风蚀的坡地、梁地或塬地。此类地形多属坡耕地。该地形保水蓄水难，不仅存不住表层肥沃的土壤，而且造成大量养分流失、土壤性状恶化。不同类型耕地的小麦生产潜力也不相同，如西北宁南固原地区坡地春小麦产量是塬地的70%～80%，是台地的55%～65%。针对此区坡耕地居多的现象，西北农林科技大学就坡耕地与梯田的农作物耗水量、产量及水分利用效率进行了研究，发现在施肥水平一致的条件下，梯田较坡耕地的总耗水量少，经济产量高，水分生产效率大（表4-15）。因此，将坡耕地转为梯田是解决西北旱作区春小麦稳产和高产的重要措施。

表4-15　西北旱地春小麦农田施肥与产量、水分利用效率的关系

地形	处理	总耗水量 （mm）	经济产量 （kg/hm²）	水分生产效率 ［kg/（mm·hm²）］
梯田	施纯N 52.5kg/hm²	217.7	2 634.0	12.0
	施纯P₂O₅52.5kg/hm²	252.5	1 627.5	6.5
	施纯N、P₂O₅各52.5kg/hm²	209.5	2 842.5	13.5
	施纯N、P₂O₅各85.0kg/hm²	238.5	2 920.5	12.2
	施农家肥15t/hm²（CK）	160.5	1 317.0	7.7

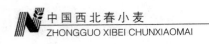

（续）

地形	处理	总耗水量 （mm）	经济产量 （kg/hm²）	水分生产效率 [kg/（mm·hm²）]
坡耕地	施纯 N 52.5kg/hm²	260.3	1 890.0	7.4
	施纯 P₂O₅52.5kg/hm²	262.5	1 312.5	5.1
	施纯 N、P₂O₅ 各 52.5kg/hm²	264.8	2 361.0	8.9
	施纯 N、P₂O₅ 各 85.0kg/hm²	328.5	2 935.5	9.0
	施农家肥 15t/hm²（CK）	253.0	1 090.5	4.2

资料引自:《中国小麦栽培理论与实践》，2006 年。

2. 增施化肥和有机肥　西北春小麦旱作区由于长期粗放经营，加之较为恶劣的气候条件，使土壤养分供应不足。这成为影响旱地春小麦产量提升的另一个限制因子。西北宁夏南部固原地区对不同施肥水平影响下的春小麦增产率、水分利用、土壤蓄水量及土壤水分利用率进行了比较。结果发现，不同水平施肥处理的产量差异甚大，当氮肥和磷肥每公顷增施到240kg、120kg 时，较不施化肥的田块增产 54.5%，水分利用率 WUE 达 3.0kg/（mm·hm²），提高近 1 倍，但土壤实际蒸散量（ET）没有明显变化（表 4 - 16）。旱地春小麦对增施有机肥的增产效果也很明显，当每公顷施 45～60t 有机肥时，可增产 7%～10%，如果配合氮磷化肥的使用，效果更为显著。因此，增施肥料可显著促进旱地春小麦的生长发育，但对其耗水量及土壤贮水量没有明显影响，并且由于产量的增加，可以大幅度提高旱地春小麦对水分的利用效率。

表 4 - 16　增施化肥对旱地春小麦生产潜力的影响

施肥量（kg/hm²）		产量 （kg/hm²）	增产率 （%）	WUE [kg/（mm·hm²）]	提高 （%）	ET （mm）	土壤水利用率 （%）
N	P₂O₅						
0	0	495.0	0.0	1.80	0.0	288	42
60	30	525.0	6.0	1.95	8.3	275	41
120	60	540.0	9.0	2.10	16.7	257	40
240	120	765.0	54.5	3.00	66.7	273	40

资料引自:《中国小麦栽培理论与实践》，2006 年。

3. 严把种子质量　种子质量好坏决定着旱地春小麦出苗和苗期生长。种子质量好是小麦高产的基础。大粒、饱满、均匀、纯净的种子可提高出苗率，易达到苗齐、苗全、苗壮的效果。因而播种前要对种子进行精选、晾晒。并就易发生的土传病害春小麦腥黑穗病、散黑穗病、根腐病、全蚀病，及时拌种，以便防治。

4. 合理轮作　西北旱作地区少雨干旱，土壤贫瘠，要调整种植结构，减少连作，大力推广轮作。轮作是通过肥（施有机肥，肥田保水）、作（作物调剂用水）、蓄（改善土壤条件扩大蓄水量）、用（挖掘不同层次的有效水利用）等途径来解决有限供水下的农业持续增产问题。如在西北半干旱地区的固原，对春小麦进行糜子、胡麻、豌豆，马铃薯，扁豆，四年四作的轮作试验，结果发现多数轮作方式比连作增产达 142.5～2 655.0kg/hm²，较连作总产值提高 3 567～7 911 元/hm²，达 2～3 倍，水分产值效率提高 2.1～9.1 元/（mm·hm²）（表 4 - 17）。而在更为干旱的宁夏海原，轮作较连作增产 546～1 647kg/hm²，总产值比连作高 457.5～2 340.0 元/hm²、达 1.2～2.7 倍，水分产值效率提高 0.4～2.8 元/（mm·hm²）（表 4-18）。所以，越是干旱的地区，轮作的经济效益越好。

表 4-17　半干旱地区——固原上黄各轮作形式效益比较（1992—1994 年）

轮作方式	总产量 （kg/hm²）	总产值 （元/hm²）	水分产值效率 [元/（mm·hm²）]
春麦—春麦—糜子	4 237.5	2 628.0	6.35
胡麻—豌豆—春麦	3 360.0	9 724.5	9.42
休闲—春麦—春麦	2 497.5	4 495.5	4.34
马铃薯—胡麻—春麦	5 871.0	15 502.5	14.54
春麦—胡麻—扁豆	2 832.0	9 358.5	—
春麦—春麦—春麦	3 217.5	5 791.5	5.45

资料引自：《中国小麦栽培理论与实践》，2006 年。

表 4-18　半干旱偏旱区——宁夏海原各轮作形式效益比较（1988—1990 年）

轮作方式	总产量 （kg/hm²）	总产值 （元/hm²）	水分产值效率 [元/（mm·hm²）]
春麦—扁豆—谷子	2 572.5	1 815.0	2.33
休闲—春麦—春麦	2 587.5	1 914.0	2.66
马铃薯—糜子—扁豆	3 957.0	3 660.0	4.65
春麦—春麦—春麦	1 885.5	1 357.5	1.89

资料引自：《中国小麦栽培理论与实践》，2006 年。

5. 其他提高西北旱地春小麦产量的途径　为提高土壤有机质含量，丰富土壤微生物群落，可适当压缩麦田面积，恢复豌豆、扁豆种植；川水地扩大麦田套种豆类和绿肥作物；在山旱地恢复伏季、秋季早深耕，纳雨蓄墒的传统耕作制度。

第五章
春小麦生长发育

第一节　小麦生理

一、小麦种子

　　种子在小麦生产中占有重要地位，饱满健康的种子是获得丰产丰收的基础。生产上把种子播种萌发到产生新的种子的过程，视为小麦的一生。为做好种子生产、贮藏、播种，并使其顺利萌发、出苗、长成壮苗，必须了解它的构造及其化学组分。

（一）种子的构造

　　小麦种子，由受精后的子房发育而成，果皮和种皮紧密相连，不易分开，植物学上称为颖果。小麦种子的外形，从背面看一般可分为椭圆形、长椭圆形、短椭圆形等三类，横切面可分为肾脏形、三角形、圆形等。小麦种子的顶端有冠毛，腹面凹陷，有一纵沟称为腹沟，腹沟两侧叫颊，腹沟的反面称为背面，背面微凸，胚着生于背面基部。整个种子由皮层、胚乳和胚三部分组成（图 5-1）。

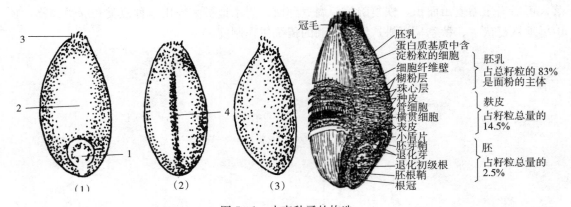

图 5-1　小麦种子的构造
（引自：《小麦应用生理》，1986 年）

　　皮层包裹着整个种子，俗称麸皮，占种子重量的 5.0%～7.5%。皮层厚薄因品种和栽培条件而异，皮层越厚，出粉率越低。皮层包括果皮和种皮。果皮在外，厚度 40～50 μm，可分为表皮、中间层、横细胞层、管细胞层几部分；再往里为种皮，可分内外两层，外层透明，内层含有色素、使种子显有颜色。种子色泽可细分为红色、白色、紫色、蓝色等。白粒品种比红粒品种的休眠期短，收获前后遇到阴雨，容易在穗上或麦场里发芽，影响产量和品质。种皮是一种保护组织，能使胚和胚乳避免不良条件的影响，特别在免受真菌侵害方面有重要作用。

胚乳由糊粉层和淀粉层构成，是种子发芽和幼苗生长所需养分的来源，占种子重量的90％～93％。糊粉层均匀分布在胚乳的最外层，约占种子重量的7％，主要成分有纤维素、蛋白质、脂肪和矿质元素，营养价值较高。淀粉层由形状不一的淀粉粒细胞构成，蛋白质存在于淀粉粒之间。淀粉层中淀粉约占75％，蛋白质约占10％，纤维素极少。因蛋白质含量的差异，胚乳又可分为硬质（角质）、软质（粉质）和半硬质（半角质）。硬质胚乳含蛋白质较多，质地透明，结构紧实，面筋含量高；软质胚乳充满淀粉粒，只有少量蛋白质；半角质介于两者之间。

胚由胚芽、胚根、胚轴和盾片组成，占种子重的2％～3％，是种子最重要的部分。胚中蛋白质约占37％，糖类约占25％，脂肪约占15％。胚最富于生命力，决定种子能否发芽，孕育着成年植株的一些特征和特性。胚根外面包着胚根鞘，种子发芽时胚根从胚根鞘里露出，长成初生根。胚芽外包着胚芽鞘，里面有生长锥及3片已分化的幼叶原始体与一个胚芽鞘的腋芽原基。种子萌发时，胚芽鞘破土而出，胚芽发育成小麦的地上部分——茎和叶。胚轴连接胚根和胚芽，萌发后胚芽鞘蘖芽以上的部分伸长形成地中茎。胚根包括主根及其位于其上方两侧的第1、2对侧根。盾片位于胚芽的上方，与胚乳相连。种子萌发时，盾片的上皮细胞能产生水解酶，分泌到胚乳细胞内，使胚乳中贮藏状态的营养物质转化为可利用状态并加以吸收、运转，以供种子萌发和幼苗生长的需要。

（二）种子的萌发

种子是由受精卵经过胚胎发育形成的新个体。一般要经过一个静止或休眠期后，在适宜条件下，胚开始生长。一般将胚根突破种皮至形成幼苗的过程叫萌发。渡过休眠期的有活力的种子，在适宜的水分、温度和空气条件下便开始萌发生长。在生产上，把种子萌发看作是小麦一生的起点，但实际上是母体植株上经过一段时间生长发育形成的幼小植株原始体——胚的继续生长。

种子萌发首先需要吸收水分，种子遇水后很快吸收膨胀，直到饱和状态才停止吸水。吸水后的种子，细胞内部胶体微粒间的黏滞性降低，种子内部转入溶胶状态，有利于生物化学过程的进行。这一过程是一种物理现象，是萌发的必要过程，但不是萌发的开始。一般当种子吸水达到自身重量的42％～45％时，膨胀即结束。在吸水膨胀过程中，水分大部分以自由水状态存在于胶体微粒的周围及细胞间隙中，于是酶的活性加强，把种子内不溶性的高分子的蛋白质和淀粉等营养物质转化为可溶性的氨基酸和糖等简单物质，细胞开始新陈代谢，胚开始萌动，顶破种皮（露白），即进入萌发。一般情况下，种子萌发时先出胚根后出胚芽。萌发后，胚的各部分继续分化生长，当胚芽达种子长度的一半时为发芽，通常以此作为种子发芽标准。当胚芽鞘露出地表，第一片真叶伸出鞘外2cm左右时称为出苗。

在种子萌发过程中，细胞内在酶的直接参与下进行着一系列复杂的生物化学变化，这种变化方向主要是水解作用，但同时氧化作用和合成作用也强烈地进行。淀粉粒在淀粉酶的作用下水解，含量迅速降低，转变为糊精和麦芽糖，进而在麦芽糖酶和转化酶的作用下转化为果糖和葡萄糖，直接供胚生长利用。脂肪在脂肪酶的作用下含量也迅速减少，最后也转变为糖类。脂肪转化为糖的过程，基本上是氧化过程，需要有氧气。蛋白质在种子萌发时，作为养料的贮藏蛋白质含量迅速减少，作为构成细胞组成成分的结构蛋白质含量反而增加。这是因为贮藏蛋白质在蛋白酶的作用下，水解为溶解状态的氨基酸运往胚部，建成新细胞的原生质。

二、无机营养与施肥

植物最大的特征是能以简单的无机物生产出多种多样的有机物。在光合作用过程中，叶绿体可以用 CO_2 和水合成多种糖类，同时也能合成多种氨基酸。植物除从大气中获得 CO_2 外，还从土壤中获得水分和所需要的氮、磷、钾、硫、钙、镁、铁、氯、锰、硼、锌、铜、钼等十多种无机营养元素。因为作物主要靠这些元素合成有机物和维持生命活动，所以称为作物的无机营养。表 5-1 为小麦叶片中除碳、氧、氢外的无机营养元素含量的平均值。因为在小麦不同生育期、不同层位叶、不同器官中各种元素的含量变化很大，而且在小麦体内所处的状态非常不同，如氮、磷、硫等大量元素主要以有机物形式存在，而镁、铁、铜、锌和钼等则能和有机物形成络合物或复合物，钾则永远保持离子的状态。因此各种无机营养元素有不同的生理作用。

表 5-1 小麦叶片中营养元素的最适、亏缺和毒害浓度

（赵微平，1985）

元素类别	具体元素	亏缺	适宜	毒害
大量元素（%）	氮	<1.5	1.5	
	磷	<0.1	0.1～0.4	
	钾	<0.4	0.7～3.5	
	钙	<0.2	0.4～1.5	
	镁	<0.02	0.2～0.9	
	硫	<0.04	0.08～0.27	0.3～0.8
微量元素（mg/kg）	氯	<0.04	0.2～2 600	
	铁	<30	40～250	7 000～21 000
	锰	<0.2	2～150	
	硼	<6	10～650	170～11 000
	锌	<4	4～50	700～1 400
	铜	<2	3～20	53～1 500
	钼	<0.01	0.03～113	23
非必需元素（%）	硅		1.2	
	铝		0.11	
	钠		0.002	

（一）小麦的氮代谢

氮是构成蛋白质、核酸、叶绿素、辅酶及一些维生素的组成成分。这些物质都是细胞的重要成分，没有这些物质的新陈代谢，也就没有生命，所以氮是生命的元素。土壤中氮素充足，则小麦根系发达、分蘖多、茎叶繁茂，能增强光合作用和干物质的积累。幼穗分化时，氮素充足，可以增加小穗和小花的数量，从而增加穗粒数；反之氮素不足，植株矮小、叶片发黄，分蘖不足，小穗数和小花数减少，产量降低。由此可见，氮素在小麦生活中有极其重要的作用。

土壤中的硝酸根（NO_3^-）是小麦的主要氮源。小麦和许多植物一样，只能利用化合态氮。由于长期积累，土壤中的有机物是化合氮的贮库，有机态氮化物经微生物分解后能释放氨，氨经过土壤中普遍存在的硝化细菌氧化很易变成为 NO_3^-。目前施用的化学肥料大多数是铵态肥料，遇水后溶解为 NH_4^+。在潮湿透气的土壤中，在 $5\sim30℃$ 条件下 NH_4^+ 很易硝化，变成为 NO_3^- 而随水在土壤中流动。在现有施肥水平下，一般由 NH_4^+ 转变为 NO_3^-，大概只要 1 周时间。而 NO_3^- 的利用则较为复杂，其在小麦生长过程中能被不断的吸收和利用。在土壤通气不良或大水漫灌时，NO_3^- 易淋溶流失或脱氮散失。蓄存土壤深处水中的 NO_3^- 还能重新进入耕层被作物吸收。在田间条件下小麦对氮肥的利用率是相当高的，估计应在 70％左右。

小麦幼苗生长的初期主要依靠胚乳中贮存的有机氮化物，只要种子根伸出，便从土壤溶液吸收硝酸根或铵离子。如果土壤中此时有充足的硝酸根和铵离子，胚乳中贮存物的使用则较缓慢和节省，对形成壮苗极为有利。此时的光照也很重要，幼苗早见光，便能早进行光合作用，为吸收和氮代谢提供碳骨架和能量，所以合适的播种深度很重要。根吸收的硝酸根和铵离子，一部分被根所同化，经过硝酸还原系统和氨基酸与蛋白质合成系统，最后变成为蛋白质等有机氮化物，留在根内；大部分则运往茎叶。生长中的茎叶有较旺盛的核酸、蛋白质（主要是二磷酸核酮糖羧化酶：Rubisco）和叶绿素等氮化物的合成能力，因而需要氮化物大量流入。叶片完全展开前便开始向根和新生叶提供光合同化物和有机氮化物，此时也不断地由根再吸收硝酸根和铵离子，因而在小麦营养体内不断的积累有机氮化物，而且处于一种利用和再利用的动态循环之中。

小麦种子所获得的氮大多是有机还原态氮化物，一般是从根、叶和茎来的氨基酸或肽。在籽粒生长的线性期，籽粒中氮积累的速率是相当恒定的。在任何时候积累的速率均受籽粒（库）的潜在积累能力和营养器官（源）的供应能力两个因素左右。在籽粒灌浆期叶片中的蛋白酶活性提高，贮存的或相当稳定的蛋白质，如 Rubisco 均遭受降解并移向籽粒。也就是说，籽粒生长时的氮供应主要是来自于营养器官的贮存物，只有少部分是开花后吸收的，而且也要经过叶的还原和同化。一般来讲，籽粒灌浆期所积累的有机氮化物 80％左右是来自于叶片的蛋白质水解物，因此小麦籽粒对氮的需要主要取决于开花前对氮的吸收。

一般来讲，早期施氮促进分蘖和叶片的生长，利于更大的分蘖成穗；分蘖期施氮提高总茎数；拔节期施氮可提高成穗率，增加粒数和粒重，提高后期光合效率，是小麦施氮肥最大效益期；抽穗期施氮可延长叶片的功能期并增加粒数和粒重；灌浆前期叶面喷氮（如 1％～5％尿素溶液），能提高籽粒的粗蛋白含量。但施氮过量也易造成贪青晚熟，旗叶总氮明显高于正常。应指出的是，品种间旗叶氮含量是有差异的，高蛋白品种一般偏高。此外，正常与贪青株在成熟期可溶性蛋白、氨基酸、游离氨、腐胺等氮化物和叶绿素含量均有显著的差异；此时如遇干热风或高温，代谢物超量积累，对作物有强烈毒性，能导致小麦青枯、千粒重降低，严重影响产量。所以，适时和适量地施用氮肥，是保证小麦高产稳产的重要条件。

（二）磷在小麦生活中的意义

磷是核酸、核苷酸、磷脂、腺苷三磷酸（ATP）等的成分。在植物体内磷主要以磷酸高氧化状态存在，或者是无机磷酸根（$H_2PO_4^-$），或者是通过羟基同碳链形成磷酸酯（如糖脂），或者是靠高能磷酸键附在其他磷酸上（如 ATP）。无机磷酸与有机磷酸在小麦体内经常交换，且交换率非常高。

磷酸作为大分子结构成分存在于核酸内。DNA 是遗传信息的载体，RNA 负责遗传信息传递。在 DNA 和 RNA 分子中，磷酸与核糖形成核酸大分子的主要骨架。核酸的酸性则是由于有磷酸存在。磷酸也与二酸甘油通过酯键形成磷脂酸，然后再通过酯键与胆碱、乙醇胺、丝氨酸、环己六醇等形成多种多样的磷脂。磷脂分子的特点是具有双亲溶性，即分子一端具亲脂性、另一端具亲水性，因此在水相中有成膜的趋向，这类磷脂是一切生物膜形成的物质基础，进而也是生命结构形成的主要物质之一。在细胞内磷酸与糖和醇能形成 50 余种磷酸酯，如葡萄糖-6-磷酸、磷酸甘油醛等。这些磷酸酯的大多数是代谢的中间物，在糖的降解和合成中具有十分重要的作用。

磷酸与核苷酸形成的高能磷酸键化合物，如腺苷三磷酸（ATP）、鸟苷三磷酸（GTP）和尿苷三磷酸（UTP）等，在细胞能量转换和供应上具有特别重要的意义。在活跃代谢的细胞内，高能磷酸键化合物以极高的速率代谢。ATP 的周转时间约为 0.5min。据估计 1g 活跃代谢的根尖每日可合成 5g ATP。ATP 在激酶作用下很容易使蛋白质磷酸化，磷酸化了的蛋白质又很容易去磷酸化，这些变化在控制酶效应和基因表达方面具有极其重要的作用。

在有液泡的细胞内，磷酸分别存在于代谢池和贮藏池内。前者以细胞质为代表，包括叶绿体，主要以磷酸酯的形式存在。后者是液泡，主要以无机磷酸形式存在。当给作物施磷肥时，85%～95%的磷酸根进入液泡，当停止供应磷时，液泡内的磷酸则调往细胞质中而本身的含量迅速降低，所以液泡是磷酸的贮库。在代谢池中无机磷酸也具有多种必要的功能，在许多酶反应中，无机磷酸既是底物也是最终产物。无机磷酸也能控制酶反应。如促进磷酸果糖激酶的活性，而后者又是糖酶解的关键酶。无机磷酸也能促进叶绿体中的丙糖磷酸通过膜载体外运。所以在缺磷的情况下，碳水化合物的运输和利用都将受阻。

磷多存在于植株的生长点、幼芽和幼叶等幼嫩部分，在籽粒中含磷也较多。在小麦籽粒中磷酸主要存在于植酸分子中。在籽粒发育早期，植酸含量很低，但在淀粉合成期植酸含量迅速提高。植酸也易同钙镁形成植酸钙镁（植素），植酸同铜也有高的亲和性，在小麦籽粒中植酸主要与钾镁成盐。植酸中的磷占禾谷类籽粒总磷的 60%～70%，而在小麦籽粒中植酸则大部分存在于糊粉层内。植酸的合成和无机磷酸的减少是密切相关的，在灌浆后期钾镁和植酸结合可使过高的本身浓度降低。Batten 和 Slack（1990）研究表明，施磷的水平对小麦灌浆过程是非常重要的，一般籽粒的重量随磷酸供应的增加而增加。植素的功能主要是为萌发的幼胚提供所需要的镁钾和磷酸。种子萌发时植酸的降解则是由植酸酶催化的。释放出的磷酸则参入于磷脂和核酸的分子中。同时无机磷酸和磷酸酯化合物也增加。植酸降解的速度也受无机磷酸控制，高的无机磷酸水平可抑制植酸酶合成。

磷能促进小麦根系发育，增加分蘖，促进物质运输，参与光合呼吸等过程，并能促进开花、受精和结实等。土壤中缺乏磷素时，会影响细胞分裂、细胞生长和光合作用等生理过程。小麦苗期缺磷则使根系生长抑制，分蘖减少，易形成"小老苗"，叶片呈紫红色，提早成熟，降低产量。

（三）其他大量营养元素

1. 钾 钾在细胞和组织内有高的迁移率，是细胞质内最丰富的阳离子。钾除对保持 pH 稳定和渗透平衡有功能外，也为酶的活化和膜运输过程所必需。大约有 50 种酶完全取决于钾或为其所促进。钾能诱导酶蛋白构型变化而使酶活化，蛋白质合成要用钾，钾也参与翻译过程的某些阶段，RuBP 羧化酶、硝酸还原酶等的合成均需要钾。在光合作用中，钾是光诱导的 H^+ 过类囊体膜流动的主要逆向离子，为建立 pH 梯度和 ATP 合成所必需。钾也促进 CO_2 的固定，降低气孔阻力，促进光合速率，增加 RuBP 羧化酶活性，促进光呼吸以及抑制暗呼吸。在营养组织内钾约占干重的 $2\%\sim5\%$。当钾缺乏时生长受阻，钾离子从老叶或茎移出供给新生的器官，老叶变黄或坏死。缺钾使维管束木质化过程减弱，易倒伏。缺钾蒸腾和 CO_2 同化均受阻，除气孔原因，叶肉阻力增加外，还有代谢原因。钾离子能提高作物的抗旱性、抗寒性和抗病性。钾是植物体内可再利用的营养元素。当生长中的幼叶或幼穗需要时，老叶中的钾能转移向新生的器官。在小麦籽粒灌浆叶片衰老时，大量的钾离子转移向穗。施用钾肥能改变气孔的形态结构，提高叶片持水力、净光合率和叶绿素含量，促进灌浆，提早成熟。

2. 硫 植物体内的硫大多以有机物的硫氢基和巯基（—SH）还原形态存在。小麦从土壤中吸收氧化态硫酸根（SO_4^{2-}）。硫的生理学作用在于它是半胱氨酸和甲硫氨酸（蛋氨酸）的组分，进而也是蛋白质不可缺少的组分。此外，巯基（—SH）也能参与许多代谢反应。在缺硫时蛋白质合成受阻，叶绿素的含量也降低，淀粉因不能利用而积累。硫也是某些辅酶或辅基（如铁氧还蛋白、生物素和焦磷酸硫胺素等）的结构成分。在氧化还原反应中，—SH 经常起关键性作用。在多肽链的两个相邻的半胱氨酸之间形成二硫键对维持蛋白质的三级结构和酶功能具有重大的意义。在脱水时，蛋白质中的二硫键数量增加，从而导致蛋白质聚集和变性，因此保护—SH 避免二硫键形成，这在防止细胞免受干旱和霜冻的伤害上有重要的意义。植物缺硫也患缺绿病，但这种缺绿病既能发生在老叶上，也能发生在幼叶上，与氮的供应有关。缺硫植物合成的蛋白质中，甲硫氨酸和半胱氨酸的比例降低，同时精氨酸和天冬氨酸的比例增高。低硫含量的蛋白质营养价值低，因为甲硫氨酸是人体和动物的必需氨基酸。小麦蛋白质中半胱氨酸含量降低也影响面粉的烤焙质量。在潮湿热带多雨地区，土壤中容易缺硫。植物也能从空气中吸收一部分 SO_2。小麦籽粒硫含量一般占干重的 $0.14\%\sim0.175\%$。

3. 钙和钙调蛋白 钙为二价阳离子，在植物体内主要存在于质外体，并于细胞壁和质膜形成复合物。钙的存在能使细胞壁稳定性增加，也对维持膜的结构和功能至关重要，能保护质膜免遭低 pH、盐度、毒性离子和养分不平衡等的有害影响。在细胞溶胶内游离钙的水平相当低，约 $0.01\sim1.0\mu mol$。有大量的钙贮存于液泡、线粒体、叶绿体和内质网中。在液泡内形成草酸钙和磷酸钙沉淀物。钙在细胞溶胶内保持低浓度，主要靠质膜上运输钙的 ATP 酶使钙离子泵出细胞质外，且受钙调蛋白（CaM）控制。CaM 是一小分子量（MW＝20000）、耐热和高度酸性的蛋白质，能可逆结合钙，且具有高度的保守性。CaM 的重要意义在于细胞内作为第二信使的钙离子（Ca^{2+}）和其结合后，能调节细胞内多种重要的酶活性和细胞功能。已知在植物体内钙调蛋白参与激素有关的生理过程，如光形态建成、细胞生长和运动、光合作用、离子运转、细胞分泌、细胞渗透调节和膜衰老等过程。约90％的CaM存在于细胞溶胶内，此外在线粒体、叶绿体、微粒体和细胞核内也有存在。

4. 镁 镁是一种小的强正电的二价阳离子，作物对镁的吸收常受其他阳离子，如钾、钙、锰以及氢离子的竞争性抑制。在作物体内镁的功能同其在细胞内的迁移率有关，它能同强亲核基（如磷酸基）通过离子键相互作用以及作为桥连成分起作用，或者形成不同稳定性的复合物。镁也以共价结合加入叶绿素分子的组成。镁同酶形成三元复合物，使酶和底物间建立起精确的几何图形。镁也参与细胞内 pH 的调节和阳-阴离子平衡。镁最主要的作用在于它是叶绿素分子的中心，尽管叶片内只有少数镁以这种形式存在。叶片镁含量的10％～20％存在于叶绿体内，差不多和钾的含量一样高。细胞内多余的镁贮存于液泡内，在代谢池中镁为中和有机酸、磷脂和核酸的磷酸基所必需。

（四）微量元素

小麦除需要上述大量元素外，尚需要少量微量元素，一般将占作物体鲜重0.01％以下，并为作物所必需的化学元素叫微量元素。主要包括有铁、锰、铜、锌、硼、钼和氯等。

1. 铁 铁有两种氧化状态：Fe^{2+} 和 Fe^{3+}，且前者很易氧化成为后者。铁能同血红素和非血红素蛋白形成金属蛋白复合物，构成呼吸链和光合链的重要组分以及细胞内重要的氧化还原系统。细胞色素是叶绿体和线粒体内重要的氧化还原系统光合链和呼吸链的组成成分，共有 b、c、a 三大类，且均为血红素铁蛋白。血红素辅基中的铁原子经常发生 $Fe^{2+} \longleftrightarrow Fe^{3+}$ 转变，从而能为氧化还原系统传递电子。非血红素铁蛋白包括有铁氧还蛋白和硫铁蛋白，都是重要的电子传递体，参与光合、硝酸还原和硫酸还原等过程。此外，在过氧化物酶、过氧化氢酶和超氧歧化酶中也含有铁。绿叶中的铁有 80％ 左右是存在于叶绿体内，主要以铁蛋白的形式存在。作物体内铁含量低于 $50～150mg/kg$ 时便感缺铁，缺铁时作物易患缺绿病（或黄叶病），且主要表现在新生叶上。

2. 锰 作物体内锰主要以 Mn^{2+} 形式被吸收。锰最主要的功能是参与光合放氧反应。光系统Ⅱ含有锰蛋白，能催化氧的释放。在光系统Ⅱ反应中心至少含有 4 个锰原子。此外，超氧歧化酶每分子也含有 1 个锰原子，此酶能帮助细胞清除氧的自由基。超氧歧化酶约 90％ 存在于叶绿体内，只有 4％～5％ 存在于线粒体内。在许多体外酶的反应中，锰可以代替镁使酶活化，如苹果酸去氢酶、苹果酸酶和异柠檬酸去氢酶。叶片缺锰临界含量为 1g 干重含 $10～20\mu g$，低于此值作物易感冻害，但过高的锰也能造成毒害。小麦苗期缺锰会严重的抑制根的生长。锰锌肥合施能改善小麦籽粒的品质，提高其粗蛋白的营养价值。

3. 铜 铜也以两种氧化状态：Cu^+ 和 Cu^{2+} 存在。Cu^+ 很易被 O_2 和 CO 氧化，Cu^{2+} 则很易被还原。在细胞内铜主要和蛋白质复合成铜蛋白，如质体蓝、非蓝铜蛋白、多铜蛋白等。细胞色素氧化酶则是铜-铁复合蛋白，也有铜-锌复合蛋白形成的超氧歧化酶。植物含有非常少的铜，一般为 $5～10mg/kg$。低于 $4mg/kg$ 时易出现缺铜症，主要表现为幼叶叶尖失绿、有白色叶斑，并逐渐萎蔫；高于 $20mg/kg$ 则出现中毒症状。小麦缺铜时光合速率降低，花粉不能正常成熟，细胞壁木质化减弱，易倒伏，籽粒不饱满。

4. 锌 锌是多种酶的金属组分，含锌的酶有碳酸酐酶、超氧歧化酶、乙醇脱氢酶、RNA 和 DNA 聚合酶、羧肽酶、磷脂酶、醛缩酶、异构酶、磷酸转移酶等。锌能使蛋白质维持四面体空间结构，从而能稳定酶的活化功能。缺锌时植物生长素和色氨酸含量均降低。

一般叶片内锌含量低于 1g 干重 15～20μg 时，作物便缺锌，但超过 400～500μg 则能造成毒害。小麦叶片一般锌含量为 1g 干重 30μg。在酸性土壤和钙质土壤上生长的作物均易缺锌。在钙质土壤中锌的可利用性低，主要是由于锌被黏土或碳酸钙吸收住，不易为作物吸收。大量施磷肥也能引起作物缺锌。

5. 硼　硼能同细胞壁形成牢固的复合物，促进细胞壁物质的合成和糖的运输，促进对葡萄糖-1-磷酸的利用。小麦叶片中硼含量约为 1g 干重 6μg。硼能促进根对磷的吸收、提高花粉的生活力并促进其萌发。缺硼时幼叶蛋白质合成受阻，可溶性氯化物特别是硝酸根积累。土壤有效硼的临界缺乏值约为 0.5mg/kg。

6. 钼　钼在水溶液中以钼酸根（MoO_4^{2-}）形式存在。钼主要是硝酸还原酶和固氮酶的金属组分。硝酸还原酶含有血红素铁和 2 个钼原子。固氮酶也含有 2 个钼原子，同铁硫中心的铁联结。钼对花粉的形成有明显的影响，缺钼时抽穗延缓，花粉粒小，不易萌发。小麦体内钼的临界浓度为 1g 干重 0.1～1.0μg，一般约 0.5μg。

7. 氯　氯在细胞电荷平衡和渗透调节上有重要的作用。在光系统Ⅱ中水的氧化光解需要氯，氯是含锰放氧系统的辅助因子。此外，膜上的质子泵也受氯的促进。在作物体内氯的正常浓度为 1g 干重 2～20mg。由于氯离子在土壤中普遍存在，一般作物不会缺氯。

除上述微量元素外，在小麦茎叶细胞壁中也沉积一定数量的硅，这种元素对增强茎叶组织的机械性能有重要的作用。

（五）盐害和重金属毒害

1. 盐害　含有高浓度可溶性盐的土壤称为盐土。小麦生长在盐土上，生长受到抑制，植株干重降低，根冠比和比叶重增加，叶面积减小，分蘖力减弱，净光合降低，提前开花，产量显著降低。盐土有多钠和多盐两种类型，或者是两者一起出现。一般交换性钠超过15％为多钠盐土。在高盐情况下，土壤水势降低，作物经常处于生理干旱状态，土壤虽然看起来有水分存在，但却不能被作物利用。所以渗透因素是抑制作物生长的主要原因。在盐土情况下，作物为了适应环境，细胞内常增加有机酸钾盐以提高渗透势，同时细胞内 Cl^-、Ca^{2+} 和 Na^+ 均增加，使细胞内的盐浓度提高，以保证吸收水分。糖浓度的增加也能实现一部分调节作用。一般大于 120mmol 的 NaCl 便危害小麦的存活，致产量明显降低。

2. 重金属毒害　某些微量元素在土壤中浓度过高时也发生危害，如锌和铜。近年来，随着工业的发展，城市附近土壤经常遭受污染。土壤中浓度过高的锌、铜、铅、镉（Cd）、镍（Ni）和铬（Cr^{2+}）均能抑制根、叶和其他器官的生长，造成很高的毒性，其中以铬和铜的毒害最甚。但在小麦发育的早期阶段重金属的毒害作用能因增施氮肥而减轻。植物能积累多种多样的金属螯合物以降低细胞内过量的重金属，如氨基酸及其衍生物、柠檬酸、苹果酸等的植物螯合物和富含谷胱甘肽的蛋白质等都有此功能。在酸性或淹水的土壤中常出现锰中毒。铝中毒也经常发生在酸性土壤条件下。但增施钙能减轻铝的毒性。铝的毒性主要是限制小麦根的生长。不同小麦品种耐铝的程度很不相同。

三、小麦与水

在旱生作物中小麦需水较多。水分在小麦生活中具有重要的意义，无论是物质吸收和转运、光合作用、生长发育等都需要在体内水分充分饱和的状态下才能顺利进行。小麦一生需要消耗其所积累全部干物质重约500倍以上的水，而其中大部分通过植物体蒸发蒸腾进入大气中。小麦的需水量通常以蒸腾量（kg）/干物量（kg）表示，为427～613。小麦的水分利用效率用干物重（g）/1000（g）水来表示，变动较大，可从2.36降至1.63，这主要与栽培技术有关。小麦植株含水量应维持在80%以上，低于此限，很多生理过程受到抑制或破坏。因而要根据小麦需水的规律，适时地供水或控水。在中国大部分干旱地区水分是限制产量的主要因素，因此必须加强对小麦水分条件和耐旱、抗旱性的研究。

（一）小麦的水势

水势是水的化学势，也写成 ψ，是植物水分状况的基本度量。化学势指的是某物质1mol的自由能，因此水势也就是1mol水的自由能。小麦的水势是用于描述水在小麦体内能量状态的热力学参数。Kirkham和Smith（1978）春季在田间条件下，测定了高秆和矮秆冬小麦品种水势、渗透势和气孔阻力和叶片温度（表5-2），发现高秆品种上部叶片的平均水

表5-2　冬小麦高秆和矮秆品种绿色叶片的水势

（Kirkham & Smith, 1978）

叶片	水势 (MPa)	渗透势 (MPa)	膨压 (MPa)	气孔阻力 (s/cm²)		叶温 (℃)	
				上表面	下表面	上表面	下表面
高秆品种							
上部	−1.71	−2.27	0.56	5.8	10.9	−0.8	−0.6
下部	−0.74	−1.67	0.93	9.1	15.3	−0.8	−0.4
矮秆品种							
上部	−1.23	−1.94	0.71	5.3	9.7	−0.8	−0.9
下部	−0.68	−1.55	0.88	13.2	18.9	−0.7	−0.4

势和渗透势分别比矮秆品种小0.48MPa和0.33MPa。而两者的下部叶片的水势和渗透势则非常接近，分别约为−0.7MPa和−1.6MPa。高秆和矮秆品种上部叶表面的气孔阻力分别为5.8和5.3s/cm²，两者很相近；但高秆品种下部叶表面气孔阻力（9.1s/cm²）低于矮秆品种（13.2s/cm²）。产量的结果是矮秆品种大于高秆品种。在同一植物上，有研究者证明叶片的水势沿茎秆高度的增加而降低。这种水势的差异和梯度的存在，对植物吸水是极为有利的。

在正常条件下，小麦叶水势均维持在−1.0MPa以上，低于此，很多生理过程均受影响。实际上，在田间条件下，作物的水分状况永远是处于一种动态的平衡之中，因此叶水势也常出现变化。影响叶水势的主要因素是土壤含水量，通常在最适条件后，随土壤含水量的降低，叶水势降低（图5-2）。

Jenner（1982）曾观察过小麦穗部水势的

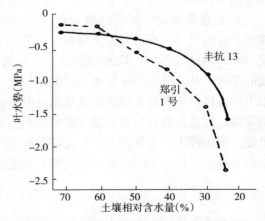

图5-2　水分胁迫下小麦叶片水势变化

（上官周平，1990）

日变化，发现护颖、内稃和外稃以及花序轴的水势均比籽粒的水势大，这可能有利于籽粒在灌浆期间保持有充足的水分。

除环境条件外，器官的发育进程和衰老也影响器官的水势。小麦在生育进程中能形成适应于环境条件的水分平衡关系，所以植株组织的含水量和水势是相对稳定的。因此，水势可以作为小麦具有正常水分状况的指标，水势的剧烈变化则表明小麦的水分平衡遭到破坏。

（二）根系和吸水

根系是小麦的主要吸收器官，其从土壤中吸收水分和无机盐，并能合成多种有机物。因此，发达的根系是小麦获得高产的重要条件。小麦根属须根系，由初生根（或种子根）和次生根组成。初生根来自于胚，一般为5条、多可达6条、少也有3条。初生根在小麦一生中起作用，只有当它损伤时才由次生根代替。小麦根系主要分布在土壤表层0~20cm的耕作层。打破犁底层，改善土壤通气状况，可以促进根系在深层的分布，而且总根量也会有所增加。在干旱条件下，根向深处发展，最深可达2.8m以下。一般情况下小麦根冠比为0.015左右，增强土壤通气性、改善地上部分光照条件和适当控水，均能提高根冠比，利于提高产量。根的生长活跃区在根尖5mm处，生长速度通常在0.5~8cm/d之间，主要与通气状况和温度有关。小麦根在0~25℃之间，随温度升高而加快生长；如果遇25℃以上高温，且伴随缺氧，则其会迅速死亡。

植物根的主要功能是从土壤中吸收水分和各种无机离子。根的吸水，也就是水通过组织的流动，可根据推力（水势梯度）和阻力而定量化。质外体（细胞壁）和共质体（细胞质＋胞间连丝）是水通过根皮层和中柱向木质部运输的途径。水可以借助于从细胞质和液泡经质膜和细胞壁，从一个细胞向下一个细胞移动（过细胞移动）。初生壁的质外体是一水合的多糖凝胶，对水和溶质是可自由透过的。

内皮层的凯氏带是细胞壁外壳加厚部分，由木栓质和木素组成，能阻断微纤丝内孔。凯氏带一般接近于根的顶端，特别是在健康的根内，这一结构能阻断质外体的连续性。胞间连丝同凯氏带紧密结合，以致水和离子向本质部的移动至少要通过一层活细胞（内皮层）。也就是在此处由经过质膜的共质体运输来保证对溶于水中的离子的选择性。由凯氏带加给质外体的限制对木质部内的流体静压力（根压）的维持是必需的。因为缺少凯氏带，水和溶质将渗漏向外环境。细胞壁的胞间连丝使活组织连接成为一个整体共质体。水在共质体内很容易移动。

（三）小麦水分蒸发蒸腾

水分的蒸发蒸腾对小麦来说是绝对必需的。一方面，小麦为了进行光合作用要经常不断地吸收CO_2，所以必须开启气孔，这样一来体内水分必然丧失，亦即为进行气体交换所需要。另一方面，在炎热的季节小麦需要靠损失水分将所吸收的热量以汽化热形式消耗掉，降低叶片的温度。所以，在小麦整个生育期不断地有水流自土壤进入植株体内，然后再蒸散到大气中。因此，在三者间形成土壤—作物—大气连续体。

土壤水是小麦的主要水分来源。水分进入植株体内，既取决于植株的水势，也取决于土壤的水势。土壤水势的大小取决于土壤的含水量和含盐量。一般来讲，土壤的水势高于植株的水势，所以水分才能不断地进入作物体，在作物体内水又沿着水势梯度向上移动进入叶片中。在叶片表面与大气接触的界面上存在有蒸汽压差，水分通过气孔的调节不断地进入大气中。所以，土壤、作物、大气三者永远是处于连续的动态平衡之中。可以把作物体看作是一个有缓冲能力的容水器，它的含水量、水势以及细胞体积都经常发生变化。同时，在一定幅度内作物也有能力通过增强或减少吸收，通过蒸腾和关闭气孔以及积累渗透活性物质的方式，恢复并维持体内的水分平衡。

小麦叶片表面是由外壁加厚角质化的并附有蜡质的不透水的表皮组织包围着，不易丧失水分。水分的蒸发和 CO_2 的进入都是通过气孔进行的，这种受到气孔调节的水分蒸发叫蒸腾作用。小麦的蒸腾主要受光辐射影响。在有光的情况下，气温会随着升高，相对湿度也会降低，蒸腾便加强，这时也有利于光合作用。从小麦整个生育期来看，苗期由于叶面积小，气温不高，蒸腾不大；但到抽穗扬花以后，蒸腾作用则大大地加强。因此，从小麦拔节时起便要特别注意水分的供应。在水分亏缺时，蒸腾率迅速降低，主要是由于气孔关闭和气孔导度降低。根能够通过某种信息控制叶片的蒸腾。例如，Munns 和 King（1988）从生长在干旱土壤中的小麦蒸腾流收集木质部液，然后施用于有良好水分供应的植物的离体叶，结果导致离体叶蒸腾降低 60％；如果利用水分状况良好的作物木质部液则只能引起蒸腾降低 25％。说明根的生理变化能控制蒸腾，甚至在叶水势没有降低以前，根的控制便起作用。

植物蒸腾主要由气孔来调节，气孔由保卫细胞组成。因此，保卫细胞的形态能影响气孔功能。一般在水浇地上，凡旗叶保卫细胞相对短、分布范围较集中者，一般也是耐旱性较强的品种；在旱地上，凡旗叶保卫细胞相对长、分布范围较集中者，一般也是耐旱性较强的品种。由此可见，气孔对水逆境有高的敏感性。

（四）小麦对水分胁迫的反应

干旱或水分亏缺是限制小麦产量的最主要因素。在田间条件下小麦经常遇到干旱的威胁。水分胁迫时小麦生长缓慢、分蘖减少、株高降低、叶面积和干重都下降，高秆品种表现尤为显著。Thind 和 Malik（1988）曾观察到小麦幼苗遭受干旱胁迫时，叶绿素含量、希尔反应、Rubisco 和硝酸还原酶活性均降低，叶水势、叶传导、净 CO_2 同化率也下降，而过氧化物酶和过氧化氢酶活性却增加。薛青武等（1990）发现，干旱条件下小麦叶片水势降低，并产生不同程度的渗透调节，但净光合率、气孔导度和叶肉 CO_2 浓度均降低。他们认为可借离体干旱条件下比较叶片持水力（如叶片含水量）来鉴别小麦的抗旱能力。王万里等（1982）用扬麦 1 号研究干旱对小麦灌浆的影响时观察到，土壤干旱使蒸发蒸腾明显降低、叶面积减小、光合速率下降。干旱也加速叶片中氮、磷的外运，而且旗叶光合率在开始缺水时降低的最明显，但经过数天后似乎出现一定程度调整能力，光合率下降反而不如开始时陡。盛宏达等（1986）在小麦开花后观察到干旱明显地降低 $^{14}CO_2$ 的同化，但是穗和穗下茎中的 $^{14}C^-$ 同化物的相对比率却有所增加。这说明植株在逆境下有保护其最重要部分的适应能力。李勤报和梁厚果（1986）在研究水分胁迫下小麦萌发 10d 幼苗的呼吸作用时观察到，叶片呼吸在胁迫初期升高，然后随相对含水量递减而下降，并且根的呼吸速率从干旱开始便成指数地下降，水分胁迫也引起呼吸代谢途径发生改变。由此可见，水分胁迫对小麦植株体内生理过程都能发生不利的影响。从小麦生长发育进程来看，花粉母细胞形成时期对水分胁迫最为敏感，老的叶片最先受害，新生组织缓冲适应能力较强。

生长在盐土上的小麦除过受 Na^+ 和 Cl^- 的毒害外，也能造成水分胁迫的后果。高盐

（NaCl＞0.1％）不但使土壤水势降低，而且也使细胞水势降低，致使植株遭受水分胁迫的影响，造成所谓的生理干旱。在这种情况下，老叶中能合成甜菜碱，并经由韧皮部运输至其他部位，调节细胞的渗透势。因此，有人将小麦积累甜菜碱的能力作为抗盐育种的指标。盐害的效应与干旱的效应非常类似，如都抑制生长，致使植株矮、叶面积小、净光合率低、蛋白质合成受阻、ABA 积累等。当然，在盐害时除水分亏缺的影响外，过高的氯和钠的毒害作用以及钠/钾平衡的破坏均不可忽视。耐盐小麦的细胞具有分辨溶质的能力，即细胞膜对 K^+ 有较高的选择性，Na^+ 则积累在液泡中。细胞质内的渗透调节则主要靠积累无毒的甘氨酸甜菜碱、脯氨酸、甘露醇和山梨醇等来实现。目前也发现，在渗透剧变情况下小麦体内也积累多胺，而多胺能维持膜和核酸的完整性，有利于提高耐盐能力。

在土壤水分过多时，小麦常发生涝害，此时不但因为水，而且也因为土壤内缺少氧气。在淹水条件下，小麦根系无氧呼吸加强，组织内大量形成和积累酒精，与此同时也积累二氧化碳和乳酸，最后使小麦根系中毒死亡。既或是在低温条件下，这些过程也都发生。植物受涝时衰老加速也可能和体内激素的产生和转运机制失调、激素间平衡紊乱有关。如地上部乙烯、ABA 和生长素含量增加，而赤霉素和细胞分裂素含量下降。一般均认为植物淹水引起的衰老是由于乙烯作用的结果。董建国和余叔文（1984）在土壤淹水的同时向小麦地上部喷细胞分裂素类物质，显著地减轻了涝害。试验表明乙烯是衰老的促进剂，而不是触发这一过程的"扳机"。董建国等（1986）以后又证明，小麦在土壤淹水条件下，根部大量合成乙烯前体 ACC（氨基环丙烷-1-羧酸），地上部 ACC 和乙烯随之增加，但时间延长后地上部 ACC 和乙烯逐渐下降，而根部 ACC 一直保持很高水平。排水可使地上部 ACC 和乙烯下降至对照水平，根部 MACC（丙二酰氨基环丙烷-1-羧酸）无大变化，但地上部 MACC 一直保持上升趋势。土壤过湿，特别是高温和高湿同时发生时，更易加重植株枯衰。

（五）小麦需水量和水分利用效率

需水量也称田间耗水量，是作物生长期间蒸发蒸腾需水的总和。一般以蒸腾系数，也就是每生产 1g（或 kg）干物质所消耗的水的克（或千克）数来表示作物的需水量。小麦的蒸腾系数变动在 350～500 之间，那么要获得每公顷 6 000～7 500kg 的产量，收获指数为40％，生物产量应为每公顷 15.0～18.8t，每公顷小麦的需水量则应为 5 250～9 375t。实际上，小麦的需水量与气候条件有密切关系。在干旱和光线充足时需水量就大，反之则小。丁正熙（1984）在北京地区证明，在地下潜水埋深 1.5～2.0m，土质轻壤至中壤，单产量为6 000～7 500kg 水平的小麦田间耗水量约为 537.4mm，也即每公顷耗水 5 376t。

作物每消耗单位数量（如 kg）水后所形成的干物质的数量（如 g 或 kg），被称为蒸腾效率，也就是水分利用效率。

水分利用效率＝干物质或作物产量（g 或 kg）/蒸发蒸腾水量（kg 或 t）

在水资源不足的地区，如何经济利用水分是小麦生产中的重要技术问题。耐旱的品种，其水分利用效率较高，主要与生理活性强的气孔、光合特征、细胞调渗能力、原生质耐脱水性、根系强大以及叶面角质层厚等生理特性有关。合理的栽培管理也能提高小麦的水分利用效率。例如，正确选择灌溉的时间、用水的数量以及灌溉的方法（如喷灌，滴灌）都能降低全生育期耗水的数量。与此同时，改善作物营养条件，光照条件（合理的密度和群体），促进作物的生长发育，促进结实，都能提高小麦的水分利用效率。

小麦种子具有形成幼苗的一切物质条件，但萌发时需要一定的温度、氧气和水分。在播期合适的田间条件下，只要土壤不淹水，种子很容易获得氧气和所需要的温度条件。所以土壤水分含量是影响种子萌发的最关键的因素。一般来讲土壤最大容水量（或田间持水量）的70%～80%是最适宜于萌发的条件，高于此含水量则造成氧气供应不足，低于此含水量则限制种子萌发。所以为了保证小麦苗齐、苗全，在播种前必须使土壤有充足的底墒水。在有喷灌设施的情况下这是很容易做到的，不能喷灌也可以对干燥的土壤事先进行灌溉，但最好不浇蒙头水、除非是万不得已。

小麦在不同生育期需水量也不相同。苗期生长量小，消耗的水分较少，如果不是过分地干旱，一般最好不浇水。这样一方面能促进根系的生长，另一方面能适当抑制地上部的徒长，易形成壮苗。特别是冬小麦，冬前和冬后均不宜旺长。起身以后需水渐多，拔节至孕穗前是需水的临界期，此时缺水，严重影响生长发育。此后气温增高、生长加速、蒸发蒸腾增强，应根据土壤含水量情况及时补充水分，以满足正常生长发育的需要。

（六）品种抗旱性的选育

如上所述，水分胁迫几乎对小麦所有的生理生化功能都有影响。在生化和生理过程中光合作用对产量构成的影响最大，所有影响光合作用的遗传基因都要影响到产量。因此，在水分胁迫期间和其后，小麦品种光合作用能力的强弱是评价品种抗旱性的重要指标。例如，相对生长速率、净光合同化率、叶面积指数、净 CO_2 交换速率、气孔数及其开闭性能、气孔阻力、光呼吸等生理参数，对产量具有潜在的影响。从水分利用上看，任何减少蒸腾或增加水分吸收的形态或生理性状的改良，都会延迟水分亏缺的发生和减少水分胁迫的有害影响。例如，在干旱条件下，前期生长迅速，根系发达，植株体内渗透调节作用等都可以作为选择抗旱基因型的指标。如果干旱发生在小麦生育后期，对籽粒灌浆进度和早熟性的选择则是重要的。在吸收水分方面，具有小的导管直径和高的液压阻力的根系可认为是一个优点，它可使植株在早期生长中节约用水并保存较多水分，供籽粒灌浆期间利用。

关于小麦品种抗旱性的测定，前人的研究很多，提出了许多间接指标，但在全面地评价一个品种的抗旱反应上，还没有一个测定方法是完全可靠的。从简便、快速和相对可靠性出发，不少研究者利用反复干旱法测定存活率作为田间抗旱性鉴定的指标；也有提出叶片离体后的失水率、相对电导率和叶片干鲜重比，也是鉴定抗旱性较好的指标。为使生理指标与农艺指标结合得更好，许多育种家应用抗旱系数，即同一品种在干旱条件下和灌溉条件下的产量比值，作为综合评价品种抗旱性强弱的一个指标。兰巨生等（1990）基于多点试验中有关稳定性分析的环境指数的概念，提出以抗旱指数作为综合指标比抗旱系数更为贴近，可供试用。其表达式为：抗旱指数＝某品种旱地产量×抗旱系数/旱地各品种平均产量。

第二节　春小麦的一生

一、春小麦的物候期

春小麦从种子萌发、出苗直到成熟的整个过程是一个生活周期。在此期间按一定顺序形成对产量构成因素起不同作用的各种器官。春小麦从出苗到成熟所经历的时间，叫做生育期。生育期的长短，因品种、播种期和栽培地域而异。根据春小麦植株的形态特征，可将其全生育期分成如下几个物候期：

出苗期：50％以上的植株第一叶伸出芽鞘 1.5cm 时为出苗期。

分蘖期：50％以上的植株第一个分蘖露出叶鞘时为分蘖期。

拔节期：50％以上的植株主茎第一节间露出地面 1.5cm 时为拔节期。

挑旗期：50％以上的植株主茎旗叶完全伸出叶鞘，叶耳可见时为挑旗期。

抽穗期：50％以上的植株穗子顶端由旗叶叶鞘伸出，密穗型品种穗身自叶鞘侧面露出一半时为抽穗期。

开花期：50％以上的麦穗各有 1～2 朵小花的花药露出颖壳时为开花期。

灌浆期：籽粒开始沉积淀粉粒时，约在开花后 10d 左右。50％以上麦穗籽粒达到此标准时即为灌浆期。

成熟期：麦穗变黄，胚乳呈蜡状，籽粒可被指甲切断时粒重最高，是适宜的收获期。籽粒变硬，不易被指甲切断为完熟期。

二、春小麦的生育阶段

按照器官形成和产量构成的关系，可将春小麦的一生归纳为依次相连的三个阶段，即幼苗阶段、器官建成阶段和籽粒形成阶段。

（一）幼苗阶段

包括从出苗到拔节。此阶段，植株生长缓慢，有条件长大的分蘖几乎全部出现，长出一部分次生根和全部近根叶片，茎生长锥从未伸长到分化小穗（二棱末期）。这个阶段的麦田管理称为苗期管理。其目标主要是，要求长出较多健壮的叶片和次生根。分蘖数量符合需要，形成壮苗，为取得所需的适宜穗数奠定有利的基础，为达到壮秆大穗创造良好的营养器官条件。如果分蘖数量不足，可以采取措施，促使分蘖增加；如果分蘖数量达到或超过需要，可以采取措施，抑制更多的分蘖出现。在这个阶段采取措施，比较容易使弱苗转壮；抑制麦苗旺长，使之壮而不旺。

（二）器官建成阶段

包括从拔节到开花。此阶段，营养器官和结实器官都加速生长，长出全部茎生叶片和伸长节间，结实器官从分化小穗、小花到完成穗分化的全部过程。一般不再出现新的分蘖，已出现的分蘖进入强烈的两极分化时期，较小的分蘖停止生长并逐渐枯死，到这一阶段结束时，分蘖两极分化结束，群体穗数固定。这个阶段的栽培管理称为中期管理，其目标主要是，通过相应的措施影响分蘖两极分化过程，达到每公顷的合适穗数，促使植株形成健壮的营养器官，以利于分化出较多的发育健全的小花，从而增加每穗粒数，并为形成饱满的籽粒打好基础。在这个阶段，除必须满足肥、水需要外，增加光合产物对增加粒数有重要意义。因此，在拔节期间，如果群体总茎数偏多，可以适当地采取蹲苗措施，使小的无效分蘖较早停止生长，以改善群体光照条件、减少植株消耗，有利于穗部得到更多的养分，增加粒数。

（三）籽粒形成阶段

包括开花到成熟。此阶段，除籽粒外，植株不再形成新的器官。在适宜的条件，抽穗的分蘖不再死去，每公顷穗数最后确定；发育健全的花，经过授粉、受精，形成种子，确定每穗粒数和粒重，是产量形成的阶段。这个阶段的栽培管理称为后期管理，其主要目标是，通过灌溉和排水，掌握适宜的土壤水分，注意防治病虫和自然灾害，增强绿色器官的光合能力，防止早衰或贪青，防止已形成花粉粒的花退化，加速籽粒灌浆过程，促进正常成熟，提高粒重。

三、春小麦的需水规律

（一）春小麦耗水量

小麦耗水量（或田间耗水量），是指小麦从播种到收获的整个生育期间对水分的耗用量。春小麦一生中总耗水量为 400～600mm（每公顷 3 900～6 000m³），包括棵间蒸发和植株蒸腾。棵间蒸发约占小麦一生总耗水量的 30％～40％。春小麦从播种到拔节前，因叶面积较小，麦田耗水量主要是棵间蒸发。由于棵间蒸发对小麦植株生长不利，故生产上应注意做好保墒。植株蒸腾是小麦正常生长所必需的生理过程，春小麦植株蒸腾约占小麦一生总耗水量的 60％～70％。一般单产籽粒 3 750kg/hm² 左右，需水约 4 425m³ 左右。

春小麦不同时期的耗水特点与各地气候条件、产量水平和田间管理状况有关。一般情况下，春小麦从播种到成熟，耗水强度呈现出由低到高，再由高到低的单峰曲线变化。如在宁夏春麦地区，播种至拔节阶段，因外界温度较低，发育较为缓慢，植株耗水量仅为全生育期的 25.3％；而拔节至抽穗阶段，因春小麦个体迅速生长，植株茎叶繁盛，外界气温较高，导致叶片蒸腾加强，日耗水强度达峰值；此后到成熟期，日耗水量持续下降。如表 5-3 所示，春小麦各阶段耗水量占全部耗水量的比例依次为：10.1％（播种—分蘖）、15.1％（分蘖—拔节）、26.0％（拔节—抽穗）、48.8％（抽穗—成熟）。

表 5-3　春小麦各生育期间耗水量

（宁夏，1995—1996 年）

生育期	播种—分蘖	分蘖—拔节	拔节—抽穗	抽穗—成熟	全生育期
天数	40	20	18	46	124
耗水量（m³/hm²）	458.1	695.3	1 277.1	2 375.3	4 805.7
日耗水量（m³/hm²）	12.2	37.1	72.6	54.3	38.7
阶段耗水（％）	10.1	15.1	26.0	48.8	100

资料引自：《中国小麦栽培理论与实践》，2006 年。

（二）春小麦的灌溉

春季灌溉：春小麦在拔节后基部两个节间已定长。一般在春小麦第三节间刚开始伸长时浇拔节水最为适宜。若正拔节时灌水，会使基部两个节间细长柔弱而发生倒伏。

后期灌溉：是指抽穗至成熟期的灌水。包括灌浆水和麦黄水。西北春麦灌浆期间，需要大量水分，而此时该地区正处于干旱少雨的季节。因此，适时灌水对提高粒重，增加产量有重要意义。灌浆期土壤水分适宜，可防止小麦根系早衰，达到以水养根，以根保叶，以叶保籽的作用。在西北春麦区灌浆后期常出现干热风，气温高，湿度低，麦株的正常水分代谢受到破坏，灌浆过程缩短，不能正常成熟，千粒重下降。为避免或减轻干热风的危害，在干热风到来之前，大面积浇麦黄水有一定的效果。据观察，浇麦黄水的地块棵间温度可降低约4℃，同时提高了空气的相对湿度，从而改善了田间小气候，保证了灌浆过程的正常进行。浇麦黄水时，应避免浇后遇风雨而造成倒伏。

四、春小麦的需肥规律

在小麦干物质中，碳、氢、氧三种元素占95％左右，主要来自于空气和水；另外5％是氮、磷、钾、钙、镁、硫、铁、锰等元素，虽然每一种元素在小麦体内的含量不同，但在小麦的生长发育过程中都有不可替代的作用。

（一）春小麦的需肥量

研究发现，春小麦每生产100kg籽粒，需吸收纯氮3kg、五氧化二磷1.0～1.5kg、氧化钾2～4kg。一般情况下，氮、磷、钾三者的比例约为3∶1∶3。其中，氮和五氧化二磷主要存在于籽粒中，分别占全株的76.0％和82.4％，氧化钾则主要存在于茎秆中，占全株的70.6％。

春小麦全生育期对氮、磷、钾的吸收不是均衡分配的。一般春小麦苗期吸肥较少，但是适当的氮、磷对分生组织生长、分化，促进早分蘖、早生根以及积累有机物质有显著的效果。所以，播种前，底肥和种肥不能少施；拔节后植株对各种养分的需求大大增加，这时正由茎叶迅速伸长的营养生长过渡到幼穗分化的生殖生长，需要加强各种养分供应，以巩固大蘖成穗，减少小花退化，提高结实率；开花后主要是维持氮素供应，延长功能叶寿命，保证正常灌浆，争取大穗多粒。宁夏农业科学院（1990）对春小麦各期对氮、磷、钾吸收量进行研究发现氮、钾的吸收量以拔节至孕穗阶段为最高，分别占总量的30.7％和31.0％；磷的吸收量在乳熟前一直呈上升状况，从拔节后开始剧增，乳熟期达最高峰，吸收率占总量的30.3％。

（二）改进春小麦的施肥技术、提高肥料利用率

1. 改粉末状肥料为颗粒状肥料 氮素的损失主要在于挥发和流失，可改撒施为条施、沟施，改浅施为深施，把粉状肥或结晶状肥压制成粒肥使用，在条件允许的情况下也可以与有机肥混合或制成球肥使用。

2. 磷肥深施 磷在土壤中移动性较小，容易与土壤中的铁、铝、钙等元素合成难溶性化合物而被固定下来。施用时不能施于表土，应施在全耕层范围内，使小麦一生中都可吸收到磷。在机械化水平较高的地区，常采用耕前施一次底肥，再在播种时浅层开沟施一次种肥的办法。

3. 钾肥少量多次施用 钾肥虽能在土壤中被吸附，但比铵态氮吸附力小，在西北雨水多的地区或沙土上易流失，应采用少量多次的施肥方法。而在西北旱作区，由于土壤径流较少，钾的流失也较少。

第三节 生育期与阶段发育

春小麦植株的生命周期是从种子萌发开始，在生长发育过程中，经过建成器官到结出种子和植株衰老死亡。在生命周期内生长发育是连续进行的，单株生育的不同阶段形成的器官不同，体内生理活动也在不断变化。人们为了研究和栽培管理的方便，根据生长发育过程中一些明显的形态表现或生理特点，把春小麦一生划分为若干生育期。

一、小麦的生育期

（一）春小麦的生育期

春小麦的生育期通常按照生育进程顺序可划分为出苗、分蘖、拔节、孕穗、挑旗、抽穗、开花、灌浆、成熟等生育时期。生育期的划分，根据需要可繁可简，因春小麦不经历冬小麦的越冬、返青和起身等时期，故不考虑这些生育时期的划分。但有时需要加上春小麦苗期的三叶期以及中期的生理拔节期；有时还需把成熟期细化，分为乳熟、黄熟、蜡熟、完熟等时期。这些生育时期的含义并不一致，有的表示一个短暂的形态特征，有的则表示一个相当长的生育阶段，前者如出苗、返青、起身、抽穗等常用于物候的记载，后者如越冬、拔节、灌浆等主要用于麦田管理。

春小麦从播种到成熟经历的天数，称为春小麦的全生育期。春小麦的生长天数较冬小麦相差较大。根据 1982—1985 年全国小麦生态研究课题组对不同冬、春小麦生态类型品种，在全国不同地理、播期及年季条件下的观察结果看出，春小麦与冬小麦的全生育期天数最大相差近 300d（表 5-4）。在整个小麦生育期中占时间比重最大的是前期，即三叶至拔节期，约占全生育期的 20%～57%，且随品种冬性的加强而加大。其次是开花至成熟期，约占全生育期的 14%～37%，但随冬性的加强而降低。所以，冬性类型生育期长短主要决定于三叶至拔节期，而春性类型生育期长短主要取决于开花至成熟期。

表 5-4 12 个冬春小麦品种在多种生态环境中的生育时期效应

品种	冬春性	全生育期日数（d）		各生育时期占全生育期日数的百分比（%）				
		最大	最小	出苗—三叶	三叶—拔节	拔节—抽穗	抽穗—开花	开花—成熟
辽春 6 号	春麦	314	68	10.1	16.2	30.4	5.5	37.3
喀什白皮	春麦	326	74	9.2	30.5	28.8	3.8	27.3
甘麦 8 号	春麦	327	68	9.7	25.9	29.6	4.2	30.3
克旱 6 号	春麦	345	75	8.8	29.3	31.3	3.9	26.4
日喀则 54	春麦	323	74	8.7	33.0	29.0	3.7	25.2
晋麦 2148	春麦	312	71	9.3	25.7	27.8	5.3	31.8
郑州 761	冬麦	307	81	7.6	45.1	20.2	3.9	23.4
冀麦 7 号	冬麦	307	80	7.7	43.4	21.1	3.9	24.0
白秃麦	冬麦	308	82	7.9	51.7	17.1	3.2	20.2
新冬 2 号	冬麦	332	92	6.9	52.6	20.2	2.7	17.5
泰山 4 号	冬麦	306	89	6.8	54.2	17.9	3.1	18.0
肥麦	冬麦	354	97	6.7	57.4	19.6	2.0	14.7

资料引自：《中国小麦学》，1996 年。

在西北春麦区，春小麦的全生育期还不及冬小麦的一半。冬小麦从开始分蘖至拔节经历180d左右（其中越冬期80d左右），而春小麦从开始分蘖至拔节仅为15d左右。以甘肃为例，冬、春小麦的生育期相差近160d（表5-5）。春小麦生育期的长短又因地区差异而有较大不同。东北平原一般80～90d，内蒙古高原和新疆塔里木盆地为100～130d，甘肃河西及宁夏平原地区为90～120d，而海拔高且气候寒冷的青海、西藏高原则更长一些，一般在130～160d。

表5-5 甘肃地区冬春小麦的全生育期

地区	北纬	海拔（m）	播期	成熟期	全生育期（d）	代表麦区	代表品种
镇原	35°41′	1500	9月20日	6月25日	278	陇东泾河上游冬小麦区	陇鉴127
天水	34°14′	1303	9月20日	6月25日	278	陇南渭河上游冬小麦区	兰天10号
成县	35°45′	970	9月25日	6月20日	268	岭南嘉陵江上游冬小麦区	兰天4号
陇西	35°00′	1728	3月30日	7月30日	181	陇西冬、春小麦兼种区	陇春15号
会宁	35°41′	2013	3月25日	7月25日	171	陇中干旱春小麦区	陇春23号
临夏	35°35′	1918	3月15日	7月18日	124	洮岷高寒春小麦区	临麦30号
武威	37°53′	1574	3月20日	7月20日	122	河西灌溉春小麦区	宁春4号

（二）纬度及海拔对春小麦生育期的影响

春小麦全生育期的长短，除主要决定于遗传性外，还因各地区环境因素和栽培技术的不同而有所差异。同一品种在不同纬度地区种植，由于温度、光照的差异，生育期也随之发生变化。据甘肃省农业科学院观察，春小麦品种陇春27号在武威黄羊镇种植的全生育期比在榆中延长7d以上（表5-6）。其次，海拔对于春小麦生育期的长短也至关重要。海拔每上升100m，温度下降0.6℃。海拔高度与作物生育期呈正相关，即海拔越高，全生育期越长。从表5-7中可知，春小麦品种高原602种植在海拔2 000m以上的青海西宁，其生育期较海拔较低的黑龙江肇东延长50d左右，而较海拔1 740m的甘肃武威黄羊镇延长20d左右。

表5-6 陇春27号在不同纬度地区的生育期（2014年）

地点	纬度	播种期	出苗期	抽穗期	成熟期	全生育期	当地熟性
黄羊镇	北纬37°40′	3月25日	4月8日	6月4日	7月18日	116d	中熟
榆中	北纬35°59′	3月20日	4月2日	5月25日	7月5日	108d	中早熟

表5-7 高原602在不同海拔地区的生育期

地点	纬度	海拔（m）	出苗—拔节（d）	拔节—抽穗（d）	抽穗—成熟（d）	全生育期（d）
黑龙江肇东	北纬45°40′	120	18	23	40	102
甘肃武威黄羊镇	北纬37°40′	1 740	31	28	49	121
青海西宁	北纬36°30′	2 261	39	32	53	151

（三）播期对春小麦生长期的影响

同一品种在同一地区种植，由于播种期不同，全生育期长短也会发生变化。根据中国科学院寒区旱区环境与工程研究所在甘肃定西对春小麦品种定西24号不同播期的试验可知，随播期推迟，生育期也逐渐缩短。从表5-8可见，最早播期（3月8日）的全生育期最长，为130d；最晚播期（4月7日）的全生育期最短，为114d；两者相差16d。播期每推迟10d，全生育期平均缩短4d。随着播期的推迟，春小麦营养生长阶段（抽穗前）的发育进程加快，发育天数明显减少。如播期3月8日，其播种至抽穗需96d，而4月7日播种只需77d；这是由于随着播期推迟，气温逐渐升高，春小麦生长发育加快，播种至抽穗的时间明显缩短。但在春小麦生殖生长阶段（抽穗至成熟期），不同播期对其影响并不大，其平均发育天数约36d。

表5-8　不同播期对定西24号生育期的影响

(张凯，2011)

播种期 （月/日）	出苗期 （月/日）	三叶期 （月/日）	拔节期 （月/日）	孕穗期 （月/日）	抽穗期 （月/日）	开花期 （月/日）	成熟期 （月/日）	播种—抽穗 (d)	抽穗—成熟 (d)	全生育期 (d)
3/8	4/4	4/26	5/22	5/30	6/12	6/16	7/16	96	34	130
3/18	4/12	4/28	5/26	6/2	6/14	6/18	7/20	88	36	124
3/28	4/22	5/4	5/28	6/6	6/17	6/21	7/26	81	39	120
4/7	4/26	5/8	6/1	6/10	6/23	6/26	7/30	77	37	114

二、小麦的阶段发育

在生产上，春天播种典型的冬小麦品种，即使水肥充足、生长条件适宜，当年也仅停留于营养生长阶段，而不能开花结实。相反，冬种春小麦的植株密度、穗粒重及产量也不见得比正常春种的好。小麦从种子萌发到结实成熟的生活周期内，必须经过几个顺序渐进的质变阶段，才能开始进行生殖生长，完成生活周期。这种阶段性质发育过程称为小麦的阶段发育。每个发育阶段需要一定的外界条件，如温度、光照、水分、养分等，而其中有一两个因素起主导作用。春小麦在整个发育阶段中，以春化阶段和光照阶段最为重要。前者要求以特定温度为主导的综合条件，后者要求以特定光照为主导的综合条件，只有满足了春化阶段和光照阶段各自的特定要求，春小麦才能抽穗结实。

（一）春化阶段

1. 春化类型　无论冬春小麦，春化阶段是其第一个发育阶段。萌动了的生长锥，在适度的低温、光照、水分的综合作用下，开始渐渐发育，形成幼穗。其中，温度是小麦植株能否通过春化阶段的主导因素。如果此时没有一定时间的低温作用，植株就永远停留在分蘖状态，而无生殖器官发育。所以，根据通过春化阶段所需温度及持续时间的不同，可将小麦品种划分为春性、半冬性、冬性三个类型。

春性品种：此类小麦对温度要求不太严格，在北方春季播种或在南方秋播，抽穗都很正常。甚至有些春性品种，进行高山夏季播种都能正常抽穗。在西北春麦区，如陇春系列、武春系列、宁春系列等春小麦通过春化阶段最适宜的温度为0~12℃，需经5~15d。

半冬性品种：此类小麦对温度要求略微严格。将未通过春化的种子进行春播，不能抽穗或延迟抽穗，且植株杂乱、籽粒瘦小、干物质积累少。西北春麦区，属半冬性的兰航选01、武都17号在早春播种都能抽穗结实，但过晚播种皆无法抽穗。这类品种通过春化阶段的最适温度为 0～7℃，需经 15～35d。

冬性品种：此类品种对低温要求及持续时间很敏感。在生产实践中，如果将冬性小麦进行春播，往往因缺乏较长时间的低温，而无法通过春化阶段，仅进行根部分蘖，不进行拔节抽穗，植株犹如杂草。在西北麦区，兰天系列、陇鉴系列、中植系列等冬小麦通过春化阶段的最适温度为 0～5℃，需经 35～50d。若温度低于 0℃，春化速度减慢，至 −4℃时植株停止发育；而当温度高于 10℃，春化阶段不再进行。

在西北春麦区，春性小麦一般在出苗后"三叶一心"时期，便通过了春化阶段。而西北的甘肃陇东泾河上游冬小麦区、陇南渭河上游冬小麦区，其冬性和半冬性品种一般于越冬前后完成春化。小麦通过春化阶段后，各种生理活动增强，但抗寒性则有所减弱。

2. 春小麦的春化阶段　春小麦是小麦品种划分的一个春型类群，其春性也有强弱之分。

（1）春型和弱春型小麦的春化反应。在金善宝主持的"全国小麦生态研究"中，发现春性强弱一般的小麦品种，播种至生理拔节、生理拔节至抽穗的生育天数均与该期间的日均温呈显著负相关，但温度每升高 1℃而减少天数的效应，则低于强春性品种。

至于春型中的弱春性品种，在全国各麦区春播，皆能抽穗并成熟。若在西北地区晚春播种，由于温度高，春化效果不理想，导致抽穗不整齐，抽穗率低，或抽穗后不能成熟；若在西北地区秋播，植株能部分越冬，且冬前不拔节的越冬率较高，并能抽穗和成熟；而在西北冬季气温较低的一些地区，若能临冬播种，弱春性小麦亦能抽穗并成熟。故可知，弱春性小麦品种的生育进程需有一定时间的低温处理，方能通过春化阶段。

（2）强春性小麦的春化反应。强春性小麦，在生长发育过程中的温光反应有着不同于其他春小麦品种的特点。曹广才等（1990）在黑河、北京、南京、福州等全国 42 个试验站，进行多年度春、夏、秋分期播种田间实验中发现：无论播期早晚，南北纬度或海拔高低，只要不因严寒或酷热伤害而使植株死亡，田间原本的温光条件都保证了生育进程的完成。但较高的温度对强春性小麦的生育进程有促进作用，随着日均温的升高，其全生育天数和各生育时期天数都相应缩短。综上所述，强春性小麦品种的生育早期并不存在低温要求，而是小麦品种中的一个非春化类型。

（3）影响春化作用的其他因素。温度是影响春化作用的主导因素。同时，光照、水分、营养物质、植株年龄也影响小麦能否顺利通过该阶段。

光照：当光照条件不足时，处于苗期的春小麦植株光合活动下降，营养物质得不到有效积累，以致发育过程减慢。所以，充足的阳光可以使春小麦进行较强的光合作用，使其在良好的营养状态下顺利地通过春化阶段。

水分：春小麦感温阶段的发育是在生长点细胞处于分裂状态下进行的。只有在充足的水分、适量的氧气和适度的温度下，细胞才能生长与分裂，也只有胚芽在萌动生长时，春化才能进行。据试验，种子含水量低于 45％时，胚的生长几乎停止，春化过程濒于停顿。可见在大田生产中，保持足够的土壤湿度，是小麦进行春化作用的重要条件。

营养物质：春小麦通过春化阶段需要健壮的植株，以进行光合产物的积累，促进感温阶段的发育。所以，在播种前，应选用饱满的种子并施足底肥，以确保苗多、壮苗的苗势。

植株年龄：春小麦的植株年龄与其通过春化阶段的速度关系很密切。一般 2～3 片叶的幼苗春化速度要快于刚刚出土的幼苗及正处于分蘖期的幼苗，未完全成熟的种子春化速度要快于完全成熟的种子。

小麦从种子萌动开始到茎生长锥伸长期间，只要具备发育条件，任何时候都可以进行春化，而幼苗比种子快。当然对春化过程中内部生理变化的实质，有待进一步研究。

(二) 光周期阶段

小麦通过春化阶段后，需有适当的外界条件，才能转入光照阶段。其中，适当的光照长度是小麦顺利通过该阶段的主要因素。无论是冬小麦或春小麦都要求长日照，只有在长日照的情况下，光照阶段才得以迅速进行。

1. 光周期效应的部位和时期　无论冬春小麦，叶片是接受光周期刺激的器官。叶片受到光周期刺激之后，将这种影响传递到茎生长锥，引起幼穗的分化。叶片接受光周期刺激也与其生理年龄有关，幼嫩叶片感受能力小，成年的叶片感受能力强，而老叶则没有光周期效应。

2. 光周期反应类型　小麦虽属长日照作物，但因各类品种来源地区的纬度不同，对光照反应也不同，大体分为 3 类：

（1）反应迟钝型：在每日 8～12h 光照条件下，经过 16d 完成光照阶段进而抽穗。春性小麦大部分属于这种类型。

（2）反应中等型：在每日 8h 光照的条件下不能抽穗，而在每日 12h 光照条件下，历经 24d 左右，通过光照阶段进而抽穗。大多数半冬性的小麦品种属于此种类型。

（3）反应敏感型：需在每日 12h 以上光照条件下，经过光照阶段进而抽穗。冬性小麦大部分属于此种类型。

据分析，原产北纬 35°以北地区的小麦品种多为反应灵敏型和反应中等型；而原产北纬 35°以南的小麦品种多为反应迟钝型。从表 5-9 可看出，秋播小麦品种对光周期反应也与原产地的纬度，即生育期间的日照条件密切有关。这是小麦在系统发育过程中对环境适应表现。在中国每年春夏，日照长度随纬度的增加而加长，即在同一日期，北方的日照长，而南方的日照短。由此产生了小麦品种从南到北要求日照越来越长，所需光周期反应次数越来越多的特性。

无论冬春小麦，光照阶段开始以前，只进行叶、根分蘖及茎的原始节间生长。当进入光照阶段之后，茎的生长锥开始伸长，故以此作为春化阶段的结束和光照阶段的开始。对春小麦来说，此期为"三叶一心"期；对冬麦来说，是在第二年返青之后。至于光照阶段的结束，一般认为是在小麦幼穗发育的雌雄蕊分化期。

表 5-9　中国不同区域代表性地方品种的光周期与原产地纬度的关系

光周期反应类型	北纬 35°以南		北纬 35°以北	
	品种数	所占比率（%）	品种数	所占比率（%）
反应迟钝型	33	75.0	12	20.0
反应中等型	9	20.5	24	40.0
反应敏感型	2	4.5	24	40.0

资料引自：《甘肃省小麦生产技术指导》，2009 年。

3. 春小麦的光周期阶段　自 1981 年，历时 12 年的全国小麦生态研究显示，春小麦在北方长日照地区的多个试点春播或夏播，其生育全过程始终处于长日条件下。在北方秋播实验时，春小麦抽穗前经过"日照由短变长"的生育过程。而在华南和西南冬麦区，有春麦冬种的传统。在此冬播条件下，春小麦从播种到成熟始终是在短日照季节完成的。这便有力地说明，春小麦对光周期的生态适应性强，无论何种日长条件都能完成抽穗前的生育进程。

从一些局部地区试点的实验结果也可看出春小麦的光周期反应特性。前述曹广才等（1988）所做的人工气候箱内温光组合实验提出：强春性小麦品种的生育过程对日长无一定要求，甚至在一定温度的配合下，短日不一定推迟抽穗。国外的一些研究报道，春小麦尽管有春化反应，但花序发育却可在无论秋季还是春季的光周期反应中完成（Boote 和 Benn，1994）。

综上所述，春小麦的生育进程对日长无严格要求，光周期反应具有可变性。普通小麦的各种生态型品种包括春小麦品种，在光周期反应类型上，可划入中日性植物。它们的生长发育过程也没有独立的"光照阶段"。

4. 影响光周期反应的其他因素

（1）温度：在适宜的光照条件下，春小麦的光周期反应在 20℃ 左右进行最快，温度低于 10℃ 或高于 25℃ 时则会减慢。试验表明，在同样的光照条件下（12h），几乎所有的小麦品种都随温度的升高而加速发育，其抽穗日数的差距，一般超过加长日照的效应，特别是春性较强的品种更是如此。所以，长日照条件下，高温加快生育进程；短日照下，高温时短日抑制穗分化效应更为显著，导致幼穗中途死亡。低温虽然延缓了小麦的生育进程，但却可以减轻短日对穗分化过程的抑制，使分化进程达到较高阶段。

（2）水分：水分不足时，春小麦植株生长过程逐渐减慢，但光周期反应却在一定范围内加速进行。这可能是由于植株体内温度升高，加速了物质向生长锥运输的缘故。但是缺水超过一定程度，会延迟光周期反应的进行。

（3）营养条件：春小麦植株在通过春化发育前的营养体大小，对光周期反应速度有一定影响。据研究，以幼苗进行春化处理，营养体较大的植株，在小穗原始体分化前就完成了光周期反应；但以种子进行春化，营养体较小的植株，要在小花原始体分化（即雌蕊原始体开始形成）时才进行光周期反应。此外，施用氮肥过多，会延迟春小麦光周期反应，使生长锥分化减慢；施用磷肥则能加快光周期反应。

第四节　营养和生殖器官建成

一、根

（一）根系的形成与发展

1. 种子根　小麦根系属须根系，由初生根（又名种子根或胚根）和次生根（又名节根或不定根）组成。初生根在种子发芽时从胚轴下陆续生出，当第一真叶出现后，其数目就不再增加。春小麦的初生根在生育前期，其生长速度超过地上部分，每昼夜可向下伸长 2cm。初生根长出 8~10d 后，便伸入至耕层，当分蘖开始时，可深达 50cm。当温光水肥充足时，春小麦的初生根在较为干旱的黄土高原，其深度可达 200cm 以上。一般土壤黏重而潮湿时，初生根入土浅，反之则较深。其次，播种深度也影响着初生根的发育。当播种过深时，由于幼芽出土消耗较多养分，初生根发育不良；反之，初生根发育良好。一般春小麦初生根可达 3~5 条，最多 7~8 条，如西北旱地品种定西 24 号及地方品种和尚头的初生根最多可达 6

条。初生根细，较少分枝，其入土深度往往较次生根深，能吸收土壤深层中的水分和养分，在春小麦的一生中始终都起作用。

2. 次生根　次生根发生在茎基部的节上，其发生时间通常在开始分蘖时。在温光水肥适宜的条件下，每生长一个分蘖，就在该分蘖节上生出 1～2 条次生根。因此，分蘖数和次生根数有一定的相关性。分蘖期越长，分蘖次数越多，次生根数也越多，故根系越发达。次生根的多寡，因分蘖时环境条件的差异而有所不同。在西北土壤贫瘠而干旱，或植株密集的情况下，一些春小麦的分蘖基部不发生次生根。而当环境条件适宜时，次生根数可达 30～70 条、多则 100 条，但在大田环境中春小麦的次生根一般少于 30 条。

与初生根相比，次生根较为粗壮、数目多、分枝多。这是因为，次生根吸收的养分和水通常供给本分蘖生长发育之用。如果把分蘖不断除去，次生根吸收的养分便集中供给主茎生长，进而为春小麦形成大穗打基础。一般早生的大分蘖都有次生根，而晚生的小分蘖则没有，这也是晚生分蘖不能成穗而成为无效分蘖的原因之一。次生根发生后，常与地面成锐角向四周扩展，再向深处伸展。春小麦次生根较初生根入土深度浅，多集中于 20～30cm 的耕层中；但在适宜环境条件下，最深可达 40～80cm。同时春小麦次生根在伸长过程中，通常伴有侧生根发生，直到拔节至抽穗期，1m 左右的下层根系仍在大量分支。

潘幸来（1982）对小麦根系生育动态的研究发现：冬小麦次生根的生长有两个旺盛期，一是冬前分蘖期，次生根大多从主茎的分蘖节上长出。二是春季分蘖期，此期拔节前新根成倍增加，拔节后次生根增长率显著下降，直至抽穗开花结束。而春小麦的次生根发育旺盛期仅在春季分蘖期。无论冬春小麦，次生根停止发育都比分蘖停止发育晚 10～15d（表 5 - 10）。

表 5 - 10　小麦根系发生与生育动态

（潘幸来，1982）

生育期	播种	三叶期	冬前分蘖期	返青期	拔节期	开花期	成熟期
生育期发生的根系		初生根	冬前次生根	停止发育	春季次生根		
深层根伸长及滋生		主根深扎第一个盛期		基本停止或微活动期	主根深扎第二个盛期 及侧根大量发生期		

（二）根系的分布及吸收

无论冬春小麦，其根系的分布包括土层下的横向分布及纵深分布。横向分布常受温度、水分、肥力及土壤质地的影响而变化。春小麦根系的分布半径一般为 0～40cm。0～20cm 耕作层的根量占全部根量的 70%～80%，尤以中后期产生的上层次生根为主；20～40cm 及 40cm 以下的土层根量各占全部根量的 20%～30%。至于春小麦根系的纵深部分，多由初生根及下层早期次生根群组成，且数量少。马元喜（1979—1980）对春小麦成熟期单株的根系分布及生物量进行了研究发现：0～20cm 耕层中的根系数量及重量皆比其他深度的土层多，占 40%～60%。如果土壤深度达 0～40cm，根系数量及重量则可达到总量的 60%～80%。由此可见，小麦根系上层根量多，下层根量少，呈垂直递减趋势。

小麦依靠根毛从土壤溶液中吸收水分与无机盐，再通过共质体系统和非原生质体系统运输至中柱的木质部。春小麦初生根的吸收功能在长至第 5 片真叶时最为旺盛，抽穗后开始下降，直至成熟期仍有一定吸收能力。春小麦的次生根一般于分蘖后产生，虽对植株生长发育起着越来越重要的作用，但就土壤养分的吸收总量而言，则略低于初生根。特别是在次生根发生较少的干旱土壤中，主要靠初生根吸收营养物质。春小麦吸收养分的土层深于根系分布的土层。以春小麦根系吸收 P_2O_5 为例，1m 土层内各层吸收量占吸收总量的百分比依次为：0～20cm 为 47.4%，20～40cm 为 30.2%，40～60cm 为 14.7%，60cm 以下为 7.7%。由此可见，0～40cm 土层中，根系吸收的无机营养约占其总吸收量的 80%，而 0～60cm 则占 90%。所以适当的深耕整地、深施肥对春小麦根系的良好发育具有十分重要的意义。

（三）影响根系形成和生长的环境因素

温度、土壤水分、营养条件、播种密度等均影响春小麦根系的生长。

1. 温度　小麦根系生长所需的最低温度为 2℃，最适温度为 16～20℃，当温度超过 30℃ 时会造成大量根系死亡。在低温环境条件下，根系的生长比地上部分快。但随着温度上升，根系的生长速度逐渐落后于地上部分，故在西北春小麦种植区，适期早播有助于小麦壮根。

2. 水分　土壤干旱或过湿都不利于根系的生长。适宜小麦根系生长的土壤水分，是田间持水量的 60%～70%。当土壤水分不足，初生根生长缓慢，次生根停止形成，继而死亡。若在春小麦苗期土壤缺水，则会引起大田断苗缺苗；而拔节至抽穗期土壤水分欠缺，则会严重影响初生根的生长。当土壤湿度超过田间持水量的 80% 时，由于土壤所含氧气不足，春小麦根系生长受到抑制，甚至有烂根出现。所以合理灌溉有利于根系的良好发育，并为地上部分光合物质的积累提供保障。

3. 营养物质　合理施用氮肥能促进根系的生长。彭永欣等（1992）就不同施氮量对春小麦单株根数及根重的影响进行了分析，发现：当每 667m² 施氮量达到 10kg 时，春小麦根系数量及生物量均达到最大值（表 5-11）。若氮肥过多，会使叶片生长过旺，而根系的干物质积累下降，造成地上和地下部分生长不均衡，以致发生倒伏，影响产量。磷肥对根系促进作用较氮肥更加明显。据山西农业大

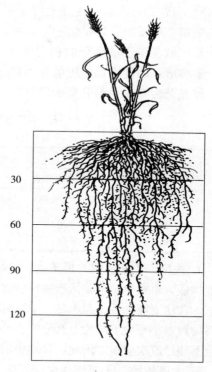

图 5-3　小麦的根系

（引自：《小麦的根》，1999 年）

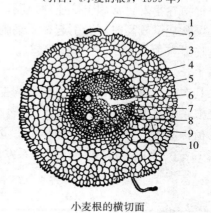

小麦根的横切面

根毛的结构

图 5-4　小麦根的构造

（引自：《小麦栽培基础知识》，1982 年）

1. 根毛　2. 表皮　3. 皮层　4. 内皮层　5. 中柱鞘
6. 原生木质部　7. 次生木质部　8. 原生韧皮部
9. 次生韧皮部　10. 髓

学研究（1983），当春小麦在土壤干旱且中等肥力的条件下生长，其抽穗期10cm以下的根系，施磷肥的日增长量是施氮肥的4.5倍，而且磷肥还可促进春小麦根系向纵深发展，扩大对干旱区域深层土壤水分的利用效率。土壤缺磷则导致次生根生长缓慢、数量少、且短而粗、不伸展，即使增加氮肥的施用量，春小麦植株仍旧瘦弱。因此，合理配合施用氮肥和磷肥，能显著促进根系与分蘖的发育，为麦田增产打下良好基础。

表5-11　不同施氮量对春小麦单株根数及根重的影响

（彭永欣，1992）

施肥量	扬麦5号		宁麦3号	
（纯N，kg）	单株根数	单株根重（g）	单株根数	单株根重（g）
0	33.66	0.515	34.90	0.643
10	38.00	0.533	40.40	0.685
20	36.7	0.578	38.70	0.683

4. 光照　光照强弱对根系生长影响也很大。光照强度与根系生长及活力呈正比，即光照强度越低，根系生长越差。当播种过密时，春小麦从分蘖到拔节，随叶片的繁盛，植株密蔽性增强，致使下层叶片光照不足，单株营养面积减小，光合作用降低，向根部运输的糖分减少，最终导致春小麦地下与地上部分的生长发育皆受抑制。特别在过分密植的情况下，春小麦植株甚至不能形成次生根。因此，合理密植，改善通风透光条件是调节根系生长的重要措施。

5. 土壤质地　土壤质地也会影响根系的生长。西北旱地春小麦的根系入土较深，生长良好；而灌区耕层养分充足，且土质结构好，因而根系在耕作层生长茂盛。若在过分灌溉的田块种植春小麦，常因土壤质地黏稠，上层水分过多、通气性差，致使根系生长弱。此外，当土壤含盐量较高时，会引起根系细胞分裂，并诱发短粗、弯曲的变态根现象。一般土壤含盐量临界点为0.2%，当含盐量超过0.5%时，其根量只相当于正常情况的40%，严重影响根系生长。

其次，深耕措施对春小麦根系的生长也起一定作用。刘殿英（1993）用^{15}N就深耕对春小麦根系吸收能力的影响进行了分析，发现不论20cm根层，还是60cm根层，深耕25cm的小麦植株茎重、含氮量和吸收^{15}N总量依次比浅耕15cm高9.89g、0.01%和4.682mg（表5-12）。这表明适当深耕不仅对根系发育起促进作用，而且能提高土壤肥力的利用率。

表5-12　深耕对小麦根系吸能力的影响

（刘殿英，1993）

处理	测定部位	取样点茎数	取样点茎重（g）	植株含N量（%）	^{15}N原子百分率（%）	样点吸收N量（g）	吸收^{15}N总量（mg）
浅耕15cm	20cm根层	187	284.63	1.88	0.597	0.351	31.945
	60cm根层	171	235.11	1.86	0.411	4.373	17.973
深耕25cm	20cm根层	193	294.52	1.89	0.658	5.566	36.627
	60cm根层	180	269.42	1.93	0.424	5.200	22.047

综上所述，在春小麦栽培过程中，必须重视促进春小麦幼苗根系的生长，培育根多、根粗、根深的壮苗，为中后期生长打好基础。在措施上，必须抓好深耕，精细整地，增施有机

肥料，田间沟渠配套，合理密植和加强田间管理，为根系生长创造良好的环境条件。

二、茎

（一）茎的形态结构

小麦的茎细，并呈直立圆柱形，由地上部分能够伸长的节和节间组成（图5-5）。它是幼穗转入生殖生长前，由叶原基分化而成的。其节有横隔、实心，而节间中空，基部被叶鞘包裹。无论冬春小麦，其基部倒一节最短，由下向上依次伸长，穗下节最长。其长度几乎占全部节间总长的40%～50%。小麦茎节数若以第一片真叶以上的节计算，少则8节，多则15节。春小麦主茎伸出地表能形成的节，一般为5～6节，成穗分蘖株多为4～5节。根据多年大田观察，6节主茎的各节长最佳比例为1：2：3：4：6：8。其次，基部倒一节间最粗（有些品种基部倒二节间最粗），随节位上移至穗下节最细。

（二）茎间的伸长

节间最早伸长为地上基部倒一节，当靠近地面的此节能被触摸到时，称为拔节。而当大田有50%以上的茎蘖第一节露出地面1.5cm时即为拔节期。无论冬春小麦，茎节的伸长均较慢，但各节间存在重叠交替现象，即在下一节间明显伸长的

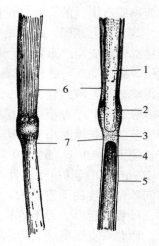

图5-5　小麦的茎
1. 髓　2. 叶鞘　3. 横隔　4. 腔
5. 秆壁　6. 节间　7. 节
（引自：《冬小麦的栽培》，1989年）

同时，相邻上一节间也开始伸长，但只有当下一节间生长基本定型，上个节间才进入快速伸长阶段。春小麦相邻两节伸长日期一般间隔3～6d，定长日期间隔6d左右。节间从开始伸长到定长一般经历20～30d。节位越高，相隔时间越短。春小麦穗下节的伸长一般于挑旗后至抽穗期，且伸长速度快，每昼夜可达3～5cm，直至开花后停止，此时株高固定。

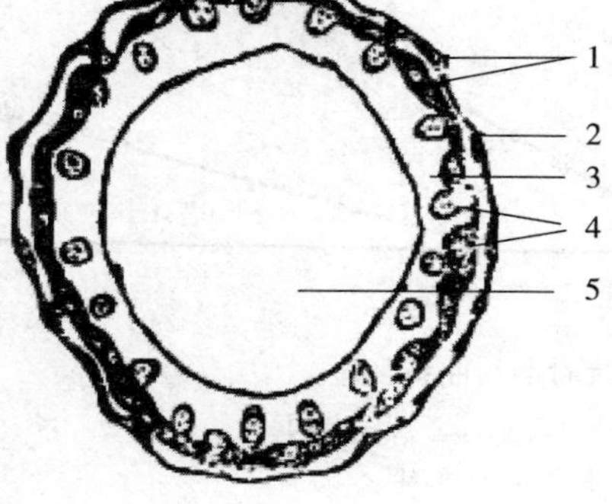

（1）

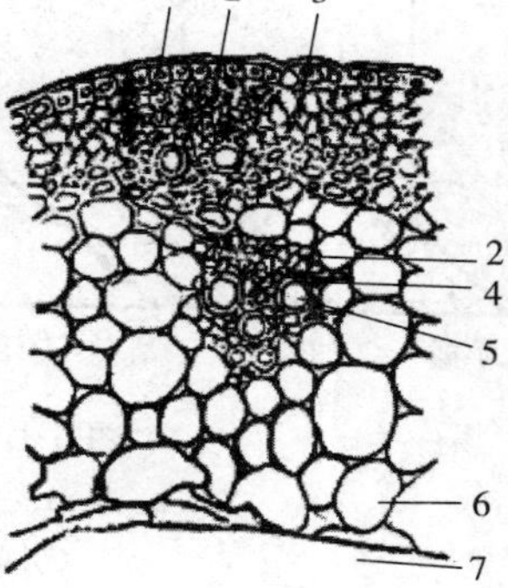

（2）

图5-6　小麦茎的构造
（1）茎的横切面：1. 厚壁组织　2. 绿色组织　3. 基本组织　4. 维管束　5. 髓腔
（2）茎横切面的一部分：1. 表皮　2. 机械组织　3. 绿色薄壁组织　4. 韧皮部　5. 木质部　6. 基本组织　7. 髓腔
（引自：《小麦栽培理论与技术》，1979年）

（三）茎秆的抗倒伏特性

小麦茎秆细胞含叶绿体，能进行光合作用，可合成糖类、制造有机物。特别是抽穗后，穗下节间具有较强的光合能力，产生的营养物质贮存于茎内的薄壁细胞中。若抽穗后去掉叶片，靠茎秆积累的光合产物转送至穗部，可得到69％的产量。同时，茎秆自身呼吸消耗的营养物质占干重的1/3。由于茎秆养分的转移与消耗，茎壁变薄，茎秆下部的机械组织变弱，茎支持力减弱，这就是春小麦在生育后期易倒伏的原因之一。春小麦在拔节期倒伏，由于穗部性状受损严重，减产率可高达80％；孕穗期倒伏，减产40％～50％；抽穗至开花期倒伏，减产30％～40％；灌浆期倒伏，严重影响粒重，减产达20％；而乳熟后期倒伏对产量影响较小，减产仅为5％。所以，具有较多薄壁细胞和维管束的粗壮茎秆能贮存及输送更多养分，有利于春小麦大穗的形成。

节间的长度对小麦倒伏也有影响。中国科学院植物研究所的研究表明，当小麦基部倒一节长度大于10cm，倒二节大于15cm，易发生倒伏；而基部倒一节长度低于5cm，倒二节低于10cm时，植株抗倒性良好。节间干物质积累及解剖结构对倒伏也有很大影响（图5-6）。节间单位长度的干重越大，植株抗倒伏能力越强；节间机械组织层厚度越厚，细胞层数越多、导管壁越厚、越不容易发生倒伏。

西北春麦区春小麦的基部茎节，一般在出苗后一个月开始伸长，约7d左右达到拔节期。在宁夏银宁平原引黄灌区的春小麦，其基部倒一节、倒二节间于5月上、中旬伸长，此时正值灌头水期。特别是高秆品种和高肥密田，要根据品种特性和幼苗生长情况，灵活掌握灌头水时间，以控制茎节生长，防止倒伏。其次，可在拔节期喷洒0.2％的矮壮素，或用矮壮素拌种、浸种（图5-7）。

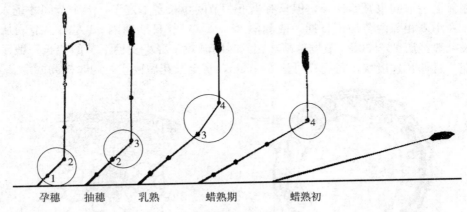

图5-7　小麦倒伏时期与曲折部位

1、2、3、4代表从基部计第1、2、3、4节间

（引自：《中国小麦学》，1996年）

（四）影响茎秆倒伏的环境因素

春小麦茎秆的高矮与抗倒性，除与品种自身遗传因素有关外，还受环境条件的影响。

1. 温度　春小麦茎秆伸长受温度影响很大。当光照阶段将要结束且气温在10℃以上时，春小麦节间开始伸长；在12～16℃的中等温度下，有利于矮短粗壮的茎秆形成；在24～

25℃茎秆伸长最快，但软弱、机械支撑力不够，易引起倒伏。

2. 光照　适宜的光照有利于春小麦植株抗倒。当播种过密或拔节时密度过大，都会因茎叶茂密，引起下叶层的叶片与茎秆无法接受充足光照以合成足够的糖类物质。因而造成贮存在茎秆细胞壁的有机物减少，使茎秆轻而柔软、缺乏机械支撑力，易诱发倒伏。

3. 水分　拔节到抽穗，是春小麦需水的"临界期"。但水分过多，土壤透气性下降，氧气含量减少，致使次生根无法正常发育，甚至出现死根、烂根的现象。与此同时，茎秆从根部获得的营养物质降低，茎细胞干重下降，易引起倒伏。

4. 营养物质　合理施肥可增强春小麦茎秆的抗倒伏能力。氮肥不足，茎秆细弱；氮肥过多，叶片小游离氨多，使中部叶片旺长，输送到茎秆的同化产物减少，茎的机械组织层与导管壁厚度变薄，木质化程度减弱，易诱发倒伏。磷肥能加速春小麦茎的发育，提高抗折断的能力。但在氮肥过多时，增施磷肥以求抗倒的效果并不明显。钾肥能促进叶片中糖分向器官输送，从而增强光合作用的强度，有利于纤维素形成，使茎秆粗壮。

三、叶

（一）叶片的结构与生长

叶片是小麦进行光合作用、蒸腾作用及气体交换的主要器官，分为普通叶和变态叶。普通叶又称真叶，由叶鞘、叶片、叶舌和叶耳（两个）组成，由叶原基及其组织分化而形成（图5-8、图5-9）。其中，叶鞘的主要作用是加强茎秆的机械强度，保护幼嫩的节间组织，同时也可进行光合作用并储藏养分。小麦最上层的叶对产量影响很大，称为旗叶（又名剑叶、顶叶）。变态叶由盾片、胚芽鞘、分蘖鞘、颖片和稃片组成。盾片是胚的一部分，一般认为是子叶；胚芽鞘是保护幼苗出土的器官，也是小麦第一片子叶，当第一片真叶发育至正常大小时，胚芽鞘皱缩枯萎；颖壳包围在小花的外部，着生于花序。

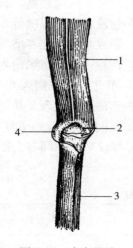

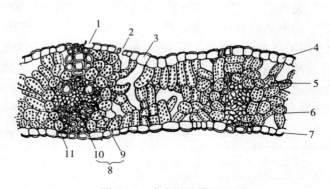

图5-8　小麦的叶

1. 叶片　2. 叶舌　3. 叶鞘　4. 叶耳

（引自：《小麦栽培基础知识》，1982年）

图5-9　小麦叶片横切面

1. 表皮毛　2. 气孔　3. 运动细胞　4. 上表皮　5. 叶肉细胞　6. 机械组织

7. 下表皮　8. 维束管　9. 木质部　10. 韧皮部　11. 维管束鞘

（引自：《小麦栽培基础知识》，1982年）

（二）叶片的伸长

无论冬春小麦，叶片露出叶鞘后保持伸长状态，直至叶舌、叶耳全部露出，并和上一叶的叶舌、叶耳相重叠时达到定长。即小麦相邻叶片间的生长重叠进行，当某叶片处在缓慢生长阶段，其前一片叶正在迅速伸长，更前一叶片已接近定长。叶片长宽基本固定后，其叶鞘并未终结生长，直至后一叶的叶片完全伸出时，叶鞘的伸长才完全停止。小麦叶片从叶尖露出到定长，称为伸展期；由定长到枯黄，称为功能期。由于各地区气候差异，春小麦各叶片的功能期也不相同，长的达 80d，短的仅 40d。

叶片的生长包括长、宽、厚的生长。叶片长度因所处不同部位而有所差异，但各部位叶片的气孔单位密度无显著差别。叶片宽度随叶位的降低而减小，其变化主要由叶片横向细胞的数量而决定。叶片厚度主要取决于叶肉细胞层数和细胞高度。不同叶位的叶片大小及叶片形状有所差异。如主茎第一叶呈长条形、顶端圆形钝状，而此后产生的叶片呈披针状、顶端尖形。

（三）主茎叶片数

小麦叶片，着生于地下分蘖节的称为近根叶，着生于地上茎节的称为茎生叶。小麦主茎叶数，因品种特性和播种期而有所不同。主茎叶数是鉴别冬春小麦重要的形态指标。一般来讲，春性品种主茎叶片少，冬性品种主茎叶片多，半冬性品种介于两者之间，并随冬性增强而增加。小麦主茎的总叶数可达 10 片，但因先后出生的叶片有时间间隔，致使早生叶片不断枯黄死亡，故同一时期每个茎上的绿叶数，多则 5～6 片，少则 3～4 片。若茎上能经常保持较多绿叶，对小麦生长就更为有利。

播期不同，会直接影响主茎叶数。小麦主茎茎生叶无论冬春性，其 4～5 片的叶数是相对稳定的，所以主茎叶数差异主要由近根叶的多少而决定。由于冬性品种的近根叶受春化反应的效果比春性品种更为明显，故此处以冬性品种为例。当播期过早时，气温较高，缺乏春化条件，冬性品种则先生叶再春化，因而有较多近根叶生成；播种过晚，由于温度低，冬前只萌动未出苗，致使先春化后长叶，冬性品种的叶片数大大降低，形成与春小麦春播一样的叶片生长规律。主茎叶数虽受环境条件与播种期的影响变异较大，但在一定生态区内则相对稳定。如西北春麦区、北方春麦区主茎总出叶数大多在 7～9 片，东北春麦区则为 6～8 片（表 5 - 13）。在西北春麦区，据宁夏农学院 1979 年对春小麦品种墨卡的观察发现，从第一片叶开始伸长到最后一片叶（第 7 叶）建成历时 57d，各叶片出现的时间间隔为 6～8d，各叶片的建成期为 14～20d。其中，以中部叶片建成经历 14～16d，时间较短，基部与上部叶片建成时间较长，为 18～20d。

表 5 - 13　春小麦区不同地点的小麦主茎出叶数

麦区	地点	适宜播期（旬/月）	主茎出叶总数
	河北承德	中/3	7～8
北方春麦区	山西大同	中/3	7～8
	宁夏银川	上/3	8～9

（续）

麦区	地点	适宜播期（旬/月）	主茎出叶总数
东北春麦区	辽宁沈阳	中/3	7～8
	吉林长春	下/3	7～8
	黑龙江哈尔滨	初/4	6～8
西北春麦区	青海诺木洪	初/4	8～9
	甘肃武威	中/3	7～8
	新疆玛纳斯	下/3至上/4	7～8

资料引自：《中国小麦学》，1996年。

（四）叶面积与产量的关系

叶片是小麦植株进行光合作用的主要器官。一般新生幼叶光合能力弱，不仅不能输出光合产物还需要输入一部分有机营养物质供其生长，直至叶面积达定长的1/2时才由输入转为输出。叶面积系数是单位土地面积上生长的叶面积总和，相当于土地面积的倍数，是衡量叶片光合能力强弱的一项指标。

叶面积系数随小麦生育期的变化而变化。就春小麦而言，拔节前叶片小而生长缓慢，单株叶面积小，叶面积系数在2以下；拔节后，随气温升高，叶的生长速度加快，单株叶面积陡增；孕穗期，麦田叶片繁盛，叶面积指数过大，导致下层叶片无法接受充足光照，其生理变化由产能的光合作用转为耗能的呼吸作用，如西北春麦区的银宁灌区高产田此时的叶面积系数达峰值（7～9）。但在春小麦抽穗后，由于最上两个节间迅速伸长以及下层叶片死亡，叶片空间分布摆脱了郁闭状况，使其单位面积接受光照的能力提高，以便合成更多的碳水化合物。春小麦在抽穗至灌浆期，需大量营养物质以供籽粒形成，所以应防止叶片早衰，以保证有较大叶面积的存在。研究指出，籽粒重量的2/3～4/5主要由主茎上长出的最后3片茎生叶于抽穗后通过光合作用而积累起来的，这3片叶的发育状况与结实率和粒重有直接关系。西北春麦区的研究资料表明，想保证春小麦亩产千斤，有必要将抽穗后的叶面积系数稳定在4～5。

（五）影响主茎叶数及光合面积的主要因素

1. 温度 温度引起的主茎叶数的变异大于品种的变异。这主要是由纬度造成的温光条件差异而引起的。纬度的高低与叶片数呈反比，即纬度上升引起气温下降，致使叶片生长缓慢，主茎叶片数减小，小麦倾向春性。反之，纬度降低引起气温升高，致使叶片生长加速，主茎叶片数增多，小麦倾向冬性，且纬度越低，冬性越强。

2. 营养物质 当土壤干旱或缺少氮肥时，由于小麦根部无法从土壤中吸收足够的水分和无机盐，从而抑制了叶原基及其一系列进程的细胞分化，致使叶片横向细胞数量降低，叶肉细胞层数减少，叶片形态小而薄，且叶面积下降，最终导致叶片的光合作用降低，为穗粒提供的积累干物质减少。

四、麦　穗

（一）穗的构造

麦穗包括穗轴和小穗两大部分。穗轴由节片组成，每节着生一枚小穗。小穗由两枚护颖及若干小花组成。护颖的形状、色泽、有无茸毛和包被籽粒的松紧程度是品种鉴别的重要依据。一般每穗小花数3～9朵，结实2～3粒。

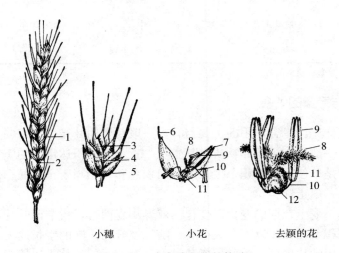

小穗　　　　　小花　　　　　去颖的花

图5-10　小麦穗和花的构造

1. 小穗　2. 穗轴　3. 小花　4. 外颖　5. 内颖　6. 外稃
7. 内稃　8. 柱头　9. 花药　10. 花丝　11. 子房　12. 鳞片
（引自：《小麦栽培理论与技术》，1979年）

小花由外颖和内颖（各1枚）、鳞片（2枚）、雄蕊（3枚）及雌蕊（1枚）组成。受精后子房发育成籽粒。有芒品种外颖顶端着生芒。芒的有无、形状、长短、芒色和分布状况因品种而有所差异。芒上有较多气孔，占整个小穗气孔数的55％～60％，故芒有较高的蒸腾和光合作用。据研究，芒的净同化率为穗的2倍。通过^{14}C测定，芒向籽粒提供的同化产物约占整个植株提供总同化量的17％。在干旱条件下有芒品种除芒后产量下降25％；早期除芒对粒数和籽粒大小有较为严重的影响。但在冷凉湿润地区常因芒过长堵塞脱粒系统，因此在西北春麦区的某些二阴地区喜欢种植无芒的小麦品种。

（二）穗的形成过程

小麦穗是由茎生长锥分化形成。无论冬春小麦，其形成都是由以下一系列细胞分化的结果（图5-11）：

0. 茎叶原基分化期（未伸长期）　茎生长锥未伸长，基部宽大于高，近半圆形，在基部陆续分化出新的叶、腋芽和茎节原基，未开始穗的分化。故此期纯属营养器官形成过程，分化过程持续时间长短，因品种春化特性和播期而异。

Ⅰ. 生长锥伸长期　茎生长锥伸长，高大于宽，略呈锥状，叶原基停止发生，主茎叶数已定局。此期标志着由茎叶原基分化开始向穗的分化过渡。

图 5-11　小穗分化形成过程各分化形成期

0，Ⅰ，Ⅱ……代表各分化期；（1）、（2）、（3）一个小穗的分化过程；（1）第Ⅴ期，（2）第Ⅵ期，（3）第Ⅶ期：1.生长点 2.生长锥 3.绿叶原基 4.苞叶原基 5.小穗原基 6.护稃原基 7.外稃原基 8.芒原基 9.内稃原基 10.雄蕊原基 11.二瓣雄蕊 12.已分化出四个花粉囊的雄蕊 13.已分化出柱头的雄蕊 14.内稃 15.外稃；（4）、（5）第Ⅶ期一朵小花鸟瞰图；（6）第Ⅶ期的雌雄蕊外观；（7）、（8）第Ⅷ期的雌雄蕊外观；（9）发育成熟的雌雄蕊；（10）花粉形成过程：1.花粉母细胞 2.二分体 3.四分体 4.初生小孢子（单核小孢子） 5.单核空泡期 6.二核空泡期 7.二核后期 8.成熟花粉粒（三核期）

（引自：《作物栽培学（北方本）》，1980 年）

　　Ⅱ.单棱期（穗轴节片分化期）　此期特点是生长锥进一步伸长，基部自下而上分化出环状突起的苞叶原基，由于苞叶原基呈棱形，故称单棱期。苞叶原基出现不久后即退化，两苞叶原基之间形成穗轴节片。而绿叶原基继续发育成叶。

　　Ⅲ.二棱期（小穗原基分化期）　在生长锥中下部苞叶原基叶腋内出现小突起，即小穗原基。尔后向上向下在苞叶原基叶腋内继续出现小穗原基。因小穗原基与苞叶原基相间呈二棱状，故称二棱期。此期持续时间较长，根据小穗和苞叶原基生长发育的状况和形态变化，

可分 3 个时期:

二棱初期:生长锥顶部继续向上伸长,单棱数量不断增加。在生长锥中部,两个苞叶原基之间形成小穗原基。

二棱中期:小穗原基出现数量逐渐增多,体积增大,并超过苞叶原基。从穗侧面看,二列性明显可见,二棱状也以此期最为明显,但同侧上下两个小穗原基尚未重叠。

二棱末期:小穗原基进一步伸长,同侧相邻小穗原基部分重叠(下位小穗的顶部遮住上位小穗基部)。苞叶原基明显退化,成为带状镶嵌体,位于小穗原基基部,因而二棱状又转为不明显,但至二棱末期,幼穗的二列性却十分明显。

Ⅳ. 护颖原基分化期　穗分化进入二棱末期后不久,在穗中部最先形成的小穗原基基部两侧,各分化出一浅裂片突起,即护颖原基。位于两裂片中间的组织,以后分化形成小穗轴和小花。

Ⅴ. 小花原基分化期　在最先出现的小穗原基基部分化出颖片原基后不久,即在颖片原基内侧分化出第一小花的外稃原基,进入小花原基分化期。在同一小穗内,小花原基的分化呈向顶式,在整个幼穗上,则先从中部小穗开始,然后渐及上、下各小穗。当穗分化进入小花原基分化期,植株基部节间开始明显伸长,同时,生长锥顶部一组(一般为 3~4 个)苞叶原基和小穗原基转化形成顶端小穗,至此,一穗分化小穗数固定下来。

Ⅵ. 雌雄蕊原基分化期　当幼穗中部小穗出现 3~4 个小花原基时,其基部小花的生长点几乎同时分化出内稃和 3 个半圆球形雄蕊原基突起,稍后在 3 个雄蕊原基间出现雌蕊原基,即进入雌雄蕊原基分化期。约在该期末、药隔期前,植株基部节间伸出地面 1.5~2cm 时为农艺拔节期。

Ⅶ. 药隔形成期　雄蕊原基体积增大,并沿中部自顶向下出现微凹纵沟,进入药隔分化期。之后,花药分为 4 个花粉囊,雌蕊原基顶端也同时凹陷,逐渐分化出两枚柱头原基,并继续生长,形成羽状柱头。至此,穗部各器官在外部形态上已分化完毕,开始进行体积和内外颖等覆盖器官的强烈生长。

Ⅷ. 四分体形成期　形成药隔的花药进一步发育,在花粉囊(小孢子囊)内形成花粉母细胞(小孢子母细胞)。与此同时,雌蕊柱头明显伸长呈二枝状,胚囊(大孢子囊)内形成胚囊母细胞(大孢子母细胞)。花粉母细胞经减数分裂形成二分体,再经有丝分裂形成四分体,四分体散开为初生花粉粒(初生小孢子),而后经单核、二核花粉发育为成熟的三核花粉。此时旗叶全部展开,其叶耳与下一叶的叶耳距 3~5cm。

(三)群体穗分化的差异

无论冬春小麦,同一田块小麦群体穗分化表现为,主茎穗的分化较相近,而以群体化观察,则差异较大。其差异点主要表现在:①分蘖分化晚、时间短,蘖位越高,此特点越明显;②分蘖发育快,在穗分化的前、中期(拔节前)就有赶主茎的趋势;③穗分化开始以后,一般相邻分蘖分化期相差一期;④包括无效分蘖在内的群体穗分化,早期持续时间比主茎长,但进入小花分化后,大田群体趋于一致,此时正值拔节期。因此,分蘖的两极分化,从外部形态上看表现在拔节后,但在穗分化方面,早在二棱期之前就进行复杂而剧烈的分化。但春小麦小分蘖穗的分化,开始迟、时间晚,且营养不足,在拔节前虽有一段时间发育较快,可一旦生长中心转变,主茎及大蘖优势加强,便导致小分蘖死亡或勉强成穗,这也是春小麦分蘖成穗少的原因之一。

（四）顶端小穗形成和每穗小穗数的关系

无论冬春小麦，皆以顶端小穗的形式，构成穗的有限生长方式。在形态发生上，顶端小穗和侧生小穗不同。顶端小穗在幼穗分化进入第Ⅴ期（植株基部第一节间明显伸长）时，由幼穗生长先端一组苞叶和小穗原基转化而成。构成顶端小穗的小穗和苞叶原基群中，最基部苞叶原基与侧生小穗苞叶原基，在穗分化过程中逐渐消失，由原来被抑制状态转为活跃生长，体积渐增，形成顶端小穗的护颖。而位于其上方的小穗原基，则由活跃生长转为被抑制状态，进而退化消失。其他苞叶原基发育成顶端小穗每朵小花的外颖。腋间的每个小穗原基则进一步分化成内颖、雌雄蕊和鳞片。由此可见，顶端小穗在形态发生上虽为轴性器官的转化，但与侧生小穗相差一个轴级。正由于顶端小穗来源于幼穗生长锥先端的小穗和苞叶原基群，顶端小穗的出现标志着每穗小穗数的定局。延迟顶端小穗的形成，有利于延长小穗原基分化形成过程而增加每穗小穗数。在阶段发育特性方面，顶端小穗的形成与光照阶段结束和植株开始拔节一致，因而凡有利于延迟拔节和光照阶段通过的条件，均可延迟顶端小穗形成。

（五）小穗和小花分化的差异及不平衡性

1. 小穗、小花数与穗粒数的关系　在一定生态区域内，同一品种或同一类型的品种，适宜于穗分化的时期相对稳定。此外，每穗总小穗数在不同管理水平下也比较稳定。而不育小穗数对外界条件比较敏感。所以，穗粒数与不育小穗的关系，实质是穗粒数与不育小花的关系。这就是说，每穗总小花数较为稳定，而结实小花数却对水肥条件反应较为敏感。

因此，提高穗粒数的途径，不是主要靠增加每穗小穗数及增加小花数，而是在一定小穗小花数基础上，防止小穗小花的退化，由此最大限度地提高小穗小花的结实率。春小麦小穗原基形成过程短，为提高其结实率，应在培育壮苗的基础上，力争分化出较多的小穗与小花。

2. 小穗、小花分化发育的差异及其退化位置　无论冬春小麦，由于小穗小花着生部位和发生时间不同，不同小穗位和小花位的分化进程存在明显差异。

（1）同一小穗小花从基部向上分化，其中 1～4 朵花分化时，小花分化强度较大，平均 1～2d 形成 1 朵，之后分化速度转缓，2～3d 形成 1 朵。

（2）小穗分化的顺序是中下部→中部→上中部→基部→顶部。而不同小穗位的同位小花分化顺序却是中部→上中部→中下部→顶部→基部。顶部与基部小花发生顺序与小穗发生顺序相反，说明顶部小穗小花发育较基部早，基部小穗小花虽早但进程慢，因而基部小花有较多的退化现象。

由上看出，同一穗上各小穗基部 1～2 朵小花具有生长优势，尤以中部小穗的第二小花生长优势最强。一个小穗中上下位小花发育的不均衡性，除与分化时间差异有关，也与小穗内输导系统相联系。Hanif 和 Langer（1972）指出，每个小穗的基部 3 朵花各有其独立的输导束，而上部各花位则是由来自基部 3 朵小花输导束的次级输导系统供给营养，这导致了基部 3 朵小花和以上各花位对同化产物的竞争较为激烈。所以，当同化产物不足时，营养优先供于基部 3 朵小花，而上位花退化，且上位花籽粒显著比基部小花小。

一穗上退化小穗和小花发生位置比较一定。退化小穗发生在穗的两端，而穗基部小穗的退化程度及退化可能性远大于上部小穗，尤以旱地春小麦表现最为突出。

3. 退化小穗和退化小花的比率 一穗上退化小穗的比率，因穗发育好坏而差异很大。特别在春小麦中后期水肥充足、光照适度的条件下，每穗小穗数与退化小穗比率呈显著负相关，即总小穗数越多，退化小穗率越低。但当春小麦中后期缺肥水严重或群体过大时，总小穗数多的穗，也会出现小穗退化。至于退化小花，则不论穗发育好坏，在一穗上始终保持一定比率，绝无全部小花结实的现象存在。小麦每穗结实粒数主要取决于每穗总小花数和结实小穗数，其相关性极显著，相关系数分别为 0.975 和 0.985。每穗结实粒数与每穗小穗数也存在正相关，但不及结实小穗与粒数相关显著。这反映出只有小穗发育良好，才能提高结实率，达到增加每穗花数、粒数的目的。

4. 小花退化的原因 无论冬春小麦，小花分化数远大于结实成粒数，这是小麦对环境适应的一种自动调节作用。小花退化主要因其发育的不均衡性引起。当生长中心转移后，发育较晚的小花，未能完成各级分化，而此时整个穗子已过渡到下一个生育阶段，由此造成大量小花因发育时间和有机养分供应不足而退化。所以，对于春小麦而言，延长小花的发育期，特别是延长药隔至四分体的分化期，以促进孢原组织和雌蕊发育，是提高春小麦小穗结实率、增加绝对结实花数的重要途径。

（六）影响穗分化的环境因素

影响幼穗发育的过程，不能简单地理解为水分和氮素营养的供给，而是光温水、有机和无机营养以及 C、N 比率等综合条件的影响，并集中表现在碳水化合物的供应上。

1. 光照 长日照可促进春小麦光照阶段的通过，并加速穗的分化。因此在春季干旱高温的条件下，日照越充足，春小麦穗的分化速度越快，但如此短的发育时间往往不利于大穗多粒的获得。相反，短日照可延迟光照阶段的通过，从而延长穗分化过程。如果在短日照下加强水肥管理，不仅能增加春小麦的小穗数目，而且能促进穗部分枝，发展成复式小穗等穗部变异。如南方小麦穗分化，多处于低温及光照不足的条件，因而有大穗形成。在春小麦幼穗发育后期（特别是花粉母细胞减数分裂期），过弱的光照常使花粉及子房发育不正常，导致不育小穗和小花数增多。同时，当群体过大，下层穗因缺少光照发育受阻，常诱发"花而不实"的现象发生。

2. 温度 温度对春小麦穗部发育主要通过影响阶段发育的快慢而起作用。当温度较高，植株通过光照阶段的速度加快，因而抑制了小穗和小花的形成。相反，低温可延缓光照阶段的通过，从而延长穗分化的时间，有利大穗形成。在生产上亦可看出春季温度低、回升慢的年份，春小麦穗部发育较好。

3. 水分 幼穗分化是细胞组织急剧分化形成的过程，其对水分反应十分敏感。而不同时期的干旱，对穗各部位发育的影响有所不同。春小麦在单棱期干旱，致使穗长明显变短；小穗小花期干旱，致使结实小穗数降低；性细胞形成期干旱，致使不育小花比率增加，对产量影响极大。药隔至四分体分化期是春小麦一生中对水分最敏感的"临界期"。总体而言，水分充足可延长穗分化时间，而土壤干旱则大大缩短了穗分化时间。旱地春小麦较水地春小麦抽穗早就是穗分化速度快的结果。

4. 营养物质 氮肥可促进幼穗分化，增施氮肥可延长穗分化的时间及分化强度。但氮肥增施过量，则引起春小麦群体郁闭，光照不足，降低光合产物的形成，导致 C/N 失调，从而降低小花结实率。尤其在药隔至四分体分化期，若氮素适量供给，可减少退化小花数，提高小花结实率，以保证穗群的整体发育。磷肥对小穗和小花的数目影响不大，但药隔至四分体分化期缺磷，则会影响性细胞的发育，使退化小花数增加。因此，合理的氮磷比是促进春小麦幼穗分化，获得大穗大粒的重要营养基础。

总之，不能孤立地、机械地考虑影响穗部发育的条件。因为水肥措施对春小麦穗分化期间器官的影响，往往由于春小麦生长与发育的强度不同以及环境条件的差异，可能产生以下几种结果：

（1）对生长发育都有利。营养生长与生殖生长协调发展，可以形成较多的小穗小花，结实率高，以至达到高产。

（2）不利的发育条件，有利的生长条件。常产生两种情况。一种是延迟某一结实器官的形成，使一些器官重复多次生长，常形成多小穗、多小花或分支穗等畸形穗。但一旦发育条件有利，则很快加速进行，故结实率不一定高，对产量也不一定有利。如春季阴雨多、温度低、氮肥足，或者品种选用不当，春化、光照阶段要求时间较长，发育过慢，都会造成上述结果。另一种情况是在大田生产条件下，往往由于水肥过多，群体过大，营养生长过旺，导致茎叶繁茂，穗子很小，产量不高。

（3）有利的发育条件，不利的生长条件。若小麦完成发育周期快，其结果一般是"穗子小、粒数少、产量低"。此种情况多发生在干旱贫瘠的生产条件。

（4）对生长、发育都不利的条件。这种情况一般发生于某些特殊的自然灾害或不恰当的耕作措施中。如冬麦地区的春霜及春季灌水过早等。

在生产实践中，既要考虑肥水等措施对穗部发育的直接影响，又要考虑到由于肥水造成营养体过大，群体结构不良，光合产物减少，C/N 比例失调等间接因素的影响。因而，协调营养生长与生殖生长，创造合理的群体结构和 C、N 营养，改善光合环境，是争取春小麦大穗大粒的先决条件。

五、籽　　粒

（一）抽穗开花

当小麦穗的分化过程全部结束，穗轴伸长，幼穗长大，并随着第四、五茎节的迅速伸长而露出旗叶叶鞘，即为抽穗。全田有 50% 以上的植株麦穗露出旗叶叶鞘，即为抽穗期。一般春性品种早于冬性品种，主茎早于分蘖，高温干旱也会导致抽穗提前。抽穗后一般 2～5d 开始开花。开花的顺序是自中部小穗开始渐及穗的下部和上部，在小穗内则由基部顺次向上开花。一穗开花 3～5d，全田开花 6～7d。花粉落在柱头上 1～2h 后开始发芽，经过 1d 左右进入胚囊，完成受精过程。

无论冬春小麦，昼夜均能开花，以白天较多，且有两个高峰，一是 9～11 时，二是 15～18 时。小麦开花受精过程与温度及湿度有关。夜间温度低开花少，中午温度高开花过程受到抑制。春小麦开花的最低温度为 9～11℃，最适温度为 18～20℃。当温度高于 30℃，且土壤水分不足或伴随干热风时，会严重影响受精结实，形成缺粒。最适于春小麦开花的大气相对湿度为 70%～80%，低于 20% 也不能正常授粉受精。但湿度过大，如开花期遇雨，花粉粒易因吸水膨胀而发生破裂。

　　小麦属自花授粉作物，天然杂交率低，一般不超过 0.4%。小麦开花时，内外颖张开到闭合，需 5～15min。或颖壳张开前即进行闭颖授粉，或颖壳张开后进行开颖授粉。春小麦的花粉粒落在柱头上一般 1～2h 即可发芽，并在 24～36h 完成受精。开花期是小麦新陈代谢最旺盛的阶段，需要消耗大量能量和营养物质，也是春小麦一生中日耗水量最大时期（每公顷日耗水量 45～60m³），对缺水反应极敏感，仅次于减数分裂期。因此，必须保证水分和碳水化合物的充分供应。开花后地上与地下部营养器官基本停止生长，茎叶含氮物质、碳水化合物和干物质量逐渐降低，籽粒日益增大，是春小麦一生中重要的转折点。

（二）籽粒形成与灌浆成熟

　　春小麦从开花受精到籽粒成熟，一般经历 30～40d，在昼夜平均气温低、温差大、日照充足、供水条件好的地区，例如青藏高原可以延续 50～70d，籽粒千粒重可达 50g 以上。

　　无论冬春小麦，从开花受精到籽粒成熟，籽粒内外部要发生一系列变化，一般分为 3 个过程：

　　1. 籽粒形成期　受精后，子房迅速发育，从开始"坐脐"到"多半仁"，经历 12～14d，这一时期称为籽粒形成期。此期胚、胚乳、皮层等各组成部分迅速形成，籽粒含水量急剧增加，到此期末含水量达 70%，籽粒体积达最大体积的 80%，并与成熟的籽粒体积相当。而籽粒干重约为成熟时的 30%。此期末，籽粒一般呈绿色，籽粒外形基本建成，胚已具有发芽能力，并且胚乳细胞填满了胚囊腔，开始沉积淀粉，用手指可挤出稀薄的绿色液汁。

　　在春小麦籽粒形成过程中，当遇到高温干旱、连绵阴雨、锈病爆发等不良环境因素影响时，常因光合作用受抑制，引起顶部或基部小穗籽粒及中部小穗的上部籽粒停止发育，并逐渐干缩退化，由此降低穗粒数。春小麦退化的籽粒通常表现为两种情况：一是在开花后的第三天前后即行干缩；另一种是在开花后能正常发育 6～7d，当接近"多半仁"时，不再发育而逐渐干缩。前者一般因未受精而引起，而后者一般因不良气候和营养供应不足而引起。所以自"坐脐"到"多半仁"阶段，应保证肥水条件，并防治病虫害发生，以减少籽粒退化，保证收获粒数。

　　2. 灌浆过程　从"多半仁"经过"顶满仓"到蜡熟期前为灌浆阶段。灌浆过程可分为两个时期：

　　（1）乳熟期。历时 12～18d。"多半仁"后，籽粒长度首先达到最大，然后是宽度和厚度明显增加，至开花 20～24d 达最大值。随着体积的持续增长，胚乳细胞中开始有淀粉沉积，干物重迅速增加，千粒重日增长量达到 1.0～1.5g。这一时期，籽粒绝对含水量比较稳定，千粒鲜种子含水 24～27g，但含水率因干物质不断积累，由 70% 逐渐下降到 45%。而且功能叶片及茎的干物质重也先后开始下降，表明营养器官中的贮藏养分已向籽粒转运。此时，籽粒外部颜色由灰绿变鲜绿，继而转为绿黄色，表面光泽，且胚乳由清乳状到乳状。植株茎基部叶片枯黄，中部叶片变黄，上部叶片、节间和穗尚保持绿色。

　　（2）面团期。历时约 3d，籽粒含水量下降到 38%～40%，干物重增速减慢，籽粒表面由绿黄色变为黄绿色，失去光泽。而胚乳呈面筋状，体积缩减，其中长度缩减不明显，宽度、厚度缩减显著，灌浆接近停止。

　　小麦灌浆速度的特点是"慢—快—慢"。即"多半仁"前缓慢，由"多半仁"到"顶满仓"速度加快,"顶满仓"后趋向缓慢。所以,春小麦灌浆时间的长短和灌浆速度的快慢,直接影响粒重的高低。特别是"顶满仓"到"面团期",是春小麦穗鲜重增速最快的时期。

3. 成熟过程 包括蜡熟期和完熟期两个时期:

(1)蜡熟期。籽粒含水量由38％～40％急剧降至20％～22％,籽粒由黄绿色转为黄色,胚乳由面筋状转为蜡质,其初期可塑性较大,可用手搓成条,后期变硬,籽粒干重达最大值。此时,植株旗叶稍变黄,其他茎生叶干枯,但茎秆仍部分呈黄绿色;穗子变黄,有芒品种芒未炸开。春小麦的蜡熟期一般经历3～7d,但不同地区间有所差异。蜡熟中末期因干物质积累达最高峰,故生理上已正常成熟,是带秆收割的最适期;但对机械联合收割来说,此期因含水量仍较大,不易进行机械脱粒,以免脱粒不净并造成机械损伤。

(2)完熟期。籽粒含水量继续下降到20％以下,干物质停止积累,体积缩小,籽粒变硬,已不能用指甲切断,表现出成熟种子的特性。此期时间很短,如此时收获,不仅容易断穗落粒,而且由于呼吸作用的消耗,籽粒干重减少,造成产量损失。

(三)籽粒发育的不均衡性

在籽粒发育过程中,同一穗上的不同小穗位和同一小穗的不同粒位,不论灌浆先后,粒数多少和粒重高低均有所不同,表现出明显的不均衡性。这种不均衡性早在分化时期就已产生。

1. 不同小穗位籽粒发育的不均衡性 无论冬春小麦,在灌浆过程中,灌浆顺序与开花顺序基本吻合,仍以中部小穗为先;营养物质的分配也以中部小穗最多,其次是下部小穗和上部小穗。因此,不同小穗位的籽粒数及其重量皆有所不同。研究指出:在籽粒形成和灌浆期,运转至中部小穗的干物质最多,其次是上部小穗,下部小穗最少。但在灌浆中、后期,则下部较上部小穗多,因而下部小穗的籽粒常比上部小穗少,而粒重则比上部小穗大。

2. 不同粒位籽粒发育的不均衡性 同一小穗不同粒位之间,也表现出营养分配和发育的差异,最后反映在粒重上。一般春小麦在开花后不久,粒重依其小花着生部位1＞2＞3＞4而递减。但到灌浆中期"顶满仓"后,次序就发生变化。如果每小穗结实2粒,粒重1＞2;每小穗结实3粒,粒重2＞1＞3;当每小穗有4个籽粒,一般2＞1＞3＞4,只有在下位花缺粒或发育不良时,上位花的粒重才明显增加。同一粒位籽粒在不同小穗上则表现为中部最重,下部次之,顶部最轻。

籽粒发育不均衡,除营养分配差异外,也与灌浆过程中籽粒含水量变化有密切关系。一般含水量高,灌浆强度大,籽粒就重。但顶部小穗和上部小穗上位粒,由于在成熟期失水较早,缩短了灌浆的持续时间,所以其粒重较低。

(四)籽粒发育对环境条件的要求

1. 温度 乳熟期温度对籽粒灌浆速率影响很大。高温加速灌浆,缩短乳熟至蜡熟时间,但由于脱水过快,干物质积累少,籽粒不饱满,降低了粒重和品质。当温度升至25℃时,乳熟期长度由12～9d缩短为8～10d。当温度较低,昼夜温差大时,则可延缓这一过程,并减少呼吸消耗,增加干物质积累,以提高粒重。如位于中国西北高海拔区域的甘肃临夏、天祝以及河西走廊局部地区,由于春小麦灌浆期间气温偏低,无极端高温,灌浆期长,且昼夜温差大,十分有利于提高粒重，其千粒重可高于 50g，属高粒重产区。但应指出，灌浆时期过长，熟期也相应延迟，一般对大多数麦区多有不利。在西北春麦区，为达到既高产又早熟的目的，应选择灌浆速率高、强度大的品种。在栽培措施上应遵循开花至成熟需 720～750℃有效积温，灌浆期需 500～540℃有效积温的原则，超过或不足都会延长或缩短灌浆时间。在评价灌浆好坏时，除粒重外还应考虑籽粒的饱满度，否则春小麦籽粒重而不饱降低品质。

2. 光照 光照不足会影响春小麦的光合作用，并阻碍光合产物向籽粒转移。籽粒形成期间光照不足，则会减少胚乳细胞数和最终粒重。此外，光照条件对春小麦不同灌浆时期的影响不同，一般灌浆盛期（开花后 12～25d）影响最大、灌浆始期（开花后 10～12d）次之、灌浆后期（开花后 25～30d）最小。光照条件的好坏，取决于两个因素：一是天气条件；二是群体大小。春小麦高产田常因下层叶片密闭，致使后期光照不足，成为降低粒重的主要原因。因此，要特别注意建立一个合理的群体结构以提高小麦产量。

3. 水分 适宜的土壤水分可延长绿叶的功能期，确保灌浆正常进行，对提高粒重有重要意义。春小麦籽粒形成和灌浆期间，适宜的土壤含水量应为田间持水量的 75％。若春小麦在籽粒形成初期水分不足，部分籽粒可能停止发育，结实粒数减少；若在灌浆期间水分不足，尤其在大气干旱和高温共同作用下，将加剧叶面蒸腾，致使光合强度降低，呼吸作用加强，茎叶等营养器官输送至籽粒的营养物质也相应减少且速度减缓，从而导致灌浆过程提早结束，形成瘪粒。据研究，灌浆期间植株和籽粒含水率降至 40％时，是春小麦营养物质积累、运转、分配的最低值，低于此值就会导致籽粒过早脱水、灌浆停止、粒重降低。但当乳熟期土壤水分过多、大气湿度过大时，常会影响土壤中氮素转化及根系对氮的吸收，从而降低籽粒的含氮量。若此种情况较为严重，春小麦的根系往往提早死亡，致使灌浆不能正常进行。在品质方面，籽粒蛋白质的积累与含量和灌浆后的土壤水分呈负相关，而淀粉含量则随土壤水分的增加而增加。一般南方小麦籽粒含氮低，多属粉质型；而北方地区，当水地与旱地肥力相近时，水地春小麦含氮量不及旱地，但春水地小麦在氮素充足，肥力配合较好的情况下，氮含量比旱地高。

4. 营养物质 春小麦植株中，有30％的氮素在籽粒开始形成时从土壤中吸收，在此基础上后期适当供应氮、磷，除可使功能叶保持较高光合水平而不早衰外，有显著提高籽粒蛋白质含量的作用。在低水肥条件下，土壤中的氮至抽穗时就已明显消耗，导致春小麦灌浆期间植株无法获得足够的氮，而籽粒中的氮几乎是由叶和植株其他部分，尤其是茎转移而得。当春小麦叶片衰亡快时，由于淀粉所受影响较蛋白质所受影响大，因而蛋白质相对含量高而籽粒产量低。因此，对地力不足的春麦田，孕穗期适当追施氮肥对增产有一定作用。但当氮素过多时，则会过分加强叶片的合成作用、抑制水解作用，影响有机质由茎叶流向籽粒，引起春小麦贪青晚熟、粒重降低，甚至倒伏。磷、钾肥可促进碳水化合物和氮素化合物的转化，有利于籽粒灌浆成熟。所以，后期叶面喷施磷、钾或微量元素有一定的增产作用。

第五节 产量形成机理

小麦出土后即开始进行光合作用，制造有机物。无论冬、春小麦，植株干物质的90％～95％由光合作用的产物所构成。小麦光合产物的总量（包括根、茎、叶、穗、粒等全部干重）称为生物学产量，而把籽粒产量称为经济产量。经济产量与生物学产量的比值称为经济系数。小麦经济系数一般为 0.35～0.50。小麦经济产量的形成是一个复杂的生命系统过程，由单位面积穗数、每穗粒数和籽重这三个因素构成的，争取这三个因素充分协调发展，是获得较高产量的必要前提。

一、小麦产量构成

（一）单位面积穗数

春小麦单位面积穗数是由基因型、个体密度、自身调节能力与生存环境共同作用的结果。单位面积穗数的多少是构成春小麦产量的首要因素，是基因型群体和冠层结构状况反映的一个重要指标。据成云蝉（1996）报道，湖北省在"八五"期间育成的品种，因只注重穗重提高而忽视有效穗数的增加，最后导致产量没有取得突破性进展。但为追求高产，一味地提高单位面积穗数也不现实。当单位面积穗数达到饱和点时，反而成为产量的限制因子。所以，要想取得高产，必须根据品种特性和栽培条件确定与其相适应的穗数。

（二）穗粒数

穗粒数是决定小麦穗粒重的两个因素之一，也是超高产育种的主要产量指标之一。有研究表明（方在明，1993），产量三因素与产量的密切程度依次为：每穗粒数＞千粒重＞有效穗数。在河南省高产水平条件下，当单位面积穗数和千粒重不变，穗粒数每增加 1 粒，单位面积产量提高 3.6％。Waddington（1986）、Perry 和 D'Antuono（1989）、Siddique 和 Bulman（1993）等，通过研究不同时期推广的春小麦品种主要产量构成因素后认为，现代品种比早期品种的每平方米粒数有所增加，而提高每平方米粒数较提高每穗粒数较为容易，也更有实际意义。因此，春小麦单位面积粒数的增加取决于每穗粒数和单位面积穗数的提高。

（三）粒重

粒重与单位面积穗数和每穗粒数相比，受其自身遗传因素影响较强。粒重大小决定着千粒重的高低。千粒重在高产水平下是产量变化的限制因素，而穗粒数在高产水平下对产量的影响较小。在大田生产中，提高栽培品种的千粒重潜力很大，其主要突破点在于大粒和特大粒品种的育成。在中国春小麦高产区（河西走廊地区、宁夏引黄灌区），往往由于千粒重的潜力挖掘有限而不能使产量进一步提高。所以，稳定和提高粒重对实现小麦稳产高产具有重要意义。

二、产量形成过程的连续性

小麦产量构成因素在小麦生育过程中的不同时期先后形成，既具有阶段性，又具有连续性。其前期着重于穗数形成，同时为粒数形成打基础；中期则承接前期，着重于粒数形成，同时巩固穗数，为粒重打基础；后期着重于粒重形成。这体现出，前一阶段是后一阶段生长发育的基础，后一阶段是前一阶段生长发育的继续。生育前期和中期，即从出苗至抽穗期，大部分光合产物用于根、茎、叶等营养器官的形成。生长后期，即从抽穗至成熟期，是经济产量形成的重要时期。此期的光合产物以及原来贮藏在植株体内的碳水化合物，大量转入籽粒，且籽粒重量的 2/3 是由该阶段的光合产物直接积累的。穗数的多少奠定于前期，巩固于中期，确定于后期，这就是小麦产量形成过程的连续性。

三、构成产量三因素间的关系

春小麦的产量构成三因素——单位面积穗数、穗粒数和粒重，一方面受品种特性制约，另一方面受栽培技术和自然条件的影响。前者为内因，后者为外因。这就是说，当小麦品种、栽培管理水平、自然条件不同时，春小麦产量三因素的数值相应发生变化。即使同一品种在同一地区范围内，由于栽培水平不同，其产量三因素的数值亦会有明显差异。

单位面积穗数、穗粒数和粒重这三个产量构成因素，既矛盾又统一。一般情况下，春小麦穗粒数随单位面积穗数的增加而减少，且粒重也略有下降。但是，通过良种选用、合理密植、增施肥料、科学用水、加强田间管理等措施，可协调群体与个体间的关系，从而使春小麦的单位面积穗数达到较为理想的数值，同时又使穗粒数和粒重不致下降或下降较少。在实际生产中，就是要善于分析和正确处理产量构成因素之间的矛盾，使其达到协调统一，从而获得较高的单位面积产量。

四、限制产量的原因与改进措施

（一）穗数成为限制产量的原因与改进措施

穗数成为限制春小麦产量的原因主要有两种：一是穗数偏少，导致产量不高；二是穗数偏多，引起倒伏或造成群体郁蔽，致使光合作用下降，光合利用率不高，穗粒重降低，最终导致产量下降。在生产实践中，可根据春小麦不同品种成穗特性以确定适宜的播种密度，或选用适宜成穗品种以解决穗数不足的问题。同时，可通过株型育种及合理种植，以加强春小麦植株的抗倒性，并改善群体冠层结构，从而提高有效光合产物的积累与分配。

（二）穗粒数成为限制产量的原因与改进措施

穗粒数少是限制春小麦产量提高的另一因素。春小麦根系与茎叶生物量过大，会引起植株源库比例失调。植株从土壤中摄取的营养物质及光合作用形成的碳水化合物，过多积累于营养器官，而生殖器官的发育得不到足够养分，最终造成穗粒数偏少。此外，春小麦植株偏高，易引发开花期倒伏，使部分小花发育不完全，甚至不孕，造成穗粒数减少。同时，根据田间生产经验，植株矮的春小麦品种，其穗粒数也较少。所以，可通过选育株型适宜，源库比例恰当，穗粒数适中的品种，以保证每穗粒数数目。

（三）粒重成为限制产量的原因与改进措施

籽粒过小或过瘪，都会引起春小麦的粒重降低及产量下降。造成的原因有主要有：春小麦的籽粒干物质积累来源少，或灌浆速度慢或灌浆时间短，或干物质呼吸作用消耗大。改进的措施：春小麦籽粒干物质积累，主要取决于生长前期绿色光合面积（叶片、叶鞘、茎秆、颖片、芒）的大小及其工作效能和寿命。尤其是叶绿体内光合膜系统发达的旗叶，因光合产物所占的比重大，应防止衰老青枯，延长叶片的功能期。为减缓春小麦灌浆速度及灌浆时间，要根据各地的自然气候条件，确定适宜的播种期，使小麦灌浆期处于有利的温度和日照条件。同时，后期叶面喷施磷酸二氢钾或 4% 过磷酸钙溶液可促进春小麦籽粒饱满。为减少积累物质的消耗，应在蜡熟期适期收获。若过早收获，籽粒没有灌饱满，过晚收获，一昼夜因呼吸作用消耗的有机物相当于同期光合作用制造有机物质的 $15\% \sim 25\%$。如果遇雨或露水较大，春小麦籽粒的呼吸作用加剧，而一部分已积累的干物质亦会随雨水淋走，使粒重下降。

第六章
西北春小麦种植制度

种植制度是指一个地区或生产单位的作物组成、配制、熟制与种植方式所组成的一套相互联系，并和当地农业资源、生产条件及养殖业、加工业生产相适应的技术体系，是农业生产系统的核心内容。种植制度的改革与发展对农业生产的发展具有十分重要的作用。

第一节　种植制度演变

一、种植制度概述

（一）种植制度及其意义

土地是作物生产最基本的资源。人们进行作物生产，对土地采取的措施可归纳为两个方面：一是合理利用土地安排作物的种植技术体系，即种植制度；二是对土地进行科学的维护和培养，即养地制度。两者的有机结合即耕作制度，也称农作制度，其指一个地区或生产单位的农作物种植制度以及与之相适应的养地制度的综合技术体系。

种植制度是一个地区或生产单位的作物组成、配置、熟制与种植方式所组成的一套相互联系并和当地农业资源、生产条件以及养殖业生产相适应的技术体系。它包括种什么作物，各种多少，种在哪里，即作物布局问题；一年内在耕地上种一茬还是种几茬，还是哪一个生长季节或全年不种，即复种休闲问题；种植作物时采用什么样的种植方式，即单作、间作、混作、套作问题；不同生长季节或不同年份作物的种植顺序如何安排，即轮作和连作问题。种植制度是农作制度的核心，它决定了养地制度的类型，对农作制度的功能和作用具有决定性影响。

种植制度的功能具体表现在两个方面：

1. 技术指导功能　种植制度具有较强的应用技术特征，与研究某一作物的具体栽培技术相比，它侧重于全面持续高产稳产高效技术体系与环节，涉及作物与气候、作物与土壤、作物与作物、作物生产与资源投入等方面的组合技术。种植制度的技术功能是种植制度的主体，包括作物的合理布局技术、复种技术、间套作立体种植技术、轮作连作技术等。与单项技术不同，种植制度技术体系往往带有较强的综合性、区域性、多目标性，因而它在生产上所起的作用更大。中国在种植制度的技术方面积累了丰富的经验和大量的科研成果，某些领域（如多熟种植）在世界上也占有重要地位。今后要进一步把传统技术与农业现代化、商品化结合起来，使之发扬光大。

2. 宏观布局功能　宏观布局即对一个地区或单位土地资源利用与种植业生产进行全面安排。从作物生产的战略目标出发，根据当地自然和社会经济条件，制定土地合理利用布局、作物种植结构与配置、熟制布局、养地对策以及种植制度分区布局的优化方案。宏观布局的重要意义为：①有利于妥善处理各种矛盾，减少盲目性。农业上存在种种复杂的关系，如粮棉油关系、农林关系、供求关系、熟制间关系、用地与养地关系、资源利用与保护的关系等。这些关系处理不当，就会相互影响，轻则减产减收，重则影响农业与国民经济发展全局。②有利于协调利用各种资源和投入，包括自然资源和劳力以及资金、固定资产、物资、科技等方面的投入，处理得当则协调发展，处理不当有的造成浪费，有的则成为增产增收的限制因素。③有利于统筹安排国家与地方、政府与农民、城镇与乡村、农业与其他产业之间的关系，促进农业与国民经济协调发展。

种植制度是以提高土地利用率、增加农民收入、促进农业全面持续发展为目标的农作物生产整体布局及其相适应的技术体系，合理的种植制度能实现种植业生产的全面高产高效、持续高高效、整体与局部的协调发展。它对农业的综合发展战略、区域开发、资源利用与保护等方面均具有重要意义。

种植制度的内容和功能见图6-1。

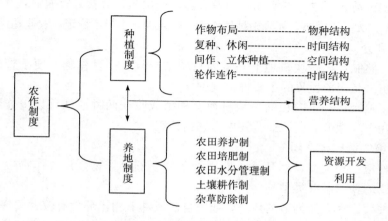

图6-1　种植制度及其功能

（二）种植制度类型

种植制度是在一定的自然资源、社会经济条件和作物科学技术条件下形成的。不同的资源条件、不同的社会发展阶段和不同的科技水平，具有不同的种植制度。

1. 按集约度划分

（1）常年种植制：土地连年种植，利用率100%。作物实行轮作或连作，有较多的人工投入。目前在全国各地广泛应用。

（2）集约种植制：广泛运用多熟制，土地利用率100%～300%。人工投入多，科技水平高，单产高，作物生产的商品特色明显。目前主要应用于东部地区。

（3）休闲耕作制：土地种植1～3年，休闲1～2年。土地利用率20%～50%，人工投入少。目前在西北部分地区应用。

（4）游耕制或撂荒制：指人少地多，刀耕火种，几乎无投入的自然农业。土地利用率低于50%，生产效益低，每公顷耕地只养活0.2人。目前在边远山区有少部分地区存在。

2. 按种植业方向划分

（1）主粮型：种植业生产以粮食为主。主要分布在粮食生产压力大，自给自足的地区，或土壤适合粮食作物、具有粮食生产比较优势的地区。

（2）粮经型：除粮食外，经济作物较多，种植业结构为典型的粮经结构。

（3）农牧型：以作物主产品及其副产品为饲料来源的畜牧业比重较大，生产畜牧业所需的饲料是作物生产的重要目的之一。主要分布在社会经济比较发达，人均占有粮食较多的地区（年人均占有粮食400kg以上）。

（4）菜农型：作物生产中蔬菜占有较大比重。适合城市郊区或具有蔬菜生产优势的特殊地区。粮食靠市场供应。人工投入高，作物生产商品率高，经济效益好。

（5）果农型：以种植果树为主。适合丘陵山区。需要一定的运输贮藏加工条件，商品率高。

（6）混合型：兼有上述类型的特点。

3. 按水旱划分

（1）水田型：以种植水稻为主，主要分布在年降水量1 000mm以上或有灌溉条件的地区。

（2）水地型：适合干旱到湿润地区。投入高，产出多，效益好，农业现代化程度高。

（3）雨养型：无人工灌溉，靠降雨种植作物。投入少，生产不稳定，农业现代化程度低。

4. 按熟制划分

（1）一年一熟制：在一块耕地上一年内只种植或收获一种作物，便于管理，或粗放耕作，或集约种植。是当前世界的主要种植制度。

（2）一年多熟制：一年内在同一块耕地上种植或收获两种或两种以上作物，种植集约化。主要分布在人少地多、资源适合发展多熟的地区。

5. 按对环境的调控程度划分

（1）露天种植：完全在自然环境，即露天条件下安排作物生产，作物生产的季节性鲜明，是目前主要的种植制度类型。

（2）设施种植：在人为创造的环境，或与自然条件下相比环境有较大改变的条件下进行的作物生产。种植的作物种类、种植方式主要根据人类需要和作物特点进行选择。主要用在经济价值较高的作物生产上。

（3）简易设施种植或半设施种植：介于露天种植和设施种植之间的种植制度类型。

（三）建立合理种植制度的原则

一个合理的种植制度应当与当地的自然资源和社会资源相适应，并能促进农业生产的全面持续发展。具体来说，建立合理的种植制度应遵循以下原则：

1. 合理利用农业资源 合理利用农业资源基本原则有：①资源的有限性及经济利用。合理的种植制度在资源利用上应充分而经济有效，使有限的资源发挥最大的生产潜力。在多种可供选择的措施中，尽可能采取耗资较少的措施，或采用开发当地数量充裕资源的措施，以发挥资源的生产优势。②自然资源的可更新性与合理利用。农业资源的可更新性不是必然的，只有在资源可供开发的潜力范围内，才能保持生物、土地、气候等资源的可更新性。因此，合理种植制度一定要合理利用农业资源，协调好农、林、牧、渔之间的关系，不宜农耕的土地应退耕还林、还牧，以增强自然资源的自我更新能力，为农业生产建立良好的生态环境。③社会资源的可储藏性与有效利用。投入农业生产的化肥、农药、机具等物化的社会资源，是不可更新资源，但却具有储藏性能。这类资源的大量使用，不仅会增加农业生产成本，而且会加剧资源的消耗，导致某种资源的枯竭。对这类资源应选择最佳时期和数量，做到有效利用。

2. 提高光能利用率 生产上作物对太阳能的转化效率是很低的，一般只有 0.1%～1.0%，与理论值 5%左右相比，存在着巨大潜力。在南方地区，采用麦—稻—稻三熟制，年产量 15t/hm²，光能利用率也仅 2.8%，可见提高光能利用率对提高作物产量潜力巨大。在生产上提高光能利用率应从改良品种和改善环境两方面考虑。

3. 提高土地利用率 用地与养地相结合是建立合理农作制度的基本原则。用地过程中的地力损耗主要有以下原因：作物产品输出带走土壤营养物质；土壤耕作促进有机质的消耗；土壤侵蚀严重损坏地力。通过作物自身的养地机制和人类的农事活动，可以达到培肥地力的目的。提高土地利用率的途径有：增加投入，提高土地综合生产能力；提高单位播种面积产量；实行多熟种植，提高复种指数；因地种植，合理作物布局；保护耕地，维持土地的持续生产能力。

4. 协调社会需要，提高经济效益 种植制度是全面组织作物生产的宏观战略措施。种植制度合理与否，不仅影响到作物生产自身的效益，而且对整个农作制甚至区域经济产生决定性影响。因此，在制定种植制度时，应综合分析社会各方面对农产品的需求状况，确立与资源相适宜的种植业生产方案，尽可能实现作物生产的全面、持续增产增效，同时为养殖业等后续生产部门发展奠定基础。要按照资源类型及分布，本着"宜农则农，宜林则林，宜牧则牧"的原则，使农田、森林、草地、水面占有比例得当，以发挥当地的资源优势，满足各方面的需要。合理配置作物，实行合理轮作、间作、套作以及复种等，避免农作物单一种植，减少作物生产风险，提高经济效益。

二、西北春小麦种植制度历史演变

中国西北春小麦种植制度是人们为了满足实际需要，结合当地的自然条件和当时的经营条件，以充分发挥农业资源的生产潜力协调好作物、土壤和气候条件间的关系，从时间和空间上去恰当地安排作物种类、品种、种植方式和方法，逐步发展形成的一套完整的春小麦种植体系。中国传统种植制度的特点是多熟种植、轮作倒茬和间作套种相结合，一方面尽量扩大绿色植物的覆盖面积，以至"种无闲地"；另一方面，尽量延长耕地里绿色植物的覆盖时间，以至"种无虚日"，使地力和太阳能得到充分的利用，以提高单位面积产量。春小麦作为中国西北地区传统种植制度中多熟种植、间作套种的核心作物，起到了重要的作用。

（一）春小麦在作物结构中地位的演变

农业生产受自然条件影响很大。中国古代原始农业时期，由于生产力水平低，为了生存，人们向大自然要粮，首先考虑种植的农作物必然具有耐干旱、耐贫瘠、生长周期短的特点。黍稷由于具有上述特点，因而在相当长的一段时间内占据了黄河流域粮食作物的主导地位，成为"五谷之长"和"民食之主"。小麦生长周期长，种植技术要求高，当时在黄河流域进行大面积种植就有极大的困难。

中国古代西部民族中的羌人在商代即与中原有密切的联系，到周代这种关系得到了进一步加强。《汉书·赵充国传》中谈到"有麦无谷"，说明麦是羌人的主要粮食作物。经过长期的发展，他们引入的小麦终于取代了黄河流域固有的黍粟的地位，成为中国北方主要粮食作物之一。因此，在中国北方作物结构的演变中，在相当长的历史时期中春小麦与黍粟共存。

目前，中国春小麦主要分布在长城以北，岷山、大雪山以西，大部地处寒冷、干旱或高原地带。这些地区冬季严寒，其最冷月（1月）平均气温及年极端最低气温分别为－10℃左右及－30℃以下，秋播小麦均不能安全越冬，只能种植春小麦。

据文献和考古，位于中原地区的夏人，其主食以粟类谷物为主，即今所称小米。夏末成汤放夏桀，有"肇我邦于有夏，若苗之有莠，若粟之有秕"之喻，表明粟为大多数夏人的主要食粮。商人食粮种类较夏人为多，虽然小麦已经有种植，但《尚书·盘庚上》有云："惰农自安，不昏作劳，不服田亩，越其罔有黍稷。"说明商人是以黍、稷为主食。

伴随着生产力的发展，谷物种植在春秋战国时代有了很大的发展，在中国北方旱作农业区的作物结构中，西周时期的主要农作物黍稷等已从主粮地位上退了出来，而粟由过去的次要地位上升到主导地位。菽同样异军突起，变成了仅次于粟的重要粮食作物。麦的种植面积也得到了扩大。据文献反映，春秋战国以前，以春麦栽培为主。到春秋初期，冬麦在生产中才露了头角。西汉时代秋种夏收的小麦称"宿麦"，春种夏收的小麦称"旋麦"。秋种夏收的冬麦的出现，是小麦在中国的传播过程中所发生的最大的改变，也是对春小麦在北方作物结构地位演变中影响最大的因素。

中国古代历朝都把种植小麦当作是防灾救荒的重要措施之一。然而，到汉武帝末年，关中地区仍然没有形成种麦的习惯。又过了百年之后，到西汉末年的成帝时，关中地区的麦作才在有名的农学家氾胜之的推广下得以普及。经过汉代的大力推广，小麦的种植面积扩大了，产量提高了，在粮食供应中的地位上升了，并成为重要的战备物资，这在汉末和三国时期的军阀混战中突显出来。小麦成为战争的导向。曹操将盛产小麦的兖州定为战略大后方，而把敌方的小麦产地作为进攻目标。曹操在攻打张鲁时，就向百姓征调小麦作为军粮，而在攻打袁尚时，曾"追至邺，收其麦"。据文献考证，此时种植的小麦多为冬小麦，春小麦的种植面积虽然也有增加，但分布区域多为山区，即与黍粟种植区域相近。春小麦是北方旱地作物中食性最好的一种，种植范围较广。《契丹国志·南京》条中明确指出麦是重要的物产，这里的小麦种植量很大，仅三河县境内上方感化寺就"艺麦千亩"。

明清时期麦类作物在全国粮食作物构成中的比重，仍呈现上升的势头。至于在整个粮食作物中所占比重，明末《天工开物》中曾言"今天下育民人者，稻居什七，而来、牟、黍、稷居什三。""来"即小麦。这就说明，在明末，稻谷已占绝对优势，在居民主食中已经占到70％，而麦粟等农作物仅占30％。关于小麦在北方作物结构中的地位，《天工开物》中言"四海之内，燕秦晋豫齐鲁诸道，民粒食，小麦居半，而黍稷稻粱仅居半。"可以看出此时小麦在北方地区已取代了粟而居于主粮地位。这种粮食作物构成格局可能在明代即已出现，并一直保持至今。

从以上文献资料记载可以看出，在夏商周时期，中国北方作物结构中是以黍粟为主要粮食作物，汉代以后小麦才逐渐取代了黍粟的地位。明清时期，中国北方作物构成的格局已经和现代十分相近，小麦已经成为中国北方的一种重要作物。从文献中还可以看出，尽管小麦的种植面积不断扩大，但主要种植冬小麦，春小麦在中国北方地区作物结构中的地位一直与黍粟菽共生共存。

（二）春小麦在多熟种植及轮作中的地位

中国古代农作物种植制度从短期或定期轮荒耕作制向土地连作制转换，从一年一熟制向两年三熟、一年两熟等土地复种制转换，历经数千年的历史。在此期间，小麦作为多熟种植中的主体作物，随着精耕细作技术体系的不断完善和新式农具的出现，以及农田灌溉工程的不断发展，在中国北方多熟种植体系形成中发挥了重要的作用。

中国在公元前2000多年的夏朝进入阶级社会，黄河流域也就逐步从原始农业过渡到传统农业。从那时起，中国农业逐步形成精耕细作的传统，大约从春秋中期开始步入铁器时代，奴隶社会也逐步过渡到封建社会，并在秦汉时期形成中央集权制的统一帝国。全国经济重心在黄河流域中下游。铁农具的普及和牛耕的推广引起生产力的飞跃，犁、耙、耱、耧车、石转磨、翻车、扬车等新式农具纷纷出现，黄河流域获得全面开发，大型农田灌溉工程相继兴建。铁器的普及使精耕细作技术的发展获得新的坚实基础。连种制逐步取代了休闲制，并在此基础上形成灵活多样的轮作倒茬方式。以防旱保墒为中心，形成了耕一耙一耱一压一锄相结合的旱地耕作体系。施肥改土受到了重视。

轮作制的萌芽出现于战国时期。《吕氏春秋·任地篇》所说"今兹美禾，来兹美麦"便含有轮作方法的雏形。在西汉后期，随着作物种植技术的不断发展，出现了以精耕细作为主要内容的种植制度。在轮作方面，汉代北方已出现小麦和粟（或豆）的轮作形式；宋代则在长江流域普遍实行稻麦轮作；明清时北方的小麦、豆类和粟及其他秋杂粮的两年三熟制有很大发展，而且在山东及陕西的少数地方也出现了稻、麦两熟，南方的浙江、湖南和江西的一些地方还产生了小麦和稻及豆的一年三熟制。在间作套种方法，明代《农政全书》和清代《齐民要术》记载了松江等地在小麦田内套作棉花的棉麦两熟制。另外《农政全书》及清代《补农书》、《救荒简易书》和不少地方志中记载了在小麦田内间作蚕豆及套种大豆等。明清时林粮间作也有发展。《农政全书》中有在杉苗行间冬种小麦的记载。清代《橡茧图说》也记载了在橡树行间冬种小麦的经验。

至清代，地主制经济制度的调整导致农业生产的高涨，这就为人口的激增提供了物质基础或现实可能性。这种全国性人多地少的格局形成以后，多熟种植及与其相关的农业技术以前所未有的速度发展，农业的精耕细作更成为不可逆转的历史进程。

由于中国传统农业实行精耕细作，单位面积产量比较高。在精耕细作形成的战国时代，粮食单产已比西周增长60%～100%。西欧粮食收获量与播种量之比，据罗马时代《克路美拉农书》记载为4～5倍，据13世纪英国《亨利农书》记载为3倍。而从《齐民要术》看，中国6世纪粟的收获量为播种量的20～24倍，麦类则为20～44倍。据《补农书》记载，明末清初浙江嘉兴、湖州地区水稻最高产量折合6 825～8 437kg/hm²，比20世纪末美国加利福尼亚州的产量还高。中国古代农业的生产率，无疑达到了古代世界农业的最高水平。

唐宋时期，中国南北各地都经历了一个快速的人口增长过程。据史书记载，春秋、战国时期全国约有2 000万人，汉代人口高峰时，登记在册的全国人口约5 960万人（公元2年），而到了唐代天宝十三年（754年）唐王朝所控制的人口为5 300万人，宋代人口又有所增加，学者们估计，"到12世纪初，中国的实际人口有史以来，首次突破1亿。"

由于人口增加产生的耕地不足现象，唐开元、天宝年间，就出现了"耕者益力，四海之内，高山绝壑，耒耜亦满"的情形。这在一些诗人的笔下也有所反映。张籍《野老歌》载："老农家贫在山住，耕种山田三四亩"。到宋代发展更为迅速，出现了"田尽而地，地尽而山，山乡细民，必求垦佃，犹胜不稼"的局面。鉴于春小麦本身的特点，在抗旱、抗寒、耐瘠方面可以与黍粟菽等作物相近，在新开垦的土地上种植，在缓解人口的增加给农业带来的压力方面起到了重要作用。

三、西北春小麦种植制度

近代以来，随人口压力的不断增加，中国北方作物结构发生了重大变化。对环境条件要求不严格又高产稳产的玉米得到了飞速发展，黍粟等已经从人们的主要食粮退居杂粮的位置。春小麦的位置也不断下降，种植区域也逐渐向原黍粟种植区域发展。

在这个时期中，由于生产条件的不断改善，栽培技术的改进，中国西北春小麦的种植制度也发生了重大的变化。一些地方吸收了北方冬麦区的一些种植模式，一年两熟种植制度在不断地渗透，间套种种植模式在不断发展，并取得很好的增产效果。中国西北春小麦现代的种植制度以一年一熟种植模式为主，在热量条件允许的地区，发展以春小麦为前茬的一年两熟种植制度，在"一季有余，二季不足"的地区发展与玉米等粮油经济作物的间套种模式。

（一）西北春小麦在种植制度中的地位

小麦在种植制度中的地位与小麦在粮食作物中的地位密切相关。在中国西北，小麦是主要粮食作物，西北作物种植系统中，小麦具有举足轻重的地位和作用。进入20世纪80年代以后，由于市场和价格等方面的因素，种植业结构调整速度加大，小麦在种植制度中的地位也发生了较大的变化。由于种植春小麦的经济效益相对于玉米、马铃薯和其他经济作物较低，玉米、马铃薯、其他经济作物的种植面积不断上升。

春小麦在西北种植制度中的地位可以总结为以下4个方面。

1. 春小麦是对早春自然资源的利用　春小麦与玉米、马铃薯、经济作物相比，具有能利用早春光、热、水资源的优势，是在粮食作物中唯一能利用0℃以上低温的作物。同时，西北春季多干旱，春小麦可以利用冬季土壤冻结水分的化冻水来发芽出苗和进行前期生长发育。在目前西北部分地区种植体系中，春小麦是在粮食作物中唯一的一个前茬作物，在创造高产高效多熟种植体系中，处于重要的基础地位。

2. 春小麦是西北人民重要的口粮作物　在长期的历史过程中，西北人民已经形成了把面食当作食物结构中最重要的组成部分，吃面食是西北人民生活中不可取代的大事。尽管春小麦生育的时间与多西北的降水和温度不同步，产量和效益也较玉米、马铃薯和经济作物低，但是种植小麦似乎不能仅仅用经济来解释，它涉及人民生活的大事，在相当长的历史阶段中，这种趋势不能扭转。

3. 农田灌溉水平的提高为多熟制创造了条件　西北地区种植春小麦产量和品质较低的一个重要原因是春小麦生育的时间与西北地区的降水和温度不同步。随着农田灌溉事业的不断发展，上述矛盾得以缓解，为进一步发展多熟种植创造了良好的条件。

4. 增加了农田的生物多样性　多熟种植在生态学意义上还是一个创造生物多样性的过程。可根据多熟组成作物的需求来灵活安排，不仅可以为多熟种植的成功提供保障，同时还可以在抵御自然灾害、有害生物防治方面提供多种选择。

（二）西北春小麦主要种植制度

1. 一年一熟春小麦种植制度　中国西北春麦种植区光照充足，但热量和降水有限。

≥10℃年积温多在 2 000～3 600℃之间，年降水一般在 200～600mm，有些地方更少。加之人少地多，社会经济条件及生产力要素水平较差，耕作粗放。长期以来，种植制度总的格局是一年一熟平作。春小麦一般种在冬闲地上，春季播种，夏季或初秋收获，实行春小麦连作或与大豆，马铃薯、高粱、豌豆、大麦等轮作，形成一年一熟的种植方式。

2. 以春小麦为前茬的一年两熟春小麦种植制度　在中国西北春麦种植区偏南地区，种植春小麦一年一熟情况下，生育空闲期大致为 40～80d。春小麦未能充分利用 15%～45% 的全年热量资源和 25%～65% 的降水资源。这些传统上实行小麦（或其他作物）一年一熟的地区，如何充分利用其损失掉的宝贵资源，是春小麦生产上面临的主要问题。经过一段时期的发展，在有些地区形成了以春小麦为前茬的一年两熟春小麦种植制度。主要有以下 3 种不同的类型。

（1）粮粮型。小麦下茬复种（栽）荞麦、早熟谷子、早熟高粱。

（2）粮油型。小麦复种花生、大豆和向日葵。

（3）粮菜型。小麦下茬复种（栽）芸豆、茄子、辣椒、甘蓝等，还有名优特菜、药材、西瓜等。

近年来，随着全球气候变化和农业结构调整，各地春麦种植制度也在调整变化。

第二节　种植技术体系

随着社会主义市场经济的发展和"高产、优质、高效"农业目标的确立，种植制度的改革与发展面临着良好的机遇；农业持续发展战略的提出，更是给中国种植制度的改革和发展以有益的启迪。合理地调整和改革种植制度，适应社会经济发展的需要和农业持续发展的要求，对西北春小麦种植具有重要的理论和现实意义。

一、种植技术体系发展的结构性分析

任何一个系统都是由一定的结构组成的。种植技术体系作为农业生产系统中的一个子系统，也有其特定的结构与功能。种植技术体系的结构是指种植技术体系的各组成要素在连续的时空区间上特定的、相对稳定的排列组合、相互作用的形式和相互联系的规则，它们构造着种植体系内在的特定秩序。

根据农业系统学的原理分析，组成种植制度的要素有 4 个，分别为：农业生物要素、农业环境要素、农业技术要素和农业经济社会要素（即农业经济）。这 4 个要素的结合构成了种植技术体系。

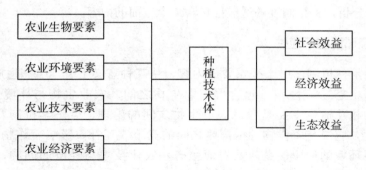

第一，农业生产是农业生物的生产，农业生物要素构成了种植制度的主体。农业生物的范畴应包括从狭义的作物到畜牧业、园艺业等有关的一年、二年或多年生草本植物，农业生物的这种多样性及其在不同地区的选择与组合，是种植制度的核心结构，规定了种植制度的基本属性，也决定了种植制度的多样性。

第二，农业环境要素是种植制度形成和发展的基础。生物的生长发育都是在一定的环境中进行的，没有适合农业生物基本适宜的环境条件，农业的存在就没有可能；农业环境（如气候、土壤、地形、水文等）的优劣决定了农业生物所能获取的能源、物质的多少及生存空间的大小。任何生物都有其特定的环境要求，合理的种植制度都是生物与环境的优化组合。

第三，农业技术水平的高低影响着生物和环境的相互作用，从而影响着种植制度的形成与发展。农业技术是人类对农业生态系统调控和管理的能力与水平，主要分为农业生物调控技术、农业环境调控技术和农业结构调控技术。这些技术的相互作用、协调发展，促进了种植制度向高层次的演化。

第四，农业生产是自然再生产和经济再生产的统一，种植制度总是在一定的社会经济系统中运行的。社会经济要素是一个比较广泛的概念，其在种植业系统中主要解决4个方面的根本性问题，即目标问题、投入问题、管理问题和经济关系问题，它决定了种植制度的发展方向，也是种植制度演化的动力。

生物要素和环境要素组成了种植制度的核心，两者结合的好坏、协调程度的高低，决定了农业自然生产力的大小。农业技术要素在种植制度中表现为一种协调生物要素与环境要素的手段或方法，经济要素则提供促进生物要素与环境要素相结合的条件和动力，农业技术要素和农业经济要素决定了农业的社会经济生产力的高低。种植制度的4个组成要素是相互联系、相互作用的，分析一种种植制度时，只有从这4个方面来思考，才能更好地掌握种植制度的本质。种植制度的改革和调整是其结构要素的变化的过程。一个要素的变化可以引起其他3个要素相应的变化，从而共同推动种植制度的发展。

种植制度的结构性启示我们：种植制度的发展是其结构要素变化的结果，在种植制度改革的实践中，既要综合分析各个要素，又要抓住关键要素，以科学地推动种植制度的健康发展。

二、种植技术体系发展的适当性分析

适者生存，这是一个普遍的规律，种植制度也不例外。任何一种种植制度都必须与一定的自然、社会、经济状况相适应，这就是种植制度的适应性，它是种植制度存在和发展的前提和基础。具体分析，种植制度的适应性包含4个方面的内容。

（一）与生态环境的适应性

生态适应性是种植制度中十分重要的内容，从某种意义上讲，生态适应性决定了种植制度的成败。在生态适应性中，包含着农业生物之间、农业生物与环境之间的适应性。农业生物之间的相互适应主要是考虑农业生物之间的生理、生态学机制及其形态特征的差异性和共存性，它决定着作物种植群体之间的竞争或互补，影响着作物生产力的大小。作物选择与当地环境的适应性是涉及农业生态、农业技术与经济的问题，它决定了作物布局的合理性。

（二）与农业技术的适应性

农业技术在农业生产中直接发挥着增产或稳产的作用，种植制度的效益在很大程度上受技术水平的影响。任何一种作物都有其特定的生理特性、形态特征及生理－生态学机制，作物自身内在的特征、特性在不同的生态环境（如光照、温度、日较差等）中也会有不同的表现，从而表现出不同的技术要求，需采用相应的技术措施。因此，在实践中，因不同地区的经济技术条件不同，其种植制度也千差万别，这是正常的。否则，不考虑当地的技术水平而进行种植制度的调整与改革，必将招致事与愿违的后果。

（三）与社会经济的适应性

种植制度与社会经济的适应性表现在与当时社会经济需要的适应性和与社会经济状况的适应性。生产是为需要服务的，需要是生产的前提和动力。种植制度的存在和发展也必须以一定的社会经济发展的需要为前提和动力。不同的经济发展时期，不同的国家存在，不同的社会经济的需要，对种植制度有不同的期望。

（四）与三大效益的适应性

评价一种种植制度往往从三大效益，即社会效益、经济效益和生态效益来考虑。在农业生产中，人们对种植制度的认识存在三个效益上的差别。一般认为，一个国家或地区的政府部门对种植制度的社会效益比较重视，他们要求农业能够提供满足社会需求的足够数量的农副产品，要求农业能为全社会及其他行业提供劳力、资金与市场等；对于那些直接从事农业经营的农场主与农民来说，经济效益的高低更为重要，他们在选择种植作物时，特别注意各种作物在当地的比较经济效益，比较经济效益原则是他们做出决策的基本原则；对于从事农业科研的研究人员来说，他们对生态效益相对较重视，某一作物的种植如何，他们要考虑作物对自然环境的适应性和对生态环境可能造成的影响。一个合理的种植制度必须协调好不同阶层的利益偏好，做到三大效益同步发展和提高。

以上分析了种植制度发展的 4 种适应性，各自在种植制度改革与发展中的地位是不同的，生态适应性为种植制度存在和发展提供了可能性，而起决定作用的还是社会经济的需要和社会经济的可能条件。从生物的适应性的程度上来说，一个地区有最适于某种生物生长的因素，也有相对适宜于其他生物生长的因素。在许多情况下，如何安排各种作物达到多大的规模，往往取决于一定时期国民经济的需要和生产水平，由于人类社会需要和社会经济条件的差别，有时在某种作物生长最适宜的地方不能发展它，而在不甚适宜的地方却要发展它。作物的生态适应性具有相对性，最主要表现为人的需要和选择。按照现代经济学市场先于生产的经济理论，在我们进行种植制度的调整时，要认识到自然条件是决定作物种植制度的基础，社会经济条件制约种植制度的发展变化，其中对产品的需求量是最重要的社会经济因素。

三、中国种植制度的发展趋势

持续农业是当今世界农业的共同未来。虽然持续农业是一个范畴广泛的概念，在不同的国家和地区有不同的内涵，但其作为农业发展的目标或作为农业发展的原则，已得到普遍认可。对于中国这样一个人口众多、资源稀少的发展中大国，农业的持续发展是中国社会经济持续发展的根本保证和优先领域。中国农业可持续发展的目标是：保证粮食生产率稳定增长，提高食物生产和保障食物安全，发展农村经济，增加农民收入，改变农村贫困落后状况；保护和改善农业生态环境，合理、永续地利用自然资源，特别是生物资源和可再生资源，以满足逐年增长的国民经济发展和人民生活的需要。根据这一目标要求，中国种植制度的发展要以提高土地的利用率为中心，充分合理地利用资源，以满足人们对农产品的需要和经济的发展；同时又要遵循持续农业的原则，不但要满足当前的需要，还要有持续发展的功能，满足日益增加的未来发展的需要。这种既满足当前需要，又具有持续发展功能的种植制度，可以称之为持续农业的种植制度。建立持续农业的种植制度，是中国种植制度的发展趋势，也是实现中国农业持续发展的一种有效的途径。它是保护和改善农业生态环境的基本技术路线，是提高经济效益增强农业持续发展能力的重要的经营方针，也是在确保粮食生产稳定增长的基础上不断生产出适合人民需要的各种农副产品的有力措施。

任何一种先进的科学体制与方法都经历孕育、发生、发展的过程，而整个过程都是在某个体系的基础上进行的。中国持续农业的种植制度是在传统农业的种植制度与"生态农业的种植制度"基础上，根据中国持续农业的发展要求和市场经济发展的需要而产生的一种新的思维观念，表现了较强的运行机制。传统农业的种植制度是以生产规模小、劳动密集、土地生产率较高为特征的农业生产方式，它强调生物措施的利用，具备生态合理性和生态健全性的优点。但由于生产系统开放程度较小，物质、能量流通量较小，限制了生产水平的提高，难以满足经济发展的需要。"生态农业的种植制度"是发挥了传统农业的种植制度用养结合优势，优化农业生产系统结构，注意发挥自然功能，提倡减少物质投入，减少人为干预，这对解决中国市场经济条件下，人地矛盾，经济发展与粮食需求的矛盾还存在一定的局限性。

持续农业的种植制度则是在传统农业的种植制度、"生态农业种植制度"基础上的改进方式，它吸收继承了两者的精华并将其有效地结合，形成了现代农业的一个重要方面。持续农业种植制度的指导思想包括6个方面的内容：①以农业生产稳定持续、均衡协调发展为前提，满足人口对食物需求；②积极增加生产投入以增加产出，提高土地生产率；③充分运用生物技术措施，合理使用化肥、农药等化学物品，提高能源和物质投入的转换效率及经济效益；④合理地开发利用再生资源，加强系统内部的物质再循环，节约使用与保护消耗性资源；⑤在发展生产的同时，保护、改善环境，保持和增强发展后劲；⑥在技术上要求与生态、经济环境和社会自然条件相吻合，有保证农业持续发展的后备技术。

持续农业的种植制度在继承的基础上比"生态农业的种植制度"和传统农业的种植制度具有更广泛的内容，它特别注重生态持续性和社会持续性。在实践中，它要求人们注意从三方面着手：一是以市场经济为导向，以市场为目标，调整生产、流通、分配的经营结构，进而实现功能的转变。二是以质量为突破口，在迅速增加农副产品的同时，注重实现质量上的改进。三是以扩大农业的"生态位"为方向。重视农业生物的多样性和生产过程的综合性、多渠道发展，如发展农牧结合、农工结合的生产方式，不但可以接纳剩余的农业劳动力，也可以有效地提高土地生产力和劳动生产率。

在当前及今后的市场经济条件下，种植制度的首要任务是满足市场需求的多样性（包括数量和质量），与此同时还要满足市场需求的持续性，即要保持一个良好的自然环境，为市场的无限发展不断提供良好的生态环境以及量大质优的农副产品。在具体生产过程中，要求注重提高资源的利用效率，防止采用掠夺式的经营方式。我们要抓住目前进行种植制度改革的良好机遇，因地制宜地改革和发展"高产、优质、高效"的持续农业的种植制度，充分发挥种植制度在中国农业持续发展中的作用。

四、西北春小麦种植技术体系

西北春小麦种植地区光照充足，但热量和降水有限。≥10℃年积温多在 2 000～3 600℃之间，年降水一般在 300～600mm，甚至有些地方更少，加之人少地多，社会经济条件及生产力要素水平较差，耕作粗放。长期以来，种植制度总的格局是一年一熟。然而，近年来，随着人口增加和社会经济需求的增长，以及生产条件、技术水平的不断改善，在光热资源较充足的灌溉地区，麦田多熟种植发展很快，主要的多熟模式是以小麦//玉米为主，也有小麦//大豆、小麦/饲料、绿肥等。一年内要种植包括小麦在内的两种或三种作物，各种作物所施加的许多措施诸如耕地、施肥、灌溉等都有前后的关联性，对小麦生产必然产生种种影响，因此对多熟种植必须从全年考虑，统筹安排。以下对西北春麦区主要种植区春小麦优质高产种植技术体系作简要介绍。

（一）河套灌区春小麦优质高产种植技术体系

河套灌区位于河套平原，主要由黄河及其支流冲积而成。主要靠引黄灌溉，辅之以井灌。平原上渠道纵横，农田遍布，为塞外谷仓，历史上曾有"黄河百害，唯富一套"的美誉，是中国古老的农业生产区，也是重要的商品粮基地，是春小麦主产区之一。灌区海拔为 1 000～1 500m，年降水量 250～400mm，以干旱半干旱气候为主。春小麦生育期间降水 110～270mm，多数地区约 220mm 左右。热量不足，≥10℃年积温为 1 900～3 600℃，无霜期 96～148d。地表水和地下水资源均十分丰富。种植制度为一年一熟，个别川水地区两年三熟或一年两熟。

春小麦是灌区的主要粮食作物。其丰歉，在一定程度上受春潮（春雨或潮湿）、干热风和春小麦全蚀病等几种农业气象灾害和病害的制约。为了减轻上述几种灾害对春小麦生产的影响，促进高产稳产，灌区重点推广了春小麦适时早播、筛选良种、种肥分层播种、缩垄增行、优化密度、带状立体种植、合理灌溉等一系列综合配套减灾对策和措施，取得了明显的减灾增产效果。春小麦生产上存在的主要问题是：灌区麦田土壤次生盐渍化严重；有机肥施用量少，部分麦田土壤肥力有下降趋势；缺少"硬质强筋"、"软质弱筋"和"出粉率高"的典型专用春小麦品种，产业化进程慢。主攻方向应以治水改土和改善生产条件为基础，更新春小麦品种，提高与改善春小麦品质，进一步提高单产。主要措施是完善灌排配套工程，改进灌溉技术，实现节水灌溉，井灌与渠灌结合；增施有机肥料，推广配方与平衡施肥，改进施肥技术，提高化肥利用率；建立专用春小麦生产基地，推进春小麦生产、加工的产业化进程。

河套灌区春小麦要获得优质高产，除选用优质高产春小麦品种外，在栽培技术上，首先必须确保适宜的基本苗数，确定适宜的群体规模，再科学确定氮、磷、钾用量和施用技术。在高产栽培中应贯彻"肥地宜稀，瘦地宜密"的原则。在生产实践中应根据品种特性确定适宜种植密度，氮、磷、钾合理配施，才能促进植株生长发育，并使营养生长与生殖生长协调发展，最终达到显著的增产效果。

1. 春小麦密植高产种植技术体系　又称大播量条播种植法，是银宁灌区的常规播种方法，一般播量 $375.0 \sim 412.5 kg/hm^2$，高的达 $450 kg/hm^2$ 以上。是经当地多年科学试验和系统总结群众高产栽培技术经验，确定以主穗为主、群体为主、多穗为主的"三为主"高产栽培途径。其形成背景是"春季低温且变幅大，夏季高温逼早熟"的气候生态环境和以其为依存的"一长三短"的生育特点。河套灌区春小麦播种至出苗期长，分蘖期短，穗分化期短，籽粒灌浆期短。"一长三短"必然导致出苗率低（一般70%左右）、分蘖少、成穗率低、穗粒数少、千粒重低，即"三低二少"，因而影响春小麦自身增产潜力的发挥。为了稳产高产、高产再高产，针对性地采取"四增"（增籽、增苗、增穗、增粒）和"三为主"的技术对策。即适当加大播量，以籽保苗，以苗保株，以株保穗，以穗保粒。靠主穗、靠多穗、靠扩大群体增产，也即以播种和出苗时的起点密度为终点密度（收获密度），以多取胜获得高产。

这种栽培法随着河套灌区春小麦生产的发展而发展，现在已形成一套比较完整和规范化的技术体系，概括为"五优一保"，即在深耕、施底肥和平整土地的基础上，选用良种，优化种群；适时早播，优化播期；合理密植，优化播量；培肥地力，优化施肥；适时适量，优化灌溉；加强植物保护，防除病虫草害。

大播量条播法有两个重要优点。一是稳产高产。这在低产、中产和部分上中等高产田中表现尤为明显。农谚云："有钱买种，无钱买苗"、"麦打稠"，所以以保苗多、苗全为目标的播种量是稳产高产的基础。苗多苗全还可承受不利气候条件和多种病虫害的影响和危害。除不可抗拒的自然灾害外，一般都可获得较高的收成。二是适应性强。大播量条播法对"条件"要求不严格，无论是基础肥力高的好地或障碍因素多、肥力低的田地，也不论是集约经营还是粗放管理，只要"五优一保"措施到位，均可获得较高产量，这是此法在生产中一直占支配地位的主要原因。

然而，大播量条播法也有很多弊端，不可忽视。主要是：播量大、成本高，不符合高产高效原则；播量大、群体大、田间郁蔽，光照和有机营养条件变劣，生育后期也不便追加措施，不利于高产更高产；采用加大播量，以籽保苗、以苗保穗、以穗保粒、以粒多增产，是消极被动措施，不利于田间出苗率和科学种田水平的提高；靠主穗和加大播量扩大群体增产，违背春小麦分蘖特性和自我调节性能，有碍于春小麦自身增产潜力发挥。

随着生产条件的改善和产量水平的提高，发现大播量的优越性主要表现在中低、中等和中上等肥力的土地上，在高肥力、高肥水平条件下，往往还不如中播量（覆膜穴播）和低播量（精量稀播）稳产高产。因此，对于大播量条播法要具体分析，因地而用。今后改进的重点是把过大的播量降下来，前提在保证三个质量（种子质量、整地质量、播种质量）的基础上，提高田间出苗率和分蘖成穗率。

2. 春小麦精量稀播种植技术体系　又称精量稀播种植法。国内外科学研究和生产实践证明，在高肥力土壤条件下，群体内部光照不足，光合效率不高，适当降低播量和基本苗，协调好群体与个体矛盾，是春小麦高产栽培的主要发展方向；采用精量稀播并集约精细管理，取得超常高产。其技术体系如下：

（1）精量稀播与产量。内蒙古农业科学院在临河八一试验区研究表明，在高肥力条件下，播量或基本苗减少之后，产量水平未受影响，即低播量可获大播量的产量，并且产量均高达 7 500kg/hm² 左右。

（2）精量稀播高产栽培的生物学基础。分蘖消长和成穗数规律表明，在一定穗数范围内，穗数与基本苗呈显著正相关；单株成穗与基本苗呈负相关，而且随着单株成穗数增加，穗粒数和千粒重也随之增加。这说明适当降低播量和减少基本苗，充分利用春小麦的分蘖特性和自我调节能力，争取部分分蘖成穗，走主、蘖并重的道路是可行的。

（3）精量稀播高产栽培的生理学基础。根据试验测定：稀播春小麦单株根数比对照（大播量）增加 4.8 条；稀播春小麦基部一、二节比对照短 1.13、0.45cm，单位茎节重 0.87g、0.73g；光合速率稀播春小麦平均比对照高 14.0mg CO_2/（d·m²）；稀播春小麦籽粒氮、磷、钾含量不论主茎或分蘖穗均高于对照。上述性状的改善为稀播春小麦抗倒、高产和优质奠定了坚实基础。

（4）精量稀播高产栽培的土肥基础。经试验和调查表明，在土壤耕作层有机质含量≥1.0%，全氮≥0.8%，全磷≥0.7%，碱解氮≥80mg/kg，有效磷≥20mg/kg，土壤整体结构好，常年在 4 500kg/hm² 以上的土壤肥力基础上，施用纯氮150～225kg/hm²，P_2O_5 150～225kg/hm²，并合理搭配，即可作为稀播春小麦 7 500kg/hm² 高产栽培的土壤基础。

（5）精量稀播春小麦的高产栽培技术。首先是土壤基础肥力好（中上等或上等地）；适期早播，早浇头水；选用分蘖力强、成穗率高的抗倒高产品种；精选种子、保证密度，播量210～255kg/hm²，保优质苗 375 万～450 万/hm²。合理施肥，施氮 150～225kg/hm²，五氧化二磷 165kg/hm²，氮、磷比 1：0.7～1.0；集约经营、保证技术操作质量。要求产量结构模式为：穗数 555 万～645 万/hm²，穗粒数 32 粒左右，千粒重 45g 左右。

春小麦精量稀播法的基本点是种稀长稠，挖掘春小麦自身增产潜力，以健壮的个体，适宜的群体，优异的穗部性状获得高产。它与大播量条播法的不同点是可以充分利用和发挥春小麦分蘖特性，既靠主穗，也靠分蘖穗增产。但将其转化为现实生产力，必须具有高肥土壤和促蘖栽培技术两个缺一不可的条件。精量稀播法属于节本增效、高产更高产的栽培途径，其不但为春麦区辟出一条崭新的高产栽培途径，而且充实和发展了高产栽培理论。

3. 春小麦覆膜穴播高产栽培途径　春小麦覆膜穴播是在条播覆膜的基础上发展起来的。该播种法是以"重穗品种、增肥节水、宽行穴播、覆膜栽培"为特征。由传统的窄行条播改为宽行穴播，由露地播种改为覆膜种植，由大播量、高密度改为中播量、中密度。

经分析，覆膜穴播大幅度增产的原因，主要是覆膜的增温保墒效应和穴播栽培通风透光条件的改善以及综合应用先进适用技术的协同结果。根据巴彦淖尔盟农业技术推广站资料，地膜覆盖较不覆盖春小麦，播种至出苗期间耕作层温度增加 2.2℃，土壤水分提高 2.7 个百分点，促进了土壤微生物提前活动和释放速效养分，出苗期提早 9～11d，幼穗分化延长 7～11d。苗期覆膜比不覆膜的单株茎叶鲜重、干重分别增加 7.2g、1.2g，均增 1.0 倍以上。根系鲜重、干重分别增加 0.5g、0.33g，提高 31.2%、82.5%。穗粒数增加 4.6～6.7 粒，千粒重增加 2g 以上。显然，发达的根系、粗壮的茎秆、繁茂的叶片、优异的穗部性状和生育期提前（主要是出苗—抽穗）及其相对地改变了"一长三短"的生育进程，是改善有机营养条件和拓宽源流库的主要渠道，因而增产显著。

覆膜穴播法，在确保技术规程条件下具有地膜覆盖和穴式播种双重连锁效应，增产幅度大，但覆膜穴播春小麦对覆膜穴播机具、土地（含整地质量）和物质技术条件要求严格，而且大面积采用地膜覆盖后，对土壤和环境带来的生态影响等问题，应切实搞好不同类型地区和农田的试验、示范、推广工作，完善栽培技术，处理好相应的生态问题，进一步扩大推广。

（二）河西走廊春小麦优质高产种植技术体系

河西走廊辖武威、金昌、张掖、酒泉、嘉峪关5个市共20个县（区）。区内海拔高度900～2 850m，年降水量36～360mm。四季分明、光照充足、太阳辐射强、昼夜温差大、干旱多风、夏季炎热、冬季寒冷，无霜期150d左右，具有典型的大陆性气候特点。经过2000多年的开发，在荒漠戈壁上形成了独特的农业生态区域——河西绿洲灌溉生态农业区，适合栽培多种粮食作物、经济、瓜菜作物及果树，且产量高、品质好。河西走廊是中国传统的农业区，是国家重点商品粮基地，也是全国较大的农作物瓜菜和玉米种子生产基地之一。

河西走廊春小麦主要种植方式为单作和带状种植两种。春小麦出苗后气温回升较快，春旱少雨，后期灌溉成熟期到收获正遇雨季，高温逼熟，形成了春小麦"早、快、短"的生育特点。栽培上川区要求选择早熟矮秆高产优质春小麦品种，浅山区要求选择中早熟半矮秆高产优质春小麦品种。施足基肥。适期早播，顶凌播种，川区一般以3月上旬播种为宜，浅山区以3月下旬和4月上旬播种为宜。早灌头水，促进春小麦的生长发育。以主茎穗为主，形成合理的群体结构。5月上旬的二水最为重要，一定要灌透灌好，以免形成"卡脖子旱"。在灌二水时施追肥，为春小麦实现高产奠定基础。在春小麦生长发育中期进行干耪湿锄，清除杂草，促进根系发育，防止倒伏。春小麦蚜虫和黄矮病是河西走廊春小麦主要病虫害，做好春小麦蚜虫的防治工作是实现春小麦高产稳产的关键。后期浇好"麦黄水"防治干热风危害。河西走廊地区主要种植技术体系如下：

1. 沿山冷凉灌区春小麦单作高产栽培技术 河西走廊沿祁连山冷凉灌区位于甘肃省河西地区南部祁连山北麓海拔1 700～2 400m的广大地带。该区无霜期120～150d，年均温2.8～6.9℃，年降水量130～210mm，年蒸发量2 000mm左右，年日照2 915～2 970h，太阳总辐射量548～622kJ/cm²。土层深厚、肥沃，宜耕性好，有机质含量16.2～29.0g/kg，适于春小麦生长，形成幼穗分化期长、灌浆期长等特点，易使春小麦大穗大粒。目前，春小麦产量一般5 250～6 000kg/hm²，也有7 500kg/hm²以上的田块。此区春季干旱、多风、低温，夏秋季多雨，对春小麦播种抓苗不利，后期易引起倒伏，影响产量。根据多年对春小麦栽培技术方面存在问题的研究，在选用高产品种、培肥土壤、播种密度、施肥、灌水技术、促控结合等关键措施方面，基本摸清了其规律，并创造了较大面积高产新典型，结合各地生产实践，可提出甘肃省河西沿祁连山冷凉灌区春小麦7 500kg/hm²的主要栽培技术。

（1）选用高产品种。高产品种是实现春小麦高产的首要条件，品种选得准，高产就有保障。近几年，在产量7 500kg/hm²的地块应用的主体品种有陇春26号、甘春24号、张春21号、武春6号等。这些品种的主要特性是增产潜力大（粒多、穗大或千粒重高），抗逆性强，根系发达，生长势强，中后期光合生产率高，抗早衰，落黄好。

（2）培肥土壤，科学施肥。前作收后及时进行深耕，耕后立土晒垡，熟化土壤。贮水灌溉以冬前的9～11月为好，以土壤夜冻日消时最为适宜。10月中旬前贮水灌溉的要及时耙糖、保墒，灌水定额一般为 900～1 500m³/hm²。灌水早，灌水量应加大，如果水量有限，10 月中旬前灌水量低于 900m³/hm² 时，应在灌水后及时覆草保墒，翌年春季揭草后整地种。施肥应有机、无机结合，氮、磷、钾搭配，做到有机肥与无机肥并用，分层施用。土壤肥沃可适当控制氮肥，增加磷肥。一般基施农家肥 75t/hm² 以上，播前结合深耕翻入土内（也可秋季结合深翻施入），底肥施 N 112.5～127.5kg/hm²、P_2O_5 105kg/hm²，注意不能施在种子行，以免影响出苗。施肥做到以有机肥、基肥（含种肥）为主，看苗追肥与叶面喷肥结合。

（3）适时早播，合理密植。适时早播是春小麦增产措施之一。早播早扎根、早分蘖，为壮苗、抗倒、早熟、高产打下基础。当表土层温稳定在 1～2℃ 时即可播种，即 3 月下旬至 4 上旬为宜。合理密植是春小麦高产的中心环节，合理密植才能使苗、株、穗、粒协调发展。春小麦生育期短，生长发育快，栽培应以主茎穗为主，争取早分蘖成穗为辅，才能获得高产。一般下籽量为 630 万～690 万粒/hm²，基本苗为 480 万～555 万株/hm²，最高茎数为 630 万～750 万/hm²，成穗数 555 万～645 万穗/hm²。

（4）促控结合，加强生育早、中、后期管理。

①苗期（出苗至拔节）管理。促控目标是苗齐、苗匀、苗壮、早分蘖、多根、叶健，为后期壮秆、大穗打下基础。苗期管理核心是全苗、壮苗、苗齐、苗匀、苗壮。关键是提高播种质量。播种后遇雨雪天土壤易板结，应耙糖破除板结；在出苗后一至二叶期查苗，对被土块压的苗应及时破土放苗，对死苗缺苗严重的地块，灌水前要及时补种，以保全苗。三叶一心至四叶一心期早灌头水，定额为 1 200～1 350m³/hm²，结合灌水看苗追施 N 45.0～67.5kg/hm²。对苗期长势过旺的高秆品种，苗期适当控水防倒，也可在分蘖末期用石磙镇压 2 遍，对倒伏也有一定防效。另外，分蘖期喷洒一次矮壮素，用量为 2 250～3 000g/hm²，其防倒效果明显，但要掌握好时间、用量、次数，以免造成药害。

②中期（孕穗至抽穗）管理。促控目标是植株矮壮，稳健，不徒长，不脱肥，有良好的群体和叶相，通气性好，稳大、粒多。中期为器官形成期，出现分蘖、叶面积、吸水、养分 4 个高峰期。若前期管理失误，中期矛盾就尖锐，管理处于被动，如灌水（缺水）与倒伏的矛盾，施肥（脱肥）与贪青晚熟、青秕的矛盾等。若达到此期生理指标，高产就有希望，关键措施是酌情灌水，拔节至抽穗是春小麦需水临界期，缺水会造成大幅度减产，在群体长势正常的情况下，挑旗前后灌好二水（定额 1 050～1 200m³/hm²），以水调肥，促大穗，对增加粒重有利。

③后期（开花至成熟）管理。促控目标是无病虫或危害较轻，粒多粒重，不倒伏，落黄正常。此期群体稳定，通风透光条件比中期好转，干物质积累较多，是春小麦体内物质合成、转化、运输、积累最活跃阶段。据测定，此期有 40%～50% 的光合产物经叶鞘、茎秆、穗部不断运往籽粒。管理的中心是合理灌水，以攻粒重为中心，灌浆期适时灌水，以防倒伏。花期至灌浆期叶面喷施磷酸二氢钾 2.25kg/hm² 可增产 3.7%～6.9%，喷硝酸铵或过磷酸钙也有一定增产作用。

④成熟期及时收获，防止阴雨及其他原因造成损失，确保丰产丰收。

2. 平川灌区春小麦带状种植优质高产栽培技术　春小麦带状种植是河西走廊春小麦栽培的一种独特种植方式，主要在河西走廊的川区采用。如春小麦与玉米、春小麦与大豆、春小麦与向日葵带状种植等。河西走廊春小麦与玉米带状种植曾创下一熟制灌区（亩产）"吨粮田"的高产纪录。带状种植具有提高群体光能和CO_2利用率，充分利用和培养地力，增强边行优势以及减轻自然灾害，促进高产稳产等优点。以下以春小麦与玉米、大豆为例介绍带状种植技术要点：

（1）春小麦带玉米。带幅为1.5m，春小麦带宽70cm种6行，行距11.5cm。玉米带宽80cm，种2行，中边行距26.4cm，株距19.8cm，即春小麦、玉米相距26.4cm，玉米行距26.4cm，玉米株距16.5～19.8cm。春小麦密度510万～540万株/hm^2，玉米密度6.75万～7.20万株/hm^2。

选择土层深厚，灌溉方便，土壤肥力较高且均衡的春小麦、玉米、绿肥、蔬菜等茬口，秋季机耕深翻20cm以上，灌足安根水，耙、糖土地，使耕作层达到地平、土绵、墒足，上虚下实，镇压各两遍，早春顶凌耙地，达到平整土地，无残留地膜等危害物质的标准。以中上等土壤肥力为基础，施优质有机肥料112t/hm^2，化肥纯N 150kg/hm^2，P_2O_5 225～270kg/hm^2，结合播前浅耕一次性施入。

春小麦以早熟矮秆品种为主，玉米以中晚熟品种为主，且所选良种发芽率应在95%以上。播前对种子进行药剂处理，防治地下害虫。春小麦早播一般在3月8～12日，玉米适当推迟播期，一般在4月25日左右。春小麦播深3～5cm，玉米5～7cm，深浅一致，不重播、漏播，确保一次全苗。春小麦播种量510万～540万粒/hm^2（约330kg/hm^2），玉米按株距19.8cm点种，每穴留苗一株，保苗67 500～72 000株/hm^2。春小麦、玉米各以37.5kg/hm^2磷酸二铵作种肥。

玉米在头水后二水前，进行一次性定苗，每穴留1株壮苗。春小麦结合灌头水追施硝酸铵150kg/hm^2。玉米拔节期追尿素150kg/hm^2，大喇叭口期追硝酸铵600kg/hm^2，扬花期再补追碳酸氢铵300kg/hm^2，使氮磷比控制在1：0.3左右。全生育期施肥量纯N 555kg/hm^2，P_2O_5 225～270kg/hm^2。

遵循前期攻春小麦，中后期攻玉米的原则。春小麦两叶一心期干耧1次。头水后待地皮发白湿锄1遍，3～5d后再锄1遍。玉米三叶期后每次灌水后都中耕，松土保墒，增加地温以促壮苗。防治病虫害。春小麦分别于两叶一心期、拔节期、抽穗期、灌浆期各灌水1次。麦收后春小麦带及时灭茬，并给玉米培土，麦收后玉米灌水3～4次，保持田间持水量70%以上。

春小麦在蜡熟后期及时收割，以便抓紧时间对玉米进行后期田间管理，玉米待苞叶黄时开始采收，确保丰产丰收，颗粒归仓。

（2）春小麦带大豆。采用春小麦套种大豆，实行两种规格种植。一是带幅宽73cm，麦豆行比4：1，其中春小麦带幅50cm，种4行，行距12.5cm，大豆带幅23cm，种1行。二是带幅宽90cm，麦豆行比4：2，其中春小麦带幅50cm，种4行，行距12.5cm，大豆带幅40cm，种2行，行距20cm。春小麦密度570万～630万株/hm^2，大豆密度45万～48万株/hm^2。选择土层深厚、灌排良好、富含有机质的地块种植，一般春玉米、马铃薯茬较好，避免春小麦、豆类等重茬。前茬作物收获后，深翻20～30cm，再浅耕整平土地，灌足底墒水，冬季耙耱镇压保墒，春季及时平整，耙糖镇压。春播前结合浅耕一次性施足基肥，一般施优质农家肥75t/hm^2，P_2O_5 120～150kg/hm^2，纯氮150kg/hm^2。

选择适宜的种植带幅，规范画线，以利播种、生长和管理。春小麦在3月上旬用4行播种机，按12.5cm行距播种，播种量300～375kg/hm^2，成穗570万～630万穗/hm^2。大豆于 4 月中旬，春小麦灌头水前、后 1 周左右播种，开沟穴播或撒播，以穴播为宜。穴距 23cm，每穴 5～7 粒，以行比 4：2 呈三角形点种穴播 2 行，播后覆土压实。播种量 187.5kg/hm²，保苗 45 万～48 万株/hm²。

按国家种子标准，精选良种。春小麦选用早、中熟、适宜密植高产、抗倒伏的品种。大豆选用生育期适宜、茎秆粗壮抗倒、抗病虫的高产、优质直立型品种。为防治病虫害，播前还要进行种子处理。

春小麦二叶一心期干耧除草 1 次，灌头水后湿锄 1 次。大豆与春小麦共栖期除草 1～2 次，麦收后灌水追肥后及时除草 1～2 次，以免杂草与作物争肥争水。大豆出苗后，若出现断苗，应及时补种。春小麦根据苗情地力，结合头水追施纯氮 30～60kg/hm²。大豆在春小麦收获后应及时灌水并追肥，一般追施硝酸铵 150～225kg/hm²。田间管理上重视对病虫害的防治。春小麦分别于苗期、拔节期、抽雄期和灌浆期各灌水 1 次。大豆与春小麦共栖期同时灌水，春小麦收获后及时灌开花水、结荚水、鼓粒水。

春小麦收获时应采取高茬收割，谨防损伤豆苗，及时清除大豆田间杂草。春小麦收获后及时拉运上场，保证大豆正常生长发育。大豆在 9 月下旬或 10 月上旬茎秆变褐色，叶柄基本脱落，种粒已成熟时收获，尽量防止裂荚落粒。大豆收获后最好人工脱粒，以免打碾造成碎粒，影响大豆品质，降低商品性能。

3. 春小麦地膜覆盖穴播技术

（1）精细整地。要求做到土绵墒足。地膜春小麦灌水量较少，因此要求土地必须平整。为了防止地面土块和草梗等硬物扎破地膜并使地膜贴紧地面，保证升温保墒效果，须在浅耕后进行耙糖镇压，使地面无硬土块和竖立硬物，然后才能覆膜播种。

（2）施足底肥。地膜春小麦苗期墒情好，头水灌溉较迟，因此一般不再追施化肥，氮、磷化肥应全做底肥结合浅耕施入，施用量参照当地春小麦施用水平（底肥和追肥合计）。如有条件，可施纯氮 150kg/hm²，P_2O_5 75～105kg/hm²，氮磷比为 1：0.5～0.7。沙性土壤和苗情差的地块可适当追施氮肥。

（3）品种和播量。选用矮秆大穗丰产品种。地膜春小麦生长势强，植株较高，故以矮秆品种为好。同时由于地膜春小麦可延长穗分化期，穗粒数明显增加。因此，需要选择大穗型丰产品种，以充分发挥地膜的增产效益。地膜覆盖可起到升温保墒作用。春小麦出苗较快，出苗率可达 90% 左右，成穗率也比露地栽培高，所以播种量应比露地栽培减少。每公顷产 7 500kg 左右的适宜播种量为 405 万～540 万粒/hm²。要根据千粒重换算播种量，播量切勿过高。

（4）覆膜和播种。采用幅宽 1.2m 农用地膜，要求覆膜平整，与地面尽量紧密接触。播种时注意幅间空行勿太宽，以免影响产量。行走速度要适当，过快易造成地膜与播种穴移位，影响出苗，因此在操作时要勤检查，随时调整行走速度。一般先覆膜，再播种。播深比露地栽培浅，要求 3～4cm，勿播得过深。覆膜后地温增加，出苗提前，因此地膜覆盖春小麦应比露地栽培适当早播，以充分利用地膜的增温效益。人力机械播种时，要掌握好行距。

（5）田间管理。地膜春小麦与露地栽培一样，田间管理十分重要。播种后要特别注意防止地膜被风刮起，否则会造成地温下降。地膜覆盖栽培的中心环节是壮个体、适群体。春小麦覆盖后植株生长旺盛，叶面积、植株高度等显著增加，容易造成前期生长过旺和消耗增大，而后期群体过大，易脱肥和发生倒伏。因此，在苗期应控制灌水，同时搞好其他管理工作。

地膜小麦根系深而发达，比露地栽培春小麦能更好地利用土壤水分，所需土壤水分下限也比露地栽培春小麦低。同时，地膜有效地减少了棵间蒸发，从而提高水分利用率。地膜春小麦全生育期一般灌水 2～3 次左右可保证生产，比露地栽培减少 1～2 次，头水可推迟至五叶一心期左右，二水应在开花期灌溉。由于覆膜后水下渗透，田间水流速度快，因此，灌水时需要水流满全部田块后再"涨"一段时间，以保证灌够水量，一般每次灌水 750m³/hm² 左右，头水略多一些。

地膜春小麦采用穴播，穴苗有错位的情况下，会发生部分薄膜压苗现象，需在两叶期前后进行查苗，人工掏出压在膜下的幼苗。覆膜后虽能有效地控制杂草，但也有少量杂草钻出地膜，需人工拔除。燕麦草多的地块播前可化学除草，生长期再人工清理。

地膜春小麦收获后土地较湿润，要及时清除废膜，以减少土地污染。还要及时犁翻土地，防止土地形成硬板。

（三）西北旱地春小麦优质高产种植技术体系

1. 西北旱地春小麦生育特点及生产中存在问题

（1）生育特点。在西北旱作区特殊的生态和气候条件下，经过长期的自然和人工选择，形成以下独特的生育特点：①早熟，生育期短。西北旱地春小麦生育期仅 80～100d；其中分蘖 10～20d，过程短，成穗少，越早熟的品种其分蘖过程越短。旱作条件下单株分蘖成穗一般 1～2 个，主要依靠主茎成穗保证产量。②幼穗分化早，进程快，过程短。西北旱地春小麦穗分化一般始于三叶期，较早的还出现在两叶一心。小穗分化与分蘖并进，营养生长与生殖生长并行时间较长。③灌浆期相对较长，千粒重高。西北旱作春麦区由于灌浆期间气温相对较低，昼夜温差大，光照充足，因此其灌浆期相对较长，千粒重高。④产量构成因素与地力、土壤水分含量密切相关。西北旱地春小麦不同产量水平的产量构成因素差异主要是穗数的不同，其次是穗粒数，一般千粒重较为稳定。随着土壤含水量的减少和地力的下降，单株有效穗数减少，单位面积穗数和穗粒数减少。

（2）生产中存在问题。西北旱作区春小麦生产中存在主要问题有：①降水少，且年际变化大，季节间分布不均，50%～70%降水集中于 6～9 月。春旱影响春小麦的出苗和生长；有时还发生伏、秋旱，影响春小麦的灌浆和产量。②大部分农田土壤耕作粗放，保墒差，坡耕地水土流失严重，对降水的保蓄力低，影响旱地春小麦的水分供应。③农田土壤瘠薄，施肥少，养分供应不足，部分地方风蚀严重且面临沙化威胁。④许多农田应用的作物品种老化，丰产性能差，栽培管理粗放。在经济不发达的地区，投入水平低，广种薄收，乱开垦耕地，对当地的生态环境造成破坏，形成恶性循环。

2. 西北旱地春小麦生产优势
西北旱地春小麦尽管生产中存在诸多问题，但在特殊的环境条件下，其生产也具有独特的优势，主要包括：

（1）气候优势。西北旱地春小麦主要生产区多处在高纬度、高海拔地区。气候冷凉、日照充足、昼夜温差较大、病害较轻，适合优质春小麦生产。这些地区的春小麦是优势作物，是当地首选的基本种植作物。

（2）耕作优势。西北旱地春小麦大多采用一年一熟耕作制，从前作收获后到翌年春季播种春小麦，有较长的休闲期。有利于进行深耕改土，蓄水保墒，改善土壤的理化性状，不断提高地力，为后作打下基础。另外，西北旱地春小麦播种期不受前作影响，能适时播种，保证质量，有利于培育壮苗。西北旱作春麦区一般耕地面积较大，易于实行种养结合的轮作种植制度和机械化作业，对提高土壤耕作效能、节约劳力、实现高效持续增产十分有利。

（3）品质优势。西北旱地春麦区一般纬度较高、海拔变化较大，既有海拔较高的山旱地，也有海拔较低的平原地区和海拔适中的丘陵、塬台地，有利于不同品质要求的专用春小麦合理布局。加之旱作农区降水稀少，特别在小麦的抽穗灌浆期，降水较少有利于蛋白质的合成积累。春麦区昼夜温差较大，光照充足，有利于干物质的合成积累。旱作春麦区的开发及优质高效种植技术的推广利用，对生产优质中国春小麦有重要意义。

3. 西北旱地春小麦增产途径

（1）纳雨蓄水，防旱保墒。夏秋季小麦收获后，可及早秋耕，适时耙耱保墒，结合轮作制度实行必要的少耕保墒技术等；也可采用适宜的秸秆覆盖、地膜覆盖等覆盖措施进行保墒；对旱作坡耕地可通过修筑梯田，采用等高线打埂横坡耕种的方式拦蓄降水。

（2）合理施肥，改善土壤养分状况。适量增施化肥和有机肥不仅能改善土壤养分供应，而且能促进农作物根系下扎，吸收深层水分，起到"以肥调水"肥水互济的作用。

（3）品种选择。旱地春小麦要选用抗旱、抗青干、适应性强和有一定丰产潜力的品种。此外，春小麦的出苗和苗期的生长受种子质量好坏的直接影响。种子质量是春小麦高产的基础，大粒、饱满、均匀、纯净的种子可提高出苗率，易达到苗齐、苗全、苗壮。因而播种前要对种子进行精选、可预防种子和土壤传染的腥黑穗病、散黑穗病、根腐病、全蚀病等病害。

（4）播种期选择。西北旱地春小麦的播种时期，多在3月上旬到4月上旬。这一地区限制出苗的主要因素是水分而不是温度，因而确定播种期的关键是土壤墒情和雨季的早晚。

（5）合理密植。要考虑品种特性和播种期、底墒和播种方式、土壤肥力，进行合理密植。合理密植是春小麦在各个生育时期建立合理群体结构的基础。

4. 西北旱地春小麦优质高效栽培技术

（1）选茬与麦田整地。春麦区的伏秋降水和小麦生育期间雨量与春小麦产量密切相关。做好蓄水保墒，有效接纳和保存前一年伏秋降雨是旱作春小麦增产的前提。蓄水保墒效果，取决于土壤耕作时间、方法和作业质量。

①轮作耕作模式。西北旱地春小麦多采用轮作栽培技术。过去春小麦面积较大时多采用麦—麦—豆或麦—麦—豆—麦—杂—豆轮作方式。近年春小麦面积减少，多以麦—杂—豆或麦—玉米—大豆—麦的轮作方式，可有效减少耕作成本，并保护土壤和平衡养分。此外，部分地区还有休闲和与绿肥轮作的形式。

西北旱地春小麦的土壤耕作方法已由历史上的深翻，发展为深翻、深松和耙茬结合的耕作体系，耕作整地方式主要包括翻、耙、松、压等环节，具体采用何种作业方式，主要取决于土壤墒情及前茬茬口。

②整地耕作标准。为保证春小麦生育良好，前茬大豆和玉米在夏季管理时必须进行28～34cm的行间深松，打破犁底层。建立吸水保水、虚实并存、有利于好气性微生物活动又满足毛管水上升的耕层结构，并要求有90d以上的沉降作用以形成以实为主、适合春小麦根系生育的土壤耕层。

③整地时间。根据春小麦生育特点和春麦区生态特点，用于当年播种的麦田耕翻应以上一年的伏、秋翻为好，时间上宜早不宜晚。伏秋翻地可接纳当年伏、秋降水，增加土壤墒情，补充底墒不足，还有利前作根茬及杂草的腐解。整地作业过晚，土壤水分丧失过多，不易耙碎，翌年土块大、水分少，影响播种质量，降低出苗率。春天翻整地，由于春风大，失墒快，既不易保证整地质量，也易延误播期而减产。

（2）品种选用和种子处理。

①品种选用。随着春小麦品质改良工作的进展，各地都相继育成和推广了一批高产优质的适宜旱作春小麦品种，品种的抗旱性、抗逆性都得到较大提高。

②种子处理。选定品种后，为保证麦田生长一致，丰产稳产，对播种用春小麦种子用种子精选机分级清选，并进行小麦种衣剂包衣拌种，可有效控制小麦黑粉病和根腐病等病害。在不能保证正常出苗的干旱及半干旱地区可以选择保水种衣剂，以保证春小麦出苗。此外，一些含植物生长调节剂如矮壮素和多效唑等种衣剂，能加快根系形成和生长，抑制地下部分生长，促进植株在土壤深处吸收较多的水分，提高水分利用率。

（3）种植密度与种植方式。

①种植密度。单位面积计划保苗数是根据品种特性、生产水平、土地条件等而确定的适宜密度，直接关系到最终的收获穗数和产量。一般生产条件下，多数春小麦品种的丰产适宜密度一般为 600 万～650 万株/hm^2。水肥条件好、栽培水平高的情况下，密度可以降到 500 万～600 万株/hm^2，个别品种密度可高些。西北旱作区一般情况下，早熟、分蘖少、叶片少、叶片上举、秆较矮的品种，可适当密一些，反之应稀一些；秆强的品种密度可适当加大，秆软分蘖能力强的品种密度可适当降低。肥水条件好、生产水平较高时，密度应稀；反之应密一些。宽行距早播时应稀一些，反之应密一些。灌溉栽培或有灌水条件时，密度应稀一些，反之应密一些。生产条件好时，如采用分蘖力强或大穗型、粒重型、穗重型品种，也可通过适当稀植来获得较高产量。

②种植方式。目前，西北旱作区生产应用的种植方式主要有 15cm 单条机械平播和 30cm 双条机械平播。以前一种方式为主，其优点是下种均匀，有利抑制杂草生长，适于人少地多、劳力紧张的地区；30cm 条播则适于生产条件较好、管理水平较高的地区。西部春麦区还有带田栽培方式，其是一种以春小麦和春玉米为主，呈条带状相间种植的立体种植方式，可充分利用当地光热及土地资源，实现一年两季种植。此外，在个别地区也有采用垄作栽培。这种栽培方式抗旱耐涝能力强，便于田间管理和灌溉。根据国外经验，采用大垄栽培应配合分蘖能力强，且分蘖不收敛类型的品种，以充分利用光能，改善个体发育环境。采用何种种植方式应权衡利弊，视当地具体条件而定。

（4）施肥技术。

①施肥原则。西北旱地春小麦的土壤有机质含量较低，加之早春温度低，影响有机质分解，春季干旱影响土壤养分的有效性，土壤养分很难满足春小麦前期生长的需要。春小麦属"胎里富"作物。苗期根系少，吸肥能力差，满足幼苗期营养需求，对促使春小麦早分蘖、早生根具有重要意义；分蘖后，生长量加大，养分需求增加，在孕穗期达吸收高峰；抽穗后，充足的养分供应对延缓叶片和根系衰老，延长它们的功能期具有重要作用，可促进籽粒灌浆，增加粒重。

施肥数量的确定应充分考虑土壤基础肥力及栽培品种的耐肥特性。为满足春小麦需肥特点，应实行以"基肥为主，种肥为辅，基肥深施，种肥同层"的施肥方针。同时，依据配方施肥，减磷、增氮、施钾，实行秋深施肥，氮肥后移施用，再追施微量元素的施肥技术，可有效满足春小麦生育全程的养分平衡，明显提高籽粒的营养和加工品质。

②施肥数量。有机肥是保证土壤肥力的基础，有机肥的有机质含量应大于8%，每公顷施用量应在15t以上，连作春小麦施用量应适当加大。化肥用量，则应因地而异。

③施肥时期和技术。由于前期养分基础对春小麦产量的特殊作用，春小麦的施肥时期宜前不宜后，宜早不宜晚。为提高化肥利用率，实行化肥秋深施技术。一般在秋整地后利用机械秋深施肥，施肥深度为8～10cm。秋施时间一般在封冻前，温度降至5℃以下时进行，多在10月中旬以后，有利于养分保存。秋施过早气温高，降水多，化肥易损失。一般把氮、磷总量的2/3秋深施，其余1/3部分和全部钾肥在春季播种时以种肥形式与种子同层施入。秋施化肥的地块，都应以待播状态越冬，有利于第二年春播时小麦适期早播。

（5）播种。

①确定适宜播期。西北春小麦种植区自然条件差异很大，各地的适宜播期也不同。一般趋势是北晚南早。早的在3月下旬开始播种，晚的在4月中下旬播种。近年随全球气温升高，春季回暖早，播期也相应提早，一般掌握在土壤表层均匀化冻3cm时即可播种。

②播前整地。为保证适期播种，在冬季雪大的地区，可在早春机械"活雪"作业，促使积雪融化，加快地表干燥以利播种。冬季无雪的地块，在秋季整地达待播状态的前提下，进行早春耱地，可利用早春的冻融交替进一步打碎土坷垃，填塞冬季形成的地表裂缝，减少土壤水分蒸发，保证播种质量。为防止播种过深，土壤过暄的地块应在播前进行镇压后再播种作业。

③播种深度。播深是指镇压后种子距地表的距离。播深对出苗早晚和苗的强弱影响很大，从而影响产量。西北旱作春麦区春季风大，风蚀现象严重。播种过浅，种子容易落在土层上，即使表土不干旱，但温度和水分变化剧烈，影响种子吸胀萌发及以后的分蘖和次生根发育。也由于春旱多风，覆土过浅的种子极易被风吹走，造成缺苗。播种过深，种子在出苗过程中消耗过多的养分，形成弱苗，也影响到植株的生长发育和后期产量。确定春小麦播深时，需从土壤质地和土壤墒情等方面考虑。土质较轻，干土层厚时，可适当深播；反之应适当浅播。一般的播种深度以3～5cm为宜。

④播后镇压。播后镇压是春麦区的一项常规生产技术。在小麦播种后立即用镇压器、石碾等重物压实土壤，使种子与土壤紧密接触，以利种子尽快吸水萌发，促使深层土壤水分上升，减少表层土壤水分蒸发。播种后及时镇压，在干旱多风地区和年份，是一项重要的抗旱保苗措施。机械播种时，可在播种机后牵挂镇压器，随播随压。干土层厚或干旱时，必须增加镇压次数和镇压重量。如播种时土壤水分较多，镇压后会出现板结，这种情况下应暂缓镇压作业，至表土稍平时再镇压。镇压方式多为顺垄和顺播行镇压。

（6）田间管理。

①苗期镇压。苗期镇压也称压青苗，是西北旱作区春小麦生产上的一项重要技术措施。其主要作用在于提墒和使根系与土壤紧密接触，暂时抑制地上部的过旺生长，促进分蘖发生，还同时促进地下根系生长以提高抗旱及吸水吸肥能力；对于光周期反应迟钝的品种还具有调控生育前期生育进程的作用。

镇压时间因镇压目的不同而异。对于抗旱提墒，压青苗时间在三叶期为宜，此期镇压还可以促进分蘖；以防止麦苗旺长为目的的镇压一般在分蘖期进行，最晚不晚于分蘖末期。苗期镇压应掌握的原则为土暄、地干、苗旺时压，地硬、土黏、苗弱时不宜镇压。镇压的次数也应根据麦田土壤墒情及苗情而定，一般1～2次为宜。

②化学除草。化学除草是目前春小麦生产中最主要的除草方式。当使用浓度和时间合适时，除草效果可高达90％以上。麦田除草剂的使用方法主要有播前混土处理、播后苗前封闭处理、苗后茎叶喷雾处理等3种。以茎叶处理为主。喷药时期以分蘖期效果最好，此时麦苗抗药能力强，杂草幼苗小，易防除。化学除草的喷药浓度视喷洒工具而定。

③追肥。根际追肥和叶面喷肥可以补充基肥和种肥的不足，避免生育后期的"脱肥"现象，有益于提高小麦产量和改善品质。根据春小麦生长发育特点，追肥的适宜时期为三叶至分蘖期。为充分发挥肥效，追肥应与灌水相结合。在无灌水条件下追肥时，一般争取在雨前进行，可利用播种机插入，或结合耙苗耙入。

春小麦生产中，为了保证小麦后期灌浆需要，延长叶片光合功能期，可考虑结合开花期的化控防病作业进行叶面追肥。在前期施肥不足时，叶面追肥效果更为明显。叶面追肥多用"磷酸二氢钾＋尿素"喷施，每公顷磷酸二氢钾用量为1.5kg，尿素用量为4.5kg，肥液浓度不应超过3％。如果追肥量过大或追肥时间过晚，易造成倒伏、贪青晚熟，病害发生严重，推迟收获。

④病虫害防治。春小麦整个生育期都受病虫的危害，应根据不同时期的不同防治对象有针对性地进行防治。

⑤适时收获。成熟期及时收获，防止阴雨及其他原因造成损失，确保丰产丰收。

5. 西北旱地春小麦少免耕和覆盖栽培技术

（1）留茬免耕栽培。

①概念及应用范围。留茬免耕栽培是指在前茬作物收获后因生态环境条件的限制或出于某种特殊目的而免去破茬耕地作业，直接播种后茬作物的栽培技术。主要应用在以下几种情况：一是上茬作物收获后已到晚秋或初冬，来不及进行破茬耕地，采用留茬免耕，板茬过冬，翌春浅耕直播春小麦；二是秋季降雨稀少，土壤墒情极差，不宜进行耕作，在特别干旱年份常采用这种方法；三是在干旱风沙较大农区为防止风蚀、保护耕层土壤，上茬作物收获后采用免耕法。

②留茬免耕对土壤水肥的影响。对土壤水分的影响具有双重性。在秋冬季降水丰裕的年份，留茬免耕不利于土壤水分的贮存，其原因为留茬免耕土层较为紧实，保蓄水分能力低。而在秋冬季降水偏少的年份，留茬免耕有利于土壤水分的保蓄，主要是秋季免耕减少了土壤水分散失的机会，前茬作物的立茬还可拦截冬季雨雪。

对土壤养分具有一定保护效应。留茬免耕，能起到防风蚀、固表土的作用，尤其风蚀及风沙较严重的地区，保护表土就意味增加土壤养分，且大量作物根系几乎全留在耕层，增加了土壤有机物的供给源。

春季的土壤冻融交替可改良表土结构。北方春小麦种植区冬季寒冷，可使表土结冻，到初春表土可逐渐解冻，这种土壤冻融交替的过程，可使板茬过冬的土壤变得疏松暄软，利于早春播种。另外，留茬根系交替冻融后，干枯腐烂，对于改善土层结构也有积极作用。

③留茬免耕栽培春小麦的技术要点。适时早播，力保全苗。西北春麦区播种时间在3月上旬至中旬，待土壤表层解冻3～5cm时，即可顶凌播种。顶凌播种不仅可利用耕地春季的

返潮作用增加表土水分，保证春小麦种子的吸水萌发，而且有利于春小麦根系的良好发育，形成壮苗，为高产打下基础。

施足肥料，保证壮苗。采用免耕留茬栽培技术，秋季不翻地，而春季又直接播种，土壤解冻仅 3～5cm，因此不可能施用基肥，只能科学施用种肥，适时追肥，才能促进壮苗的形成。施肥量应根据当地的产量水平、前茬作物、地力条件而定，应在春小麦生长的关键时期追肥，在三叶一心期和拔节孕穗期两次施用。

采用糖压，管好苗期。免耕栽培春小麦，其前作残茬既影响土壤墒情，也影响麦苗的生长发育。因此，在二叶一心期应采用镇压器镇压麦田，保证一个适宜的土壤结构。亦可结合轻糖施用农肥技术，达到镇压施肥、压实枯茬以形成合理的土壤结构的目的。

（2）地膜覆盖栽培。地膜覆盖具有增温、保墒、保肥和防草的作用，对西北寒旱地区气候条件作物增产有良好效果。

①技术主要优点：增产效果显著。甘肃、宁夏、内蒙古等地试验表明，地膜小麦一般增产幅度在 30％以上，如甘肃省在干旱严重的 1994—1995 年，采用地膜覆盖小麦栽培，增产效果达 47.0％～55.8％。

抗旱节水。地膜覆盖可大幅度提高降水利用率，表现在两个方面：一是土壤水分蒸发量减少，起到保墒作用，同时土壤上层温度较高，使深层土壤水分向上移动聚集，起到提墒作用。二是提高土壤水分利用率。

提高小麦品质。地膜覆盖可延长春小麦生育期，增加干物质积累，从而提高品质。

②技术主要要点：选择适宜地膜覆盖的小麦品种。采用地膜覆盖栽培春小麦，穴播精量点播，田间群体结构彻底改变，通风透光条件优化，地膜小麦单株长势变强，生育期提早，应选择矮秆、大穗、抗倒伏的品种。

精细整地，创造表实下虚的土层。由于要铺地膜，对播种土壤的要求较高，达到地面平整，表土相对紧实细绵，无土块坷垃，下层虚软，利于小麦扎根。防止地表过于紧实，使播种机械无法下籽，造成空穴；或地面不平地膜铺不平整都会影响播种质量。

精播细管，保证基本苗数。地膜小麦采用精量穴播，较常规种植可节约种子 75kg/hm² 左右，每公顷保苗数为 510 万～630 万株左右。在风沙严重或墒情较差的土壤，播后应在穴孔上轻覆土，提高出苗率。另外播种种子应严格精选，保证纯度，种子发芽率能够达 95％以上。

重施底肥，巧施追肥。因覆盖后施肥不便，必须结合秋耕地施足底肥，一般每公顷施腐熟农家肥 4.5 万～7.5 万 kg、尿素或磷酸二铵 300～375kg、过磷酸钙 450～600kg。追肥应利用灌水、下雨的机会撒施，或在小麦生长的关键期结合田间管理追施叶面肥。

及时掏苗放苗，精细田间管理。由于机具不良、整地质量不高、铺膜不紧及播种质量不高等原因会造成穴孔与麦苗错位现象，待小麦出苗后需人工及时掏苗放苗，对膜下杂草，钻出穴孔的人工拔除，膜里的可采用在膜上覆土压实，抑制其生长的方法。同时加强田间检验和预测，及时防治麦蚜、锈病等病虫害的发生和蔓延。

（3）旱地集雨补灌技术。研究表明，每毫米降水可生产 2.0～2.5kg 谷物或更多，即每公顷耕地浇灌 1 005m³ 水可生产约 3 750kg 粮食。山仑等（1991）在宁夏固原对春小麦关键需水期进行补灌试验，拔节期少量补灌 20～60mm，能增产 20％～45％。甘肃省农业科学院 1990—1992 年在定西旱作区连续 3 年进行补灌试验，发现春小麦拔节期供水的高效性，在此时补灌 1～2 次，可使小麦增产 30％以上。旱地补灌的技术环节包括：

①建设蓄水窖和集水区。旱农区水资源缺乏，无灌溉条件，要采用补灌措施必须解决水源问题。修建集流区和蓄水窖并且配备必要的抽水灌水设备，是应用该项技术的前提和基础。

②在生长关键期进行补灌。春小麦补充灌溉的关键期是拔节期，应将有限的集雨资源用在这一时期，充分发挥作用。据甘肃省农业科学院高世铭等（1990）研究，在春小麦生长的关键时期进行补偿灌溉，每毫米灌水增产 $13.5～17.6kg/hm^2$。

③采用小畦浅灌技术。由于水源有限，不能采用大水漫灌，应采用小畦浅灌，且要求地面平整，尽量减少水分在灌溉过程中的损失，集雨窖应尽量离麦田较近，防止由于水程太长在中途散失水分。

第七章

西北春小麦品种改良

第一节　育种目标与策略

　　小麦优良品种的选育与大面积应用是小麦增产的重要措施。改革开放以来，西北春小麦种植区小麦种质创新与新品种改良取得长足进展，多家育种单位先后选育推广了陇春系、甘春系、武春系、张春系、酒春系、银春系、定西系、会宁系、临麦系、宁春系、蒙麦系、巴麦系、青春系、高原系等上百个品种，为该地区小麦生产持续稳定发展起到了关键性作用。当前，随着农业产业结构的调整，西北春小麦种植区小麦播种面积逐年下降，给本地区口粮安全造成严重威胁。再加上多年来小麦育种方法的不断改进和育种水平的不断提高，该区小麦单产水平已经达到一个很高的水平，单产难以实现重大突破。这就要求各育种单位从种质资源的挖掘和创新、育种目标的制定、新育种方法的应用、育种策略的调整等诸多方面着手，重新定位不同生态区的育种目标和育种策略。

一、制定育种目标的原则

　　育种目标是在一定的自然、栽培和社会经济条件下，制定新品种选育的生物学目标和经济指标在性状上的具体要求。育种目标不是一成不变的，是一个动态变化的过程，因为不同时期对品种的要求是不一样的。但在一定时期内，育种目标是相对稳定的，它体现了育种工作在一定时期的方向和任务。育种目标的制定直接关系到育种材料和育种方法等一系列选择，它制定的恰当与否，直接关系到育种工作的成败。

　　育种目标主要是根据不同生态区生态条件、社会经济条件、产量水平、主要病虫害以及当地种植习惯等因地制宜地确定。比如甘肃河西灌区因为气候干燥、主要是灌溉农业，春小麦产量水平高（一般在 7 500～9 000kg/hm²）、病虫害发生轻，育种目标主要是优质、高产、中早熟，强调中早熟主要是为了避开收获期常发的高温和干热风，避免造成青秕。又如甘肃定西、兰州、白银和宁夏固原、西吉等地，是西北主要旱地春小麦种植区，这些地区干旱少雨，水是制约小麦生产的首要限制因子，因而抗旱性就是育种的首要目标。另外，种植习惯也是制定育种目标必须考虑的重要因素之一，如甘肃永登和临夏、青海等地农民喜欢无芒或顶芒小麦，必须把无芒或顶芒作为育种目标之一。

　　总而言之，育种目标的制定主要遵循以下 4 个方面的原则：

（一）必须适应当地生态气候条件和社会经济发展水平

　　优良品种是在一定的生态和经济条件下，经过人工选择和自然选择培育而成，其性状表现是基因型与环境条件相互作用的结果。从生态学看，育种目标必须适应当地生态环境，以求充分利用当地有利的生态条件争取高产，同时克服不利的生态条件争取稳产；选育的品种要能充分利用自然优势、扬长避短，才能满足当地经济发展和栽培条件的需要。

国内外育种实践表明，高产、稳产、优质仍然是今后育种的主要目标。但是，不同的生态区对产量的水平及构成因素、不同病虫草害的抗性和品质等主要育种目标的要求各不相同，必须找出关键因素作为育种的主攻目标。例如，甘肃河西灌区、宁夏灌区和内蒙古河套灌区由于常年干旱少雨、气候干燥、光热资源丰富，小麦产量高（一般 7 500～9 000kg/hm²）、商品性好，特别适宜生产高产优质春小麦。但是，这些地区小麦生长后期极易发生高温和干热风，给产量和品质造成严重影响，因此，在强调高产优质的同时，必须把中早熟作为另一主要的育种目标加以重视。又如，甘肃中部的定西和会宁、宁夏固原和西吉等地是西北主要旱作春麦区，这些地区干旱少雨、条锈病流行、春小麦产量低而不稳、一般在 3 000kg/hm² 以下，水是制约小麦生产的主要限制因素。因此，抗旱性是这些地区小麦育种的首要目标，尤其是几乎每年都发生的春旱，更加凸显出品种苗期抗旱性的重要性。同时，抗锈性，尤其是条锈病抗性也应作为主要育种目标之一。

为使育种目标适应当地生态环境，符合当地生产实际和经济需要，首先要尽可能作好周密的调查研究。育种工作者应深入农业生产一线，到种植者和消费者中做好调查研究，充分了解当地自然、生产和经济条件以及品种演变历史和品种利用情况。必须强调，应借鉴当地经过生产考验的推广品种的特征、特性和优缺点，作为进一步选育小麦新品种时制订育种目标的重要依据。

（二）必须有可行性，在综合性状改良的基础上，突出需要改进的重点性状

制订育种目标必须进行科学的分析研究，要根据现有的育种材料、技术条件、专业协作等来分析育种目标实现的可行性。技术条件如不具备，就要设法创造条件，尤其要根据目前可以利用的亲本材料以及遗传学有关原理和育种实践经验来分析实现育种目标的可行性，在经过努力有可能完成的前提下，制订出切实可行的育种目标。例如，要选育抗旱性突出的品种，首先必须进行抗旱种质资源筛选鉴定。小麦不同基因型的抗旱性存在着较丰富的遗传多样性，有些材料对水分条件不敏感，有的则比较敏感，不同生育时期都有抗旱性表现突出的材料，也有的材料表现为全生育期抗旱。在干旱条件下，每个品种的外部形态、生理生化代谢以及代谢产物都有不同程度的变化，从而表现出不同的适应能力，这是鉴定小麦品种抗旱性的基础。小麦品种抗旱性的强弱应该是"在干旱条件下，产量相对较高，因干旱减产的幅度比较小"。根据这种理解，抗旱系数和抗旱指数可作为评价小麦品种抗旱性的指标。抗旱系数是指同一品种旱地产量（干旱胁迫）与水地产量（非胁迫）的比值，抗旱指数（DI）＝某品种的旱地产量×某品种的抗旱系数/所有参试品种的旱地产量。抗旱系数反映了不同小麦品种对干旱的敏感程度，一个品种的抗旱系数高，则品种的抗旱性强、稳产性好，但它不能反映品种的产量水平。但抗旱指数不仅可以反映品种的抗旱性强弱，而且可以反映在干旱条件下产量水平的高低。抗旱指数既与抗旱系数有关，又与旱地产量有关。抗旱指数高者，不仅抗旱性强，而且在旱地产量也高。因此，抗旱指数是目前小麦抗旱性鉴定指标中最为直观、最为可靠、最接近生产实际、最适宜于抗旱育种和区试工作采用的综合性指标，已广泛应用于小麦品种的抗旱性鉴定。利用鉴定筛选的抗旱性强的种质资源，通过杂交、回交等育种方法，选育综合性状好的抗旱品种。

随着生产和科学技术水平的提高，现代育种已从过去单一性状的选育发展为多性状的选育，即趋向于综合育种方向发展。一个优良品种应当具备较多的优良性状，这些性状是为了适应当地环境条件和满足人民经济生活的要求，育种工作要以综合性状优良的品种为基础，改进其某一两个重点性状。有时由于栽培措施以及生产加工的不同要求，生产上对品种性状的需求是多方面的，这就需要选育一套品种来满足生产的需要。育种目标所包含的特征特性，有时会出现相互矛盾。例如，高产性状往往与稳产性状有一定矛盾，春小麦品种穗子较大，但分蘖成穗偏少，冬性品种分蘖成穗多、耐寒性较好，但穗子偏小；有的品种丰产性与抗病性或成熟期也存在一定矛盾；高产与优质也是一对矛盾。因此，育种者不可能选育出一个适应各种类型麦区，性状十全十美，完全符合人们要求的品种。但选育能解决一个生态区生产上主要矛盾，基本符合当地生产要求的品种，是完全可以办到的。例如，甘肃河西灌区选育既高产又优质的品种，首先必须解决高产与优质的矛盾，要通过育种手段和方法找出产量性状与品质性状最佳的平衡点，满足人们生产生活需要。总之，制订育种目标必须全面考虑，突出重点。

（三）必须要立足当前，展望未来发展前景

选育一个优良新品种并投入生产使用，常规方法一般需要 10 年左右的时间，采用南繁加代、系统选择、双单倍体或诱变育种等有关的技术和方法，一般也得 5～6 年。因此，在制订育种目标时，首先必须考虑当前的生产条件，充分估计近期农业生产和商品经济发展的前景，尽可能地了解生产、消费、加工三方面的要求。中国是一个农业大国，人口众多，人均耕地逐年减少，增加产量是发展国民经济的重要保障，也是满足和改善人民生活的基本要求。根据中国当前生产水平，近期还是以选育丰产稳产、适于大面积推广的品种为主，要在丰产性和稳产性的基础上，不断完善和提高品种的品质及综合性状水平。在人多地少，肥、水条件好的高产麦区，选育具有单产 9 750kg/hm² 以上高产潜力的品种，将是今后的重要育种目标。随着耕作制度和栽培模式的改革，复种指数提高，要求选育生育期较短、早熟、高产以及适合间作套种或立体农业发展应用的品种。如甘肃省陇东地区人多地少，小麦—糜子、小麦—谷子、小麦—地膜玉米、小麦—中药材、小麦—牧草等两熟制面积逐年扩大，这就要求及时调整育种目标，选育早熟、丰产的小麦新品种。甘肃中部干旱地区则需要选育抗旱、耐高温、抗干热风等抗逆性强的品种。而河西灌区从长远目标看，需注意自然生态环境的平衡、产品的优质与环境污染问题，应考虑选育节水、省肥、抗病虫以及对除草剂有抗性的品种，以满足今后发展低耗、持久农业对品种的需要。随着加工业的兴起以及人民生活水平的提高，对选育加工品质和营养品质优良的品种将提出新的要求，如选育适于制作各类面包、馒头、面条、糕点、饼干等专用粉品种，必须因地制宜地及时列入育种目标。总之，育种工作者既要有一定的超前思想，预见到今后农业生产发展的前景，考虑如何应付未来的挑战，又要从现实出发，制订切实可行而又不要求过高、脱离实际的育种目标，并要根据形势发展不断及时地加以修订和补充。

（四）必须要设计出品种性状的具体指标

制订育种目标时，要把具体的性状设计落实到品种的特征特性上，并有明确的指标以便选择。例如，选育早熟品种应要求比一般品种早熟多少天？选育抗病品种要求抗什么病的哪

些生理小种，要求免疫、高抗还是中抗等等？在高产育种目标上，要根据生产发展的水平，提出可能实现的产量指标，分析实现产量指标的产量构成因素。例如，甘肃河西灌区由于日照强度和昼夜温差大，有利于形成大粒，千粒重一般在 45g 以上，有的甚至超过 55g。因此，在产量构成因素上，将选育千粒重较高的品种列为该区的主要育种目标，对于选育单产 7 500～9 750kg/hm² 的高产超高产品种非常重要。在高产育种目标上，除产量构成因素和茎秆强度外，还要考虑包括叶片形态及其与茎秆夹角的大小、分蘖整齐度、茎秆排列紧凑与松散程度等与产量有关的株型，以及叶面积指数、叶片功能持续期、落黄性、收获指数、生物量、粒叶比等形态和生理指标。其中生物量和收获指数的同步提高，将是突破现有产量水平的重要育种目标。随着人民生活水平的提高，品质性状也成为小麦重要的育种目标。营养品质包括籽粒和面粉的蛋白质含量、赖氨酸含量等，加工品质包括籽粒的磨粉特性如出粉率、精白粉率、灰分、吸水特性、烘烤特性等。小麦不同制品和食品，要求不同的特性。如制作面包要求较高的蛋白质含量，较强的面筋质量；而制作饼干则要求蛋白质含量在 8%～9%、面筋弱的面粉。总之，育种目标必须根据育种要求落实具体的设计指标。

小麦育种一般是在小面积的育种圃中进行的，育种圃的栽培条件与大田生产存在一定的差距。例如在杂种分离世代，育种圃多为宽行点播，特别是 F_1、F_2 代往往采用点播，与大田机播密植存在很大差异，因而在植株性状表现型上是有差异的。如在宽行点播情况下，植株偏低、分蘖成穗率高、单穗粒重偏高，千粒重也存在一定差异。因此，在育种目标设计的实施方案中，要考虑选种圃各代的性状选择指标，应适当高于大田生产水平，具体指标必须在方案实施过程中予以总结研究，提出切实可行的选择标准，以保证育种目标的实现。

二、西北春麦区不同生态类型区的育种目标

西北春小麦种植区以甘肃、青海、宁夏、新疆以及内蒙古西部为主。这些地区多属大陆性气候，总的特点是冬季寒冷、夏季炎热、降水稀少、日照充足、昼夜温差大、春季风沙多、蒸发量大、天气干燥。春小麦生育期间降水量仅为 50～250mm，其生长发育所需的水分在很大程度上依赖于灌溉。无灌溉的旱地，干旱是限制小麦生产的最主要的因素。

西北春麦区春小麦生育期短，一般为 90～120d。由于昼夜温差大，有利于光合产物积累，在产量三要素上，千粒重要求在 45g 以上，但生育期短，分蘖成穗数和穗粒数都比较低，通常依靠增加播种量来提高单位面积穗数，同时要求矮秆、抗倒伏、抗锈、抗吸浆虫。1980 年以前，本区春小麦常年播种面积 113 万 hm² 左右，约占全国播种面积的 24%；1980年以后随全国春小麦播种面积的大幅缩减，本区成为全国主要春小麦种植区，其播种面积约占全国播种面积的 80% 以上。而本区平均单产则由 1949 年前不足 750kg/hm²，提高到 3 500 kg/hm² 以上。

根据本区各地自然气候条件、耕作制度以及春小麦生态类型和育种目标的差别，大致可以分为以下 4 个主要副区：

（一）沿河灌溉地副区

本副区主要指黄河及其支流湟水、洮河、庄浪河、大通河等沿岸的引水灌区，包括青海省东部黄河、湟水两岸川水区，甘肃省中部川水区以及宁夏引黄灌区。海拔 1 070～2 000m，沿黄河而下地势渐低。年均气温 5～9℃，无霜期 128～165d，降水量 200～

380mm，随海拔升高而增加。年日照时数2 700～2 900h。本副区土地平坦，灌溉便利，土壤肥沃，精耕细作，为春小麦高产稳产区。其中，高海拔地区一年一熟，低海拔地区普遍采用间、套、复种。小麦种植面积约为 20 万 hm²，以春小麦为主，一般 3 月上中旬播种，7月中旬至 8 月中旬成熟，出苗至成熟为 100～130d。

本副区地方品种一般幼苗生长势强，叶片较大，抗旱性中等，不抗锈病，籽粒多为粉质或半硬质，历史代表性品种有齐头麦、青芒麦、白秃子、红秃子等。由于气候条件与水肥条件较好，本副区小麦生产水平高，目前生产水平一般为 5 250kg/hm² 以上，部分地区过 7 500kg/hm²。由于小麦条锈病经常发生，要求品种丰产、抗锈病；也因小麦、玉米带状种植较为普遍，多要求小麦品种半矮秆、早熟、优质。

（二）山旱地副区

本副区包括青海东部浅山旱地，甘肃中部干旱半干旱春麦区和宁夏固原、西吉一带的山旱地。一般地势较高，海拔在 1 400～2 500m，绝大部分为丘陵山地，少数为旱滩地。年均气温 6～10℃，年降水量 200～400mm，气候较冷凉，土壤干旱，植被稀少，水土流失严重。小麦生育期间十年九旱，以春旱最为普遍，严重影响正常播种和出苗，夏旱也常造成茎叶干枯，籽粒青秕。年日照 2 000～2 800h，昼夜温差大，有时日温差达 15℃左右，有利于干物质积累。无霜期 120～180d，土质较好，土层深厚，利于小麦生长。由于水源的限制，山旱地区多为一年一熟，且有部分休闲地。小麦播种面积 33 万 hm²左右，一般春小麦 3 月中下旬播种，7 月中旬至 8 月中旬成熟，出苗至成熟 110～120d。当地农民在长期的生产实践中创造了一套以抗旱保墒为中心的耕作制度和栽培技术措施，以争取好的收成。

本副区地方品种一般叶片小，茎秆细，叶有茸毛，根系发达，分蘖力强，抗干旱，耐瘠薄，口紧不易落粒，籽粒外观品质较好。历史代表性品种有红老芒麦、白老芒麦、和尚头等。本副区对小麦品种的要求是丰产性与抗旱性结合，水分利用效率高，同时对条锈病要有一定程度的抗性。

（三）冷凉阴湿副区

本副区地处青藏高原的北缘，包括青海省东部的脑山地带、甘肃西南部的高寒阴湿地区。地势高寒，海拔在 2 100～4 500m 之间，形成一片由西南向东北渐次倾斜的地带。气候冷凉阴湿，云雾较多，年均气温小于 6℃，无霜期 80～140d，年降水量 500～600mm，蒸发量小于 1 400mm，年日照时数为 2 200～2 400h。土壤肥沃，但微生物活动弱，有效养分不足。春小麦种植面积约 20 万 hm²，一般 4 月上中旬播种，8 月下旬至 9 月份成熟，生育期间平均气温为 13～14℃，是西北春小麦种植区播种和成熟最晚的地区。小麦生育后期常有阴雨天气，秆锈病、条锈病、吸浆虫等病虫害较重。

本副区地方品种一般植株生长较旺，穗大芒长，耐寒性强，种子休眠期长，不易穗发芽，但易倒伏，不抗条锈病、白粉病。历史代表性品种有铁布麦、一支麦等。生产上要求小麦品种丰产、抗病虫、早熟，并具有抗倒伏、抗穗发芽等特性。

（四）河西走廊副区

本副区位于乌鞘岭以西的河西走廊，南为祁连山脉，北为腾格里沙漠，包括甘肃的酒泉、张掖、武威、金昌、嘉峪关等地。海拔 1 100～2 600m，年降水 50～250mm，作物生长主要靠内陆河水、泉水和地下水灌溉。年均温度 6～10℃，无霜期 100～160d，年日照 2 700～3 200h，太阳辐射强，光照充足，年蒸发量 2 000～3 400mm，春季风沙大，西部及沙漠边缘地区尤甚。空气湿度小，大气干旱，干燥度由东向西、由南向北逐渐增大。土壤含钾较多，但氮、磷及有机质缺乏。

本副区大多为一年一熟制。20 世纪 70 年代以后，以小麦、玉米带状种植形式为主的间作套种栽培十分普遍，近年来由于产业结构的调整和水资源严重短缺，间作套种面积大幅度减少，小麦面积也随之下降。小麦面积约 33 万 hm²，其中春小麦约为 30 万 hm²，一般在 3 月中下旬播种，7 月中下旬收获，出苗至成熟 100d 左右。由于土地平坦、灌溉便利、日照充足，病虫害发生很轻。本副区栽培及田间管理水平较高，是西北春小麦种植区的高产稳产区，其中张掖市高台县市多年平均单产 7 500kg/hm² 以上。另一方面，大气干燥、风沙多、小麦生育后期常有干热风发生，造成青枯、早衰、籽粒秕瘦、以致减产；20 世纪 90 年代以来，水源不足，不能保证灌溉；低洼地土壤含盐较重，影响小麦正常生长；这些都是本副区进一步发展小麦生产必须克服和解决的问题。

本副区的春小麦地方品种，一般分蘖多、口紧、耐大气干旱。在风沙特大的西部沙漠边缘地区，地方品种更具有植株较矮、茎秆韧性强、口紧、结实率高、成穗数多等特点。历史代表性品种有敦煌白大头、安西金包银、酒泉白大头，白桦麦、金塔灰麦子等。随着生产水平的提高，本副区对小麦品种的要求是，单产潜力大、抗大气干旱、抗风沙、中早熟、抗倒伏，适于带状种植，进入 20 世纪 90 年代以后，由于水资源日益紧缺和市场经济对产品质量的要求，生产上对节水品种、优质专用品种有着迫切的要求。

三、育种策略

策略是在一定的条件下，为实现既定目标而采用的快速、高效、节约人力物力资源的具体对策。育种策略要考虑的是根据育种服务区域的具体情况，明确育种主攻方向，充分利用当地自然、社会、经济和技术条件，采用合理的技术路线和体系，提高育种效率。在制订方案时，要因地制宜，有取有舍；既要考虑当前的需要，又要有一定的预见。要善于运用系统工程的思维方法，组织多学科协作，集中优势力量攻克一些技术难关，以达到预期的目标。

（一）明确育种主攻方向

随着中国社会经济水平的发展，人民生活水平的不断提高，对小麦的需求量将不断增加，对小麦的品质也提出更高的要求。当前，提高产量和改善品质仍是小麦育种的主攻方向。通过品种增加产量的途径包括两个方面，一是在有利的条件下充分发挥其增产潜力；二是在不利的条件下，尽可能提高其对逆境的适应与抵抗能力。

1. 提高产量潜力 提高单位面积产量始终是小麦育种的努力方向，特别在一些高产地区，如甘肃河西灌区、宁夏沿黄灌区和内蒙古河套地区，目前由于产量已经很高，单产可达 7 500kg 以上，产量进一步提高受到限制，难以突破。高产育种近期阶段的目标应主要放在株形的改良上，通过改善冠层结构和选育株形紧凑的新品种，协调生理过程，合理利用光热水资源，以适当提高生物学产量和收获指数。当前尤应强调降低株高至 80cm 左右，并重视茎秆的强度和韧性，以增强其抗倒伏能力。从中长期来看，要使产量有大的突破，必须在提高净光合效率和改善营养物质利用状况上对一些生理性状进行改良，以期较大幅度地提高生物学产量和协调源流库的关系。

2. 增强稳产性　干旱、盐碱、高温、干热风等自然灾害和锈病、蚜虫、吸浆虫等病虫害是影响一些麦区产量稳定的重要因素。提高品种对逆境和主要病虫草害的适应和抵抗能力，增强稳产性，是提高小麦产量潜力的重要方面，应根据区域特点加强抗逆育种工作。当前要特别注意抗逆生理指标的研究和鉴定方法的选择。

就一般地区而言，随生产条件的改善，对品种抗逆性的要求要放在恰当的地位上，抗性的水平要从产量的增长和稳定两个方面来权衡，要把适当的抗性和良好的综合性状结合起来，抗逆但低产的品种在生产上是没有意义的。在抗逆育种中，还要考虑到外界环境条件的变化，注意综合抗性问题。当然不同地区还要分清主次。从大面积上讲，更要注意选育能节水省肥，有效地利用光温水肥条件的品种。

3. 增强抗病虫能力　根据联合国粮农组织资料，小麦每年因病虫害损失产量20%左右。降低病虫危害最有效的方法就是选育抗病虫的品种。仅凭使用农药进行药剂防治，不仅增加投资，并且污染环境，破坏生态平衡。目前国内外一致认为，必须尽量利用生物本身的控制因素，即主要依靠合理运用品种抗病虫能力的增强，来达到控制病虫的危害。因此，加强抗性育种越来越被重视，对品种抗性的理解也逐步深化。就抗病性而言，许多实例证明，中等抗性甚至慢病、耐病（锈病、白粉病），就能满足生产上要求。有人提出："不求无病（虫），只求无害"。也就是说，只要正常年能显著增产，大灾之年不致形成大的减产，这样的品种就可以大面积生产应用。总的趋势，近代育种家更倾向于寻找持久的、广谱的抗病和耐病性，并加强兼抗或多抗性品种的选育工作。

4. 改善品质　随着市场经济的发展，20世纪70年代后期，品质育种在中国已开始引起注意，80年代已筛选出一批面包烘烤品质较好的品种，然而限于综合性状不够好、产量不够高，未能在生产上大面积推广。显然，在中国目前的情况下，还要在保证产量不受大影响的前提下改良品质。目前中国小麦品质育种的主攻目标，应是在改善蛋白质的质量以提高面包烘烤品质为主的基础上，兼顾馒头、面条、饼干等传统食品对品质的要求。由于环境因素对品质有相当大的影响，要考虑在不同地区应有不同的侧重点，并注意栽培技术的配套改进。

（二）选择适当的育种途径

多年来，中国主要致力于通过常规杂交育种选育纯系品种。纯系品种是通过变异的产生→变异的选择→变异的稳定而形成新的品种。变异产生途径主要可分为两大类，一是现有小麦品种中原有基因的交换重组；二是诱导产生或引入新基因。前者主要通过品种间杂交育种来进行，后者主要通过理化因素的诱变或染色体工程与现代生物技术导入外源基因。除纯系品种外，杂种小麦是利用两个亲本杂交后杂合基因型的 F_1 群体。

品种间杂交是中国选育新品种的主要途径，其次为系统育种，其他育种途径应用较少。今后，随着科学技术的发展，新的育种途径还将不断被采用。

一般把引种、系统育种和品种间杂交育种称作常规育种。引种在20世纪70年代以前曾发挥很大作用，主要包括国外引进和国内相互引种。80年代以后，随着国内育种工作的发展，主要在国内相互引种。由于各地育种工作进展和取材的不同，今后引种仍有一定的应用前景。系统育种简便易行，其由于变异范围不如杂交育种宽，可在育种规模较小单位进行，选择对象应放在综合性状优良、遗传基础复杂的品种，如杂交育成的推广品种。品种间杂交育种由于可对多个基因控制的多个性状进行综合改良，变异范围宽，因而成效也最大，是目前常规育种的主要方法。但由于这类育种途径主要是通过普通小麦已有基因的交换重组育成新品种，也有其不足之处。例如对病害的已有抗性基因，往往因病菌生理小种的变化而丧失抗性；生产上对品种性状的要求日益复杂，需要不断地引入新的基因才能予以满足。染色体工程在近缘种、属间杂交的应用，以及在抗病性、不育性、品质改良等方面取得的效果较大，但需时较长，也要求一定的实验室装备，必须目标明确，材料方法对路和有针对性地进行。至于细胞工程、基因工程等生物技术育种，虽然在导入外来近缘植物的新的有用基因方面有着很大的潜力，但目前有些关键技术环节还未成熟，而且要求比较精密的仪器设备和较高的技术条件，只能在少数有条件的单位进行研究。

通过理化因素进行诱变育种，是诱导基因突变产生新基因的有效途径。但由于诱变只在个别基因上发生和诱变方向的不明确性，使其应用受到限制，但一般对受寡基因控制的株高、抗病性、熟期等性状收效较好。理化诱变的另一个用途是结合远缘杂交促进染色体易位，或在品种间杂交中打断不利基因的连锁也可收到效果。随着组织培养的发展，理化诱变在诱导体细胞变异上也颇有利用前景。因而，理化诱变与其他育种途径的结合使用将是今后的发展趋势。中国诱变育种常以杂种胚为材料进行辐照，就是明显的例证。

双单倍体育种和轮回选择，是近些年发展起来的育种新途径。通过单倍体加倍产生纯合品系在缩短育种周期上很有积极意义，但要与产生变异的手段密切结合才能育出好品种。轮回选择，由于中国发现了太谷显性核不育基因而成为一种可行的小麦育种途径和方法。主要是针对多基因特别是微效基因控制的性状，通过反复的"异交—重组—选择"，使群体内的优良基因频率逐轮提高，群体性状得到改良，这是创造新的有价值的育种群体的重要方法。

杂交小麦利用，当前存在的主要问题是"三系"综合性状不够好，核质杂种优势不稳定和繁殖系数低，制种成本高。近年来，北京市农林科学院、重庆、云南等地在小麦光温敏雄性不育研究方面取得显著成效，甘肃省农业科学院利用自己发现的小麦隐性核不育突变体创建了 4E-ms 杂交小麦生产体系，并开展了育种利用相关研究，目前虽然还未能在生产上大面积应用，但依然是一条很有增产潜力的育种途径。由于许多病害的抗性基因大多表现为显性，利用杂种 F_1 解决抗病问题以提高稳产性，也是十分可取的做法。杂种优势利用的另一个前景，是有可能解决当前常规育种中由于生物学产量的提高受到限制而影响产量潜力较大幅度提高的难题。

总之，在今后相当长的一段时期内，育种工作仍将是以品种间杂交为基础，综合运用多种途径取长补短、相得益彰的格局。常规育种是以往成熟育种技术的综合，新的育种技术则将不断地往常规育种中渗透，以丰富、发展和形成对传统技术的改造。各种育种技术是相辅相成的，不是互相排斥的。所谓"常规育种技术"也是在实践中常用常新，不断丰富，不断提高的。从比较长远的观点来看，通过遗传工程组成有利基因全连锁基因簇的染色体片段，并在其中附有易于识别的性状，使育种工作者在自己的育种计划中有可能像处理单个基因那样处理一套有利基因，特别是控制数量性状的有利基因，从而大大提高育种效率；或者通过生物新技术开拓种、属间甚至族间杂种优势，则将对小麦产量潜力的提高起到突破性作用。

（三）提高育种效率

育种效率既受遗传育种自身规律所制约，又与人力物力的运筹有关。合理运用遗传规律，充分发挥人力、物力（包括资源）的优势，在较短的时间内培育出符合生产需要的优良品种是小麦育种家的职责。

1. 扩大有用的遗传变异，掌握合理的选择强度　遗传进度是反映育种效率的一项主要指标。由于遗传进度受制于遗传变异系数、遗传力和选择强度，而遗传力是性状的一种属性，在一般情况下不大容易改变，所以提高遗传变异系数和适当加大选择强度，有利于加快遗传进度。严格选用亲本，适当配置组合，综合运用多种途径与方法和一些生物技术可扩大遗传变异。例如，采用不同基因源的材料进行杂交以及利用复合杂交方式逐渐渗入有利基因，都是行之有效的方法。美国育种家 Jensen（1970、1978）提出的双列选择交配系统，包括了聚合杂交、轮回选择和回交等方法的综合运用，以促进育种材料中更广泛的基因交流，缩短育种计划中逐步改良的间隔时间，同时也可以并行地处理若干单交或简单复交的后代。实质上，任何一个有效的育种计划，常需要有交替的或同步的重组和选择的程序。太谷显性核不育基因的发现及其在不同轮回选择方式中的应用，在重组和选择的结合上有其特殊优越性，对开发利用各种遗传变异，丰富群体和亲本的遗传基础有着重要作用。选择强度与遗传进度的关系是：在遗传力相同的情况下，选择强度愈大，遗传进度也愈大。当然，这绝不意味选择强度越大越好。因为选择强度的掌握，取决于育种群体的遗传变异大小、目标性状的遗传力和表达程度以及群体规模等。如果不恰当地提高选择强度，很可能会把原应入选的优良个体淘汰掉，招致选择的失败。还有人做过计算，假定选育成功的概率相等，推迟选择世代比早代选择需要更大的原始群体，不但延长育种时间还要增加人力物力费用。所以，从相对效益看，适当加大育种群体，适当提高选择强度，开展早代选择是有利的。当然，这也需要两个前提条件，一是早代群体中要有足够的遗传变异；二是育种家要有丰富的经验，能够因性状制宜进行不同强度的选择。

育种规模直接影响到遗传进度。扩大育种规模，一方面可以增加遗传变异；另一方面则有利于加强选择强度。因为在加强选择强度的条件下，如果要得到同等数量的中选品系，就必须扩大分离世代的种植规模。育种规模包括杂交组合的数目和每个组合分离群体的大小。目前国内育种单位一般每年配置的组合多在 200～300 个或更多些，成功的概率在 1% 左右。然而，由于总规模的限制，在保留较多组合的情况下，每个组合的 F_2 群体多在 2 000 株左右或更少些，显然有些偏少。因而要根据育种目标和组合表现，在不同年份、不同世代对中选组合的数目和不同组合种植群体的大小做出合理的安排。一般来说，亲本比较熟悉且类型相距较远，F_1 表现较好的组合，F_2 可适当多种多留一些，对 F_2 的选择压力也可大些。但 F_2 群体较小的优良组合，如果选择压力小些，也能选出好品种，如陕农 7859、郑州 891 两品种的组合，在 F_2 时种植群体都小于 500 株，而 F_3 的群体（包括系统内的株数）则较大，且观察比较细致，结果都育成了优良品种。有些单位提出，F_2 好而群体小的组合，可以在第二年重新组配这一组合，这也是解决组合多与组合内群体大的矛盾的一种办法。

2. 缩短育种周期　缩短育种周期等于提高单位时间的遗传进度。缩短育种周期可以通过增加每年种植世代和利用双单倍体技术缩短变异稳定的年限来实现。增加每年种植世代在春小麦上较易进行。利用温室在冬季加代，或利用在云南、海南等南繁基地进行冬季加代，在春小麦上可以实现 1 年 2 季或 3 季的目标。高代稳定品系的南繁加代也有利于使育种材料尽早进行产量试验和生产应用。此外，提早测产也可看作是缩短育种周期的一个重要环节。国内外都有不少单位在 F_3 就对苗头品系进行测产的做法，在通过一二年产量测定后，对入选的优良品系再进行一次个体选择，然后转入产量比较试验。河南省农业科学院小麦研究所在选育郑州 891 的过程中，即采用此种方法，提高了育种效率。

3. 合理安排各个育种环节 国外多数育种单位在人力、土地的分配上，多强调加强亲本选配的工作与高代品系的测产规模，花在分离世代选择上的力量不大，基本上是两头大、中间小的模式；而国内多数单位正好相反，这是由部分客观因素造成的。比如国外育种单位土地占有面积大，机械化程度高，有利于进行大规模的测产工作；而国内育种单位占有土地面积小、从事育种的人员多，要想在较小的规模上选得综合性状优良的材料，就必须在小麦生长发育的不同阶段进行较细致的观察与选择。但从总体上看，国内育种工作需要吸收国外经验，适当增加亲本选配和品系比较研究的精力。育种成败很大程度上决定于组合的好坏，育种家应有自己的亲本评价研究和组合配置的研究以提高育种成效。高代稳定品系的鉴定、品比是育种的最后环节，一旦有了差错，可能前功尽弃。然而，即使最有经验的育种家也很难根据目测就可区别产量差异在 10% 以下的大量中间类型，所以品系测产规模不宜太少，也不应轻易决定取舍。同时，考虑到基因型与环境互作的广泛存在，高代品系应在不同生态条件下进行多点产量鉴定试验，才有利于正确评价品系的增产潜力与适应性、稳产性。当然，各个育种单位的情况不同，不能强求一致，贵在因地制宜，统筹兼顾，及时调整。

从育种到品种生产应用包括选育、鉴定、繁殖、区试、示范、推广等多个环节，这几个环节，应该密切结合，才能尽快把良种转化为生产力。国内较普遍的经验是上下环节结合进行，即边选育、边鉴定、边繁殖、边示范、边推广。所谓"五边"实际上不是各个环节齐头并进，而是上下环节交叉结合，这样就自然而然地加快了育种进度。上面虽然提出了一些有利于提高育种效率的途径，但客观上并不存在一种单一的最好的育种程序。任何一种后代处理方式，实际上都只是理论上最正确的方式和实际可行性之间的两种妥协方案。同时，目前对许多重要性状如生产潜力遗传背景的了解很少，所以，不同育种家如何充分利用他所可能得到的这些条件对育种材料进行最合理的处理方式，在某种意义上说也是一种艺术。

4. 加强配套研究 新品种选育是一个长期性的战略任务，持续时间长，工作辛苦，育种者要有吃苦耐劳、持之以恒、耐得住寂寞的精神，才能不断跨越新台阶。首先，要特别注意加强品种资源的储备和研究，以充实物质基础，加强基础理论的研究，以便更有效地指导育种实践。而品种选育的最终目的是在生产上应用，所以还要大力加强育成品种多点产量品比试验和评价，并研究不同试验点相应的栽培措施，以充分发挥推广品种的丰产优质潜力。

（1）种质资源的搜集、鉴定和创新。种质资源的匮乏和重复利用是影响育种进展的重要限制因素。品种资源研究工作的主要任务是为育种工作提供亲本材料，这就要求首先要搞好资源的搜集和鉴定工作。一般而论，由于面临不断为生产提供新品种的压力，育种家往往不愿意采用难以直接应用的有价值的原始材料，也不可能分出力量投入耗时费钱的导入外源基因的远缘杂交工作。这样又反过来使育种家更加感到资源贫乏和难以为炊，但也有少数单位，由于注意了资源研究和亲本创新而尝到了甜头。如山东农业大学创造了兼具矮、抗、丰三种性状的矮孟牛（由矮丰 3 号、孟津 201、牛朱特组配而来）亲本，从而培育出了鲁麦 1 号、鲁麦 5 号、鲁麦 8 号等一系列推广品种。就全国范围来说，应有计划地组织一些单位进行不同层次和不同水平的种质资源创新工作。例如可以组织不同单位分别进行异种属材料的搜集和性状鉴定，各有侧重地通过远缘杂交产生异附加系，利用异附加系产生代换系或易位系；利用太谷显性不育基因累加某些微效或主效基因，打破不利基因连锁等。也可根据不同性状分地区、按单位分头主攻抗逆性、多实性、多抗性等等。当前在亲本创新工作中主要是防止过多的同水平的重复，这就要求国内各家育种单位的大联合、大协作。

（2）加强应用基础研究。这里的基础研究是指支撑育种前进的学科，包括遗传学、生理学、病理学、育种学等方面的研究。这些研究也要有不同层次和不同目标的问题，例如遗传学从分子水平到群体水平，从遗传机理到遗传操纵可以有所分工。生理学包括对具体品种的生长发育过程及其调控，通过栽培管理影响某些生理过程以充分发挥品种的潜力；为提高叶片净光合率和群体光能利用率，对源流库的深入研究；对与生产力以及抗逆力有关的生理过程和形态指标，区分哪些过程相对来说是对环境专化，哪些是高度专化的等等；进而为育种提供适宜的生理生化指标以及与之相联系的形态指标，使育种提高到生理特性组合的水平。在病理学上除了加强对现有品种和抗源抗性的鉴定，监测不同小种和变化趋势外，对持久抗性、耐病性的机理，在基因水平和生物间关系上的抗性遗传学，感病品种抗性抑制基因的效应，新病害（如叶枯类病害）的研究，以至如何在细胞水平下利用病害毒素筛选抗性等等，都要有步骤地开展。育种学上如亲本选择和组配的优化方案，如何提高后代选择效率，不同种植方式和规模的比较，杂种优势预测和机理等，也需进一步深入研究。总的来讲，基础研究既要解决一些目前育种上亟待研究解决的主要问题，也需要作一些超前研究，以利于不断跨越新台阶。

（3）新品种的区域鉴定和栽培技术研究。区域鉴定目的在于找出品种在不同的特定农业生态小环境下的适应性，这里也就牵涉到如何选择最有代表性的试验点以及因品种采取相应适宜的农业措施。国内外对这方面都有不少探索，例如通过聚类分析确定试验点，减少重复次数而增加试点数，生产试验如何与区域试验密切结合等等。对于农业生态小环境来说，农业措施的采用是个很值得探讨的问题。近年来虽已开始采用诸如按肥力、播期分组等，但还有许多其他因素需要考虑。例如播种量和管理措施对品种表现影响较大，在区域试验中只能提出一个大致的范围，更精确地评价特定品种需要配合设置特定的农业技术研究。

栽培技术与品种的结合包括两层含义：一是就育种任务来说，有些可以通过栽培措施解决的问题，不必都提到育种目标上来，这样可以减轻对育种工作的压力。例如20世纪50年代中国一些麦区的秆黑粉病和吸浆虫问题，都是通过改进栽培条件（包括药剂防治）为主的农业措施而解决的。二是在栽培管理方面如何消除限制因素，以缩小品种增产潜力与现实产量之间的差距。实际上，许多品种的实际产量表现远没有达到其潜力的上限。对于创造高产来说，栽培措施的应用就更为重要了。此外，栽培措施对小麦品质也有较大影响，通过改变栽培管理以改善产品质量，也有潜力可挖。再从经济学的观点看，例如对不同品种来讲，最佳经济施肥水平和最高产施肥水平都有所不同，病虫害防治的经济效益与投入的比例也不相同，通过与具体品种相联系的栽培措施进行经济效益的比较分析，有助于对选用适宜品种和采取具体栽培措施做出决策。

总的来说，随育种工作的进展，加强学科间、地区间、单位间的协作将愈来愈重要。从宏观上看，像一些重要病害特别是气流传播病害的抗源布局，正是一个大的地区范围内育种策略需要解决的问题。资源和亲本的评价与创新，常因地区条件和育种目标而异，要做的工作很多，从一个单位来讲，既不能不做，又不能全做，需要从全国一盘棋的观点，明确若干有条件单位，采取重点与一般相结合的做法分工协作，做到大小问题的研究都有着落。有关这类的工作，都要在全国或某一个大的区域范围内通过必要的组织安排，合理的技术政策和有效的管理措施来保证。

第二节　育种方法与成就

育种方法的选择与应用对于品种选育工作至关重要。育种方法主要包括引种、系统育种和品种间杂交育种等常规育种，还包括基因工程育种、辐射诱变育种、分子标记辅助选择育种、轮回选择育种等多种育种方法。目前，品种间杂交育种仍然是选育小麦新品种的主要途径，也是育种成效最显著的育种方法，其他育种途径应用较少。今后，随着科学技术的发展，新的育种途径将不断被改进和广泛采用。

一、品种间杂交育种

甘肃省小麦育种工作起初主要是依靠引种和系统选种，方法虽然比较简单，却都取得了较好的成效。例如，20 世纪 50 年代初，甘肃省引种成功武功 774、甘肃 96、碧玉麦、哈什白皮等一批春小麦新品种，一般较当地品种增产 15%～30%，在春麦区最大播种面积一度达到 20 万 hm^2 以上。冬小麦引种成功南大 2419、平原 50、碧蚂 1 号、碧蚂 4 号、钱交麦、2711、奥德萨 3 号、中苏 68 等一批新品种，其中，南大 2419 比当地品种增产 14%～57%，为甘肃省嘉陵江上游麦区的主栽品种；碧蚂 1 号、碧蚂 4 号比当地品种增产 13%～31%，其中碧蚂 1 号为陇南、陇东地区川、塬、浅山地区的主栽品种（陇东地区 1958 年种植面积达 10.7 万 hm^2）。1956 年，阿勃引种成功，由于该品种产量高、抗锈、适应性广，迅速成为甘肃省春麦区和陇南冬麦区的主栽品种，最大种植面积曾达到 33.3 万 hm^2。截至目前，引种工作仍然在西北春小麦发挥着重要的作用。如 20 世纪 80～90 年代，甘肃省农业科学院从青海、宁夏引进的高原 602、宁春 4 号、宁春 18 号、C8145、永良 15 号等曾在河西灌区和沿黄灌区大面积种植，永良 15 号目前仍然在河西灌区一些地方少量种植，而宁春 4 号以其发广泛的适应性和稳产性依然大面积种植。进入 21 世纪，甘肃农业科学院从宁夏引进宁春 39 号在河西及沿黄灌区大面积推广。此外，甘肃农业科学院选育的陇春 26 号、陇春 30 号也被新疆伊犁自治州昭苏县和内蒙古巴彦淖尔市引进，正在大面积推广种植。

在广泛开展群众性地方品种评选鉴定和大量引种工作的同时，全省各地广泛开展系统选种工作。张掖市农业科学研究所从地方品种高台白锉麦的变异株中，选育出张掖 1084，比原品种早熟 2～3d，增产 11.8%，利用系统选种法育成的甘麦 1 号在河西平川灌区推广种植。从阿夫中选育出民选 116，在冷凉灌区的民乐县大面积推广等。

从 20 世纪 30 年代初开始，国内即开展小麦品种间杂交育种工作，其中沈骊英采用中外品种间杂交，在 40 年代初育成的骊英 3 号和 4 号等品种最先投入生产种植，但推广面积不大。其后，40 年代后期至 50 年代初，赵洪璋和蔡旭先后通过杂交育种育成了碧蚂 1 号和农大 183 等品种，对推动中国小麦生产和育种工作都起了很大的促进作用。

所谓品种间杂交育种是选用两个或两个以上基因型不同的亲本材料进行杂交，通过基因重组、累加和互作而分离出优异的杂种个体，经过几代自交纯化和选育，使其成为新品种的方法。现在杂交育种已成为中国小麦育种的主体方法。年推广面积在 66.7 万 hm² 以上的碧蚂 1 号、徐州 14、繁 6、百农 3217、豫麦 2 号、绵阳 11、小偃 6 号、扬麦 5 号、陕 7859、冀麦 30、豫麦 13、济麦 22、甘麦 8 号、高原 602、宁春 4 号等品种，都是用杂交方法选育而成。

小麦品种间杂交育种是配、选、比三个环节的有机统一，配就是杂交组合的配制，选就是分离世代的田间选种工作，比就是高代稳定品系的鉴定、品比、区试，直至品种的审定和推广。这三个环节必须环环相扣，密切配合，才能选育出有突破性的新品种。而制定正确的育种目标则是品种间杂交育种工作取得成功的首要问题。

（一）种质资源的征集、创新和鉴定

广泛征集国内外具有各种优异目标性状的种质资源以供研究利用，是杂交育种取得成功的必要条件之一。著名的小麦育种家蔡旭于 1946 年最先从美国堪萨斯州引入胜利麦和早洋麦。用胜利麦同燕大 1817 杂交，育成农大 183、农大 36、农大 311 等品种；用早洋麦与碧蚂 4 号杂交，育成济南 2 号、北京 8 号和石家庄 54 等品种。这些品种曾在中国主要冬麦区先后得到广泛推广。美国于 1946 年从日本引入具有 Rht1 和 Rht2 矮秆基因的农林 10 号，经改良后用作杂交亲本，育成了举世闻名的半矮秆良种格恩斯（Gaines），创造了产量超过 13 000kg/hm² 的高产纪录，从而推动美国小麦生产出现一个崭新的面貌。这些生动的事例足以说明选好亲本对开展小麦杂交育种工作具有十分重要的现实意义。

中国小麦育种单位遍布全国各地，分别拥有各具特色、可作亲本利用的材料，需要通过各种渠道及时掌握信息和交流亲本材料。国外的优良种质，特别是各种病害的抗源材料，对推动中国小麦育种贡献很大。纵观中国近代小麦杂交育种的发展史，每次从国外引进一些有用的种质资源，就能相应地育成一批新的推广良种。例如，20 世纪 30 年代引自意大利的中农 28、南大 2419，40 年代引自美国的胜利麦、早洋麦，50 年代引自苏联的早熟 1 号，到 60 年代引自智利的欧柔和引自意大利的阿夫、阿勃等品种，不仅是不同时期杂交育种的重要亲本，而且在不同麦区的生产上都曾直接起过重大的增产作用。进入 70 年代，利用含有 1B/1R 血缘的洛夫林 10、洛夫林 13、高加索、阿芙乐尔、山前麦等"洛类品种"作杂交亲本，更是风靡全国。分析中国 80 年代育成的许多大面积推广良种的系谱，几乎或多或少都含有 1B/1R 的血缘。进入 21 世纪以来，甘肃农业科学院引进墨西哥国际玉米小麦改良中心（CIMMYT）种质材料 CORYDON，通过与国内丰产亲本杂交，先后选育出通过审定的春小麦新品种陇春 25 号、陇春 29 号和陇春 30 号，正在甘肃河西灌区和沿黄灌区大面积推广，还辐射推广到内蒙古巴彦淖尔市和新疆伊犁哈萨克自治州昭苏县。综上所述，千方百计征集优良的种质资源是杂交育种取得成功的头等大事。

掌握了比较丰富的亲本资源，不仅可以得心应手地选用亲本配制组合，育成优良的新品种，而且有利于在育种工作的全局上做出有预见性的决策。20 世纪 60～70 年代以来，中国基本上控制了条锈病的流行，其中一个重要因素就是各地育成的抗锈品种在亲本抗源上比较多样化。所以，即使出现了几个能够侵染某些抗源亲本及其杂种后代的新的生理小种，也难于发展成为大面积为害的优势小种。抗病育种是这样，其他性状的选育也是如此。为了避免因过分集中地选用少数几个优良亲本可能带来的不良后果，必须大力加强种质资源的征集工作，广开亲本来源。

　　小麦育种工作者在广泛征集国内外具有各种优异目标性状的种质资源的同时，还要加强种质资源的研究与创新，创造一些可作亲本利用的中间材料。种质创新主要有 3 条途径：①在平时育种中，在杂种后代中注意发现一些综合性状虽不理想，但具有某些优异目标性状的单株，可以选留作为亲本材料利用；②有意识地组配一些杂交组合，以求选育矮抗、矮早、早抗等具有两个或两个以上优异目标性状的中间材料；③通过远缘杂交导入优良外源基因（特别是抗病基因、优质基因等）。例如，天蓝偃麦草和纤毛鹅观草分别具有抗黄矮病和赤霉病的基因，这些基因都是普通小麦所没有的。中国农业科学院作物育种栽培研究所与澳大利亚联邦科工组织（CSIRO）的科学家合作，选育出携有中间偃麦草抗黄矮病基因的易位系，其对开展抗黄矮病育种起到很大的作用。

　　每年新征集到的种质资源要先种在观察圃中仔细观察和记载它们的各种农艺性状，详细记载其主要优缺点，从中选出具有优异目标性状、有可能用作亲本的材料，及时将其有关资料和数据输入计算机中贮存，以供检索，随后再作进一步的科学鉴定和遗传分析。特性鉴定不应光凭目测观察，还应强调采用一些科学的、切实有效的技术和措施来提高特性鉴定的效率和可靠性。例如，Rht1 和 Rht2 矮秆基因不仅能够降低株高，还有一定的增产作用。在室内对杂种后代（如 F_2）苗期喷施赤霉酸，那些对它反应不敏感的材料就可能具有 Rht1 和（或）Rht2 矮秆基因。在进行特性鉴定时，还应注意性状的分解。例如，不同的小麦品种各个生育阶段的出现时间都不一样。以碧蚂 4 号和早洋麦为例，两者都是中熟品种，但前者抽穗早而灌浆慢，后者则抽穗迟而灌浆快，由碧蚂 4 号/早洋麦育成的北京 8 号抽穗早而且灌浆快，早熟性超过了双亲，其实质可能涉及春化反应基因 Vrn 和光周期反应基因 Ppd 的互补与互作。所以早熟性不能光靠抽穗早晚，还应看其各个生育阶段出现的迟早和进展的快慢，才能更有效地组配杂交组合。又如，抗病性不但要知道它抗哪种病害，还要了解它抗哪些生理小种，甚至含有哪些抗病基因，才能提高育种效率。除了不断改进特性鉴定的技术外，还有必要采取一些措施以利性状的表达。例如，针对当地的主要病害，每年必须重视采取接种的办法，促使病害的发生，才能提高抗病性鉴定的准确性。如甘肃省农业科学院每年都要在陇中小麦育种田种植铭贤 169 和徽县红作为诱发行，在适宜的时期接种小麦条锈菌，以诱发育种田的锈病得到充分发生，以利选择育种材料的抗锈性。又如国际干旱地区农业研究中心采用提早播种的办法，鉴定供试材料的抗冻能力；采用推迟播种的办法，鉴定供试材料在麦收前的耐高温逼熟的能力；采用不施肥的办法鉴定供试材料的品质，凡是蛋白质含量低的材料，在不施肥情况下将会出现花腰。

（二）亲本性状的遗传研究

　　有了比较丰富的亲本资源，还要尽可能结合育种实践，或采取一些必要的措施，研究其主要目标性状的遗传规律，亲本选配才能做到精益求精。例如在巴西酸性土壤上铝害严重地威胁小麦生产。CIMMYT 采用在实验室的特制水槽内加入一定浓度的铝溶液，观察麦苗的根系发育，用以筛选抗铝害的亲本材料，并发现"抗×不抗"的 F_2 代杂种群体呈现 3（抗）：1（不抗）的分离比例，表明抗铝害受一对显性基因控制。这个研究结果对抗铝害育种很有帮助，CIMMYT 由此育成了耐铝品种 Thornbird 在巴西推广。对亲本的研究，除要看它本身表现出来的主要特征特性外，还要了解经过杂交后，这些性状遗传传递力的强弱。如果亲本的某个特征特性的遗传传递力强，则其杂种后代在这个特征特性上的表现，不论是数量还是强度都将比较充分。例如，水源 11 的抗条锈性比较过硬，遗传传递力也强，它的杂种后代对条锈病大都表现免疫或高抗，而另一些品种虽然本身对条锈病免疫，但因遗传传递力弱，其杂种后代抗病的就不多。又如，一个亲本的优良性状和遗传传递力很强的严重缺点表现紧密连锁，利用起来就很困难。一般来讲，寡基因控制的质量性状遗传传递力强，而多基因控制的数量性状遗传传递力弱，但后者可以通过基因累加而出现超亲类型。因此，在选择亲本时，既要注意性状表现，又要了解遗传基础。亲本性状的遗传传递力只有通过杂种后代的表现才能有所了解。我们对亲本优缺点的认识也要有一个过程，所以在实际育种工作中，不能等把亲本特征及其遗传规律研究透了再去配制组合，而是在初步了解亲本特性的基础上，边杂交、边观察、边研究。为了更好地了解亲本材料一些主要性状的遗传传递力，必要时也可有计划地分期分批采用测交方法，同少数有代表性的品种进行试配，观察到 F_2 代就基本上可以看出遗传动态。对其中优良性状遗传传递力强的某些材料可再同更多品种杂交，借以明确其属于一般配合力还是特殊配合力。经过特性鉴定和遗传分析的亲本材料，应按生态类型和具有的主要目标性状分别归成丰产、抗病、矮秆、早熟、优质等种类，以供配制杂交组合之用。此外，通过上述一系列研究工作，不断总结经验，在各类亲本中还要进一步明确哪些是比较好用的核心亲本材料，以求提高亲本利用的效率。

（三）亲本选配的原则

亲本选配是根据育种目标，选用恰当的亲本，配制合理的组合，是杂交育种的关键环节。亲本选配不当，没有好的杂交组合，后代的选育工作都将劳而无功。亲本选配工作包括两个内容，一是选择适当的材料作杂交亲本；二是合理组配杂交亲本。由于一个性状往往受多个基因的控制（一效多因），同时，一个基因有时又可同时影响几个性状的表现（一因多效），再加上基因间的互作和连锁遗传，杂交后亲本间的性状和基因常常不能以预期的方式重新组合。因此，即使选择了适当的亲本，并进行了合理的组配，也不一定就能育成符合育种目标的理想品种。育种家多年的育种实践已总结出一套亲本选配的基本原则。

1. 双亲（或多亲）**都具有较多的优点、没有致命的缺点，主要性状的优缺点能够互补** 这是亲本选配的首要原则。如果双亲都是优点多、缺点少且能相互取长补短，则杂种后代通过基因重组，出现综合性状优良的材料的概率就大。同时，许多经济性状如产量构成因素、成熟期等大多数都属于数量性状遗传，杂种后代的表现与双亲平均值密切相关，即双亲平均值高后代表现也好。双亲的平均表现大体上能决定杂种后代的表现趋势。所以，双亲要选用都具有较多优点的材料，或在某一性状上一个亲本稍差，而另一个亲本则极好、能予以弥补的材料。

要求亲本间优缺点互补，是指双亲之间若干优良性状综合起来能基本满足育种目标的要求，亲本一方的优点能有效地克服对方的缺点。但是，性状互补并不是机械拼凑。事实证明，杂种后代有的可能表现为倾向亲本一方，有的性状还可表现出超亲优势。此外，性状互补也是有一定限度的，双亲之一不能有严重缺点的性状，特别是重要性状更不能有难以克服的缺点。比如，品质育种中，双亲必须要有一个在 Glu-D1 位点上含有 5+10 优质亚基，而不能都是 2+12 亚基。总之，双亲可以有共同的优点，而不能有相互助长的缺点。

2. 亲本中要有一个能适应当地条件的品种 品种对外界条件的适应性，是影响丰产稳产的重要因素，杂种后代能否适应当地生态条件与杂交亲本的适应性密切相关。目前推广的品种绝大多数都有一个适应性强的品种做亲本。能适应当地生态条件的亲本材料可以是地方品种，也可以是育成品种或国外材料。在自然条件比较严酷，如干旱、盐碱等影响较大的地区，地方品种由于受到长期的自然和人工选择，往往表现出比外来品种适应性强的特点。所以，在这些地方可以用农家品种做亲本。但是，在大多数地区，随生产条件的改善，地方品种因产量潜力普遍较低，不如用当地推广品种做亲本所得的效果好。例如，目前在河西灌区、沿黄灌区和宁夏、内蒙古、新疆等地大面积种植的宁春 39 号，就是宁夏永宁县小麦良繁所用著名品种宁春 4 号作为亲本之一选育而成的。因为这类品种在生产上经过一段时间的栽培、选择，对当地条件也有一定的适应性。而且，这些品种大多都有地方品种的血缘，其本身的遗传基础就有较强的适应性，而丰产性比地方品种要好。所以，现在大多采用这种组配方式。一些在当地种植多年表现优异的国外品种也可利用，这些品种一般综合性状好，只要适应性强，选育出优良品种的可能性也较大。例如，甘肃农业科学院小麦所从 CIMMYT 引进系统选育的陇春 23 号在生产上已连续推广种植多年，并一直作为甘肃省东片水地春小麦区域试验对照，而且已利用其作为亲本之一选育出一大批高代优异品系正在参加各级产量试验。

3. 亲本之一的主要目标性状突出，且遗传传递力强　为改良某一品种的某一缺点而选用另一亲本时，要求这一性状最好是表现特别突出，而且遗传传递力要强，这样才能在其杂种后代中选出具有该性状的优良品种。例如，为克服某一品种的晚熟缺点，最好选用特早熟的另一亲本与其杂交；为克服某一品种的抗病性差的缺点，最好选用对这种病害免疫或高抗的亲本与其杂交。

4. 选用生态类型差异大、亲缘关系远的亲本进行杂交　不同生态条件、不同地区和亲缘关系不同的品种，具有不同的遗传基础，其杂交后代的遗传基础将更为丰富。除有明显的性状互补作用外，常常会出现超亲的有利性状。由于双亲是在不同地区不同生态条件下生长的，因而有利于育成适应性广、增产潜力大的优良品种。国内外有许多优良品种都是用这种方法选配亲本育成的。例如，目前正在河西灌区大面积推广应用的陇春 29 号就是利用国内亲本材料 Y1265 和国外引进材料 CORYDON 杂交选育而成的。

当然，任何事情都不是绝对的，不能片面地认为双亲生态类型差异越大越好，更不能认为双亲都是外来品种就不行，或者两个亲本都是本地品种就不好。从本质上看，亲本类型差异过大，有时会带来一些不利性状，其后代往往表现对当地生态环境的适应性差、抗逆性差，而且分离强烈，分离世代比较高。假如必须利用在某些重要性状上具有突出特点，但伴随有一时难以克服的不利性状的某一亲本与生态类型差异大的另一亲本杂交，那就要通过加大群体，延长选择代数或采取复合杂交、回交等方式使引入的特殊性状得以表现和巩固，并使不良性状得以克服。

（四）杂交方式

小麦杂交方式由简到繁种类很多，要根据育种目标的要求以及所拥有的亲本材料来选择不同的杂交方式。原则上，能用简单杂交解决问题的绝不用复杂的杂交方式。

1. 单交　单交就是选用两个亲本进行杂交。单交组合中一般最好有一个亲本是经过当地生态环境长期考验、具有较好丰产性、稳产性和适应性的当地推广品种或高代品系。如果双亲都能适应当地环境条件，优缺点能够互补，而且生态型又有较大的差别，则配成的单交组合更易取得成功。例如，矮秆、优质、丰产性和适应性都很好的宁春4号是西北春麦区30年来主要的推广品种，但其丰产性潜力还是有所欠缺，即在高水肥条件下难以实现产量的重大突破。用永833做母本，宁春4号做父本杂交选育而成的宁春39号，在一般水肥条件下产量7 500～9 000kg/hm²，高水肥条件下产量可达到9 000～9 750kg/hm²，已迅速发展为西北春麦区大面积推广品种。

从中国近代小麦育种历史来看，许多著名小麦品种都是用单交方式育成的。由于只需要做一次杂交，时间上最为经济，工作比较简单，分离世代杂种群体的规模也较易掌握，杂种后代的表现也相对容易预测，因而是一种最常用、也是最基本的杂交方式。

两个亲本成对杂交可以互为父、母本。由于绝大部分遗传物质在细胞核内，所以在一般情况下，正、反交组合的杂种后代在遗传性的表现上差别不大。有时出现一些差异也不一定是遗传性不同造成的。例如抗病品种/感病品种的当代杂种种子可能因母本无病，常常比反交组合的饱满，因而其F_1的幼苗出土较快，生长势也较强，但到生育后期这种差别就逐渐消失了。但是，有些性状受细胞质内遗传物质的控制，表现偏母遗传，则正、反交组合杂种后代将会有不同的表现。采用正交还是反交主要根据亲本花期的迟早、操作的方便以及如何有利于杂交计划的完成而定。

2. 复交　采用两个以上的亲本进行一次以上的杂交，称为复合杂交，简称复交。当育种上要求重组的目标性状较多，而手边一时又缺乏两个合适的亲本可供利用，同时又估计到单交组合难以收到预期效果时，就有必要采用复交方式，以期通过基因重组，集中两个以上亲本的优良基因于同一个基因型。从更积极的意义上讲，复交组合如果取材恰当，组配合理，还有助于丰富杂种后代的遗传基础，因而有可能分离出丰产性、抗病性、适应性都超亲的优异类型。

配制复交组合应该遵循以下原则：首先，目的性必须明确，最好事先有比较周密的计划；其次，参加复交的亲本应分别具有突出的目标性状，而且其他性状也不能太差；第三，农艺亲本"血缘"要占较大比重，至少不应少于1/2。

复交一般常用的方式有三交和双交。

三交是最简单、也最常用的一种复交方式。它包括3个亲本，可先用其中两个亲本A和B配成单交组合，再用这个单交组合同第三个亲本C配成三交组合。亲本A和B各占杂种后代血缘的1/4，而C则占1/2。所以第三个亲本必须选用农艺性状较好的当地推广品种或高代品系，以保证杂种后代具有较好的丰产性和适应性。20世纪60年代，中国农业科学院作物育种栽培研究所曾配制亥因·亥德/欧柔//北京8号三交组合，亥因·亥德是来自德国的强冬性品种，欧柔则为智利的春性品种，其都抗条锈病，且穗大粒多，丰产性都比较突出。但前者要求长光照，早春返青晚，生长发育迟缓，抽穗和成熟都很晚；后者耐寒性差，在北京不能安全越冬，但返青早，春季生长发育较快；两者都不能适应北京的生态环境。亥因·亥德和欧柔杂交，有利于沟通冬麦和春麦两个相互独立的基因源，使其有利基因结合起来，但估计到这种组合不大可能育成可供北京地区生产利用的品种，因而用综合性状较好又能适应当地环境条件的早熟推广品种北京8号作为第三个亲本，配成三交组合，结果育成了北京14号。以后又通过系选，从中选出红良4号、5号、冀麦1号、2号等一系列品种。直至80年代中后期，冀麦1号仍为晋南旱地的主体推广品种。有时某个亲本的优缺点都很突出，在利用时估计到一次单交难以奏效，可以先用一个当地品种同它配成单交组合，再用这个单交组合同另一个当地品种配成三交组合，使当地品种血缘在杂种后代占到 3/4，以大大地改进杂种后代的农艺性状和适应性。例如，苏联品种鹅冠 186 的穗子特别长大、秆强、丰产性十分突出，但抽穗成熟很晚，在生产上不能利用。中国农业大学先用综合性状好且早熟的农大 17 与它配成单交组合，使杂种一代的早熟性和适应性比鹅冠 186 提高一大步。然后，再用抗锈性和适应性都较好的中熟推广品种早洋麦同这个组合配成三交组合，最终育成了中晚熟、大穗型的丰产品种农大 45 及其选系东方红 1、2、3 号。

双交一般包括 4 个亲本，其中最好要有两个亲本是适应当地条件的推广品种或高代品系，其他两个亲本要求分别具有比较突出的目标性状，通常先分别配成两个单交组合，下年再把两个单交组合的 F_1 代配成双交组合，以保证杂种后代既结合了目标性状，又有较好的丰产性和适应性。4 个品种配成的双交组合由于遗传基础比较丰富，育成优异新类型的潜力较大。20 世纪 70 年代，北部冬麦区的当家良种农大 139 就是农大 183/维尔//燕大 1817/30983 双交组合的后代。其中，燕大 1817 原为山西平遥地方良种小白麦的选系，耐寒、耐旱、抗逆性和适应性都很强，但重感条锈病而且晚熟；农大 183 是燕大 1817 的衍生品种，50 年代中期至 60 年代初期曾是北部冬麦区优点比较全面的中熟推广品种，1964 年因丧失抗锈性而被淘汰；维尔原产意大利，植株中高、秆强、穗大、高抗条锈病，但不耐冻、晚熟；30983 原产美国，冬性、抗三锈、晚熟。这个双交组合包括两个综合性状较好的农艺亲本（农大 183 和燕大 1817），以保证农艺亲本能占双交杂种后代血缘的一半，因而提高了育成新品种的概率，但由于四个品种中有三个晚熟，所以选出的农大 139 尽管丰产性、抗锈性、适应性等方面都表现较好，但熟期仍然较晚。双交组合除了缺点可望得到互补外，亲本的某些共同的优点还可以通过基因累加和互作而得到进一步的加强，分离出超亲的杂种后代，甚至还有可能产生一些不为各亲本所具备的新的优良性状。

双交组合也可用 3 个亲本组配而成。北京 10 号在 20 世纪 60～70 年代曾是北部冬麦区和晋南旱地的推广良种，它就是从华北 672/辛石麦//苏联早熟 1 号/华北 672 三个品种的双交组合育成的。该三品种双交组合同辛石麦/苏联早熟 1 号//华北 672 的三交组合在育种价值上并无多大差别，不同之处在于：①A/B 和 A/C 的 F_1 代杂交后所得的双交 F_1 代对于两个单交组合的亲本来说，实际上为 F_2 代，已产生了一定程度的基因重组。如果杂种群体大，就有可能在双交 F_1 代选到丰产性和适应性近似 A 而兼具 B 和 C 目标性状的优良个体，比用三交方式可以提早一年，而且可以通过基因进一步重组，继续选择综合了 3 个亲本优良性状的个体。②B/C//A 三交组合中的 B/C 单交组合只能供进一步加工成三交组合之用，本身难以直接选出品种，而三个品种双交组合中的 A/B 和 A/C 两个单交组合，也有可能选到可供生产利用的品种。③根据 A/B 和 A/C 两个单交组合的具体表现，可以随时决定是否要进一步加工成双交组合，以及是否要和其他品种或单交配成组合，做法比较灵活。

三交或双交组合在 F_1 代就会出现分离，因此 F_1 代杂种群体要大，以利于选择。双交组合比三交组合的分离更复杂，其 F_1 代群体应更大些。为了尽可能扩大复交 F_1 代的群体，在复交中引入经过回交转育的太谷核不育小麦和由它衍生的矮败小麦，可以省去大量的去雄劳动，人工或隔离区自由产生杂种；当然，也可以利用化学杀雄。三交组合的第三个亲本一般是当地推广良种，也可以把准备要加工的单交组合的 F_1 代杂种种在纯度较高的良种繁殖田中间事先留出的一小块空地上，杂种抽穗后根据需要去雄，然后把没有去雄的穗子全部剪掉，不用套袋挂牌，只需记住行号，每行收获的种子就是三交组合的杂种种子。这种做法不但省工省时，而且由于大田良种开花持续期长，花粉量大，远比人工授粉的结实率高出很多。双交组合可以事先将要进行双交的两个单交组合的 F_1 代杂种相邻种植，把抽穗较早的单交组合先去雄，然后把去雄的穗子同相邻的另一个单交组合的穗子套在同一个大纸袋中以利授粉。三交 F_1 代中选单株在种植 F_2 代时，对第一次杂交的亲本来说已是 F_3 代杂种，对第二次杂交的第三个亲本来说则是 F_1 代杂种，所以每一个三交组合的 F_1 代中选单株在下一代应该适当地多种一些。同样，双交组合 F_1 代的每一个中选单株既是第一次单交的 F_2 代杂种，又是一个新的小组合，下一代也必须加大杂种群体的种植规模。

三交或双交往往能比单交取得更好的效果，但需要的时间稍长，而且杂种后代的处理也比较复杂。因此，三交，特别是双交组合的配制事先应有周密的计划，切忌没有明确的育种目标，把一些"食之无味、弃之可惜"的单交组合勉强加工成三交或双交组合。此外，三交或双交组合在 F_1 代杂种就会分离，由于有些隐性性状（如矮秆）在 F_1 代不能表达出来。因此，无论三交还是双交组合 F_1 代选株都不宜过严，应从 F_2 代开始从严选择。

3. 循序杂交 选用多个亲本按一定顺序进行多次杂交称为循序杂交。三交可以说是一种最简单的循序杂交。此外还有四交、五交等更为复杂的杂交方式。四个以上亲本的循序杂交法，在实际操作时困难较多，一般不提倡。因为不同亲本占杂种后代"血缘"的比重，随杂交的先后顺序而有很大不同，参加杂交组合的序列越靠前的亲本占杂种后代"血缘"的比重越小，很难达到预期的效果。不得已而采用此法时，每次杂交必须做足够多的杂交穗，并要注意选择那些具备亲本目标性状的植株作为杂交亲本进行加工。

4. 回交 回交主要用于改造一个综合性状良好，只有个别缺点的农艺亲本品种 R，可以选用另一个具有 R 所缺少的那个优良目标性状的品种 N 同它杂交，再选择具 N 目标性状的杂种后代同 R 进行一至多次的反复杂交，最后再经连续自交，育成基本上保持 R 的原有优良性状而又兼有 N 目标性状的品种。用来进行重复杂交的品种 R 称为轮回亲本，品种 N 只在第一次杂交时应用一次，称为非轮回亲本。回交可以进行多次，如回交一次为 N/R×2，回交两次为 N/R×3，余类推。美国加利福尼亚州的 F. N. Briggs 早在 1922 年即用回交法育成了一系列抗腥黑穗病的品种，这是成功运用回交育种法的典型事例。最初回交法在改进抗病性上用得较多。目前，回交法已广泛应用于改良抗虫性、形态、色泽性状以及早熟性、株高、籽粒大小和形状等遗传性相对比较简单的性状，同样可以获得成功。轮回亲本"血缘"在回交后代中所占的比重随回交次数的增加而递增。如回交一次为 75%，回交两次为 87.5%，回交三次为 93.75%，等。回交四次以上，除目标性状外，杂种的其他性状基本上接近轮回亲本。实际上没有必要百分之百地恢复轮回亲本的农艺性状。因为非轮回亲本除特定目标性状外，可能还有一些轮回亲本所缺乏的优良性状，所以进行一到二次有限回交后再经过自交，就有可能育成综合性状较好的品种。它们尽管和轮回亲本的性状不尽相同，但由于基因重组，有可能结合非轮回亲本的若干优良性状，从而丰富杂种后代的遗传基础。例如，中国农业大学用农大 183 和意大利抗条锈病品种 Elia 杂交，再用农大 183 回交一次，就育成抗锈性显著提高，抗倒伏能力也有一定改进，而丰产性和适应性同农大 183 基本相似的农大 155 和农大 166 等推广品种。当然，回交四次或四次以上的好处在于杂种后代的性状已近似轮回亲本，因此可以免去产量比较、品质分析和区域适应性等一系列试验过程，立即在原推广地区投入生产利用。不过，回交次数过多，一方面延长了杂交和选育的时间，另一方面很有可能削弱非轮回亲本的优良目标性状，达不到预期目的，往往得不偿失。所以回交次数可根据每次回交后代的具体表现，决定是否要继续回交。其实在回交育种过程中，由于当选植株不能全部用来进行回交，而只能挑选若干有代表性的植株，每株取 1～2 穗用于继续回交，其余植株可按照育种目标进行选种。此外，还可在回交几次的后代中，选择表现型基本相似的一些选系混合成一个群体品种。这种品种在遗传上存在一定的异质性，有可能比经多次回交育成的单系品种具有更广泛的适应性。

回交育种成败的关键，第一，是轮回亲本的选择。由于它是品种改良的基础，一定要选用增产潜力大和适应性较广，只因存在个别缺点而未能更好地推广利用的品种。其缺点一经克服，就有可能较长时期地在生产上发挥其增产作用。第二，非轮回亲本必须具有轮回亲本所缺少的那个目标性状，而且这个目标性状必须是非常突出的，其他性状最好也不要太差，以求提高回交成功的概率。同时，目标性状最好受少数显性主效基因的控制，遗传传递力强，杂种后代的分离方式比较简单，便于针对目标性状跟踪选择。目标性状如受隐性基因控制，则每次回交后必须接着自交一次，才能在杂种后代中选到具有目标性状的个体。此外，控制目标性状的基因如果存在不良的多效性或与其他不良基因有紧密连锁关系，也将阻碍回交工作的进展。第三，每次回交后，下次回交前，一定要在杂种后代中注意选择具非轮回亲本的目标性状，其他农艺性状可以暂时放一边。因为随着回交次数的增加，杂种后代的农艺性状最终必将逐步倾向于轮回亲本。如果在回交后代中过早偏重农艺性状的选择而忽视了需从非轮回亲本输入的目标性状，必将导致回交工作的失败。为此，必须创造必要的环境条件，促使非轮回亲本的目标性状在杂种后代中得以充分显示，以利选择。如目标性状是抗病性，就应在试验地重视接种工作，诱发病害。第四，回交一般要进行一至多次，而生产上品种使用的寿命又是有限的。因此必须千方百计利用包括温室、异地或异季加代等一切必要的措施，力争尽可能加速回交育种工作的进程。

回交法还可用于多系品种的选育。例如，小麦白粉病菌存在有性世代，生理小种变化较多较快，品种的抗病性难以长久维持，多系品种可能有助于解决这个棘手的问题。选育多系品种的具体做法是，选用一个较好的推广品种作为轮回亲本和若干含有不同抗病基因的抗源品种作为非轮回亲本，分别采用回交方法，选育含有不同抗白粉病基因的品系，然后根据当前白粉病不同生理小种的出现频率，把这些携有不同抗白粉病基因的品系按一定比例混合种植。这种多系品种因含有多个抗病基因，抗病性比较不易丧失，可以延缓白粉病的流行，进而减少因感病造成的损失。

回交育种法包括个体选择和杂交的多次循环过程，有利于打破目标基因和不利基因的连锁关系。但回交育成的品种一般只能改进轮回亲本的个别缺点，起到修缮品种的作用。如果要同时改进多个性状，不能对它寄予过多的希望。这是回交育种法的局限性。回交育种法过去在国内小麦品种改良上用得很少。这种方法通过多次回交可以对杂交群体的遗传变异进行有效的控制，较易按明确的育种目标进行定向选择，必须得到育种家们足够的重视。

5. 聚合杂交　聚合杂交是一种更为复杂的杂交方式，目的是把多个亲本的有利基因积聚在杂种后代的个体中。可以分为以下 3 种做法：

（1）按最大基因重组原则进行聚合杂交。这种聚合杂交方式可以包括许多个可作亲本的品种、品系或尚未稳定的杂交后代选系。如果亲本是分离世代的杂种，则必须先按育种目标选择单株，然后进行杂交。以繁 6 的选育为例，用图 7-1 加以详细说明。

用图 7-1 聚合杂交方式育成的繁 6，具有耐迟播、早熟、多花、多实、成穗率高、中矮秆、抗倒伏、抗条锈病、灌浆速度快等诸多优良性状，是四川及生态类型类似地区 20 世纪 70 年代的主推品种。

参加聚合杂交组合的亲本愈多，所需的年限也越长。这种按最大基因重组原则进行的聚合杂交，目的在于把参与杂交组合的各个亲本的有利基因通过基因重组结合在一起，往往能够分离出综合性状或目标性状超亲的优异类型。

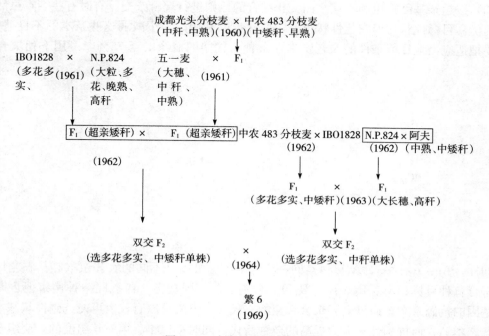

图 7-1　小麦品种繁 6 的系谱

（2）按超亲基因重组原则进行聚合杂交。为了改进农艺亲本的某个特性（例如抗病性），又能保证农艺亲本的血缘占杂种后代的一半，可以按照超亲基因重组原则进行聚合杂交，主要杂交方式如下：

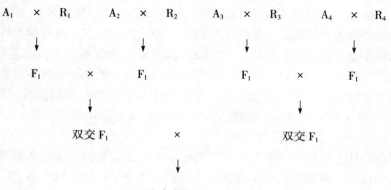

其中，A_1、A_2、A_3、A_4 可以是同一个亲本，也可以是不同的亲本，但其农艺性状必须要符合育种目标；R_1、R_2、R_3、R_4 可以分别是抗不同病害，或抗同一种病害但含有不同抗

病基因的抗源亲本。如果亲本选配得当，非常可能育成抗病性比较过硬的新品种。

聚合杂交第一年用品种（系）杂交，杂交数量不需要太多。第二年用两个单交组合的F_1代杂交，由于下年双交组合将会出现分离，杂交数量必须适当加大，才有利于选株进行下一步的杂交。第三年杂交，双亲都是双交组合F_1代杂种，必将出现复杂的分离现象。因此，务必特别重视亲本的目标性状并分别选株杂交，杂交的数量更应加大，以求分离出能综合各亲本优良性状的优异基因型。

（3）按超亲基因重组和不完全回交相结合的原则进行聚合杂交。有时有些亲本虽然具有突出的优良目标性状，但农艺性状很差，估计难以利用。为了减弱这些亲本的不良遗传性，有必要把适应当地环境条件的农艺亲本在杂种后代中的血缘增至75％，可用下列聚合杂交模式：

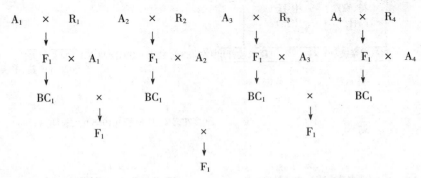

同样，A_1、A_2、A_3、A_4可以是同一个亲本，也可以是不同的农艺亲本，其农艺性状必须要符合育种目标；R_1、R_2、R_3、R_4可以分别是抗不同病害，或抗同一种病害但含有不同抗病基因的抗源亲本。通过上述聚合杂交的方式，一方面可以有较大可能选到性状基本上接近农艺亲本A，而抗病性又大为提高的杂种后代，同时第二年、第三年组配的杂交组合也可以根据其具体表现，用来选育分别具有某些优异性状的品种或中间材料。

聚合杂交虽然费时非力，但因亲本来源广泛、遗传基础丰富，如果亲本选配得当，不但缺点容易弥补，而且优点又有增强，往往可以选到特别优异的材料。

6. 双列选择杂交体系 双列选择杂交体系是 Jensen（1970）提出的。他认为常规的育种方法存在三大缺点：一是单交组合只用两个亲本杂交，基因源太窄，如果进一步进行杂交，又可能丢失某些重要基因；二是由于基因源小和连锁的存在，遗传变异性和基因重组都受到限制；三是小麦是自花授粉作物，一次或几次有限的杂交不利于打破连锁和基因重组。因此，他提出了一种动态的双列选择杂交的育种体系，具体做法是：先尽可能多用一些性状表现优异的亲本组配各种大量的杂交组合，在F_1代有计划地进行不同组合之间的复合杂交，有时甚至将F_1代单株和F_2代单株有选择地进行杂交，其主要目的是创造一个具有丰富基础的原始群体（即基因源），以供后代选择之用。

双列选择杂交体系可以进行不断的有选择的杂交，提高基因重组，积累有利基因，打破不利基因连锁的机会，从而大大地丰富杂种后代的遗传变异，增大选择潜力。然而这种动态的育种体系选株杂交的工作量很大，不是一般育种单位所能承受的。利用中国特有的太谷核不育小麦和由其衍生的矮败小麦开展轮回选择育种，改良杂种群体，要比双列选择杂交体系更简便易行。

（五）杂种后代选种圃的选种方法

杂交育种的核心问题是怎样才能把优异的基因型从庞大的杂种群体中选择出来。小麦育种工作者经过多年的实践，根据不同的情况和要求，提出了各种各样分离世代杂种的处理方法。系谱法和混合法是最基本的两种处理方法，在这两种方法的基础上又演化出多种选育方法，如派生系统法，还创造出其他多种多样的分离世代杂种选育方法，如隔代选株交替测产法、Nebraska F_3 代穗系法、Roseworthy 穗穴法等。

1. 系谱法　系谱法强调在杂种的各个分离世代选择符合育种目标要求的单株或单穗，直到后代各种性状稳定为止，然后进行全面的评比。单交组合从 F_2 代开始按一定的株、行距点播，并从中选择优良单株。F_2 代中选单株或单穗点播，成为 F_3 代株系。F_3 代同一株系内中选单株分别点播成为 F_4 代株系，这些株系是姊妹系，构成了一个 F_4 代株系群，简称系群。F_4 代和 F_5 代直至杂种后代的性状不再出现明显分离成为定型品系时为止，分离群体先选系群，次选中选系群内最好的株系，最后才在中选株系内选择优良的单株。

采用系谱法需要注意以下问题：①保证一定的株距和行距，使杂种的遗传性状得以充分表达而不受株间竞争的干扰，以利于选株。矮化育种更要加大株距和行距。②F_2 代分离出各式各样的杂种个体，尤其是亲缘关系较远和生态类型差别较大的亲本组合，其杂种后代分离将更为复杂，而优良基因型的出现频率与杂种群体规模的大小往往成正比。因此在杂种分离世代，特别是 F_2 代必须保证一定的杂种群体规模，才有可能选到理想的基因型。③尽可能人为的创造各种适宜的环境条件，如采用田间接种诱发各种主要病害等，使杂种性状得以充分显示，以利选择。中国绝大多数的小麦良种都是采用系谱法育成的，迄今系谱法在中国小麦育种方法中仍占主导地位。甘肃农业科学院小麦研究所采用系谱法处理小麦杂种后代，以武威黄羊试验站为例，每年配制杂交组合 200～350 个，F_1 代采用点播方式，F_2 代开始种在田间，一般每个单交组合点播 2 000 株以上，中选单株各收一穗，分别脱粒。F_3、F_4 代撒播成穗行，中选单株又各收 1 穗。F_5 代撒播成穗行，选择优良单穗，分别脱粒。F_6 代种成穗行，行长 1.2m，行距 17cm。苗出齐后，在每个株行的一端疏苗，前 8 株株距 3cm，目的是使这些单株多产种子，以供下年繁殖原原种之用。F_6 代中选株行的 8 个单株到 F_7 代成为 8 个家系，组成一个系群。每个家系点播两行，行长 1.2m，行距 17cm，每个家系的一端疏苗，每行前 5 株株距 3cm，选择其中最好的一个家系为下年进行新颖性、一致性和稳定性检验提供种子。中选家系的 10 个单株分株收获脱粒，其余家系分系收获，供下年区试和多点试验用种。F_7 代中选家系的 10 个单株到 F_8 代点播株行，株距 3cm，用以繁殖面积约为 0.15hm^2 的原原种，以后每个中选品系每年都保持 0.15hm^2 的原原种，一方面继续提供区试和生产示范用种，另一方面再扩大繁殖一年，用以生产原种。至此，育种工作基本完成。F_6 代选收的穗行进行产量鉴定试验，一般只在一个试验点上进行。产量鉴定试验中选品系参加品比试验，品比试验中选品系开展多点品比试验，从中选择在多点表现优异、适应性广的品系参加省级或国家区试。在参加省级区试的同时，要快速扩大繁殖种子，并不断进行提纯。因此，在参加区试的第二年，优良新品种就有一定数量的原种，等区试结束进行生产示范时，就已经拥有较大的种子量。

2. 混合法　混合法是以组合为单位，连续几年对杂种分离世代采用接近生产的种植方法使供试组合构成若干杂种集团，在此过程中，主要依靠自然选择，淘汰那些不能抗御生物和非生物胁迫的个体，使杂种群体向有利于当地环境条件的方向发展，同时淘汰不良组合。有时也可借助人工接种诱发病害等措施，以加强对某些性状的选择压力。

混合法经过改良可以提高育种效率。改良混合法有多种形式。如美国加利福尼亚大学戴维斯分校把自然选择和人工选择结合起来，即在有灾害的年份依靠自然选择，淘汰不能适应生存的杂种，在正常年份针对某些目标性状进行人工选穗，然后混脱混种为下年的杂种混合群体。比较粗放的混选方法是在麦收前将收割机的割刀调整到规定高度，将超过规定高度的麦穗割去加以淘汰，然后按育种目标的要求在规定日期全部收割，脱粒后筛去秕粒、小粒，剩余种子供下年种植杂种群体之用。如此连续进行几年，有助于提高比较符合育种目标要求的植株在后代群体中出现的频率。

混合法如能结合机械选择效果可能更好。例如，澳大利亚悉尼大学利用光电分色仪分出红粒、白粒，粒重仪分出大粒、小粒，粒形仪分出圆粒、长粒等。此外，根据蛋白质吸水能力强的原理，可先将杂种分离世代种子浸泡，使之吸足水，然后放在配成一定比重的四氯化碳（CCl_4）溶液或蔗糖溶液中，蛋白质含量高的种子由于吸水多，比重减轻，浮在水面，而被分离出来。

混合法或改良混合法一般在 F_5 代杂种基本稳定后进行一次选穗或选株，借以分离纯系，以供进行产量品比。混合法也可在杂种基本纯合后选穗种植穗行，下年把最好的穗行单收单脱，作为优系参加产量鉴定试验。然后将株高、熟期以及其他形态性状比较相似的中选穗行分别归成若干集团，混收混脱，以供测定产量和品质之用，其中表现好的将来可作为品种在生产上利用。Kronstad（1981）认为，由不同穗行集团形成的品种可以缩短种子繁殖的时间，提前进行多点测产和品质测定，还能保持一定的遗传异质性，遗传基础比较丰富，有利于增强对外界环境条件的适应性和对各种灾害的防御能力。

3. 系谱法与混合法的比较

（1）系谱法的优点：可在杂种早期世代针对抗病性、株高、成熟期等遗传力较高，不易受环境影响而变化的一些性状连续进行几代定向的单株选择，效果较好。同时所有系统的来龙去脉和亲缘关系以及各代性状的表现都有案可查，十分清楚，有助于相互参证比较，并可逐代淘汰那些不符合育种目标的杂种后代，从而能及早地把注意力集中在少数优良品系上，以便加速繁殖和开展多点试验。

（2）系谱法的缺点：首先对于受多基因控制的产量、品质等一些重要的经济性状在早期分离世代进行单株选择往往效率不高，甚至无效，而且由于选株数目有限，很可能会因此损失一些高产、优质的基因型。其次，系谱法采用点播，同生产上条播的种植方式不同，而杂种后代对点播和条播的反应往往并不一致，所以对杂种后代一些性状的表现难以作出准确的评价。最后，系谱法为了便于选株，要有较大的株、行距、占地多，工作量大，往往受土地、人力、经费等条件的限制，不能种植足够大的杂种群体，因而降低了杂种通过基因重组出现优异基因型的概率。

（3）混合法的优点：①以接近生产条件的密度逐代混合种植中选组合的杂种群体，占地较系谱法少得多，以同样面积的试验地可以容纳更多的组合，每个组合也可保持较大的群体规模；②针对早代选择产量、品质等经济性状可靠性较差，在杂种基本定型的世代进行一次较大量的穗选或株选比较有利；③可以节省大量土地、人工和经费，结合采用必要的人工选择和机械选择也能对某些性状提高选择效率。

（4）混合法的缺点：首先，自然选择并不一定会朝着符合育种要求的方向发展。其次，株间竞争激烈，产量潜力大的基因型不一定是强有力的竞争对手，特别是矮秆、早熟、小粒等类型在竞争中常常处于不利的地位而被淘汰。另外，混合法对中选品系的亲缘关系以及各年经受哪些考验，表现如何都不清楚，难以系统总结经验。

总之，系谱法和混合法各有优缺点。一般认为，系谱法对抗病性、株高、成熟期等重要目标性状的选择比较有利，而这些性状如不能符合育种的要求，即使是高产、优质的类型也难以在生产上推广利用。为此，系谱法仍不失为值得重视的选育方法。

4. 派生系统法　派生系统法是系谱法和混合法相结合的一种选种方法。一般在杂种的第一个分离世代根据抗病性、株高、成熟期等遗传力较高的性状进行一次株选，以后各代条播这次中选单株的派生系统（混合群体）进行产量和品质的测定，取得结果可供选拔派生系统的参考。经过逐代淘汰表现不很理想的派生系统后，较好的派生系统将会渐趋明确。等杂种基本稳定后，再在中选的派生系统中选株或选穗，分离优良品系以供进一步产量比较和品质测定之用。

以 CIMMYT 处理小麦杂种后代的方法来说明派生系统法的具体做法：F_1 代共种植包括单交、三交、回交等在内的 3 000～5 000 个组合，根据抗病性、农艺性状、杂种生长势等进行评价，大量淘汰表现差的组合，选留 1 500～2 500 个按组合混收。F_2 代每个组合点播 2 000～3 000 株，在每个中选组合内选择 1～100 个优良单株。这些中选单株下年成为株系（即 F_2 派生系）。F_3 代共种植 1.5 万～2 万个株系，每个株系条播 3 行区，行长 3m，分别种在充分灌溉、雨量充沛、减少灌溉、全靠降雨或晚播的环境条件下。根据每小区中间一行抗病性等的表现选择株系。在中选小区内随机收 20～25 个单穗，混收混脱后，检查籽粒性状，最后中选系统晋升到下一代。F_4 代在 F_3 中选系统的种子中分别取样共种成 4 000～6 000 个 F_2 派生系，条播 3 行区，行长 3m，选择指标及种植的环境条件与 F_3 代相同。F_5 代共条播 2 000～3 000 个 F_2 派生系，余同 F_3 和 F_4 代。F_6 代共条播 1 000～2 000 个 F_2 派生系，余同 F_3、F_4 和 F_5 代。在 F_6 代中选派生系内各收 10 穗分别脱粒后，目测评价其籽粒性状，最后中选的单穗升入 F_7 代。F_6 代中选的单穗，在肥水充足条件下分别种植 3 行区，行长 1m 的 F_7 穗系。根据农艺性状、抗病性和产量表现选择穗系。中选穗系混收混脱，然后目测评价籽粒性状。中选穗系升入无重复的初级产量试验。在这个试验中的中选品系下年进行有重复的产量试验和品质评价。同时参加多点的无重复试验，以促进材料交流，并借此了解其广泛适应性。因为除高产潜力外，考查其广泛适应性也是评价品种的一项基本工作。中国农业科学院作物育种栽培研究所早在 20 世纪 60 年代就用派生系统法育成北京 10 号，曾在生产上大面积推广应用。

派生系统法在杂种 F_2 分离世代针对选择可靠性较大的一些性状进行一次单株选择，并淘汰那些不符合育种目标的个体，可以大大地减少以后的工作量。产量和品质等性状要到杂种后代接近纯合时才作为选择依据。派生系统法在早代测定产量和品质是为明确哪些系统值得进一步加强选择提供参考依据。同时，根据各组合派生系统的表现，也可对组合的优劣作出相应的推断，有助于确定需要进一步选择的重点组合。

派生系统法的做法非常灵活，可以在杂种第一个分离世代选株，也可以在杂种任一分离世代选株，然后采用派生系统法。以复交组合为例，F_1 代即有分离，中选单株种成 F_2 代株系，每个株系内仍有较大的分离，要看清株系间的差异不很容易，所以不如在 F_2 代根据选择可靠性较大的目标性状从严选株，然后采用 F_2 派生系统法为妥。派生系统法所用的土地、人工和经费比系谱法都要少得多，可以种植较多的派生系统，而每一个派生系统内又可容纳较多的杂种个体，有利于通过基因重组提高优异类型的出现概率，加之采用接近生产的播种量，可以从杂种群体的角度，针对各派生系统的繁茂性和产量性状等作出比较准确的评价。此外，派生系统法还可生产较多的种子，有利于及早开展多点测产和品质测定。派生系统法结合了系谱法和混合法的长处，克服了两者的短处，选育效率较高，而又省地、省工、省经费，因而是当前世界各国采用最为广泛的一种选育方法。

5. 隔代选株交替测产法　这种方法是在单交组合的 F_2 代选株后，F_3 代按接近正常播种量条播成株系（F_2 代派生系统），收获后测定产量和品质。中选株系在 F_4 代又按系分别点播（或稀条播）选株（或选穗），中选单株（穗）在 F_5 代条播成株（穗）系，测定产量和品质，F_5 代株（穗）系内如仍有明显的分离，下年再按系分别点播（或稀条播）选株（穗），如已基本纯合，可将同一 F_2 派生系统内性状近似的 F_5 代株系混收混种，以供多点测产之用。本法实际上是系谱法和派生系统法相结合的一种选育方法，既可在点播的世代选择符合育种目标的单株，又可在条播的世代根据产量和品质测定的结果比较可靠地评价派生系统，以便把注意力集中在优良的中选派生系统内精选单株。该法同系谱法相比，在不影响单株选择效果的同时，还能节约土地、人力和经费。

6. Nebraska F_3 代穗系法　从单交组合 F_2 代开始，以组合为单位混合条播，根据产量和品质测定结果，选拔优良组合。中选组合的 F_3 代继续混合条播，按育种目标选穗。Schmidt（1980）认为，在中选组合的 F_3 代进行一次穗选是最为经济有效的。F_4 代种植穗行，中选穗行混收，F_5 代种植穗系。在 F_3 代进行穗选的杂种后代往往较易趋向同质，可以进行产量评比和品质测定。如果 F_4 代穗系内仍有较大的分离，可以重新选穗，分离纯系，也不影响选择效果。

7. Roseworthy 穗穴法　Roseworthy 穗穴法是南澳 Roseworthy 农学院采用的一种处理方法。他们认为，在 F_2 代选株对受多基因控制的一些重要经济性状的选择效果并不理想，而 F_3 代系统间的差异又远远超过系统内个体间的差异，为此，强调"以数量求质量"的办法，用在 F_2 代多选单穗的办法来弥补选株过少的缺点。F_3 代一穗种一穴，穴距以尽可能避免穴间竞争为度。F_3 代根据繁茂性、抗病性、株高、熟期等性状以穴为单位进行选择，要比选择 F_2 代单株看得清楚得多。F_3 代中选穗穴到下年 F_4 代可以进入初级产量试验并测定品质，也可再在中选的穗穴内选穗，下年种植 F_5 代穗系，借以进一步提高中选系统的纯度。

中国农业科学院作物育种栽培研究所于 1987 年和 1988 年两年在北京分别利用 F_3 和 F_4 代杂种材料进行穗穴法同系谱法与派生系统法选择效果比较的研究，发现在分离幅度、变异系数、遗传力、遗传进度和相对选择效率等方面，一般都比较接近。穴播和稀条播比较，除单株穗数差异较大外，株高、抽穗期、千粒重、穗粒重和收获指数的相关系数差异均达到极显著水平。由此可以说明，穗穴法可以应用于小麦分离世代杂种的选育。中国农业科学院作物育种栽培研究所安阳小麦室曾对改良小麦分离世代杂种的处理方法作了一些尝试性研究：①过去因受试验地限制，点播的株行距都太小，实际上起不到系谱法点播选株的真正作用。在 F_2 代改原来行长 3m、株距 0.1m 点播为行长 20m，用精密播种机稀条播，每行播种 400 粒，平均株距 0.05m。改 0.3m 等行距为大小垄（0.35～0.25m）。②在 F_2 代改选株为选穗，尽可能做到每一中选株选收一穗。③F_3 代每穗种一穴，一穴就是一个穗系，以每 25 穴构成一个 5×5 的方阵，正中一穴种植对照品种，F_3 代可在中选穗穴中重新选穗，下年再种成穗穴，也可整穴混收，以供下年测产。

上述改良选育方法的好处在于：①在 F_2 代改点播为稀条播，可以成倍扩大杂种群体的规模，有利于通过基因重组，提高优异基因型出现的概率；改短行为长行，每组合行数减少，田间观察既可少走路，而且组合紧密排列，观察比较时印象较为深刻，较易看出组合的优劣；改选株为选穗，入选穗数可以远比入选株数为多，随选择覆盖面的扩大，提高优良类型入选的概率，特别是对籽粒性状可以从严选择，增加了大粒、饱满度好、优质杂种后代的入选机会。②在 F_3 代改穗行为穗穴，同样土地面积可以种植更多的穗系；观察 F_3 代系统时只要站在构成穗穴的每个方阵中央，周围 24 个穗系同对照品种的性状比较就一目了然。③穗穴法在早期世代主要根据抗病性、株高、熟期、繁茂性、落黄性等易于鉴别的性状进行选择，要到杂种基本纯合后才进行产量测定，因而保持的穗系数较多，有利于高产品系的选择。④采用穗穴法由于穴间的空间较大，穴内矮株因竞争不过高株而向穴的四周空间发展，较易发现矮秆后代。⑤用同样土地面积可以容纳较多的杂种材料，而且还可节省播种、观察、选择、收获等一系列工序的人力和经费。

Roseworthy 穗穴处理法是以牺牲系统内单株选择为代价来换取增加系统间选择的概率，这种处理方法也有缺点，如穗穴内植株密集，穗系内个体间存在较大的生长竞争，影响单株性状的正常表达，而且穗系群体很小，在评价和选择时难免产生误差。特别在地下害虫猖獗的地块容易发生整穴缺苗。此外，穴距过小，穗系间的株型、株高、生育期等性状相差较大，穗系间的生长竞争也在所难免，从而影响了选择的准确性。不过在土地、人力、经费都比较紧张的情况下，权衡得失，采用上述经过改良的选育方法似乎利多弊少，尚有可取之处。

综上所述，分离世代杂种选育方法很多，没有哪种方法是在任何条件下都能适用的，也没有哪一种方法是一成不变的，可以根据不同的具体情况，因地制宜加以选择或作适当的改进。总的原则是，在投入较少的土地、人力和经费情况下，取得最高的育种效率。

8. 一粒传法 该法是由 Goulden（1939）首先倡导，后经 Grafius（1965）和 Brim（1966）等在理论上加以阐明而得到了广泛的应用。其选育程序是，在单交组合的 F_2 代杂种的每一植株上各取一粒种子，供繁殖下一代之用，如此连续进行几代，直到杂种达到基本纯合时才点播，并收获全部单株，下年种植株系，根据农艺和其他性状进行选择，中选株系分别混收，进入产量试验。

Shebeski 和 Evans（1973）认为，假设双亲控制产量的基因共有 25 个，按独立遗传规律推算，F_2 代中每 1 330 株中可望有一株拥有全部 25 个基因的杂合体或纯合体，而在 F_4 代则要在 180 万株中才可望出现一株拥有全部 25 个基因的杂合体或纯合体。单粒传在理论上可以保持 F_2 代全部遗传变异类型，所以它对于产量育种比较有利。而且该法在杂种早期分离世代可节省大量土地、人力和经费。如能利用温室密植加代。特别是春麦一年繁殖 6 代，即可基本上达到纯合，可大大地缩短育种年限。单粒传法的缺点是逐代连续繁殖，对系统没有在田间评定和选择的机会，良莠不齐，而且最后只经一次株系选择，难免要保留较多的株系，增加将来进行测产的工作量。此外，单粒传法无法进行系统内选择，而育种实践证明，F_4 代同一系群内的不同系统间在抗病性、株高、熟期等主要性状方面仍有较明显的差异，可见 F_3 代系统内的选择并不是无关紧要的。实际上本法是以牺牲系统内选择来换取增加系统间选择机会的，所以，对于来自许多不同基因对的亲本组合所衍生的杂种群体是不适宜的。应用单粒传法的前提是，参加杂交组合的亲本最好都是综合农艺性状和适应性较好的品种（系），其杂种后代群体一般分离不是太大，这样才能发挥该法应起的作用。单粒传法每株只取一粒，很可能造成某些遗传变异类型的丧失。为此，有人主张改单粒传为单穗传或改每株取一粒为取 2～3 粒种子。

（六）杂种后代的选择

在适当的培育条件下，对杂种后代进行正确的选择，是小麦杂交育种取得成功的重要保证。经过多年的育种实践已经对分离世代杂种的选择总结出一些值得重视的宝贵经验。至于怎样才能选出符合生产需要的优良的基因型则取决于育种家的学识、经验、智慧和勤奋实干。

1. 单交组合不同世代的选择重点　F_1 代的性状表现受显、隐性和上位性遗传的干扰，主要按组合进行选择，淘汰有严重缺点的组合。这些组合纵然有可能分离出一些较好的杂种后代，但为数毕竟很少，如不及时淘汰，必将导致育种规模的无限扩大。只有认真淘汰不好的组合，才能集中精力从事一些优良组合的选育工作。

F_2 代杂种后代的性状分离十分复杂，但不同组合间各目标性状的总体表现仍有明显差异，可以据此继续淘汰不良组合，但更重要的是在组合内进行单株或单穗选择。F_2 代是杂合度最大、分离最广泛的世代，主要依据杂种个体的表型性状进行选择。杂种个体的性状表现受环境影响较大，有些性状常常不易分清是遗传变异还是环境变异。受隐性基因控制的目标性状，在 F_2 中只有携带纯合基因的少数单株才可表现出来，中选概率很小，而杂合基因型也无法表达出来，因此，对受隐性基因控制的目标性状一般在 F_2 代不予考虑，不加选择，只对显性性状进行严格选择。至于上位性遗传的性状，更难进行有效的选择。

F_3 代选择的对象主要是株系。F_3 代株系或穗系的选择，也是对 F_2 代株（穗）系选择的又一次检验。F_3 代株系或穗系间差异比株系或穗系内的差异大得多，选择的重点是选择优良组合中的优良株系或穗系。

F_4 代杂种后代差异的大小依次为：系群间＞系群内系统间＞系统内单株间。重点是在优良系群内选择优良系统，原则上应尽可能多选留一些系群，在中选系群内不必保留过多的系统。这时系统内单株间的差异进一步缩小，继续选株（穗）不过是对某些性状作进一步较小的改进。从单交 F_4 代起对一些没有突出优点，或缺点较为严重的系统必须果断地予以淘汰，以减轻工作量，控制选种圃的规模。

F_5 代杂种的选择重点基本上同 F_4 代。这时大多数系统已趋于纯合，系统间的优劣差别比较明显，较易作出抉择。

F_6 代大部分组合杂种后代株行或穗行已基本稳定，因此选择的重点是选择符合育种目标要求的优良株行或穗行，以便下年参加产量试验。

总之，每个世代的选择既是检验上一代的选择效果，又是在巩固和发展上一代选择效果的基础上，进一步选择新的优良性状。中选系统纯合的优良性状的数目随世代的进展而递增，最终趋向于一个纯系。所谓"纯系"是相对的，只要品种性状的一致程度在生产上能被接受就可以了。而且品种有些"异质性"表明其遗传基因相对多样化，可能对环境条件的变化具有较大的缓冲能力，有利于扩大适应性和延长抗病性的寿命。这样做既能缩短育种周期，还可在品种推广后通过系统选择利用其剩余的遗传变异。

2. 三交组合杂种后代的选择方法 三交组合的 F_1 代对于作为第一次杂交的双亲来说已是 F_2 代，性状出现分离，但对于作为第二次杂交的第三个亲本来说则仍是 F_1 代。所以，既要选好的组合，也要选好的单株，两者并重。重点在好的组合内选好的单株。有些性状因受隐性基因的控制，选株不宜过严，一般要到 F_2 代再决定取舍。三交组合 F_1 代的中选单株在 F_2 代成为株系，株系间和株系内单株间都有差异，而以株系内单株间差异更大一些，故重点应在株系内选择优良单株。复交组合从 F_3 代起选择方法与单交组合相同。

3. 性状选择的时机 幼苗生长习性、耐旱性、抗病性等性状在环境胁迫不太严重的情况下，往往稍纵即逝，难以区分。对这些性状必须抓紧时机，在差别最明显时，按照既定的标准加以定向选择。例如生长势、生育期等性状前后变化较大。生长势强一般虽是前期选择的主要依据，但这是对杂种幼苗长相、分蘖力及叶色深浅等性状的综合感觉，后期很可能发生逆转。生育期也是一样，拔节、抽穗早，但灌浆脱水慢的不一定早熟，抽穗晚但灌浆速度快的也可能成熟较早。对于这些性状要加强系统观察，不宜过早过快下结论。至于株高以及同产量有关的穗数、穗子大小、穗粒数等性状，在抽穗后基本定型，选择时间弹性较大，一般不强调早选。小麦收获前半个月内，往往气候多变，小麦生长变化很大。原来表现很好的材料，也可能在几天内出现早衰枯死现象，而成熟前能保持良好落黄和灌浆正常的杂种后代一般都具有较好的抗逆能力和适应能力，因而籽粒也较饱满。为此，在小麦成熟前 1 周是最关键的选择时机，必须深入田间对杂种后代进行细致的观察和选择。江苏省里下河地区农业科学研究所在选育扬麦号小麦品种的过程中，总结出"生长发育前期看长势，后期看长相"的经验值得借鉴。

4. 重点性状的选择 为力争育种工作有所突破，有必要针对不同麦区、不同时期，突出某些重点目标性状的选择。例如，甘肃河西灌区目前生产品种的产量都很高，品质也达到中筋水平，但多年来产量性状难以有较大的突破，品质也难以满足面包等优质烘烤加工工艺要求。目前育种的主要目标应以超高产、强筋为主要目标。甘肃省农业科学院小麦研究所通过大量引进筛选国内外优异种质资源，利用矮败小麦轮选群体这一技术平台，成功地选育出超高产、早熟春小麦新品种陇春 30 号，在甘肃省区试和生产试验中分别较对照宁春 4 号增产 9.8% 和 10.8%，均居所有参试品系第 1 位，其中最高公顷产量达到 9 466.5kg。充分展示了陇春 30 号具有创造超高产的潜力，标志着甘肃河西灌区超级麦育种取得重大突破。又如，甘肃中部干旱地区，常年干旱少雨，抗旱性是该区小麦育种的首要目标。甘肃省农业科学院小麦研究所在旱地组配杂交组合，通过水旱轮选，在水地评价组合的丰产性和适应性，在旱地筛选抗旱性，通过水旱交替选择，选育出丰产性和抗旱性兼备的旱地春小麦新品种陇春 27 号和陇春 35 号，其中，陇春 27 号通过国家和甘肃省两级审定，在国家区试中两年产量均居第 1 位，该品种丰产稳产，适应性广，高抗条锈病，抗旱性突出，抗旱指数 1.1，抗旱级别 2 级，抗旱性评价较好，该品种获得 2015 年度甘肃省科技进步一等奖。

5. 选择强度的确定 以单交组合为例，在 F_2 代，凡是没有出现受显性基因支配的目标性状的单株都应淘汰；对于受隐性基因支配的目标性状，由于处在杂合状态的单株仍能分离出所需要的性状，应结合其他目标性状慎重考虑去留，选择强度不宜过大。

针对耐寒性、抗病性、早熟性等遗传力较高的性状，在 F_2 开始选株比较有效，可以适当加大选择强度；而对易受环境条件影响的产量、品质等性状以及一些受隐性基因控制的矮秆性状，在 F_2 代选择单株时不宜太严，这些性状应根据 F_3 代系统或 F_4 代系群的表现进行选择才比较可靠。

"一因多效"、"一效多因"和基因连锁等遗传现象常使性状之间存在程度不同的相关关系，从而增加了选择的难度。例如，耐寒性与早熟性、高产与优质、矮秆与抗性、冬春性与穗子大小等，都存在一定的矛盾，至于构成产量的穗数、穗粒数与粒重三个因素之间更是明显地存在着相互制约的关系。因此，除非有特殊要求外，一般对耐寒性、品质、植株高度、穗子大小等性状的选择压力要适度，标准不宜提得过高，特别是开始阶段，以免过多地影响其他性状的改进。而要掌握好适当的选择压力，只有依靠育种工作者长期深入田间，积累必要的经验和技巧才能较好地协调各性状的关系，从而圆满地完成育种提出的任务。西北农大赵洪璋教授通过长期的育种实践，总结出以育种目标为核心和四条选择原则为基本内容的动态选择策略，即：

第一，重点突破。确定最重要的目标性状，选择时穷追不放，一抓到底。

第二，综合选择。各个生育阶段分别落实重点的目标性状，一定在上一轮中选材料的基础上，通过不断加强选择，逐轮累加和改进目标性状，并且每一轮选择都要从群体着眼，个体入手。在选择个体时要充分考虑到群体和类型的要求，必须同时注意性状之间的协调性和性状本身的时空变化。

第三，系统考察。注意杂种上下代的关系和表现，前后参照，以利于提高评比杂种后代的可靠性。

第四，辩证处理。不同组合既有统一标准，又有不同要求，性状的选择标准要宽严适度，区别对待。把握的原则就是：主要目标性状应从严选择，次要目标性状可适当放宽；简单性状从严，复杂性状从宽；早代从宽，晚代从严；既选综合性状优良的品种，又重视选留具有特异性状、可作亲本利用的中间材料。杂种后代的性状表现除同作为对照的当地推广良种比较外，还应按各主要目标性状在田间分别设置标准品种以供评比。

二、诱变育种

诱变育种是利用 X 射线、γ 射线、β 射线、中子、激光、电子束、离子束、紫外线等物理诱变因素，烷化剂、叠氮化物、碱基类似物等化学诱变剂，以及某些生物因素等诱发基因突变，促进基因重组并提高其重组率，使小麦性状发生多种遗传变异，然后根据育种目标进行选择，从而育成新品种或获得新的遗传资源。目前，最常用的诱变手段是利用^{60}Co γ 射线辐射和航天诱变。诱变育种对提高育种效率、促进农业增产产生了巨大影响。育种实践证明，诱变育种是获得新种质资源和选育新品种的有效途径之一，是杂交育种的重要补充和难以取代的育种技术。它与常规育种和生物技术结合，能有效提高育种效率和水平。例如，20世纪 80 年代末到 90 年代初，甘肃农业大学的孙继堂教授利用^{60}Co γ 射线辐射选育出一批高蛋白的种质资源，蛋白质含量高达 23％以上。

（一）诱变育种的主要特点

1. 提高变异频率，扩大变异谱　遗传变异是生物进化、获得新种质和选育新品种的基础。自然界经常发生天然突变，但频率很低，而诱发突变比天然突变频率高几百倍至上千倍，而且变异广泛，类型多样，可以在较短时间内诱发出有利用价值的突变体，有时能诱发出自然界少有或没有或用常规方法难以获得的新性状、新类型，极大地丰富了小麦遗传资源，为育种提供宝贵的原始材料。例如，中国利用^{60}Co γ 射线辐照南大 2419 小麦，后代出现了形态、生育期、抗病性、品质等一百多种变异类型。中国科学院西北水土保持研究所辐照品种 184，获得了株高降低约 40cm 的矮源辐矮 1 号（高 70cm），其配合力和遗传传递力都较强。

2. 打破性状连锁，促进基因重新组合 小麦品种的某些优良性状和不良性状往往紧密连锁，在杂交育种分离后代中经常出现某一亲本一优一劣的两个性状同在一个个体上，表现出性状的紧密连锁。利用理化诱变因素处理，可使染色体结构发生变异，将紧密连锁的基因拆开，通过染色体交换，使基因重新组合，以获得新类型。

3. 有效地改变品种的某些单一性状 辐射较易诱发点突变，可在较短时间内使品种的某些单一性状得到改良，而又不明显地改变品种的其他特性。实践表明，诱变能有效地改变品种的生育期、株高、株型、抗病虫性、抗逆性、品质和育性等。南开大学生物系（1976）用 γ 射线辐照茎秆较高的小麦品种石家庄 63，育成了矮秆抗倒伏、丰产性好的高产品种津丰 1 号，在河北省大面积推广。青海省农业科学院（1987）利用中子处理丧失了抗锈性的推广良种阿勃，育成了抗条锈性显著提高的新品种辐射阿勃 1 号。印度辐照引自墨西哥的红粒春小麦品种 Sonora 64，育成了籽粒呈琥珀色、蛋白质和赖氨酸含量明显提高的新品种 Sharbati Sonora，在生产上推广种植。

值得注意的是，通过诱变改良品种的某一个或两个不良性状时，由于品种内植株间遗传差异、性状连锁，以及基因的多效性等原因，其他性状有时也会随之改变，从而导致综合性状的改变。

4. 诱发突变的性状易于稳定，有利加速育种进程 诱发产生的突变往往是隐性的，经过自交即可获得纯合体，所以有的突变体在三代即趋稳定，有利于加速育种进程。例如山西省农业科学院育成的太辐 1 号，就是二代出现的突变株自交后，由三代获得的稳定突变系而育成的。

（二）诱发突变的利用途径

诱发突变的利用途径，一般可归纳为点突变利用、染色体变异利用和解决某些育种特殊问题利用三个方面。

1. 点突变的利用 首先是突变体的直接利用，利用诱变产生的突变体选育新品种，或利用杂种胚经诱变处理选育新品种；其次是突变体作为杂交亲本的间接利用；再次是诱发突变与杂种优势利用结合，如诱发雄性不育系和诱发恢复系。

2. 染色体变异的利用 如易位系的诱发和利用。

3. 解决育种特殊问题的利用 如非整倍体的诱发、改变育性克服杂交不亲和性、促成远缘杂交实现外源基因转移。

此外，利用辐射在改变小麦育性、克服杂交不亲和性、促成远缘杂交实现外源基因转移、创造新遗传资源上有其特殊的作用和效果，已受到重视，并在小麦与其近缘种、属杂交中进行着多方面的探索研究。

（三）诱变育种存在的主要问题与解决途径

诱发突变频率低、有益突变少、变异的方向和性质难于控制，这些问题严重制约了诱变育种的广泛应用。如何解决这些问题：一是，改进诱变方法和技术，提高诱变频率。小麦辐射诱变效率的高低与品种辐射敏感性强弱有明显的对应关系，通过亲本基因型与诱变效率关系的研究，合理选择诱变亲本，能有效提高诱变频率。二是，采用杂合基因型材料，可以发挥基因突变与重组的双重作用，既能明显提高诱发突变频率，又能扩大突变谱。三是，理化诱变因素的配合使用具有累加和超累加诱变效应，采用 γ 射线、中子和 EMS、NaN_3 等诱变因素复合处理的适宜剂量组合，可以明显提高诱变效率。四是，诱发突变与离体培养相结合以提高诱变效率和选择效率。

（四）诱发突变的类型和频率

诱发突变的类型包括：基因突变、染色体突变和核外突变。基因突变又分显性突变和隐性突变。显性突变所控制的性状在下一世代即可得到表达。但绝大多数基因突变是隐性突变，需等到诱变二代纯合时才能显示出来。基因突变按其所控制性状的变异程度又可分为大突变和微突变。一般控制质量性状的突变多为大突变，可在诱变二代显现出来以供选择。微突变是指影响数量性状的微效基因的突变，性状表现不明显，易受环境影响所掩盖，但有累加作用，可通过连续多代的定向选择取得遗传增益。染色体突变包括染色体数目和结构的变异。而核外突变主要指细胞质突变。

诱发突变的效率，通常用突变率和突变频率来衡量。突变率是指每个基因位点发生变异的概率，亦即 DNA 复制时发生变异的概率。这是在细胞水平上衡量突变率的指标，在高等植物育种实践中是难以估算的。突变频率是根据诱变后代群体中出现突变个体的数目来衡量的。这是个体水平上的指标，在育种实践中大体上可以反映突变发生的频率。

（五）突变体的鉴定筛选与世代选育

理化诱变因素能够诱发小麦多种性状变异，产生突变体。为了提高突变体的选择效率、加速育种进程，获得显著育种成效，须要估算诱发的有益突变频率、确定诱变世代群体规模，采用适宜的高效率的鉴定筛选突变体的技术，以及正确的选育方法和程序。这是诱变育种的又一重要环节。

1. 突变频率估算　育种实践证明，理化诱变有较高的突变率，能够诱发早熟、矮秆、抗病、抗逆、优质以及多种微突变。但在一般情况下，这些有益突变的频率比较低，为 $10^{-5} \sim 10^{-2}$，显性突变通常为 10^{-6}。小麦中诱发矮秆突变比较容易，频率也较高；诱发大幅度缩短生育期的早熟突变比水稻和大麦等作物要难；诱发抗病和优质突变频率较低、难度也较大。根据对抗锈病突变的诱发研究表明，诱变二代（M_2）抗条锈病单株的突变频率约为 1×10^{-4}，抗叶锈病的突变频率约为 5×10^{-5}，抗秆锈病的突变频率仅为 2×10^{-5}。辐射诱发的突变体在多数情况下多为单基因隐性突变，在诱变一代（M_1）不易发现突变体。所以一般以 M_2 代突变植株数与观察群体的总植株数的比值估算突变频率，即：突变频率（％）＝M_2 代出现的突变株数/M_2 代群体的总株数×100。诱发产生的经济性状突变多属数量性状，变异具有连续性，易受环境条件影响，因此需要用统计量（单位）来测定。

2. M_1 代的群体规模和种植方法　M_1 代的群体规模、种植和收获方法，须根据选育目标、目标性状的突变频率和试验条件来确定。许耀奎等（1985）介绍，从诱发目标性状突变的难易（突变频率的高低）可估计出 M_1 代的群体规模。对单基因突变，如突变率为 μ_1，突变检出的概

率为 P_1，则可用下列方程式计算所需辐照的细胞数 n：$n=\ln (1-P_1) /\ln (1-\mu_1)$。

例如，所需诱发的性状突变率为 10^{-3}，如需有 90％ 的把握获得 1 个突变体，则辐照的细胞数 n 为 2 326。如果 M_1 代群体植株来自单细胞（如辐照花粉等），则 M_1 代群体约 2 500 株即可，如 M_1 代植株来自多细胞的种子，则应扩大群体。如用按 LD_{50} 处理原材料的种子（假定其发芽率是 100％），则 M_1 需要辐照种子约 $2×2 500＝5 000$ 粒以上。

经辐照后的 M_1 代植株主要表现为生物学损伤效应，如生长发育延迟、株高降低、结实率降低以及出现一定数量的畸形株等。诱变处理引起的突变多数为隐性，所产生的形态畸变大多不遗传到后代，因此 M_1 代一般可不进行选择。

种植 M_1 代时，由于被处理的主穗或低位分蘖穗的种子出现突变性状的频率较高，嵌合体也较大，而高位分蘖穗的种子突变频率较低，为了提高后代的突变频率，收获时宜多选用 M_1 代植株主穗或少数低位分蘖穗。M_1 代的种植方式以适当密植为好，这样既可抑制后生分蘖，又能节约土地。M_1 代植株中往往出现相当数目的不育株或半不育株，为了避免自然异交，造成 M_2 代群体的生物学混杂，掩盖 M_2 代隐性突变的显现，必须注意 M_1 代群体隔离种植或套袋的问题。

M_1 代的收获方法，须根据 M_2 代的群体规模和选择方法等要求来确定。一般收获方法有下列几种：

（1）单穗法。即将 M_1 代按单株分穗单独收获留种。这种方法较易在 M_2 代群体中发现突变体，而且目标集中，便于选择，但占地面积和工作量大。多用于诱变遗传研究。

（2）单株法。育种多采用按单株分别收获脱粒留种，易于发现突变体和便于选择。

（3）混收法。以处理为单位去杂后混合收获脱粒留种。这种方法简便易行，但突变体较分散，选择目标难以集中，往往影响选择效果。

（4）一穗一粒或一穗几粒法。按处理在 M_1 代植株上每穗收取一至几粒种子混合留种。这种方法在群体不大的条件下有利于筛选出较多的突变体，而且节约土地。但采收种子较费事，适宜在处理材料较多以及对试验有某些特定要求的条件下采用。

上述方法可根据育种要求和实际条件灵活采用，收留材料（包括种子）的数量，应以保证下一代有足够数量可供选择的群体而定。M_1 代如果出现显性有利突变株要单独选留，以供 M_2 代进行株系鉴定。此外，M_1 代还应注意除去生理性不育株、高不育株、畸形株和伪杂株。

3. M_2 代群体规模和种植、选择方法 M_2 代根据 M_1 代收获留种方法分别采取穗行法、株行法、混合种植法等。M_2 代群体规模大小直接关系到能否选择到所需的突变体。根据性状的突变频率和 M_2 代株系分离比，可估计每一 M_2 代家系的植株数（m）。分离比是指在 M_2 代株行或穗行植株中突变株所占的比例。假设分离比为 a，从 M_2 代家系中获得至少一个纯合突变体的概率为 P_2，则计算 M_2 代家系植株的方程式为：$m=\ln (1-P_2) /\ln (1-a)$。例如，若 $a=1/4$，需要 P_2 有 99％ 的把握在株系中产生纯合突变体，则 $m=16$，即每一 M_2 代株系需要种植 16 个单株。

一般情况下，若目标性状的突变频率较高，如早熟、矮秆、穗型变化等，则 M_2 代群体可以适当小些；突变频率较低的性状，如抗病、抗逆、优质等，则 M_2 代群体应大些。对某些重点材料也应适当扩大 M_2 代群体规模。

诱变产生的突变大多属于隐性突变和不完全突变。多数突变如早熟性、矮秆性等性状的大突变，大多在 M_2 代显现。因此 M_2 代是选择优良突变株的关键世代。

小麦是异源多倍体，而且存在基因上位作用，有些突变性状要在 M_3 代甚至 M_4 代才能显现；有时 M_2 代显现的突变性状不一定都是纯合的，有时虽已纯合，但其他性状仍继续分离，因此突变体的选择往往要延续到 M_4 代。

M_3 代及以后世代的种植和选育方法及程序基本与常规育种相同。

三、远缘杂交育种

远缘杂交是创造新物种和改良旧物种的重要育种途径之一。通过远缘杂交，可以将存在于小麦近缘种属中的有益基因转移到小麦中，不断丰富小麦的遗传基础，育成多种多样符合生产需要的新品种。远缘杂交在小麦育种和生产中发挥了重要作用。普通小麦的基因源较宽，小麦族内 300 多个物种大多数都能与普通小麦杂交，已有 5 个属 15 个种（包括小麦属的 5 个种）向普通小麦转移了抗病基因。中国在 20 世纪 50 年代便已将小麦与中间偃麦草、长穗偃麦草远缘成交成功，至今已育成一批品种在生产上推广。如由中间偃麦草育成的龙麦 1 号、龙麦 2 号、新曙光 6 号等小麦品种。同时，育成的八倍体小偃麦远中 1 号至远中 7 号优质、抗病，已成为优良育种亲本。由十倍体长穗偃麦草育成一批小麦品种，其中小偃 6 号年种植面积曾达 66.7 万 hm^2，且在生产上使用时间长达 20 年。各地从小麦与长穗偃麦草杂种后代中还育成不少高产、优质小麦品种，如高原 506、高优 503 等。八倍体小黑麦在西南山区曾推广 2.7 万 hm^2；用黑麦或小黑麦育成一些在旱地使用的品种。通过属间杂交育成一批小麦新种质，如小麦与山羊草 10 个种的双二倍体；小麦与黑麦、长穗偃麦草、中间偃麦草的双二倍体、附加系、代换/易位系；小麦与冰草（*A. cristatum*）的附加系和代换/易位系；小麦与大赖草（*L. racemosus*）、羊草（*L. chinensis*）、鹅观草（*R. kamoji*）、纤毛鹅观草（*R. ciliaris*）等的易位系等。还将东方旱麦草、新麦草、华册新麦草与小麦杂交成功。利用长穗偃麦草和中间偃麦草育成高抗赤霉病、白粉病和锈病的六倍体小偃麦（Guo et al.，2015）。中国小麦远缘杂交取得不小成绩得益于有独特的种质资源，有丰富的组织培养经验，有锲而不舍的科学精神。希望继续收集野生近缘植物，应用分子生物技术，加强特性鉴定，着力在野生种内发掘新基因加以利用，促进育种取得新突破（董玉琛，2001）。

（一）小麦远缘杂交主要包括种间杂交和属间杂交

1. 种间杂交 小麦属有 20 多个种，包括 AA（一粒小麦）、AABB（圆锥小麦）、AAGG（提莫菲维小麦）、AABBDD（普通小麦）和 AABBGG（茹可夫斯基小麦）5 种染色体组型。小麦属所有种间均可相互杂交，作为远缘杂交亲本材料。

2. 属间杂交 可与普通小麦杂交的有 11 个不同的属，包括山羊草属、黑麦属、偃麦草属、簇毛麦属、大麦属、赖草属、披碱草属、鹅观草属、冰草属、旱麦草属、新麦草属，共约 53 种植物。

（二）远缘杂交亲本选择的原则

1. 以创造新作物为主要目标的亲本选择 通过远缘杂交创造新作物一直是远缘杂交育种的重要目标之一。从国内外的育种实践看，有成功的经验，如六倍体与八倍体小黑麦的育种；也有失败的教训，如创造多年生小麦的研究。从正反两方面的经验教训看，如果两种亲本植物都是栽培种，而且有较好的农艺性状为基础，则育种较易成功；如果在两种亲本植物中，一个是栽培种，另一个是野生种，则杂种性状往往偏向野生种一边，或至多是两亲的中间型，用这样的杂种改良成为一种新作物比较困难，不易达到在生产上直接利用的目的，必须利用栽培种通过连续回交才有可能选育出优良的种质或品种。

2. 以通过导入外源基因改良品种为目的的亲本选择 这方面的研究已有较广泛的基础和成功的经验，其中最重要的就是要根据小麦育种中需要解决的问题，确定拟从远缘亲本植物中获得的目的性状（目的基因），然后再从可交配的亲缘植物中选择具有这种目的性状的材料，包括野生或栽培亲缘植物及其人工合成的双二倍体等，进行杂交。

3. 在进行远缘杂交的亲本选配时，应注意适当选用一些已知的、较易与野生亲缘植物杂交成功的品种 如中国春、碧玛1号等小麦与黑麦杂交，结实率在70%以上（鲍文奎等，1962），J—11与黑麦杂交结实率达90%以上（颜济，1992）。据报道，在864个中国地方品种中，有121个品种与黑麦可交配性和中国春相似，有50个品种显著高于中国春，分别占供测品种的14.0%和5.8%，主要分布在湖南、四川、贵州、河南、陕西、甘肃、山西、河北等省（罗明诚等，1992）。

（三）远缘杂交不亲和性与杂种不育性的克服

进行远缘杂交，首先遇到的困难就是与远缘亲本植物间的杂交不亲和性，其次是杂种夭亡或不育。

1. 远缘杂交不亲和性的克服 远缘杂交不亲和性又称生殖隔离，是生物界各物种独立生存与繁衍的重要特性。一个物种如果不能通过一定方式与其他物种进行生殖隔离，即不与外来种相互交配，那么它就不能成为一个独立的物种。因此，从物种进化来说，生殖隔离是一种有积极作用的重要特性。但是从远缘杂交育种的角度来看，物种间的生殖隔离则是一种障碍，必须打破这种自我保护的障碍才能使远缘杂交获得成功。生殖隔离可以分为受精前障碍与受精后障碍两类：

（1）受精前障碍及克服方法。受精前障碍包括：授粉时间的隔离、空间隔离、授粉方式隔离、花器构造的隔离、生理差异的隔离等，因此在选择克服这些受精前障碍的方法时要根据具体对象进行具体分析。常用的克服方法有：①通过调节父母本的播种期或控制其生长的温度与光照条件，使之花期相遇来克服授粉时间的隔离。②改变授粉方法，如采用重复授粉、柱头嫩龄授粉、混合少量母本花粉或母本失活花粉授粉等。③用化学或物理方法处理花粉或柱头，如使用生长调节物质（赤霉素）促进生长缓慢的花粉管加速生长，同时延长雌蕊的寿命，以及利用低剂量的射线或紫外线处理花粉或植株等。④选择多种小麦变种或品种进行测验杂交。如中国春等小麦品种具有与黑麦、球茎大麦可交配的 kr 基因，所以杂交时容易成功。同时正反交的效果也不同，如以二倍体种与多倍体种杂交时，常常是以多倍体种做母本，二倍体种做父本，杂交容易成功；当然也有相反的情况，如以普通小麦（六倍体）与长穗偃麦草（十倍体）杂交时，则以六倍体种做母本，十倍体种做父本杂交结实率较高。⑤改变野生亲本的染色体倍性，如普通小麦与节节麦杂交时，二倍体种不易成功，而人工培育的四倍体节节麦较易成功。⑥通过桥梁物种进行杂交，如蔓生偃麦草与小麦直接杂交不结实，而用蔓生偃麦草与中间偃麦草的双二倍体与小麦杂交较易获得成功。

（2）受精后障碍及克服方法。在不同远缘亲本植物杂交受精后，常因异源细胞核之间或异源细胞核与细胞质之间不协调而导致幼胚或胚乳不能正常发育，导致幼胚早期夭亡，或者虽能形成瘦瘪的种子，但无发芽能力等情况。克服受精后障碍的方法主要有两种：一是施用赤霉素等生长调节剂，可以延长胚的寿命；二是将幼胚进行离体培养。有些杂种，其幼胚和胚乳开始发育正常，但过一段时间后（一般两周）胚乳解体，影响了胚的生长发育。在这种情况下采用幼胚离体培养，作为一种拯救胚的措施是非常有效的。近年采用幼胚培养技术已经获得成功。

2. 杂种不育及其克服方法　远缘杂种不育也是远缘杂交中的普遍现象，其原因一般是双亲之间染色体的数目和结构等差异过大，在减数分裂时不能进行正常配对和分裂，因而不能形成正常的大小孢子，最后导致杂种不育，不能传留后代。此外，也有少数是因为核质关系不协调而导致不育的。克服杂种不育最常采用的方法有：

（1）染色体加倍法。一般是在杂种幼苗期间（减数分裂前），用秋水仙碱处理植株，使来自两个异源亲本的染色体同时加倍，这样到减数分裂时每个染色体都可以进行配对和正常分裂，从而形成具有双亲整套染色体的大小孢子，恢复或在一定程度上恢复正常发育和受精过程。这种方法用于双亲染色体数目较少的杂种很容易成功。如异源八倍体小黑麦就是通过普通小麦（六倍体）与黑麦（二倍体）杂交，运用染色体加倍法人工获得的新物种。

（2）回交法。当杂种染色体数目过多时，如普通小麦（2n＝42）与长穗偃麦草（2n＝70）的杂种，因其染色体数目过多，加倍不易成功。在自然状态下，杂种有一部分为雌雄均不育；一部分为雄性不育，但有少数雌配子有受精能力，所以用回交法很容易成功。

（3）组织培养、染色体加倍与回交相结合的方法。当用幼胚培养获得杂种时，有的可从幼胚直接成苗；有的则分化为愈伤组织。在后一种情况下，可以从愈伤组织诱导分化成许多F_1杂种植株，并进行染色体加倍与回交等处理；也可在双单倍体愈伤组织阶段进行染色体加倍（韩彬、陈孝等，1990）。

此外，董玉琛等还发现利用特殊的小麦种质资源波斯小麦（PS5）和硬粒小麦（DR147）与山羊草、黑麦、簇毛麦等杂交，F_1染色体可以发生自然加倍，方法简便，可供利用。

（四）小麦远缘杂交育种取得的成就

1. 双二倍体种的人工合成　双二倍体物种的人工合成可以分为完全双二倍体和部分双二倍体。①完全双二倍体是具有来自两个亲本的、来源和性质不同的全套染色体组结合而成的新杂种或新物种，它的染色体数目是双亲染色体数目之和。中国已经成功育成多种双二倍体，如六倍体小黑麦、八倍体小黑麦、六倍体小簇麦、六倍体小羊麦和八倍体小羊麦。国际玉米小麦改良中心（CIMMYT）利用四倍体小麦（*Triticum turgidum*，2n＝4x＝28，AB基因组）与二倍体节节麦（*Aegilops tauschii*，2n＝2x＝14，D基因）人工杂交，染色体加倍后，成功培育出人工合成六倍体小麦（Synthetic hexaploid wheat）。这些人工合成小麦是十分重要的育种桥梁材料。甘肃农业科学院从CIMMYT引进农艺性状表现较好的99份合成小麦，对其可杂交性进行了分析，希望从中筛选出具有高亲性的人工合成小麦材料，用于小麦远缘杂交，转育小麦近缘属种的优异基因。②部分双二倍体种只有双亲中的一部分染色体组，其染色体数目少于双亲染色体数目之和。它是用两种异源亲本植物杂交，然后用小麦亲本对杂种F_1回交1～2次，再使回交杂种自交，经杂种分离、人工选择和细胞学鉴定即可获得具有小麦亲本全套染色体组和远缘亲本植物部分染色体组结合在一起的部分双二倍体种。如从普通小麦与中间偃麦草、普通小麦与长穗偃麦草杂种后代中获得的八倍体小偃麦，均为部分双二倍体种。

2. 异附加系　小麦异附加系是在小麦原有染色体组的基础上增加一条或一对外源染色体，增加一条外源染色体称为单体附加系，增加一对外源染色体称为二体附加系。选育异附加系的最简便的方法是利用双二倍体种为亲本材料，同普通小麦杂交与回交，通过细胞学鉴定选出单体附加杂种，再自交一代，即可选出二体异附加系。

在国外，育成了一些成套的异附加系，即将异源种的每对染色体都分别附加在小麦染色体组上，形成各种不同的异附加系（一般 7 种）。如黑麦品种 King Ⅱ（Riley 和 Chapman，1958；Riley 和 Kimber，1966）、黑麦品种 Dakold（Evans 和 Jenkins，1960）、黑麦品种 Imperial（Driscoll 和 Sears，1971）、小伞山羊草（Kimber，1967；Chapman 和 Riley，1970）、大麦（Islam，1978）等均已分别被作为异源亲本材料与普通小麦杂交选育形成了整套的或接近整套（大麦为 6 种）的普通小麦异附加系。

在国内，东北师范大学郝水等（1989）育成了中间偃麦草—普通小麦Ⅰ型与Ⅱ型两套完整的异附加系，并通过抗性鉴定证明异附加系Ⅱ-3 抗秆锈病、异附加系Ⅱ-5 抗叶锈病，被应用于小麦育种。南京农业大学刘大钧等（1989）育成了簇毛麦—普通小麦异附加系 6 种（V_2、V_3、V_4、V_5、V_6和V_7），并将簇毛麦抗白粉病基因定位在 V_6 染色体上。李振声等（1977）育成了若干长穗偃麦草—普通小麦异附加系。

3. 异代换系　一对外源染色体取代小麦染色体组中的某一对染色体后形成的小麦称异代换系。异代换系可以在远缘杂交中自然发生，也可以有计划、有目的地进行人工代换。选育异代换系的方法是，以小麦单体为母本（$20''W+1'W$）与小麦异附加系（$21''W+1''R$）杂交，在其后代中选择具有两个单价染色体的植株（$20''W+1'W+1'R$），使之自交分离，然后选择异代换系（$20''W+1''R$）。

李振声等（1982，1990）在研究蓝粒单体和自花结实缺体小麦基础上建立了一种快速选育小麦异代换系的新方法——缺体回交法。具体做法是，先从单体小麦中分离出缺体小麦植株，连续自交和选择自花结实率高的植株，使之成为自花结实的缺体。有了自花结实的缺体小麦就可以直接与二倍体远缘亲本植物杂交，或与双二倍体种杂交，然后用自花结实的缺体小麦同杂种回交，再自交选择后即可获得异代换系。

小麦缺体回交法育种程序Ⅰ：

$$
\begin{array}{ccc}
\text{自花结实缺体小麦} & \times & \text{黑麦} \\
(20''\ W) & \downarrow & (7''\ R) \\
& 20'\ W+7'\ R & \\
& \downarrow \text{染色体加倍} & \\
(20''\ W+7''\ R) & \times & 20''\ W \\
& \downarrow & \\
& (20''\ W+7'\ R) & \\
\downarrow \qquad \downarrow \text{自交} & & \\
\text{其他} \quad (20''\ W+1'\ R) & & \\
\downarrow \qquad \downarrow \text{自交} & & \\
\text{其他} \quad (20''\ W+1''\ R) & & \\
\text{异代换系} & &
\end{array}
$$

缺体回交法育种程序 Ⅱ：

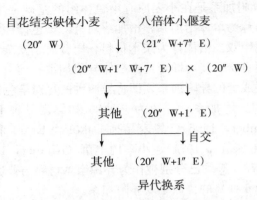

$$自花结实缺体小麦 \quad \times \quad 八倍体小偃麦$$
$$(20'' \ W) \quad\quad\quad\quad (21'' \ W+7'' \ E)$$

$$(20'' \ W+1' \ W+7' \ E) \quad \times \quad (20'' \ W)$$

其他 $\quad$ $(20'' \ W+1' \ E)$

其他 $\quad$ $(20'' \ W+1'' \ E)$

异代换系

国内已有科研单位选育自花结实缺体小麦的研究基础，如西北农林科技大学薛秀庄等（1990）育成阿勃缺体小麦 18 种。在这种情况下，运用缺体回交法选育异代换系，比常规法（先选育异附加系，再选育异代换系）更为简便易行，节省时间。

4. 易位系 外源染色体中的某一片段交换或易位到小麦染色体上，形成具有外源染色体片段的小麦，称易位系。产生易位系的方法有：①自然易位。在远缘杂交过程中，由于外源染色体与小麦染色体共存于同一个细胞中，特别是呈单价体状态存在的情况下，常常会出现着丝点断裂，断裂的外源染色体与小麦染色体有时可连接到一起，从而形成染色体易位。如 1B/1R 易位系产生后，再用它与其他小麦杂交转育的过程中就产生了许多 1B/1R 易位系（Zeller，1973）。在普通小麦与长穗偃麦草的杂交后代中也产生了许多易位系。②辐射易位。E. R. Sears（1956）利用电离辐射育成了具有小伞山羊草染色体片断抗叶锈病的小麦易位系。D. R. Knott（1961）用辐射诱变育成了具有长穗偃麦草抗秆锈病基因的易位系，被广泛应用于澳大利亚小麦育种。Smith 和 Sebesta（1980）诱变育成了具阿根廷黑麦抗二叉蚜特性的小麦易位系等。李振声等用 γ 射线、快中子处理蓝粒小麦，得到 9 种不同的蓝粒易位系。③诱发外源染色体与小麦中的"部分同源染色体"配对和发生易位。制定这种方法的理论依据（Okamoto，1975；Riley，1985）是，在小麦 5B 染色体长臂上有一对抑制小麦非同源染色体之间相互配对的基因 Ph，因此只要设法除去 5B 染色体或它所携带的 Ph 基因，或者加入能抑制 Ph 基因活性的异源染色体，就可以造成在减数分裂过程中小麦部分同源染色体之间或小麦染色体与其部分同源的外源染色体之间的配对，从而发生相互交换而易位。根据这一原理已制定了 3 种基本的方法：①配制缺少 5B 染色体的杂种植株；②利用 Ph 基因突变体；③利用能够抑制小麦 $Ph1$ 基因活性的物种为亲本与小麦杂交或与小麦异代换系杂交。

5. 小麦 1B/1R 异代换系和易位系及其在生产中的应用 小麦 1B/1R 异代换系和易位系可能是远缘杂交小麦品种中传播和应用最广的一个人工合成的种质资源。Zeller（1971）最早发现德国小麦品种 Zorba 是一个 1B/1R 代换系，它具有完整的黑麦 1R 染色体，代换了小麦的 1B 染色体。1973 年，他又进一步证明 1B/1R 代换系具有抗秆锈病基因（$Sr31$）、抗叶锈病基因（$Lr26$）、抗条锈病基因（$Yr9$）和抗白粉病基因（$Pm8$）。而后，由于 1B/1R 代换系被广泛应用于小麦杂交育种，随之产生了 1BL/1RS 易位系。到 1983 年，在民主德国的

48 个冬小麦商品品种中有 11 个是 1BL/1RS 易位系。

在中国，利用 1B/1R 代换系或易位系已经育成了许多小麦品种，如北京的丰抗 8 号、陕西的 7859、山东的鲁麦 8 号、河北的冀麦 30、河南的豫麦 13，西北春麦区也先后育成一系列 1B/1R 代换系或易位系在生产上大面积应用，如武春 121、陇春 23 号、陇春 25 号、陇春 27 号、陇春 31 号、甘春 21 号、陇辐 2 号等。近年来，由于新的条锈病生理小种条中 29 号的出现，使 1B/1R 失去了对条锈病的抗病能力，同时其衍生品种也大多丧失了抗锈病和白粉病的能力。但从其历史的发展来看，一个外源种质资源，在引入小麦后，对多种小麦病害的抗病性保持了 20 多年的时间，这足以说明远缘杂交或外源基因导入在小麦育种中是有很大潜力和广阔前景的。

小偃 6 号是从小偃 96 与 ST2422/464 的杂交后代中选出的优良品种，具有矮秆、抗病、早熟、高产、优质等多方面优点。它的亲本之一，小偃 96 是用小偃新类型 5 与丰产 1 号小麦杂交后育成的。小偃新类型 5 是在极特殊的气候条件下，从小麦与长穗偃麦草（2n＝70）的杂交后代中选出的一个抗多种病害、抗干热风能力很强的新类型。1964 年，在陕西关中地区春季雨水多，多种病害并发，在小麦收获前又连续 40d 阴雨不止，到 6 月 14 日天气突然暴晴，一天后大田生产中的小麦（主要是西农 6028）全部枯死。这时，在中国科学院西北生物土壤研究所的试验田中种植的 1 000 多份杂种及品种也全部或不同程度的枯死，其中唯独小偃新类型 5 与其野生亲本长穗偃麦草相似，保持着金黄颜色，经受住了这严峻的考验而被筛选出来。小偃 6 号的许多优良特性都是从小偃新类型 5 传递下来的。小偃 6 号育成后，在陕西关中地区得到快速大面积推广，到 1985 年在黄河流域 10 省市已推广 66.7 万 hm²，同年获国家发明奖一等奖，1989 年获陈嘉庚农业科学奖，1992 年又获第一届中国农业博览会优质产品奖。据陕西省种子公司统计，1992—1993 年小偃 6 号在陕西省的播种面积为 28.5 万 hm²。它虽然几经灾难，如吸浆虫爆发、新条锈病小种条中 29 号的流行等，但都抵抗了过去。这说明，含有丰富遗传基础的远缘杂交小麦品种具有较强的生命力和广泛适应性。

上述成功实例充分表明，从小麦异源亲本中获得对多种病害的持久抗性和对不良环境条件的抗性基因以丰富小麦的遗传基础，是小麦品种改良的一条极为重要而且有广阔前景的有效途径。随着育种方法与技术的不断改进，它必将越来越发挥出更大的作用。

四、单倍体育种

单倍体主要有以下 3 方面的作用：一是，用它研究物种的起源、进化和亲缘关系；二是，作为产生非整倍体、研究基因连锁群和基因量的遗传材料；三是，可以作为开展配子基因型选择的原始材料。单倍体通过染色体的自然或人工加倍，可以迅速获得纯合品系，提高选择效率，缩短育种周期。因此，单倍体研究及其应用引起广大小麦遗传育种工作者的兴趣和重视，并已选育出一批应用于生产的小麦新品种和种质资源。中国通过花药培养选育的小麦新品种多达 50 多个，累计推广面积近 133.3 多万 hm²。在西北春麦区就有 3 个小麦品种推广面积达到 2.7 万 hm² 以上，分别是甘肃省农业科学院选育的花培 764、甘肃农业大学选育的甘春 16 号、甘肃省张掖市农科院选育的张春 11 号。在小麦单倍体遗传育种研究方面，中国一直走在世界前列。到目前为止，甘肃省农业科学院生物技术研究所一直坚持从事小麦单倍体育种，并已选育出通过甘肃省审定的新品种陇春

21 号、陇春 32 号和一批新品系。

小麦的生命周期包括两个交替的世代：孢子体世代和配子体世代。从受精卵开始直到花粉母细胞、胚囊母细胞至减数分裂是孢子体世代，即无性世代，其细胞核的染色体数为2n＝42。自减数分裂后，从花粉粒和胚囊开始形成，到发育成精子和卵子，属配子体世代，即有性世代，其细胞核染色体数为 n＝21，含有 A、B、D 三个染色体组，每组各有 7 条染色体。具有配子体染色体组成的孢子体植株称为小麦单倍体。通过单倍体的途径选育小麦新品种，称为小麦单倍体育种，更准确地说是双单倍体育种。

单倍体小麦与其所由来的纯合二倍体因携有同样成对基因的一半，所以表型性状相同，只是在形态结构上相应地缩小而已，如植株较矮、茎秆变细、叶片较小而薄、花器微小等。由于单倍体在减数分裂时一般不能形成含有一整套 ABD 染色体（21 条）的生殖细胞，因而严重败育，必须使其染色体加倍后才能结实。

（一）单倍体的诱导

小麦单倍体的自然发生频率很低，约为 0.48％。诱导小麦单倍体途径有多种，概括地说，可分为孤雌生殖和孤雄生殖两大类。孤雌生殖是由授粉子房（胚囊）培养，体细胞染色体消失和异种属细胞质代换产生小麦单倍体植株的生殖方式。孤雄生殖又叫花药培养，是1964 年印度学者 Guha S 和 S C Maheshwari 首先在双子叶茄科植物毛叶曼陀罗的花药离体培养过程中，获得愈伤组织和胚状体，并成功诱导出单倍体。中科院遗传所（欧阳俊闻，1972，1973）首次从普通小麦花药中培养出植株，绿苗诱导频率 0.7％，并证明其来源于花粉。从此，小麦花培技术作为一种新的育种手段发展很快，并在理论和应用研究方面取得了显著成效。

1. 利用花药培养诱导单倍体　花药培养需经过取材、消毒、接种、培养等步骤才能获得再生单倍体植株。花药培养过程中，花粉通过两种途径长成单倍体植株：一是通过胚状体形成单倍体胚，进而长成单倍体小植株；二是通过愈伤组织，进而分化形成单倍体小植株。用秋水仙碱处理单倍体幼苗使其染色体加倍，获得纯合的二倍体植株。

2. 影响诱导单倍体植株频率的因素

（1）培养基成分和灭菌。小麦花药—花粉培养基本培养基的主要成分包括各种无机盐和有机化合物两大类。无机盐是植物生长发育所必需的化学元素，分为大量元素和微量元素。有机化合物有碳源、维生素类、氨基酸和其他有机附加物。糖种类和浓度、硝态氮和铵态氮的比例都对小麦花粉绿苗诱导频率有重要影响。培养基中的氮源，除上述的无机氮外，还有有机氮，如氨基酸。常用的氨基酸有甘氨酸及酰胺类物质（如谷氨酰胺、天门冬酰胺等）和多种氨基酸的混合物水解乳蛋白、水解酪蛋白等。附加的氨基酸有天冬氨酸、丝氨酸、精氨酸、丙氨酸、脯氨酸等。生长调节类物质（主要为激素）是花药培养中必不可少的物质，其中影响最显著的是生长素和细胞分裂素。常用的生长素有 2,4-二氯苯氧乙酸（2,4-D）、萘乙酸（NAA）、吲哚乙酸（IAA）、吲哚丁酸（IBA）；细胞分裂素有激动素（KT）、6-苄基氨基嘌呤（BA）、玉米素（ZT）等。多年来，2,4-D 被认为是禾本科花药培养的适宜激素。在小麦花药培养中，一般使用 1～3mg/L 的 2,4-D 和 0.5mg/L 的激动素诱导愈伤组织，然后转移到低浓度或无激素的培养基中诱导再生植株。

培养基的灭菌方法有抽滤和高压灭菌两种。过去在花药培养中多采用高压灭菌，现在多采用抽滤灭菌。这样，可提高花药的反应率（Hunter C P，1988；朱至清，1988）。这是因为抽滤既可避免高温高压对培养基组分的破坏，又能滤去杂质，所以效果比高压灭菌好。

（2）供体植株的基因型及其生理状态。不同基因型植物的花药培养反应能力、愈伤组织分化能力和绿苗产率均不同，这种基因型效应是由遗传决定的。由于植物基因型对花药培养的反应不同，可将易培养的基因型作为桥梁品种与难培养的品种杂交，然后用杂种植株的花药进行培养。如小偃759是易培养的基因型，可作为桥梁品种与其他小麦杂交，其杂种的花药培养效果较好。

同一基因型在不同年度、不同地区、不同生长条件下有不同的出愈率和绿苗再生率，说明供体植株的生理状态对花药培养反应能力有一定的影响。欧阳俊闻等（1989）在多年试验中发现，同一基因型小麦由于生长条件不同，其花药对培养温度的反应也不同，并认为从大田取花药做培养时的最适培养温度比从温室取材的最适温度要高2℃，适宜的小麦花药培养温度的上限以略低于32℃为宜。

（3）花粉发育时期。花粉发育时期是影响花药培养结果的重要因素，小麦花药培养的最佳花粉发育时期是单核中期或晚期。

（4）培养方法。中国科学院遗传研究所刘成华等（1990）进行了低浓度Ficoll的应用试验，结果说明3％～5％的Ficoll就能使反应率、出愈率、ACRA（反应花药平均出愈伤组织数）和绿苗数显著上升几倍到几十倍，同时有力地抑制了白苗的产生。花粉培养一直为人们所向往，它可以形成小孢子群体，这种群体数量大，又是单倍体，便于进行单花粉粒选择和遗传操作及遗传转化研究。过去，小麦的花粉培养虽有成功的报道，但效率较低。Datta等（1990）改进了培养方法获得较好结果，并认为小麦花粉培养必将代替花药培养。具体操作方法是：灭菌后的花药在液体培养基中漂浮4～6d后排出小孢子并且在2周内形成多细胞结构，这些培养2～3周后的多细胞小孢子可用机械游离和离心法集中特定部分的小孢子来进行选择和遗传操作。很难找到对不同基因型都合适的培养基。一些研究表明，谷氨酰胺对某些基因型是主要氮源，与Ficoll合用时对花粉的胚胎发生有促进作用。

（二）花粉植株的染色体工程

花粉单倍体的遗传学特征有：遗传的（染色体的）稳定性和变异性同时存在；在离体培养过程中通过配子无性系变异可产生配子变异体；配子基因型能在植株水平上得到较充分地表达；通过染色体加倍能在一个世代中获得纯合体，进而快速、高频率地创造新类型。这些特征是花粉单倍体育种的理论基础，也是实施花粉植株染色体工程，有目的有计划地将异源染色体导入栽培作物进行作物改良的理论依据。

1. 遗传的稳定性和变异性 胡晗等（1979）在获得的444个小麦花粉植株中，有89.2％表现整齐一致，是纯合二倍体；10.8％植株在个别性状上有分离。在对花粉植株根尖体细胞和花粉母细胞的镜检中，发现了染色体数目或结构的变异体，他们（1985）观察到，在花粉离体培养过程中，如果核内有丝分裂发生了多极分裂、核融合等异常现象，就会出现单体、缺体、三体、四体以及各种异数体的染色体数变异体。如果发生了染色体的断裂（断裂点位于异染色质的端粒处），会形成端体、双端体、重双端体等染色体结构的变异体。这种现象在远缘杂交种的花粉植株中更为多见。王亦兵等（1993）在一个八倍体小黑麦（AABBDDRR）及来源于三个八倍体小黑麦与普通小麦的杂种 F₁（七倍体，AABBDDR）的 96 株花粉植株中，发现近 20％的植株有不同程度和类型的染色体变异，几乎包括了所有可能的染色体变异类型，如倒位、缺失、易位、等臂染色体及环形染色体等。他们还获得大量证据，表明花粉植株变异是发生在花药培养之前和（或）花药培养过程中。

2. 配子类型在植株水平上的表达 花粉植株来源于花粉单倍体。单倍体的主要遗传学特征是从它们的表现型便可知道其基因型，没有显性性状掩盖隐性性状的干扰，因而能够较充分地表达配子基因型。胡晗等（1985，1989）用六倍体小黑麦、八倍体小偃麦和六倍体小麦杂种 F₁代的花药进行离体培养，发现花粉植株（H₁）的染色体组成可分为两个模式：模式一是六倍体小黑麦×小麦杂种 F₁花粉植株的配子类型；模式二是八倍体小偃麦×小麦杂种 F₁花粉植株的配子类型。这两个模式经多年重复试验都得到了验证。

3. 创造新类型 在小黑麦与普通小麦杂交后代中，由于有性过程中存在配子的自然选择，异常配子竞争不过正常配子而被淘汰，使得某些配子类型难以表达。而在其杂种 F₁的花粉离体培养过程中，由于避开了有性过程中的配子选择，有可能得到一些应用常规方法难以获得的信息和类型。根据二项式分配原理，比较花药培养法与杂交法产生异源附加系和代换系的频率，花药培养法分别为 5.46％和 0.33％，常规杂交法为 0.3％和 0.001％，前者是后者的 18.2 倍和 330 倍。通过花粉离体培养，特别是远缘杂交种 F₁花粉的离体培养，可以快速、高频率地获得在常规杂交育种中很难得到的新类型。它们都是染色体工程的基础材料，可用以进行异源染色体片段或基因的转移，创造具有目标性状的新种质、新品种。

4. 新种质的鉴定 细胞学、生化和分子标记是在不同层次上鉴别外源遗传物质的 3 种途径。细胞学与端体测交法目前仍被认为是鉴定单个染色体的最准确方法。有了染色体分带鉴定的结果，就可以有目的地进行端体测交，以减少工作量，又可有针对性地选用同工酶和胚乳蛋白组分进行电泳分析，以及用不同的 DNA 探针进行 RFLP 分析，以提高精确性。生化和分子标记的应用，既可以在蛋白质和 DNA 水平上对外源遗传物质进行直接而准确的追踪和测定，定向进行遗传操作，又可弥补细胞学方法难以对染色体小片段和 DNA 片段进行鉴定的缺点。

生化标记是小麦遗传研究的一种手段。随着电泳技术的改进和创新，新的胚乳蛋白和同工酶不断被发现，其结构基因已被定位在相应的染色体臂上（Chao，1989），利用这些生化标记，就能鉴定出小麦遗传背景下的外源染色体或染色质。如在胚乳蛋白组分分析中，控制麦谷蛋白高分子量亚基的基因（Glu-1）已被证明位于小麦、黑麦第 1 部分同源染色体的长臂上；控制醇溶蛋白的基因 Gli-1 则分别位于第 1 和第 6 部分同源染色体组的染色体短臂上；超氧物歧化酶的 Sod-1 基因已被定位在小麦第 2 组染色体和黑麦 2R 染色体上等。由于蛋白质和同工酶电泳分析技术具有快速、经济、简便等特点，常被用来鉴定花粉植株染色体组成和变异。

RFLP 分析是鉴定小麦遗传背景下外源染色体的更为直接的新途径。Sharp（1989）利用这种方法能直接区别出某一条染色体的倍性，鉴别其为整倍体或单体。陶跃之等（1990）

综合运用上述三种鉴别方法从六倍体小黑麦×普通小麦的花粉植株中鉴定出 1R/1D 代换系 m25、m27；6R/6D 代换系 m24 和 1RS/1BL 易位系 m08。m25 和 m27 具有早熟特性，m24 抗白粉病，m08 矮秆。它们都是遗传育种研究的优良种质资源。

（三）双单倍体育种的方法程序

小麦单倍体经染色体人工或自然加倍，使植株恢复正常育性，迅速获得稳定新品系（品种）的育种方法称之为双单倍体育种。实践证明，提供大量的具有优良基因的重组体是这种方法成败的关键。所以，双单倍体育种只有与常规育种密切结合，才能充分发挥其特点为小麦育种和生产作出贡献。

1. 双单倍体育种的特点

（1）迅速纯合，减少分离世代。单倍体加倍是使杂交世代材料纯合的一种最快方法，它能在一个世代中获得纯合的二倍体，其后代表现整齐一致，没有分离。这一特点对自花授粉的小麦来说尤为重要，因为小麦杂种需要多代自交才能达到纯合，只有纯合才能得到性状一致和稳定的品种。通常情况下，小麦双单倍体育种能比常规育种方法提早 3～4 个世代进行产量测验，缩短育种年限 2～3 年。

（2）无显隐性效应，便于表型选择。单倍体的配子基因型能在植株水平上较充分地表现，不受显、隐性干扰，可以从表型观察其基因型，提高了表型选择的准确性。

（3）加性遗传方差大，有利于提高遗传增益，特别是对数量性状的选择。

2. 双单倍体育种的程序　在育种程序上，单倍体育种与常规方法的主要差别在于获得纯系的过程。前者只需要两个世代，后者则需通过多代自交才能达到纯合，一般在 6 代以上。至于株系选择、品系鉴定、品比试验、生产示范等程序则与常规育种相同。但也应该指出，常规育种在每一分离世代都有程度不同的基因重组，并在定向选择的基础上提高其总体性状水平，而这一点是双单倍体育种所无法做到的。纵观小麦双单倍体育种的经验，决定其成效大小的关键是：①改进花药、花粉培养技术及其他诱导单倍体的技术，提高诱导频率，以便获得足够数量的纯合二倍体植株，供鉴定选择。②用以培养的基因型既要符合育种目标，又要有好的组织培养和再生能力。③重视花药培养二代（DH$_2$）的鉴定选择。DH$_2$ 代各植株基本上都是纯合的二倍体，几乎所有的显性、隐性及经重组的性状都得到充分表现，甚至还可能出现一些用常规方法难以获得的有利变异体。通过严格而精确的鉴定如抗性筛选、品质鉴定以及必要的细胞学检查或生化或分子标记测定等，进而准确而无遗漏地选择出符合生产需要的新品种和新种质。在创制新种质上，双单倍体育种有其独特的优势，如与利用太谷核不育小麦和矮败小麦开展轮回选择相结合，对提高小麦育种效率有着极为重要的意义。

总之，小麦双单倍体育种由于它具有可以进行配子选择、加速纯化、产生新变异等特点，得到了许多遗传育种学家的重视。多年实践证明，它只有与常规杂交育种密切结合，才能充分发挥其优势，为小麦品种改良做出应有的贡献。中国许多小麦育种单位都在开展单倍体育种，建立了花药培养实验室，发展了完善的花培技术，每年能产生千株以上的双单倍体，一方面直接在田间进行双单倍体育种，另一方面还可在实验室进行突变体筛选、染色体工程和遗传转移等研究，其最终目的都是为了提高小麦育种的科学技术水平。

五、轮回选择育种

随作物育种理论和方法的发展以及育种目标要求的不断提高，通过轮回选择进行群体改良，已逐渐广泛应用于许多作物的育种中，从异花授粉作物发展到自花授粉作物。

轮回选择是以遗传基础丰富的群体为基础，经过反复互交和选择，使群体遗传构成得到改良的育种方法。国外利用人工（化学）杀雄和雄性不育性开展轮回选择，进行大麦、大豆、燕麦等作物的改良已收到良好的成效。在小麦方面也有许多成功的实例，如 Suneson 等（1963）曾利用隐性雄性不育性组建一个综合杂种群体。Athwal 和 Borlaug（1967）对这种不育性提出了三个方面的利用途径，即为品种改良建拓广阔遗传基础的群体、为杂种小麦中三系的选育建拓群体、通过轮回选择改良特定性状。McNeal 等（1978）在春小麦中对籽粒蛋白质含量进行了两轮的选择，从两轮选择所分离出的家系，其籽粒蛋白质含量比原始亲本家系平均提高 2.5%。Busch 和 Kofoid（1982）对春小麦的粒重，通过四轮的自交一代系间的轮回选择，按群体测定结果，从 C_1 到 C_4 平均每轮粒重提高 7%。Avey 等（1982）对冬小麦的提早抽穗期进行了三轮的选株互交，第一轮的遗传增益最大，随后两轮又有所进展，这说明选择的作用在第一轮主要是对有关的主效基因，而第二、三轮则主要是对有关的微效基因。Atman 等（1984）研究了春小麦随机交配的遗传效应，认为随机交配可以改变各种性状间的相互关系，特别是使群体中的籽粒蛋白质含量与籽粒产量的负相关有所下降，而且经过三轮随机交配的群体，其遗传方差没有发生明显的变化，也就是说，继续选择应该仍然有效。

在中国，自从 1972 年山西的高忠丽发现太谷显性单基因雄性不育小麦以来，利用这种不育性开展小麦的轮回选择得到了很大成功。而后，基于太谷核不育小麦创立的矮败小麦，极大地丰富和拓展了太谷核不育显性不育基因的利用前景，现已成为常规杂交育种方法的重要补充，并能适应中、长期育种计划的需要。以"矮败小麦"为工具的轮回选择育种技术，是有自主知识产权的国际领先的原创性成果。目前，中国农业科学院已分别在河南新乡和江苏淮安建立了矮败小麦育种技术创新中心和分中心，还与全国 30 多家农业高校和科研院所合作建立了矮败小麦育种技术应用协作网。

（一）轮回选择的基本原理

轮回选择与群体改良是随数量遗传学的研究而发展起来的，其原理和方法自 20 世纪 40 年代以来国内外已有不少论著，其中以 Hallaller（1981）的综述较为全面和系统。小麦中与产量、品质有关的经济性状多属于数量性状，这类性状涉及多对微效基因。在不同品种中，决定同一性状的微效基因数目不等，微效基因数目越多，其性状表达越充分。对于数量性状的改良，轮回选择最为适用，即在组建带有目标性状（基因）的基础群体中通过互交，实现基因的交换和重组，并打破不利的遗传连锁；通过选择，改变群体的遗传构成，提高目标基因的频率。轮回选择各种方案的基本目标都在于通过互交与选择的循环进行，系统地增大群体中所需要基因的频率，以增加从中选择优良基因型的机会。应该指出，控制数量性状的微效基因，其遗传效应很小，往往受环境效应的掩盖，必须借助数量遗传学方法加以分析，并应用一些统计参数表达出来，才便于进行选择。如果选择有效，育种群体内的基因或基因型频率必定向所需要的方向变化。

轮回选择的成效首先取决于原始群体中目标性状的基因频率和遗传变异度。优良基因频率不同的群体，经过轮回选择所发生的遗传增益也有差异。原始群体中优良基因平均水平高，轮回选择可在较短时间内取得成效。目标性状的遗传变异大，不仅能够取得较大的选择响应，而且有利于出现目标性状的超亲基因型。一个轮回选择方案能否适应于中期或长期的选种目标，决定于原始群体和各轮群体中有关基因频率的高低。换言之，用于轮回选择的群体必须具有足够的符合需要的遗传变异。

轮回选择的遗传增益（或选择响应）取决于后代群体所包括的类型、后代鉴定的程度、选择强度及重组的方法等因素。为此，对制约上述因素的工作程序，如繁殖后代、鉴定后代和重组优良后代以形成下轮群体等，事先要做好周密计划，确定一个合理的实施方案。

（二）轮回选择的基本环节

轮回选择包括构建原始群体、互交和选择 3 个基本环节。

1. 构建原始群体　原始群体是轮回选择的基础。原始群体遗传基础丰富，含有较高频率的优良基因，并可表现出较大的加性效应，轮回选择就能获得预期的遗传增益。首先，要选择构建原始群体的亲本材料。这些亲本要基本性状较好、一般配合力较高、目标性状突出。选用的亲本材料应包括增产潜力大、品质优良、适应性广的新品种（系），基本性状水平较高，但目标性状突出，且来源不同的特异种质及新的抗源等，以便通过重组创造出综合性状更加优良的基因型。吴兆苏等（1984）指出，为了有效地构建符合要求的种质群体，首先是选择合适的亲本材料，即选择几个丰产性、适应性好的品种作为基础亲本与许多具有所需基因的资源材料杂交。如果这些材料不很适合本地区条件，那就应该经过一番亲本改造，以增进其适应性，减少由于有利基因与不利基因连锁而带来的不良影响。其次，要求有较多的优异亲本，这是由于轮回选择是一种比较长期的育种方案，在轮回选择中，需要重组的基因多，对重组体性状水平要求高，因此在组群时也要相应投入较多的亲本。参与组群的亲本数量要根据群体改良的目标而定。现在的优良品种需要改良的性状，一般都不超过 3～4 个。因此，用 3～5 个优良品种（系），结合7～10 个具有优异目标性状的突出材料，来创造改良群体。最后，组配方式。在中国，利用特有的太谷核不育小麦的显性不育基因 $Ms2$（$Ta1$）转移到不同遗传背景的亲本材料上，是轮回选择的基础工作。转育方法：以 $Ta1$ 材料为母本，受体品种为父本，经过杂交和回交，即可得到具有不同遗传背景的太谷核不育材料。用于轮回选择的亲本材料，转育代数不一定太高，具有目标性状且无严重缺点即可。

明确了群体改良目标，选好了亲本，就可采用适宜方式（混合互交、双列杂交、聚合杂交或顶交等）组配原始群体。混合互交法是将若干个携带不育基因 $Ms2$ 的材料，等量或不等量（按一定比例）混合种植，让可育株与不育株在群体内随机互交，以组成轮回选择的原始群体；也可将若干个核不育亲本种子混播成母本行，几个正常亲本混播成父本行，让母本行的不育株（开花前除去其中的可育株）自由接受来自父本行的花粉，不育株的异交种混合后作为轮回选择的原始群体。

丰产性或综合性状轮回选择，其组群方式宜采用双列杂交方法。如果所有亲本都是携带$Ms2$ 的材料，则用各基因型的不育株作母本，可育株作父本，作不完全双列杂交。然后，把各组合种子等量或不等量混合成原始群体；如果亲本不全是核不育性的携带者，则以核不育材料为母本，非核不育材料为父本，作双列杂交，然后混合成原始群体。

改良一个或几个目标性状的轮回选择，宜采用顶交和聚合杂交组配方式；改良优良品种的某一缺点，一般用该亲本的核不育材料为中心亲本，分别与几个目标性状突出的亲本杂交，然后用各杂交组合的混合种子组群。

2. 互交 小麦是自花授粉作物，其天然异交率很低，一般不超过 1%。雄性不育，特别是太谷显性核不育，从根本上改变了小麦的交配方式，从自交变为异交，为不同基因型间进行大规模的基因交流和重组创造了必要的条件。随机互交是轮回选择群体最主要的交配方式。在以 $Ms2$ 不育基因开展轮回选择的群体中，雄性不育株和雄性可育株各占一半。其不育株群体与可育株群体就不育位点以外的遗传构成来说，在总体上是近乎等同的，就好像是姊妹群体；但就个体而言，除少数姊妹株外，大量的植株却具有不同的基因型。群体内可育株与不育株的自由串粉，实现了不同基因型植株间的基因交流和重组，为新的基因重组体的出现创造了条件。基因重组类型的多寡取决于群体遗传基础的丰富程度；基因重组的机会则依赖于群体中有关基因频率的高低。随机互交既可以是混合个体间的自由交配，也可以是混合父本行与混合母本行中不育株的自由交配。另外，轮回选择不一定只采用随机互交一种方式，进行适度的控制授粉，也可以提高轮回选择效果。

3. 选择 构建原始群体是轮回选择的基础，选择是轮回选择成败的关键。在轮回选择中对选择的原则和方法加以明确是十分必要的。由随机互交群体不经选择（包括人工选择和自然选择）而衍生的新群体，其基因频率保持不变。如果进行了选择，有关基因的频率就会提高，群体的遗传构成有可能向着预期的目标发展。但是，对某个（些）性状（基因）的选择是连同所在的遗传背景一起进行的，这就增加了选择的复杂性和难度。

轮回选择的选择方法有两种：表型混合选择和后裔测定选择。混合选择法简便易行，选择周期短，同时能够维持群体的丰富遗传基础，对于显性性状和遗传传递力高的性状比较有效。隐性性状和遗传传递力较低的性状等则采用后裔测定选择更为合适。刘秉华（1985）从几方面论述了轮回选择中的选择问题：①轮回选择参与的亲本数量多，经过几次随机互交以后，群体内的基因型极为繁多。要做到正确选择，首先要熟悉用于组群的每一个亲本。不仅要了解每个亲本目标性状的具体表现型，而且要尽可能了解它的遗传传递规律。在熟悉亲本的基础上，逐步提高识别轮选群体中某个重组体所结合的目标性状是来自哪些亲本的能力，以提高选择的成效。②在显性核不育材料的后代群体中，可育株是自交结实，只能进行个体内的基因重组；不育株是异交结实，可以实现较为广泛的基因重组。在轮回选择中，一般只选不育株，将入选的不育株种子混合成下一轮的群体或母本行。根据不育株的表现所进行的选择，实际上是只对卵细胞进行了选择，而对花粉并没有进行选择。但如果在开花授粉以前剔除不良可育株，并对不育株进行后裔测定，则不仅提高了对卵细胞的选择准确性，而且在一定程度上对花粉也进行了选择。后裔测定是把不育株上结的种子种成株（穗）行，让株（穗）行内的可育株与不育株姊妹交，在优良株（穗）行内收不育株上姊妹交种子，将其混合为下一轮的群体或母本行。在轮回选择中对花粉的选择主要是通过入选可育株的后裔测定来实现的。在混合互交群体中选择优良可育株，或从入选不育株后代（株、穗行）中选可育株，经过株行鉴定，从优良株行中选择优良单株，混合成下一轮群体的父本行。上述对雄雄配子的选择方法各有优缺点，在轮回选择的进程中可以结合使用。在轮选的前一、二轮，选择压力不宜过大，让混合群体内的可育株与不育株充分互交，维持群体较大的异质性。第三轮则把上一轮优良可育株混播为父本行，而优良不育株混播为母本行，以提高群体的优良基因频率。第四轮群体内，母本行和父本行分别种植经过后裔测定而入选的不育株与可育株的混合种子。以后各轮着重选择可育株，经过鉴定，或回归到轮选群体作父本，或按常规程序选育成优良品种。③互交次数和世代不同的群体，选择标准和强度也不尽相同。前几轮要注意选择结合有不同目标性状的个体。这样不仅可以避免某些目标性状的丢失，而且随着轮回选择次数的增进，重组体的水平也越来越高。经过几轮选择以后，优良基因已相对集中，则要注意综合性状和重点目标性状水平的选择，并通过互交，使目标基因进行重组和累加，以便从中选出符合育种目标要求的预期基因型。④轮回选择能够维持一个较大的遗传类型多样的杂合群体，每年都可以从中选出大量的优良可育株，将其分发各地，进行多点鉴定和选择。把各点表现优良的可育株后代回归到轮回选择群体中，如此反复几次，有利于选育出适应性广的基因型。邓景扬等（1987）建议，对于株高、分蘖力、苗期病害、抽穗期、抗寒、苗期抗旱、耐盐碱等开花前就能选择的性状，除了尽量借用环境选择压力外，还要抓住性状表达最明显的关键时期，在田间严格淘汰表现不良的植株。这样，在自由传粉时可保证雌雄配子具有较好的遗传组成。对于开花后才能表现的性状，如抗赤霉病、锈病、黑穗病、白粉病等后期病害的能力以及抗干热风、后期抗旱、灌浆速度、大穗、大粒和品质性状等，为了保证父本的遗传质量，应该进行抗性鉴定和后裔测定，把符合要求的材料作为花粉提供者。选择强度直接影响群体的遗传构成及性状的遗传方差。各轮的选择强度要适度，以维持群体的遗传变异水平。

4. 确定群体规模 群体规模是轮回选择自始至终需要考虑的问题之一。决定轮回选择群体大小的因素有原始群体的种质组成、目标性状的遗传方式、选择压力和试验条件等。轮选群体的大小是可以推算的：假定参与组群的亲本数目是 10 个，每个亲本提供 100 粒种子，初级原始群体的规模就是 1 000 株。在随机互交的次级原始群体中，对不育株一般不施加选择压力，如能收获 500 株不育株，每株取 10 粒种子，混合而成的次级原始群体的规模就是 5 000 株，其中不育株约 2 500 株。在次级原始群体中，如果对不育株施加 50% 的选择压力，每株取 8 粒种子混合成第一轮的群体，其群体规模为 10 000 株。其他各轮的群体规模以此类推。轮回选择群体以大一些为宜。

（三）显性雄性不育在轮回选择中的应用

显性雄性不育性在作物中被发现的很少，在禾谷类作物中更为罕见。在小麦中，直到 20 世纪 70 年代国内外才开始发现了显性雄性不育性，从而对其在育种中的利用问题引起了广泛的重视。与隐性雄性不育性相比，显性雄性不育性具有雄性不育株的后代中不育株与可育株的分离比为 1∶1，不需要经过一代的自交就可以获得可育性纯合的分离体的优点。这对小麦育种，特别是开展轮回选择，提供了很大的便利。

在国外，Sorrells 等（1982）、Franckowiak 等（1976）和 Sasakuma 等（1978）发现小麦显性不育基因之后，提出了这种基因应用于轮回选择的几个方案如图 7-2 所示。

1972 年，高忠丽在山西太谷县发现一株雄性不育小麦，邓景扬（1980）确定它是受显性单基因控制的核不育材料，并命名为"太谷核不育小麦"，其显性不育基因 $Ms2$（Ta1）位于 4D 染色体短臂上（刘秉华等，1986）。太谷核不育小麦不仅雄性败育彻

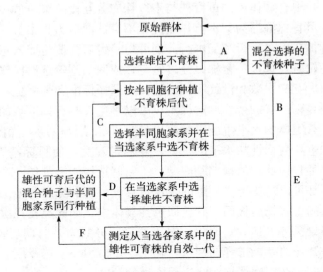

图 7-2 利用显性雄性不育基因的轮回选择方案

(Sorrells and Fritz, 1982 年)

底, 而且不育性稳定, 不受遗传背景和环境条件的影响, 是国内外公认的很有利用价值的显性雄性不育种质资源, 在小麦轮回选择育种中发挥了重要作用。有关轮回选择的方法, 国内也有大量的报道。邓景扬等 (1983) 根据目标性状的显、隐性等, 提出了相应的混合选择和隔代株行法; 吴兆苏等 (1984、1987) 提出建拓抗赤霉病基因库的方案, 即在多亲本充分互交组建基础群体的基础上, 开展对不育株的表型混合选择与对可育株的后代测定相结合的轮回选择; 林作辑等 (1987) 提出了运用轮回选择进行多抗性育种方案; 沈秋泉 (1987) 提出了综合性状的轮回选择方案; 张湘泉 (1987) 提出了阶梯式轮回选择育种方案; 张绍南等 (1984) 研究了利用显性雄性不育基因进行小麦轮回选择育种的选择与交配问题等等。所有这些方案及有关见解对开展轮回选择都有一定的参考价值。

现就轮回选择的一般程序和方法做如下总结:

(1) 选好亲本材料, 按照不完全双列杂交、分组聚合杂交、混合互交等方式, 从不育株上获得杂交种。各杂交组合或各个不育株的杂交种子等量或按一定比例混合成轮回选择的初级原始群体。

(2) 各组合或不育株种子充分混合而成的初级原始群体, 有一半提供花粉的可育株和一半可异交结实的不育株, 让两者随机交配。成熟后, 选收不育株的异交种, 并混合成轮回选择的次级原始群体。

(3) 在次级原始群体内, 每个植株已是两个或多个亲本的基因重组体。在开花授粉以前, 要根据表型性状及时剔除群体中的不良可育株, 让不育株接受具有良好遗传组成的花粉。另外, 在整个生育期内对不育株进行选择和淘汰, 标记优良个体, 去掉不良个体。成熟后, 选收不育株种子, 混合成下一年的群体, 即轮回选择的第一轮群体; 选收优良可育株自交种子, 下年按株行或穗行播种于花粉 (供体) 鉴定圃。真正的轮回选择开始于次级原始群体。这时, 选择不要过严, 尽可能维持群体的遗传平衡。

(4) 在第一轮群体中, 仍根据表型及时淘汰不良植株 (特别是可育株), 并让可育株与不育株随机互交。最后，再根据全生育期的表现，选择不育株和可育株。当选可育株进入花粉鉴定圃进行株（穗）行鉴定，而不育株异交种混合为下一年群体（第二轮群体）的母本行。同时在花粉鉴定圃中优中选优，即从好的株（穗）行中挑选优良单株，并将其混合为下一年轮选群体的花粉供体行（父本行）。

（5）在第二轮的群体内，按照一定比例（例如父母本的行数比为 1∶1、1∶2 或 2∶2 等），相间种植母本行和花粉供体行（父本行）。开花散粉前剔除母本行的全部可育株，让不育株接受来自花粉供体行的花粉。另外，在全生育期内对不育株进行表型选择。入选的不育株，每株的异交种一分为二，一份参加花粉鉴定圃进行株（穗）行鉴定，另一份混合为下一轮群体的母本行。在花粉鉴定圃内，从优良株（穗）行中选择优良单株，并混合为下轮群体的花粉供体行；也可在优良不育株的株（穗）行中选择优异不育株，取其部分种子混合后参加下一轮的母本行。

（6）第三轮的基本做法与上一轮类同，不同点是在花粉鉴定圃，即从优良株（穗）行中选择优良可育株，并把每个当选可育株的种子分作两份，一份混合为第四轮群体的花粉供体行，另一份升入高级鉴定圃，进行株行（系）鉴定。

（7）在高级鉴定圃，从优良株行（系）选择优良单株，并混合为第五轮群体的花粉供体行，其中符合育种目标要求的可育株纳入常规的选育程序。

（8）第五及以后各轮群体母本行种子来自上轮母本行不育株异交种的混合，而花粉供体行的种子来自高级鉴定圃当选可育株的混合。

（9）第四轮以后，优良基因已相对集中，除按照上述程序进行轮回选择外，也可以将当选不育株异交种子混合为下一轮群体，让后代分离出的可育株与不育株随机互交，使目标基因进一步重组和累加，不专门播种花粉供体行。

利用上述程序改良和发展群体时，还可以陆续加入新的优异种质。新加种质需经严格鉴定筛选，以免把不利基因带入群体，影响群体改良进度。

（10）经过轮回选择得到改良的群体是一个动态基因库，有较高的优良基因频率和较多的高水平性状重组体，每年都可以从中选择符合育种目标要求的优异可育株。当选可育株经过若干代自交、分离和选择程序，便可得到纯合稳定的基因型，其中最优者将可育成生产上推广应用的优良品种。在改良群体中，如果发现综合性状特好，而又有个别缺点的植株也要及时选出来，通过简单杂交或复交，加以改良，使其能够符合育种目标的要求。另外，从改良群体选出的优良可育株，经系统鉴定，也可将好的株行（系）混合成株高和熟期等性状基本一致的混系品种。

矮败小麦是将显性雄性不育基因 $Ms2$（Ta1）和显性矮秆基因 $Rht10$ 紧密连锁，连锁交换值仅为 0.18（刘秉华等，1991）。矮败小麦接受非矮秆品种（包括含有隐性矮秆基因的矮秆品种）的花粉，后代分离出一半矮秆的不育株和一半高秆的可育株，两者株高差异非常明显，这为利用矮败小麦构建轮选群体进行轮回选择，选育矮化品种创造了有利条件。矮败小麦的创制，使应用 Tal 基因进行轮回选择育种适宜范围极大地扩大，为小麦育种做出了巨大贡献。2011 年 1 月 14 日，国家科学技术奖励大会在北京召开，"矮败小麦及其高效育种方法的创建与应用"获得 2010 年度国家科技进步一等奖。矮败小麦不仅是一种小麦品种，更是一种小麦育种方法。已故诺贝尔和平奖获得者、"绿色革命之父"布劳格博士把这种育种方法誉为"小麦育种的革命"。李振声、庄巧生等国内顶尖小麦专家一致认为"矮败小麦独特的资源属于国际首创,该项目研究创新性强,适用效果好,发展潜力大,总体处于国际领先水平,建议建基地在全国推广该技术。"通过大协作,到 2009 年该成果已推广应用到全国上百个单位,利用矮败小麦高效育种方法育成国家或省级审定品种 42 个,累计推广 1 233 万 hm²,累计增产小麦 56 亿 kg,增收 82 亿元。

六、西北春小麦杂种优势利用

1951 年,日本学者 Kihara 首先发现了小麦细胞质雄性不育,标志着小麦杂优利用研究的开始。1962 年 Willson 和 Ross 实现了以提莫菲维小麦(*T. timopheevii*)胞质的普通小麦 T 型三系配套。随后,杂交小麦研究在世界各地快速兴起,现阶段小麦杂种优势利用仍然是提高产量的有效途径。

甘肃省从 20 世纪 80 年代以来,先后开展了太谷核不育小麦的育种应用,T 型三系杂交小麦、K、V 型杂交小麦和以化学诱导雄性不育的化学杂交小麦(chemical hybridi zation agent,CHA)的研究,并以自己发现的一份雄性不育材料"兰州核不育小麦"突变体为不育基因供体,成功建立了 4E-ms 杂交小麦生产体系,并对相关基础研究和杂交小麦选育进行了深入研究,取得了重要进展。下面就甘肃省春小麦杂交优势利用和杂交小麦研究的历史和进展作一总结,以期对今后的杂交小麦选育工作提供参考。

(一)"太谷核不育小麦"利用研究

1972 年高忠丽在大田发现了"太谷核不育小麦"突变体,1979 年邓景扬经遗传分析确定其为显性单基因核不育突变体,不育性表现稳定,不育株没有花粉粒,不育基因与不良基因没有连锁。1984 年刘秉华等用染色体组定位、端体分析等方法将该不育基因定位在 4D 短臂上,基因国际编号 *MS2*。由于无法实现 *MS2* 基因的有效标记,又因尚未发现 *MS2* 基因的显性上位基因,因此"太谷核不育小麦"无法应用于杂交小麦的研究工作。"太谷核不育小麦"在育种中最有效的用途是轮回选择,此方法的实质是在一个特定的人造多亲本群体内,通过随机互交—选择—互交—选择,循环往复,以打破不良基因连锁,增进有益基因的累加和重组频率,最后得到遗传基础极其广泛的改良群体。同时在这个群体内将可出现大量的超亲性状或综合性状突出的个体,为选育突破性新品种打下基础。

甘肃省农业科学院自 1984 年便开始"太谷核不育小麦"的利用研究,通过构建矮秆、丰产、抗旱和抗病等综合轮选群体加之水旱交替选择,先后培育出了春小麦抗逆性强的早熟品种陇核 1 号、高抗条锈病品种陇核 2 号、高档面条品种陇春 16 号等,还选育出了抗旱性突出的优良新品系 7931、7932、2841 等。

(二)K、V 型杂交小麦杂种优势利用研究

张改生、杨天章用具有粘果山羊草(*Ae. kotschyi*)细胞质的普通小麦 Chris 作为胞质供体,经过回交转育,育成了 K 型 1B/1R 易位不育系;同时也完成具有偏凸山羊草(*Ae. ventricosa*)胞质和易变山羊草(*Ae. variabilis*)胞质的 V 型小麦不育系,并初步认为 V 型优于 K 型。K、V 型不育系的优点是恢复源较广,且比较容易保持,种子饱满,但存在

诱发单倍体的缺点。1990 年，陆登义等开展了小麦 V 型杂种优势利用研究，对甘肃、宁夏、内蒙古、青海等不同生态区不同年代育成的 2 359 份品种（系）进行了恢保关系的全面测定，选育出 V 型优良不育系 msv 309 - 3A、msv 442A、msv 840118A、msv 28916 - 5A、msv 2 - 285A、msv 8201 - 78A、msv 77、2882A、msv 86（117）A、msv 87（210）A 等，这些不育系的不育度和不育株率均达到 100%，单倍体发生频率很低，在 0.01%～2.90% 之间；还选育出 V 型恢复系 81（39）- 3 - 2、T88 鉴 17、655、1333、87 - 108、8514、T89 鉴 12、88 鉴 12、8202 - 1、陇春 11 号、88 鉴 12、88 鉴 30、81529 等，这些恢复系的恢复度在 70%～94%，并且全部花药外挂、花粉量大、散粉持续期长，丰产性接近或超过当地主推品种；说明优良 V 型三系杂交种具有明显的杂种优势。

（三）化学杂交小麦研究

化学杂交小麦与三系法相比，具有简化育种程序、自由选配亲本、无恢复问题的优点。1997 年，甘肃省农业科学院与美国 Monsanto 公司合作开展了关于小麦新型化学杂交剂 Genesis 诱导春小麦雄性不育的研究，结果表明，Genesis 对品种（基因型）选择性较小，有效的喷施时期（旗叶露尖到完全展开）较长，适宜的喷施剂量范围广（2.0～5.0kg/hm²），对植株的负效应较小（仅使倒二叶产生轻度至中度灼伤，对穗和茎无副作用）。能诱导春小麦取得良好的雄性不育效果。此外，研究还表明，不同品种（基因型）的最适喷施剂量明显不同，并且随着喷施剂量的增加，异交结实率和制种产量显著下降。这就要求我们针对某一特定品种必须研究其最适喷施剂量，从而提高制种产量，降低杂交种的生产成本。该研究为 Genesis 在中国的注册登记提供了西北春麦区全面的试验资料，对于推动 CHA 杂交小麦的发展起到了至关重要的作用。

（四）4E-ms 杂交小麦生产体系的创建与研究

1.“兰州核不育小麦”的发现 1989 年云南元谋南繁期间，在杂交后代 87（212）的 F4 代群体中，发现有些株行的个别植株开花期颖壳蓬松、花药瘦小、花粉败育。当季即用同一株行内的可育株花粉给不育株授粉保持，同时，对不育株的分蘖穗套袋，结果成熟时授粉穗结实，套袋穗不结实（不育率 100%），后经广泛测交、杂交和回交，F_2、F_3 代育性分离比例调查及系谱分析，多年多代北（兰州）南（云南元谋）异地种植育性表现观察等常规遗传分析，确定该雄性不育材料属单隐性核基因突变，具有普通小麦细胞质，不育性遗传稳定、彻底，不受环境变化的影响，将该突变体命名为“兰州核不育小麦”（简称 LZ）。

2.4E-ms 杂交小麦生产体系的建立 将 LZ 突变体与 4E 染色体附加系蓝粒小麦（4E 染色体携带显性蓝粒标记基因）杂交，经连续多代自交选育，创建了 4E-ms 杂交小麦生产体系，实现了不育系种子白色（正常小麦粒色）及保持系种子浅蓝色的粒色标记，使小麦隐性核不育性获得有效保持，由此建立了 4E-ms 杂交小麦生产体系（图 7 - 3）。

4E-ms 体系的核心是浅蓝粒保持系，它同时具备自交繁殖白粒不育系和浅蓝粒保持系的双重功能。浅蓝粒保持系自交繁殖可分离出 64.3% 的白粒不育系、32.1% 的浅蓝粒保持系和 3.6% 的深蓝粒粒系（图 7 - 4）。该体系有两个显著特点：一是恢复源特别广，任何小麦品种（系）都可以完全恢复不育系的育性；二是任何小麦品种（系）都可以通过杂交、回交等常规育种方法转育成浅蓝粒保持系。

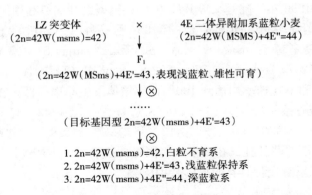

图 7-3　4E-ms 杂交小麦生产体系的选育原理

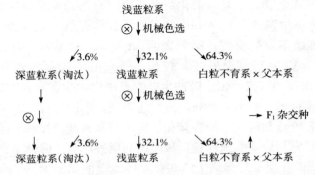

图 7-4　4E-ms 杂交小麦生产体系白粒不育系繁育机制及生产利用原理图解

3. LZ 突变体不育基因定位研究　通过细胞学观察发现，LZ 突变体不育株花药和花粉发育与相应可育株花药和花粉发育相比较，在细胞学水平几乎找不到明显差异，只是不育株花药的绒粘层稍有延迟退化、解体的趋势；通过常规遗传分析证明，LZ 突变体是典型的单核基因隐性突变，其不育性遗传稳定、彻底，不受光、温等自然条件变化的影响；通过"中国春"单体和缺体分析将该隐性核不育基因定位于 4B 染色体上；不育基因等位性测定表明，其不育基因与 Cornerstone 突变体等位，基因符号 ms1g 已经被国际小麦基因符号目录收集；项目共发表相关研究论文 10 篇，其中 SCI 论文 2 篇，"兰州核不育小麦"及其 4E-ms"两系"杂交小麦生产体系创建与研究获得 2005 年甘肃省科技进步三等奖。

4. 4E-ms 杂交小麦生产体系育种应用研究进展

（1）优良浅蓝粒系选育。经过多年研究探索，总结出浅蓝粒系选育的多种途径：杂交选育法、杂交＋有限回交＋系统选育法、连续回交定向培育法、"矮败"小麦轮回群体改良培育法。目前已成功转育出优良的浅蓝粒系 30 份：021B、257B、292B、2574B、1376B、3102B、3106B、3046B、3113B、3124B、3114B、2214B、3031B、3037B、3057B、3059B、3062B、3063B、3065B、3107B、3108B、3109B、3115B、3116B、3117B、3118B、3119B、3121B、3127B、3128B 等。2009—2010 年对 220 个浅蓝粒保持系进行产量鉴定试验，结果较对照增产的有 25 份，其中有 12 份增产率在 10％以上，7 份来自 3106B 组合，并且增产幅度比较大，其余 5 份来自 3124B 和 3114B 各 2 份，3113B1 份，说明优良蓝粒系的产量可以达到对照宁春 4 号产量的 95％以上。

（2）优良父本系筛选。父本系是用来与白粒不育系杂交生产杂交种的，优良的父本系应具备株高适中、开花期花药外挂、花粉量大、散粉持续期长、丰产性接近或达到当地主推品种等优点。经过笔者对大量亲本材料综合评价，筛选出了一批优良父本系材料：陇春 27 号、墨引 45、7220、92 鉴 64、陇春 8139、92J101、4085、高原 338、高原 602、西旱 3 号等。

（3）杂交种制种关键技术研究。甘肃河西灌区由于光热资源丰富、昼夜温差大、大气干旱，所制杂交种种子饱满度好、发芽率高，是我国最理想的作物杂交制种基地之一。甘肃是全国最大的杂交玉米种子生产基地，常年制种面积 10 万 hm^2，产种量 6.5 亿 kg，占全国年用种量的 60％以上。通过调节花期、降低父本播量、调节父母本施肥量等农艺手段，进行小麦强优势杂交种制种技术研究，连续多年的研究结果表明，杂交种 2574A/陇春 8139 和 2574A/墨引 45 的最高制种产量分别可以达到 4 974.0kg/hm^2 和 4 837.5kg/hm^2。

（4）强优势杂交种培育。通过大量组配 4E-ms 体系杂交种和产量品比试验，筛选出强优势杂交种 2574A/陇春 8139 和 2574A/墨引 45。在 2013—2014 两年的产量品比试验中，2574A/陇春 8139 平均产量 9 302.4kg/hm^2，较对照宁春 4 号增产 16.8％；2574A/墨引 45 平均产量为 9 183.0kg/hm^2，比对照宁春 4 号增产 15.3％，表现矮秆、优质、高产。

第三节　生产品种演变

自 20 世纪 50 年代初开始，西北春小麦种植区组织进行小麦品种评选鉴定和选育推广工作。六十多年来，小麦生产上应用的品种实现了六次大的更新换代。就小麦育种工作的进展和品种的演变过程来说，大致可以分为以下 3 个阶段。

一、地方品种的评选鉴定和扩大应用阶段

20 世纪 50 年代初期，西北春麦区各地广泛开展了对地方品种的调查整理和评选鉴定工作。当时收集、整理的地方品种有三四百个，分属于普通、密穗、圆锥、硬粒、波兰、波斯 6 个种的四五十个变种，其中以普通小麦分布最广、品种最多。通过评选鉴定，使一批地方品种扩大了种植面积，在生产上起到一定的增产作用。在青海省东部当时主要推广种植六月黄、一支麦、小红麦、大红麦和白麦；在甘肃省中部干旱半干旱地区重点扩大种植白老芒麦和红老芒麦，河西走廊地区主要扩大种植白大头和红光头等；在宁夏引黄灌区主要种植红火麦、火麦、山麦、白秃子、红秃子、大青芒和五爪龙等。

小红麦是青海省栽培历史悠久的地方品种。该品种由于具有突出的耐旱、耐寒能力，外观品质好，口紧不易落粒，很受农民欢迎，1959 年种植面积达 2 万 hm^2。但该品种的缺点是种子休眠期短易穗发芽，耐盐碱力弱，条锈病重。

红老芒麦、白老芒麦是甘肃省中部干旱地区种植面积最广、栽培历史悠久的地方品种，因耐旱力特强，后者比前者还强，产量较高而稳定，20 世纪 60 年代初种植面积 9.2 万 hm^2，占当时该地区小麦播种面积的 80％。这两个品种植株较高，繁茂性好，耐寒、耐旱、耐瘠，口紧不易落粒，其中红老芒麦耐土壤干旱能力特强，轻感条锈病、

秆锈病；白老芒麦对条锈病抵抗力稍强，但重感秆锈病。近年发现，这类品种中有对致病力很强的条锈菌生理小种条中 30 号、条中 31 号表现高抗的材料，值得注意加以研究和利用。

白大头属密穗小麦，抗大气干旱能力特强，是河西走廊主要的地方良种。1959 年栽培面积曾达 3.2 万 hm²，茎秆粗壮，穗大粒大，口紧不易落粒，耐寒、耐盐碱，对土壤干旱和霜冻也有较强的抵抗力，但感染三种锈病，尤以秆锈病特重。

和尚头是甘肃中部沙田种植的地方品种，具有很强的抗旱性，在极干旱的皋兰、永登、景泰等县旱沙地，在沙田栽培的条件下，当其他品种濒临绝收时仍可获得 750kg/hm² 左右的产量。该品种品质好，加工当地传统面食"拉条子"的性能极佳，目前仍为该区旱沙田栽培的主要品种。

火麦是宁夏回族自治区栽培历史悠久、分布最广的地方品种，不论在银川灌区还是在干旱的固原、同心、西吉、盐池等县都曾种植过。火麦耐旱性强，籽粒外观品质好，硬质，因感染锈病、散黑穗病，秆软易倒伏，逐渐被外引品种或改良品种所取代。

以上这些地方品种，有的至今在旱薄地区，特别是降水稀少的山旱地区，种植面积仍然较大，并成为育种工作的宝贵种质资源，值得进一步研究利用。

二、引种、试验示范和推广阶段

在评选和扩大种植地方品种的同时，西北春麦区各地都积极开展外引品种的试验试种工作。通过多点鉴定和生产示范，很快从外引品种中选出了碧玉麦、南大 2419、甘肃 96、武功 774 等第一批外引推广品种。这批外引品种的突出优点是抗病性（主要指抗锈病）强、耐水肥、不易倒伏、增产潜力大、适应性广，因而得到迅速推广，形成了本区春小麦生产用种的第一次大规模更新换代。这次品种更换明显地提高了产量潜力，并在较大程度上控制了锈病的危害。

碧玉麦在新中国成立前仅局部地区小量种植，1949 年后才迅速发展起来。20 世纪 50 年代，碧玉麦在本区开始示范推广，因表现抗条锈病，不易倒伏；到 50 年代中、后期即广泛分布于沿河水浇地区、冷凉阴湿地区以及河西走廊的东部灌区，成为适宜地区的优势品种。据 1959 年不完全统计，全国 14 个省（自治区）共种植约 78 万 hm² 以上，其中冬播麦区占 56 万 hm²，春播麦区约 22 万 hm²。当时不仅大面积应用于生产，并成为广泛应用的亲本材料，中国著名的冬小麦品种碧蚂 1 号、碧蚂 4 号，春小麦品种斗地 1 号等，就是以碧玉麦作为亲本之一而育成的。该品种叶厚而宽，叶面、叶鞘有白色蜡粉，茎秆坚韧，口紧不易落粒；粒大，千粒重 41～45g，在甘肃临夏最高可达 51g，质佳，适应性广，在冬暖的地方可以秋播；成熟较早，生育期在兰州为 115d，较甘肃 96 早熟 4d；抗条锈病和腥黑穗病能力强，但易感秆锈病和遭受吸浆虫危害。

甘肃 96 原产美国，由麦粒多（Merit）和萨其尔（Thatcher）杂交育成，原编号为 CI12203。1944 年引入甘肃，1945 年由甘肃省农业改进所（现甘肃省农业科学院前身）试验鉴定选出，1952 年开始推广。到 1959 年，甘肃省种植面积近 10 万 hm²，主要分布于张掖以东的平川水浇地；宁夏种植 4.7 万 hm²，主要分布在引黄灌区；青海省种植 2.7 万 hm²，主要分布在东部农业区的水浇地。此外，内蒙古种植 16 万 hm²，东北三省 26.7 万 hm²，山西、河北 6.7 万 hm²，全国共计 66.7 万 hm²，是当时中国春小麦品种中适应性较广、抗锈病性较强的推广良种。该品种叶色较深，拔节前生长缓慢，抽穗后发育较快，在兰州、武威等地，生育期约120d，红粒，千粒重32～36g，品质好；开始推广时表现抗三种锈病，对腥黑穗病、散黑穗病及吸浆虫有高度抵抗力；抗霜冻，耐阴湿，耐盐碱，秆较硬，不易倒伏，不易落粒，但抗旱性较差。后因感染条锈病逐渐为阿勃所代替。

南大2419是1951年由陕西引入本麦区，分散种植于川水地区，表现中早熟，高抗条锈病，丰产性较好。同期零星种植的还有碧蚂1号等品种。

武功774原产美国，1943年由西北农学院引入甘肃，主要种植在河西走廊的东部、中部灌区以及永登一带川水地，播种面积达2.7万 hm²。该品种叶片宽大，穗棍棒形，颖壳有蜡质，熟期比甘肃96稍晚，口紧；耐寒性较差，早春易受冻害；耐旱性差，后期遇干热风易青干；不抗锈病，易遭麦蚜危害，但对吸浆虫有一定抵抗力。50年代后期该品种亦被阿勃所代替。

50年代末，由于条锈菌新生理小种条中10号、条中13号的出现并成为优势菌种，碧玉麦、甘肃96、南大2419等首批外引推广品种相继丧失了抗锈性；同时，这些中产水平的品种不能适应进一步提高单产的要求。在这种形势下，以阿勃为代表的一批高产、抗病品种的引进和迅速大面积推广，促使本区春小麦生产用种出现了第二次大规模更新换代。

阿勃原产意大利，其组合是 Autonomia×Fontarronco，含有南大2419（Mentana）血统。1956年由阿尔巴尼亚引入中国，1957年由农业部提供给本区试种。该品种在各地表现穗大粒多，丰产性好，对条锈病免疫，抗叶锈病和黑穗病，株高适中，茎秆粗壮，耐水肥，抗倒伏，适应性广，比原有碧玉麦、甘肃96、南大2419、武功774等品种增产15％～25％，一般水浇地单产3 750～4 500kg/hm²，丰产田单产5 250～6 000kg/hm²，高产田可达7 500kg/hm²左右。因而，从50年代末开始示范推广，到60年代中期就成为本区的主要栽培品种，不仅在川水地区种植，在山旱地、二阴地也有种植。全区种植最多时达40万 hm²，90年代末仍有8.7万 hm²。与此同时，阿勃还先后在新疆、四川、贵州、云南、河南等省（区）大面积推广。据统计，全国最大种植面积曾达160万 hm²。该品种弱冬性，耐寒性中等，分蘖力比南大2419稍强，耐旱性比碧玉麦、南大2419等稍好，旗叶宽大下垂，有蜡质，色深绿；穗长方形，红粒，千粒重40g以上，粉质，皮较厚；成熟期偏晚，易落粒，种子休眠期较短，较易穗发芽，并感染叶锈病、秆锈病和赤霉病。

50年代末到60年代中期，与阿勃同期作为搭配品种推广的还有阿夫（意）、欧柔（智利）、蜀万8号、内乡5号、华东5号等外引品种。阿夫在本区表现穗多、丰产，抗锈病，秆硬，株高适中，但对水肥条件要求高，在甘肃省临洮、临夏一带川水地种植较多。欧柔在本麦区的突出特点是产量高，抗锈病，秆矮，株形和叶形好，口紧不落粒，但后期落黄不好，籽粒不饱满，仅零星分布于灌区高肥水浇地，在青海省东部种植较多。蜀万8号在川水地表现穗大丰产，秆壮，早熟，但耐旱性差，口松易落粒，主要栽培于本区西南部的冷凉阴湿地区，以及临近的临夏、临洮一带川水地，1966年种植面积为6.7万 hm²。内乡5号表现大粒丰产，中早熟，局部搭配种植于青海省东部、甘肃省临夏及宁夏引黄灌区等地。华东5号为早熟类型，穗子短小，产量不高，仅在甘肃省定西一带川水地和宁夏引黄灌区零星种植。

上述外引品种尽管在本区春小麦生产上不同程度地获得推广应用，发挥了程度不等的增产作用，但并无一个真正适应山旱地区、河西走廊西部以及沙漠边缘地区种植的品种。而原产新疆的地方品种喀什白皮、原产青海的地方品种杨家山红齐头以及从地方品种山西红中系选出来的金塔 34 则分别在上述自然条件严酷的地区得到了生产应用，后者曾是 70 年代初期河西走廊西部的主栽品种。至 70 年代末，喀什白皮在本区还有 1.3 万 hm² 左右，杨家山红齐头还有 2 万 hm² 以上。

三、自主选育新品种大面积应用阶段

由于阿勃晚熟、口松、品质较差和耐旱性弱，不适应山旱地区和多风的河西走廊地区种植。因此，本区于 20 世纪 50 年代后期相继开展了以阿勃为主要亲本的杂交育种工作。到 60 年代中后期，育成的第一批春小麦优良品种青春号、甘麦号、斗地号等开始在各自适应区域投入生产，成为继阿勃等第二批外引推广品种之后的较好接班品种，实现了第三次品种大更换，并逐步使生产上应用的品种形成多样化的局面。在自然条件差、灾害性天气频繁的一些地区，也选育推广了一批适应性较强的品种。

青春 5 号及其姊妹系品种青春 10 号主要推广应用于青海省东部的黄河、湟水两岸水浇地及其周围的部分冷凉阴湿地区和二阴山坡地，当时表现丰产、抗锈病、中晚熟，一般比阿勃增产 10% 左右。其中青春 5 号在甘肃省定西一带川水地也有一些面积。青海省互助土族自治县农民 1964 年从引进品种中选出类似阿勃的红（壳）阿勃，后改名互助红，适宜中下等肥力水平的水地和山地种植。该品种表现口紧不易落粒，种子休眠期长，不易穗发芽，70 年代中后期在互助、湟中、大通等地推广 1.3 万 hm² 以上，1979 年最大面积为 6.7 万 hm²。

甘麦 8 号及其姊妹系甘麦 11、甘麦 12、甘麦 23、甘麦 42 等品种，是本区首批育成品种中推广面积较大、适应性较广的品种。其主要特点是长方大穗，多花多粒，茎秆健壮，抗锈病，抗倒伏，中早熟，在同等条件下比阿勃增产 10% 左右，并早熟 3～6d。从 60 年代中期开始示范推广，到 70 年代初期即迅速取代了阿勃，成为甘肃省中部川水地、二阴地和河西走廊灌区的主体品种。当时甘肃全省甘麦 8 号种植面积为 26.7 万 hm² 左右，甘麦 23 在 1976 年最大面积也达 6.7 万 hm²，直到 1980 年甘麦 8 号仍有 14.7 万 hm²，连同其姊妹品种共计约为 23.3 万 hm² 左右。推广后，这些甘麦号品种一直保持着主体的地位，也在青海沿河水浇地区的民和、乐都县一带以及宁夏引黄灌区的中卫、中宁等县推广种植。此外，甘肃省还育成了金麦 4 号、金麦 7 号、金塔 34、临农 14、定西 24、张春 9 号等品种，先后在一些地区得到推广应用。

斗地 1 号及其姊妹品种阿玉 2 号以及同期选出的连丰、宁春 304 等主要在宁夏引黄灌区推广种植。其中以斗地 1 号表现较突出，水浇地一般单产 3 750～4 500kg/hm²，比阿勃增产 10%～15%，小面积高产田可超 7 500kg/hm²。抗条锈病，穗大粒多，粒白质佳，秆粗壮抗倒伏，对土壤肥力要求不严格，适应性好。1977 年推广种植 7 万 hm²，占宁夏引黄灌区小麦面积的 70%，成为该地区的主体品种。

本区在利用当地育成品种为主的同时，也适当搭配种植了一些外引品种。70 年代初引入一些墨西哥春小麦品种在各地试种，大都表现矮秆，抗锈病，成穗率高，株形长相好，但后期早衰、叶枯、青秕现象比较严重，对水肥条件要求也高，因而仅零星种植。其中墨巴 65、墨巴 66 在甘肃河西走廊东部的民勤一带种植 0.7 万 hm²；卡捷姆 F71 在宁夏引黄灌区种植较多，1977 年为 1.7 万 hm²；他诺瑞 F71、沙瑞克 F70 在青海省东部和甘肃省河西走

廊中部灌区也有小量种植。引自福建省的晋麦 2148 在青海省东部的大通、乐都、湟水、民和等地以及甘肃省的永登、武威一带种植较多，约 4.8 万 hm² 左右。

据 1980 年不完全统计，本区春小麦品种的布局情况是：甘肃省的主体品种是甘麦 8 号（15.3 万 hm²），其次为甘麦 23（2.8 万 hm²）、甘麦 39 和甘麦 42（合计 3.4 万 hm²）、张春 9 号（约 2.1 万 hm²）、临农号（约 2.3 万 hm²）、阿勃（2 万 hm²）、587-2（约 1.3 万 hm²）、金麦号（1.2 万 hm²）；宁夏引黄灌区的主体品种是斗地 1 号，有 5.8 万 hm²，占该地区小麦种植面积的 54.5%，其次是卡捷姆 F71（1.4 万 hm²）、宁春 304（约 1.3 万 hm²）、斗地 2 号（1.2 万 hm²）；青海省东部农业区仍以阿勃为主，还有 7 万 hm²，其次为红阿勃（即互助红，2 万 hm²）、甘麦 8 号（1.2 万 hm²）、晋麦 2148（1 万 hm²）。在自然条件差的地区，生产上仍然主要使用地方品种，如杨家山红齐头（约 2.3 万 hm²）、和尚头（2 万 hm²）、红光头（1.6 万 hm²）、喀什白皮（约 1.3 万 hm²）、老芒麦（0.7 万 hm²）等。

从 70 年代开始，小麦条锈菌生理小种条中 18 号、条中 19 号的迅速上升和条中 21 号新小种的出现，导致阿勃及其部分衍生品种丧失了抗锈性。本区各育种单位相继加快了新品种选育进程，从 80 年代起至 90 年代中期先后选育出 40 多个新品种供不同生态地区推广应用，促使本区随后又进行了 1～2 次品种更新。

在青海省东部农业区，除继续种植原来推广的阿勃、甘麦 8 号、青春 5 号、晋麦 2148 等品种外，1981 年起推广互助红（又名红阿勃），年种植面积 3.3 万～4.8 万 hm²，成为主体品种，搭配种植互麦 11、互麦 12 和高原 338、绿叶熟等。80 年代末，青春 533 异军突起，种植面积骤增，成为与互助红并驾齐驱的主要品种，高原 602 也开始有一些面积。在山旱地区仍分散种植一些地方品种，如白浪散、白六棱、肚里黄等。

甘肃省各地区继推广种植甘麦 8 号、甘麦 11、甘麦 12、甘麦 23、甘麦 42 等原有品种之后，在中部川水地区（黄河及其支流洮河、庄浪河、菀川河沿岸水浇地）和洮岷高寒（青藏高原北缘的甘南、临夏州）地区，主要推广晋麦 2148、临农 14、渭春 1 号等品种，其中临农 14 在 1985 年种植面积达 6 万 hm²，成为主体品种。随后又推广陇春 10 号、陇春 11 号、永麦 2 号、高原 338、广临 135、科 37-13、陇辐 1 号、甘 07802 等品种，其中广临 135 发展较快，1987—1990 年间种植面积都在 3.3 万 hm² 以上，成为第一主体品种。中部山旱地区及半干旱和二阴地区，除继续种植定西 24 号、会宁 10 号等品种外，推广种植和尚头、定西 32 号、临农转 51 等品种，其中定西 24 在 1985—1988 年间种植面积都在 6.7 万 hm² 以上。

甘肃河西走廊灌区主要推广种植武春 1 号、陇春 8 号、陇春 9 号、甘春 11、张春 9 号、张春 10 号、民勤 732 等品种，以陇春 8 号为主体品种，1985—1987 年间种植面积都在 6.7 万 hm² 以上，武春 1 号和甘春 11 也有较大面积。随后又推广了武春 121、张春 11、花培 764、宁春 4 号等品种，其中武春 121 到 80 年代末已发展成为主体品种之一，年最大种植面积为 4.3 万 hm²。而河西走廊西部灌区自 70 年代末至 80 年代末则仍以甘春 11 为主。

宁夏回族自治区的引黄灌区在继续种植斗地 1 号（为主）、宁春 304、卡捷姆的基础上，1981 年开始推广宁春 4 号。该品种发展很快，1983 年即成为主体品种，1985 年起种植面积都在 6.7 万 hm² 以上，实现了该灌区小麦品种的第四次更新换代。1990 年宁春 4 号的种植面积为 10 万 hm²，占灌区小麦面积的 90% 以上。在宁南山旱地区仍以古老的地方品种为主，80 年代初大红芒种植较多，1985 年后改种红芒麦，除个别年份外都在 6.7 万 hm² 以上，与灌区的宁春 4 号各领风骚；在半干旱地和二阴地，定西 24、宁春 4 号、宁春 10 号、晋麦 2148、晋麦 0129、晋麦 2454 等则各有小量种植。

除河西走廊外，本区的品种更换主要是围绕条锈菌生理小种的变化而被动地进行。从 70 年代流行的条中 18 号、条中 19 号到 90 年代中期鉴定出的条中 31 号，每出现一次新的条锈菌优势生理小种，随后就有一批品种丧失了抗锈性。90 年代中、后期由于条中 31 号小种的出现与流行，生产上几乎没有过硬的抗锈病品种。如按生态地区叙说，90 年代生产上应用的主要推广品种大体如下：

沿河水浇地：宁夏平川灌区一直是宁春 4 号一统天下，1996 年以后每年都种植 4.7 万 hm² 以上，比 80 年代后期又有所扩大。宁春 12 由于抗锈病性较好，曾一度在宁夏、甘肃等地小量种植，但其品质和适应性都不及宁春 4 号；此外还有宁春 11、宁春 13、宁春 16、宁春 18 的大面积种植。青海东部除继续种植互助红、互麦 11、互麦 12 并分别保持其在 80 年代推广面积外，青春 533 上升为主体品种之一，年种植面积在 3.3 万～6 万 hm² 之间，高原 602 和其后的青太 4425 也占有较大的面积。值得注意的是，据农业部全国种子总站的统计，从 80 年代末至 2000 年，老品种阿勃的名下又出现年种植 3.3 万～5.3 万 hm² 的面积，成为青海省的主体品种之一。甘肃中部和洮河沿岸地区则在继续种植广临 135、临农 20 的同时，先后推广了甘 630、甘春 16、临农 28、临麦 29、临麦 30、陇春 13、陇春 15、宁春 16、宁春 18 等品种。

山旱地区：主要推广种植陇春 8139、红芒麦、高原 602、定西 24、定西 30、定西 33、定西 35、晋麦 2148、晋麦 0129、宁春 10 号等品种。其中陇春 8139 由于高产量潜力与抗旱性结合较好，在 90 年代后期年种植面积曾达到 6.7 万 hm² 左右，定西 35 也有较大比重，红芒麦在宁夏仍占一定的面积。

冷凉阴湿地区：主要推广临农 20、临农 28、临麦 29、临麦 30、青春 533、陇春 15 等品种。

河西走廊地区：在继续种植武春 121（主体品种之一）、陇春 8 号、武春 1 号、甘春 11、陇花 2 号的同时，主要推广宁春 4 号、高原 602、宁春 13、宁春 18、甘春 18、甘春 20、民勤 78152 等品种。

进入 21 世纪以来，西北春麦区小麦育种快速发展，成效显著。育种单位和育成的品种多，比较有名的品种有：山旱地有陇春 27 号、陇春 35 号、定西 40 号、西旱 2 号、甘春 25 号等；冷凉阴湿地区有陇春 23 号、临麦 34、临麦 35、临麦 36 号等；灌区主要有宁春 39 号、陇春 26 号、陇春 30 号、陇春 33 号、甘春 24 号、武春 3 号、陇辐 2 号等。

第四节　主要品种及其系谱

新中国成立以来，西北春麦区选育推广的春小麦新品种大约 300 多个，其中，大面积生产应用的品种也有将近 100 个，但作为著名的品种，同时作为重要的亲本资源对生产产生重大影响的品种主要有 3 个，分别为甘麦 8 号、高原 602 和宁春 4 号。下面就着 3 个品种的系谱及其衍生品种作一总结和归纳，以便更好地指导该区的小麦品种改良工作。

1. 甘麦 8 号系谱及其衍生系

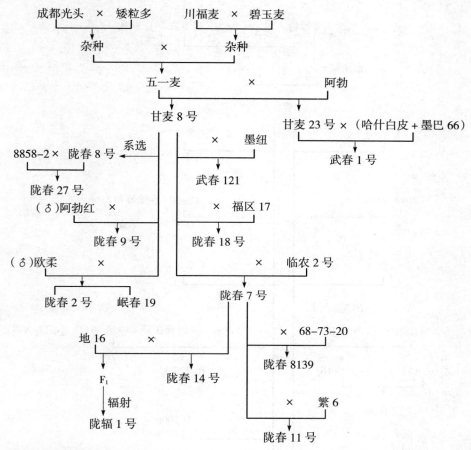

2. 高原 602 系谱及其衍生系

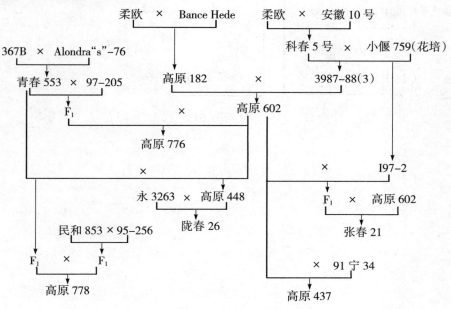

3. 宁春 4 号系谱及其衍生系

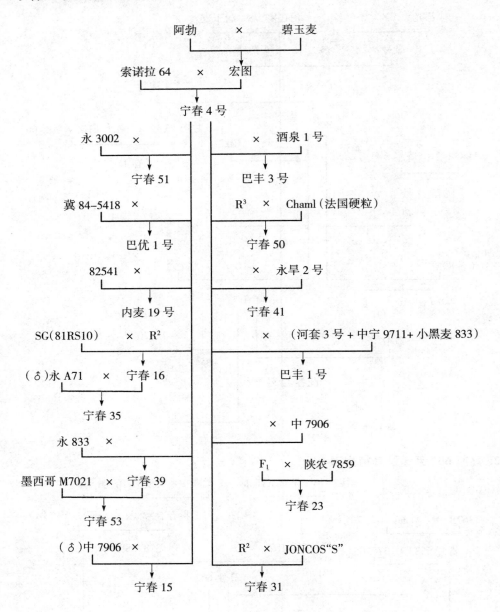

第八章

西北春小麦栽培技术

第一节　限制因素与生产潜力

一、春小麦生长发育特点

由于西北春小麦种植区光照充足，春小麦出苗后气温回升快，生育中、后期温度条件适宜且降水较少，形成春小麦生长发育快、生育期短的特点，从出苗到成熟一般仅 90～120d，春小麦高产带为 130～140d。

（一）种子萌发和出苗

种子萌发后，胚芽鞘向上伸长顶出地表，为出土。胚芽鞘见光后停止生长，接着从芽鞘中长出第一片绿叶，当第一片绿叶伸出芽鞘 2cm 时称为出苗，田间有 50％苗达到上述标准时为出苗期。影响春小麦萌发的环境条件主要有土壤含水量和温度。当春小麦种子吸收本身质量 33％的水分时，开始萌发，适宜萌发的土壤含水量为该土壤最大持水量的 50％～85％。春小麦播种时有充足的底墒水，是苗全、苗齐的重要条件。春小麦发芽的最低温度为 1～2℃，最适温度为 15～20℃，最高温度为 30～35℃，平均气温低于 10℃会显著延缓出苗时间。

（二）分蘖

西北春小麦种植区春小麦分蘖有发生早、过程短、数量少、有效率低等特点。分蘖从开始到停止一般仅 15～25d。拔节以后，分蘖开始两极分化，田间总茎数趋于下降，到开始抽穗时，田间总茎数便稳定下来，这一时期一般只有 20～30d。由于春小麦分蘖时间短，导致总分蘖数和有效分蘖数少。在大田栽培条件下，单株平均有效分蘖数只有 1.1～1.5 个，采用多穗型品种也不过 2 个。因此，生产上要力促低位蘖早生快发、拔节后高位蘖尽快消亡。

西北春小麦试验研究和生产实践证明，具有一定分蘖成穗率既是壮苗标志，也是生产力高的标志。但是单株成穗数也非越多越好，这是因为春小麦分蘖穗的穗粒数总是赶不上同一株的主茎穗，且随穗位升高而递减。因此，有效蘖较多的植株，其收获指数平均值并不一定高，而且往往形成穗层不齐，成熟不一致。所以，生产上常采用依靠主茎穗，或主茎穗为主，争取分蘖成穗的增产途径。在采用分蘖型品种进行高产栽培时，应适当提高分蘖穗比重，采取主茎穗和分蘖穗并重的增产途径。

（三）幼穗分化

西北春小麦幼穗分化具有开始早、进程快、过程短的特点，在采用早熟品种与推迟播期的情况下，这些特点尤为明显。

一般，西北春小麦主茎有 7～9 片叶，在出苗后 15d 左右、植株第三片叶完全展开时开始幼穗分化。早熟品种或推迟播种条件下，甚至可提早至二叶期开始。幼穗分化从伸长期到四分体期的整个分化过程需经历 36～55d，比中国东北春麦区的 34d 略长。不同地区之间幼穗分化过程也有差别。例如，甘肃黄羊镇和青海赛什克春小麦幼穗分化经历时间较长，容易形成大穗。分段看，两地幼穗分化前半期（伸长期至护颖分化期）经历 12～16d，与宁夏永宁（16d）相似；而后半期（护颖分化期至四分体期）为 35～40d，比宁夏永宁（20d）长 15～20d，这对于增加小花分化数、减少小花退化率及提高穗粒数非常重要。

当幼穗分化达到护颖分化期之后，由幼穗的中下部小穗上最先发生小花原基。此后，幼穗上的小花数目即以很快速度增加，在 20d 左右时间里，一个幼穗上可分化出百余朵小花，但这些小花结实率仅为 22%～33%。可见，小花退化率远高于结实率。

当幼穗中下部小穗上发育早的下位小花进入四分体期以后，幼穗上各小穗顶端小花原基的分化便告停止。至此，凡未达到花粉母细胞形成期的小花原基，均停止在原有分化状态，并随之转向退化。据研究，这部分小花约占总小花数的 60% 以上。因为这些小花发育程度较低，又因四分体期是小花分化发育的重要转折时期，花粉母细胞进行减数分蘖形成四分体时，强烈的需要物质和能量，故此时也是植株对水分和养分需求的临界期。基于这两方面的原因，这部分小花在四分体形成期（抽穗前约 10d）到抽穗前 4～5d 的 5～6d 时间内，全部萎蔫退化，表现出退化快、退化量大，为集中退化期。剩下的小花，也非全部可以通过四分体期形成花粉粒。即使通过四分体期形成花粉粒的小花，还可能因生育条件或农业技术措施不当，使花粉粒不能正常充实，不能进入花粉单核期或三核期。即在集中退化期之后，还有一个持续退化期（从抽穗前 4～5d 到开花或抽穗后 4～5d），这一时期的退化量虽然不大，但这些小花却属于"保花增粒"的对象。

保花增粒并不意味着可以忽视增花增粒的作用，花多仍不失为粒多的基础。生产上，如果在幼穗分化的伸长期肥水早促穗大，则此期到小花分化期只有 12～15d，土壤水分状况尚好，也正处于追肥高效期。所以，早促穗大的措施也兼顾促进了小花。而且，早促穗大，即增加每穗小穗数；每穗小穗数增多，可能结实的下位小花数就增多。

（四）籽粒灌浆

小麦开花受精以后，籽粒开始形成和逐渐发育。随着营养物质的输入和积累，籽粒增长过程呈对称的 S 形曲线。说明粒重增长符合正态分布；根据正态分布规律，如果以某品种栽培条件下的最大千粒重为 100g，则从开花始到粒重增长至最大粒重的 15.9% 时，该阶段粒重增长比较缓慢；从 15.9%～84.1% 之间几乎是直线增长，为粒重增长的主要时期；达到 84.1% 以后，增长又较为缓慢。西北春小麦一般籽粒形成期 8～12d，灌浆期 15～19d，蜡熟期一般 6～9d。

一般认为小麦灌浆期间最适宜温度为 16～22℃，在不超过 25℃ 范围内，随温度的升高灌浆进度加快，而灌浆持续期缩短。西北春小麦种植区春小麦籽粒灌浆成熟期间气温较低，日最高气温 ≥30℃ 的天数较少，且昼夜温差大，日照时间长，太阳辐射量大，降水较少，这些因素的综合作用，对延长籽粒灌浆时间、提高粒重十分有利。

西北春小麦种植区不同地区籽粒灌浆成熟期长短也有差别。以东部内蒙古河套地区最短，仅 27～30d，籽粒千粒重一般在 35～40g；西宁和甘肃河西走廊一带为 37～50d，籽粒千粒重为 43～47g；柴达木盆地和新疆天山以北地区为 50～62d，籽粒千粒重为 50～66g。

二、西北春小麦生产特点及制约因素

（一）主要分布于沿山、沿河、沿沙漠的"三沿"地区

西北春小麦集中于甘肃、内蒙古中西部、新疆、宁夏、青海等省（自治区）。从海拔高度和地域类型上讲，主要分布于海拔 1 700m 以上的沿祁连山、六盘山、天山、阿勒泰山、阴山等沿山地区；海拔 1 200～1 700m 的沿黄河和内陆河（如石羊河、黑河、疏勒河、塔坚木河、玛纳斯河等）地区；海拔 1 200m 以下的沿巴丹吉林、腾格里、塔克拉玛干、古尔班通古特等沙漠地区。其中沿河、沿沙漠地区的春小麦完全依靠灌溉，沿山地区的下缘多为不保灌地区，上缘多为旱地春小麦。沿河地区的春小麦是西北春小麦种植区中的高产麦区，平均单产水平一般在 4 500～6 000kg/hm²，高的可达 7 500kg/hm² 以上。沿山地区是当前西北春小麦种植区中的低产地区，平均单产水平只有 1 500kg/hm² 左右，但高产典型多出在这一地区，因而是西北春小麦种植区中增产潜力最大的地区。

（二）干旱少雨

西北春小麦种植区地处中国 400mm 等降水线以西，大陆性气候特点明显，大部分地区常年降水量不足 300mm，最少的地区只有十几毫米。该区土壤主要为棕钙土、灰钙土等，结构疏松，易风蚀沙化；加之山高风大，日照强烈，植被不足等原因，致使水分年蒸发量高达 1 500～2 500mm，干燥度在 1.2～31.4 之间。所以，在没有灌溉条件地区，水热资源严重不协调，干旱是春小麦高产的限制因素。常是"三年一小旱，五年一大旱"，严重的年份颗粒无收。

西北春小麦种植区年降水量虽少，但集中在小麦生长季内，有效性较高。4～9 月既是小麦生长季节，也是热量比较丰富的季节，降水量占年降水量的 80%～90%，达到了水、热同步，有利于春小麦丰产。但这并不意味在春小麦生长的水热同步期内，水分可以满足需求。以甘肃祁连山北麓冷凉灌溉春麦区和河西平川灌区为例，生长季内降水对小麦需水量的满足程度分别为 15.9%～53.1% 和 9.8%。又以甘肃定西为例，当地小麦生长季内降水量为 182.2mm，仅在苗期和灌浆期可满足需求而略有余但在分蘖至孕穗期一直处于缺水状态，缺水量占这一时期需水量的 46.6%～81.8%。

（三）水土流失和土壤盐渍化

西北春小麦种植区约有 65% 以上的耕地山坡旱地。年降水量 180～500mm，平均年径流量为 32～170mm，径流量占年降水量 6.0%～33.1%。减少和防止水土流失的好的办法是修筑水平梯田，其次是隔坡梯田、水平种植沟、等高种植等方法，在西北春小麦种植区这些都是常见的。

除了水蚀，西北春小麦种植区风蚀也相当严重。该区是中国大风区之一，大风出现盛期以小麦生长的春夏季为主。年大风日数宁夏银川、盐池、固原各为 27.6d、13.8d 和 21.9d；甘肃庆阳和兰州各为 6.7d 和 3.9d。除了大风，沙尘暴经常肆虐，常致沙土飞扬，不仅卷走

麦田肥沃的表土，而且常把麦苗席卷而去，或掩埋或打死。

西北春小麦种植区土壤盐渍化面积约占总耕地面积的 17%～30%。特别在灌溉春麦区，由于土壤母质中含盐量较高，加之降水少，淋溶作用弱，蒸发量大等原因，致使土壤盐分产生"盐随水走，水去盐存"的表聚作用，0～30cm 土体内含盐量达 1.0%～2.0%。过高的土壤盐分危害小麦生长，特别在春季土壤解冻后，由于土壤湿度大，蒸发返盐强烈，形成季节性盐渍化春潮期，使盐分集聚地表。当灌头水时，浓重的盐分又随水而下，危害麦苗，致使春小麦经常发生"头水死苗"问题。本区的一些传统旱作地区，由于土壤母质中含盐量较高，加之一些地方在发展灌溉事业中缺乏综合治理规划，常常是有灌无排或排水不畅，地下水位逐步升高，致使土壤次生盐渍化问题日趋严重。

（四）高温逼熟、干热风和青干以及低温霜冻

西北春小麦种植区中靠近沙漠、海拔较低的地区，高温迫熟、干热风和青干时有发生。这三种灾害的共同点是，均有高温天气出现，危害时间均在灌浆成熟阶段，均造成春小麦千粒重下降。不同点在于，高温迫熟是日最高气温≥28℃的高温天气所造成的一种不正常成熟现象；干热风是指小麦灌浆成熟阶段的高温、低湿和伴有一定风速的气象灾害；青干是小麦灌浆后期遇较大降水或阴雨，转晴后 2～3d 内日最高气温≥28℃所造成的一种青枯逼熟现象。一般情况下，这三种灾害均可使小麦千粒重降低 2～8g，内蒙古西部、甘肃河西走廊、青海东部和新疆部分沙漠沿线地区均发生比较频繁。

西北春小麦种植区中海拔较高的地区，无霜期较短，低温霜冻时有发生。特别是区内海拔在 2 400m 以上地区，这一问题更为常见。本区霜冻中，晚霜出现的时间越迟，对春小麦的危害越大，往往会造成叶片受害，尖端枯黄，还影响小花受精结实，粒数减少。早霜冻一般出现在春小麦灌浆—乳熟期，因此对春小麦的正常灌浆成熟影响很大。

（五）耕作管理粗放，单产水平较低

西北春小麦种植区多数地方人少地多，耕作管理一般比较粗放。主要表现在缺乏过硬的接班品种，现有品种混杂退化严重，混杂率一般在 10%左右，严重的高达 30%以上；土地不平整，灌溉技术落后，大水漫灌、串灌的现象仍很普遍；机耕、机播、机收尚未全面推开；播量偏大，出苗率较低；施用有机肥量小、质量差，化肥用量也较少；小麦种植面积比重大，重茬年份长，草荒比较严重等。由于耕作管理粗放，导致本区春小麦产量较低，2013年甘肃、青海、宁夏、新疆等省（自治区）平均单产只有 3 963.9kg/hm²，比全国小麦平均单产 5 056kg/hm² 低 21.6%，比全国冬小麦平均单产 5 137kg/hm² 则低 22.8%。

（六）发展不平衡，增产潜力较大

2013 年与 1949 年相比，西北春小麦主产省和自治区的春小麦播种面积由 87.7 万 hm²增加到 156.5 万 hm²、增长了 78.5%，每公顷产量由 847.5kg 提高到 3 963.9kg，提高近3.7 倍，总产量由 74.3 万 t 增长到 607.3 万 t，增长近 7.2 倍。但是由于自然条件和生产条件差异较大，春小麦生产发展很不平衡，一些灌溉条件较好的平川地区，春小麦平均单产普遍达到 6 000kg/hm² 以上，高的可达 7 500kg/hm² 以上，面积比例较大的广大山旱地区，春小麦的平均单产只有 3 500kg/hm² 左右，低的还不足 1 500kg/hm²。因此，在狠抓平川地

区稳产高产的同时，未来通过采取平整土地、土壤改良、推广优良品种技术等措施，狠抓广大山旱地区的中低产田改造，实现本区春小麦的较大幅度增产是完全可能的。

（七）蓄水保墒技术问题诸多

西北春小麦种植区，坡塬川坝纵横交错、降水稀少、生态生产条件复杂多变，随灌溉水资源的日益匮乏，对旱作栽培技术的需求也越来越多。西北春小麦种植历史悠久，曾积累了不少抗旱种植经验和技术。近30多年来，先后提出了一系列行之有效的旱作栽培技术，例如各种覆盖保墒技术、耕作纳雨蓄墒技术、以肥调水技术、良种良法技术等。但在推广应用中也不同程度地存在一些需要进一步改进完善的地方。同时要针对新情况、新问题，需要继续进行旱作栽培新技术的研发。在种植技术上主要存在以下问题：

1. 农机农艺结合不完善　覆膜保墒栽培是西北春小麦最常用旱作栽培技术。目前主要推广的地膜覆盖种植方式有两种：一种是近年在甘肃发展起来的全膜覆土穴播技术；一种是山西省提出的垄盖沟播膜际精播技术（简称膜侧种植）。这两种技术在作业上有多道工序，全膜覆土穴播技术的作业包括覆膜、覆土、穴播等，膜侧种植技术包括起垄、覆膜、条播、镇压等工序。若采取人工作业，费时费力，劳动强度大；若采用机械化作业，作业效率可提高20倍左右。但目前机械化作业普及率仍较低，主要原因：一是机械本身存在诸多问题。例如多功能作业机械稳定性差、覆膜和覆土不匀、穴播堵塞等，作业机械有待于进一步改进完善。二是价格较昂贵，农户购买困难。三是缺乏适应不同地形作业的机械类型，尤其是缺乏适应地块小、坡度大的广大山塬旱地作业的中小型机具。此外，收获后残膜的清除也是一个工作量较大的环节，但截至目前尚缺乏回收率高、通用性好的残膜回收机械。

2. 高产与高效矛盾较突出　覆膜蓄水保墒技术虽能显著增产和提高降水利用率，但需投入更多的生产资料和劳力成本，增产和增效不一定同步。例如，地膜覆盖是旱作小麦增产幅度最大的技术，一般较无覆盖种植增产30%左右，甚至成倍增产。但地膜成本和劳力成本高，经济效益仍不高，一般每公顷可增收1 239～2 700元，地膜小麦增收效益远低于玉米、马铃薯、蔬菜等经济作物上的种植效益。在特别干旱或雨量充沛年份，地膜覆盖甚至不增收，高产低效是地膜小麦推广缓慢主要原因。因此今后须在省工、节本降耗增效上寻求突破。农资价格高位运行，机械作业费上涨等，使种植成本逐年加大，同时由于劳力缺乏，农民老龄化、农业副业化、农村空心化现象日益突出，小麦粗放经营的比例越来越大，也将影响春小麦持续增产。

3. 地膜覆盖栽培技术需进一步改进与发展

（1）不同地膜覆盖方式各有优缺点，需进一步改进完善。全膜覆土穴播技术一次覆膜可多茬使用，增产增效明显，但若土壤过分虚松、覆土不全或穴播机质量差，也会造成苗孔错位，需人工掏苗。播后遇雨，有时出现板结压苗。因此需要从机械、整地、播种环节进行技术改进。膜侧种植方式条播方便，地膜用量少，但播种面积只约占一半，植株局部拥挤，增加密度困难，半覆盖的保墒和增产效果往往不如全膜覆土穴播技术，一次覆膜一般也只能用一茬。膜侧种植更适合水肥条件较差、对群体要求较小条件下使用。膜侧种植需要在增加单位面积穗数、调节群体与个体矛盾、科学施肥、选择适宜品种方面进行改进。

（2）顺应生产需求，研发地膜覆盖新技术。一膜多茬利用技术有利于节本降耗、周年保蓄降水，但一膜多用技术还处于摸索阶段，还存在一些技术问题需要研究解决。一膜多用主要针对两种种植方式：一是利用前茬全膜双垄沟玉米的残膜，接茬种植1~2年小麦；二是全膜覆土穴播多茬连作小麦。这两种方式都需要解决接茬穴播时，地表坚硬，如何实现高压强穴播和补追肥料的机械及技术等问题。此外，在地膜多茬利用结束后，碎片化严重，需研究地膜田间高效回收技术，以免造成更大的土壤污染。

地膜污染已经引起了国内外的广泛担忧。目前政府已经采取多种防地膜污染行动，例如，强制性采用厚度0.01mm以上的高强度地膜，对地膜回收采取财政补贴，并建立残膜加工再利用企业等。同时积极研发各种可降解地膜、渗水地膜、液态地膜、草纤维农用地膜等，旨在能代替大面积采用的难降解聚乙烯地膜。但可降解地膜普遍存在价格高、有效保墒期较难精确控制的问题。

4. 秸秆覆盖技术发展迟缓 秸秆覆盖具有保墒增产、节省成本、改良土壤、避免地膜污染和秸秆焚烧引起的雾霾污染等诸多优势。各地先后提出并推广应用了不少秸秆覆盖技术模式。但秸秆覆盖技术的发展较缓慢，应用推广面积还较小，主要仍与机械化作业受到更多限制有关。

休闲期覆盖主要做法有先盖后翻和先翻后盖两种方式。全程覆盖技术主要采取留茬、深松、秸秆全程覆盖。休闲期覆盖和秸秆全程覆盖是利用麦秆覆盖的小麦连作技术，适合于地块宽广平坦、可用大型机械作业的平原和川塬地带，在山旱地应用受到地形和机械的限制。休闲期覆盖的先盖后翻技术和留茬深松秸秆全程覆盖技术在应用中，往往联合收割机对秸秆碎段抛撒不均匀，形成较明显的带状堆积，常需要人工借助杈、耙等工具进行二次均匀覆盖作业，费时费工，且高留茬干扰大，仍难保证理想的覆盖均匀度。因此需要对联合收割机秸秆抛撒系统进行特殊改造，或研发专用秸秆覆盖机；阶段覆盖需要从田外拉运碎秆，然后抛撒覆盖，更加费时费工，且出苗后覆盖存在秸秆压苗问题。

草肥覆盖技术也是一种休闲期覆盖技术，割草、移草、切割碎草等作业环节多、作业时间不同，并且圆盘耙切割碎草需要的机械动力大，加上山旱区坡度较大，机械通过性差，应用限制因素较多。

此外，西北春小麦种植区的高寒阴湿地带有些年份春小麦成熟期雨水较多，常影响正常成熟和收获，甚至出现穗发芽现象，对春小麦生产影响很大。小麦的黄矮病、黑穗病、锈病、全蚀病、白粉病、赤霉病等病害，以及蚜虫、小麦吸浆虫、麦穗夜蛾、红蜘蛛等虫害和燕麦草等的危害，在某些地区、某些年份也比较严重，限制了春小麦产量的进一步提高。

三、西北春小麦增产潜力

西北春小麦种植区地处西北高原，在光、热、水、土等自然资源方面有独特的高原生态特点，此外科技和生产水平也低于中国其他麦区。西北春小麦种植区地广人稀、后备土地资源广阔，是中国未来粮食增产潜力地带，春小麦依然具有巨大的增产潜力。

（一）光热资源潜力

西北春小麦种植区地处北温带，大陆性气候和高原生态特点比较明显。就光能资源来说，年日时数高达2 600~3 100h，年日率达59%~70%，年太阳辐射量536~620kJ/cm²，年生理辐射量241~304kJ/cm²，这些要素不仅明显高于中国南方麦区，也高于东部麦区（表8-1）。

西北春小麦种植区年均气温6～9℃，≥0℃积温2 700～3 800℃，≥10℃积温2 000～3 350℃，无霜期129～169d（表8-1）。由于气温较低，热量资源不足，因而大部分地区冬小麦不能安全越冬。但热量资源完全能满足春小麦的需要，各生育阶段的气温均在适宜温度指标之内，积温也高于春小麦全生育期对活动积温的要求（表8-2）。

西北春小麦种植区独特的光热资源条件对于春小麦生产具有以下几方面的优势：

表8-1 西北春麦区光热资源

（李守谦，1991）

| 地点 | 年光照资源 | | | | 年热量资源 | | | |
	太阳辐射(kJ/cm^2)	生理辐射(kJ/cm^2)	日照时数(h)	日照率(%)	均温(℃)	均温日较差(℃)	≥0℃积温(℃)	≥10℃积温(℃)	无霜期(d)
宁夏银川	610.7	299.3	3 054	69	8.5	13.1	3 994.3	3 298.1	168.8
甘肃张掖	620.3	303.9	3 085	70	7.0	15.6	3 388.0	2 896.6	153.2
青海西宁	614.5	303.9	2 795	63	5.7	14.8	2 745.9	2 037.3	129.7
新疆乌鲁木齐	535.5	240.8	2 618	59	6.4	11.0	3 559.0	3 355.0	161.0

表8-2 春小麦生育期所需的温度条件及春麦区实际达到的温度指标

（李守谦，1991）

项目		出苗—拔节(℃)	拔节—抽穗(℃)	抽穗—成熟(℃)	全生育期活动积温(℃)
需要	下限温度	4	7	12	
	适宜温度	10～18	12.5～20	16～22	1 600～2 000
	上限温度	20	22	25	
实际达到	甘肃张掖	8～18	18～20	19～20	3 388.0
	青海西宁	8～13.4	13.4～15.2	16～17.7	2 745.9
	宁夏银川	8.3～15.4	16.9～19.7	21～23.3	3 794.3

1. 昼夜温差大，有利于干物质积累 西北春小麦种植区年平气温日较差为11～16℃（表8-1），远高于中国南方麦区。在春小麦生长季节，尤其是籽粒形成期间，白天气温处于光合作用适宜范围，植株同化作用旺盛；偏低的夜间温度可减少暗呼吸消耗，有利于干物质积累和向穗部转运。高原气温对于春小麦高产的生理效应主要是由于夜间温度偏低而形成的较大日夜温差所致。

2. 光照充足，利于合理密植 西北春小麦种植区光照充足，年日照时数、日照率及年太阳辐射量均高。春小麦从播种到成熟的日照时数达1 200～1 500h，远高于中国其他麦区；春小麦从抽穗到成熟期间在适宜温度下的光合作用时间比北京地区多400～500h。除光照条件，西北高原的风速、CO_2供应充足、昼夜温差大等，也是利于合理密植的因素。由于这些因素的综合影响，形成了灌区春小麦高密度、大群体的特点，基本面、单位面积穗数和适宜叶面积指数等几乎都是全国最高的。

3. 光温生产潜力和光合生产潜力较大 由于西北春小麦种植区小麦生育期内有平均气温低、昼温适中、夜温较低、限制性高温出现少和日照充足、辐射量大等有利条件，因此计算出的光温潜力和光合潜力都明显大于中国各冬麦区（表8-3）。

4. 短波辐射量大，利于高产优质 西北春小麦种植区属于高原地区，蓝紫光、紫外光等短波辐射明显增加。例如，青海高原太阳光谱中蓝紫光比海平面多78%，紫外光比平原地区多2倍。蓝、紫光对小麦蛋白质合成、矿质吸收、酶的活化、叶绿素合成、CO_2同化等均有明显促进作用。当然，高原生态条件也有不利于春小麦高产优质的方面。例如，随海拔升高，春小麦籽粒蛋白质含量随之下降，品质也随之变差。

表8-3 中国主要麦区小麦生育期的辐射量、光温潜力和光合潜力

项 目	西部春麦区	黄淮冬麦区	长江中下游冬麦区	西南冬麦区	南方冬麦区
辐射量（kJ/cm²）	234～318	217～234	192～209	125～192	234～276
光温潜力（kg/hm²）	12 750～21 000	8 250～9 750	8 250～9 750	<7 500	<6 750
光合潜力（kg/hm²）	20 750～28 160	19 270～20 750	17 050～18 530	11 110～17 050	20 750～24 460

资料引自：《中国小麦学》，1996年。

（二）新品种潜力

依靠新品种增产，历来是西北春小麦首选的增产途径，尤其在投入不足的旱地。近年新品种的区域试验产量水平，一般可代表当地中上肥力、精细管理水平下的新品种增产潜力（较当地主推对照品种）。以甘肃为例，2012—2014年甘肃经历了不同的降雨年型，因此该时段的新品种区试产量，具有较好的代表性（表8-4）。区试结果表明，甘肃省春小麦新品种较目前主推品种一般可增产120kg/hm²以上，增产率3.3%以上。增产幅度旱地春小麦大于灌区春小麦，这也为我们制订新品种审定标准提供了依据。

表8-4 2012—2014年甘肃春小麦新品种区域试验产量结果

类型	年份	参试品种数	高于对照品种数	对照产量（kg/hm²）	增产品种产量（kg/hm²）	较对照增产（kg/hm²）	增产率（%）
旱地春小麦	2012	6	2	3 684.0	3 808.5	124.5	3.4
	2013	5	1	2 922.0	3 426.0	502.5	17.2
	2014	7	3	3 265.5	3 625.5	360.0	11.0
	平均			3 290.5	3 620.0	329.0	10.5
水浇地春小麦	2012	11	9	7 171.5	7 474.5	303.0	4.2
	2013	12	10	6 597.0	7 173.0	576.0	8.7
	2014	13	11	745.1	7 876.5	813.0	5.7
	平均			4 837.9	7 508.0	564.0	6.2

数据来源：甘肃农业信息网。

（三）配套栽培技术潜力

西北春小麦种植区，春小麦生长季节与降水分布错位严重，栽培技术的核心是：以"蓄水、保水、高效用水"为目标，因地制宜地采取纳雨蓄墒耕作技术、以肥调水技术、良种良法配套技术，实现高产、优质、高效同步提高。以甘肃省为例，在定西市旱地多年的试验表明，扁豆、蚕豆、豌豆是春小麦种植的最佳茬口，能提高土壤底墒 2～4 个百分点，较春小麦茬口分别增产 21.5%、19.4% 和 16.4%。此外，有机无机肥配合施用，可较常规施肥技术增产 24.7%。可见，因地制宜的合理运用栽培技术措施对西北春小麦增产潜力巨大。

（四）区域均衡稳定发展潜力

受资源约束、改善质量、提升效益等诸多因素影响，西北春小麦种植区小麦单产增速必然减缓，要实现产量稳中有升必须坚持各区域平衡发展，不断提高西北春小麦种植区的生产水平。此外，不同农户间的产量差距也很大，许多农民仍在沿用传统技术，对新品种和新技术的接受程度较低，制约单产提高。通过技术革新与替代、品种的推广与应用，缩小农户间技术差距，全面均衡提升西北春小麦种植区的产量潜力巨大。

（五）灾害防控技术潜力

在全球气候变暖大背景下，自然灾害发生频繁，对西北春小麦生产威胁很大，抗灾减灾技术在春小麦生产中作用日益突出。为应对小麦生长关键时期的灾害，全国大面积实施小麦一喷三防，为小麦丰收提供了有力保障。未来采用工程措施与生物措施、抗逆栽培相结合，主动应对与灾后应变相结合，有效应对气候变化，对西北春麦区增产潜力巨大。

四、西北春小麦增产途径

春小麦高产栽培，必须在了解和掌握其生长发育特性的前提下，充分利用有利环境条件，克服不利环境因素，采用合理的、综合性栽培技术，最大限度地满足其生长发育对于外界条件的要求，充分发挥其产量潜力，达到提高产量的目的。以下仅结合西北春小麦种植区特点，对综合性栽培技术体系中的培肥地力和水肥运筹问题进行简单阐述。

（一）培肥地力

1. 培肥地力的意义　培肥地力是春小麦高产栽培的基础。春小麦生育期短，生长发育快，对基础条件要求相对严格。土壤肥力状况往往对于小麦产量和效益具有决定性的影响。但西北高原春麦区土壤耕层有机质和全氮含量比中国其他地区显著低，说明土壤肥力基础薄弱。而春小麦对于土壤基础肥力又相当的依赖。

研究表明，在低肥力土壤上，基础产量（不施肥产量）占最高施肥量时小麦产量的50%～60%，在高肥力地上则占 80%～90%。要达到相同目标产量，低肥力地需投入较多肥料，高肥力地只需投入较少肥料；在用 ^{15}N 标记的肥料试验中，肥料氮仅占春小麦吸收氮量的 17%～43%，而土壤氮则高达 57%～83%。因此，重视土壤基础肥力是西北春小麦高产的重要前提。此外，培肥地力还能充分发挥水的利用效率，有助于实行节水栽培，同时培肥地力也是生产优质小麦的基础。

2. 培肥地力的措施

（1）合理轮作。西北春小麦种植区地域辽阔，人均耕地相对较多，从农业可持续发展的角度，合理轮作是今后发展的方向，这不仅可以改善农田生态环境，对于春小麦生产也有巨大促进作用。根据甘肃定西旱地春小麦前茬比较试验，毛苕茬、油菜茬、豌豆茬依次分别较小麦茬产量提高 21.3%、14.5% 和 11.3%，耗水量减少 10.2%、10.8% 和 8.8%，水分利用效率提高 12.2%、6.1% 和 1.2%。又据在新疆进行的牧草轮作制，轮作 2 年生苜蓿地0～40cm 土壤有机质含量在苜蓿播前为 1.74%，翻压播种春小麦后为 2.02%；土壤全氮在苜蓿播种前为 0.104%，翻压播种春小麦后为 0.112%；土壤容重相应为 1.49 和 1.32g/cm^3，土壤孔隙度相应为 43.4% 和 48.4%。可见，轮作培肥改土效果十分明显，土壤理化性质和农田生态环境改善明显，春小麦产量水平大幅度提高。

由于春小麦适于在西北春小麦种植区种植，又因该地区作物种类单一、小麦较耐连作、小麦种植简单方便等因素的影响，生产上常有连作习惯。一般来讲，只要合理耕作施肥和加强管理，春小麦连作 2～3 年并不明显降低产量，但连作 3 年以上则由于杂草和病虫害危害加重会影响产量。因此，今后在西北春小麦种植区应减少小麦连作、小麦与玉米的接茬种植比例，将养地作物（如豆类、油菜）、饲料作物（如苜蓿等）、短时性松土作物（马铃薯等）以及合理休闲纳入轮作体系。

（2）蓄水耕作。蓄水耕作是西北春小麦种植区的传统耕作技术措施，包括浅耕灭茬、伏翻夏晒、秋深耕或深松、耙糖收墒、覆盖、镇压和播前整地等环节，其中以伏翻夏晒和秋耕蓄墒尤为重要。

对于连作麦田，一般在小麦收获后进行夏季休闲。夏闲期间翻耕立垡晒田，蓄水耕作；如春小麦前作为秋作物，也秋耕蓄墒。秋末初冬土壤解冻前进行冬灌是灌区重要的土壤培肥措施；在旱作区则可在秋季降水集中降落后，进行地表覆盖。无论是水地还是旱地，蓄水耕作，做到"秋水春用"，奠定春小麦播种和幼苗生长的底墒基础都是十分重要的。

西北黄土高原土层深厚，质地疏松，持水孔隙率高，具有很强的蓄存和调节水分功能。如果作物利用层以 200cm 计算，黄土土壤可蓄存 550～600mm 水分，故称具有深厚土层的黄土为"土壤水库"。运用合理的抗旱保墒土壤耕作制度，可以把夏、秋、冬分散降水量中的大部分蓄积在土壤中，供来年小麦生长之需。研究表明，生长健壮的春小麦，根深可达 270～300cm，有很强的利用深层土壤水的能力。春小麦在拔节前主要 100cm 土层内水分；在抽穗后，200cm 以内甚至 200～300cm 土层的有效水也可被利用。

（3）秸秆还田和增施有机肥。秸秆还田是国内外公认最有效培肥地力途径。禾本科作物秸秆中含有机质 80% 左右，含氮素 0.4%～0.6%，含磷素 0.13%～0.27%，含钾素 1.0%～2.0%。目前在中国北方麦区和黄淮海麦区平原地带，随着机播机收等机械化作业的普及，秸秆还田已普遍推行。但西北春小麦种植区受地形地势、机耕作业和水温条件差的限制，秸秆还田比例还不高，以甘肃省来讲秸秆还田还处于起步阶段。作物秸秆在高温潮湿环境下需经过 40～80d 才能腐烂分解，在西北春小麦种植区所需时间更长，秸秆残留在地表对播种出苗会造成一定不利影响。因此，西北春小麦种植区还需根据各地具体生态生产条件，研究推广适宜的秸秆还田技术。西北春小麦种植区秸秆还田主要依靠小麦和玉米秸秆，秸秆粉碎要达到碎、烂、匀。秸秆还田力求将秸秆耕翻埋入地下，如果采用深松技术，要求旋耕深度 15cm，将秸秆切入土壤。若没有联合收割机就地粉碎条件，可将秸秆先切成 5cm 左右碎段，均匀铺撒地表，再结合耕作灭茬埋入土壤。秸秆还田宜早不宜迟，以便利用伏、秋季较多降雨，加速在土壤中的腐化分解。

有机肥具有养分全面、肥效持久、提高土壤抗逆缓冲能力、改良土壤结构、提高保水保肥能力、改善作物碳素营养、提高土壤难溶性磷有效性等诸多优点。但随着生产形势变化，麦田有机肥投入量日趋减少，普遍化肥当家。若长期得不到有机碳源补充，将导致土壤碳氮比下降、碳氮库变小、土壤结构和性质变劣、水肥气热失调、对短期干旱或养分缺乏的缓冲能力变弱。有机无机结合，不仅可为微生物提供碳源，有利于地力持续增进，还可维持较好且迅速的无机供氮能力。因此应积极开拓有机肥源、增施有机肥。有机肥必须腐熟，否则会加剧病虫孳生。同时应积极探索和应用新型有机肥类型，如生物碳肥、有机精制肥、生物菌肥、有机无机混配肥等。在地力低下、有机肥投入不足时，可"先用无机换有机"；在地力水平较高时，应提倡"有机不足无机补"。有机肥一般提倡全部做基肥，在小麦播前结合耕作整地，一次性深层施入，一般麦田每公顷可用腐熟有机肥 22.5～45.0t。

（二）水肥运筹

西北春小麦种植区常采用秋冬整地、早春直接顶凌播种的做法，即在秋末冬初（灌区在冬灌之后）土壤湿度适宜时，采用耙、耱、镇压等整地措施，做好播前准备，待来年早春表土解冻 4～5cm 时直接播种。播种时带种肥也是各地区的常规措施，春小麦出苗前后的早管早促也是西北春小麦种植区的特点。上述一系列措施的中心目标是培育壮苗。

西北有灌溉条件麦田，早灌头水早追肥是规范化栽培技术的措施之一，一般在春小麦二叶一心期进行。此时茎生长锥刚刚开始伸长，早水肥可以促进幼穗分化，有利于形成大穗，还可以促进分蘖早生快发，增加成穗数。据研究，当幼穗分化达护颖原基形成期时，顶小穗原基出现，每穗小穗数目不在增加。所以，当头水晚至护颖原基形成期之后，则失去对每穗小穗数的影响，只可影响小穗发育状况和可孕性，从而对结实小穗数发生一定影响；而到药隔期才灌头水，既失去对分蘖的促进，又失去对穗大的促进，所以成穗数最低，主穗性质最差。

西北春小麦种植区在春小麦早灌头水早追肥前提下，之后的水肥运筹基本包括："促—控—促—控"和"连续促进，一促到底"两种模式。

在内蒙古河套灌区、宁夏引黄灌溉区和青海湟水中下游地区常采用前一种模式。由于春小麦幼穗分化进程快，从伸长期到小花分化期时间短，伸长期肥水早促穗大也兼顾了小花。在大田拔节期（雌雄蕊分化期）前后控水控肥对于幼穗分化影响较小，却能控制无效分蘖的滋生和主茎基部节间的伸长，还能促进根系向纵深生长，有助于建成良好的群体结构。等到药隔期再水肥促进生殖器官发育，减少小花退化，具有保花增粒的效果。

春小麦拔节至抽穗，以及抽穗至乳熟是其一生中需水最多的两个时期；而从小麦对养分的需求看，从拔节至乳熟期间也是一生中需求比例最高的时期。对氮素和钾素的需求有拔节至孕穗以及开花至乳熟 2 个高峰期；对磷素的需求从拔节后不断增长并在开花至乳熟期达到高峰。所以，从春小麦对水分和氮、磷、钾养分的需求看，采用"促—控—促—控"模式在三叶期促、拔节期控之后，应在孕穗期至灌浆期连续促进。具体措施上，在孕穗期水肥之后，有的于抽穗期、灌浆期连促，有的籽粒形成期和灌浆期连促；而于灌浆中期之后控水控肥，有利于小麦体内养分运转和籽粒成熟。

在甘肃河西沿祁连山冷凉灌区，春小麦水肥促控模式与上述大体相似。即在三叶期水肥早促、拔节前控水蹲苗，孕穗前后以水调肥、促穗增粒，抽穗至灌浆期适时灌好"三水"，并在开花至灌浆期叶面喷施磷酸二氢钾或尿素。

在宁夏引黄灌区淡灰钙土上以及与此相类似地区，由于土壤保水保肥能力差，一般采用"连续促进、一促到底"的水肥运筹模式，在三叶期水肥早促基础上，于拔节前、孕穗期、

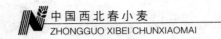

抽穗期和灌浆期连续促进，一般追肥 2～3 次，灌水 6～7 次。

第二节　测土配方施肥

测土配方施肥是以土壤测试和田间试验为基础，根据作物需肥规律、土壤供肥性能与肥料效应，在合理施用有机肥的基础上，提出氮、磷、钾及中、微量元素等肥料数量与配比，并在适宜时间采用适当方法科学施肥。测土配方施肥技术能有效协调作物对养分的需求、土壤的供应和施肥补充这三方面的关系，对作物生长所需的各种养分实现全面、均衡的供给，最终实现节本增效、优质高产的目的。测土配方施肥技术的实施有助于培养农民科学施肥的习惯，提高对肥料的利用效率，降低农民的购肥成本。此外，测土配方施肥技术对保障农产品的质量安全和实现农业可持续发展等都有极其重要的作用。因此，了解测土配方施肥技术并加以利用对现代农业生产来说很有必要。

一、测土配方施肥基本内容

（一）测土配方施肥的概念

在农作物的生产过程中，作物、土壤和肥料之间存在着密切的关系，基于合理施肥、结合中国农业生产实际，配方施肥技术将这三者的关系进行了综合考虑。配方施肥主要包括三类方法：测土施肥法、作物营养诊断法和肥料效应函数法。其中，测土施肥法重点强调以有效养分在土壤中的含量为依据，在播前确定所要施用肥料的种类以及适宜的施肥方法，这些方法要求施肥量要与产量相适应，以达到经济合理的目的。

在运用配方施肥法之前，要先进行土壤测试和肥料田间试验，这些是该方法得以运用的基础。然后，要根据土壤养分的供应能力、作物对土壤养分的需求规律以及肥料效应，以有机肥料的合理施用为基础，确定氮、磷、钾及微量元素肥料的施用数量、方法及时期。"产前定肥"是测土配方施肥的特征，即在产前确定肥料的种类和数量。施肥和土壤供肥，其目的都是满足作物生长的需要。作物对肥料的需求量一般是相对固定的，相对于土壤供肥来说，施肥只是起到一个调剂作用，因此，掌握土壤的供肥能力是关键。肥料的施用量决定于土壤供肥能力的强弱，土壤供肥性能好，则施肥量可以减少，反之则反。

测土配方施肥包括三方面的内容，是一个完整的技术体系。首先，为了充分掌握土壤的肥力状况，为确定肥量配方提供基础数据，要用实验室常规分析或速测的方法，测定土壤中有效的氮、磷、钾的含量，称为"测土"。其次，在产前明确作物种类、产量水平、养分需求量、土壤能提供养分量，确定需要补充的养分量，施肥的品种、各种肥料最适宜的施用量，称为"配方"。第三，对已确定的"配方"执行，以实现农作物的目标产量，称为"施肥"。施肥需考虑：①作物对养分需求特点和土壤条件，确定基肥用量和追肥比例、次数以及每次追肥量；②注意肥料的施用时期、施用部位（深施或表施）及方法（集中施、撒施或根外追肥等），以减少肥料浪费和充分发挥肥料作用，实现农作物的增产。

以有机肥为基础，这是测土配方施肥时的原则，必须注意。化肥对维持和提高土壤肥力起不到多少作用，它只能提高土壤养分的浓度。因此，为了实现土地可持续利用和农业可持续生产，必须坚持"用地养地结合、有机无机结合"的用地原则，做到"用、养兼顾"。

（二）测土配方施肥的基本内容

测土配方施肥源于测土施肥和配方施肥。测土施肥要以土壤中不同养分的含量和作物吸收量为依据来决定施肥多少。测土施肥本身包括配方施肥，而且得到的"配方"更确切、客观。除了进行土壤养分测定，配方施肥还要进行大量的田间试验，获得肥料效应函数等，这些内容测土施肥都没有。虽然配方施肥和测土施肥的侧重点有所不同，但它们的目的相同，所以也被概括地称为测土配方施肥。土壤养分的测定、施肥方案的制订以及正确施用肥料是"测土配方施肥"的基本内容。测土配方施肥技术包括"测土、配方、配肥、供肥、施肥指导"五个核心环节。

（三）测土配方施肥应遵循的原则

第一，有机与无机结合，并以有机肥为基础。土壤肥沃程度的重要指标就是其中含有多少有机质。增施有机肥的作用是增加土壤有机质含量，改善土壤理化性状，增强土壤微生物活性，增强土壤保水保肥能力，提高化肥利用率。所以，要培肥地力，实现农业的持续发展，配方施肥一定要以施用有机肥为基础。

第二，微量、中量和大量元素配合使用。配方施肥的一个重要内容就是将各种营养元素配合起来。随作物产量水平越来越高，在耕地高度集约使用的条件下，想要获得高产稳产，就一定要强调氮、磷、钾肥的互相配合，还要补充必需的中、微量元素。

第三，用地与养地结合，保持投入与产出平衡。只有坚持耕地用养结合、投入产出相平衡，才能使作物形成物质和能量的良性循环。土壤肥力被消耗掉或被破坏，就表示农业再生产能力的降低。

二、春小麦的需肥规律

春小麦生育期较短，单位时间生物产量较高。在整个生育期内对养分需求量大而集中，弄清需肥规律及特性，是实现春小麦科学用肥的重要前提。

春小麦干物质中，碳、氢、氧占90％以上，氮和灰分元素（磷、钾、钙、镁、硫、铁及微量元素）不足5％。从土壤含量和增产作用来看，氮、磷、钾最为显著，所以称为肥料三要素。春小麦的需肥特性有一定的规律，平均每生产100kg小麦籽粒，大致上需要从土壤中吸收纯N 3.0～3.5kg，P_2O_5 1.0～1.5kg，K_2O 2～4kg。春小麦各生育阶段的需肥量，出苗至三叶约占全生育期3％，三叶至抽穗约占全生育期50％，抽穗至开花约占全生育期45％。

氮的吸收量以三叶至抽穗期最多。缺氮时植株矮小，叶窄，下部叶提早衰老，根系发育不良，吸收功能减弱，致使退化花增加，穗型变短，生产力下降。氮肥过多，植株茎叶繁茂，茎叶机械组织不发达，容易造成倒伏。籽粒中的氮来源于两个部分，大部分是开花前植株吸收氮的再分配，小部分是开花后根系吸收的氮约80％以上输向籽粒。

磷的累积分配与氮素基本相似，但吸收量远小于氮。苗期叶片和叶鞘是磷素累积的中心，拔节至抽穗积累中心为茎秆，抽穗到成穗转向穗部。缺磷时，植株生长缓慢，茎叶呈现紫色，抽穗开花迟缓，籽粒秕粒率增加，品质降低。适当地及时供应磷肥，可促使春小麦发育，提早成熟，同时提早分蘖并提前形成次生根，使幼苗及时从土壤中吸收水分和养分，从而增加春小麦的抗旱能力。春小麦各阶段吸收磷约占氮、磷、钾总吸收量的12%，以三叶至抽穗期最多，约占全生育期的66%，抽穗期至成熟期次之，约占全生育期的30%，出苗至三叶约占3%。

钾在苗期吸收时主要分配到叶片、叶鞘和分蘖节，拔节至孕穗主要运往茎秆，开花期钾的吸收达到最大值，其后钾的吸收出现负值，向体外渗出，钾向籽粒中转移量很少。春小麦各阶段吸钾约占氮、磷、钾总吸收量的31%，各生育阶段吸收钾以三叶至抽穗期最多，约占全生育期的70%。钾肥能增强春小麦茎秆的坚韧性，可防倒伏；能促使叶片内部糖分向生殖器官中输送，加速籽粒灌浆速度，有利于籽粒提早成熟。在无霜期短的地区对防止后期危害、提高结实率有一定的作用。缺钾时植株茎秆变短而脆，容易倒伏，叶片短宽，叶尖易出现腐斑，抽穗至成熟提早，穗小粒少，粒不饱满。

在小麦的一生中，对氮的大量吸收是在分蘖、拔节和开花结实阶段；磷在植株体内积累快的时期主要是从拔节到籽粒形成阶段；而吸收钾的高峰则出现在开花前后。尽管小麦在生长初期吸收养分的数量不多，但对营养元素的缺乏却极为敏感，所以施肥强调以基肥为主、追肥为辅。对于化学肥料的施用，氮肥因施入土壤后发挥作用较快，而肥效持续时间相对较短，一般都在播种前和拔节期分两次施用，每次各约占总施肥量的1/2，为增加穗数和争取穗大、粒多奠定基础。磷肥由于在土壤中的移动性差，且肥效比较迟缓，大都在播种前作底肥一次施入。钾在长期施用有机肥的土壤中含量比较丰富，一般相当于氮和磷的3~8倍，所以很多地区忽视施用钾肥，但实际上有机质贫乏的瘠薄土壤、沙质土壤、白浆土，以及重施氮、磷肥的高产麦田，土壤中的含钾量往往不能满足小麦生长发育的需要，必须通过施肥补充，钾肥一般作基肥施用。

小麦一生积累的氮素约70%来源于土壤中原有的贮存，只有约30%来源于施用的速效氮肥。在土壤和有机肥提供的氮素比例大于化学肥料提供的氮素时，施用化肥的增产率比较高。因此，许多国家和地区十分重视增加有机肥的数量，提高有机肥的质量。并针对不同条件采用秸秆还田或种植绿肥作物的办法，以增加土壤有机质含量，改良土壤，培肥地力。

三、春小麦测土配方施肥技术

春小麦生育特点可概括为"三少、一早"，即主茎叶片少、分蘖少、次生根少；穗分化早，一般三叶期生长锥开始分化。因此，对春小麦实施测土施肥必须要早整地、早测土、合理配肥、科学施肥。当前春小麦施肥管理上，仍存在很大的盲目性，主要表现在"重视氮肥、磷肥，轻视有机肥，忽视钾肥、微肥"，偏施、滥施现象比较严重，氮、磷、钾肥施用比例不合理，导致土壤板结、通透性差，严重影响产量和品质。要改变这一现状，最有效的办法就是推广测土配方施肥技术，并结合有机肥建设及耕地质量建设，通过补贴等措施，逐步引导农户用地、养地相结合，提升耕地质量。

（一）测土配方施肥的意义

1. 改变施肥观念和方法　测土配方施肥的开展，可以改变过去那种"施肥越多越好"等盲目的施肥做法。在施肥方法上，由撒施、表施向深施和因土、因作物的需要施肥转变，减少盲目性，提高科学性。

2. 节本增益明显　测土配方施肥可以提高肥料利用率2~5个百分点，每公顷节约尿素约 60kg、减少投入 450～900 元、增产粮食 450～750kg。

3. 提高耕地质量　测土配方施肥是在合理施用农家肥的基础上进行的。在开展测土配方施肥工作中，通过积极引导农户施用有机肥，实施秸秆还田等技术，能使土壤养分、结构得到改善，耕地质量明显提高。

4. 提高科学施肥水平　测土配方施肥采取"测土到田、配方到厂、供肥到点、指导到户"的策略，可为农户提供一条龙服务，有效地满足不同地方、不同种植规模的科学施肥要求。

5. 降低农业源污染　测土配方施肥可以改变过量施肥和施肥比例不合理的状况，减少养分的流失，促进作物秸秆、畜禽粪便等资源的合理利用，减轻化学物质和有机废弃物对水体和农田的污染，提高耕地质量，促进农业的可持续发展。

（二）测土配方施肥取样过程

西北春小麦种植区面积较大，分布区域较广，测土采样难度也相对较大。采样人员要具有一定采样经验，熟悉采样方法和要求，了解采样区域农业生产情况。采土样前，要收集采样区域耕地利用现状图，制订采样工作计划。准备 GPS、采样工具、采样袋、采样标签等。土壤样品采集应具有代表性，并根据不同分析项目采用相应的采样和处理方法。具体过程如下。

1. 确定采样单元　根据土壤类型、土地利用等因素，将采样区域划分为若干个采样单元，每个采样单元的土壤性状要尽可能均匀一致。

2. 确定采样时间　在作物收获后采集土样。有条件的地区同一采样单元，无机氮及植株氮营养每年测试 1 次，土壤有效磷、速效钾等一般 1～2 年测试 1 次，中、微量元素一般 2～3 年测试 1 次。

3. 采样深度　采样深度一般为 0～20cm。

4. 采样点数量　要保证足够的采样点，使之能代表采样单元的土壤特性。每个样品采样点的多少，取决于采样单元的大小、土壤肥力的代表性等。一般每 6.7hm² 连片就地采集 1 个土样。采样必须多点混合，每个样品取 10～25 个样点。

5. 采样路线和方法　采样时应沿着一定的线路，按照随机、等量和多点混合的原则进行采样。一般采用"S"形布点采样，能够较好地克服耕作、施肥等所造成的误差。在地形变化小、地力较均匀、采样单元面积较小的情况下，也可采用"梅花"形布点取样。要避开路边、沟边、肥堆等特殊部位。采样时，在采样点上先刮去 1cm 厚的表土，再用采土器或铁铲取深度 20cm、宽 10cm、厚 2cm 的土片，然后把各采样点采到的土样摊放在塑料布上，捏碎大块、捡掉石砾、动植物残体等混合物，充分拌匀，便成为混合土样，可用四分法多次淘汰。每个采样点的取土深度及采样量应均匀一致，土样上层与下层的比例要相同。取样器应垂直于地面入土，深度相同。用取土铲取样应先铲出一个耕层断面，再平行于断面取土。因需测定微量元素，所有样品都应用不锈钢取土器采样。

6. 样品量　混合土样以取土 1kg 左右为宜，可用四分法将多余的土壤弃去。方法是将采集的土壤样品放在盘子里或塑料布上，弄碎、混匀，铺成正方形，画对角线将土样分成 4 份，把对角的两份分别合并成 1 份，保留 1 份，弃去 1 份。如果所得的样品依然很多，可再用四分法处理，直至所需数量为止。

7. 样品标记　采集的样品放入统一的样品袋，用铅笔写好标签，内外各一张。袋内外均需有标签，用铅笔写明编号、采样地块名称、采样日期、采样人等有关事项。

（三）土壤样品制备及化验项目

1. 新鲜样品　某些土壤成分如 Fe^{2+}、NO_3^--N、NH_4^+-N 等在风干过程中会发生显著变化，必须用新鲜样品进行分析。为能真实反映土壤在田间自然状态下的某些理化性状，新鲜样品要及时送回室内进行处理分析，用粗玻璃棒或塑料棒将样品混匀后迅速称样测定。新鲜样品一般不宜贮存，如需要暂时贮存，可将新鲜样品装入塑料袋，扎紧袋口，放在冰箱冷藏室或进行速冻保存。

2. 风干样品　从野外采回的土壤样品要及时放在样品盘上，摊成薄薄一层，置于干净整洁的室内通风处自然风干，严禁暴晒，并注意防止酸、碱等气体及灰尘的污染。风干过程中要经常翻动土样并将大土块捏碎以加速干燥，同时剔除侵入体。风干后的土样按照不同的分析要求研磨过筛，充分混匀后装入样品瓶中备用。瓶内外各放标签一张，写明编号、采样地点、土壤名称、采样深度、样品粒径、采样日期、采样人及制样时间、制样人等项目。制备好的样品要妥为贮存，避免日晒、高温、潮湿和酸碱等气体的污染。全部分析工作结束，分析数据核实无误后，试样一般还要保存3个月至1年，以备查询。

（1）一般化学分析试样。将风干后的样品平铺在制样板上，用木棍或塑料棍碾压，并将植物残体、石块等侵入体和新生体剔除干净。压碎的土样用 2mm 孔径筛过筛，未通过的土粒重新碾压，直至全部样品通过 2mm 孔径筛为止。通过 2mm 孔径筛的土样可供 pH、盐分、阳离子交换度及有效养分等项目的测定。将通过 2mm 孔径筛的土样用四分法取出一部分继续碾磨，使之全部通过 0.25mm 孔径筛，供有机质、全氮等项目的测定。

（2）微量元素分析试样。用于微量元素分析的土样，其处理方法同一般化学分析样品，但在采样、风干、研磨、过筛、运输、贮存等环节都要特别注意，不要接触容易造成样品污染的铁、铜等金属器具。采样、制样推荐使用不锈钢、木、竹或塑料工具，过筛使用尼龙网筛等。通过 2mm 孔径尼龙筛的样品可用于测定土壤有效态微量元素。

3. 土壤化验项目　土样化验按照常规化验方法进行。主要测定碱解氮、有效磷、速效钾、有机质和 pH，有条件时可测定一下土壤有效硼、有效锌等项目。

（四）春小麦配方施肥基本方法

1. 地力分区法　其基本原理是土壤肥力是作物形成产量的基础条件，高肥力高产出、低肥力产量也低。按照土壤肥力的高低把耕地土壤分成若干个等级，划出一个比较均等肥力的地块，进行配方施肥。具体是利用土壤普查、耕地地力调查和当地田间试验资料，全面了解农田耕地地力和不同土壤类型的分布情况，把土壤按肥力高低分成若干等级，或划出一个肥力均等的田片，作为一个配方区，再应用资料和田间试验成果，结合当地的实践经验，估算出这一配方区内，比较适宜的肥料种类及施用量。该方法的优点是较为简便，提出的肥料用量和措施接近当地的实际，群众易接受。缺点是局限性较大，每种配方只能适应于生产水平差异较小的地区，而且依赖于一般经验较多，对具体田块来说针对性不强。在推广过程中必须结合试验示范，逐步扩大科学测试手段和理论指导的比重。

2. 目标产量法　其基本原理是作物所需的养分，是由土壤和肥料两方面供给的，实现目标产量所需要吸收的养分量减去土壤的供肥量，就等于需要通过施肥来补充的养分量。计算公式为：

施肥量（kg/hm²）＝［作物形成目标产量需要吸收的养分量（A）－土壤供肥量（B）］/（肥料中的养分含量×当季肥料利用率）

其中：A＝目标产量×作物单位产量养分吸收量，B＝土测值×0.15×校正系数；其各项参数可分别通过田间试验、理论计算、土壤测试、查阅资料获得。

其计算过程：①确定目标产量；②计算形成目标产量所需的养分量；③计算土壤的供肥量；④计算有机肥料、化学肥料施用量

3. 地力差减法 作物在不施任何肥料情况下的产量叫做空白产量，它所吸收的养分全部来自于土壤，故也叫地力产量。地力差减法的基本原理是，作物吸收的养分来源于土壤和肥料两部分，因此，形成目标产量所需养分吸收量减去空白产量，养分吸收量等于补充的施肥量。具体计算公式为：

肥料用量（kg/hm²）＝［（目标产量－空白产量）×作物单位产量养分吸收量］/（肥料中的养分含量×当季肥料利用率）

以上数据可分别通过计算、试验和查阅资料获得，不需测试土壤。

4. 田间试验法 该方法是通过简单的单一对比或应用较复杂的正交、回归等试验设计，进行多点田间试验，从而选出最优处理，确定肥料施用量。又可分为肥料效应函数法和氮、磷、钾比例法。

（1）肥料效应函数法。即采用单因素、二因素或多因素的多水平回归设计进行布点试验，将不同处理得到的产量进行数理统计，求得产量与施肥之间的肥料效应方程式。根据其函数关系式，可直观地看出不同元素肥料的不同增产效益，以及各种肥料配合施用的联应效果，确定最大、最佳施肥量，作为实际施肥量的依据。

单因素、二因素试验可分别建立施肥量与产量的一元二次方程式、二元二次方程式，数学表达式为：

$$y＝a＋b·x＋c·x^2 \text{ 或 } y＝a＋b·x＋c·x^2＋d·z＋e·z^2＋f·x·z$$

（2）氮、磷、钾比例法。就是通过田间试验，在一定地区的土壤上取得某一作物不同产量情况下各种养分之间的最佳比例，然后根据一种养分的需求量，按各种养分之间的比例关系来计算其他养分的肥料用量。

例： 某一春小麦田，施肥的氮、磷、钾比例为 1∶0∶0.4，且以公顷施纯氮 40kg 为宜，计算磷酸二铵、氯化钾肥用量为多少？若用 40%（20-12-8）的春小麦专用肥，则每公顷应施多少？

解： 根据已知条件，可求得

磷酸二铵用量＝（40×0.6）/46%＝52.2kg

尿素用量＝40/46%－（52.2×0.18）＝79.5kg

氯化钾肥用量＝（40×0.4）/60%＝26.7kg

若用 40%（20-12-8）的春小麦专用肥其用量＝40×1/20%＝200kg

（3）养分丰缺指标法。这是田间试验法中的一种。此法利用土壤养分测定值与作物吸收养分之间存在的相关性，对不同作物通过田间试验，根据在不同土壤养分测定值下所得的产量分类，把土壤的测定值按一定的级差分等，制成养分丰缺及应该施肥量对照检索表。在实际应用中，只要测得土壤养分值，就可以从对照检索表中按级确定肥料施用量。

四、春小麦测土配方施肥配套技术

农业生产实践表明，科学施肥是夺取春小麦丰产丰收的最重要基础条件。但是它绝不是孤立发挥作用的，只有把春小麦丰产丰收的各项技术措施全面搞上去，肥料投入的效果才能如虎添翼，事半功倍。在测土配方施肥配套技术措施中应当突出抓好以下几项技术。

（一）整地技术

1. 耕作整地要求　一是深。在原有基础上逐年加深耕作层，要求深度一般为20～27cm。不宜一次耕太深，以免翻出大量生土，不利当年增产。一般麦田可3年深耕1次，其他两年进行浅耕，深度16～20cm即可。二是细。农谚说："春小麦不怕草，就怕坷垃咬"。说明春小麦的芽顶土能力较弱，在坷垃底下会出现芽干现象，易造成缺苗断垄。所以耕后必须把土块耙碎、耙细，保证没有明显坷垃，才能有利于麦苗正常生长。三是透。耕透、耙透，做到不重耕和不漏耕、不漏耙。把麦田整得均匀一致，有利于春小麦均衡增产。四是实。就是表土细碎，下无架空暗垡，达到上虚下实。如果土壤不实，就会造成播种深浅不一，出苗不齐，容易跑墒，不利扎根。对于过于疏松的麦田，应进行播前镇压或浇一次塌墒水。五是平。就是耕前粗平，耕后复平，耙后细平，使耕层深浅一致，才能保证播种深浅一致，出苗整齐。

2. 耕作整地的方法　随着作物种植结构的变化和土壤耕作机械的改革，春小麦的耕作方法已由历史上的深翻，发展为深翻、深松和耙茬结合的土壤耕作体系。在吸收传统耕作的轮耕制度优点的基础上，逐步改变翻、耙、压的耕作方法，以深翻、深松为基本耕作，结合小麦耙茬或玉米耙茬深松，形成翻耙结合、松耙结合、垄作平作交替、深浅交替的土壤机械化耕作制度。

（1）深翻耕作。前作收获后，用铧式犁进行秋翻或翌年春翻，翻耕深度一般18～25cm，再经双列翻耙或灭茬耙整地，耢平后用播种机平播春小麦，形成以春小麦为主，连年耕翻，耙耢整地，平翻密植的轮作、耕作栽培技术。

（2）耙茬耕作。前作收获后，用双列耙或灭茬耙直接整地播种。此种耕法使8～10cm的表层土壤疏松，下层较为紧实，利于蓄墒，减轻风蚀。深翻的土壤容重为0.8～0.9 g/cm³，而耙茬的土壤容重为1.1～1.2g/cm³是春小麦生长发育比较适宜的范围。由于不进行深翻，前茬土壤的水分不致大量散失，表层疏松，又能覆盖，减少蒸发，在春旱时有较好的抗旱效果。但在春小麦生育后期易脱肥，需要增加肥料用量，表土草籽未翻入土层深处，使杂草较多，要加强化学除草。

（3）深松耕作。为打破犁底层和加深耕作层，可采用深松耕法。

（4）少翻深松耙茬耕作。深松解决了犁底层的弊端，若连年深松又存在土壤过松、有机质矿化过快、风蚀冲刷较重、旱年水分丢失较多的缺点。随着农业技术的不断提高，适应农艺措施的农机具不断创新和改进，逐渐形成了一套适应轮作制度，用地养地相结合，深浅交替虚实并存的少翻、深松、耙茬耕作。在具体应用这种耕作制时，根据自然条件和生产条件的差异，有多种类型。如轮作制是：春小麦—杂粮—小麦—春小麦—春小麦—小麦，与该轮作制配套的耕作制是：麦收后浅翻—杂粮茬深松—小麦茬秋耙—春麦收后深松—重茬春小麦茬深翻—小麦地耙茬播春小麦。少翻深松耙茬耕法，综合了耕翻、深松和耙茬的特点，克服了各自的缺点。由于深浅交替耕作，使全耕层土壤达到比较合适的容重，有利于蓄水保墒，秋雨春用，春旱早防，提高地温，促进早熟，诱草萌发，便于消灭，减轻风蚀水刷，打破犁底层，加厚耕层，改善水、肥、气、热条件，扩大根系吸收范围，增加根系活力，明显提高产量，还可减少能源消耗，提高工效，降低直接成本。

（二）播种技术

1. 因地制宜选用优良品种 良种必须是通过审定推广的春小麦品种或经当地大面积试种表现优良的品种的种子，无检疫性病虫害及杂草种子，发芽势强，发芽率高，发芽率85%以下的种子不应采用，纯度达98%以上，净度达97%以上；凡有机、无机杂质超过3%以上的应重新清选；均匀度好，保证田间出苗和幼苗的整齐。

2. 种子处理

（1）精选种子。用风选或筛选的方法，选出充实饱满，大小整齐、无病虫的种子，这样的种子生命力强，出苗快、整齐，分蘖早，根系发达，麦苗壮实。

（2）晒种。播种前10～15d内选温暖、微风天气将种子散在清洁平坦的场地上，厚度以5～10cm为好，隔几小时翻动1次，晒3～4d。经晒过的种子，能使种皮松软，通气性好，促进种子后熟，出苗快而整齐。

（3）药剂处理。播种前用药剂、肥料、生长调节剂、生物制剂等物质附着于种子表面或吸入种子内部，可防治根腐病、散黑穗病、腥黑穗病及蝼蛄、金针虫等。

3. 播种期的确定 西北春麦区主要分布在高纬度、高海拔地区，这些地区春季气温回升时间较晚，进入分蘖期温度又上升，从分蘖到拔节时间短，并且不少地区风大，土壤容易失墒干旱；有些地区地势洼，化冻后土壤泥泞，不利播种；有些地区还有干热风和阴雨危害。这些条件都决定了春小麦应当争取早春播，以日气温稳定在0～2℃，表土化冻到适宜播深时播种为宜。

4. 合理密植与播种量

（1）合理密植的依据。一是根据生产条件调整播种量。合理密植受气候、土壤肥力、生产水平的影响，特别是与土壤肥力关系甚大。当肥力很低时，土壤负担穗数的能力较小，播种量应低些，随着肥力的提高，可适当增加播量。当肥力更高时，由于植株生长过旺，削弱个体生长，播种量不应继续增加，而应相对减少。二是根据品种特性调整播种量。营养生长期长、分蘖力强的品种，在水肥较好的条件下，播量可少些。春性强的品种，在水肥较好的条件下，播种可少些。大穗型品种播量宜少，小穗型品种可多些。三是根据播种期早晚调整播种量。早播宜稀，晚播宜密。四是根据栽培体系类型不同调整播种量。不同栽培体系的栽培条件、产量结构、栽培技术不同，播种量有很大差异。

（2）播种量的计算。在做好种子质量检验的基础上，还要根据当年土壤墒情及整地质量，估计出实际的出苗率，田间出苗率一般按80%计，整地好、墒情足可按90%计，差的按70%计，生产上通常采用"以地定产，以产定穗，以穗定苗，以苗定籽"的办法。

5. 播深的确定 播种深浅对春小麦生长和培育壮苗影响很大，过深出苗慢，养分消耗多，幼苗细弱，分蘖晚，次生根少，生长不良；过浅易落干，影响出苗，也常因分蘖节过浅，易受冻。深浅适当则出苗早而齐，有利于形成壮苗。播深一般以3～4cm为宜。在此范围内，沙质土、墒情差的宜深些；黏性土、墒情好的可稍浅些。

6. 播后镇压 西北春麦区春季风大，土壤失墒快，再加上春雨少更缺透雨，所以播种后都应及时镇压。墒情合适时，播种机后应带镇压器，随播随压或播后镇压。春播化冻较深时，表层土壤过松，要在播前镇压或播后镇压两次，还可增加苗后镇压。

（三）春小麦的田间管理与收获

1. 田间管理 在苗期管理上，比较常规的方法有查苗补种、疏苗补缺、破除板结。春小麦齐苗后要及时查苗、催芽补种或疏密补缺，出苗前遇雨及时松土破除板结。为了减少杂草的危害及减少棵间蒸发，消除土壤板结，一般在 2、3 叶期用轻型钉齿耙进行横耙或斜耙，耙深约 3cm。另外还要压青苗。水浇麦田压青苗通常在分蘖后期或拔节初期进行，有促根蹲节、壮秆防倒伏和巩固分蘖成穗的作用，在高肥密植田和生长过旺的麦田防倒伏增产效果更为显著。一般进行一次。压青苗要视整地质量、墒情、苗情等情况而定。

在肥、水、药的管理上，一是春小麦管理要早追肥、早灌水，促进早分蘖。基肥量较大的田块，可以不追肥。基肥施氮量较少或未施氮肥的田块，结合灌头水追施尿素。二是科学应用化学除草。在拔节孕穗期管理重点是化控技术、施肥和灌水。在扬花成熟期管理重点是灌水和使用叶面肥。

2. 适时收获 春小麦最适合的收获期是蜡熟中期到蜡熟末期，一般有 5～8d 的时间。播种面积大的可延至进入完熟期收获，收获时间延续达半个月左右。一般生产田采用人工收割或机械分段收获时，最好从蜡熟中期开始，蜡熟末期结束，进入完熟期就不要再采用机器分段收获。分段收获割倒的植株在田间晾晒 3～5d，再用机械拾禾脱粒。用联合收获机直接收获最好从蜡熟末期开始，完熟期结束。种子田用人工或机器分段收获，最好从蜡熟末期开始，进入完熟期即结束。用联合收获机直接收获，则在完熟期进行，力争 3d 内收获完毕。及时晾晒干燥，以保证高发芽率。

五、春小麦的缺素症状

（一）春小麦缺素症状

1. 缺氮型黄苗 主要表现为植株矮小细弱，分蘖少而弱，叶片窄小直立，叶色淡黄绿，老叶尖干枯，逐步发展为基部叶片枯黄，茎有时呈淡紫色，穗形短小，千粒重低。一般播种过早、沙性土壤、基肥不足易缺氮。

2. 缺磷型红苗 叶片暗绿，带紫红色，无光泽，植株细小，分蘖少，次生根极少，茎基部呈紫色。前期生长停滞，出现萎缩苗。返青期叶尖紫红色，抽穗成熟延迟。穗小粒少，籽粒不饱满，千粒重低。一般有机质含量少，基肥不足的土壤易缺磷。

3. 缺钾 初期全部叶片呈蓝绿色，叶质柔弱并卷曲，以后老叶的尖端及边缘变黄，变成棕色以致枯死，整个叶片像烧焦的样子，茎秆细弱，易发生倒伏，易出现缺钾型黄苗。主要表现在下部叶片首先出现黄色斑点，从老叶尖端开始，然后沿着叶脉向内延伸，黄斑与健康部分界明显，严重时老叶尖端和叶缘焦状，茎秆细弱，根系发育不良，易早衰。一般红壤土、黄壤土很易缺钾。

4. 缺锌型黄苗 主要表现为叶色减退，叶尖停止生长，叶片失绿，节间缩短，植株矮化丛生。一般中性、微碱性土壤易缺锌。

5. 缺锰型黄苗 主要表现为叶片柔软下披，新叶脉间条纹状失绿，由绿黄到黄色，叶脉仍为绿色；有时叶片呈浅绿色，黄色的条纹扩大成褐色的斑点，叶尖出现焦枯。一般石灰性土壤，尤其是质地轻、量少、通透性良好的土壤易缺锰。

6. 缺钼型黄苗 主要表现为叶片失绿黄化，先从老叶的叶尖开始向叶边缘发展，再由叶缘向内扩散，先是斑点，然后连成片，严重黄化部分变褐，最后死亡。一般中性和石灰性土壤，尤其是质地较轻的沙性土有效钼含量低。

7. 缺硼 心叶在与之连接的老叶的基部被截留保持下来，或白化，紧紧卷起，并经常卷曲呈螺旋状，类似于由缺铜造成的尖端白化典型的效果。分蘖不正常，严重的不能抽穗，即使抽出麦穗，也不能正常开花结实。一般碱性较大的石灰性土壤上易缺硼。

8. 缺钙 植株生长点及叶尖端易死亡，幼叶不易展开，幼苗死亡率高，叶片呈灰色，已长出叶子也常现失绿现象。

9. 缺铜 顶叶呈浅绿色，老叶多弯曲，幼叶卷起呈螺旋形，叶片失绿变灰，先端干枯白化，脉间坏死，严重时叶片死亡，穗萎缩，不完全出穗或为白穗。

10. 缺镁 植株生长缓慢，叶呈灰绿色，叶缘部分有时叶脉间部分发黄，较幼的叶子在叶脉间形成缺绿的条纹或整个叶片发白，老叶则常早枯。一般在富钾土壤中，钾和镁之间存在拮抗作用，随大量钾肥的施入，土壤中镁/钾比值的变化将引起或加强镁的缺乏。

11. 缺硫 小麦缺硫植株常常变黄，叶脉之间尤甚但老叶往往保持绿色。植株矮小，成熟延迟。

（二）补微肥的注意事项

1. 注意施用量及浓度 小麦对微量元素的需要量很少，而且从适量到过量的范围很窄，因此要防止微肥用量过大。土壤施用时还必须施得均匀，浓度要保证适宜，否则会引起中毒，污染土壤环境，甚至进入食物链，有碍人畜健康。

2. 注意改善土壤环境条件 微量元素的缺乏，往往不是因为土壤中微量元素含量低，而是其有效性低，通过调节土壤条件，如土壤酸碱度、氧化还原性、土壤质地、有机质含量、土壤含水量等，可以有效地改善土壤的微量元素供给条件。

3. 注意与大量元素肥料配合施用 微量元素和氮、磷、钾等营养元素都是同等重要、不可代替的，只有在满足了小麦对大量元素需要的前提下，施用微量元素肥料才能充分发挥肥效，才能表现出明显的增产效果。

（三）春小麦施肥误区

1. 小麦生育期短，需肥少 有的农户常认为，春小麦生育期短，仅 90d 左右，营养生长期短，需肥量少，很多农户对春小麦施肥实行了少施或偏施氮肥。其实不然，春小麦每生产 100kg 籽粒的氮、磷、钾养分吸收量均要高于水稻和玉米，且需肥期很集中。

2. 盲目施肥 很多农户每公顷地播种量为 18~20kg，无论使用哪种肥料，也按同一个数量进行施肥。应该根据肥料的品种及肥料氮、磷、钾比例确定施肥量。最好进行土壤化验，弄清楚地块的养分丰缺状况，再结合目标产量及种植密度等因素制定施肥量。

3. 春小麦"省工弃管理" 对春小麦的田间管理不投工，靠天吃饭，春小麦的产量和效益都大大降低，使播种面积越来越小。春小麦种植如果运用水肥耦合的高产栽培模式，科学的田间管理，加之适时收获，可以生产出高产、优质的产品。

第三节　栽培技术

小麦栽培具有以下特点：一是严格的地域性，不同地域要求有不同特点的栽培技术。二是强烈的季节性，要遵循光、热、水等季节性变化的实际情况，充分掌握利用农时的主动性。三是栽培技术的复杂性和综合性，栽培活动涉及小麦、环境和措施三个方面，投入的技术必须与之相适应，是复杂的、综合的。因此，春小麦栽培过程中，应在深刻认识春小麦品种的生物学特性及其与外界环境条件相互关系的基础上，针对春小麦生产的主要障碍因子和增产关键，采取综合栽培技术措施，调节春小麦与环境的关系，使春小麦向着高产方向发展。

一、沿黄灌溉区

本区主要指黄河及其支湟水、洮河、庄浪河、大通河等沿岸的引水灌区，包括青海省东部黄河、湟水两岸川水区，甘肃省中部川水区以及宁夏引黄灌区。海拔约 1 070～2 000m，沿黄河而下地势渐低；降水量 200～380mm，随海拔升高而增加；年日照时数 2 700～2 900h，年均气温 5～9℃，无霜期 128～165d。沿黄灌溉区大多土地平坦，灌溉便利，土壤肥沃，精耕细作，为春小麦高产稳产区。其中，高海拔地区一年一熟，低海拔地区普遍采用间、套、复种。小麦种植面积约 20 万 hm²，以春小麦为主，一般 3 月上中旬播种，7 月中旬至 8 月中旬成熟，出苗至成熟 100～130d。沿黄灌溉区气候条件与水肥条件较好，小麦生产发展较快，目前生产水平一般在 5 250kg/hm² 以上，部分地区过 7 500kg/hm²。小麦条锈病经常发生，要求品种丰产、抗锈病。近年来随着市场经济体制的建立，对品质的要求也日益迫切。主要栽培技术环节如下。

（一）深耕改土，培肥地力；及早灌溉，保墒蓄水

良好的土壤条件是获得高产的基础。耕作层深、根系发育充分，对水肥吸收能力强；耕作层浅，根系则主要分布 0～30cm 土层内，后期容易脱水脱肥。通过深耕要打破犁底层，深耕应 25cm 左右。要求前作收后及时深耕。夏茬田应在伏里耕完头遍，深耕后立土晒垡，熟化土壤，秋末结合深耕将基肥翻埋施入，然后旋耕、耙糖整平；秋茬田随收随深耕，可将深耕、施基肥、旋耕、耙糖整平一次性作业完成。播前整地的要求是：细、透、实、平、足。即土块耕碎，没有明暗的土块，土块多易跑墒，影响出苗，造成缺苗断垄，也影响扎根，苗瘦弱；耕透耙透，不漏耕漏耙；表土细碎，没有架空，上虚下实，土层踏实；耕后耙糖，起高垫低，尽量整平土地，灌溉麦田坡降不超过 0.3%；田块墒情要足。

灌溉地春小麦，灌好底墒水很重要。一般在秋末深耕整地后，于 11 月中旬土壤夜冻昼消时进行灌溉。有些地方因供水调配等原因，底墒水也可秋灌和春灌。秋灌地前作一般是夏茬，秋末在深耕施基肥后，灌底墒水，待底墒适宜时，浅犁、耙糖、整平。在夏茬秸秆还田的地方，秋灌有利于秸秆腐烂分解。春灌地是一种弥补措施，泡地不深，播种迟，发小苗不发老苗。秋、冬灌的灌溉量一般约 1 500m³/hm²，秋雨多或秋季秸秆覆盖的地方可以免灌底墒水；春灌灌溉量一般 450～600m³/hm²，在播前 1 周左右要土壤落干。此外，冬春耙糖镇

压也利于保墒蓄水、改善土壤环境，入冬后地有裂缝及时耙，立春土表化冻后顶凌耙耱，可有效地保墒、碎土，创造上虚下实的土壤环境。

（二）科学施肥，经济用肥

春小麦全生育期施肥量的多少应该根据产量目标、播前土壤基础肥力、肥料的当年利用率进行科学的配方施肥。单产水平 7 500kg/hm² 以上的麦田，在施有机肥 45～75t/hm² 做基肥的基础上，小麦全生育期化肥施用量一般为：纯氮 150～225kg/hm²、P_2O_5 90～180 kg/hm²。前茬若为豆茬地、蔬菜地或庄园地氮磷使用量可取下限；如果没有使用有机肥作基肥或春施有机肥，则可取上限。

小麦是需肥量较多的"胎里富"作物，施足基肥是丰产的基础，可将全部有机肥、氮肥和磷肥的 50％ 做基肥施入。前氮后移是一项在中国高产麦区有效增产和提高品质的技术，在沿黄灌区高产麦区应将常用的氮肥 70％ 作基肥下调到 50％ 左右，增加拔节期追施氮肥的比例。此外，春小麦苗期短、穗分化早，施用种肥增产效果好，一般施纯氮 15～30kg/hm² 作种肥。宜作种肥的肥料有：硫酸铵、硝酸铵、复合肥料等。

（三）因地制宜，选用良种

因地制宜、选用良种应包括选用优良品种和优良品种的好种子、种子处理等。最好选用各地农技部门推荐的良种补贴工程品种。这些品种一般经过专业部门多年多点的试验筛选和示范，对当地生态生产条件适应性、丰产性、稳产性、抗逆性、品质都较好，种子质量也有保障。品种选用除考虑丰产性和品质特性外，在沿黄灌区应注意选择抗锈、抗白粉病、抗倒伏品种。沿黄灌区是一个小麦生态多样化较突出的地区，为防止品种单一化，各地域可种植 1 个主栽品种，2～3 个搭配品种，主栽品种和搭配品种各占 50％ 为宜。

农户自留种子播种前需要进行清选，可用风车筛选粒大、饱满、均匀、新鲜的种子作种用，并除去杂物和瘪粒，粒大粒匀才能苗全苗匀。晒种能促进种子后熟，改变种皮透性、提高种子生活和发芽势、出苗快而整齐，对贮藏期间回潮的种子晒种效果更好。晒种将种子摊在席上或帆布上，厚度 3～4cm，晒 3～4d 即可，白天摊晒、晚上堆起。

药剂拌种是防治病虫害的重要方法。用粉锈宁拌种可同时防治白粉病和条锈病。拌种时药剂不能过量，否则引起麦苗矮化，拌种可以有约 90d 的预防效果。地下害虫、小麦散黑穗病、秆黑粉病都可以通过药剂拌种有效防治。

（四）适期早播，提高播种质量

适期早播可增产 10％ 左右。春小麦适期早播优点在于：①西北冬春季风大跑墒快，早播表土墒情好、可趁墒出苗，争取全苗；②拉长了播种至出苗时间，胚根比胚芽伸长速度快，初生根发育好，入土深，可提高植株中后期吸水吸肥能力；③延长了出苗至拔节时间，有利于提高分蘖成穗率；穗分化开始早，在低温下分化时间长，有利形成大穗；④能提早成熟，可避过或减轻干热风危害。日均气温稳定通过 1℃ 的日期是早播适期，通常地表解冻 6～8cm 就可播种，沿黄灌区一般应于在 3 月 15 日以前结束播种。

高质量播种的标准是：苗全、苗匀、苗壮，即没有缺苗断垄、达到计划苗数；出苗整齐，分布均匀，没有大小参差苗、撮撮苗，苗不匀则大苗欺负小苗、建立不起丰产的群体结构；苗生长粗壮，壮而不旺，根系发达，叶色较深，群体整齐。播种深度以 4～5cm 为宜，这样分蘖节处于地表下 2.5～3.0cm 处，可在通气较好的土壤条件下生蘖发根，也便于地中茎调节出苗。播种过深，大量营养会消耗于地中茎伸长，容易形成弱苗。提倡采用机播，机播覆土深浅一致，便于控制播量，下籽均匀，行距一致，出苗整齐。

(五) 合理密植，精量下种

播种量的确定应遵循"以田定产，以产定穗，以穗定苗，以苗定籽"的四定原则，即根据当地水肥条件和气候条件确定产量目标；根据计划产量和品种的穗粒重确定合理穗数；根据单株成穗数确定基本苗数，沿黄灌区春小麦单株分蘖成穗平均 1.1～1.2；根据发芽率、田间出苗率等确定播种量。计划播量（kg/hm²）＝基本苗数×千粒重（g）$\times 10^{-6}$，实际播量（kg/hm²）＝计划播量/［发芽率（%）×纯净度（%）×田间出苗率（%）］。沿黄灌区春小麦要达到穗数 600 万/hm²，则一般需要基本苗 525 万/hm²，按照发芽率 90%、纯净度 99%、出苗率 85% 推算，则实际播种量为 312kg/hm²，大致为"斤籽万穗"。

目前沿黄灌区春小麦单产 6 000～7 500kg/hm² 的田块，适宜的播量范围大致在 262.5～300.0kg/hm² 之间。如果提高播种质量，一般可达到斤籽万苗。沿黄灌区春小麦普遍存在超量下种现象，有些地方甚至超过 525kg/hm²，不仅浪费种子，而且群体过密易倒伏、苗不保穗，穗粒数减少，影响产量。

(六) 加强田间管理

春小麦田间管理的目标是：苗期育壮苗，中期争大穗，后期保粒重。生育期田间管理的中心是水肥管理，重点抓好拔节水、抽穗水、灌浆水 3 次基本灌溉，追肥结合灌水进行。应掌握前期重追原则、中后期看长相灵活追肥原则。许多地方采取在拔节期前后一次性追肥办法，也可取得较高产量。节水灌区、集雨补灌区的水肥使用重点放在拔节至抽穗期，其中一水灌区放在拔节期、两水灌区一般放在拔节期和抽穗期。

1. 苗期管理　出苗至拔节是苗期阶段，一般 40d 左右，生长特点为扎根、分蘖、长叶，是为中后期搭好丰产架子、决定单位面积穗数的关键时期。春小麦苗期短，幼穗分化发育早，三叶期就开始幼穗分化，分蘖少、成穗率低。田间管理的目标主要是保全苗，促苗早生快发，促根增蘖，改善幼穗发育的营养基础，奠定大穗基础。田间主要管理措施有：

（1）中耕除草。中耕作可破除板结，切断土壤毛细管，保墒；提高地温，改善土壤通气性，促进根系发育；除去杂草。中耕无论有无杂草，都要在三叶期至拔节前进行 1～2 次，可用锄头在行间划锄，深度为 2～5cm，要求行间锄到锄透，头次中耕深、二次浅，行间深、株边浅。在群体过大过旺、分蘖多的情况下，要深锄到 5cm 左右，损伤部分表层根系，促进根系下扎，减少小蘖，控制地上部生长。化学除草剂在苗期施用效果好，但用药浓度要严格掌握，用药量过大，会引起穗部畸形。

（2）早灌苗水、早追苗肥。春小麦三叶后，分苗与穗分化同时进行，营养生长和生殖生长渐趋旺盛，需充足的水肥条件。但墒情好、苗旺、分蘖猛、群体过大的麦田，墒情较好、群体适度的壮苗，都可以不用。对苗弱、苗黄、分蘖少、群体小的麦田，要早灌苗水，早追苗肥，可促进低位蘖早生快发，提高分蘖成穗率，促进幼穗分化。灌水的时间在出苗后 20d 左右（播种后 45d 左右），农民一般将这次灌水俗称"麦浇芽"或"麦浇四十五"或"分蘖水"。春小麦浇水要掌握"头水浅，二水满"的原则，这次浇水要求当天渗完，以免影响根系呼吸和地温低温持续期过长。依土壤松软程度不同，灌水量大致在 $450\sim750m^3/hm^2$ 之间。追苗肥结合浇苗水进行，使用该次水肥的弱苗田，追肥量要大些，可追施纯氮 $45\sim60kg/hm^2$，也可氮磷肥混施，P_2O_5 一般掌握在 $30\sim45kg/hm^2$。

2. 中期管理 中期指拔节至抽穗阶段，该阶段茎叶生长与幼穗分化同时进行，是营养和生殖生长同时并进期，群体迅速增大，指标达最大值，群体和个体矛盾较突出，是壮秆大穗、决定穗粒数的关键时期。田间管理的中心任务是：处理好营养生长和生殖生长的关系，协调群体和个体矛盾，既要促进秆壮叶健，又要促进穗大粒多，提高结实率。管理措施主要是水肥管理。

（1）合理使用水肥。一般分拔节水肥、抽穗水肥两次，具体怎么使用，因苗而异。对弱苗要用水肥积极促进；旺苗要先控后促，即稍晚几天使用水肥，使植株由旺转壮；壮苗要适促适控。

拔节水肥：拔节期群体旺盛生长，总茎数达最高峰，分蘖两极分化，需水肥最迫切。拔节期水肥很重要，一般都要使用，但也要严格按苗情而定。群体适度、生长正常的壮苗田，要按期使用；对已经使用过苗期水肥的弱苗田，如果墒情仍较好，可推迟使用或不用；群体较大、有倒伏危险的旺苗田可将这次水肥推迟到孕穗前后。灌水量一般 $1\,050\sim1\,500$ m^3/hm^2。追肥结合灌水进行，春小麦追肥要掌握早追和前期重追的原则；可一次追施所有追肥量，追纯氮 $75\sim90kg/hm^2$；若分次追肥，这次追肥应占总追肥量的 60% 以上。

抽穗水肥：可在抽穗期或开花期进行，灌水量 $750\sim1\,050m^3/hm^2$。抽穗水对促进籽粒的发育、提高结实率、增加穗粒数、延长后期绿叶功能期至关重要。对灌过孕穗水的旺苗田，可推迟到开花后灌溉。结合灌水追施攻穗肥，可追纯氮 $20\sim45kg/hm^2$；若叶色深绿，不追氮肥；若有缺磷症状，可根外喷施磷肥。

（2）防治病虫杂草和倒伏。拔节后应人工拔除田间杂草，杂草多的田块可进行化学除草。同时，拔节后气温高，各种病虫害滋生蔓延，要加强病虫测报和防治。倒伏虽然主要发生在抽穗后，但预防主要在抽穗前。俗话说"麦倒一把草，谷倒一把糠"，倒伏后叶片重叠、光合减弱、运输受阻、生育失常、成熟延迟，粒少而秕。高密度种植的灌区容易发生倒伏。对群体过大、生长过旺、有倒伏危险的麦田，可采取拔节初期喷 0.5% 的矮壮素，推迟拔节期水肥，适当蹲苗，以提早预防；或在拔节初期用轻型石磙碾麦，使第一节间变短，株高降低，重心下移，以利防倒；或是选用矮秆品种，合理密植；或是在生育前期适当损伤根系，促进根系深扎和控制地上部旺长。

3. 后期管理 后期指抽穗至成熟阶段，一般 $40\sim50d$，生长中心是籽粒形成和灌浆成熟，也是决定粒重大小的关键时期。该阶段群体穗数基本稳定，养分集中向穗部运转，籽粒干物质约 $1/3$ 来自抽穗前的茎叶贮备，$2/3$ 是抽穗后制造。间管理管的中心任务是：保叶、保根、促粒重。既要防止贪青晚熟，又要防止植株早衰，延长叶片功能期，抗灾防病虫，促进光合产物向子粒运转。田间管理措施主要有：

（1）"一喷三防"。即将杀虫剂、杀菌剂、磷酸二氢钾（或其他预防干热风的植物生长调节剂、微肥、抗旱剂）等混配，一次施药可达到防病、防干热风、防虫、增粒重的目的。各地实践证明，灌浆初期和中期各喷洒一次，可提高后期抗旱力、促进产物向籽粒的转移、有效防止干热风。由于各地病虫发生情况等不同，一喷三防的配方可不同。

（2）看天看地浇好灌浆水。一般开花后 15d 左右浇灌浆水，灌水量约 600m³/hm²。如果土壤墒情好或遇到降雨，且有贪青趋势的麦田可不浇或推迟浇，以防营养物质倒流，造成后期青干逼熟。后期浇水在风雨天不浇，以免倒伏。

（3）看植株长相补施肥料。对抽穗期叶色转淡，有明显缺肥症状麦田，可结合灌浆水补施少量化肥，一般施纯氮不超过 22.5kg/hm²。也可在灌浆初期叶面喷施 1%～2% 的尿素溶液 1～2 次，喷施间隔 1 周左右。

（4）防倒伏。抽穗后最容易发生倒伏。倒伏发生后，在能自行恢复直立时，切忌扶麦和捆把，以免搅乱其"倒向"，使节间本身背地曲折特性无法发挥，事与愿违。

（七）适时收获

春小麦成熟期一般在 7 月 10 日以后。这时暴雨伴冰雹发生概率高，应及时抢收，沿黄灌区常将小麦夏收形象称为"虎口夺食"。手工收获应在蜡熟末期进行，联合收割机可适当推迟到完熟期收获。

小麦千粒重以蜡熟末期最高。收获过晚，籽粒在茎秆上呼吸强度较大，千粒重会降低，一般情况下每推迟收获 6d，千粒重减轻 0.72～1.49g。尤其若籽粒干硬后再被雨淋湿，呼吸强度会急剧增强，粒重损失更大。完熟期手工收获，落粒折穗减产 5% 左右。农谚有"麦黄一晌午，抢收不过日"。

小麦成熟特征，一般是旗叶变黄，麦穗和穗下茎呈黄色，而茎秆最上一节仍是绿色，搓揉麦穗，籽粒脱落，内颖与子粒容易分离，籽粒丰满而呈亮黄色，粒内蜡状，指甲切断，这就是收获的适期。小麦收获时，常有内熟和外熟区别。内熟也叫内黄，就是籽粒已达成熟程度，而颖壳仍带绿色，亮穗黄粒是丰收的长相，这在水肥条件好的地块常出现，此时应是手工收获期；外熟也叫外黄，指颖壳虽然变黄但籽粒仍带绿色，尚未成熟。在成熟期间遇天气干旱，特别刮了大风时常出现外熟现象，外熟不一定是青干死亡，此时应推迟几天收获。

小麦适宜收获期很短，人工收割或半机械化收割，应随割随捆，短期晾晒即可脱粒。有些地方人工收获后，为防止搬运中掉穗落粒，常在田间收获后堆垛回潮半个月左右；联合收割机收获效率高、进度快，可收割、脱粒一次作业完成，收获可推迟到完熟期，这时籽粒和穗部已经变干，也便于收割机脱粒。

二、干旱丘陵区

本区包括青海东部农业区的浅山旱地，甘肃中部干旱、半干旱春麦区和宁夏固原、西吉一带的山旱地，地势较高，海拔在 1 400～2 500m，绝大部分为丘陵山地，少数为旱滩地。年均气温 6～10℃，降水量 200～400mm，年日照 2 000～2 800h，无霜期 120～180d。小麦生育期间十年九旱，以春旱最为普遍，严重影响播种和出苗，夏旱也常造成茎叶干枯、籽粒青秕；但昼夜温差大，利于干物质积累，且土质较好、土层深厚，利于小麦生长。由于水源的限制，山旱地区多为一年一熟，且有部分休闲地。小麦播种面积 33 万 hm² 左右，一般春小麦 3 月中、下旬播种，7 月中旬至 8 月中旬成熟，出苗至成熟 110～120d。对小麦品种的要求是丰产性与抗旱性结合，水分利用效率高，同时对条锈病要有定程度的抗性。

西北干旱丘陵区由于水土流失严重，旱地易薄、薄地易旱、旱薄相连，旱薄地比例超过 60%，干旱年份许多旱薄地春小麦经常产量不超过 750kg/hm²，甚至绝收。春小麦栽培要求达到以土蓄墒、土肥保墒、水肥促苗、苗壮根深、以根调水、以苗用水，实现最大限度利用土壤深层水，提高自然降水利用效率。由于旱地生育期难以施用水肥，栽培管理相当较简单，其主要栽培技术环节如下。

（一）轮作倒茬，培肥地力

旱地春小麦选茬很重要。旱地春小麦水分虽为主要矛盾，但土壤肥力高，降水利用效率，要着眼于水、着手于肥、以肥调水。较好的前茬为豌豆、扁豆、大豆、苜蓿、草木樨等豆科作物和油菜。可实行豆类—小麦—谷子（或玉米、高粱等秋作物）三年三熟轮作制；苜蓿地连种 5～6 年，翻耕后可连种三年好麦子，倒秋茬后再按三年三熟制轮作；特别干旱瘠薄的土壤，可实行豆类—小麦—秋作物—休闲的四年三熟休闲轮作制。

（二）耕作纳雨，防旱保墒

通过夏秋季多次耕作、耙糖，蓄纳头年降雨，做到伏雨、秋雨春用。具体措施为：前作收后及时深耕灭茬（深耕 25～30cm），耕后不耙、立土晒垡、熟化土壤，疏松粗糙的土壤也便于就地拦截雨水，特别是暴雨，减少地面径流。深耕灭茬后，每次遇到降雨，等地表落干呈花白斑状时先浅耕（5～10cm），再耙糖。实践证明这是一项纳雨蓄墒的有效的措施。在秋末结合深施基肥，再进行一次深耕，然后耙糖整平，完成土地收口工作。

（三）推行覆盖保墒栽培技术

传统的深耕等雨技术，虽对接纳伏天雨水有利，但裸露土壤加大蒸发耗水，几乎占到同期自然降水的 50% 左右，遇到旱年可达 60%～150%。因而常常导致休闲期土壤水分积蓄不足，底墒得不到恢复，表墒严重干涸，致使小麦难以播种；即使勉强干土播种等雨，又常造成缺苗断垄，无法培育壮苗。小麦覆盖保墒栽培主要包括地膜覆盖、秸秆覆盖、草肥覆盖三种方式，各种覆盖法都较传统露地种植显著保墒增产。地膜覆盖虽然存在残膜污染问题，但仍是旱地春小麦增产幅度最大的技术。

1. 地膜覆盖栽培技术　地膜覆盖 20 世纪 80 年代初开始在小麦上应用，先后提出了多种模式，代表性模式有 3 种：第一种是甘肃省农业科学院提出的"全生育期地膜覆盖穴播"模式（简称穴播小麦或甘肃模式）。该模式特点是：平作、地面全覆膜、膜上打孔穴播。第二种是山西省提出的"垄盖沟播膜际栽培"模式（简称膜侧小麦或山西模式）。特点是垄上覆膜、垄沟不覆膜，垄沟膜侧条播两行小麦，地膜覆盖度 60% 左右。第三种是近年在甘肃甘谷县发展起来的"全膜覆土穴播"模式（简称甘谷模式）。该模式是对甘肃模式的改进，即在平作和全覆膜基础上，膜上覆土 1cm 左右，然后再打孔穴播。膜上覆土可防止地膜分化，实现一次覆膜、多茬免耕种植，降低了购膜成本和后茬耕作整地等成本，节本高效。目前生产上主要应用全膜覆土穴播和膜侧小麦两种模式。广泛种植实践表明，各种地膜栽培方式普遍显著增产，一般较传统露地平作条播栽培增产 30% 以上，甚至成倍增产。覆膜由于阻隔了土壤水分蒸发，使有限水分主要用于蒸腾性生产，从而提高了水分利用效率，这也是旱地覆膜大幅度增产的主要原因，增产效果一般干旱年大于丰雨年。保墒是地膜覆盖最明显的效应。但不同地膜覆盖种植方式各有优缺点，在推广应用中也存在一些需要注意的问题，如全膜穴播覆土技术播后遇雨容易板结压苗。膜侧小麦虽然播种方便，但保墒效果不如全覆膜，并且播种行植株局部拥挤，行播量一般高出露地条播 50％以上，再增加群体密度较困难，膜侧种植麦更适合水肥条件较差、对群体要求较小的地区使用。

2. 秸秆覆盖栽培技术　秸秆覆盖不仅可保墒节水、培肥地力、改良土壤结构、实现秸秆资源的循环再利用，而且取材方便、减少购膜成本、可避免地膜覆盖的"白色污染"和秸秆焚烧引起的雾霾污染，生态环保。但秸秆覆盖普遍存在降低地温（尤其是生育前期）和平抑地温变幅、降低出苗率、延缓前期生长、堵塞播种、种沟弥合不严，易滋生杂草和自生麦苗等问题。各地针对这些问题，并结合当地具体水温条件、机械化作业状况、种植制度和土壤条件等，通过多年研究与应用摸索，因地制宜地提出了不同的秸秆覆盖种植模式。从覆盖时期上有休闲期覆盖、生育期阶段性覆盖、周年全程覆盖；覆盖材料有碎秆覆盖、整秆覆盖、高留茬、草肥覆盖等。

休闲期覆盖主要做法有两种：①先盖后翻。小麦收获时，用联合收割机高茬收割（留茬高度 30cm 左右），将收割机打碎的小麦秸秆均匀铺于地表，并通过碾压使秸秆紧贴地表。秋冬季化学灭草，播前施底肥、将麦秆犁翻或旋耕入土，接茬播种小麦，播后耙耱平土并镇压。②先翻后盖。即采用麦收后施肥（有机肥）→深耕→耙耱→覆盖麦草→播前机施化肥（氮、磷）→播种的操作程序，将施有机肥、深耕、耙耱提前在盖草前作业完成，减少了播前耕作造成土壤失墒，土壤细碎绵软，播种与苗期生长环境良好。上述休闲期覆盖可采用穴播或条播，也可采用宽幅机械播种机或沟播机。

全程覆盖技术主要采取留茬、深松、秸秆全程覆盖。收麦时留茬 40cm，将碎秆撒在地表，深松耕作，播种时用免耕播种机将施肥、播种、镇压几项作业一次完成。

上述休闲期覆盖和秸秆全程覆盖是利用麦秆覆盖的小麦连作技术，适合于地块宽广平坦、可用大型机械作业的平原和川塬地带，在山旱地应用受到地形和机械的限制。阶段覆盖主要是针对热量不足地区秸秆覆盖会明显降低地温、导致生育延缓而提出的一种技术，一般在出苗后至拔节期将碎秆撒覆于行间，盖土不盖苗。

3. 草肥覆盖技术　草肥覆盖技术适合于土壤瘠薄、耕地面积较大的山旱丘陵区采用。采用等高线小麦与牧草绿肥带状种植，麦∶草面积比为 1∶1 或 2∶1，小麦带宽 3～4m，牧草带宽 2m。牧草可选用生物量大的沙打旺，种植密度可大些，密植草嫩，易于腐烂。具体做法是：小麦收获后及时灭茬耙平，此时沙打旺可长至 60～80cm，每公顷产鲜草 30t 左右，刈割后按垂直于条带方向均匀铺盖于麦田地面，以便日后切翻。小麦播前 15～20d，先用圆盘耙切翻，再犁耕和耙耱平土，进行播种。草肥覆盖实际上也是一种休闲期覆盖技术。草肥覆盖技术的优点是蓄水量大、增产显著。

（四）重施基肥，增施磷钾

旱地麦田低产的直接原因，是土壤瘠薄、有机质含量低，既不耐旱又不保水，因此增施有机肥及速效性化肥，提高土壤基础肥力，对改善土壤结构，促进蓄水保水提高降水利用效率，具有十分重要的意义。

旱地难以结合灌水追肥，因此肥料主要通过基肥和种肥施入，要重施基肥。单产 2 250kg/hm² 以下的田块，基肥要求施腐熟的有机肥 22.5～30.0kg/hm²、P_2O_5 60kg/hm²、纯氮 45kg/hm²，播种时再施约 15kg/hm² 的纯氮做种肥；单产 3 000～5 250kg/hm² 的旱地高产田块，基肥要求施腐熟的有机肥 45～60kg/hm²、P_2O_5 90kg/hm²、纯氮 67.5kg/hm²，播种时再施约 22.5kg/hm² 的纯氮做种肥。旱地氮∶磷比例以 1∶0.8～1 较适宜，旱地适当提高磷肥使用量，对增根发蘖、增加植株抗旱能力、促进灌浆期产物向籽粒的转运效果明显。

基肥最好结合深秋耕一次性翻埋施入，秋施效果远好于春施。种肥可结合播种顺沟施入，种肥要选择对种子腐蚀毒害小的肥料种类。也可将种肥和种子分层施入种肥与种子上下最好间隔 1cm 以上。如果由于秋季有机肥储备不足、劳力不足、地未封冻运肥困难等原因，需要春施基肥，则应在播种前 3～5d 通过耕作将基肥和种肥量合并施入，且适当下调氮磷化肥用量 15～30kg/hm²。

（五）选用抗旱、耐瘠、丰产品种

根据具体土壤水肥条件，选用抗旱性和丰产性相对应的品种，才能充分利用有限降水资源。小麦品种根据其对水肥条件的适应性，一般分为旱薄型、旱肥型（或中间型）、水肥型（或水地类型）。旱薄型的品种虽然抗旱型强，但丰产性较差、植株较高，适合于干旱瘠薄的坡塬山地种植，粮草兼收；旱肥型品种的抗旱性和丰产性均较好，适合水肥条件较好、生产力水平较高的川坝地、二阴地、梯田种植，目前主推的品种大多属于此类；水肥型品种丰产性好，但抗旱性差，适合保灌地种植。干旱丘陵区环境条件复杂多变，坡、塬、川、坝纵横交错，不同生态区域类型需要配置不同适应类型的品种。近些年来农民乱引乱种造成严重减产情况时有发生。旱地春小麦区乱引乱种主要表现为选择种植的品种类型与具体的地块水肥条件不匹配，例如有些地方在旱地种植一些水肥型品种等。

品种选用除考虑抗旱、耐瘠、丰产、稳产、品质特性外，还应考虑品种的发育节律要和当地降水时空分布相吻合，后期灌浆快、落黄好。同时为收割打捆方便和兼收饲草，株高不能太低（一般 60～120cm）。

（六）因墒定种，适期播种

受水分亏缺和生育期降水保证率低的限制，旱地春小麦原则上应主要依靠主茎成穗，下种量视播种墒情变幅较大，可灵活调节，以旱薄地下种量年际变化最大。旱地春小麦土壤水分负荷力和种植稀稠对植株长相、穗子的大小、产量影响很大。一般旱薄地要求保苗 180 万/hm²、保穗 225 万/hm²，下种量约 90～150kg/hm²；旱肥地要求保苗 225 万～300 万/hm²，保穗 270 万～450 万/hm²，下种量一般 187.5kg/hm² 左右。目前部分二阴旱作区春小麦下种量超过 300kg/hm²，在生育期降水偏少年份，常植株密集、秆矮穗小、主茎分蘖高低相差悬殊、产量剧降。

旱地春小麦要适期播种，各地日平均气温稳定通过 1℃ 的日期是播种适期，通常地表解冻 6～8cm 就可播种，在同一地区基本和水浇地春小麦同步播种。旱地春小麦播种土壤墒情往往较差，一般需要深播到 5～6cm。

（七）重视早防、早治

重点在苗期中耕保墒、除草，在出苗至拔节期可进行 2～3 次中耕除草。旱地一般不宜追肥。但丰雨年可在拔节前后视情况趁墒追肥，可追纯氮 15～30kg/hm²；开花 15d 后，可叶面喷施 0.2％～0.3％ 的磷酸二氢钾溶液 2～3 次，或采取一喷三防；及早防治蚜虫和吸浆虫。旱地春小麦密度低、土壤松软，大多手工拔麦收获。因面积大、收获进度慢，应成熟一片收一片，短期堆垛回潮后，即可搬运打碾。

三、高寒阴湿区

地处青藏高原的北缘，包括青海省东部的脑山地带、甘肃西南部的高寒阴湿地区。地势高寒，海拔在 2 100～4 500m 之间，形成一片由西南向东北渐次倾斜的地带。气候冷凉阴湿，云雾较多，年均气温小于 6℃，无霜期 80～140d，年降水量 500～600mm，蒸发量小于 1 400mm，年日照时数 2 200～2 400。土壤肥沃，但微生物活动弱，有效养分不足。春小麦种植面积约 20 万 hm²，一般 4 月上、中旬播种，8 月下旬至 9 月份成熟，生育期间平均气温为 13～14℃，是西北春麦区播种和成熟最晚的地区。小麦生育后期常有阴雨天气，秆锈病、条锈病、吸浆虫等病虫害较重。生产上要求小麦品种丰产、抗病虫、早熟，并具有抗倒伏、抗穗发芽等特性。高寒阴湿区春小麦的生长发育符合春小麦的一般规律，根据其环境特点，结合春小麦生长发育规律，栽培应采取以下技术措施。

（一）培肥地力，有机无机相结合

高寒阴湿区，虽然有机质含量较高，但因气温低，热量不足，养分分解慢，所以农田有效养分不足。解决的办法：首先是大力投入化肥。提高春小麦单产坚持以化肥为突破口，鼓励农民增加化肥的投入量，既提高经济产量，又提高生物产量，使秸秆、根茬还田，实现无机促有机，提高地力。在增加化肥投入量的同时，科学施用化肥，提高化肥的利用率和经济效益。应改单一施肥为配合施肥，氮、磷配方施肥，提倡有机肥、氮肥、磷肥一次深施作基肥。在客观上来说，在保证高产田粮食稳定增产的基础上，将化肥投向中、低产田，结合耕作改制等综合措施，提高化肥的经济效益。其次是充分发挥有机肥培肥养地作用，增施有机肥料，高茬还田，实行合理的轮作倒茬制度，充分发挥豆科作物养地提高土壤肥力的效果。

（二）提早耕作，保蓄水分

高寒阴湿麦区总体降水量虽较多，但约 50％以上集中于夏季（6～8 月）降落，整个冬春季降水偏少，春旱频繁、严重，造成春小麦播种和出苗困难。在春季干旱地区，春小麦出苗和生长前期所需水分主要靠土壤底墒，底墒又主要来源于大气降水，因而将夏末秋初的雨水接纳、保蓄于土壤中，是抗旱播种最有效的措施之一，并可为早播创造条件。通过秋深耕（20cm 以上），耙糖收墒，冬季打土、碾压保墒和春季顶凌免耕条播，可达到秋雨春用。深耕结合秋施肥可降低土壤容重，增加土壤孔隙度，增强土壤的保水性能。早备耕、早蓄水的措施不但适用于旱作区，也适用于灌区。深耕秋施肥，夜冻日消时灌冬水，冬春耙糖保墒，经冻消过程后，表土形成疏松的表土层，其下为结冻层，春季顶凌条播，随气温上升而返墒供水，可保证全苗，避免晚播跑墒。

（三）抢墒早播，保全苗壮苗

早播是在春季气温回升、土壤开始解冻时，将麦种播在干土层之下、冻结层之上，以后随着土壤的消解反墒供水以保全苗。早播使春小麦播种至出苗阶段处在较低的温度范围内，高寒阴湿麦区此期温度 4～7℃，历时 20～30d。此期间气温低，历时长，可使麦根扎得深而发达，为丰产奠定基础。此外，在高寒阴湿麦区麦收前的气温较高，常出现阵雨猛晴天气，易造成春小麦青干。为使春小麦提早成熟并避开青干易发期和及早夏种，也需早播早收。基于上述原因，在高寒阴湿麦区应施行顶凌播种，即在日平均气温稳定通过 0℃ 前后，5～10cm 深处土壤日消夜冻时抢墒播种。

（四）提早肥水管理，培育壮苗

壮苗是春小麦丰产的基础，在施足基肥、灌足底墒水、用好种肥和调整好播种深度的基础上，保证苗期肥水供应是培育壮苗的有效措施。灌水后地温下降是事实，灌水后几天内麦苗生长缓慢也是事实。但是高寒阴湿麦区春季干旱，风大，土壤跑墒快，耕层水分不足，肥效不易发挥。早追肥、灌水，可补充水分不足，以水促肥，促麦苗早发，使叶面积指数尽快达到 1 以上，尽早多利用光能，形成壮苗，从而为丰产奠定基础。灌水后 10cm 以内地温降至 10～12℃，并不会过分抑制春小麦根系发育，相反，肥水促进麦苗早发的正效应超过了早灌水暂时降温对麦苗的负效应。

（五）选用早熟品种

高寒阴湿麦区绝大多数地区是一年一熟的栽培制度。有人主张采用晚熟品种，以充分利用生长季而形成高产。实际上，高寒阴湿麦区热量分布特点需要春小麦早熟，这主要是因为生育期过长在本区不同地区分别会遭遇后期较高温和后期较低温的危害，分别造成后期高温青干和低温受害，使正常的灌浆趋向缓慢甚至停止，最后导致粒重下降，产量降低。因而，高寒阴湿麦区适宜种植中熟或中早熟品种类型。

（六）示范推广地膜栽培技术

高寒阴湿区低温、冷害是普遍的灾害性天气。地膜覆盖可提高土壤温度、改善田间微生境，是高寒阴湿地区提高作物生产水平的重要技术措施。目前生产上应用的地膜小麦栽培技术主要有全膜覆土穴播和膜侧小麦两种模式。全膜覆土穴播是在平作和全覆膜基础上，膜上覆土 1cm 左右，然后再打孔穴播。膜上覆土可防止地膜分化，实现一次覆膜、多茬免耕种植，降低了购膜成本和后茬耕作整地等成本，节本高效。膜侧小麦，特点是垄上覆膜、垄沟不覆膜，垄沟膜侧条播两行小麦，地膜覆盖度 60% 左右。此外，也可利用前茬全膜双垄沟玉米的残膜，接茬种植 1～2 年春小麦。

四、河西走廊区

主要指乌鞘岭以西的河西走廊地区，南为祁连山脉，北为腾格里沙漠，包括甘肃的酒泉、张掖、武威三个地区。海拔 1 100～2 600m，年均温 6～10℃，无霜期 100～160d，年日照 2 700～3 200h，年降水 50～250mm，年蒸发量 2 000～3 400mm。河西走廊地区太阳辐射强，光照充足，春季风沙大，空气湿度小，大气干旱，干燥度由东向西、由南向北逐渐增大，作物生长主要靠内陆河水、泉水及地下水灌溉；土壤含钾较多，但氮、磷及有机质缺乏；熟制多为一年一熟。20 世纪 70 年代以来，以小麦、玉米带状种植形式为主的间作栽培十分普遍。小麦面积约 33 万 hm²，其中春小麦约 30 万 hm²，常年在 3 月中、下旬播种，7 月中、下旬收获，出苗至成熟约 100d。由于土地平坦，灌溉便利，日照无足，病虫害发生很轻，栽培及田间管理水平较高，是西北春小麦种植区的高产稳产区。另一方面，大气干燥，风沙多，小麦生育后期常有干热风发生，造成青枯，早衰，籽粒秕瘦，以致减产；小麦种植比重过大，不易倒茬轮作，根部病害较重；水源日益紧缺，不能保证灌溉；低洼地土壤含盐较重，影响小麦正常生长，这些都是河西走廊地区进一步发展小麦生产必须克服和解决的问题。随着生产水平的提高，本区对小麦品种的要求是，单产潜力大，抗大气干旱、抗风沙，中早熟，抗倒伏，适于带状种植，随水资源日益紧缺和市场经济对产品质量的要求，生产上对节水品种、优质专用品种也有着迫切的要求。根据其环境特点，结合春小麦生产实际情况，栽培采取主要技术措施如下。

（一）选用高产品种

高产品种是实现春小麦高产的首要条件，品种选得准，高产就有保障。河西走廊春小麦出苗后气温回升较快，春旱少雨，后期灌浆成熟期到收获正遇雨季，高温逼熟，形成了春小麦"早、快、短"的生育特点。栽培上品种选用要求增产潜力大（粒多、穗大或千粒重高），抗逆性强，根系发达，生长势强，中后期光合生产率高，抗早衰，落黄好。川区宜选择早熟矮秆高产优质春小麦品种，浅山区宜选择中早熟半矮秆高产优质春小麦品种。

（二）培肥土壤，科学施肥

前作收后及时进行深耕，耕后立土晒垡，熟化土壤。贮水灌溉以冬前的 9～11 月为好，以土壤夜冻昼消时最为适宜。10 月中旬前贮水灌溉的灌水定额一般为 900～1 500m³/hm²。灌水早，灌水量应加大，如果水量有限，10 月中旬前灌水量低于 900m³/hm² 时，应在灌水后及时耙耱、保墒，翌年春季整地播种。施肥应有机、无机结合，氮、磷、钾搭配，做到有机肥与无机肥并用，分层施用。土壤肥沃可适当控制氮肥，增加磷肥。一般基施农家肥7.5t/hm² 以上，播前结合法耕翻入土内（也可秋季结合深翻施入），底肥施纯氮 112.5～127.5kg/hm²、P_2O_5 105kg/hm²，注意不能施在种子行，以免影响出苗。施肥做到以有机肥、基肥（含种肥）为主，看苗追肥与叶面喷肥结合。

（三）适时早播，合理密植

适时早播是春小麦增产措施之一。早播早扎根、早分蘖，为高产打下基础。当表土层温稳定在 1～2℃时，土壤夜冻昼消，即可顶凌播种，川区一般以 3 月上旬播种为宜，浅山区以 3 月下旬和 4 月上旬播种为宜。合理密植是春小麦高产的中心环节，合理密植才能使苗、株、穗、粒协调发展。单位面积产量是由穗数、穗粒数和穗重构成的，应先抓苗数，后攻壮苗，促大穗、攻粒重、创高产。春小麦生育期短，生长发育快，栽培应以主茎穗为主，争取早分蘖成穗为辅，才能获得高产。一般下籽量为 630 万～690 万粒/hm²，基本苗为 480 万～555 万株/hm²，最高茎数为 630 万～750 万/hm²，成穗数 555 万～645 万穗/hm²。

（四）促控结合，加强田间管理

1. 苗期管理　田间管理指出苗至拔节阶段，促控目标是苗齐、苗匀、苗壮、早分蘖、多根、叶健，为后期壮秆、大穗打下基础。苗期管理核心是全苗、壮苗、苗齐、苗匀、苗壮，关键是提高播种质量。播种后遇雨雪天土壤易板结，应破除板结；在出苗后一至二叶期查苗，对被土块压的苗应及时破土放苗，对死苗缺苗严重的地块，灌水前要及时补种，以保全苗。三叶一心至四叶一心期早灌头水，定额为 $1\,200\sim1\,350m^3/hm^2$，结合灌水看苗追施纯氮 $45.0\sim67.5kg/hm^2$。对苗期长势过旺的高秆品种，苗期适当控水防倒，也可在分蘖期用石磙镇压或喷洒矮壮素，但要掌握好防控力度，以防过度伤苗。

2. 中期管理 田间管理孕穗至抽穗阶段，促控目标是植株矮壮，稳健，不徒长，不脱肥，有良好的群体和叶相，通气性好，稳大、粒多。中期为器官形成期，出现分蘖、叶面积、吸水、养分 4 个高峰期。若前期管理失误，中期矛盾就尖锐，管理处于被动，如灌水（缺水）与倒伏的矛盾，施肥（脱肥）与贪青晚熟、青秕的矛盾等。若达到此期生理指标，高产就有希望，关键措施是酌情灌水，拔节至抽穗是春小麦需水临界期，缺水会造成大幅度减产，在群体长势正常的情况下，挑旗前后灌好二水（定额 $1\,050\sim1\,200m^3/hm^2$），以水调肥，促大穗，对增加粒重有利。

3. 后期管理 田间管理开花至成熟阶段，促控目标是无病虫或危害较轻，粒多粒重，不倒伏，落黄正常。此期群体稳定，通风透光条件比中期好转，干物质积累较多，是春小麦体内物质合成、转化、运输、积累最活跃阶段。据测定，此期有 $40\%\sim50\%$ 的光合产物经叶鞘、茎秆、穗部不断运往籽粒。管理的中心是合理灌水，以攻粒重为中心，灌浆期适时潜水，以防倒伏。花期至灌浆期叶面喷施磷酸二氢钾 $2.25kg/hm^2$ 可增产 $3.7\%\sim6.9\%$。成熟期及时收获，防止阴雨及其他原因造成损失，确保丰产丰收。

（五）小麦和玉米带状种植技术

春小麦与玉米带状种植是河西走廊平川灌区春小麦主要种植方式，约占灌区春小麦种植面积的一半，也是一熟制灌区亩创"吨粮田"的高产栽培技术。带状种植可以有效利用边行优势和作物互补效应，充分利用光能、CO_2 和地力。其主要栽培技术要点如下：

1. 带幅与株行距 带幅为 1.5m，其中：春小麦带宽 70cm 种 6 行，行距 11.5cm；玉米带宽 80cm 种 2 行，中行距 26.5cm，株距 $16\sim20cm$；春小麦、玉米之间相距 26.5cm；适宜的密度春小麦 525 万苗/hm^2，玉米 6.75 万~7.2 万株/hm^2。

2. 播前整地与施肥 高产田要求土层深厚、灌排方便，肥力较高。品种选择上，小麦应选择中早熟、矮秆品种，玉米应选中晚熟品种。春小麦与玉米带田一般全生育期化肥施用量为纯氮 $555kg/hm^2$、P_2O_5 $225\sim270kg/hm^2$。氮肥 30% 左右作基肥，所有磷肥全作基肥。基肥最好在秋末结合深耕翻埋施入，然后旋耕、耙糖整平。中上等肥力的基肥用量一般为：腐熟有机肥约 $85t/hm^2$，纯氮约 $150kg/hm^2$，P_2O_5 $225\sim270kg/hm^2$。秋末施基肥有困难的地方，可结合播前浅耕一次性施入。

3. 播种 播前对种子进行药剂处理，防治地下害虫。春小麦需早播，一般在 3 月 $5\sim15$ 日播种，播深 $3\sim5cm$，播种密度约 525 万苗/hm^2，下种量约 $300kg/hm^2$；玉米应适当晚播，一般在 4 月 $20\sim25$ 日，播深 $5\sim7cm$，一般穴播点种，按照穴距 20cm 计算，一穴点 2 粒，定苗后留 1 株，可保苗约 6.75 万株/hm^2。春小麦、玉米各用 $37.3kg/hm^2$ 磷酸二铵作种肥。

4. 田间管理 带田遵循前期攻春小麦、中后期攻玉米的原则。春小麦分别于两叶一心期、拔节期、抽穗期、灌浆期各灌水一次。春小麦结合灌头水追施硝酸铵 $150kg/hm^2$。麦收后玉米灌水 $3\sim4$ 次，玉米在头水后二水前定苗，每穴留一株壮苗。玉米拔节期追尿素 $150kg/hm^2$、大喇叭口期追硝酸铵 $600kg/hm^2$、扬花期再补追碳酸氢铵 $300kg/hm^2$。带田每次灌水 600～850m³/hm²。春小麦拔节前可中耕 1～2 次，玉米三叶期后每次灌水落干后都要中耕松土。麦收后春小麦带及时灭茬，并给玉米培土，春小麦在蜡熟期应及时收割，以便尽早对玉米进行田间管理，玉米待苞叶黄时即可收获。

五、春小麦栽培技术规程

（一）水浇地春小麦栽培技术规程（甘肃省地方标准 DB62/T 2478—2014）

1. 范围

本标准规定了甘肃水浇地春小麦栽培技术的规范性引用文件、术语和定义、土壤环境、播前准备、田间管理及收获等配套技术规范。

本标准适用于甘肃沿黄灌区、河西走廊绿洲灌区春小麦单作栽培。

2. 规范性引用文件

以下文件对于本文件的应用是必不可少的。凡是注日期的引用文件，仅注日期的版本适用于本文件。凡是不注日期的引用文件，其最新版本（包括所有的修改单）适用于本文件。

GB 4285　农药安全使用标准

GB 4404.1　粮食作物种子　第 1 部分：禾谷类

GB 5084　农田灌溉水质标准

GB/T 8321（所有部分）　农药合理使用准则

GB 15618　土壤环境质量标准

NY/T 496　肥料合理使用准则通则

3. 术语和定义

以下术语和定义适用于本文件。

3.1　一喷三防　在小麦花后混合喷施农药和磷肥、钾肥，通过一次喷施、可同时实现防蚜虫、防病（锈病、白粉病）、防干热风的目的。

3.2　宽幅精播栽培技术　是一种"扩大行距、扩大播幅、健壮个体、提高产量"为技术核心的小麦高产栽培技术。将播幅由传统的 3～5cm 扩大到 7～8cm，将行距由传统的 15～20cm 增加到 26～28cm。

4. 土壤环境要求

适宜在土壤质地良好，pH6.5～8.5，有机质含量 1.2％以上，土壤全盐含量≤0.3％环境下采用。土壤环境应符合 GB 15618 的要求。

5. 播前准备

5.1　整地和施基肥　夏茬田收获后及时耕作灭茬，纳雨蓄墒。秋末先结合耕作施基肥，在整平土壤、打埂作畦，等待春播。畦宽和畦高均为 20～30cm。夏茬若为小麦，最好结合深耕灭茬，将机械收获后的麦秆碎段及留茬全部翻埋还田；秋茬田应随收随耕，可将耕作灭茬、施基肥、整地、作畦一次性作业完成。基肥亩施用量为：腐熟农家肥 3 000kg，纯氮 3.0kg，磷素化肥全部做基肥。亩产量 500kg 的麦田，亩施 P_2O_5 10～12kg，亩产量 400～500kg 的麦田，亩施 P_2O_5 10～12kg，8～10kg。化肥使用原则符合 NY/T 496 的规定。

5.2　灌底墒水　11 月中旬土壤夜冻昼消时灌底墒水。若前茬为小麦秸秆还田区，应在 9 月下旬至 10 月上旬灌底墒水。底墒水灌溉量为每亩 70～100m³。入冬后地表有裂缝应及时耙耱、弥补裂缝。冬春干旱年份，春播前表层 10cm 范围内土壤含水量若低于 15％，可在播前 10～15d 补充灌溉，每亩补充灌水 30～40m³。农田灌溉水质应符合 GB 5084 的规定。

5.3 品种选择 河西走廊灌区应注意选择中早熟、抗干热风、抗倒伏、株型紧凑的品种。宜选用的品种有：宁春 39 号，宁春 50 号，永良 4 号，永良 15 号，陇春 30 号，武春 4 号，甘育 2 号，甘春 26 号，酒春 3 号；沿黄灌区应该注意选择抗锈、抗白粉病、抗倒伏、耐盐碱、株型紧凑的品种，宜选用的品种有：陇春 23，陇春 32，宁春 39 号，永良 4 号，永良 15 号，银春 8 号。在河西走廊灌区株高不宜超过 85cm，沿黄灌区不宜超过 90cm，种子质量应符合 GB4404.1 的规定。

5.4 药剂拌种 条锈病、白粉病、黑穗病、地下害虫发生较重地区，播种前要求药剂拌种。防治条锈病、白粉病、黑穗病、小麦全蚀病、根腐病的拌种方法为：用 15％三唑酮可湿性粉剂 200g 干拌麦种 100kg，或用 20％三唑酮乳油 150mL 拌种 100kg；防治地下害虫、麦蜘蛛、麦蚜、小麦黄矮病的方法为：用 50％辛硫磷乳油 200g 兑水 2～3kg 拌麦种 100kg。使用药剂应符合 GB 4285、GB/T 8321（所有部分）的规定。

6. 播种

6.1 播种期 地表解冻 6～8cm 即可播种。各产区适宜播种期大致为：沿黄灌区 3 月 10～15 日，河西走廊平川灌区在 3 月 10～20 日，河西走廊沿山冷凉灌区和陇中海拔 1 900m 以上灌区在 3 月 20 日至 4 月 10 日。

6.2 播种量 按保证以下基本苗数确定播种量：亩产量 500～650kg 的麦田，应保证基本苗 40 万～45 万；亩产量 400～500kg 的麦田，应保证基本苗 35 万～40 万。播种量的计算公式为：

$$a＝b×c/（d×e×f×10^6）$$

式中：a——播种量，单位为千克每亩；

b——单位面积计划基本苗数，单位为万苗每亩；

c——千粒重，单位为克；

d——种子净度，单位为％；

e——发芽率，单位为％；

f——出苗率，单位为％。

6.3 播种方式 采用机械条播，播种深度为 4～5cm，播后耱平。秸秆还田土壤，播后需要耙耱加镇压。在不降低计划播种量的前提下，行距根据播种机种类确定，一般为 15～20cm；亩产量 500kg 以上高产田，宜采用宽幅精播，行距 26～28cm，每行播幅 7～8cm。

7. 田间管理

7.1 灌水和追肥 全生育期一般灌水 3～4 次，追肥 2 次。第一次灌水追肥在拔节初期，每亩灌水 70m³，结合灌水追纯氮 6～8kg；第二次灌水追肥在孕穗期一抽穗期，每亩灌水 50m³，追纯氮 3～4kg；第三次灌水在花后 15d 左右的灌浆中期进行，亩灌水 40m³，一般不再土壤追肥。干热风危害严重的灌区，预计干热风来临前 2～3d，可再浅浇一次水，每亩灌水 20～30m³。农田灌溉水质应符合 GB 5084 的规定。化肥使用原则符合 NY/T 496 的规定。

7.2 除草 拔节前中耕除草 1 次。若杂草较多，可进行化学除草。化学除草方法为：每亩用 6.9％骠马乳油 60～70mL 和 75％苯磺隆干悬剂 1.0～1.8g，混合后兑水 30kg，在拔节前 4～5 叶期喷施。使用药剂应符合 GB 4285 和 GB/T 8321（所有部分）的规定。

7.3　防倒伏　有倒伏倾向的旺长麦田，在拔节期用 50％矮壮素 100～300 倍液，或 20％壮丰安乳剂 30～40mL，兑水 30～40kg，均匀喷雾预防。同时，将第一次灌水追肥推迟 10d 左右。

7.4　病虫防治　条锈病病叶率达到 10％、白粉病病叶率达到 5％时，每亩用 15％三唑酮可湿性粉剂 75～100g，或 12.5％烯唑醇可湿性粉剂 20～30g，兑水 50kg 喷雾防治；发生麦蚜、麦蜘蛛的地块，达到防治指标时（百株麦蚜虫量达 500 头，每 1m 行长麦蜘蛛量达 600 头），每亩用 1.8％阿维菌素乳油 20mL 兑水 50kg 喷雾防治。用药剂应符合 GB 4285 和 GB/T 8321（所有部分）的规定。

7.5　一喷三防　从开花后第 10d 开始，进行 1～2 次"一喷三防"，两次可间隔 7～10d，喷施应在气温较低的阴天、晴天的傍晚或早晨进行。使用药剂应符合 GB 4285 和 GB/T 8321（所有部分）的规定。"一喷三防"推荐选用以下两种配方之一：

a）每亩用 15％三唑酮可湿性粉剂 60～80g，10％吡虫啉 20～30g，磷酸二氢钾 100g，混合兑水 30kg 喷雾。

b）每亩用 12.5％烯唑醇可湿性粉剂 25～30g，50％抗蚜威可湿性粉剂 20g，磷酸二氢钾 100g，混合兑水 30kg 喷雾。

8. 收获

人工收获适期为蜡熟末期，机械收获可在完熟期进行。

（二）旱地春小麦栽培技术规程（甘肃省地方标准 DB62/T 793—2014）

1. 范围

本标准规定了甘肃中部、河西地区旱地春小麦种植的土壤环境、术语、播前准备、播种技术、田间管理、收获的等作业标准及配套技术规范。

本标准适用于甘肃旱地春小麦一年一熟农作区的无覆盖种植。

2. 规范性引用文件

下列文件对本文件的应用时必不可少的。凡是注日期的引用文件，仅注日期的版本适用于本文件。凡是不注日期的引用文件，其最新版本（包括所有的修改单）适用于本文件。

GB 4285　农药安全使用标准

GB/T 4404.1　粮食作物种子　第 1 部分：禾谷类

GB/T 8321（所有部分）　农药合理使用准则

GB 15618　土壤环境质量标准

NY/T 496　肥料合理使用准则通则

3. 术语和定义

以下术语和定义适用于本文件。

3.1　一喷三防　在小麦花后混合喷施农药和磷肥、钾肥，通过一次喷施、可同时实现防蚜虫、防病（锈病、白粉病）、防干热风的目的。

4. 土壤环境

土壤全盐含量低于 0.3％，以轻壤、中壤为好，土壤应符合 GB 15618 的要求。

5. 播前准备

5.1　茬口选择　前茬为豆类、马铃薯、油菜、苜蓿等，可实行豆类→小麦→秋作物

（玉米、谷子、糜子、高粱等）三年三熟轮作制；特别干旱瘠薄土壤，实行豆类→小麦→秋作物→休闲的四年三熟休闲轮作制。

5.2 整地 前作收后及时深耕 20～25cm，立土晒垡 15d 以上；深耕灭茬后每遇到降雨，等地表落干呈花白斑状时，先浅耕 5～10cm、再耙糖保墒。夏、秋季节进行多次耕作耙糖，蓄纳降雨。秋末结合深施基肥、再进行一次旋耕或浅耕，然后耙糖整平，完成土地收口，等待来年春播。

5.3 施肥 亩产为 150kg 左右的地块，全生育期总施肥量为：每亩施腐熟有机肥 1.5t、纯氮 5kg、P_2O_5 4kg 左右；亩产 250kg 以上的地块，每亩施腐熟有机肥 2.0t、纯氮 8kg、P_2O_5 6kg 左右。全部有机肥、磷肥、70％纯氮用作基肥。施用的化肥质量符合 NY/T 394 的规定。

5.4 品种选择 旱薄地选择抗旱性强、株高 85～110cm、粮草兼收、落黄好的品种，宜选择西旱 2 号、西旱 3 号、定丰 11 号等；旱肥地和高寒二阴区地选择抗旱性适度、水分利用效率高、中高秆、抗倒伏的品种，宜选择西旱 1 号、陇春 27、银春 9 号、定西 41 号、高原 448、高原 437 等。种子质量符合 GB/T 4404.1 的规定。

5.5 种子处理 条锈病、白粉病、黑穗病、地下害虫发生较重地区，播种前要求药剂拌种。防治条锈病、白粉病、黑穗病、小麦全蚀病、根腐病，用 15％三唑酮可湿性粉剂 20g 干拌麦种 10kg，或用 20％三唑酮乳油 15mL 拌种 10kg；防治地下害虫、麦蜘蛛、麦蚜、小麦黄矮病，用 40％甲基异柳磷乳油 10mL，兑水 0.25～0.5kg，拌种 5～10kg。使用药剂应符合 GB 4285、GB/T 8321 的规定。

6. 播种技术

6.1 播期 适期早播，地表解冻 6～8cm 即可播种，海拔 1 800m 以下地区约在 3 月 5～20 日，海拔 1 900m 以上的高寒二阴区在 3 月下旬至 4 月下旬。

6.2 播种量 按保证以下亩基本苗数确定播种量：旱薄地 12 万～18 万、旱肥地和高寒二阴区 20 万～25 万。播种量的计算公式为：

$$A = B \times C / (D \times E \times F \times 10^6)$$

式中：A——播种量，单位为千克每亩；

B——单位面积计划基本苗数，单位为万苗每亩；

C——千粒重，单位为克；

D——种子净度（％）；

E——发芽率（％）；

F——出苗率（％）。

6.3 播种方法 等距条播，行距 15～20cm，播种深度 4～5cm；播前干土层超过 5cm 时，播前 1 周先用轻碳镇压提墒再播种；干土层超过 10cm，需采取深种浅盖播种法，即先开沟、后播种，种在湿土层，播后留沟，顺沟覆土 3cm 左右。播后及时耙糖保墒。

7. 田间管理

7.1 中耕除草 第二年接种春小麦时，不再追肥。拔节前人工除草 1 次，若杂草较多，可进行化学除草。野燕麦等单子叶杂草，每亩用 6.9％骠马乳油 60～70mL 兑水 30kg，在拔节期前 4～5 叶期喷施；阔叶类杂草，每亩用 75％苯磺隆干悬浮剂 1.0～1.8g，或 10％苯磺隆可湿性粉剂 10g，兑水 30kg，在拔节期前 4～5 叶期喷施；野燕麦和双子叶阔叶类杂草混合发生田块，用 6.9％骠马乳油 60～70mL＋75％苯磺隆干悬浮剂 1.0～1.8g，兑水 30kg，在拔节期前 4～5 叶期喷施。使用药剂应符合 GB 4285、GB/T 8321 的规定。

7.2 趁墒追肥 拔节前后遇到 5mm 以上有效降雨，可视土壤缺肥情况，趁墒开沟每亩追纯氮 1.5～2.5kg。

7.3 病虫防治

生育期间条锈病病叶率达到 10％、白粉病病叶率达到 5％时，每亩用 15％三唑酮可湿性粉剂 75～100g，或 12.5％烯唑醇可湿性粉剂 20～30g，兑水 50kg 喷雾防治；发生麦蚜、麦蜘蛛的地块，达到防治指标时（百株麦蚜虫量达 500 头，每 1.0m 行长麦蜘蛛量达 600 头），每亩用 1.8％阿维菌素乳油 2000 倍液均匀喷雾。使用药剂应符合 GB 4285 和 GB/T 8321 的规定。

7.4 一喷三防 从开花后第 10d 开始，进行 1～2 次"一喷三防"，每次相隔 7～10d，喷施要选择在气温较低的阴天、或晴天的傍晚或早晨进行。使用药剂应符合 GB 4285、GB/T 8321 的规定。"一喷三防"推荐选用以下两种配方：

a）每亩用 15％三唑酮可湿性粉剂 60～80g＋10％吡虫啉 20～30g＋磷酸二氢钾 100g，兑水 30kg 喷雾。

b）每亩用 12.5％烯唑醇可湿性粉剂 25～30g＋50％抗蚜威可湿性粉剂 20g＋磷酸二氢钾 100g，兑水 30kg 喷雾。

8. 收获

人工收获适期为蜡熟末期，机械收获可在完熟期进行。收获落粒损失要求低于 5％。收获后 15d 内深耕灭茬，机械收获的秸秆碎段及割茬通过灭茬还田。

（三）灌区春小麦套种玉米高产高效生产技术规程（甘肃省地方标准 DB62/T 798.1—2014）

1. 范围

本标准规定了甘肃灌区春小麦套种玉米高产高效生产技术的规范性引用文件、术语、环境条件、技术特点及产量目标、栽培技术、田间管理及收获的等配套技术规范。

本标准适用于甘肃沿黄灌区、河西走廊绿洲灌区。是甘肃一年一熟保灌区高产高效栽培主要模式。

2. 规范性引用文件

下列文件对本文件的应用时必不可少的。凡是注日期的引用文件，仅注日期的版本适用于本文件。凡是不注日期的引用文件，其最新版本（包括所有的修改单）适用于本文件。

GB 4285　农药安全使用标准

GB/T 4404.1　粮食作物种子　第 1 部分：禾谷类

GB/T 8321（所有部分）　农药合理使用准则

GB 15618　土壤环境质量标准

NY/T 496　肥料合理使用准则通则

3. 术语和定义

以下术语和定义适用于本文件。

3.1 春小麦套种玉米 在一年一熟区，将春小麦和春玉米先后套种，先种春小麦，同时预留春玉米种植带，其后在玉米适宜播种期点播玉米，形成两种作物相间种植的带状结构，两种作物共生期约 120d 左右。

3.2 高产高效 促进高产的同时，兼顾经济效益，通过优化措施，使高产高效同步实现。

3.3 一喷三防 即在小麦花后混合喷施农药和磷肥、钾肥，通过一次喷施、可同时实现防蚜虫、防病（锈病、白粉病）、防干热风、增粒重的目的。

4. 环境条件

全年≥10℃积温 3 000℃、日照时数 2600h、无霜期 135d、夏季平均气温 20℃以上。适宜土壤养分指标为：耕作层有机质 1.0%、碱解氮 70mg/kg、速效钾 190mg/kg 以上，土壤全盐含量≤0.3%。土壤环境要求应符合 GB 15618 的要求。

5. 技术特点和产量目标

春小麦、春玉米带田应遵循"前期供小麦、中后期供玉米，减少共生期"的技术原则。带田小麦目标亩产量 300～350kg、玉米亩产量 600～700kg。

6. 栽培技术

6.1 播前准备

6.1.1 播前整地 前茬为夏茬作物单作田块，夏茬收获后及时深耕灭茬或旋耕灭茬，灭茬后立土晒垡 15d 以上，然后耙耱整平。到秋末先施基肥、再旋耕碎土、整平土壤，等待来年播种；前茬为秋茬作物单作田块，随收随整地，将耕作灭茬、施基肥、耙耱整平一次性作业完成；前茬为春小麦和春玉米套作带田（即带田连作），春小麦收获后留茬免耕，带秋季玉米收获后，再将耕作灭茬、施基肥、耙耱整平一次性作业完成。秋季耕作整地要与打埂作畦结合、保证灌溉均匀。深翻耕深度 30cm 以上，旋耕深度 15cm 以上

6.1.2 秸秆还田 前茬单作小麦田块，用联合收割机收获后，先将打碎的秸秆铺匀，结合夏季耕作灭茬，将秸秆碎段和割茬一同翻耕或旋耕还田；前茬玉米单作田块，或者小麦和玉米带田，在玉米收后，结合耕作灭茬，将粉碎的秸秆还田入土。人工收获时，收获后可将秸秆粉碎成 5cm 长碎段，均匀铺撒，然后结合夏季耕作灭茬或秋收玉米后的耕作灭茬，将秸秆还田入土。无论前茬为单作小麦、单作玉米或小麦和玉米带田，当年所有秸秆全部就地还田。

6.1.3 施用化肥 每亩施用腐熟有机肥 2.0～3.0t、纯氮 10kg、P_2O_5 20kg 作基肥，于秋末结合耕作整地施入。施用化肥质量符合 NY/T496 的规定。

6.1.4 灌底墒水 入冬后土壤夜冻昼消时灌底墒水，亩灌溉量 70～100m³。

6.2 种子准备

6.2.1 品种选用 春小麦品种要求中早熟、株型紧凑、矮秆或半矮秆、抗倒伏、抗病性中等以上；玉米应选择中晚熟或中熟、耐密植、株型紧凑的杂交种。种子质量应符合 GB/T 4404.1 的规定。春小麦推荐品种主要有：宁春 50 号、宁春 39 号、宁春 15 号、张春 21 号、甘春 24 号、陇春 30 号、武春 7 号、酒春 6 号、宁春 4 号、陇辐 2 号等；春玉米推荐品种主要有：先玉 335、沈单 16 号、富农 1 号、豫玉 22、金穗系列、临单 230、酒泉 283、迪卡 743 等。

6.2.2 种子处理

a) 春小麦种子处理 条锈病、白粉病、黑穗病、地下害虫发生较重地区、播种前要求

药剂拌种。防治条锈病、白粉病、黑穗病、小麦全蚀病、根腐病，用15％三唑酮可湿性粉剂20g干拌麦种10kg，或用20％三唑酮乳油15mL拌种10kg；防治地下害虫、麦蜘蛛、麦蚜、小麦黄矮病，用40％甲基异柳磷乳油10mL，兑水0.25～0.5kg，拌种5～10kg。使用药剂应符合GB 4285、GB/T 8321的规定。

b）春玉米种子处理　玉米采用种衣剂制成包衣种子，丝黑穗病常年发生的地块宜选择含戊唑醇的种衣剂；对丛生苗较多的地块，用含有克百威含量7％以上的种衣剂。采用未包衣的玉米种子，要求播前药剂拌种；防丝黑穗病，用种子重量0.2％的50％福美双可湿性粉剂，或种子重量0.5％的15％三唑酮可湿性粉剂拌种；防治苗期地下害虫，用50％辛硫磷乳油按种子重量的0.2％拌种。使用药剂应符合GB 4285、GB/T 8321的规定。

6.3　种植技术

6.3.1　种植形式　带幅为1.5m，其中：春小麦带宽70cm种6行，行距14cm，玉米带宽80cm种2行，行距30～50cm，小麦边行和玉米行的间距15～25cm。若人工收割小麦，一般采用玉米行距50cm、小麦边行和玉米行的间距15cm。玉米株距依密度需求确定，一般株距为20cm左右，每亩种植密度约4500株。

6.3.2　播种

a）春小麦播种　春小麦适期早播，一般在3月5～15日播种。播种量按照保证每亩30万基本苗下种，亩播种量约15～20kg。采用机条播，播深3～5cm。秸秆还田地块，在播种后进行镇压。

b）春玉米播种　玉米应在气温稳定通过10℃时播种，一般适宜播种期在4月15～25日。单粒穴播，播种深度5～7cm。

7.　田间管理

7.1　春小麦田间管理

7.1.1　灌水追肥　在拔节期、抽穗期、灌浆期各灌水一次，第一次每亩灌水70m³左右，后两次每亩灌水50m³左右；结合春季拔节期第一次灌水每亩追施纯氮2～5kg。

7.1.2　除草　第二年接种春小麦时，不再追肥。拔节前人工除草1次，若杂草较多，可进行化学除草。野燕麦等单子叶杂草，每亩用6.9％骠马乳油60～70mL兑水30kg，在拔节期前4～5叶期喷施；阔叶类杂草，每亩用75％苯磺隆干悬浮剂1.0～1.8g，或10％苯磺隆可湿性粉剂10g，兑水30kg，在拔节期前4～5叶期喷施；野燕麦和双子叶阔叶类杂草混合发生田块，用6.9％骠马乳油60～70mL＋75％苯磺隆干悬浮剂1.0～1.8g，兑水30kg，在拔节期前4～5叶期喷施。使用药剂应符合GB 4285、GB/T 8321的规定。

7.1.3　防倒伏　有倒伏倾向的旺长田在拔节初期用50％矮壮素100～300倍液，或20％壮丰安乳剂30～40mL兑水30～40kg，均匀喷雾。使用药剂应符合GB 4285、GB/T 8321的规定。

7.1.4　病虫防治　生育期间条锈病病叶率达到10％、白粉病病叶率达到5％时，每亩用15％三唑酮可湿性粉剂75～100g，或12.5％烯唑醇可湿性粉剂20～30g，兑水50kg喷雾防治；发生麦蚜、麦蜘蛛的地块，达到防治指标时（百株麦蚜虫量达500头，每1.0m行长麦蜘蛛量达600头），每亩用1.8％阿维菌素乳油2000倍液均匀喷雾。使用药剂应符合GB 4285和GB/T 8321的规定。

7.1.5　一喷三防　从开花后第10d开始，进行1～2次"一喷三防"，每次相隔7～

10d，喷施要选择在气温较低的阴天、或晴天的傍晚或早晨进行。使用药剂应符合 GB 4285、GB/T 8321 的规定。"一喷三防"推荐选用以下两种配方：

a）每亩用 15％三唑酮可湿性粉剂 60～80g＋10％吡虫啉 20～30g＋磷酸二氢钾 100g，兑水 30kg 喷雾。

b）每亩用 12.5％烯唑醇可湿性粉剂 25～30g＋50％抗蚜威可湿性粉剂 20g＋磷酸二氢钾 100g，兑水 30kg 喷雾。

7.2　春玉米田间管理

7.2.1　查苗补种与定苗　玉米播种后及时检查出苗情况。单粒播种时，若发现缺苗需及时催芽补种。五叶期定苗，拔弱留壮，每穴留 1 株。

7.2.2　灌水及追肥　在玉米拔节期、大喇叭口期、穗花期各灌水 1 次，每次亩灌水 50m³ 左右。追肥结合灌水进行，拔节期亩追施纯氮 4～5kg、大喇叭口期亩追施纯氮 9～10kg、抽雄期至扬花期亩追施纯氮 2～3kg。施用化肥质量符合 NY/T 496 的规定。

7.2.3　病虫草害防治

a）除草　在玉米 2 叶期至 4 叶期，行间进行人工拔草，若杂草较多，需进行化学除草。化学除草方法为：每亩用 50％乙草胺乳油 75～100mL 或 50％异丙草胺乳油 100～120mL＋38％莠去津悬浮剂 100～150mL＋4％烟嘧磺隆悬浮剂 75～100mL，兑水 30～50kg，在玉米二叶期至四叶期均匀喷雾于杂草茎叶。使用药剂应符合 GB 4285、GB/T 8321 的规定。

b）病虫防治　小麦收获后，加强玉米病虫防治：防治玉米黏虫，在成虫发生盛期的 6～8d，用 5％来福灵 3 000 倍液或 20％杀灭菊酯 2 000 倍液喷雾；防治玉米螟，在心叶期用 1％辛硫磷颗粒剂定量撒施入玉米心叶内，每株 1g；防治玉米大斑病，用 50％多菌灵粉剂或 70％代森锰锌粉剂的 500 倍液，在玉米抽雄期喷 1～2 次，每次隔 15d。使用药剂应符合 GB 4285、GB/T 8321 的规定。

8. 收获

小麦蜡熟期及时收割，并尽早实施玉米田间管理。麦收后小麦带及时灭茬，并给玉米培土。玉米在苞叶黄时收获。玉米应尽量早腾茬，为下茬作物整地留足时间。

（四）旱地春小麦膜侧沟播和全膜覆土穴播栽培技术规程（甘肃省地方标准 DB62／T 784—2014）

1. 范围

本标准规定了旱地春小麦膜侧沟播和全膜覆土穴播栽培技术的规范性引用文件、术语和定义、环境条件、膜侧沟播技术和全膜覆土穴播技术的作业标准及配套技术规范。

本标准适合于甘肃旱地春小麦产区采用，膜侧沟播和全膜覆土穴播两种技术可因地制宜选择使用。

2. 规范性引用文件

下列文件对本文件的应用时必不可少的。凡是注日期的引用文件，仅注日期的版本适用于本文件。凡是不注日期的引用文件，其最新版本（包括所有的修改单）适用于本文件。

GB 4285　农药安全使用标准

GB/T 4404.1　粮食作物种子　第 1 部分：禾谷类

GB/T 8321（所有部分）　农药合理使用准则

NY/T 496　肥料合理使用准则通则

3. 术语和定义

下列术语和定义适用于本标准。

3.1　膜侧沟播技术　也称"垄盖沟播膜际精播技术"，主要技术特点是：先起垄覆膜，后在垄沟种2行小麦，是一种的半封闭式覆膜栽培技术，覆盖度50%～60%，地膜一般只用一茬。

3.2　全膜覆土穴播技术　主要技术特点是：平作、穴播、覆土、全地面覆膜，一次覆膜可多茬利用。

3.3　一喷三防　即在小麦花后混合喷施农药和磷肥、钾肥，通过一次喷施，可同时实现防蚜虫、防病（锈病、白粉病）、防干热风、增粒重的目的。

4. 环境条件

要求年降水量在280mm，全生育期≥10℃积温1 400℃、年日照时数1 700h以上。年平均气温5～15℃。土壤全盐含量≤0.3%。

5. 膜侧沟播技术

5.1　播前准备

5.1.1　整地　前作收获后立即耕作灭茬，纳雨蓄墒，并在秋末完成旋耕施基肥和起垄覆膜工作。地下害虫严重地块，在秋末结合整地选择合适药品制成毒土防治。防治方法为：每亩用40%甲基异柳磷乳油或40%辛硫磷乳油0.3g，与25kg细土掺混制成毒土，耕前均匀施于地表，随耕地翻入土中。使用药剂应符合GB 4285、GB/T 8321的规定。

5.1.2　施基肥　亩产量300kg以上的高产田，亩施纯氮8～10kg，P_2O_5 6～8kg；亩产量150～250kg的中低产田，亩施纯氮6～8kg，P_2O_5 4～6kg。每亩使用3～4t农家肥作基肥时，上述化肥基施量取低限。基肥结合秋末耕作整地施入。施用的化肥质量符合NY/T 394的规定。

5.1.3　良种选择　选择少蘖紧凑、丰产性更突出的高效用水品种。年降水量400mm以下地区选用抗旱性较强、耐青干、中高秆品种，推荐品种有：西旱2号、西旱3号、定丰11号等；年降水量400mm以上地区选用对条锈病、白粉病抗（耐）性较强、丰产性较突出的高效用水品种，推荐品种主要有：西旱1号、陇春27、银春9号、定西41号、高原448、高原437等。种子质量符合GB/T 4404.1的规定。

5.1.4　种子处理　条锈病、白粉病、黑穗病、地下害虫发生较重地区，播种前要求药剂拌种。防治条锈病、白粉病、黑穗病、小麦全蚀病、根腐病，用15%三唑酮可湿性粉剂20g干拌麦种10kg，或用20%三唑酮乳油15mL拌种10kg；防治地下害虫、麦蜘蛛、麦蚜、小麦黄矮病，用40%甲基异柳磷乳油10mL，兑水0.25～0.5kg，拌种5～10kg。使用药剂应符合GB 4285、GB/T 8321的规定。

5.2　覆膜技术　秋末进行起垄盖膜。垄呈弧形，垄上盖膜，垄沟播种行不覆膜。垄高10cm，垄底宽25～30cm，垄沟宽30cm，下垂到垄沟的两膜侧各压土5cm，膜间距（行距）20cm，每带宽度55～60cm，选用幅宽40cm、厚0.01mm的高强度地膜，每亩地膜用量3.5kg。要求带宽均匀一致，垄上每隔3～4m打一土腰带。可采用机引专用作业机，将起垄、铺膜、播种一次作业完成，也可用人工或畜力先起垄，再盖膜，然后用双行播种机条播。

5.3　播种技术　表层0～5cm土壤解冻即可播种，垄沟膜侧条播2行小麦，播种深度

3～5cm。亩产量 250kg 以上的麦田，应保证亩基本苗 20 万～30 万；亩产量 150～200kg 的麦田，应保证基本苗 15 万～20 万。播种量的计算公式为：

$$A＝B×C/（D×E×F×10^6）$$

式中：A——播种量，单位为千克每亩；

B——单位面积计划基本苗数，单位为万苗每亩；

C——千粒重，单位为克；

D——种子净度（％）；

E——发芽率（％）；

F——出苗率（％）。

5.4 田间管理

5.4.1 查苗与地膜防护 出苗后及时检查出苗情况，发现缺苗断垄要及早催芽补种，保证全苗。播种后经常检查麦田覆膜情况，及时把因风吹起的地膜复位，拉平压紧，严禁践踏。

5.4.2 中耕除草 拔节前人工除草 1 次，若杂草较多，可进行化学除草。野燕麦等单子叶杂草，每亩用 6.9％骠马乳油 60～70mL 兑水 30kg，在拔节期前 4～5 叶期喷施；阔叶类杂草，每亩用 75％苯磺隆干悬浮剂 1.0～1.8g，或 10％苯磺隆可湿性粉剂 10g，兑水 30kg，在拔节期前 4～5 叶期喷施；野燕麦和双子叶阔叶类杂草混合发生田块，用 6.9％骠马乳油 60～70mL＋75％苯磺隆干悬浮剂 1.0～1.8g，兑水 30kg，在拔节期前 4～5 叶期喷施。使用药剂应符合 GB 4285、GB/T 8321 的规定。

5.4.3 追肥与防倒伏 出现黄苗弱苗现象时，或遭遇冻害后，在拔节前趁降雨天气，每亩顺行沟施或撒施纯氮 1～2kg。有倒伏倾向的旺长田，在拔节初期喷施 0.5％的矮壮素 100～300 倍液，或 20％的壮丰安乳剂 30～40mL 兑水 30～40kg，均匀喷雾。使用药剂应符合 GB 4285、GB/T 8321 的规定。

5.4.4 病虫防治 生育期间条锈病病叶率达到 10％、白粉病病叶率达到 5％时，每亩用 15％三唑酮可湿性粉剂 75～100g，或 12.5％烯唑醇可湿性粉剂 20～30g，兑水 50kg 喷雾防治；发生麦蚜、麦蜘蛛的地块，达到防治指标时（百株麦蚜虫量达 500 头，每 1.0m 行长麦蜘蛛量达 600 头），每亩用 1.8％阿维菌素乳油 2 000 倍液均匀喷雾。使用药剂应符合 GB 4285 和 GB/T 8321 的规定。

5.4.5 一喷三防 从开花后第 10d 开始，进行 1～2 次"一喷三防"，每次相隔 7～10d，喷施要选择在气温较低的阴天，或晴天的傍晚或早晨进行。使用药剂应符合 GB 4285、GB/T 8321 的规定。"一喷三防"推荐选用以下两种配方：

a）每亩用 15％三唑酮可湿性粉剂 60～80g＋10％吡虫啉 20～30g＋磷酸二氢钾 100g，兑水 30kg 喷雾。

b）每亩用 12.5％烯唑醇可湿性粉剂 25～30g＋50％抗蚜威可湿性粉剂 20g＋磷酸二氢钾 100g，兑水 30kg 喷雾。

5.5 收获与残膜清除 蜡熟末期及时收获。收获后用专用残膜回收机或人工办法清除残膜，带出田块外，要求地膜回收率达到 95％以上。

6. 全膜覆土穴播技术

6.1 播前准备 播前整地、良种选择、种子处理、土壤消毒与膜侧沟播技术相同。该技术第一茬小麦的施肥量要大。亩产量 300kg 以上的高产田，可亩施纯氮 $10\sim12kg$，P_2O_5 $8\sim10kg$；亩产量 $150\sim250kg$ 的中低产田，可亩施纯氮 $6\sim10kg$，P_2O_5 $6\sim8kg$。每亩使用农家肥 $3.0\sim4.0t$ 作基肥时，上述化肥基施量可取低限。施用的化肥质量符合 NY/T 394 的规定。

6.2　覆膜技术　选用厚度为 $0.01mm$、幅宽 $120cm$ 或 $70cm$ 的高强度地膜，每亩地膜用量 7kg 左右。铺膜要平整、紧贴地面，膜上覆土 $1.0cm$ 左右。覆膜覆土作业采用机覆膜覆土一体机（覆膜宽度 $120cm$），或采用人力覆膜覆土一体机（覆膜宽度 $70cm$）。膜幅之间可紧密相接，也可留 $5cm$ 左右膜间距。机械覆膜时可在膜幅间形成 $3cm$ 左右高的拦雨小垄。

6.3　播种技术　播种期要求与膜侧沟播相同。采用穴播机播种，播种深度 $3\sim5cm$。幅宽 $120cm$ 地膜可种 7 行，幅宽 $70cm$ 地膜可种 4 行，行距 $17\sim20cm$，穴距大小 $12\sim15cm$，依穴播机械规格而定。每亩适宜穴数为 3.0 万，每穴粒数 $5\sim10$ 粒，穴粒数可视密度需求调节。亩产量 250kg 以上的麦田，应保证亩基本苗 20 万～30 万；亩产量 $150\sim200kg$ 的麦田，应保证基本苗 15 万～20 万。播种时最好同膜同向，减少种植穴和膜孔错位，同时保证播种孔排种通畅，严禁倒推。

6.4　田间管理

6.4.1　补苗及掏苗　出苗后若发现缺苗断垄要及早催芽补种，保证全苗。有个别穴苗错位，膜下压苗，应及时人工掏苗。

6.4.2　地膜防护　覆膜和播种后应经常检查麦田覆膜情况，加强地膜防护，严禁践踏。若发现地膜因风吹起、穴孔钻风涨起、覆土冲刷严重，应及时拉平压紧，补充覆土、压严地膜。

6.4.3　化学除草　若有杂草，可人工小心拔除或在拔节前进行化学除草。化学除草方法与膜侧沟播技术相同。

6.4.4　其他田间管理措施　看苗追肥、化控防倒、病虫防治、"一喷三防"等田间管理技术同膜侧沟播技术。

6.5　收获　小麦成熟后低茬收割、留茬高度小于 $5cm$，留膜免耕。

6.6　旧膜多茬利用　头茬收获后，第二年可继续免耕接茬种植小麦或高粱、油菜、胡麻等作物。前茬收后要及时化学灭草。化学灭草每亩用 10% 草甘膦铵盐水剂 $75\sim100g$，或 20% 百草枯水剂 $200\sim300mL$，兑水 $20\sim30kg$ 喷雾。下茬播前可趁雨雪每亩在膜面撒追纯氮和 P_2O_5 各 $2\sim3kg$。下茬在前茬行间接茬穴播。第二茬收后若地膜破损不严重，仍可继续留膜、免耕接茬种植，第三茬收后可清除残膜。残膜清除方法同膜侧沟播技术。

第九章
西北春小麦主要气象灾害及其防御

　　小麦气象灾害是指在小麦生长发育过程中光、热、水、气等气象要素在数量和质量上不能满足小麦正常生命活动所造成的经济损失。西北春小麦生产区跨幅大，生态类型多，生产中面临的问题也多，其中遇到的气象灾害主要有干旱、干热风、穗发芽、冻害、冰雹、沙尘暴等。此类灾害有直接对春小麦生产造成减产损失，也有间接对春小麦生产形成影响，其发生规律和危害程度在不同地区有所不同。所以，针对性地采取合理的防御气象灾害的措施，对提升西北春小麦生产水平，保障西北地区粮食安全有着重要的意义。

第一节　干　　旱

一、干旱的定义

　　干旱是由于水分的供需或收支失衡导致的水分短缺现象，或是一种因长期降水异常偏少或无降水而导致空气干燥、土壤缺水的现象。与其他自然灾害相比，干旱发生范围广、历时长，对农业生产破坏巨大，是人类一直以来面临的主要自然灾害。随全球人口增长和气候变暖，水资源短缺问题日益严重，直接导致干旱地区面积增大和干旱化程度加剧，而对于深处内陆的中国西北地区这种问题更加突出。据相关研究，伴随气温升高，中国西北地区冰川、冻土、高山积雪等固态水体正加速消融，同时蒸发量进一步加大，未来该区域将呈现明显的干暖化趋势，水资源紧缺问题将日益突出，干旱和半干旱面积将进一步扩大，而干旱化程度也将继续加剧。

　　虽然干旱严重影响农业生产，但对于农业干旱而言并没有形成让大家广泛接受的标准定义。一般认为，农业干旱是在特定生产力水平下多层次（大气、作物、土壤、水文、人类活动等）致旱因素相互作用于农业对象所造成的水分亏缺失调而导致作物减产。据此定义，分析农业干旱的主要影响因子，将其分为 5 个层次（图 9-1）：①大气层：大气层的降水是地表水和地下水资源的主要来源，是水分盈亏平衡的主要供水者，是干旱的主要孕育体，是引发干旱的主要层次；②作物层：作物是农业承受干旱的主要对象，是农业干旱的承载体；③土壤层：土壤是作物生长的根基，是作物生长水分的主要来源，是干旱孕育体；④水文层：水文是作物生长的水势分布，作物分布是否符合水文分布决定作物生长是否有足够的水资源支撑，是农业干旱的孕育体；⑤人类活动层：人类活动影响着大气层、水文层、土壤层和作物层，是综合性的干旱影响因子。

　　这五大层次对农业干旱的影响相互关联、至关重要。大气层的降水是农业水分供应的主要来源，降水多少对作物、土壤及水文层都有很大的影响。大气层的温度高低和作物旱情、土壤水分的含水量及水文层的水分变化都有直接或间接的联系。作物特性与土壤层、水文层及人类活动层都有很大的联系。

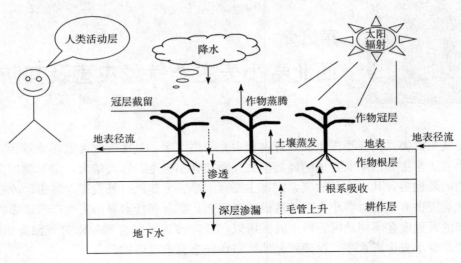

图 9-1 农业干旱影响因子层
（引自：《中国重大农业气象灾害研究》，2010 年）

农业干旱具体依照农业部制定的标准，分为轻旱、中旱、重旱、极重旱，同时由于干旱对农作物生长发育的影响具有累积效应，因此按以下方法确定小麦全生育期综合农业干旱等级：在小麦全生育期中，累积湿润指数连续 3 旬达到轻旱标准计为一次干旱过程；并按干旱过程的持续旬数和平均干旱强度，确定干旱过程等级；按干旱过程等级发生在小麦不同发育阶段确定小麦全生育期综合农业干旱等级。

小麦干旱又分为土壤干旱、大气干旱和生理干旱。尽管划分为不同的类型，就其本质而言，小麦干旱的实质是各地地表降水量不足、地表径流减少和地下水不足，在小麦生育期不能通过土壤给小麦的生长提供足够的水分支持从而造成小麦减产。

西北春小麦生产区地处欧亚大陆中部，属典型的干旱半干旱大陆性气候，干旱是其最主要的气象灾害现象，就干旱发生的本质原因来讲是降水量的减少。西北春小麦生产区降水资源分布总体表现为：降水总量少，一般在 200～600mm 之间；降水空间分布不均，各地差异较大；降水年际间变率大，年内分布不均。

二、干旱对小麦生长的影响

（一）干旱对苗期生长的影响

1. 干旱胁迫对苗期生长及形态的影响　小麦在水分胁迫条件下，植株体内发生一系列生理生化变化来适应水分短缺的外界环境，并最终在外部形态上得以体现。在干旱胁迫下，小麦根系最先感受到危害，它通过信息物质的传递来影响地上部的行为，同时自身发生形态结构、生长发育及生理生化的变化来适应水分胁迫环境，以减轻干旱对自身的危害。有研究表明，在苗期渗透胁迫条件下不同耐旱型小麦品种的根干重、根体积、根长度减小，分支根减少，根系变细，从而得出结论：渗透胁迫对小麦根系的正常发育有明显影响。杨建设等（1992）对不同生态类型小麦品种的苗期耐旱生理特性进行了研究，发现种子根数少的品种其生长势和干物质生产量都弱于种子根数多的品种，因此种子根数多的品种在干旱环境条件下更容易达到耐旱丰产的要求。渗透胁迫条件下，小麦叶片的生长速度也会下降。耐旱性不同的品种，在渗透胁迫发生时其叶片延伸生长受抑制的程度不同，耐旱性强的品种受抑制程度较小。综上，干旱胁迫会同时抑制地上部和地下部的生长。但作物地上部和地下部受干旱影响的程度不同，通常干旱胁迫对地上部的影响要大于地下部分，表现为干旱胁迫下作物的根冠比有所增加。过大的根冠比暗示着作物可能存在根系的冗余现象，这种冗余现象的实质是由于干旱使得更多的干物质向根部转运。因此，庞大的根系将导致过多的物质消耗，这显然不利于作物整体生长发育。只有协调小麦根冠平衡，才能在最大程度发挥根系和地上部叶片的功能，以有利于提高作物的耐旱性。

2. 干旱胁迫对苗期光合特性的影响 小麦光合作用是制造有机物的重要途径，也是一个巨大的能量转换过程，其潜力的大小受诸多外界条件的制约。干旱逆境条件下，植物的各个生理过程都受到不同程度的影响，其中光合作用是受影响最明显的过程之一。从植物生理学的角度来看，干旱之所以降低产量首先是限制了作物的生长，减少了个体与群体的光合面积，同时降低了光合速率，使单位叶面积的同化产物减少，从而进一步减少了根、叶生长的物质基础。

水分胁迫对作物光合作用的影响是深远的。多年来国内外学者围绕干旱胁迫对作物光合作用影响的机制展开了广泛讨论。目前较为一致的观点是：干旱胁迫对作物光合作用的影响主要是通过气孔限制和非气孔限制（叶肉细胞活性）达到的，但两者对光合作用的影响不仅因作物种类、水分胁迫强度以及时间方式而异，而且也因胁迫时期的不同有较大的差异。不同小麦品种对水分胁迫的反映不相同，耐旱性强的品种光合速率下降幅度比耐旱性弱的品种小。同一植株不同部位叶片的光合速率对水分胁迫的反映也不同，上部新生叶片下降幅度小。王静等（2000）研究了水分胁迫对春小麦苗期叶肉细胞和气孔数的影响，发现随水分胁迫强度的增大，各品种不同叶肉细胞的宽度和高度都由分散分布向某一值集中，且在同一水分胁迫强度下，不同环数叶肉细胞随品种的变化趋势基本一致，推测这一值可能是水分胁迫下较适宜的叶肉细胞大小范围，由此认为叶肉细胞大小与植株对水分胁迫的适应性是密切相关的。赵瑞霞等（2001）通过实验证实，小麦在干旱逆境下，叶片下表皮细胞、气孔器均变小，叶脉变密，气孔密度增大。还发现不同时期受旱导致气孔器长度变短，而对宽度的影响则不大，并随条件变化而变化。

3. 干旱胁迫对苗期渗透调节能力的影响 干旱的本质是降低了环境的渗透势而导致植物细胞失水，产生渗透胁迫，从而迫使植物在其自身范围内进行相应的渗透调节。渗透调节是植物忍耐和抵御干旱逆境的一种适应性反应，是一种重要的耐旱生理机制。水分胁迫下，细胞可通过合成和积累对细胞无害的可溶性物质来维持一定的膨压，使细胞生长、气孔运动和光合作用等生理过程正常进行。渗透调节物质的种类很多，目前把渗透调节物质大致分为两大类：一类是由外界进入细胞的无机离子，主要有 K^+、Na^+、Cl^- 等；另一类是在细胞内合成的有机溶质，主要有游离脯氨酸、甜菜碱、可溶性糖等。尽管作物具备在干旱条件下积累渗透调节物质的能力，但这种能力不是无限的。通常，作物自身的渗透调节发生在水分胁迫程度较轻或中度水分胁迫情况下，一旦水分胁迫程度非常严重时，这种渗透调节能力便会丧失。

作为渗透调节物质的可溶性总糖主要有蔗糖、葡萄糖、果糖和半乳糖。在渗透胁迫下，小麦叶片中渗透调节物质主要为碳水化合物和氨基酸，后者最多的是天冬酰胺、谷氨酸和脯氨酸。渗透胁迫下，这些物质增加的原因可能是大分子碳水化合物和蛋白质的分解加强，合成受到抑制，蔗糖合成加快；光合产物形成过程中直接转向低分子质量的蔗糖等物质，而不是淀粉；从植物体的其他部分输入有机物质、糖和氨基酸等。可溶性糖不仅可以作为一类渗透调节物质在干旱胁迫下发挥作用，而且还是一类重要的脱水保护物质。在严重干旱状态下，植物细胞中蔗糖含量迅速增加，对细胞具有保护作用。脯氨酸有很强的溶解度，对植物无毒害作用，是植物体内最有效的亲和性渗透调节物质之一。植物在多种逆境条件下体内的脯氨酸含量都会提高，尤其是干旱胁迫时脯氨酸含量累积最多，可比原始含量高几十倍甚至几百倍。脯氨酸含量的高低与耐旱性之间的关系通常被认为是有争议的。但一般来讲，尽管干旱胁迫下不同作物或同种作物不同品种间的差异较大，但是在体内水分状况相同、胁迫时间相同的情况下，胁迫强度越大，作物积累的游离脯氨酸含量越多；在胁迫强度一定的范围内，随干旱处理时间的延长游离脯氨酸累积量不断增加。

综上，干旱等逆境胁迫因子都会对作物的渗透调节能力产生影响，直接反映在细胞内渗透调节物质累积量的变化上。由此，我们可以认定作物渗透调节物质累积量为作物耐旱性的重要特征，并以此考察作物水分亏缺补偿能力的强弱。

4. 干旱胁迫对苗期活性氧代谢的影响　　干旱是植物组织的一种重要逆境胁迫因子，它能干扰植物细胞中活性氧产生和清除的平衡，导致细胞遭受氧化胁迫。植物体内活性氧的产生途径是多种多样的，其作用机理也非常复杂，且植物体自身又存在着抵抗活性氧氧化损伤作用的防御系统。因此，对活性氧的研究成为当今抗逆生理研究的热点。

在适宜的外界生长环境条件下，植物细胞可由多条途径产生活性氧自由基。叶绿体、线粒体和质膜上的电子在传递至分子氧的过程中都伴随着产生活跃的、有毒的活性氧。正常情况下植物体内产生的活性氧，不足以伤害植物，因为植物体自身有一套行之有效的活性氧清除系统，使得植物体内活性氧的产生与清除处于动态平衡状态。然而一旦植物遭受干旱等逆境胁迫，这一平衡体系将遭到破坏。研究表明，线粒体是植物在干旱胁迫下产生大量活性氧的主要场所，它产生的活性氧参与了细胞死亡。水分胁迫下植物体内活性氧物质的模式是复杂的，不同实验材料或同种材料在不同处理条件下表现也不同。植物在水分胁迫下的膜脂过氧化产物丙二醛（MDA），常被用来作为表示植物氧化伤害的指标。孔祥生等（1998）对小麦萌芽期渗透胁迫引起的细胞膜透性变化做了研究，发现耐旱性不同的两个小麦品种均随胁迫溶液水势的降低和胁迫时间的延长，细胞膜透性增大，膜脂过氧化伤害程度加重。但耐旱性强的品种细胞膜伤害程度远低于耐旱性弱的品种。并且，小麦幼苗在相同渗透胁迫下，叶部细胞膜受害比根部轻。应该指出，以 MDA 作为脂质过氧化的指标的有效性受到了很多人的怀疑，因为它的形成可能是分析过程中的一种假象及酶反应的一种产物。同时，水分胁迫下植物体内大量积累的脯氨酸和碳水化合物亦能干扰 MDA 的测定。因此。以 MDA 为指标评估植物遭受氧化伤害的状况时必须慎重。

植物体内有一系列有效的活性氧清除系统，故在通常情况下，活性氧不致对植物机体产生显著的损伤，因此植物的抗逆性与活性氧清除系统密切相关。目前，相关领域将活性氧清除防御系统大致分作两类：酶促活性氧清除系统和非酶促活性氧清除系统。植物体内酶促活性氧系统清除起着至关重要的作用，主要的抗氧化酶类包括：超氧化物歧化酶（SOD）、过氧化物酶（POD）、过氧化氢酶（CAT）、抗坏血酸过氧化物酶（AsA - POD）、谷胱甘肽还原酶（GR）。耐旱性不同的小麦品种在水分胁迫条件下的酶促活性氧清除系统活性有所不同。轻度干旱胁迫时，耐旱品种与不耐旱品种的 SOD、POD 活性都增强，且耐旱品种 SOD、POD 活性比不抗品种增加的多，说明耐旱性强的品种适应、调节能力强于耐旱性弱的品种。也有人研究了逆境胁迫下小麦叶片 MDA/SOD 比值的变化，结果表明：在干旱条件下小麦叶片 MDA 含量和 SOD 活性都相对增大，而且 MDA/SOD 值表现为干旱处理＞正常供水处理。这表明干旱胁迫增加了膜的损伤。这些事实进一步说明，植物本身具有对逆境伤害的适应性调节功能，SOD 活性会随着 MDA 含量的增大而增大。胁迫程度增大时，MDA/SOD 值也逐渐增大，说明这种调节功能随着环境胁迫的加剧而减小。植物体内的非酶促活性氧清除系统主要包括一些低分子化合物如抗坏血酸（AsA）、谷胱甘肽（GSH）、维生素 C（V_C）、维生素 E（V_E）及类胡萝卜素（Car）等。相关研究表明，小麦幼苗在水分胁迫条件下细胞内谷胱甘肽浓度高，能阻止酶—SH 的氧化，维生素 C 有清除·OH—的效应。

（二）干旱对小麦中、后期生长的影响

从拔节至抽穗是小麦一生中营养生长与生殖生长同时并进的重要时期，此期干旱不仅影响作物的器官建成，更对作物的产量性状（有效穗数和穗部性状）有严重的影响，故称此期为小麦对水分的敏感期。研究表明，小麦不同品种在拔节期和四分体期同一干旱胁迫下的产量影响是不同的，但其在不同干旱胁迫下的穗粒数一般随干旱程度的增加而明显减少的，有效小穗数、穗长、株高等性状在品种的反应上都与穗粒数呈同一趋势。同一品种在不同土壤干旱处理下一般随干旱程度的增加，植株叶面积明显减少。就同一品种看，不同生育时期植株叶面积的受旱比例亦不同，拔节期的根冠比较四分体期根冠比大，这是因为拔节期小麦根系虽不如四分体期大，但由于地上部分茎叶器官发育显著低于四分体期，因而根系相对比例较大。总体来说，小麦生长中期的干旱会造成株高降低、叶面积较少、穗粒数减少，使小麦的营养生长不充分，生物产量不足，造成后期生长发育受限。不同的小麦品种尽管受到的影响不一，但趋势基本是相同的。甘肃农科院在甘肃武威和定西安定区对春小麦后期受到干旱胁迫进行研究。结果表明，后期干旱严重影响春小麦的灌浆，当土壤水分极度缺乏时（灌浆时持续没形成有效降雨，土壤水分含量降到 9％以下），春小麦几乎停止光合作用，千粒重严重下降，只有 12～18g，还不到正常年份的一半；春小麦抽穗不充分，部分形成卡脖子穗，整体株高降低，加速形成籽粒进而保持必要的基因遗传产量（籽粒瘦小），也是生物受到环境胁迫所产生的本能。

总之，作为一种进化了数千年甚至上万年的作物，小麦也具有高度灵敏的自我调节系统。小麦通过感应环境中水分变化，及时进行自我调节，通过调节气孔、体内代谢产物浓度、根部和地上部分物质流动，以最节俭（消耗物质最少）的方式完成生命传递和基因延续。

三、干旱危害小麦的指标

发生干旱的原因是多方面的，影响干旱严重程度的因子很多。降水量、土壤湿度、土壤有效水分贮存量以及冠气温差是常用的确定干旱程度的指标。

（一）降水量

干旱是降水缺少引起的一种农业气象灾害。对于某一具体的地方来说，多年平均降水量

是比较确定的，根据常年的降水量安排的农业生产也是相对稳定的。因此，某一年或某一时段的降水量如果少于某一界限值，就可能发生小麦干旱。以降水为基础的降水量距平百分率是常用的干旱等级指标（表9-1）。从表9-1可以看出，降水量距平百分率对应的干旱类型、等级以及相应的症状表现。

表9-1　不同干旱类型的降水量距平百分率 *Pa* 划分指标和症状表现

等级	类型	降水量距平百分率（*Pa*）（%）		症　状
		月尺度	季尺度	
1	无旱	$-50 < Pa$	$-25 < Pa$	在中午前后，植株上部叶片姿态正常，叶片深绿，植株体健壮
2	轻旱	$-75 \leqslant Pa \leqslant -50$	$-50 \leqslant Pa \leqslant -25$	在中午前后，植株上部叶片发生萎蔫，叶色转深，能很快恢复正常
3	中旱	$-90 \leqslant Pa \leqslant -75$	$-75 \leqslant Pa \leqslant -50$	在中午前后，叶片缺水萎蔫，到晚上植株可以恢复正常。若干旱时间长，叶片短而窄，植株较矮，叶色深，分蘖少，穗子小
4	重旱	$-99 \leqslant Pa \leqslant -90$	$-90 \leqslant Pa \leqslant -75$	叶片萎蔫无法消除，只有通过浇水才能恢复。先是植株下部叶片变黄干枯，再向上延伸直到剑叶，最后穗亦枯死。受旱叶片，先从叶尖开始干枯，再向叶片基部扩展直至叶鞘，最后整个叶片干枯
5	特旱	$Pa \leqslant -99$	$Pa \leqslant -90$	叶片萎蔫无法消除，通过浇水也只能部分恢复。先是植株变黄干枯，最后全部叶片干枯死亡

注：据《湖北小麦》、《安徽麦作学》整理，2011年。

（二）土壤湿度指标

土壤湿度常常以土壤质量含水量和土壤相对含水量两种方法表示。

1. 土壤质量含水量　它是指土壤中保持的水分质量占土壤质量的百分数，单位用%表示。在自然条件下，土壤含水量变化范围很大，为了便于比较，采用烘干质量（指105℃烘干下土壤样品达到恒重）为基数。因此，这是使用最普遍的一种方法，其计算公式为：

土壤质量含水量＝（湿土质量－干土质量）/干土质量×100%

例如：某土壤样品质量为100g，烘干后土样质量为80g，则其质量含水量应为25%，而不是20%。

2. 土壤相对含水量　在生产实际中常以某一时刻土壤含水量占该土壤田间持水量的百分数作为相对含水量来表示土壤水分的多少。计算公式为：土壤相对含水量＝土壤质量含水量/土壤田间持水量×100%。土壤田间持水量的测定方法为：用环刀采集原状土壤样品，带回室内。将环刀有孔盖一面向下、无孔盖一面向上小心放在搪瓷盘中已裹好滤纸的吸水槽上，然后向搪瓷盘中加水至吸水槽高度的2/3处，吸水至少24h，确保土样吸水饱和。然后称水饱和后的土壤湿土质量及烘干后的干土质量，最后计算土壤质量含水量，即为土壤田间持水量。例如，某土壤田间持水量为25.0%，现测得其质量含水量为19.0%，则其相对含水量为76.0%。

根据土壤质量含水量和土壤相对含水量将小麦干旱分为轻旱、重旱和极旱类型（表9-2）。

表 9 - 2　干旱类型与土壤湿度划分指标

等级	类型	土壤质量含水量（％）	土壤相对含水量（％）
1	无旱	12.7～17.5	55.1～80.0
2	轻旱	9.1～12.6	40.1～55.0
3	重旱	7.6～9.0	34.1～40.0
4	极旱	≤7.5	≤34.0

注：据《山西小麦》等整理，2011 年。

　　土壤湿度指标不同，在小麦生育不同阶段和时期造成的危害不同。在播种时，土壤湿度越小，出苗率越低，播种到出苗的间隔越长。有研究指出：沙壤土的土壤含水量为 6.0％～7.0％时有一部分种子能够出苗，但出苗率很低；11.0％时出苗率可达到 50％～80％。在分蘖期土壤缺水，小麦从土壤中吸收的养分减少，光合作用减弱，分蘖数就减少。当沙壤土的土壤含水量降到 10.0％时，分蘖数比适宜湿度下减少 38％。在拔节期，小麦需水增多，对缺水比较敏感。缺水越严重，分蘖的死亡就越多，有效分蘖减少。有研究指出，土壤含水量为 18.0％时，单株有效分蘖为 3.8 个，为 15.0％时降到 2.3 个，为 10.0％时只有 0.25 个，为 8.0％时就没有有效分蘖。抽穗开花期植株叶面积系数达小麦一生最大，代谢旺盛，蒸腾强烈，对缺水最为敏感，土壤含水量小于田间最大持水量的 70％时，对正常的开花结实就会产生不利影响。灌浆期干旱，影响到小麦的光合产物向子粒中的运转，对粒重影响明显。

（三）土壤有效水分贮存量指标

　　土壤里贮存的能被植物利用的水分数量，决定了作物的水分供应状况。土壤有效水分贮存量少到一定程度，作物将受到干旱的危害。土壤有效水分贮存量（S）指某一厚度土层所含有效水分量的毫米数，其计算公式为：

$$S = (W - W_\omega) \times \rho \times h \times 0.1$$

　　式中：W 为土壤湿度（质量百分含量）（％）；W_ω 为凋萎湿度（％）；ρ 为土壤容重（g/cm³）；h 为土层厚度（cm）。从公式可见，土层厚度不同，土壤有效水分贮存量的干旱指标也不同。如小麦分蘖期到拔节时期 0～20cm 土层中有效水分贮存量不足 20mm，就会因缺水而影响生长；不足 10mm，就会明显受旱。拔节期到开花期 1m 土层的有效水分贮存量少于 80mm，小麦就会因水分不足而出现受旱的症状。

（四）冠气温差指标

　　一日中 13～15 时太阳辐射最强，气温高，作物冠层温度下的饱和水汽压与空气的水汽压最大，植物叶片蒸腾最强。这段时间内土壤水分若能满足蒸腾的需要，一天内其他时间土壤水分就能满足；如果土壤缺水，则这一段时间内缺水最为严重。因此，用 13～15 时的冠层温度与气温的差值作干旱的指标：

$$S = \sum_{n=i}^{N} (T_c - T_a) \qquad T_c > T_a$$

　　式中：S 为植物水分亏缺指标；i 是作物冠层温度高于气温时的起始日期；N 是 S 值到达预定缺水指标时的天数；T_c 为冠层温度；T_a 为作物冠层以上 2.0m 处的空气温度。当土壤水分减少到某一值以下时，冠层温度开始高于气温，连续 N 天正值温差累加值大于 S 时，表示农田缺水。在北京和河北省栾城县对不同水分处理的麦田进行的观测结果表明，拔节至灌浆阶段，$S \geq 50℃$ 时，表示 $0 \sim 50cm$ 土壤含水量下降到 15% 以下，小麦开始缺水。

四、应对小麦干旱的措施

小麦干旱是由各种各样原因造成的复杂的动态结果，甚至牵扯到人类社会的方方面面。要解决这一问题肯定也需要综合考虑，多种措施并用，各个角度考虑，运用社会的、自然的、先进的、安全的、科学的措施，着力解决西北干旱少雨、粮食产量低而不稳的问题。

（一）工程措施

1. 农田基本建设 首先要平整土地。平整土地是减小径流、控制水土流失、增加土壤水库蓄水量的有效办法。坡耕地修成水平梯田后，大大减慢了径流速度，增加雨水就地渗入土壤的时间，水土流失减少，土壤水库的蓄水量增加。其次要优化农田水资源配置。完善灌溉设施，开发灌溉水资源。

2. 人工增雨 这些年，在小麦干旱时，合理利用人工增雨作业取得了很好的效果。要选用适宜的时间，人为地增补一些形成降雨的必要条件，促使云滴凝结和合并增大，形成降雨，以缓解和解除农田干旱。

3. 农田生态环境建设与保护 通过植树造林，能够形成良好的小麦抗旱的生态环境，涵养水分，防止水土流失。研究表明，$667m^2$ 的刺槐林在夏季能蒸散 $71.3t$ 的水，林地气温比非林地气温低 $0.7 \sim 2.3℃$，风速降低，减轻风沙和干热风等灾害。正像群众所言"山上长满树，像个大水库；雨多它能吞，雨少它能吐；治山治水不种树，有土有水保不住。"搞好植树造林是提升当地小麦生产水平的重要措施。

4. 构建抗旱减灾服务体系 抗旱是一项系统工程，涉及的部门较多、范围广，故要加强各级政府、相关部门的协调。有关部门，应该按照各自的职责，开展干旱的预测预警，制定抗旱计划，组织实施抗旱工作。

（二）技术措施

1. 选用抗旱品种，提高抗旱能力 在水浇地条件下选用节水高产的小麦品种，在无水浇条件的旱地选用抗旱抗冻的小麦品种，是在干旱条件下提高小麦生产力水平的基本措施。在小麦栽培上，播种前对种子进行抗旱锻炼，能提高植株的抗旱能力，对幼小植株进行抗旱锻炼也能提高作物的抗旱能力。

2. 精耕细作，蓄水保墒 土壤水库储蓄水分的多少，还与土层厚薄、土壤结构有关。精耕细作包括耕翻、耱地、镇压、中耕、保护性耕作等一系列蓄水保墒措施，加之深耕改土，大大改善土壤理化性质。如甘肃中部定西地区，雨季在 7、8、9 月 3 个月，7 月小麦收获后应及早灭茬深耕，细犁细耙，伏雨蓄纳入土。也可深松、免耕覆盖，纳雨保墒。

3. 轮作倒茬，提高地力 小麦与豆类作物、饲料作物进行轮作，可以提高肥力，同时注意使用磷钾肥和有机肥，并进行高留茬和秸秆还田，适度休闲，改良土壤，提高地力水平，增强小麦的抗旱性。据调查，在北方旱地伏深耕配合其他培肥措施，$0 \sim 200cm$ 土层的贮水能力可提高 14% 以上，压绿肥每公顷 $15.0 \sim 22.5t$，麦田有机质含量提高 $0.20\% \sim 0.36\%$，土壤团粒结构增加 4.4%，土壤孔隙度提高 3.4%，含水量较同类麦田提高 2%～3%。

4. 抑制蒸发，减少蒸腾　在西北旱地春小麦栽培中采取地膜覆盖的栽培技术，能起到很好的保墒、增温、抑制蒸发作用，达到提高小麦产量的目的。小麦抗蒸腾抑制剂的应用也是较好的减少蒸腾，提高水分利用效率的措施。有灌溉条件的地方，播种期遇旱应浇水造墒；秋季干旱，要确保冬灌进行。要根据小麦的需水规律。进行节水灌溉。

五、西北春麦区干旱监测和预警

干旱是一种比较特殊的自然灾害，持续时间长、波及范围广、治理难度大是其主要的特点。中国是饱受干旱灾害之苦的国家，根据南京大学符淙斌院士提供的数据，自 20 世纪 70 年代以来每年因干旱所造成的经济损失高达上千亿元人民币。随气候变化的进一步加剧，可以预见，如果我们不对干旱灾害予以应有的重视并予以积极有效的应对，干旱带给我们的经济与社会影响必然会越来越显著。人类一直在为抵御干旱灾害的侵袭而进行着长期而又艰辛的探索，已取得了多方面的成果。从全球的发展经验来看，加快干旱预警系统的建设和应用，是一种行之有效的防范措施。

（一）干旱等级和预警等级

中国气象局于 2006 年 11 月 1 日发布开始实施的《干旱等级国家标准》是正在执行的 8 个气象国家标准之一，是中国首次发布的用于监测干旱灾害的国家标准，结束了中国干旱监测和评估技术方法多，各地和各部门所得出的干旱等级不一致的历史，标志着中国干旱监测技术和评估方法的标准化和规范化，使干旱监测和评估统一化。该标准规定了全国范围气象干旱指数的计算方法、等级划分标准、等级命名、使用方法等，并界定了气象干旱发展不同进程的术语及五种监测干旱的单项指标和气象干旱综合指数 CI。

五种单项指标：降水量和降水量距平百分率、标准化降水指数、相对湿润度指数、土壤湿度干旱指数和帕默尔干旱指数。

气象干旱综合指数 CI 以标准化降水指数、相对湿润指数和降水量为基础建立的一种综合指数。将干旱划分为：正常或湿涝、轻旱、中旱、重旱、特旱，对满足各级人民政府组织防御干旱灾害的需求，以最大限度减少气象干旱造成的损失，具有十分重要的意义。同时该标准也将干旱预警划分为四级：特大干旱（一级红色预警）、严重干旱（二级橙色预警）、中度干旱（三级黄色预警）和轻度干旱（四级蓝色预警）。

（二）西北地区干旱预警评估业务体系

目前，在西北地区建立了中国西北区域干旱监测预警评估业务系统。该系统由甘肃省气象局牵头，陕西省气象局、青海省气象局、宁夏回族自治区气象局联合参与，立足于西北区域干旱特征，依托基本气象台站网，建立了一套时效性比较强、监测范围和对象比较广、精度相对较高，地面常规监测、生态和农业气象监测和遥感监测相结合的立体干旱监测预警评估体系。其主要包括干旱专业数据库、干旱监测诊断子系统、干旱预测预警子系统、产品制作发布子系统和后台管理子系统 5 大部分。运行示意图见图 9-2。

西北地区干旱预警评估业务体系凝结着兰州干旱气象研究所等多家科研单位数百名科技工作者 20 多年的科研成果，其准确预测了 1997、1999、2000、2007 和 2010 年西北东部严

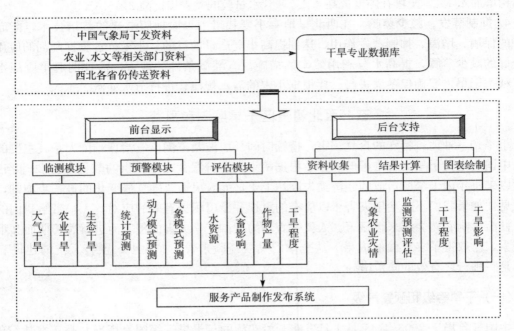

图 9-2　西北地区干旱监测预警评估业务系统结构
(引自:《中国重大农业气象灾害研究》,2010)

重干旱,为各级政府及有关部门提供了及时有效的气象服务;开发的人工增雨抗旱决策指挥系统,每年科学指挥人工增雨作业面积达 24 万 km²,覆盖甘、宁和内蒙古部分地区,根据模型计算每年增加降水 15 亿 m³左右,直接经济效益约 15 亿元。现在该系统在甘肃、宁夏、青海、陕西四省份联合运转,对于西北地区的旱情做严密的监测并及时作出反应。

第二节　干 热 风

干热风是在小麦开花灌浆期出现的一种高温低湿并伴有一定风力的综合灾害天气。它强烈地破坏小麦的水分平衡和光合作用,影响灌浆成熟,使籽粒千粒重明显下降,导致严重减产。干热风对农业生产危害很大,一般可使小麦减产 5%~10%,严重者可达 20%以上。大量的田间试验和调查表明,干热风对小麦的危害是多种因素综合影响的结果,除干热风强度和持续时间外,还与种植制度、小麦生育期早晚、品种、生态型等有很大关系。在西北春小麦种植区,春小麦生育后期,干热风频发,研究其发生、发展和危害规律,做好防御工作,对西北春小麦生产具有重大意义。

一、干热风的类型及发生规律

(一) 干热风的类型

干热风是在高温、干旱、风大的气象条件下,造成小麦受环境高温、低湿的胁迫,使根系吸水来不及补充叶片蒸腾耗水,导致叶片蛋白质破坏,细胞膜受损,叶组织的大量电解质外渗。根据试验和统计资料分析，在热、干、风三个因素的共同胁迫下，是高温胁迫诱发干旱胁迫，而风起到增强胁迫的作用。因此，干热风的类型也是依据这三个因素来划分，主要有高温低湿型和雨后热枯型两种类型（表 9-3）。

1. 高温低湿型 一般发生在小麦开花后 20d 左右至蜡熟期。又可分为轻型和重型，轻型减产小麦 5%～10%，重型可减产小麦 10%以上。这类干热风发生时温度猛升，空气湿度剧降，最高气温可达 32℃以上，甚至可达 37～38℃，相对湿度可降至 25%～35%以下，风力在 3～4m/s 以上，有的地区也可能是静风。由于各地所处的地理位置不同，地面风向有的吹西南风，有的吹东风或西北风。干热风结束时温度下降，湿度回升。高温低湿天气使小麦干尖炸芒，呈灰白色或青灰色。这类干热风发生的区域很广，在小麦开花灌浆过程中都可发生，造成小麦大面积干枯逼熟死亡，小麦产量显著下降。

2. 雨后热枯型 这类干热风又称雨后青枯型或雨后枯熟型，一般发生在乳熟后期，即小麦成熟前 10d 左右。其特征是雨后猛晴，温度骤升，湿度剧降。有时是长期连阴雨后，出现上述高温低湿天气，造成小麦青枯死亡。这类干热风主要是雨和热的配合发生作用。一般雨后日最高气温升至 27～29℃以上，午后 14 时相对湿度在 40%左右，即能引起小麦青枯早熟。雨后气温回升越快，温度越高，青枯发生越早，危害越重。

表 9-3　小麦干热风类型

类型		日最高气温 （℃）	14 时相对湿度 （%）	14 时风速 （m/s）
高温低湿型	重型	≥35	≤25	≥3
	轻型	≥32	≤30	≥3
雨后热枯型		≥30		≥3

资料引自：《全国小麦高产创建技术读本》，2012 年。

（二）干热风的发生规律

小麦干热风主要发生于中国北方地区，其发生和危害小麦的时期，正是北方麦区春末初夏季风交替、雨季尚未到来之前的干旱少雨时段。此时在大陆高压控制下，受干热气团的影响，加上沙漠、戈壁、黄土高原等下垫面强烈的辐射增温，以及阶梯形和盆地等下沉增温作用，使整个北方麦区干旱少雨，干燥多风，辐射强烈，升温迅猛，成为干热风发生的可能。

小麦干热风发生的时间因生育期不同而不同。一般是从 5 月上旬开始由南向北、由东南向西北逐渐推迟，至 7 月中、下旬止，冬麦区早于春麦区。黄淮海冬麦区发生在 5 月上、中旬至 6 月上、中旬，以 5 月下旬至 6 月上旬出现较多，两旬约占总出现次数的 60%以上。春麦区的宁夏平原、内蒙古河套和甘肃河西走廊等地，发生在 6 月中旬至 7 月中旬，各旬的日数分配约占 30%，较为分散。新疆冬春麦区，南疆发生在 5 月下旬至 6 月下旬，其中 6 月约占 70%以上；北疆发生在 6 月上、中旬至 7 月中旬，各旬占 30%～40%。小麦干热风发生时期，除了与地理纬度、小麦品种、生育期有直接关联外，还与海拔高度有关。同一地区由于海拔高度不同，干热风发生的时间也有差异，一般随海拔高度的升高而推迟。

二、干热风的危害及症状

(一) 小麦干热风的危害

干热风危害程度与小麦成熟阶段有密切关系，一般发生在乳熟后半期至蜡熟期间，受害都较重。如发生在完熟前 10d 左右，一般减产 10%～15%；如发生在乳熟中期，甚至可减产 40%～50%。乳熟前期植株生活力较强，蜡熟中后期灌浆基本完成，受害较轻。在一般情况下，丘陵（特别是阳坡地）、薄地和沙地成熟较早，临干热风之前已接近成熟，影响较小；湖洼下湿地、平原肥水地和晚麦，一般成熟较晚，受害较重。但干旱年和多雨年，干热风来得早和晚，其危害是不同的。只要根据常年干热风发生时期，使小麦在蜡熟前能躲过干热风，其危害则较轻。

干热风在小麦不同发育时期发生，小麦的受害症状和程度表现不同。在开花和籽粒形成期，主要影响开花受精能力，使不孕花数增加，减少穗粒数。在灌浆成熟期发生，则使日灌浆速度突然出现下降现象，缩短灌浆期。在成熟前 10d 左右，受雨后热枯型干热风危害，麦田会大面积出现青干枯熟。干热风强度不同，小麦的受害情况及其对产量的影响也不同。一般干热风愈重，小麦受害症状愈明显，减产愈严重。

(二) 小麦干热风危害症状

受干热风危害后的小麦，轻者是芒尖干枯，继而逐渐张开，即出现炸芒现象，由于水分供求失调，穗部脱水青枯，变成青而无光泽的灰色，籽粒萎蔫但还有绿色，此时穗茎部的叶鞘上还保持一点儿绿色，颖壳发白，叶片卷曲凋萎；重则严重炸芒，顶部小穗、颖壳和叶片大部分干枯呈灰白色，叶片可卷曲呈绳状，枯黄死亡。雨后热枯型干热风则使叶片脱水青枯死亡，颖壳和芒青干，颖壳闭合，粒离脐，穗下茎及茎节呈暗绿色。通过灌浆过程测定说明，此时灌浆尚未停止，直至这点绿色也呈青枯后，则灌浆停止，植株死亡，籽粒呈现本色，秕瘦且无光泽，形如雀舌。干旱和干热风有着不同的症状（表 9-4）。

表 9-4 小麦干热风与干旱危害症状比较

类型	旗叶	茎秆	穗部	籽粒	致害过程
干热风	青枯	灰白	炸芒	秕瘦	自上而下
干旱	枯黄	黄白	枯熟	瘦小	自下而上

资料引自：《全国小麦高产创建技术读本》，2012 年。

三、干热风的危害原理

干热风对小麦的危害主要是高温引起的热害和低湿及风引起的旱害两方面。小麦植株在高温低湿持续胁迫到一定时间后，便使细胞代谢引起紊乱，生理变化失调，这主要反映在以下几个方面：

1. 蒸腾失水加剧 在一般情况下，蒸腾强度决定于气孔下气腔的水汽压与外界大气的水汽压之差值，即两者水势之差。小麦植株在干热风胁迫下，由于温度猛升，湿度骤降，加上风力的扰动，使叶片内外的水势差增加，并减少边界层的阻力，从而使蒸腾强度急剧增强。

2. 根系活力减弱　在干热风胁迫下，小麦根系活力减弱，吸收水分和矿物质元素的功能下降。伤流量是衡量根系活力的重要生理指标。据测定，在干热风胁迫下，小麦根系伤流量明显下降。

3. 叶绿素含量降低　小麦在干热风胁迫下，一方面使叶绿素迅速解体破坏，另一方面又使叶绿素的合成受阻，从而使小麦叶片中叶绿素含量明显降低，叶片颜色变淡，严重时呈灰白色。

4. 光合速率下降　在干热风胁迫下，小麦植株大量失水，叶片含水量迅速下降，绿色叶面积减小，破坏了植株光合作用的正常进行，光合速率明显下降。

5. 灌浆速度减慢，灌浆期缩短　干热风胁迫对小麦所产生的伤害，最终影响到光合产物的制造、输送、转移与贮藏，综合表现为灌浆速度下降、灌浆期缩短及千粒重下降。

四、干热风的防治

国内外防御干热风的方法多种多样，但从防御途径来看，可以归纳为生物措施、农业技术措施和化学措施3种。从各种防御方法的目的、意义和发展来看，生物防御是战略性的，农业技术防御和化学防御是战术性的。农业技术防御经济可行，化学防御则易见成效。

（一）生物防御

干热风的生物防御，利用生物对干热风的抑制作用，通过培植生物改善生态环境来抵御干热风。植树造林，特别是营造防风林，实行林粮间作等，就是在较大范围内改变生态气候来防御干热风的重要生物措施。营造农田防护林有降低温度、增加湿度、削弱风速和减少蒸发蒸腾的作用。河北省深县后屯1980年6月12～13日发生干热风，林网内危害时间为7h，无林对照地为9h。山西夏县、河津对20多次高温低湿多风天气观测结果统计，当林外温、湿、风达到干热风标准的天气出现100次，林内则分别出现83.8次、78.3次和19.8次，林网明显地降低了干热风出现的频率。由于林网能减弱干热风的强度，缩短干热风的持续时间，减少干热风出现的频率，因此林网内小麦受害轻，生理活动能正常进行，增产效果明显。据河北深县1976、1977、1979年观测，干热风侵袭后，与无林对照相比，林网内植株伤流量高2.4倍，绿叶数多1～2片，光合速率高40%左右，叶片含水率高45%，蒸腾强度降低10%～50%，灌浆强度每日增加0.26g，灌浆时间延长3～5d，穗数增加6%，穗粒数增加7%。

（二）农业防御措施

干热风的农业技术防御，运用一些常用的农业技术措施，如选育良种，深翻改土，灌溉施肥，特别是开花灌浆水和喷灌，耕作改制等，增强小麦对干热风的抗性，改善农田小气候环境，达到防避干热风的目的。不同品种对干热风的抗性不同，选用适宜的抗干热风品种是防御干热风的重要措施之一。在干热风到来之前灌水和施肥，可以提高小麦自身的抗逆能力，改善生态环境，从而防止干热风的危害。

1. 选用抗干热风的品种　干热风对小麦的危害最终表现在粒重上。小麦受干热风危害后，粒重的高低和小麦品种的形态及生态特征有着密切的关系。据试验，绝大多数高、中秆品种在干热风危害年份落黄成熟好、籽粒饱满、千粒重高。内蒙古1980年连续遭受干热风危害，高、中秆品种的千粒重比正常年份降低2.9％～12.1％，矮秆品种受害较重，千粒重降低17.％～30.2％。北京农业大学1977年观测，矮秆品种津丰2号遭受6月6～8日和13～14日两次干热风危害后，到6月17日灌浆基本结束；而高秆品种北京16号虽同样受这两次干热风影响，但灌浆速度仍能维持一定水平。遭受干热风时，有芒品种首先干芒，受害较轻，而无芒品种则在顶部小穗出现干尖或灌浆不好，受害较重。据内蒙古农业科学院在1980年一次干热风危害后测定，有芒品种千粒重只降低3.54％～5.83％，无芒品种却降低11.33％～25.43％。北京农业大学1977年观测到，干热风影响后，长芒品种千粒重降低9％～15％，无芒品种降低17％～27％。选用早熟或中早熟品种，可以躲避干热风的危害。如河西走廊干热风最多在7月中、下旬，6月出现干热风天气较少，选种早熟或中早熟春小麦品种，一般可以躲过干热风危害，千粒重比种中晚熟品种高3～5g。

2. 适时合理灌溉 通过灌溉保持适宜的土壤水分，增加空气湿度，可以达到预防或减轻干热风危害。在麦收前1周至1旬的时段内，对茎叶开始转黄的麦田浇灌麦黄水，则能大大减轻干热风的危害。据测定，浇麦黄水后2～3d内，麦田活动面温度可降低1～2℃，相对湿度增加5％～10％，根系吸水能力增强50％～100％，叶片光合作用强度提高40％～200％，功能期延长2～3d，千粒重增加1～3g，增产5％～8％。薄地和沙土地应在前期灌溉的基础上浅浇麦黄水，并尽量避免在大风和降雨天气和中午烈日下浇灌。

3. 改革耕作、栽培技术 通过调整作物布局、调整播种期，改进耕作和栽培技术，也能取得防避干热风的效果。河西走廊中、东部是冬、春麦兼种区，冬麦生育期比春麦早10～15d，受干热风危害的频率比春麦少8％～15％，当地把部分春麦改种冬麦，利用冬麦早熟的特性躲避干热风危害，在强干热风年或中等干热风年，冬麦比春麦增产12％～43％。春麦早播能提早成熟，也可躲避干热风危害。据甘肃武威的分期播种试验，有干热风危害的1975年3月11日播种的分别比3月21日、3月26日、3月31日及4月5日播种的增产17.0％、26.5％、33.1％和44.5％。小麦、玉米带状套种，能很好地发挥边际效应，改善田间通风透光条件，减轻干热风危害。据测定，与平作小麦相比，带状套种小麦乳熟期株间温度降低1～2℃，千粒重增加5.1％，增产8.0％～35.8％。改进施肥技术，也能提高小麦抗御干热风的能力。据内蒙古试验，用氮磷复合肥作种肥，可起以磷促氮作用，小麦从分蘖到开花，植株中硝态氮含量比不施肥的高3～4倍，比单施氮肥的高1～2倍。叶绿素含量、鲜重、干重、穗部性状等均有所提高，可见施氮磷复合肥有利于培育壮苗，为生育后期抗御干热风奠定物质基础。施氮磷复合肥的小麦千粒重比对照增加0.9～1.5g。河西走廊等地的试验还表明，用氮磷复合肥配合有机肥或绿肥作底肥，对防止小麦早衰和防御干热风危害的作用更好。但是，小麦生育后期追肥，不能偏晚和过量，否则易引起贪青晚熟，以致加重干热风危害。

（三）化学防御措施

干热风的化学防御，采用一些化学药剂或化学制品对小麦进行处理，通过改变植株体内的生化过程，提高对干热风的抗性，减轻干热风的危害。这种防御措施一般可取得增产5％～10％的效果。化学防御措施很多，大体上可以分为两大类：一类是用氯化钙、复方阿司匹林等药剂处理种子，促进小麦壮苗，增强小麦抗御干热风的能力；另一类是在小麦生育后期，在干热风来临之前，用石油助长剂、磷酸二氢钾、草木灰水、过磷酸钙、矮壮素等化学药剂喷洒叶面，通过增加钙、磷、钾、氮、硼、有机酸等的含量和生长刺激素的作用，改善小麦的生理机能，提高小麦对干热风的抗性。

用氯化钙闷种，可起到增根、增蘖、扩大叶面积，提高细胞渗透压和吸水力，增强植株抗高温脱水性能等作用。据河北、新疆等地试验，分蘖平均增加 0.7 个，根长增加 2.3cm，次生根多 1.5 条，小麦生育后期功能叶片的叶尖长度、干尖率、黄叶数均有下降，落黄速度明显减缓，穗粒数平均增加 2 粒，千粒重提高 1～2g，平均增产 6%～10%，干热风危害较重的年份可增产 12%。在小麦开花、灌浆初期各喷洒一次石油助长剂，小麦叶片在干热风下浓绿，穗茎黄而有光泽，枯叶片少，叶片保水能力强。据山东省和其他地区试验，在小麦开花灌浆期喷洒石油助长剂后 1～4d 内，叶片的蒸腾强度平均降低 1 095mg/（g·h），喷洒后 10d 内平均降低 165mg/（g·h），最终千粒重增加 1～2g，增产 7.8%～10.0%。在小麦起身至孕穗期，用磷酸二氢钾喷洒叶面，可以增加小麦植株对磷、钾的吸收，促进小麦生理代谢，加速灌浆，具有明显的防御干热风的作用。据河南试验，与未喷洒的对照比较，小麦蒸腾强度降低 482.86mg/（g·h），组织含水率、自由水和束缚水含量分别增加 10.8%、14.5% 和 0.48%，光合速率增加 12.485mg/（g·h），穗粒数增加 6.2%，千粒重提高 3.7%，增产 8%～11%。在小麦起身期至拔节期，喷洒草木灰水也有防御干热风危害的作用。据河南、甘肃、新疆等地试验，喷洒草木灰水的麦田，小麦植株的含磷量和含钾量分别比对照平均增加 23mg/kg 和 15mg/kg，叶片含水率平均提高 27%，千粒重平均提高 1.1g，平均增产 10% 左右。但在盐碱地区，此法不宜采用。此外，甘肃省还对其他化学药剂，如硼、有机酸、苯氧乙酸、矮壮素、尿素、过磷酸钙、腐殖酸钙、复方阿司匹林等，进行了喷洒试验，取得了不同程度的防御效果。

第三节　穗　发　芽

已生理成熟但还未收获的小麦常常会在田间遇到降雨天气，这种降雨可导致籽粒萌动。有时并没有降雨记录，但因籽粒湿度与大气湿度均很大，籽粒发芽过程也能发生。这种收获前籽粒在麦穗上的发芽称为小麦收获前穗发芽，亦简称穗发芽。西北春小麦种植区的银宁灌溉区及河西走廊灌区虽属干旱少雨地区，但在小麦收获前后却降水集中，每年都有程度不同的穗发芽现象，如 1976 和 1995 年银宁灌区大多数品种都出现穗发芽现象，而河西走廊地区 2006 和 2014 年都出现较为严重的春小麦穗发芽现象。

穗发芽导致小麦产量和容重急剧下降。发生可见穗发芽的麦田一般减产约 10% 左右，且收获的小麦粒重轻、含有穗发芽籽粒，不受市场欢迎。中国商品小麦国家标准（GB 1351—86）规定为：不完善粒不超过 6%，其中"芽或幼根突破种皮"的发芽粒也属于不完善粒。穗发芽以后的麦粒由籽粒氮素总量推算的蛋白质含量变化不大，但面筋含量和沉降值减少很多，说明蛋白质结构发生变化，由于淀粉酶活性增加，沉降值变得很小；粉质图参数（吸水率、形成时间、稳定时间、弱化度和评价值等）都有显著变化。因此，穗发芽对小麦籽粒品质参数的影响是非常严重的。

一、小麦穗发芽发生的条件

小麦发生穗发芽与正常籽粒萌发所需生态条件有所不同。这是由于不同品种、不同栽培条件、不同麦穗发育时期、不同麦穗甚至同一麦穗不同部位的麦粒，对穗发芽的敏感性有所不同。穗发芽的原因可分为3方面：①小麦品种的遗传特性；②小麦籽粒在一定生态条件下发育而成的穗发芽敏感程度，这主要是基因型与环境互作的结果；③小麦籽粒在不同发育阶段遭遇可使其穗发芽的环境条件。小麦进入成熟期后，籽粒迅速失水至含水量低于14%。这时遇到阴雨天气，如果麦粒没有休眠性或发芽抑制因素，穗发芽过程将与正常麦粒播种时一样迅速整齐。但是，在大多数情况下，阴雨天气在小麦胚成熟（大约在胚殊受精后15d左右）以后就能对小麦产量和质量造成损失，尽管有时麦粒外观并没有发芽迹象。由于这种损害不能完全反应在籽粒外观上，有些科学家认为用穗发芽抗性这一名词显然不能恰当地描述不同品种对收获前降雨的反应，建议用抗雨性替代抗穗发芽。因此，穗发芽的外部条件主要取决于收获前降雨情况。

（一）穗发芽引起的种子变化

1. 穗发芽引起小麦籽粒商品性变化 穗发芽的小麦籽粒颜色变暗，胚乳开始分解，发芽率降低，籽粒千粒重下降，容重降低，胚开始发育，即使后面籽粒随水分降低停止发育，不管是作为种子还是作为商品粮，小麦的商品性也会变差，直接失去食用、工业价值，同时小麦也失去种用价值。

2. 穗发芽引起小麦籽粒内部变化 发生穗发芽的小麦籽粒，在籽粒发芽初期，淀粉磷酸化酶活性高，磷酸解途径是其转化的主要途径；而在发芽的后期，α-淀粉酶和β-淀粉酶活性增强，水解途径则成为淀粉降解的主要途径。90%的淀粉水解成葡萄糖主要是由淀粉水解酶的催化。α-淀粉酶的产生与赤霉素的诱导有关。小麦籽粒中也预存α-淀粉酶，β-淀粉酶主要预存在小麦籽粒的胚乳中，这些无疑都与小麦穗发芽密切相关。另外，淀粉水解时，产生较多的麦芽糖，而葡萄糖和糊精较少，这与β-淀粉酶的活性不同有部分关系；贮藏蛋白分解为多肽或者单肽，进而由胚合成生长所需的各类蛋白成分；脂肪在脂肪酶的作用下，水解生成甘油和脂肪酸，在萌发初期的小麦胚乳中，与脂肪代谢的同时，脂肪酶的活性也增加，并可为羟胺和谷氨酸所诱导，供给种子萌发大量能量。

（二）穗发芽发生的条件

收获前穗发芽是种子发育生理过程与环境条件共同作用的结果。从胚胎发生、种子发育直至萌发的过程中，许多基因按特定的程序在不同组织中表达。在母本植株上发育着的种子通常不萌发，但是成熟并不是获得萌发能力的必需条件，发育过程中的种子，至少其胚是能够萌发的。田间穗发芽过程涉及的因素极其复杂，而且往往多个因素交织在一起。不仅被品种自身因素，如穗部及籽粒性状、发育时期、休眠性及激素等控制，而且明显受环境因素，如降雨、温度、土壤、风速、光照等影响。西北地区的小麦穗发芽常在小麦成熟后期发生，往往由于降雨量大，阴雨高温，当籽粒含水量达到30%以上，温度持续保持在20～30℃时，48h内会发生小麦穗发芽。例如，2014年甘肃武威市7月20日连续两天降雨，再加上持续高温，很快发生小麦穗发芽，致使繁殖的良种无法使用，失去种用价值，造成很大的损失。

（三）影响小麦穗发芽的因素

从宏观上来说，降水量和气温是影响小麦穗发芽的主要因素。持续的阴雨天气，降水量超过 80mm，或者连续降雨且降雨量较大，使小麦籽粒的含水量达到 30％以上，气温保持在 18～20℃以上，均会造成小麦穗发芽。因此，造成小麦穗发芽的根本原因在于小麦成熟期降雨量的多少和气温的高低。

从微观上来说，小麦品种本身的因素，包括小麦穗型、芒的有无长短、颖壳的紧松、护颖的薄厚，甚至小麦籽粒的软硬、颜色的深浅、成熟的程度都是影响小麦穗发芽的因素。已知穗子密度、穗子蜡质状态、小花开放状态、芒长、颖壳坚韧度、颖壳形状及包裹籽粒紧实度、籽粒成熟度、色泽、种皮厚度等因素，对小麦穗发芽均有不同程度的影响，穗子的大小、疏密、弯曲程度、芒的长短其内源抑制物等因素都可能影响穗发芽，其中有些因素是品种抑制穗发芽的重要因素。研究发现，颖壳的形态、质地和芒通常被认为在禾谷类中对抑制萌发有重要作用，颖壳无论对穗上发芽还是脱离母体的籽粒发芽都有一定的抑制作用。King 和 Richard（1985）用模拟人工降雨的方法，研究了 51 个品种的 14h 或 24h 后的穗子含水量与 24h 后的发芽率。发现有芒和无芒品种间存在很大差异，无芒品种的穗子含水量和发芽率明显低于有芒品种。他们利用有芒/无芒的近等基因系进行研究也发现相似的结果，穗子间最初的吸水差异主要来源于颖壳结构。而且两者的差异持续至发生穗发芽时，无芒品种的发芽时间延迟了至少 12h。籽粒的许多性状如发育状态、种皮色泽、种皮厚度、籽粒大小、吸水速率、休眠性、内源生长调节物质和淀粉酶含量都与穗发芽有关。其中籽粒的生理发育状态和种皮的色泽对籽粒的萌发影响最明显，两者通常也被认为是种子休眠性的重要特性。通常认为粒色与穗发芽抗性呈显著正相关，粒色越深，抗性越强，种皮的色级与穗发芽率和籽粒发芽率存在显著或极显著负相关。一般白粒品种不抗穗发芽，红粒品种抗穗发芽。张海峰等（1989 年）对 19 个普通小麦品种进行成熟期穗发芽抗性研究，结果表明，5 个红粒品种的穗发芽率均较低，但一些白粒品种也具有较强的抗穗发芽性。

二、穗发芽损害程度的鉴定

小麦穗发芽是气候条件造成的灾害，在人类还不能控制天气变化的条件下，要减轻或抗御穗发芽危害的主要手段是选育能抗（或耐）田间穗发芽的小麦品种。这需要对不同品种进行适当评价，弄清楚哪些品种可抗御灾害，进而了解其遗传特点，以便在新品种选育过程中操作这种遗传特性，在选育其他优良农艺性状的同时在新品种中组装穗发芽抗性。需要明确的是，不同品种的籽粒发育特点是不同的，即使成熟期相同的品种，因为灌浆过程中的灌浆速率、失水速度等方面的差异，以及休眠性的表达，其成熟时的发芽趋势也是不同的。因此，在抗性鉴定中首先要使不同品种处于相同的成熟条件下，鉴定结果才有可比性。其次，供试材料的收集和处理方法也需要规范化，经济而可重复，同时也便于操作。最后，需要考虑如何记录试验结果，得到全面的试验数据，以便对不同品种的表现进行正确的评价。

（一）穗发芽的鉴定指标

籽粒发芽试验的指标可用发芽速率、延缓发芽时间的长度、培养一定时间后的发芽百分率或者达到一定发芽率（如 50％）所需的时间。Hagemann 和 Ciha（1984）评价了各类穗发芽鉴定方法，对其优缺点作了详细讨论。他们采用穗发芽度来评价完整穗的发芽情况，并将完整穗发芽种子发芽度分级和籽粒发芽试验数据的统计计算公式详细列出，以供大家参考（表 9 - 5、表 9 - 6）。

表9-5 完整穗发芽种子发芽度分级

(Hagemann & Ciha, 1984)

级别	发芽度
1	种子发芽不明显
2	胚根露出 1～2mm
3	露白,胚芽鞘出现
4	胚芽鞘长 1mm
5	胚芽鞘长 2～3mm
6	胚芽鞘长 4～9mm
7	胚芽鞘长 10～19mm
8	胚芽鞘长 20～29mm
9	胚芽鞘长 30～39mm
10	胚芽鞘长超过 40mm,进入一叶期

表9-6 各种发芽试验参数定义及计算公式

(Hagemann & Ciha, 1984)

试验种类	参数	计算公式
湿箱中的完整穗	穗发芽度	第 14 天 5 穗种子发芽度分级计算平均数
沙中的完整穗	出苗指数	(第 4 天胚芽鞘出现数×7) ＋…＋ (第 7 天胚芽鞘出现数×4) ＋ (第 10 天胚芽鞘出现数×1)
	出苗总数	第 10 天胚芽鞘出现数
	出苗率 (%)	[出苗总数/ (每穗粒数/穗数)]×100
纸巾中的完整穗	第 7 天穗发芽度	第 7 天 2 穗种子发芽度分级计算的平均数
	穗发芽度	第 14 天 5 穗种子发芽度分级计算的平均数
	穗发芽指数	第 7 天穗发芽度×7＋穗发芽度×1
培养皿中的种子	发芽指数	(第 3 天胚芽鞘与种子等长的发芽种子数×5) ＋ (第 4 天的×4) ＋…＋ (第 7 天的×1)
	发芽率 (%)	第 3～7 天胚芽鞘与种子等长的发芽种子总数/供试种子数×100

(二) 穗发芽鉴定方法

1. α-淀粉酶的测定方法 淀粉酶是水解淀粉和糖原的酶类总称,它几乎存在于所有的植物中,尤其在谷物的籽粒中其活性最强。按照其水解淀粉的方式可以分为 α-淀粉酶、β-淀粉酶、糖化淀粉酶、异淀粉酶等。实验证明,在小麦、大麦和黑麦的萌芽种子中都含有 α-淀粉酶和 β-淀粉酶,其活性随着萌发时间的延长而增强。α-淀粉酶可将淀粉水解成糊精和麦芽糖,而 β-淀粉酶可把直链淀粉水解成麦芽糖并可使一部分糊精糖化。因此,淀粉糊化的过程是由这两种淀粉酶共同催化的结果,从而淀粉最终被水解成麦芽糖。而且这两种酶的特性存在很大的差异。α-淀粉酶较耐热而不耐酸,在 pH 3.6 以下则被钝化;β-淀粉酶较耐酸而不耐热,在 70℃保温 15min 则丧失活性,但 α-淀粉酶在此温度下仍能保持活性。因此，利用这两种淀粉酶特性上的差异可以测定α-淀粉酶的活性。

2. 沉降值的测定方法　　沉降值法起源于欧洲，由 Habgerg 和 Pfnen 发明并加以改进。沉降试验是测定采用带有玻璃塞的有刻度试管，从"0"刻度到100mL 刻度的距离为180～185mm，试验原理是利用小麦粉在乳酸溶液中沉降的体积来表示小麦面筋的质量。乳酸溶液有膨胀小麦面筋蛋白质的作用，使面粉颗粒涨大，溶液黏度上升，改变了面粉颗粒的沉降速度。筋力强的面粉沉降速度慢，一定时间内面粉沉降物体积大（高）；筋力弱的面粉沉降速度快，沉降物体积小（低），沉降物的体积（mL）即为小麦粉的沉降值。

3. 黏度参数的测定方法　　快速黏度参数分析仪是一种简洁、经济、快速测定小麦穗发芽损害的仪器。主要原理为：小麦种子中的主要储藏物质是淀粉（约75％），当小麦籽粒发生可见的或外观难辨的萌动后，其中的α-淀粉酶活性就会升高并分解淀粉为糊精和麦芽糖，导致淀粉黏度下降，造成小麦淀粉品质劣化。所以，研究淀粉特性能够较好的反应穗发芽损失程度。淀粉特性主要包括淀粉粒大小、破损程度、直/支链淀粉的比例以及糊化特性等，其中淀粉的糊化特性是反映淀粉品质的重要指标。快速黏度仪峰值黏度是衡量淀粉糊化特性最重要指标，准确客观地评价小麦籽粒穗发芽损害状况。陆晖（1991）研究发现，小麦面粉沉降值与淀粉糊化峰值黏度密切相关（$r=0.98$），α-淀粉酶活性越低，糊化峰值黏度越高。研究结果表明，小麦籽粒成熟期间，高温、高湿的环境条件可导致峰值黏度降低。

三、穗发芽防治

穗发芽是一种客观而长期存在的自然天气灾害，在各个小麦种植区均有不同程度的发生，同时也造成巨大的危害和损失。在中国，过去因为小麦品质没有得到足够重视，只有在穗发芽引起严重损失的年份和地区，才有一些粗略的记载。从这些零星资料来看，穗发芽损害仍然是十分严重的，分布地区也较广阔。从目前来看，防治穗发芽只有从增强小麦品种本身的抗穗发芽能力入手，才是广泛适应的措施；其次可以通过种植小麦品种的搭配和做中长期天气预报调节小麦收获期等其他措施，减轻小麦穗发芽损失。

（一）加强抗穗发芽品种选育

就目前生产技术水平，对连阴雨造成的小麦穗发芽灾害，人们还无法抵御，只有借助小麦自身的抗性。因此，必须加强小麦抗穗发芽遗传机理研究，选育高抗穗发芽的品种，特别是白皮小麦品种。现有的研究已证明，根据种子的休眠特性与种皮受不同的遗传系统控制，可将白皮与休眠特性结合起来育成抗穗发芽白皮品种。利用红粒抗性品种与白粒不抗品种杂交，通过基因的分离和重组也可选择白皮抗性品种。

（二）选用抗穗发芽品种

选用抗穗发芽或早熟、适应当地种植的小麦品种。一般来说，红皮小麦品种比白皮小麦品种种子休眠时间长，穗发芽抗性更好。

（三）应用化学调控制剂

在目前白皮小麦抗穗发芽能力普遍偏弱的情况下，采用化学防治也是防止穗发芽的一种较为简便而有效的手段。小麦穗发芽既是遗传性状，又是生理生化因素调节的生理性状，抗

穗发芽能力与 GA_3、ABA、IAA 等激素，α-淀粉酶活性，籽粒吸水速率等有关。因此，通过外源化学物质调节小麦籽粒激素平衡或改变种胚的水分、氧气状况等，可以达到控制穗发芽的目的。目前生产上应用较多的是多效唑和穗萌抑制剂，在小麦花后一定时期内喷施，对穗发芽抑制效果分别可达 60% 和 80% 左右。有研究表明，从植物源天然物质中提取发芽抑制物质，对种子发芽抑制率达 100%，在小麦抽穗后喷施，对成熟期穗发芽抑制率可达 85% 以上，且喷施后对农艺性状和种子质量无不良影响。

(四) 加强栽培管理

在栽培管理上，凡一切降秆防倒的措施均有利于减少田间穗发芽的发生。一是适期早播，合理密植。通过播期调节小麦生育进程，使小麦成熟期避开雨季高峰，在雨季到来之前正常成熟，并适时收获。二是建好田间配套沟系，确保灌排畅通，以降低田间湿度，减少穗发芽发生条件。三是合理肥料运筹。防止肥料施用过迟过多，造成贪青迟熟。四是可采用一些生化壮苗制剂，降低植株高度，防止倒伏。

第十章
西北春小麦病虫草害及其综合防治

西北春小麦种植区地缘跨幅大，气候类型复杂，春小麦生育期病虫草种类多，发生面积广，危害程度严重。一些病虫害不仅在西北春小麦种植区发生严重，而且对其他麦区影响很大，如小麦条锈病病原菌发生变异，不仅对西北麦区条锈病的流行创造条件，而且对中国东部麦区条锈病的发生提供菌源。病虫草害的发生轻则减产不明显，重则减产达极显著水平，甚至造成小麦绝收。因此，搞清楚主要小麦病虫草害的种类、分布、危害情况，掌握其发生规律和防治方法意义重大。长期以来，西北地区的农民在生产实践中总结出不少有效防治病虫草害的办法，在生产中起到非常重要的作用。以下就西北春小麦种植区主要的病虫草害做一概述。

第一节　病害及其防治

西北麦区主要的春小麦病害有小麦锈病、白粉病、根腐病、黑穗病、纹枯病及病毒病，其中发生频率高、危害比较大的病害主要是锈病、白粉病、全蚀病、黄矮病、黑穗病、根腐病等，其他病害零星发生。

一、锈　　病

小麦锈病，俗称黄疸，是中国小麦上发生范围最广、危害最重的一类病害。小麦锈病分条锈病、叶锈病和秆锈病三种，分别是由担子菌亚门条形柄锈菌、隐匿柄锈菌和禾柄锈菌引起的真菌性病害。三种锈病以条锈病发生范围最大、危害严重，主要发生在中国西北、西南、华北等地冬、春麦区；叶锈病主要发生在西南和长江流域部分麦区，在华北、西北、东北各地也日趋严重；秆锈病主要发生在东北、西北等地春麦区以及华东沿海、长江流域部分地区和南方各省（自治区）冬麦区。

（一）病害特征

三种锈病在症状上的共同特点是：发病初期麦叶或麦秆出现褪绿的斑点，以后在发病部位产生铁锈色的粉疱（夏孢子堆），故名锈病，后期长出黑色或粉色疱斑（冬孢子堆）。条锈病主要危害叶片，也危害叶鞘、茎秆和穗部，夏孢子堆鲜黄色，长椭圆形，排列成与叶脉平行的虚线状。叶锈病主要危害叶片，夏孢子堆黄褐色，圆形至长椭圆形，散乱分布。秆锈病主要危害茎秆和叶鞘，也危害叶片和穗部，夏孢子堆较大，深褐色，长椭圆形，易开裂，散乱排列。三种锈病症状可依据"条锈成行叶锈乱，秆锈是个大红斑"来区分（表 10-1）。

表 10-1　三种锈病田间识别特征

		条锈病	叶锈病	秆锈病
发生时期		早	较早	晚
危害部位		叶片为主，叶鞘、茎秆、穗部次之	叶片为主，叶鞘、茎秆上少见	茎秆、叶鞘、叶片为主，穗部次之
夏孢子堆	相对大小	最小	居中	最大
	形状	狭长至长椭圆形	圆形至长椭圆形	长椭圆形至长方形
	颜色	鲜黄	橘黄	褐黄
	排列	成株上成行，幼苗上呈多重轮状	散乱无规则	散乱无规则
	表皮开裂	不明显	开裂1圈	大片开裂，呈窗户状向两侧翻卷
冬孢子堆	大小	小	小	较大
	形状	狭长形	圆形至长椭圆形	长椭圆形至狭长形
	颜色	黑	黑	黑
	排列	成行	散生	散乱无规则
	表皮开裂	不破裂	不破裂	破裂，表皮卷起

（二）发生规律

　　小麦三种锈菌都是严格的专性寄生菌，在活的寄主植物上才能生存；同时具有明显的寄主专化性，同一种锈菌有较多的生理小种，一个特定的小种只能危害一些小麦品种，对另一些品种不危害。三种锈菌主要靠夏孢子侵染危害小麦。锈菌夏孢子能随气流远距离传播上千米，以异地转移方式在小麦上逐代侵染完成周年循环。

　　小麦条锈病是一种耐低温病害，旬平均气温上升到 2～3℃ 时锈菌就可以产孢，超过 22℃ 停止发病。该病属大区流行病害，病菌要在不同地区越冬和越夏，其发生地分为越夏区、越冬区和流行区。西北、西南等高寒麦区为菌源的越夏区，湖北、安徽和河南南部为菌源的越冬区，华北麦区为条锈病的流行区，该区主要以外来菌源为主。条锈菌夏孢子一般在 4 月由越冬区传入流行区。在田间形成明显的发病中心，孢子堆多发生在植株的旗叶和下一叶。若降水多，湿度大，结露时间长，往往引起病害的严重发生。小麦叶锈菌可以在北方各麦区周年存活。秋季，自生麦苗上的锈菌夏孢子侵染小麦秋苗，第二年小麦灌浆期进入发病盛期。叶锈菌既耐低温，也耐高温。夏孢子萌发温度为 2～31℃，最适萌发和侵入温度为 15～20℃。冬小麦播种早、冬暖夏凉、雨露充沛发病重。小麦秆锈菌不耐寒冷，主要以夏孢子在东南沿海地区、云南南部麦区越冬。第二年春天，夏孢子由越冬基地逐渐北移，经长江流域到达华北平原及西北、西南等高寒麦区。病菌夏孢子侵入适温为 18～22℃。秆锈病流行需要较高的温度和湿度，尤其需要液态水，如降雨、结露或有雾天气。结露时间越长，侵入率越高，发病越重。

　　小麦锈病的发生和流行主要受 4 个因素的影响：①小麦品种的感病性和锈菌的毒性。小麦不同品种间抗病性差异非常明显。一个抗病品种大面积推广后，经过 5～10 年，其抗性往往就会减退或丧失。②菌源数量。越冬菌源的有无和多少、外来菌源的数量和到达早晚是影响锈病流行与否和程度的重要条件。越冬菌源多少主要取决于秋苗发病程度和病菌越冬率的高低。秋苗菌量大，冬季气温高或长期积雪，有利于病菌越冬。在没有越冬菌源或越冬菌源极少的地区，若大面积种植感病品种，且春季外来菌源早而多，可造成锈病中、后期流行。③气象条件。气象条件是病害流行的决定因素。三种锈菌的夏孢子萌发和侵入都要求麦叶（秆）的表面有水滴、水膜或土气中湿度饱和。因此，雨量大、湿度大、结露、降雾等都有利于锈病的发生，以结露最为有利。三种锈菌夏孢子萌发、侵入和病菌在小麦体内潜育阶段所需的温度各不相同，其发病适温分别是：条锈病 9~16℃、叶锈病 15~22℃、秆锈病18~22℃。在适温下，条锈菌的潜育期为 8~12d，叶锈菌为 6~8d，秆锈菌为 5~8d。④栽培条件。小麦播种早晚是影响秋苗发病早晚和轻重的主要因素。播种愈早，接纳菌源的时间愈长，数量愈多，秋苗发病就早而重，晚播则病轻；但播种过晚，成熟期推迟，秆锈病的危害加重。此外，施用氮肥过多，也可使锈病发生加重。

（三）防治方法

小麦锈病的防治应在病情监测的基础上，采取以种植抗病品种为主，栽培和药剂防治为辅的综合措施。重点治理条锈病和秆锈病的主要越夏区，减少越夏菌源，对于彻底控制中国锈病流行具有全局性的重要意义。

1. 推广种植抗锈病良种　利用抗锈良种是防治锈病最经济、有效的措施。小麦品种对锈病的抗病性表现有不同的类型，现在广泛应用的类型是"低反应型抗病性"。具有这种抗病性的品种，被锈菌侵染后，叶片上出现较低级别的反应型，发病轻微，抗病效能高。但是，这种抗病性只对一定的锈菌小种有效（抗病品种是针对一定的小种选育的），如果小种变异，抗病品种便可能不再抗病，而成为感病品种了。因而，小麦育种家要根据小种变动选用抗源，不断选育新的抗病品种，替换原有的品种；农户要学会辨认锈病反应型，以确认抗病品种的真实性，及早淘汰已经丧失抗病性的品种，采用新的抗病品种。此外，生产上应用的还有少数慢锈品种和耐锈品种，前者病情发展较缓慢，后者生理补偿作用较强，因而减产都较轻。

目前各地都选育出了不少抗锈丰产品种，如陇春系列的陇春 20 号、21 号、22 号、23号、27 号及 35 号，定西系，会宁系，西旱系，临麦系等，可因地、因时制宜地选择种植。在选种抗锈良种时，要注意品种的合理布局和轮换种植，防止大面积单一使用某个品种，做到"当年品种有搭配，常年品种有两手"。这样对于切断锈菌的周年循环、减少菌源数量、减缓新小种的产生与发展有重要作用，可以延长抗锈品种使用年限，防止锈病大范围严重流行。

2. 药剂防治　小麦播种时采用三唑酮等三唑类杀菌剂进行拌种或种子包衣，可有效控制条锈病、叶锈病、秆锈病的发生危害，还能兼治其他多种病害，具有一药多效、事半功倍的作用。对小麦锈病有效的拌种剂（或种衣剂）有三唑酮（粉锈宁）、烯唑醇（禾果利）、三唑醇（羟锈宁）、戊唑醇（立克秀）、丙环唑、科惠、腈菌唑等。如用种子重量 0.03%（有效成分）的三唑酮拌种，对条锈病的苗期防效可达 99.5%，小麦成株期的防效也在 70%以上。特别是在病害菌源基地进行药剂拌种，可防止越夏、越冬菌源的扩散和蔓延。处理面积越大，拌种越彻底，效果越好。对于苗期多种病虫同时发生和交替危害的地区，宜选用杀菌剂和杀虫剂混合拌种，达到兼治地下害虫、吸浆虫、蚜虫等苗期害虫的目的。

小麦生育期喷药防治是防治措施中的重要手段。要狠抓苗期防治和成株期防治两个关键时期，以高感品种、早播麦田或者晚播产量水平高的麦田作为重点防治对象，采取带药侦察的方法，发现一点，控制一片。目前大面积应用的主要药剂是三唑酮，在拔节期明显见病或孕穗至抽穗期病叶率5%～10%时喷药1次，防病增产效果显著。如病情重，持续时间长，15d后可再施用1次。此外，烯唑醇可湿性粉剂、三唑醇可湿性粉剂，以及丙环唑乳油、科惠乳油、腈菌唑乳油、烯唑醇微乳剂、植保宁乳油和粉锈铜乳油，喷雾防病效果均较好。

3. 栽培防治 在夏季小麦收获后至秋播冬小麦出亩前，自生麦苗是小麦条锈菌从晚熟冬、春麦向秋播麦苗转移繁衍的"绿色桥梁"。麦收后1个月左右进行翻耕耙糖，或农自生麦苗发生初期喷施除草剂，对控制自生麦苗和秋苗菌源均具有重要作用。冬小麦适期晚播可以减少冬前菌源数量，减轻春季发病程度，对白粉病、麦蚜、黄矮病等都有一定的控制作用。此外，施用腐熟农家肥，合理配施氮、磷、钾肥，避免偏施、过施氮肥而引起植株贪青晚熟；麦田合理灌水，大雨后或田间积水时，及时开沟排水，降低田间湿度；发病重的田块适当灌水，维持病株水分平衡等措施；均能有效防止锈病的发生或降低锈病的危害。

二、白 粉 病

小麦白粉病是由子囊菌亚门禾本科布氏白粉菌引起的真菌性病害，是中国小麦的主要病害。20世纪70年代以前，该病害主要在中国西南麦区及山东沿海局部地区发作严重。70年代后期以来，其发生范围和面积不断扩大，已由南方和沿海地区迅速扩展到华北、西北和东北春麦区。近年来，白粉病在西北春小麦各产区均有发生，且有发病范围逐年扩大的趋势。小麦被白粉病侵染后，在发病早而且重的情况下，严重阻碍小麦的正常生长发育，造成叶片早枯，分蘖数、成穗率和穗粒数减少，千粒重下降，严重影响产量，一般流行田减产5%～10%，严重发病田减产20%以上。

（一）病害特征

小麦从幼苗到成株，均可被白粉病菌侵染，病菌主要危害叶片，严重时也危害叶鞘、茎秆和穗。病部表面覆有一层白粉状霉层。病部最初出现分散的白色丝状霉斑，逐渐扩大呈长椭圆形的较大霉斑，严重时可覆盖整个叶片，霉层增厚可达2mm左右，并逐渐呈粉状（分生孢子）。后期霉层逐渐由白色变灰色乃至褐色，并散生黑色颗粒（闭囊壳）。在初期被害叶片霉层下的组织无显著的变化，随着病情的发展，叶片褪绿、变黄乃至卷曲枯死，重病株常矮而弱，不抽穗或抽出的穗短小。

（二）发生规律

小麦白粉病菌以菌丝体和分生孢子在夏季气温较低地区的自生麦苗上或以闭囊壳在病残体上越夏。冬小麦出苗后，分生孢子和子囊孢子随气流传播侵染秋苗，并在秋苗茎叶组织上越冬。冬季温暖、雨雪多或土壤湿度大，有利于病菌越冬。越冬后的病菌先在植株下部叶片之间传播，以后逐渐向中、上部叶片发展，严重时可发展到穗部。该病发病适温15～20℃，温度高湿、通风不良、光照不足的条件利于病菌侵染，因此一般肥水过剩，生长茂密或通透性差的麦田发病较重。在干旱年份，植株生长不良，抗病力减弱时，发病也较重。品种间抗病性差异显著。

小麦白粉病的发生和流行主要受菌源、品种抗病性、温度、降水量、日照和栽培条件等的影响：①菌源是病害发生的基础，白粉菌的越夏和越冬菌源的多少直接影响病害的发生和流行程度。②品种的抗病性。小麦品种的抗病性和种植面积对病害的发生和流行具有重要的影响。③温度主要影响越冬和越夏菌源的多少、始病期的早晚、潜育期的长短和病情的发展速度以及病害终止期的早迟。④降水量。在北方降水较少的地区，降水有利于病害的发生流行；而在降水多的地区，降水过多特别是连续降水对病害的发生和流行不利。⑤日照。小麦白粉病菌的分生孢子对直射阳光很敏感。在发病期间日照少、阴天多，病害发生重；反之病害轻。⑥栽培技术。小麦白粉病的发生与施肥、灌溉、种植密度和种植方式等栽培技术有关。不同生态地区制约病害发生、流行的关键因子各不相同。

（三）防治方法

小麦白粉病的防治采取以推广种植抗病品种为主，药剂防治和栽培措施为辅的综合防控技术。

1. 选种抗病和慢病品种　由于小麦白粉菌群体快速变异和寄主的定向选择，大面积单一种植抗病品种很容易导致抗病性丧失。因此，在推广种植抗病品种时要注意品种合理的布局和多样化。在小麦白粉病、赤霉病等多种病虫害混合发生的地区，应选择种植兼抗多种病虫害的品种，如定西系、会宁系、西旱系、临麦系等

2. 药剂防治　在小麦白粉病越夏区及其邻近地区，采用三唑类杀菌剂拌种或种子包衣可有效控制苗期病害，减少越冬菌量，并能兼治小麦锈病、散黑穗病等其他病害。春季是小麦生育期药剂防治的关键时期，应结合病害预测预报，及时喷药防治。在孕穗至开花期当病茎率达 15％～20％或病叶率 5％～10％时，可选用适合药剂，根据田间病情和大气情况喷药 1～2 次。由于小麦白粉菌已对三唑类杀菌剂产生了抗药性，因而在小麦白粉病防治中，应将三唑类杀菌剂与甲氧基丙烯酸酯类和苯并咪唑类杀菌剂轮换使用，以避免病菌抗药性的迅速发展。在病害需要防治 2 次的地区或地块，三唑类杀菌剂和其他类型的杀菌剂各使用 1 次，效果更好。

3. 栽培防治　主要措施有：①小麦收后及时铲除自生苗，春麦区要彻底清除病残体，施用充分腐熟的有机肥。②根据当地品种特性、气候特点和肥力水平，选择合适的播期和播量，避免早播、晚播以及播种密度过大。③在施用基肥时，注意氮、磷、钾肥的合理搭配，适当增加磷、钾肥，以增强植株的抗病能力。在追施拔节肥和穗肥时，要适当控制氮肥的使用量。在土壤肥力较好的地块，可酌情不施或少施拔节肥和穗肥，以免贪青晚熟，加重白粉病危害。

三、黑 穗 病

小麦上常见的黑穗病主要有光腥黑穗病、网腥黑穗病、矮腥黑穗病、印度腥黑穗病、散黑穗病和秆黑粉病，其共同特点是病菌一年只侵染一次，为系统侵染性病害。西北春小麦种植区常发小麦黑穗病主要有腥黑穗病和散黑穗病。小麦腥黑穗病，俗称臭黑疸、腥乌麦，中国小麦上常见的腥黑穗病为光腥黑穗病和网腥黑穗病，分别是由担子菌亚门小麦光腥黑粉菌和小麦网腥黑粉菌引起的真菌性病害。前者除侵害小麦外还侵害黑麦，后者仅侵害小麦，全国各地部有发生。小麦发病后使籽粒变为菌瘿，不仅造成减产，而且使小麦品质大大降低。

小麦散黑穗病，俗称黑疸、乌麦、灰包，是由担子菌亚门小麦散黑粉菌引起的真菌性病害，在中国北方麦区普遍发生，近年有回升趋势。

（一）病害特征

小麦腥黑穗病症状主要出现在穗部，病株一般比健康株矮，分蘖增多、病穗较短、直立，颜色较健康穗深，发病初期为灰绿色，后变为灰白色或灰黄色。颖壳麦芒略向外扩张，露出全部或部分病粒。小麦受害后，一般整穗均变成病粒，形成病瘿。病粒较健康粒短粗，初为暗绿色，后变为灰白色，表面包有一层灰褐色薄膜，内充满黑粉，外部仅保留一层麦粒薄皮，破裂后散发出鱼腥味的臭气，故称腥黑穗病。病粒率超过 3% 时不能食用。

小麦散黑穗病病株抽穗略早于健株，初期病穗外披一层灰色薄膜，小穗全被病菌破坏，种皮、颖片、子房变为黑粉，有时只有下部小穗发病而上部小穗能结实，病穗从旗叶抽出后不久，膜即破裂，黑粉被风吹散，几天后全穗仅留一根弯曲的穗轴，可见残余黑粉。小麦受害后，一般同一植株上的所有分蘖都会变成病穗，但有时部分分蘖可逃避病菌的侵染而正常结实，这种现象在抗病品种上较常见。病菌主要危害穗部，有时叶片、茎上也可形成罕见的黑色条状孢子堆。

（二）发病规律

小麦腥黑穗病是系统性侵染病害。小麦收割、脱粒过程中病粒护膜破裂，病原孢子附着在健康种子表面，或散落到土壤、秸秆中，成为初侵染来源。小麦播种后，病菌随种子萌发，从幼芽芽鞘侵入，并随同植株的生长发育侵染到穗部，破坏花器，形成充满黑粉的菌瘿。凡是推迟小麦出苗和降低抗逆性的所有因素，均能加重小麦腥黑穗病的发生，如土温、墒情、通气条件、播种质量、播种深度等。冬小麦迟播或春小麦早播、播种过深、覆土过厚、地下害虫危害重的麦田小麦腥黑穗病发病重；高山发病重，丘陵区次之，川区最轻；阴坡发病重，阳坡发病轻；土壤过干过湿，小麦腥黑穗病发病轻。

小麦散黑穗病是通过花器侵染的系统性病害，种子带菌是唯一的传播途径。潜伏在种子内的菌丝随小麦一起萌发，随植株生长，侵入穗原基，孕穗期在小穗内迅速生长，破坏花器，产生厚垣孢子。开花期薄膜破裂放出厚垣孢子，随风传播到健康株花器柱头，侵入子房，最后潜伏在种子胚中，造成种子内部带菌。当年发病程度与种子带菌率密切相关。小麦开花期气候条件是影响小麦散黑穗病发生的重要因素。风有利于病菌孢子的飞散和传播，大雨易将孢子淋落而失去散落在花器上的机会，空气过于干燥不利于孢子萌发。小麦抽穗开花期间、田间气温适于病菌萌发和侵入，故湿度就成为发病的主导因素。湿度高，颖片张开角度大和张开时间长，落入花器内的孢子萌发快，因而侵染机会多。干旱延迟孢子萌发和菌丝生长，芽管较短，病菌尚未侵入以前植株组织硬化，从而阻止病菌的侵入，发病轻。

（三）防治方法

小麦黑穗病的防治应在加强植物检疫的基础上，采取农业措施与种子处理相结合的综合防治措施。

1. 植物检疫　对于小麦腥黑穗病，严格执行检疫检验制度，认真搞好产地检疫和调运检疫。重病田（病株率达 0.6% 以上）必须销毁或焚烧处理，轻病田（病株率 0.6% 以下）

及时拔除病株，禁止留作种用，不从病区调运种子。

2. 种子处理

（1）种子消毒：①石灰水消毒。用 1％石灰水 50kg 浸麦种 25～30kg，防治效果较好。浸种时间因气温不同而异，气温 35℃时浸种 1d，30℃时 1～2d，25℃时 2d，20℃时 3d，15℃时 6d。浸种后滤出摊平晾干，随即播种或贮藏备用。②温汤浸种。将麦种浸在 44～46℃温水内维持 3h，然后捞出，冷却并晾干；也可先将种子在冷水中预浸 4～6h 使菌丝萌动，在 49℃的水中浸 1min、然后在 52～54℃的水中浸 10min。

（2）药剂拌种或包衣：用 15％三唑酮可湿性粉剂 200g 拌麦种 100kg，或用 6％戊唑醇悬浮种衣剂 50mL，加水 3L 左右包衣 100kg 麦种，或用 0.5％烯唑醇悬浮种衣剂按 1∶70 药种比包衣，对多种小麦黑穗病有很好的防治效果。

3. 农业措施 主要有：①选用无病种子。利用品种的抗（耐）病性，因地制宜选用本地区适宜的抗（耐）病品种。②合理轮作倒茬。小麦腥黑穗病发生区应与油菜、马铃薯、棉花、花生、蔬菜等作物 4～5 年的轮作，才能收到较好的防效。③提高播种质量，减少病菌侵染机会：适时播种，冬小麦不宜过迟播种，春小麦不宜过早播种。播种深度适宜，不宜过深或覆土过厚。④加强肥水管理，增强植株抗逆性。土壤不宜过湿或过干，冬小麦提倡在秋季播种时，基施长效碳酸氢铵，也可施用少量硫酸铵、氯化铵等作种肥，促苗健壮，增强抗逆性。⑤及时拔除田间病株，病穗集中烧毁，减轻下年度种子带菌程度。⑥收获时如有黑穗病或黑粉病应及时清洗农机具表面或用 50％多菌灵可湿性粉剂 200 倍液消毒处理，避免带菌种子留作种用。

四、全 蚀 病

小麦全蚀病是由子囊菌亚门禾顶囊壳菌引起的真菌性病害，在中国北部冬麦区、西北春麦区、长江中下游麦区、华南麦区、西藏高原麦区等 19 个省（自治区）均有发生，是小麦的毁灭性病害。小麦感病后，分蘖减少，成穗率降低，千粒重下降，发病愈早，减产幅度愈大。拔节前显病的植株，往往早期枯死；拔节期显病植株，有效穗数和千粒重显著降低，减产幅度明显。

（一）病害特征

小麦全蚀病是一种典型的根病。病菌侵染的部位只限于小麦根部和茎基部 15cm 以下；地上部的症状，是根及茎基部受害所引起的。由于受土壤菌量和根部受害程度的影响，症状显现时间早晚不一。轻病地块、小麦抽穗前一般不显症状，至灌浆期病株始显零星成簇早枯白穗，远看与绿色健株形成明显对照；重病地块，于拔节后期即出现若干矮化的发病中心，麦田生长高低不平，中心点病株矮、黄、稀疏，极易识别。小麦全蚀病病株在分蘖期地上部无明显症状，仅重病植株表现稍矮，基部黄叶多；其特征是初生根、地下茎变灰黑色，次生根也局部变黑。病株返青迟缓，黄叶多，拔节后期症状日趋明显；病株矮小，叶片稀疏，自下而上发黄，近似干旱缺肥状；重病植株，初生根和次生根大部变黑；横剖病根，根轴变黑；在茎基部表面和叶鞘内侧，生有较明显的灰黑色菌丝层。小麦抽穗后，症状最明显；病株成簇或点片出现早枯白穗；遇雨后，因霉菌腐生，病穗转为污褐色；剥开茎基部叶鞘，用放大镜观察，可看到叶鞘内侧及茎秆表面布满紧密交织的黑色菌丝体和菌丝结；黑色菌丝结在基部表面聚集重叠形成"黑膏药"或"黑脚"。抹去菌丝结，可见茎秆表面布满条点状黑斑；用刀片轻削，可见皮下维管束也变色。这些都是小麦全蚀病危害的突出特点，也是区别此病和小麦其他根腐型病害的主要特征。在地面潮湿的情况下，早死病株近地面的叶鞘内侧，生有突起的黑色颗粒即病菌的有性阶段子实体——子囊壳。在土壤干燥的情况下，多不形成"黑脚"症状，也不产生子囊壳，仅在因病早死的无效分蘖上和变黑的根部，能够查到菌丝体。

（二）发病规律

小麦全蚀病是典型的土传病害。土壤中的病残体和未腐熟的粪肥均可带菌，病菌在土壤中可存活多年，是主要的初侵染来源。种子萌发后病菌侵入种子根，沿根扩展，并在变黑的根部越冬。小麦返青后随气温升高，病株根部变黑，同时病菌向上扩展至分蘖节至茎基部。拔节至抽穗期，菌丝蔓延侵害茎基部1～2节，形成"黑脚"，阻碍了水分、养分的吸收，导致部分植株陆续死亡，多数到灌浆期出现枯白穗。

农田生态条件是决定发病程度的主要因素。小麦或大麦连作，土壤中积累的病原菌数量增多，此后数年发病逐年加重。但轮作可能减轻发病，也可能加重发病，因前茬作物种类而异。前茬为燕麦、棉花、水稻、烟草、马铃薯、多种蔬菜作物能减轻发病；前茬为苜蓿、三叶草、大豆、花生、玉米等作物则加重发病。麦田深翻，将带病残茬翻埋于耕层底部，减少了耕层菌源，发病减轻。小麦播种越早，发病越重。土质疏松、肥力低、碱性大的土壤发病重，根系发达的品种抗病力强。小麦全蚀病菌菌丝体在3～33℃范围内都能生长，而以20～25℃最适。侵染最适地温12～18℃，但低至6～8℃仍能发生侵染。土壤含水量高，表层土壤有充足的水分，有利于病原菌发育和侵染。春、夏降雨多有利于全蚀病发生。冬季较温暖、春季多湿发病重，冬季寒冷、春季干旱发病轻。春季气温低，麦苗弱，生育期延迟，后期遇干热风，全蚀病的危害会加重。全蚀病有"自然衰退"现象，当连续发病数年（病穗率50％以上），且田间出现明显的早枯发病中心后若再连续种植小麦，其发病程度会自然减轻。

（三）防治方法

小麦全蚀病是检疫性病害，防治要点是：保护无病区、控制初发区、治理老病区。

1. 保护无病区　加强种子检疫，不从病区调种；耕作、播种和收获机械不与病区机械混用。

2. 控制初发区　发现零星病株应及时拔除，带出田外烧毁或深埋，病穴内喷5％多菌灵500倍液或撒生石灰进行消毒。发病地块，单收单打，麦粒不作种子，秸秆、麦糠不沤肥。

3. 治理老病区　老病区应采取农业措施和化学防治相结合的综合治理措施，压低病情，控制危害。①农业措施：增施有机肥，提高有机质含量，减缓病害的发生；增施磷、钾肥，提高小麦抗病性；对于发病严重的地块，提倡与非寄主作物如棉花、大豆、大蒜等轮作2年。对发病田如采取留高麦茬（16cm以上）收割，在能保证安全的情况下，连根拔掉焚烧，有很好的防效。②土壤处理：每667m² 用50％多菌灵可湿性粉剂1kg加15％粉锈宁可湿性粉剂1kg，对水100kg，随水灌入土壤；或用50％多菌灵可湿性粉剂或70％甲基托布津可湿性粉剂2kg，对细土30kg，拌匀后撒于地表，然后翻耕整地播种。③种子处理：用12.5％全蚀净悬浮剂20mL、3％敌萎丹50mL加2.5％适乐时20mL、2％立克秀湿拌种剂10～

15g、兑水 700mL，拌种 10kg，晾干后播种。④药剂灌根：对于未作药剂土壤处理和拌种的病田，可于返青期，每 667m² 用 15％粉锈宁可湿性粉剂 150～200g，或 12.5％禾果利可湿性粉剂 50g，兑水 50～70kg，充分搅匀，顺行喷灌于小麦茎基部，进行补救防治。重病田隔 7～10d 再防 1 次。

五、黄 矮 病

小麦黄矮病是由大麦黄矮病毒引起的病毒病，由蚜虫传播。主要分布在西北、华北、东北、华中及华东等冬麦区、春麦区及冬春麦混种区，除危害小麦外，还能侵染大麦、莜麦、糜子和多种禾本科杂草。受害小麦，一般可减产 40％左右，严重的可达 70％以上。

（一）病害特征

小麦受黄矮病毒侵染后，苗期感病植株生长缓慢，分蘖减少，扎根浅，易拔起。病叶自叶尖褪绿变黄，叶片厚硬。返青拔节后新生叶片继续发病。病株矮化，不抽穗或抽穗很小。拔节孕穗期感病的植株较矮，根系发育不良。典型症状是新叶从叶尖开始发黄，随后出现与叶脉平行，但不受叶脉限制的黄绿相间的条纹，沿叶缘向叶茎部扩展蔓延，黄化部分约占全叶的 1/3～1/2。病叶质地光滑，后期逐渐黄枯，而下部叶片仍为绿色。病株能抽穗，但籽粒秕瘦。穗期感病的植株一般只旗叶发黄，呈鲜黄色，植株矮化不明显，能抽穗，粒重降低。

（二）发病规律

小麦黄矮病是由以麦二叉蚜为主的多种蚜虫传播的病毒病。蚜虫在病叶上吸食 30min 就会带毒，经 1～2d 循回期后再到健株上吸食 5～10min 就能使健株染病，带毒蚜虫传毒能力可保持 2～3 周。随着小麦成熟，有翅蚜向禾本科作物或杂草上迁飞越夏，秋季迁回麦田危害、传毒；蚜虫在麦苗基部越冬，感病秋苗成为第二年春季的发病中心。小麦播种后天气干旱，气温偏高，有利于蚜虫繁殖、活动，病害发生重；早播重，适期晚播轻；田边重，田内轻。

影响黄矮病流行的因素很多，涉及气象条件、介体蚜虫数量与带毒率、品种抗病性、耕作制度与栽培等方法等，气象条件往往是主导因素。气温和降水量主要影响蚜虫数量消长。冬麦区 7 月气温偏低有利于蚜虫越夏，秋季小麦出土前后降水少、气温偏高，有利于病毒侵染秋苗和发病。冬季气温偏高则适于蚜虫越冬，提高越冬率。秋苗发病率和蚜虫越冬数量与春季黄矮病流行传毒直接有关。春季 3～4 月降水少，气温回升快且偏高，黄矮病可能大发生。3 月下旬麦田中麦二叉蚜虫口密度和病情可作为当年黄矮病是否大流行的参考指标。春麦区黄矮病的流行程度取决于冬麦区病情和当地气象条件。冬麦区发病重、迁入带毒蚜虫多、春季气温回升快、温度高、干旱少雨时，发病重。耕作制度与栽培技术也影响黄矮病的发生。有的春麦区部分改种冬麦后，成为冬、春麦混作区，冬麦成为春麦的虫源和毒源，常发生黄矮病。

（三）防治方法

小麦黄矮病防治应以农业防治为基础，药剂防治为辅助，开发抗病品种为重点，实行综合防治。

1. 农业防治　优化耕作制度和作物布局，减少虫源，切断介体蚜虫的传播。在进行春麦改冬麦以及进行间作套种时，要考虑对黄矮病发生的影响，慎重规划。要合理调整小麦播种期，冬麦适当迟播，春麦适当早播。清除田间杂草，减少毒源寄主，扩大水浇地的面积，创造不利于蚜虫滋生的农田环境。加强肥水管理，增强麦类的抗病性。

2. 选育和使用抗病、耐病品种　在大麦、黑麦以及近缘野生物种中存在较丰富的抗病基因。中国已将中间偃麦草的抗黄矮病基因导入了小麦中，育成了一批抗源，并进而育成了抗黄矮病的小麦品种，例如临抗 1 号、张春 19 和张春 20 等。另有一些小麦品种具有明显的耐病性或慢病性，发病较晚、较轻，产量损失较小，如延安 19、复壮 30、蚂蚱麦、大荔三月黄等。在生产上，要尽量选用抗病、耐病、轻病品种。

3. 药剂防治　主要通过防治蚜虫流行去抑制黄矮病流行，春麦区根据虫情，在 5 月上、中旬喷药效果较好。每 667 m^2 可用 50％抗蚜威可湿性粉剂 10g 兑水 30kg 喷雾，或用 10％吡虫啉可湿性粉剂 1 500 倍液，40％乐果乳油 1 000 倍液进行茎叶喷施。如在喷杀虫剂时加入抗病毒剂和叶面肥效果则更好。

六、根 腐 病

小麦根腐病又称根腐叶斑病、黑胚病、青枯病、青死病等，是由一种或多种真菌复合侵染引起的病害。主要危害幼苗或成株的根、茎、叶、穗和种子，全生育期均可引起发病，苗期引起根腐，成株期引起叶斑、穗腐或黑胚。病菌可寄生，也可腐生，适应能力极强，寄主范围很广，除危害小麦外，还能侵染大麦、燕麦、黑麦等禾本科作物和 45 个属的禾本科杂草。病菌在不同小麦品种上的致病力有差异。小麦根腐病在中国东北、西北和华北等麦区广泛分布，严重发病地块，小麦减产可达 30％～70％。此病以春麦区发生较重，在西北春麦区主要危害根部和茎部，引起不同程度的茎基腐和根腐，使病株形成空秕粒。

（一）病害特征

苗期主要为苗腐，造成麦苗大量黄化和死亡，成株可出现"青死"症状。成株叶上病斑初期为菱形或椭圆形褐斑，扩大后呈长椭圆形或不规则褐色大斑，中部色浅，气候潮湿时，病部产生黑色霉状物，即病菌的分生孢子梗和分生孢子。叶鞘上病斑不规则，常形成大型云纹状浅褐色斑，扩大后整个小穗变褐枯死并生黑霉。病小穗不能结实，或虽结实但种子带病，种胚变黑，轻者仅胚尖变褐，种形不变，重者全胚呈深褐色，种子瘦小，有的病粒胚不变色，而在胚乳腹脊或腹沟等部位产生边缘褐色、中央灰白色的梭形斑。

（二）发病规律

病害初次侵染主要来自病残组织中的分生孢子。发病后病菌产生的分生孢子可再借助于气流、雨水、轮作、感病种子传播，病菌可在土壤中存活若干年。小麦根腐病的流行程度与菌源数量、栽培管理措施、气象条件和寄主抗病性等因素有关。①菌源数量：田间病残体多，腐解慢，病害初次侵染菌源积累多，发病就重。②栽培措施：耕作粗放、土壤板结、播种时覆土过厚、春麦区播种过迟以及小麦连作、种子带菌、田间杂草多、地下害虫危害引起根部损伤等因素均有利于苗腐发生。麦田缺氧、植株早衰或叶片龄期长、小麦抗病力下降，则发病重。③气象条件：土壤过于干旱或潮湿及幼苗受冻害时根腐病发生重。小麦抽穗后出现高温、多雨的潮湿气候，病害发生程度明显加重。④小麦抗病性：小麦不同品种间抗病性有一定差异，但尚未发现免疫品种。

（三）防治方法

小麦根腐病防疫治应采取以种植抗病品种和栽培防病为主，辅以药剂防治的综合措施。该病为全生育期病害，穗期叶斑和穗腐是防治的关键。减少田间菌源，降低病菌积累速度，保护成株功能叶片，可有效地防治根腐病。

1. 选用抗（耐）病良种　因地制宜地选用中抗或高抗品种，避免种植感病品种。

2. 加强栽培管理　控制苗期根腐病的关键是麦田不能连作，可与亚麻、马铃留、油菜及豆科植物等作物轮作换茬；适时早播、浅播，土壤过湿要散墒，过干应镇压，提高播种质量；施足基肥，及时追肥相中耕除草，防治苗期地下害虫。

3. 化学防治　主要措施有：①药剂拌种或包衣：播种前用 24％福美双·三唑醇悬浮种衣剂按药种比 1：50 包衣，晾干后播种，防病效果较好。也可用 25％三唑酮可湿性粉剂、15％三唑醇可湿性粉剂、70％代森锰锌可湿性粉剂等按种子重量的 0.2％～0.3％拌种，防效可达 60％以上。杀菌剂与增产菌（使用剂量：种子重量的 0.04％～0.06％）混合拌种可促进小麦生长，消除三唑酮等杀菌剂对小麦出苗的影响。②药剂浸种：用 50％退菌特或 70％代森锰锌可湿性粉剂 100 倍液浸种 24～36h，防效在 80％以上。③喷药防治：重病年及时喷药保护。第一次在小麦开花期喷药，第二次在小麦灌浆期至乳熟初期喷药，能有效控制该病害。种子包衣或拌种结合成株期喷药保护可有效控制根腐病的发生与危害。

第二节　虫害及其防治

小麦在生长发育过程中不仅受到各类病害的侵袭，还常遭受各类害虫的危害。这种危害类似于机械危害，属硬伤，直接危害小麦根、茎、叶、籽粒，轻则减产，重则绝收，是影响小麦产量的重要因素之一。据 1990 年统计，中国小麦害虫主要有 240 余种，分属 11 目、57 科。西北春麦产区主要的害虫有小麦吸浆虫、麦蚜、黏虫、麦蜘蛛、小麦叶蜂、小麦潜叶蝇、蝼蛄、蛴螬、金针虫等。以下就西北春麦产区主要害虫的生物学特性及其防治作概述。

一、麦　　蚜

小麦蚜虫，俗称油虫、腻虫、蜜虫，属同翅目蚜科，是中国小麦上一类重要害虫。从小麦苗期到乳熟期都可危害，既能直接刺吸小麦汁液，也能传播病毒病（小麦黄矮病），常年造成小麦减产 10％以上，大发生年份减产超过 30％。麦蚜可分为麦长管蚜（在中国各麦区均有发生）、麦二叉蚜（主要分布在北方冬麦区，特别是华北、西北等地发生严重）、禾缢管蚜（主要分布在华北、东北、华南、西南各麦区，在多雨潮湿麦区常为优势种）和麦无网长管蚜（主要分布在河北、河南、宁夏、云南和西藏等地）等 4 种。

（一）形态特征

麦蚜分为有翅蚜和无翅蚜，4 种蚜虫的形态特征如下：

麦长管蚜：成蚜椭圆形，体长 1.6～2.1mm，无翅雌蚜和有翅雌蚜体淡绿色、绿色或橘黄色，腹部背面有 2 列深褐色小斑，腹管长圆筒形，长 0.48mm，触角比体长，又有"长须蚜"之称。

麦二叉蚜：成蚜椭圆形或卵圆形，体长 1.5～1.8mm，无翅雌蚜和有翅雌蚜体均为淡绿色或绿色，腹部中央有一深绿色纵纹，腹管圆筒形，长 0.25mm，触角比体短，有翅雌蚜的前翅中脉分为二支，故称"二叉蚜"。

禾缢管蚜：成蚜卵圆形，体长 1.4～1.6mm，腹部为深绿色，腹管短圆筒形，长 0.24mm，触角比体短，约为体长的 2/3，有翅雌蚜的前翅中脉分支两次，分叉较小。

麦无网长管蚜：成蚜长椭圆形，体长 2.0～2.4mm，腹部白绿色或淡赤色，腹管长圆形，长 0.42mm，翅脉中脉分支两次，分叉大，触角为体长的 3/4。

（二）危害特征

在小麦苗期，麦蚜多集中在麦叶背面、叶鞘及心叶处；小麦拔节、抽穗后，多集中在茎、叶和穗部危害，并排泄蜜露，影响植株的呼吸和光合作用。被害处呈浅黄色斑点，严重时叶片发黄，甚至整株枯死。穗期危害造成小麦灌浆不足，籽粒干瘪，千粒重下降，引起小麦减产。

（三）发生规律

麦蚜在温暖地区可全年孤雌生殖，不发生有性世代，表现为不全周期型；在北方则为全生活周期型。从北到南，一年可发生 10～30 代。小麦出苗后，麦蚜即可迁入麦田危害。麦二叉蚜以卵在冬小麦和禾本科杂草茎基部或土块下越冬；麦长管蚜则以成、若蚜在小麦根际或土缝中越冬。第二年返青后开始活跃，4 月随气温升高，蚜量急剧增加，5 月中旬达到发生高峰，6 月随小麦成熟，产生大量有翅蚜飞离麦田，逐渐迁回越夏寄主。秋苗期麦蚜从自生麦或杂草迁入麦田危害，秋苗期繁殖量较小。

麦蚜发生与消长受温度、湿度、风、雨等气象因素的影响，同时还与寄主植物、栽培管理措施以及天敌等因素密切相关。

1. 气象因素 麦二叉蚜最耐低温、喜干旱。麦二叉蚜在 5℃ 左右时开始活动，繁殖适温为 8.2～20℃，最适温度是 13～18℃；适宜的相对湿度是 35%～67%，大多发生在年降水量 500mm 以下的地区。麦长管蚜在 8℃ 以下活动甚少，适宜温度为 16～25℃，最适温度是 16.5～20℃，28℃ 以上时生育停滞；适宜的相对湿度范围是 40%～80%，最适为 61%～72%，大多在雨量充足的地方和水浇地发生。禾谷缢管蚜最耐高温、高湿，一般在日均温 8℃ 时开始活动，18～24℃ 最为有利，30℃ 时还能很快繁殖危害。最适宜相对湿度范围是 68%～80%。

2. 寄主植物 麦类作物是麦蚜的主要寄主植物，但蚜虫对不同寄主的喜好程度存在差异，依次为小麦、大麦、燕麦和黑麦。小麦品种不同，麦蚜发生程度也不相同。小麦长势不同的麦田，麦蚜发生程度有很大差异。长势好的一类麦田麦蚜密度最大；长势一般的二类麦田，其蚜量约为一类麦田的 50%；长势差的三类麦田，其蚜量仅为一类麦田的 15% 左右。

3. 栽培条件 麦蚜种群数量变动与小麦播期、耕作方式、肥水等条件有密切关系。秋季早播麦田蚜量多于晚播麦田，春季则晚播麦田蚜量多于早播麦田；与蔬菜、棉花、林木、其他开花植物间作的麦田，麦蚜发生轻。春季肥水充足麦田蚜虫量多。

4. 天敌 麦蚜的天敌种类丰富，常见的有50余种，分为捕食性天敌和寄生性天敌两大类。对麦蚜控制作用较强的捕食性天敌为瓢虫科的七星瓢虫、异色瓢虫、龟纹瓢虫，食蚜蝇科的大灰食蚜蝇、斜斑鼓额食蚜蝇和黑带食蚜蝇，草蛉科的中华草蛉、大草蛉和丽草蛉，草间小黑蛛与三突花蛛。另外，还有寄生性的蚜茧蜂科的烟蚜茧蜂和燕麦蚜茧蜂等。

（四）防治方法

1. 农业防治

（1）加强栽培管理是控制麦蚜发生危害的重要途径。清除田间杂草与自生麦苗，可减少麦蚜的适生地和越夏寄主。推行小麦与大蒜、豆科作物间作，对保护利用麦蚜天敌资源，控制蚜害有较好效果。冬麦适当晚播，春麦适时早播，有利减轻蚜害。作物生长期间，要根据作物需求施肥、灌水，保证N、P、K和墒情匹配合理，以促进植株健壮生长。雨后应及时排水，防止湿气滞留。在孕穗期要喷施壮穗灵，强化作物生理机能，提高授粉、灌浆质量，增加千粒重，提高产量。

（2）利用抗虫品种控制麦蚜发生危害是一种安全、经济、有效的措施。目前，已筛选出一些具有中等或较强抗性的品种材料。同时，播种前用种衣剂加新高脂膜拌种，可驱避地下病虫，隔离病毒感染，不影响萌发吸胀功能，加强呼吸强度，提高种子发芽率。

（3）充分保护利用天敌昆虫，如瓢虫、食蚜蝇、草蛉、蚜茧蜂等，必要时可人工繁殖释放或助迁天敌，使其有效地控制蚜虫。当天敌与麦蚜比大于1：120时，天敌控制麦蚜效果较好，不必进行化学防治；当益害虫比在1：150以上时，若天敌呈明显上升趋势，也可不用药防治。当防治适期遇风雨天气时，可推迟或不进行化学防治。

（4）可适当进行生态调控。生物多样性是自然界中维持生态平衡、抑制植物虫害暴发成灾的基础。多系品种和品种混合增加麦田生物多样性，天敌种类和数量增加。此外，品种混种使小麦品种间气味互相掩盖，蚜虫不容易寻找最喜欢的寄主植物，可抑制其数量的增长。例如，小麦与油菜、大蒜、豌豆、绿豆间作或者邻作均具有好的控蚜效果。麦蚜危害诱导小麦释放的挥发物——蚜虫报警激素和植物激素（如茉莉酸甲酯和水杨酸甲酯等），对麦蚜具有驱避作用，但对麦蚜的寄生性和捕食性天敌有较强的吸引作用，可以通过人工合成制成缓释器，在小麦田间释放，干扰麦蚜的寄主定位、抑制其取食，增强对天敌的吸引作用，可有效降低蚜虫的危害，而且不会带来传统化学农药的副作用。

2. 化学防治 当麦蚜发生数量大，以农业防治和生物防治等措施不能控制其危害时，化学防治是控制蚜害的有效措施。在小麦开花灌浆期，以麦长管蚜为主的百株蚜量达到500头以上，以禾谷缢管蚜为主的百株蚜量4 000头以上为化学防治指标。当百株蚜量达到防治指标，益害比小于1：120，近日又无大风雨时，应及时进行药剂防治。常用药剂有：3%啶虫脒乳油每公顷300~450mL，在小麦穗期蚜虫初发生期对水喷雾；50%抗蚜威可湿性粉剂每公顷150~225g，可防治小麦苗期蚜虫或在穗期蚜虫始盛期对水喷雾。也可选用植物源杀虫剂，如0.2%苦参碱水剂每公顷2 250g、30%增效烟碱乳油每公顷300g和10%皂素烟碱1 000倍液以及抗生素类的1.8%阿维菌素乳油2 000倍液等喷雾防治麦蚜，防效均在90%以上。

要注意改进施药技术，选用对天敌安全的选择性药剂，减少用药次数和数量，保护天敌免受伤害。

二、吸浆虫

小麦吸浆虫属双翅目瘿蚊科，是麦类作物的主要害虫之一，分为麦红吸浆虫和麦黄吸浆虫。小麦吸浆虫主要危害中国北方麦区，其中，麦红吸浆虫主发区在黄淮海冬小麦主产区以及江汉流域沿岸麦区，麦黄吸浆虫主要发生在甘、青、宁、川、黔等省（自治区）高寒、冷凉地带。吸浆虫以幼虫危害花器和吸食麦粒的浆液，造成瘪粒而减产，一般减产5%～10%，严重时可达40%，甚至无产。

（一）形态特征

成虫：麦红吸浆虫成虫橘红色，体长2.0～2.5mm，翅展5mm左右。雌成虫产卵管不长，伸出时约为腹长的一半，末端呈圆瓣状。雄成虫触角鞭节，每节有两个膨大的部分，每个膨大部分着生一圈环状毛，抱握器的基部内缘和端节末端均有齿，腹瓣末端稍凹入，阳茎长。麦黄吸浆虫体姜黄色，雌虫体长2mm左右。雌成虫产卵管极长，伸出时约与腹部等长，末端成针状。雄成虫触角鞭节，每节也有两个膨大的部分，各生一圈刚毛和环状毛，抱握器光滑无齿，腹瓣明显凹入，分裂为两瓣，阳茎短。

幼虫：麦红吸浆虫幼虫橘黄色，体表有鱼鳞状突起；前胸Y形剑骨片中间成锐角深凹陷，腹部末端突起两对，尖形。麦黄吸浆虫幼虫姜黄色，体表光滑；前胸Y形剑骨片中间成弧形凹陷，腹部末端突起两对，圆形。

卵：麦红吸浆虫卵呈香蕉形，前端略弯，末端有细长的卵柄附属物。麦黄吸浆虫卵长卵形，长约为宽的4倍，末端无附属物。

蛹：麦红吸浆虫蛹橙红色，头部前1对毛比呼吸管短。麦黄吸浆虫蛹淡黄色，头部前1对毛比呼吸管长。

（二）发生规律

小麦吸浆虫多数1年1代或多年1代，以幼虫在土中做茧越夏、越冬，翌春由深土层向表土移动，遇高湿则化蛹羽化，抽穗期为羽化高峰期。羽化后，成虫当日交配，当日或次日产卵。麦红吸浆虫只产卵在未开花麦穗或小穗上，开花后即不再产卵。麦黄吸浆虫主要选择在初抽麦穗上产卵。吸浆虫的幼虫由内外颖结合处钻入颖壳，以口器锉破麦粒果皮吸取浆液。小麦接近成熟时即爬到颖壳外或麦芒上，随雨滴、露水弹落入土越夏、越冬。

小麦吸浆虫虫害发生分为麦播期、孕穗期（蛹期）、抽穗期（成虫期）三个阶段。气象因素是造成小麦吸浆虫大发生的主导因素，4月上旬的降水量是当年吸浆虫发生的关键。总的趋势是多雨年份重，干旱年份轻。小麦吸浆虫对温、湿度有3个敏感期，首先是对温度敏感期，即需一定低温，然后在10℃以上才能解除滞育，并活化破茧；接着是湿度敏感期，在活化破茧后，需要一定的土壤湿度，否则不能活动；最后在临化蛹前，需短暂的高湿期，如不能满足，不再化蛹而重新结茧，待1年后再行活动。

（三）防治方法

1. 农业防治

（1）建立合理的耕作栽培制度。适时早播和种植晚熟品种，使抽穗期和成虫羽化高峰错开；调整作物布局，实行轮作倒茬，茬后深翻耕（20cm 以上）等可有效控制吸浆虫的发生。

（2）使用抗虫品种。高抗品种对吸浆虫种群有很强的控制能力，其中高感品种的虫口增殖倍数约为高抗品种的 24 倍。一般芒长多刺，口紧小穗密集，开花期短而整齐，果皮厚的品种，对吸浆虫成虫的产卵、幼虫入侵和危害均不利。因此要选用穗形紧密，内外颖毛长而密，麦粒皮厚，浆液不易外流的小麦品种。

（3）合理轮作倒茬。小麦与油菜、豆类、棉花和水稻等作物轮作，对压低虫口数量有明显的作用。在小麦吸浆虫发生严重地块，可实行棉麦间作或改种油菜、大蒜等作物，待雨年后再种小麦，就会减轻危害。

（4）物理防治。吸浆虫对灯光和黄色黏虫板具有一定的趋性，在小麦生长期可以通过灯光诱杀和黄板诱集的方法，对小麦吸浆虫进行监测和防治。另外，吸浆虫在傍晚有集中活动的特点，可以通过田间拉网的方式防治小麦吸浆虫，如灯诱、色诱、网捕等。

2. 化学防治

（1）土壤处理。在小麦播种前浅耕时，或小麦拔节期、孕穗期，每 $667m^2$ 用 2％甲基异柳磷粉剂 2～3kg，或用 80％敌敌畏乳油 50～100mL 加水 1～2kg，或用 50％辛硫磷乳油 200mL 加水 5kg，喷洒在 20～25kg 的细土上，拌匀制成毒土，边撒边耕，翻入土中。

（2）成虫期喷药防治。在小麦抽穗至开花前，每 $667m^2$ 用 80％敌敌畏 150mL，加水 4kg 稀释，喷洒在 25kg 麦糠上拌匀，隔行每 $667m^2$ 撒一堆，此法残效期长，防治效果好。也可分别用 40％乐果乳油 1 000 倍液、2.5％溴氰菊酯乳油 3 000 倍液和 40％杀螟松可湿性粉剂 1 500 倍液等喷雾。

三、地下害虫

西北春小麦种植区常发地下害虫主要有金针虫、蝼蛄和蛴螬等三种。多发生在小麦出苗期至灌浆期。金针虫主要有细胸金针虫和沟金针虫，在全区均有分布，其中细胞金针虫占绝对优势，该虫有世代上的多态现象，一般 2 年完成 1 代；蝼蛄主要有华北蝼蛄和东方蝼蛄，华北蝼蛄分布范围较东方蝼蛄广泛；蛴螬为金龟子的幼虫，西北春小麦种植区危害种类主要有华北大黑鳃金龟和铜绿丽金龟。

（一）形态特征

金针虫，俗称小黄虫、姜虫、钢丝虫、黄蛐蜒，属鞘翅目叩头虫科。金针虫的识别主要看幼虫，其幼虫期长，而且幼虫是危害小麦等农作物的主要虫态。成虫一般危害很轻或不危害。沟金针虫幼虫，体红黄色，行光泽；长 20～30mm，宽 4mm；其特征是背面中央有一细纵沟，尾节分叉，叉的内侧各有一个小齿。细胸金针虫幼虫，体细长，淡黄色，有光泽；老熟幼虫体长 23mm，宽约 1.3mm；尾节圆锥形，不分叉。

蝼蛄，俗称拉拉蛄、土狗，属直翅目蝼蛄科，主要种类有华北蝼蛄和东方蝼蛄，是小麦的主要地下害虫。华北蝼蛄，成虫体长 36～50mm，黄褐色，雌大、雄小，腹部色较浅，全身被褐色细毛，头暗褐色，前胸背板中央有一暗红斑点，前翅长 14～16mm，覆盖腹部不到一半；后翅长 30～35mm，附于前翅之下。前足为开掘足，后足胫节背面内侧有 0～2 个刺，多为 1 个。东方蝼蛄，成虫体型较华北蝼蛄小，30～35 毫米，雌大、雄小，灰褐色，全身生有细毛，头暗褐色，前翅灰褐色长约 12mm，覆盖腹部达一半；后翅长 25～28mm，超过腹部末端。前足为开掘足，后足腔节背后内侧有 3～4 个刺。

蛴螬，俗称白地蚕、白土蚕，是鞘翅目金龟子科或丽金龟甲科的幼虫，是小麦的重要地下害虫。蛴螬，体乳白色，体壁柔软、多皱，腹面弯曲呈 C 形；体表疏生细毛。头大而圆，多为黄褐色或红褐色。有胸足 3 对，一般后足较长；腹部 10 节，第十节称为臀节，其上生有刚毛，不同种类刚毛的数量和排列有明显差别。铜绿丽金龟幼虫的臀节刚毛 14～15 对，呈两排排列；华北大黑鳃金龟幼虫的臀部腹面无刚毛，只有呈三角形分布的钩状毛。

（二）危害症状

金针虫：金针虫幼虫主要危害新播下的种子和嫩芽、根茎等地下部分，可咬断刚出土的幼苗，也可钻入已长大的幼苗根里取食危害，被害处不完全咬断，断口不整齐。春季麦苗被害后，地下根部常被咬成乱麻状，主茎钻咬成小孔，致使地上部心叶萎蔫枯黄，造成缺苗断垄，致小麦减产。

蝼蛄：蝼蛄是咬食作物地下根茎部及种子的多食性地下害虫，成、若虫均危害严重，特别喜食刚发芽的种子。蝼蛄苗期在麦田土壤表层窜行危害，造成种子架空漏风，幼苗吊根，导致种子不能发芽，幼苗失水而死，成条状死物；苗期和成株期危害小麦根茎部形成乱麻状或丝状，造成小麦枯死，导致缺苗断垄。

蛴螬：蛴螬在麦苗出土后，大量取食地下根茎部，有时将幼苗和根咬断，麦苗很快干枯死亡。蛴螬危害小麦的特征是苗期造成缺苗断垄，分蘖期丛簇死苗，抽穗至灌浆期形成枯死白穗株。

（三）发生规律

沟金针虫 3～4 年发生 1 代，细胸金针虫 2～3 年发生 1 代。2 种金针虫均以幼虫和成虫在 20～40cm 土层越冬。成虫 4～5 月出土活动，昼伏夜出，交尾产卵于土中，幼虫孵出后在土中生活 700～1 200d，随土温变化有上升、下移的活动习性。沟金针虫、细胸金针虫在 10cm 地温分别下降到 4～8℃和 3.5℃时下移越冬，高于上述温度时上移危害。不同种类金针虫对土壤环境的适应能力有明显差别，沟金针虫幼虫，多发生在粉沙壤土和黏壤土的旱地平原地区，春季雨水较多、墒情好时危害加重；细胸金针虫多发生在水浇地和保水较好的黏重土壤地区。两者成虫均有趋光性。

华北蝼蛄 3 年 1 代，以成虫和若虫越冬。越冬成虫 6、7 月份产卵于土室中，每头雌虫可产卵 80～800 粒。孵出若虫在 9～10 月危害冬小麦后越冬，若虫继续危害一年后，于第二年 8 月羽化为成虫，并以成虫越冬。东方蝼蛄 2 年 1 代，以成虫和若虫越冬。越冬成虫 5 月下旬产卵，每头雌虫平均产卵 150 粒。孵出若虫危害冬小麦后越冬，第二年返背后继续危害，高龄若虫 5 月羽化为成虫，并以成虫越冬。两种蝼蛄成虫和若虫均可危害小麦，以春、秋两季危害较重。秋苗期串垄危害，造成麦根断裂，形成条状死苗区；或危害小麦根茎成乱麻状，麦苗枯死；春季返青后继续危害至成株期，严重的造成小麦枯白穗。当 10cm 地温降至 8℃左右时下潜越冬，一般下潜深度 50～120cm。蝼蛄有趋光性，东方蝼蛄个体较小，更易上灯，对马粪、炒香饼肥、麦麸和煮熟的谷子也有趋性。

铜绿丽金龟 1 年发生 1 代，华北大黑鳃金龟 2 年发生 1 代，均以幼虫（蛴螬）在土壤中越冬。蛴螬在秋季危害小麦时，可啃食种子，咬断麦苗根、茎，造成植株枯死，严重田块常造成缺苗断垄。当 10cm 地温降到 10℃ 以下时潜入土壤深层（20～50cm）越冬。春季小麦返青后逐渐上移，继续危害。一般有机质多、疏松的地块蛴螬发生重，相反土壤黏重、有机质含量低的地块蛴螬发生轻。

（四）防治方法

1. 农业防治措施 合理轮作，可控制蛴螬、金针虫、蝼蛄等，减少虫源基数；精耕细作，中耕除草，适时灌水等措施可破坏地下害虫生存条件。

2. 物理防治措施 黑光灯或频振式杀虫灯诱杀蛴螬成虫和蝼蛄，可每 3.3hm² 左右安装 1 盏灯，诱杀成虫，减少田间虫口密度。

3. 化学防治措施 采取药剂拌种与毒土法、毒饵法相结合的综合控制措施，即立足播种前药剂拌种和土壤处理，发生严重田块春季毒饵法补治。防治指标：每平方米蝼蛄为 0.3～0.5 头、蛴螬为 3 头，金针虫为 3～5 头或麦株被害株率 2%～3%。

（1）药剂拌种。可用 50% 辛硫磷乳油 20mL，兑水 2kg，拌麦种 15kg，拌后堆闷 3～5h 播种；或用 48% 毒死蜱乳油 10mL，兑水 1kg，拌麦种 10kg；40% 甲基异柳磷乳油 100mL 拌 100kg 麦种；60% 吡虫啉悬浮种衣剂 200mL 加 2kg 水调制药液后拌 100kg 麦种，也有较好的效果。

（2）毒饵或毒土法。用炒香麦麸、豆饼、米糠等饵料 2kg、50% 辛硫磷乳油 25mL，加适量水稀释农药制作毒饵，傍晚撒于田间幼苗根际附近，每隔一定距离一小堆，每 667m² 15～20kg；或用 50% 辛硫磷 200mL 拌细土 30～40kg，耕翻时撒施。

（3）喷雾法。用 50% 辛硫磷乳油 250mL 稀释 1 500 倍，顺麦垄喷施；或用 48% 毒死蜱乳油 100mL 稀释 1 500 倍液，顺麦垄喷施，每 667m² 喷药液 40kg。

四、黏　虫

黏虫属鳞翅目夜蛾科，又名行军虫或剃枝虫，俗名五彩虫、麦蚕等，在中国大部分省区均有发生。主要危害麦类、玉米、谷子、水稻、高粱、糜子等禾本科作物和甘蔗、芦苇等。大发生时也可危害豆类、白菜、甜菜、麻类和棉花等。黏虫为食叶害虫，1～2 龄幼虫仅食叶肉形成小孔，3 龄后才形成缺刻，5～6 龄达暴食期，大发生时，幼虫成群结队迁移，常将作物叶片全部吃光，将穗茎咬断，造成严重减产甚至绝收。

（一）形态特征

黏虫成虫体长 17～20mm，翅展 36～45mm，头、胸部灰褐色、腹部暗褐色，前翅中央近前缘有 2 个淡黄色圆斑，翅中央 1 个小白点，前翅顶角有 1 个黑色斜纹，后翅暗褐色，基部色渐淡，缘毛白色。雄虫体稍小，体色较深。卵馒头形，卵粒上有六角形网状纹，初产时白色，渐变黄色、褐色，将近孵化时为黑色。成虫产卵时，分泌胶质将卵粒黏结在植物叶上，排列成 2～4 行，有时重叠，形成卵块。每块含卵 10 余粒，个别大的卵块有 200～300 粒不等。幼虫共 6 龄，老熟幼虫体长 38mm，体色随龄期、密度和食物等环境因子变化很大，从淡黄绿到黑褐色，密度高时，多为黑色，头红褐色，沿蜕裂线有一近"八"字形斑纹，体上有 5 条纵线。蛹长约 20mm，第 5～7 节背面近缘处有一列隆起的刻点，尾刺一对、强大，其两侧各有小刺 2 根。

（二）发生规律

从北到南 1 年发生 2～8 代，成虫具有迁飞特性。第一代即能造成严重危害，以幼虫和蛹在土中越冬。3、4 月份危害麦类作物，5、6 月份化蛹羽化成虫，6、7 月份危害小麦、玉米、水稻和牧草，8、9 月份又化蛹羽化为成虫。成虫昼伏夜出，具强趋光性，繁殖力强，1 只雌蛾产卵 1 000 粒左右，在小麦上多产卵于上部叶片尖端或枯叶及叶鞘内。幼虫亦昼伏夜出危害，暴食作物叶片等组织，有假死及群体迁移习性；黏虫喜好潮湿而怕高温干旱，群体大，长势好的麦田有利于黏虫的发生危害。

黏虫发生与虫源、气候、食料和天敌等因素有关。①虫源基数与质量：虫源基数大、质量高，生态环境适宜，则易导致黏虫大发生。另外，成虫脂肪体含量、交配次数、雌蛾卵巢发育情况与抱卵量直接决定下一世代的发生程度。②气候因素：气候因素往往是决定黏虫发生消长的主导因素，直接影响发育世代数、各虫态发育速度、交配产卵以及各种行为习性。成虫产卵和低龄幼虫期，雨水适量、气候湿润，黏虫发生重；气候干燥则发生轻。尤其是高温、干旱对其发生不利。雨量过多，特别是暴（风）雨对低龄幼虫种群数量有显著影响。③食料条件：食料是黏虫发育过程中所必需的营养与水分等物质的来源。不同食料对黏虫的生长、发育和繁殖的影响较大。黏虫取食小麦后幼虫发育较好，发育速度较快，成活率高，蛹重偏高，成虫期繁殖力强。④天敌：天敌是影响黏虫发生动态的重要生态因素之一。现已查明黏虫天敌有 150 种，隶属 4 纲 8 目 29 科。天敌种类和数量对抑制黏虫种群具有重要作用。

（三）防治方法

1. 人工防治　可采用糖、酒、醋混合液诱杀成虫；或采用诱蛾器诱杀，同时也起到诱集测报的作用；采用扎干草把诱卵，是查卵测报和防治的重要手段。

2. 天敌防治　黏虫天敌种类很多，而且对其发生有较大的抑制作用，应注意保护利用。黏虫的天敌主要有黑卵蜂、赤眼蜂、黏虫绒茧蜂、螟蛉绒茧蜂、甲腹茧蜂、黏虫白星姬蜂、中华曲胫步甲、瓢虫、青蛙等。

3. 化学防治　当一类麦田（每 667m² 总茎数 60 万～80 万，属于壮苗麦田）每平方米有虫 25 头、二类麦田（每 667m² 总茎数 45 万～60 万）每平方米有虫 10 头时，应及时进行化学防治。可每 667m² 用 25％灭幼脲悬浮剂 30～40g，或 2.5％敌百虫粉剂 1.5～2.0kg，在清晨有露水时撒施。在禾本科作物收获前 15d，每 667m² 可选用 48％毒死蜱乳油 30～60mL 对水 20～40L 喷雾，或 30～40mL 对水 400mL 进行超低量喷雾，对该虫有特效。喷雾力求均匀周到，田间地头、沟（路）边的杂草上均需喷施药剂。

五、麦　蜘　蛛

麦蜘蛛是取食麦类叶、茎的害螨，俗称火龙、火蜘蛛，在中国主要有麦长腿蜘蛛和麦圆蜘蛛两种，分属蜱螨目爪螨科和叶螨科。麦长腿蜘蛛，也称麦岩螨，主要在北纬 34°～43°之间的地区危害，即长城以南、黄河以北的麦区，以干旱麦田发生普遍而严重。麦圆蜘蛛，也称麦叶爪螨，主要发生在北纬 27°～37°地区，水浇地或低湿阴凉的麦田发生较重。有些地区两者混合发生危害，如河北、山西、山东、河南、安徽、陕西、甘肃、内蒙古、青海、西藏等省（自治区）。麦蜘蛛主要危害小麦，还能危害大麦、燕麦、豌豆等多种作物和杂草。麦蜘蛛在春、秋两季均能危害，以春季为主。一般情况下可造成小麦减产15%～20%，严重地块减产达50%～70%。

（一）形态特征

麦蜘蛛一生有卵、幼虫、若虫、成虫4个虫态。麦长腿蜘蛛成虫体长0.62～0.85mm，体纺锤形，两端较尖，紫红色至褐绿色。成螨有4对足，其中第一、四对足最长，特别是第一对的长度是第二、三对的2倍。卵有2型；越夏卵呈圆柱形，卵壳表面有白色蜡质，顶部覆有白色蜡质物，似草帽状，卵顶具放射形条纹；非越夏卵呈球形，粉红色，表面生数十条隆起条纹。若虫共3龄。一龄称幼螨，3对足，初为鲜红色，吸食后为黑褐色，二、三龄若螨有4对足，体形似成螨。麦圆蜘蛛成虫体长0.60～0.98mm，宽0.43～0.65mm，体黑褐色。体背有横刻纹8条，4对足，第一对长，第四对略短，二、三对更短，等长。具背肛。足、肛门周围红色。卵呈椭圆形，初为暗褐色，后变浅红色。若螨共4龄。一龄称幼螨，3对足，初为浅红色，后变草绿色至黑褐色。二、三、四龄若螨4对足，体似成螨。

（二）危害症状

麦蜘蛛吸麦叶汁液，破坏组织，影响光合作用。两种蜘蛛危害麦片，麦长腿蜘蛛造成块状黄白斑，而麦圆蜘蛛顺叶脉造成条状白斑。受害叶片先出现白斑，继而变黄，受害轻时植株矮小，麦穗少而小，严重时不能抽穗，叶尖枯焦，全株枯死，对小麦产量影响很大。

（三）发生规律

麦圆蜘蛛一年发生2～3代，喜潮湿，以成虫、卵、若虫在小麦基部或土缝中越冬。冬季遇温暖晴朗天气，仍可爬至麦叶上危害。一日内活动时间为6～8时和18～22时。如气温低于8℃则很少活动，遇大雨或大风时，多蛰伏土面或麦丛下部。麦圆蜘蛛生育适温为8～15℃，气温超过20℃将大量死亡，相对湿度在70%以上，表土含水量在20%左右，最适其繁殖危害。因此，严重发生区多在水浇地、低湿麦地，干旱麦田发生轻。

麦长腿蜘蛛1年发生3～4代，喜干旱，以成虫、卵越冬。春季田间虫口密度最大的时期一般在4～5月，发生盛期与各地小麦的孕穗、抽穗期基本一致。一日中的活动时间与麦圆蜘蛛不同。8～18时都在麦株上活动危害，以15～16时数量最大，直至20时下降潜伏。对湿度敏感，遇露水较大或降小雨，躲于麦丛或土缝内。此虫喜干旱，故春季缺雨、气候干燥时，常猖獗发生。由于不适高湿条件，故多发生于高燥地、丘陵、山区和干旱平原。

麦蜘蛛主要进行孤雌生殖，有假死性，喜群集。北方旱地麦以麦长腿蜘蛛危害为主，平原水浇地以麦圆蜘蛛为主。春季是麦蜘蛛的主要危害时期。早春温度回升快，发生期提早。春季干旱有利于麦长腿蜘蛛发生，相反春季多雨田间湿度大，有利于麦圆蜘蛛发生。

（四）防治方法

1. 农业防治

（1）灌水灭虫：在麦蜘蛛潜伏期灌水，可使虫体被泥水黏于地表而死。灌水前先扫动麦株，使麦蜘蛛假死落地，随即放水，收效更好。

（2）精细整地：早春中耕，能杀死大量虫体。麦收后浅耕灭茬，秋收后及早深耕，因地制宜进行轮作倒茬，可有效消灭越夏卵及成虫，减少虫源。

（3）加强田间管理：一要施足底肥，保证苗齐苗壮，增加磷、钾肥的施入量，保证后期不脱肥，增强小麦自身抗虫能力。二要及时进行田间除草，对化学除草效果不好的地块，要及时进行人工除草，将杂草铲除干净，以有效减轻其危害。一般田间不干旱、杂草少、小麦长势良好的麦田，麦蜘蛛发生轻。

2. 化学防治　小麦返青后当单行33cm有虫200头或每株有虫6头时，即可施药防治。防治方法以挑治为主，即哪里有虫防治哪里，重点地块重点防治，这样不但可以减少农药使用量，降低防治成本，同时可提高防治效果。小麦起身拔节期于中午喷药，小麦抽穗后气温较高，10时以前和16时以后喷药效果最好。防治麦蜘蛛最佳药剂为1.8%哒螨克乳油5 000～6 000倍液，其次是15%哒螨灵乳油2 000～3 000倍液、1.8%阿维菌素乳油3 000倍液、20%扫螨净可湿性粉剂3 000～4 000倍液、20%绿保素（螨虫素＋辛硫磷）乳油3 000～4 000倍液。

第三节　草害及其防治

春小麦生长离不开麦田杂草的影响，而且杂草相比于小麦有更强竞争力，与小麦形成争肥、争水、争光、争地的斗争，贯穿于小麦的一生，最终对小麦的产量、品质造成负面影响。有些杂草降低小麦种子的商品性，影响小麦种子价格；有些杂草混在小麦籽粒中造成人畜中毒；还有些杂草传播小麦病害，形成复合影响。因此有效防止麦田杂草是小麦栽培过程中必须考虑和及早解决的问题。

中国麦田杂草有200多种，大部分属于高等植物中的被子植物，包括单子叶和双子叶植物，其中危害严重的有20多种。西北麦区大陆性气候，冷凉、干燥，作物生长期短，主要的麦田杂草有野燕麦、藜、小藜、雀麦、打碗花、山苦荬、苦苣菜、播娘蒿、芦苇等。

一、主要麦田杂草

（一）野燕麦

禾本科，越年生或一年生杂草，别名燕麦草、乌麦。与小麦同期出苗，但成熟期比小麦早，种子易脱落。幼苗期叶片细长，扁平，两面都有毛，叶缘倒生卷毛；叶鞘具短柔毛及稀疏长纤毛；苗色偏黄。成株期茎秆直立，单生或丛生；叶片宽条状，叶鞘稍光滑，或在基部有细毛，叶舌透明，具不规则齿裂，无叶耳（与小麦区别）。穗顶生，圆锥状花序；小穗疏生，着生2～3朵小花，梗长，向下弯曲，两颖近等长，呈燕尾状，种子长圆形，被柔毛，腹面具纵沟。

（二）藜

藜科，一年生杂草，别名灰菜、落藜。春季出苗。幼苗期子叶近线形，叶背有白粉；初生叶长卵形，叶背紫红色。成株期茎直立，多分枝，有棱和条纹；叶多是菱状或三角状卵形，边缘开裂呈波浪状齿形；上部叶片较窄，叶背有粉粒，灰绿色。数个花集成团伞花簇，排列成紧密或疏散的圆锥状花序，顶生或腋生。

（三）小藜

藜科，一年生杂草，别名灰菜、灰灰菜、小灰菜、野从菜。春季出苗。幼苗基部紫红色，叶线形，叶背面略显紫红色，幼茎常有粉粒。成株期茎直立，茎上有绿色纵条纹，有分枝；叶长卵形，边缘有波浪状锯齿；花序穗状或圆锥状，顶生或腋生，淡绿色；种子圆形。

（四）雀麦

禾本科，越年生或一年生杂草。与小麦同期出苗。幼苗期茎基部淡绿色或淡紫红色；叶片细线形，前端尖锐，且有白色绒毛，叶缘绒毛顺生。成株期茎直立，丛生；叶鞘有白色绒毛；叶片为条形，叶两面都有白色绒毛。穗披散，有分枝，细弱；小穗初期圆筒状，成熟后扁平；籽粒扁平，纺锤形，基部尖。

（五）打碗花

旋花科，多年生蔓生杂草，别名小旋花、喇叭花。春季出苗，有粗壮的白色地下茎，以地下茎芽和种子繁殖。幼苗期叶片近方形，前端微凹陷。成株期茎缠绕或匍匐生长，有分枝，无毛具细棱；基部叶片长圆状心形，全缘；中、上部叶片 2 裂，三角状戟形，中间部分箭形；花喇叭状，白色或粉红色，腋生。

（六）山苦荬

菊科，多年生草本，别名小苦荬、苦菜、小苦苣。有匍匐根，以根芽和种子繁殖。幼苗子叶宽卵形，前端尖或钝圆。初生叶近圆形，前端尖。成株期茎近直立或稍倾斜生长，全株具白色乳汁。基部叶片丛生，长针形，前端稍钝或尖。叶片全缘或具小齿和不规则的羽状分裂。茎生叶互生，向下渐小，细而尖，稍抱茎。头状花序，花蕾球形至圆筒形，有条棱，舌状，黄色或白色。

（七）苦苣菜

菊科，越年生或一年生草本，别名苦菜、滇苦菜。幼苗期子叶阔卵形，有柄。初生叶片近圆形，前端尖，边缘有细齿。成株期茎直立，中空，有棱，下部光滑，中上部和顶端有腺毛。基生叶丛生，茎叶互生，边缘羽状全裂或半裂，有刺状尖齿。下部叶柄有翅，基部抱茎，中上部叶片无柄，基部扩大成戟耳形。头状花序，花梗常有细毛，总苞球形，舌状花，鲜黄色。

（八）播娘蒿

十字花科，越年生或一年生杂草，别名米蒿、黄米蒿。与小麦同期出苗或春季出苗。幼苗期全株有毛，初生叶片 3～5 裂，中间裂片较大；后生叶互生，二回羽状深裂。成株期茎直立，有分枝，有淡灰色毛；叶片有二至三回羽状深裂；下部叶片有柄，上部叶片无叶柄。穗顶生，总状花序，花淡黄色。长角果窄条形，成熟后开裂。

（九）芦苇

禾本科，多年生杂草，别名苇子、芦柴、芦头。以地下根状茎或种子繁殖。茎秆直立，中空，多节，节下常常生有白色粉状物。叶鞘无毛或被细毛，叶舌短有毛。叶片长条形，粗糙，前端尖。穗顶生，圆锥形花序，分枝稠密；小穗上着生花 4～7 朵，基部具长 6～12mm 丝状白色柔毛。根状茎发达，有节，繁殖力强。

二、麦田杂草防除措施

麦田杂草防除主要有 3 种方式：①物理防除，即人工拔草、锄草，用犁耙或农机翻耕等手段控制杂草的危害。②化学防除，主要有土壤封闭处理和选择性茎叶处理两种方式。其中土壤封闭处理是指在播种后出苗前将药剂均匀施于土壤表面，抑制杂草的出苗危害。目前在西北春小麦种植区很少应用。选择性茎叶处理是根据田间已出苗的杂草主要种类和数量，选择相应的一种或几种除草剂进行防除。选择性茎叶处理是当前麦田广泛应用的化学除草方法。③生物防除，是利用动物、植物、微生物、病毒及其代谢物防除杂草的生物控制技术。随着科学技术的发展，生物防除杂草是今后发展的方向。

中国西北春小麦种植区，化学除草主要在秋季杂草出苗高峰至冬季土壤封冻前的阶段和春季小麦出苗阶段，针对麦田发生的杂草种类和数量选样相应的有效药剂控制杂草危害。

（一）秋季杂草防除技术

麦田杂草包括一年生、越年生和多年生杂草，其中以越年生杂草为主。春小麦收获后秋雨集中降落阶段至冬季土壤封冻前，麦田杂草有一个出苗高峰，出苗杂草数量约占麦田杂草总量的 90% 以上。冬前杂草处于幼苗期，植株小，根系少，组织幼嫩，对除草剂敏感，而且麦田无作物生长，是防除的有利时机。此外，此时用药还可以减少残效期较长的除草剂对春小麦出苗阶段产生药害。因此，春麦田提倡秋季除草。

秋季春麦田杂草防除技术要注意：①根据杂草幼苗形态特征，搞清施药麦田中杂草的优势种群及对小麦危害严重的主要种类，选择相应的除草剂单用或混用。②为了一次用药达到全季控制草害的目的，可适当推迟施药期，待冬前杂草大部分出苗后再进行防除，但白天气温不能低于 10℃，以保证药效的正常发挥。

（二）春季杂草防除技术

春小麦播前至出苗阶段，有少部分越年生、一年生和多年生杂草出苗，形成春季出苗高峰，在数量上仍以冬前出苗的杂草占绝对优势。对于冬前没能及时施药的麦田，或除草不彻底杂草危害仍然较重的麦田，应抓住这一时期进行防除。发生禾本科杂草的麦田春季除草不能杀灭杂草，但除草剂仍然能够抑制杂草单株分蘖和生长，降低杂草对小麦的危害。但应注意春季麦田杂草防除应在春小麦 3 叶期前后进行；拔节后，不宜用药，否则容易造成药害；在除草剂的选择上，尽量使用残效期较短的除草剂，避免对下茬敏感作物造成药害。

（三）化学除草注意事项

化学除草是麦田杂草防除的有效方法，使用得当才能达到理想的防效，否则，不但影响除草效果，还可能产生药害，从而导致作物死亡。所以，除草剂在使用时应注意以下几点：

1. 使用前应详细了解麦田主要杂草的类型、种类和数量 选择相应的除草剂，特别是禾本科杂草一定要选择针对性强的除草剂。

2. 为了提高药效、扩大杀草谱，往往需要除草剂混合使用 混用时必须注意各混用药剂的特性，避免造成不良化学或物理反应，降低效果或产生药害。使用前应先进行试验，确定安全和效果后，再进行大面积使用，且随配随用，不可长时间存放。

3. 考虑除草剂的残留期和对其他作物的安全性，避免对下茬作物和套种植物造成药害 施药前要详细阅读产品使用说明和注意事项，严格按照说明操作，以保证效果和防止药害发生。

4. 施药前全面检查器械，避免药械故障引起药害或降低除草效果 除草剂应选择在无风或风小的天气施用，喷雾器的喷头最好戴保护罩，避免药剂雾滴飘移，对周围敏感作物造成药害。喷洒药均匀，不能重喷或漏喷，更不能随意增加或减少使用量。小麦进入拔节期后不宜再施用除草剂，否则容易造成药害。

5. 施药后及时清理器械 施用完除草剂后应充分冲洗喷雾器，以免再次使用时对作物造成药害或影响其他药剂的应用效果。冲洗后的残液不能随意倒在田间地头。

6. 不可长期使用单一除草剂，避免加速杂草抗药性的产生和新的优势杂草种群的形成。施用除草剂时应做好防护工作，避免人、畜中毒。

第十一章
西北春小麦品质研究及其食品加工

第一节　品质概念及评价

一、小麦品质

小麦品质是一个多因素构成的综合概念。小麦由于含有独特的面筋，可以加工成种类繁多的各种食品。由于人们对小麦的利用目标不同，因此对其品质优劣的评价就有不同的标准。营养学家把小麦蛋白质及人体必需氨基酸的含量多少作为衡量其品质的主要标准；制粉业则以出粉率高、制成的粉洁白而灰分含量低、易磨粉而耗能少作为衡量其品质的标准；食品加工业则以能否用适宜的价格获得适用于加工不同食品的小麦粉作为其品质的衡量标准。

通常所指的小麦品质，主要包括营养品质和加工品质两个方面，而加工品质又可分为磨粉品质（一次加工品质）和食品加工品质（二次加工品质）。在小麦收购、流通过程中，还经常采用籽粒形态品质的概念。

（一）营养品质

小麦营养品质是指其籽粒中所含有的为人体所需要的各种营养成分，如蛋白质、氨基酸、糖类、脂肪、维生素、矿物质等。小麦营养品质好坏，不仅取决于小麦籽粒和面粉中各营养成分含量的多少，还取决于各营养成分是否全面和平衡。

（二）加工品质

将小麦籽粒磨制加工成面粉，再加工成各种面食制品，这个过程中对小麦品质的要求，称其为加工品质。小麦的加工品质包括磨粉品质和食品加工品质。

1. 磨粉品质　也称一次加工品质，是指将小麦加工成面粉的过程中，加工机具和生产流程对小麦籽粒物理学特性（千粒重、容重、种皮厚度、硬度等）的要求。小麦籽粒通过碾磨、筛理，将胚和麸皮与胚乳分离，由胚乳制成面粉。磨粉的目的在于使胚乳与麸皮最大限度地分离开，以生产出量多且质量适宜制作多种食品的面粉。普通小麦的磨粉品质要求出粉率高、粉色白、灰分少、粗粒多、磨粉简易、便于筛理、能耗低。这些特性对小麦籽粒的要求是容重高、籽粒大而整齐、饱满度好、皮薄、腹沟浅、胚乳质地较硬等。

2. 食品加工品质　也称二次加工品质，分为烘烤品质和蒸煮品质，根据食品的加工工艺和成品质量对面粉特性的具体要求所决定。就烘烤品质而言，制作面包多选用蛋白质含量较高、面筋弹性好、筋力强、吸水率高的小麦面粉，而烘烤饼干和糕点的小麦宜选软质，要求面粉的蛋白质含量低、面筋弱、灰分少、粉色白、颗粒细腻、吸水率低、黏性较大。对于蒸煮品质，制作面条的小麦一般为硬质或半硬质，要求面粉的延伸性好、筋力中等；蒸制馒头对面粉蛋白质含量和强度的要求比面包低，一般要求蛋白质含量中上，面筋含量稍高、中等强度、弹性和延伸性要好、发酵适中。由此可见，食品加工品质也是一个相对概念，适合于加工某种食品的小麦品种对制作另一种食品可能是不适合的。衡量小麦食品加工品质的标准主要取决于品种籽粒和面粉的最终用途。

食品加工品质虽因食品种类不同而异，但都与小麦的蛋白质含量、面筋的含量与质量、淀粉的性质和淀粉酶的活性、糖的含量等差异有关，其中，蛋白质和面筋的含量与质量是主要的决定性因素。因此，单纯把蛋白质含量高低作为优质小麦的唯一评价标准是不全面或错误的；同样，把优质小麦仅仅看作为适合制作面包的小麦，也是片面的和不科学的。

二、品质评价

评价小麦品质的优劣，是通过一系列方法测定其籽粒、面粉和食品等多种特性来确定的。小麦品质的好坏可从形态品质、营养品质、磨粉品质和食品加工品质等几方面进行评价。

（一）形态品质

1. 籽粒形状　小麦的籽粒形状多样，可分为长圆形、卵圆形、椭圆形和短圆形等。一般籽粒形状越接近圆形，磨粉越容易，副产品越少，出粉率越高，但这种粒形的品种往往籽粒较小。由于腹沟深的小麦籽粒皮层比例大，且易沾染灰尘和泥沙，加工时难以清除，会降低面粉质量。

2. 籽粒大小　籽粒大小通常以千粒重，即1 000粒小麦籽粒的重量来表示。籽粒越大，越饱满，千粒重越高，且皮层比例较小，出粉率也较高。

3. 籽粒整齐度　籽粒整齐度是指籽粒形状和大小的均匀一致性，可用一定大小筛孔的分级筛进行鉴定。籽粒整齐的品种，磨粉时去皮损失小，出粉率高，能耗也少。

4. 籽粒饱满度　籽粒饱满度是衡量小麦籽粒形态品质的一个重要指标。一般可分为饱满、较饱满、不饱满、秕瘦四级。饱满度好的籽粒磨粉时麸皮少，出粉率高。

5. 籽粒颜色　小麦籽粒颜色主要分为红色、琥珀色和白色。籽粒颜色主要是由种皮中色素层的色素决定的，与品质好坏并无必然联系。白粒品种在制粉时，出粉率较高，且面粉颜色也好，较受国内消费者欢迎，但因其休眠期短，易产生穗发芽。制粉业发达的国家绝大多数优质小麦品种都是红色。

6. 籽粒硬度　籽粒硬度是反映籽粒的软硬程度。根据其横断面胚乳组织紧密程度的百分率，可将小麦籽粒划分为硬质、半硬质和粉质3种。籽粒硬度与胚乳质地密切相关，对磨粉工序有较大影响。硬质小麦由于胚乳中淀粉与蛋白质紧密黏接，碾磨时耗能较多，但其胚乳易与麸皮分离，制粉时可得到较多形状较整齐的粗粒，流动性好，易于筛理，且出粉率高，面粉的麸星少，色泽较好，灰分含量较低；而粉质小麦则相反。

7. 籽粒角质率　小麦籽粒胚乳由角质胚乳和粉质胚乳组成。籽粒角质率是根据角质胚乳在小麦籽粒中所占的比例来确定的，与籽粒胚乳质地有关。角质率关系到制粉时的耗能，也影响所出粗粉的数量，而且与蛋白质含量、面筋含量及质量都有一定关系。一般情况下，角质率高的小麦籽粒硬度大，蛋白质含量高。中国把硬质小麦的角质率规定为70%以上，把软质小麦的角质率规定在30%以下。

（二）营养品质

小麦籽粒中含有碳水化合物、蛋白质、脂肪、矿物质和维生素等，是人类食物的重要成分和营养来源，这些营养物质的化学成分和含量决定了小麦的营养品质。

1. 蛋白质　小麦籽粒的各个部分都含有蛋白质，但分布很不均匀。其中，胚约占3.5%，胚乳约占72.0%，糊粉层约占15.0%，盾片约占4.5%，果皮和种皮约占5.0%。小麦籽粒蛋白质含量因品种和栽培环境不同而有很大变化。

小麦籽粒蛋白质根据其在不同溶剂中的溶解度，可将其分为清蛋白、球蛋白、醇溶蛋白和麦谷蛋白4种。其中，清蛋白和球蛋白都是可溶性蛋白，主要存在于胚和糊粉层中，其氨基酸含量较丰富，营养价值较高；醇溶蛋白和麦谷蛋白占籽粒蛋白质总量的80%左右，是组成面筋的主要成分，两者的含量及其比例关系到小麦面粉的加工品质，也决定着小麦品质的优劣。不同面食制品对蛋白质的数量与质量有不同的要求。

2. 氨基酸　氨基酸是组成蛋白质的基本单位。小麦籽粒蛋白质由20多种基本氨基酸组成，根据人体营养要求，可将其分为必需氨基酸和非必需氨基酸两类。小麦蛋白质中氨基酸含量很不平衡，其中，最为缺乏的是赖氨酸，平均含量在0.36%左右，其含量只能满足人体需要的45%，故又称其为第一限制性氨基酸。因此，提高小麦蛋白质中赖氨酸含量是至关重要的。由于小麦品种间赖氨酸含量变异性小、改良潜力不大，因而通过在面粉中使用添加剂来强化面粉的营养价值既简便，效果又好。

3. 淀粉　淀粉是小麦籽粒中含量最多，而且也是最重要的碳水化合物。淀粉只存在于胚乳中，占小麦籽粒重的57%~67%，约占面粉重的67%，是面食制品的主要热量来源，并对面粉的烘烤、蒸煮品质具有重要作用。

小麦淀粉粒在冷水中不溶解，用热水处理，可溶部分为直链淀粉，不溶部分为支链淀粉。研究表明，直链淀粉含量的高低与馒头、面条的食用品质有关。直链淀粉含量适中或偏低的小麦制成的馒头体积大、韧弹性好、不黏，面条有韧性、不黏；而直链淀粉含量过高则制成的馒头体积小，韧性差，制成的面条易断。小麦淀粉也有硬质、软质之分，一般情况下硬质小麦的淀粉为硬质，软质小麦的淀粉为软质。硬质淀粉吸水缓慢，糊化时间长；软质淀粉吸水快，糊化时间短、糊化充分，面包不易老化。淀粉的糊化直接影响馒头或面包的组织结构，其糊化温度又受 α-淀粉酶活性的影响，α-淀粉酶活性强，可增强面团的发酵能力，使馒头或面包体积增大，内部组织细腻易于消化；缺少 α-淀粉酶，馒头形态不正，扁平裂纹，皮层起泡。此外，淀粉的凝沉性影响馒头和面包的保鲜期；黏度值和膨胀势与面条品质呈高度正相关；淀粉脂含量与馒头和面包品质呈正相关趋势，其中非极性与极性脂的比例与馒头和面包体积显著正相关。

淀粉粒外层有一层细胞膜，以保护内部免遭酶、水和酸等外界物质侵入。面粉发酵时，淀粉水解产生大量的二氧化碳气体，能使烤制的面包形成许多空隙，把面包变得松软适口。在制粉时，由于机械碾压，有少量淀粉粒破损。破损淀粉对面粉的烘焙和蒸煮品质有一定影响，如果面粉中破损的淀粉粒过多，所烘烤的面包和蒸制的馒头体积小，质量差。对面条而言，过多的破损淀粉会导致面条容易糊汤，面条的结构、弹性和光滑度也受到影响，因此对于面条粉而言，应尽量避免淀粉的损伤。最佳淀粉损伤程度在4.5%~8.0%的范围内。

4. 纤维素　纤维素是与淀粉很相似的一种碳水化合物，是由许多葡萄糖分子结合而成的多糖类化合物。纤维素与半纤维素伴生，两者是小麦籽粒细胞壁的主要成分，占籽粒总重量的 2.3%～3.7%。小麦中的纤维素主要集中在表皮里。据测定，商品小麦籽粒中纤维素含量占整个碳水化合物的百分率，在胚、胚乳和麦麸中分别约为 0.3%、16.8% 和 35.2%，而半纤维素分别约占 2.4%、15.3% 和 43.1%。纤维素和半纤维素不能为人体消化吸收，对人体无直接营养价值，但有利于胃肠蠕动，能促进对其他营养成分的消化吸收，在增强人体健康，预防各种心血管和消化道疾病方面起重要作用。一般来说，小麦加工中出粉率愈高，纤维素的含量就愈多。国内一般标准粉的纤维素含量在 0.8% 左右，特一粉为 0.2% 左右。面粉中纤维素含量多少可反映面粉的精度，也影响其营养价值。

5. 游离糖 小麦籽粒中除淀粉和纤维素外，还含有约 4.3% 的糖。这些糖可分为单糖、二糖和多糖。在面包生产中，糖既是酵母的碳源，又是形成面包色、香、味的基质。糖在小麦籽粒各部分的分布很不均匀。小麦胚的含糖量高达 24%，麸皮的含糖量 5% 左右。面粉出粉率越高，含糖量也越高。由于小麦胚内含糖量较多，加之糖具有吸湿性，小麦着水后很快吸收大量水分，如果磨粉时将胚磨入面粉，易造成微生物繁殖，不利于面粉保存。小麦面粉中天然存在的糖类较少，在发酵过程中很快就会被酵母消耗掉，以后酵母所需的糖分由淀粉糖化产生的糖类来供给。

6. 脂肪 脂肪在人类食物中占有很重要的地位。它是人类生存和新陈代谢所必需的基本营养成分之一，在人体内贮存并供给热能，保持体温平衡。小麦籽粒内的脂肪含量一般为 1.9%～2.5%，但脂肪酸成分相当好，亚油酸比重高达 58%。在小麦籽粒各部分中，胚的脂肪含量最多，为 6%～11%；麦麸次之，为 3%～5%；胚乳最少，为 0.8%～1.5%。由于小麦胚的脂肪含量高，且含有活力很强的脂肪酸酶，在贮藏中易发生酸败变质，使面粉烘焙品质变差，面团延伸性降低，持气性减退，面包体积小，易裂开，风味不佳。为了避免在面粉贮藏过程中因脂肪分解产生的游离脂肪酸影响面粉品质，在制粉时应使胚和胚乳分离，不使胚混入面粉，以延长面粉的安全贮藏期。在面粉质量标准中规定，面粉的脂肪酸值（湿基）不得超过 80%，并以此来鉴别面粉的新鲜度。

7. 维生素 维生素是人体内不能合成的，但很小量就能维持正常代谢机能的有机物质，它对人体健康有着极其重要的作用。小麦籽粒和面粉中主要含 B 族维生素、泛酸及维生素 E，维生素 A 的含量很少，几乎不含维生素 C 和维生素 D（表 11-1）。小麦籽粒中所富含的 B 族维生素是脂溶性维生素的很好来源。脂溶性维生素主要集中在胚内，面粉中含量很低，因此，麦胚是提取维生素 E 的宝贵来源，而水溶性 B 类维生素则主要集中在胚和糊粉层中。

表 11-1 小麦籽粒各部位维生素含量

单位：µg/g

籽粒部位	维生素 B_1	维生素 B_2	维生素 B_5	维生素 B_6	烟酸（VPP）	维生素 E
全籽粒	3.75	1.8	7.8	4.3	59.3	0.1
胚乳	0.13	0.7	3.9	0.3	8.5	0.3
胚	8.4	13.8	17.1	21.1	68.5	158.4
糊粉层	16.5	10.0	45.7	36.0	74.1	57.7
果皮及种皮	0.6	1.0	7.8	6.0	25.7	

资料引自：《小麦品质及其改良》，2000 年。

由于维生素主要集中在糊粉层和胚部分，因此在制粉过程中维生素显著减少，出粉率高，精度低的面粉维生素含量高；相反，出粉率低、精度高的面粉维生素含量低。除了在制粉过程中小麦粉维生素显著减少外，在烘焙食品过程中又因高温使面粉维生素受到部分破坏。为弥补小麦粉维生素不足，发达国家采用在面粉中添加维生素 B、烟酸及核黄素等方法，强化面粉和食品的营养，以满足人体对维生素的需要。

8. 矿物质 小麦籽粒中含有多种矿质元素。这些矿质元素在小麦籽粒中是以无机盐的形式存在。矿物质在人体内的需要量虽少，但作用很大，它是构成人体骨骼、体液的主要成分，并能维持人体体液的酸碱平衡。

小麦籽粒含有的各种矿质元素中，钙、钾、磷、铁、锌、锰、铜、钼、锶等对人的机体作用最大。小麦籽粒和面粉中的矿物质用灰分来表示。小麦籽粒的灰分含量（干基）为 1.5%～2.2%，但在籽粒各部分分布很不均匀，其中，皮层的灰分含量为 5.5%～8.0%，胚的灰分含量为 5%～7%，而胚乳仅为 0.28%～0.39%，皮层是胚乳灰分含量的 20 倍。在皮层中，糊粉层的灰分含量最高，占整个籽粒灰分总量的 56%～60%。小麦面粉中灰分含量多少常作为评价面粉等级高低的重要指标。中国国家标准规定，特制一等粉灰分的含量（干基）不得超过 0.70%，特制二等粉应低于 0.85%，标准粉小于 1.10%，普通粉小于 1.40%。

（三）磨粉品质

磨粉品质，即一次加工品质，与小麦籽粒的许多性状有直接关系。磨粉品质好的小麦应为出粉率高，碾磨次数少，筛理容易，耗能低，粉色好，灰分含量低。

1. 出粉率 出粉率是单位重量籽粒所磨出的面粉与籽粒重量之比，即面粉重量占供磨籽粒重量的百分比。它是一个相对概念，在比较同类小麦出粉率时，应制成相似灰分含量的面粉来进行比较。小麦出粉率高低直接关系到制粉业的经济效益，因而它是衡量磨粉品质十分重要的指标。出粉率高低与许多因素有关，籽粒圆大、整齐度好、种皮白薄、腹沟较浅、吸水率较高、籽粒偏硬等都是高出粉率的有利条件。除遗传因素外，小麦生长环境对出粉率也有一定影响，如开花后持续高温胁迫将会降低出粉率；倒伏使容重下降，出粉率也下降，灰分含量增加。根据原商业部谷物油脂化学研究所对商品小麦两年测定结果，用 Buller 磨生产标准粉时，中国小麦的出粉率为 79.0%～87.1%，平均为 84.6%。一般来说，生产 70 粉时出粉率大于 72%、生产 85 粉时出粉率大于 86% 的小麦品种受面粉厂欢迎。

2. 灰分 灰分是各种矿质元素、氧化物占籽粒或面粉的百分含量，是衡量面粉精度的重要指标。小麦皮层灰分含量为 6%，而中心胚乳的灰分只有 0.3%，因此，混入面粉的麸皮越多，面粉的灰分含量越高。小麦面粉中的灰分含量与出粉率、种子清理程度和种子内部灰分含量有关。一般发达国家规定面粉的灰分含量在 0.5% 以下，中国富强粉的灰分含量为 0.75%，标准粉为 1.2%；新制定的小麦专用粉规定，面包用小麦灰分≤0.6%，面条和饺子粉≤0.55% 等。一些国家还规定用于食品的面粉灰分含量必须在 0.5% 以下。

3. 面粉白度 面粉白度是磨粉品质的重要指标，已被列入国家小麦面粉标准的主要检测项目。中国小麦面粉（70 粉）的白度为 70%～84%。小麦面粉的白度值与籽粒皮色、质地软硬、面粉粗细和含水量等有关。通常软质小麦的粉色比硬质小麦的粉色浅。面粉过粗、含水量过高都会使面粉白度下降。根据粉色还可以判断面粉的新鲜程度。新鲜面粉因含有胡萝卜素而常呈微黄色,贮藏时间长的面粉因胡萝卜素被氧化而使面粉变白。在制粉过程中,高质量的麦心在制粉前路提出,颜色较白,灰分也较低;后路出粉的颜色深,灰分也较高。由于面粉颜色的深浅反映了灰分高低,国外常根据白度值大小来确定面粉等级。中国优质小麦规定一级大于76%,二级大于75%,三级大于72%。

(四) 食品加工品质

小麦籽粒磨成面粉后经再次加工,形成食品称为二次加工或食品加工品质。不同类型食品对小麦籽粒和面粉品质的要求不同,各自都有相应的品质指标。

1. 面筋 小麦面粉经加水揉制成面团后,在水中揉洗,淀粉和麸皮微粒呈悬浮态分离出来,其水溶性和溶于稀酸的蛋白质等物质被洗去,剩留的有弹性和黏滞性的胶皮状物质称为面筋,用百分数表示。小麦面粉之所以能加工成种类繁多的食品,就在于它具有特有的面筋。面筋是较为复杂的蛋白质水合物,干面筋含有80%以上的蛋白质,其中,醇溶蛋白占43.2%,麦谷蛋白占39.1%,其他蛋白质约占4.4%。湿面筋含2/3的水,干物质占1/3左右。面筋所含蛋白质为面粉总蛋白质的90%,其他10%为可溶性蛋白质、球蛋白和清蛋白,在洗面筋时因溶于水而流失(表11-2)。

表 11-2 小麦面筋成分(%)

	水	蛋白质	淀粉	脂肪	灰分	纤维
湿面筋	67	26.4	3.3	2.0	1.0	0.3
干面筋		80.0	10.0	6.0	3.0	1.0

资料引自:《小麦品质及其改良》,2000 年。

面筋的主要成分是醇溶蛋白和麦谷蛋白。当面粉加水和成面团时,两者互相按一定规律结合,形成一种结实并具有弹性的像海绵一样的网络结构,即面筋骨架,其他成分如脂肪、糖类、淀粉和水都包藏在面筋骨架的网络之中,使面筋具有膨胀性、延伸性和弹性等特性,从而可以制作面包、馒头、面条等各种面食制品。由此可见,醇溶蛋白和麦谷蛋白的含量高低及其两者的比例,共同决定着面筋的数量和质量,进而影响面粉的营养品质和加工品质。

小麦湿面筋含量一般为20%～35%。面筋含量与面粉筋力的强弱有关。国际上根据湿面筋含量及工艺性能将小麦分为四等:强筋粉＞30%,中筋粉为26%～30%,中下筋粉为20%～25%,低筋粉＜20%。有时根据干面筋含量将小麦粉分为三等,即高筋粉＞13%,中筋粉为10%～13%,低筋粉＜10%。美国要求烤制优质面包所用的强力粉的湿面筋含量为36%～47%。中国新规定的强筋粉的湿面筋含量≥32%,弱筋粉的湿面筋含量≤22%。

2. 沉降值 沉降值是指单位重量面粉在弱酸溶液中在一定时间内蛋白质吸水膨胀所形成的悬浮沉淀数量的多少,以毫升(mL)表示。沉降值能反映面粉中蛋白质或面筋含量及其质量对面包烘烤品质的综合影响,是衡量面粉烘烤品质的一个重要指标。国内外大量的研究结果表明,沉降值与食品加工品质呈显著或极显著的正相关,面粉的沉降值越大,表明面筋强度越大,烘烤品质就越好。一些国家规定,在小麦面粉分级时,沉降值大于50mL 的为高强度面粉,小于30mL 的为低强度面粉,介于两者之间的为中强度面粉。不同沉降值的面粉有不同用途,50mL 以上的面粉可以制作优质面包,20mL 以下的适于制作饼干,35mL 左右的适于制作馒头和面条。国外用于烘烤面包的小麦面粉的沉降值一般为60～80mL。中国新规定的优质小麦标准中，强筋粉的沉降值应≥45mL，弱筋粉应≤30mL。

3. 降落值 降落值是指把装有一定量面粉悬浮液的黏度计管浸入热水器到黏度计搅拌降落入糊化的悬浮液中的总时间，以"s"为单位表示。降落值反映了面粉中 α-淀粉酶活性的大小，也是检测小麦在收打和贮运过程中是否发芽的一项间接指标。降落值高的，表明α-淀粉酶活性低；反之则高。根据小麦面粉降落值大小可将小麦分为三类：小于150s 的为发芽小麦，淀粉酶活性高，预示着面包心发黏；200～300s 之间为无发芽小麦，淀粉酶活性正常，可烤制出不干不黏有弹性的优质面包；大于300s 表明淀粉酶活性低，不利于酵母发酵，烤制的面包体积小，面包心干硬。

不同面食制品对面粉中 α-淀粉酶活性要求也不一样。如面包用粉的降落值为 250～350s；糕点用粉为≥160s；酥性饼干用粉为≥150s；饺子、馒头用粉为≥250s；面条用粉为≥200s 等。在国外，美国、英国、法国、德国等许多国家都将降落值作为小麦粉的等级指标。

4. 粉质特性 由粉质仪测得的面粉吸水率、面团形成时间、稳定时间、软化度、评价值等参数是评价面团流变学特性的重要指标。

（1）面粉吸水率。吸水率是指在加水揉面过程中，面团加水达到标准稠度（500BU）时所需要的最大加水量，用％表示。吸水率高的面粉可以提高面包、馒头的出品率，面包心较柔软，保存时间相应延长。而用于烘烤饼干、糕点的面粉则要求吸水率要低，以利于烘烤。面粉的吸水率在很大程度上取决于面粉的蛋白质含量，这是因为蛋白质吸水多且快，比淀粉有较高的持水能力。据报道，面粉蛋白质含量每增加 1％，用粉质仪测得的吸水率约增加1.5％。由此可见，面粉吸水率随蛋白质含量提高而增加。

面粉的吸水率一般在 60％～70％之间为宜。影响面粉吸水率的因素很多，主要有籽粒质地、蛋白质含量、淀粉损伤及面粉含水量等。硬质小麦加工的面粉吸水率高，粉质小麦的吸水率低。由于破损的淀粉颗粒水分很容易渗透进去，因此，面粉内损伤的淀粉含量越高，面粉的吸水率就越大。但损伤淀粉太多会导致面团和面包发黏，体积减小。中国优质小麦新标准规定，强筋粉的吸水率应≥60％，弱筋粉的吸水率应≤56％。

（2）形成时间。面团形成时间是从开始加水（零点）直至面团达到最大黏稠度（500BU）所需的揉制时间，该值亦称"峰高"或"峰高时间"，以"min"为单位表示。面团形成时间与面筋的质和量关系极为密切。面筋含量高且质量又好的小麦面粉，形成时间较长，反之则短。一般软麦粉形成时间短，弹性差，多在 1～4min 之间，不宜做面包；硬麦粉面团形成时间长，弹性强，多在 4min 以上。形成时间太长，在制作食品时耗能过多，需时间长，对面包加工工艺不利，所以面包房不喜欢形成时间过长的面包粉。

（3）稳定时间。稳定时间即面团的稳定性，是指粉质图谱首次穿过 500BU 标线起到图谱开始衰落再次穿过 500BU 标线为止的时间，以"min"为单位表示，可精确至 0.5min。稳定时间反映面团的耐揉性，是粉质仪测定的最重要指标。稳定时间越长，面团韧性越好，面筋强度越大，面团烘烤面包性质越好。稳定时间太长的面粉不宜制作糕点、饼干等，太短不适合加工优质面包。美国面包用粉的稳定时间为 12±1.5min。中国新规定的优质小麦标准中，强筋粉的面团稳定时间应≥7min，弱筋粉应≤2.5min。

（4）耐搅指数或公差指数。是指粉质曲线最高峰时的 BU 与 5min 后的粉质曲线高度BU 之间差值，以 BU 计。其值越小，说明面粉的筋力越强，面团的耐揉性越好。美国面包小麦的公差指数为30±10BU。

（5）软化度。软化度又称衰减度或弱化度，是指曲线峰值中心与峰值过后12min的曲线中心两者之差，用BU表示。它反映面团在搅拌过程中的破坏速率，即对机械搅拌的承受能力，也代表面筋的强度。软化度越大，面筋越弱，面团越易流变，变软发黏，加工处理性能变差，面包烘烤品质不佳。面团软化度一般为35～60BU。美国面包用粉的软化度要求在20～50BU。

（6）断裂时间。断裂时间是指从加水搅拌开始直至谱带中线由500BU降落30BU时的所需时间，以"min"表示。它代表面团搅拌时间的最大值，如继续搅拌，面筋将会断裂，即搅拌过度。它与面团耐揉性、韧性、强度有关，如同面团稳定时间一样，断裂时间越长，面粉的筋力越强，加工品质越好。面包用粉断裂时间应在10～14min，美国面包小麦的断裂时间为14±1.5min。

（7）评价值。评价值是指从粉质曲线最高处下降算起12min后的评价记分值，可从仪器所提供的特殊样板上直接读出，刻度为0～100。其数值大小与形成时间、稳定时间、断裂时间、软化度都有联系，是综合表示面粉特性的代表性数值。一般认为形成时间、稳定时间长，软化度小，评价值高的面粉品质较好。一些国家根据评价值大小对面粉进行分类：评价值＞65为强筋粉；评价值＜50为弱筋粉；介于两者之间为中筋粉。

5. 拉伸参数 用拉伸仪可测定面团延伸性和韧性的品质参数。

（1）面团抗拉伸阻力（Rs）：也称抗延性、抗延展性或抗延伸阻力，是指拉伸曲线开始后在横坐标上到达5cm位置的曲线高度，以BU或EU表示。它是面团纵向弹性好坏的标志。

（2）最大抗延伸阻力（Rm）：是指曲线最高点的高度，以BU计。面团延伸性（E），是指面团从开始拉伸直到断裂时的曲线水平总长度，以毫米（mm）或厘米（cm）表示。它是面团黏性，横向延展性好坏的标志。

（3）拉伸比值：也叫抗拉强度，是指抗拉伸阻力与延伸性的比值，用BU/mm或BU/cm表示。

（4）能量（A）：即曲线所包围的面积，以平方厘米（cm²）表示。其数值代表面团的强度大小，可用求积仪测量。能量越大，表示面粉筋力越强，面粉烘烤品质越好。实际上，能量和比值是反映面团特性的最主要指标。能量越大，比值越高，面团强度越高，反之，面团强度就低。制作面包时，通常能量大，比值适中的面粉为宜，比值过大，则面团过于坚实，不易发起，面包体积小且干硬；比值过小，面团则易流变，面包会出现塌陷，包心发黏。

根据拉伸曲线图可将面粉分为：①弱力粉：阻力小，延伸性小或大，延伸性小的适宜制作饼干、酥饼等食品；延伸性大的适宜做面条类食品。②中力粉：阻力较大或中等，延伸性小，这种面粉多适合加工馒头。③强力粉：阻力大，延伸性大或适中，这类面粉适宜烤制主食面包。④特强力粉：阻力大，高达700BU，延伸性小，仅为115min，阻抗性过度，和面时间太长，面团坚硬且不易均匀，属"顽强抵抗面团"，用这类面粉加工成的面包体积小，蜂窝大，质地发硬，易掉渣，口感不佳。

（五）烘焙品质与蒸煮品质

小麦面粉可以加工制成多种面食制品，满足不同消费者的需要。欧美诸国多用面粉来制作面包、饼干和各类西式糕点。而中国的面食制品种类繁多，除面包、糕点、饼干外，多数是经过蒸煮制成的食品。这些属性不同的面食制品对小麦籽粒和面粉质量有不同的要求。通过烘焙和蒸煮试验进行直接品尝鉴定，是评价小麦面粉食用品质最重要、最有效的方法，也是小麦品质鉴定最重要的工作。

1. 烘焙品质　小麦面粉的烘焙品质是指面粉在制作面包、饼干及蛋糕等烘烤类食品过程中体现出来的，影响最终面制食品质量的品质性状。在某种程度上，它是各种加工品质的综合体现。烘焙品质的表达指标很多，其中的重要指标有面包体积、比容、面包心的纹理结构、面包评分等。

（1）面包体积。不同粉种和不同品种面粉烘烤出来的面包体积差异很大，同一品种不同栽培条件下生产的小麦制作的面包体积也有一定差异。通常用100g面粉烤制的面包体积计算，以立方厘米（cm³）或毫升（mL）表示。具有良好加工品质的优质小麦面粉能烤制出内外部质地良好，且具有较大体积的面包。但用等量面粉烘烤出的面包体积也不是越大越好，体积过大会使内部出现过多的气孔，组织不均匀，粗糙；过小会使内部组织过于紧密，缺乏弹性，易老化。

（2）比容。比容是指面包体积（cm³）与重量（g）之比，两者都应在面包出炉后30min内测量完毕。比容越大，面包体积越大。优质面包小麦粉所制成的面包比容在4.0～5.0之间。

（3）面包心的纹理结构。面包心的纹理结构，是指面包出炉18h后，被切开断面的质地状态和纹理变化。质地优良的面包应是：面包心平滑细腻，气孔（或称蜂窝）细密均匀并呈扁长状，胞壁细而薄，无明显大孔洞和坚实部分，呈海绵状。中国大部分小麦品种的面团缺乏耐揉性，以致烤出的面包纹理结构差，常表现为面包心粗糙，气孔或大或小且不均匀，有大孔洞和坚实部分，胞壁较厚。

（4）面包评分。面包评分是根据面包体积、皮色、形状、心色、面包切面的平滑度、面包瓤的弹性、纹理结构及口感等多项指标决定的。国内外评分标准虽很不一致，但均以面包体积为主。中国的面包评分标准为：总分100分，其中，体积35分，表皮光泽5分，表皮质地与面包形状5分，瓤色泽5分，瓤平滑度10分，弹揉性10分，瓤纹理结构25分，口感5分。其中，由于面包体积是最直观、客观和综合的指标，所以给分最多，通常体积大者内部质地也好。中国小麦不同品种面包体积变化很大，在350～870mL之间，最高达900mL以上，一般为550～650mL。据此，将体积350mL作为基数，每增加30mL增加2分，至860mL以上共分17个档次，最高分为35分。美国、加拿大、日本等国评分时多以内部质地（包括色香味）为主，占60～70分，外观（包括体积）占40～30分。可见评分标准因地区或单位要求而异，但在同一国家或地区应制定统一的标准。

除面包外，烘烤食品还有饼干、酥饼、蛋糕等，它们以软质小麦为原料，要求蛋白质含量低，面筋弱，灰分少，粉色白，颗粒细腻。常因这类食品花样多，不同国家和地区对食品质量要求不同，带有较多的习惯性和主观性。国外对主要制品酥饼和蛋糕的品质进行了大量研究，测试方法已规范化，而其他软麦制品品质的测试标准尚不成熟。中国制作糕点的历史悠久，品种繁多，经验丰富，但迄今还很少对其品质要求和标准进行科学研究。酥饼品质的直接评价，是用一定量面粉按规定配方和方法烤制成圆酥饼，测量其直径、厚度，评价其质地和外观。要求直径大、径/厚值（扩展指数）大，表面裂缝适中、均匀、质地酥脆，口感好。蛋糕要求体积大，内部孔隙小，皱纹密而均匀，壁薄，柔软、湿润、瓤色白亮、味正口美，烤制蛋糕要用细粉。饼干评价标准是以饼干直径与饼干厚度比值或直接以饼干直径为标准，饼干直径越大，越薄，口感越好。

2. 蒸煮品质 小麦粉的蒸煮品质是指面粉在制作馒头、面条、水饺等蒸煮类食品过程中体现出来的，影响最终面制食品质量的品质性状，也是各种加工品质的综合体现。中国老百姓习惯食用馒头和面条，但对加工馒头和面条的小麦品质至今仍没有标准化的评价方法和统一的品质标准。近年来已有不少研究表明，影响馒头质量的小麦品质性状有角质率、容重、蛋白质含量、湿面筋含量、直链淀粉含量、直/支链淀粉的比值、沉降值、降落值、面粉的吸水量、发酵成熟时间、发酵成熟体积等。优质馒头要求小麦蛋白质和面筋含量中上等，弹性和延伸性较好，过强、过弱的面粉制作的馒头质量均不好。最适于烤制面包的面粉不一定最适于蒸馒头，馒头对有发芽麦粒磨制的面粉比面包更加敏感。

不同面条对小麦面粉的要求不同。一般认为硬质或半硬质小麦和面团延伸性好而强度中等稍小的面粉适合做面条。面粉颗粒太粗，面条易断，太细则韧性降低，黏性增加。各国由于对面条种类和质量要求不同，对制作面条的面粉质量要求也不同。日本面条要求柔软而洁白，稍有黏性无妨，面条评分标准包括柔软度、黏弹性、塑性、表面光滑度、煮后光泽、煮后黄色度、生面颜色等。中国面条外观必须具有吸引力，不仅刚做成如此，就是经24h或更长一段时间后也是如此。优质挂面要求色泽白亮，强度好，易折断，煮后不混汤，富有弹性和韧性，爽口不黏牙。

（六）不同面食制品对小麦品质的要求

小麦面粉可以加工制成面包、馒头、面条、饺子、饼干、糕点等多种面食制品，满足不同消费者的需要。欧美诸国多用面粉来制作面包、饼干和各类西式糕点，而中国的面食品种繁多，除西式面包、糕点外，多数是经过蒸煮制成的食品，这些属性不同的面食制品对小麦籽粒和面粉质量有不同的要求。中国于1999年制定了国家优质强筋小麦和弱筋小麦品质标准（表11-3）。

表11-3 不同面食制品面粉的品质指标

项　目	面包	方便面	馒头	面条	饺子	饼干 酥性	饼干 发酵	蛋糕
蛋白质含量（%）	＞15	＞13.5	12~14	＞12	＞13	＜10	—	—
沉降值（mL）	＞45	＞35	25~30	＞30	＞30	＜18	—	—
湿面筋含量（%）	＞35	＞30	25~30	＞28	28~32	22~26	24~30	≤22
面团吸水率（%）	＞60	＞60	50~55	—	＞55	低	低	50~55
形成时间（min）	＞6	—	＞3	—	＞4	—	—	1.0~1.5
稳定时间（min）	＞10	＞6	≥3	≥4	＞5	≤2.5	≤3.5	＜1.5
降落值（s）	250~350	＞400	≥250	≥200	≥200	≥150	250~350	≥250
评价值	＞55	—	40~55	—	＞50	—	—	—
灰分含量（%）	≤0.5	＜0.6	≤0.55	≤0.55	≤0.55	≤0.55	≤0.55	≤0.53

第二节　西北春小麦品质现状及其影响因子

一、西北春小麦品质现状

西北地区春小麦生育期间，特别是籽粒灌浆期，由于光能资源丰富、昼夜温差大，利于干物质积累，形成较高的籽粒产量，而籽粒蛋白质含量相对较低。早在 1982 年，中国农业科学院作物品种资源研究所从全国春小麦种植区征集到当时正在推广的 228 个春小麦品种样品，其样品都是当年收获、当地正常生长、籽粒饱满的种子。在同一分析条件下，西北地区春小麦的籽粒蛋白质含量较低，仅高于西藏自治区春小麦的籽粒蛋白质含量（表 11 - 4）。

表 11 - 4　中国各省区春小麦品种籽粒蛋白质含量（％）

省份	变幅	平均
山西	14.53～17.93	15.94
内蒙古	11.80～17.26	14.94
辽宁	12.35～15.83	14.03
黑龙江	11.76～15.93	13.76
新疆	11.48～20.42	13.63
甘肃	9.34～16.64	12.88
青海	10.05～14.80	12.82
宁夏	11.00～13.61	12.62
西藏	8.07～10.29	9.00

资料引自：《青海高原春小麦生理生态》，1994 年。

早在 1987 年，张怀刚等用 10 个中国春小麦品种（其中包括 6 个属于西北春小麦种植区的青海品种）与加拿大的 2 个硬红春优质品种和 2 个草原春小麦品种，作为统一试验在加拿大的 Manitoba 和 Saskatchewan 省种植。试验收获后系统测定了它们的品质性状，从而对比分析了中国春小麦品种和青海春小麦品种的品质特点（Lukow et al.，1990；张怀刚等，1992）。结果显示，属于西北春小麦种植区的青海春小麦品种除千粒重高外，其他品质性状均较差，如蛋白质含量低、容重低、出粉率低、籽粒硬度软且差异大，灰分含量高、面筋质量差、流变学特性差、烘烤面包品质差、馒头制作品质差异大（陈集贤，1994）。

从 20 世纪 80 年代开始，中国西北春小麦种植区的育种单位逐步重视春小麦品质的研究与改良，把品质改良作为重要育种目标之一，春小麦品质逐步得到改善。如中国科学院西北高原生物研究所在 20 世纪末培育的高原 448 春小麦品种，较该所在 20 世纪 70 年代培育的高原 338 春小麦品种得到了明显改善。高原 448 成为青海省水地主栽品种，占到水地春小麦播种面积的 50％左右，是青海省水地区域试验和生产试验的对照品种。在两年多点区域试验中，高原 448 籽粒蛋白质含量为 10.38％～12.15％（表 11 - 5），比高原 338 的籽粒蛋白质含量 8.71％～10.65％有明显提高（陈集贤，1994），高原 448 的其他品质性质也得到了明显提升（农业部小麦专家指导组，2012）。

表 11 - 5　青海水地主栽品种高原 448 品质性状

品质性状	平均值	标准差	变异系数	平均变幅
千粒重（g）	47.87	6.69	13.97	43.20～55.53
出粉率（%）	69.10	4.57	6.62	62.90～72.60
籽粒蛋白质含量（%）	10.89	0.85	7.76	10.38～12.15
SDS 沉降值（mL）	6.90	0.70	10.11	6.00～7.50
吸水率（%）	60.33	2.96	4.91	57.90～64.40
形成时间（min）	2.33	1.12	48.20	1.70～4.00
稳定时间（min）	2.20	0.91	41.16	1.00～2.90
弱化度（FU）	85.25	32.71	38.38	64.00～134.00
评价值	39.00	14.76	37.86	22.00～57.00

资料引自：《青海高原春小麦生理生态》，1994 年。

又如，新疆加大了春优质小麦品种培育、引进力度，先后选育和引进了一批优质春小麦品种，并形成了一定规模的优质春小麦生产，春小麦重点推广的新春 6 号、新春 8 号、新春 9 号、新春 14 号、新春 17 号、新春 27 号、新春 29 号、新春 30 号、宁春 16 号，Y20 等，多为中筋、中强筋类型，均达到国家规定的优质标准（表 11 - 6）。

表 11 - 6　新疆春小麦品种品质性状

（新疆农业科学院粮食作物研究所，2005）

品种	容重（g/L）	蛋白质含量（%）	湿面筋含量（%）	沉降值（mL）	形成时间（min）	稳定时间（min）	弱化度（FU）	最大抗延阻力（EU）	延伸度（mm）	拉伸面积（cm²）
新春 6 号	806	13.5	30.9	24.7	3.7	4.7	80	285	156	62.4
新春 7 号	800	14.4	27.1	28.0	2.5	6.3	105	200	187.5	50.3
新春 8 号	780	13.2	23.7	35.1	3.5	9.0	70	437.5	175	95.5
新春 9 号	790	14.9	32.8	20.0	5.0	9.0	90	305	185	66.8
新春 10	790	14.4	30.1	33.7	3.0	3.5	105	125	225.7	37.6
新春 12	790	14.4	33.2	26.9	2.8	3.0	80	202.5	210	56
新春 13	790	11.9	27.0	18.0	1.9	1.5	—	—	—	—
新春 14	810	14.5	34.7	21.6	3.5	4.7	145	210	187.5	52.7
新春 15	780	13.5	32.1	22.2	3.5	5.0	90	270	242.5	85.2
新春 16	740	14.3	40.9	19.7	2.7	2.0	130	150	247.5	47.9
新春 17	750	13.2	27.5	21.2	2.0	8.5	60	545	185	128
新春 18	800	13.4	28.0	29.0	4.0	7.5	50	360	180	79.8
Y20	800	18.4	37.6	39.7	11.7	27.6	35	800	194	194.8

再如，甘肃农业大学培育出了适宜西北春麦区河西走廊及沿黄灌区种植的优质强筋春小麦品种甘春 20 号，其籽粒蛋白质含量达到 15.9%～17.3%，品质达到了优质面包小麦的要求。

现将西北春小麦区种植的主要品种的品质性状列入表 11 - 7，并与东北春小麦区的品种比较，不难看出，西北春小麦种植区的小麦品质品质改良取得了长足进步，培育出了一批中筋、强筋品种，拥有适宜制作馒头、面条和面包的专用小麦品种，且与东北春小麦区的品质相近。

表 11-7　西北春小麦主要品种品质性状

品种	粗蛋白（%）	湿面筋（%）	沉降值（mL）	吸水率（%）	容重（g/L）	综合评价	用途
陇春 23	14.08	27.0	32.8		734~786	中筋优质小麦	馒头、面条
陇春 26	13.09	26.40	35.0	63.5	771~836		
陇春 27	15.20~17.10	33.50~34.70	29.9~38.0	56.9~57.8	778~791		
陇春 30	15.00	28.90	34.6		792~833		
陇春 33	13.76	34.30	35.0	61.9	719	中筋优质小麦	
甘垦 4 号	13.19	26.90	40.3	60.3	834		
甘春 20 号	17.52	39.40	48.7		816		
甘春 24 号	15.43	31.20	40.5	65.6	805		
甘春 25 号	16.90	36.00	35.5	63.7	764		
武春 2 号	15.86	30.00			790	中筋小麦	
武春 3 号	13.90	31.7	38.0		816	优质中筋小麦	
高原 448	13.15~14.24	30.16~32.5			813		
高原 314	13.67	30.38	30.9		763		
高原 142	13.10	25.49			766		
高原 437	13.84	33.50	49.3	65.7	760	中筋小麦	
青春 38	14.09	29.1			816		
青春 39	15.39	33.50	64.8		784		
青春 40	15.50	32.6			786		
青春 144	14.79	39.0			807		
宁春 32 号	14.27	31.5	36.7	68.1		优质强筋小麦	面包
宁春 35 号	16.50	37.4	43.6		788~809		
宁春 43 号	15.69	32.6	32.8		814		
宁春 46 号	15.45	29.3	41.2	59.6	779~814		
新春 10 号	14.40	31.10	33.7				
新春 12 号	16.00	32.40~40.50		62.0~65.0	790		
新春 14 号	13.50				800	中筋优质小麦	
新春 15 号	13.50~18.50	32.10~33.60	21.5~24.7	65.2~68.1		中强筋小麦	
新春 17 号	15.80	31.90~33.00	40.6		800	中强筋小麦	拉面、饺子
新春 21 号	16.00~17.60	38.40~40.70		66.3~67.5	797	优质强筋小麦	面包
新春 26 号	16.04	34.82		61.74	810~820	优质强筋小麦	
新春 27 号	15.00	31.00			795	优质中筋小麦	面包配粉
新春 29 号	15.30	32.80		62.4	802	优质强筋小麦	拉面

（续）

品种	粗蛋白（%）	湿面筋（%）	沉降值（mL）	吸水率（%）	容重（g/L）	综合评价	用途
新春 33 号	15.60～16.60	34.00～35.10		59.3～62.0	810～820	优质强筋小麦	
新春 35 号	15.00	33.00			795		
新春 38 号	15.04	36.00			795	优质强筋小麦	
新春 39 号	15.94	35.90		60.0	790	国标强筋	
龙麦 30	15.90	34.40	47.3	62.0	808		
龙麦 31			48.5		800	强筋小麦	面包
龙麦 32	15.30	33.20			804～828	超强筋小麦	面包
龙麦 33	18.01～18.23	37.8～38.6	63.5		805	强筋小麦	面包
农麦 5 号	13.62	28.9	27.0	60.2	812	中筋小麦	
农麦 4 号	13.35	28.2	32.2	65.4			
农麦 3 号	14.63	31.4	45.5	66.4	782～829		

二、品质影响因子

小麦籽粒品质是品种遗传特性和环境因素共同作用的结果。小麦籽粒品质主要由品种的遗传特性决定，但栽培环境对其也有非常重要的影响，同一小麦品种在不同生态环境下其品质性状存在显著差异。

（一）基因型对小麦品质的影响

不同品种在同一环境条件下表现出的品质差异是品种基因型造成的。关于基因型不同的小麦品种的品质，研究报道很多，在此不再赘述。在此，重点阐述基因型如何影响小麦品质。众所周知，不同基因型品种通过其相关基因控制其品质性状，而小麦品质主要取决于籽粒中的成分和含量，包括蛋白质、淀粉、水分、脂类、粗纤维和灰分等特性，其中，小麦籽粒蛋白质的数量和质量及淀粉的结构特征影响和决定着小麦面粉的营养品质和加工品质，其中蛋白质对面粉品质的影响最大。

1. 小麦蛋白质对食品品质的影响　在蛋白质对馒头的影响作用研究中，普遍认为蛋白质含量和面筋强度是主要因素，中等面筋强度较适合制作中国馒头。张春庆等（1993）研究表明，蛋白质含量与馒头的体积呈显著正相关，其相关系数为 0.91。但 Hou 等（1995）指出，面粉蛋白质含量与馒头体积的相关性并不显著（$r=0.25$）。这种不同的研究结果表明，影响馒头体积的可能不仅是蛋白质含量，而且还与蛋白质组成有关。

（1）蛋白质含量。小麦蛋白质含量的高低直接影响食品加工品质，不同食品对小麦蛋白质含量要求不同。

①蛋白质含量与面包品质。一般来说，小麦蛋白质含量越高，烘焙品质越好。蛋白质含量与面包评分、面包体积、面包心平滑度、纹理结构以及弹柔性呈正相关，对面包内部结构、面包气室的影响也很大。用蛋白质含量低的小麦粉制作的面包，体积小、内部结构差、气孔小、气室壁较厚。

②蛋白质含量与馒头品质。蛋白质含量是决定馒头品质的主要因素，对馒头的表面色泽、光滑度、口感、体积等都有显著影响。当蛋白质含量在10%以下时，蛋白质含量与馒头评分呈线性正相关，但当蛋白质含量高于10%时，影响不明显。制作馒头的小麦粉蛋白质含量一般在10%～13%为宜，高蛋白含量（＞13%）的小麦粉或强筋型小麦粉制作的馒头，虽表面光滑，但质地与口感均较差。

③蛋白质含量与面条品质。蛋白质含量与面条色泽、表观状况、光滑度、质地（硬度和弹性）和口感密切相关。不同种类的面条对蛋白质含量的要求不一，日本的白盐面条要求小麦粉的蛋白质含量要低，一般为8%～11%；中国的黄碱面条要求蛋白质含量在9%～13%；Shelke等认为，中国碱水面条蛋白质含量的适宜范围为10%～11.5%。蛋白质含量低时，面条易断条、浑汤、无咬劲；蛋白质含量过高时，面条生产不易操作、起毛边、口感粗糙。挂面要求蛋白质含量比鲜湿面条的要高，原因是蛋白质含量低时，挂面易断条。在方便面生产中，蛋白质含量更为重要，蛋白质含量过低，就不能形成理想的、细密均匀的面筋网络结构，成品强度低、易折断、内在质量差；蛋白质含量过高，会导致面条色泽变暗、发硬、适口性差、不易复合、易断裂。对于油炸方便面来说，随着蛋白质含量的增加，油炸过程中面条吸油量减少。

（2）蛋白质组分。小麦蛋白质组分与品质之间有着密切关系，决定烘烤品质的遗传差异。小麦蛋白质组分依据溶解度不同分为：清蛋白（溶于稀盐酸）、球蛋白（溶于稀盐酸）、醇溶蛋白（溶于70%乙醇）、谷蛋白（溶于稀醋酸），以及一些未被抽提的残余蛋白质（表11-8）。

表11-8 小麦籽粒中的蛋白质种类及性质

种类	占籽粒干重（%）	占蛋白质总量（%）	主要性状
清蛋白	0.63～4.35	4.1～24.9	高含赖氨酸，营养价值高
球蛋白	0.36～1.37	4.4～13.1	高含赖氨酸，营养价值高，蛋氨酸缺乏
醇溶蛋白	2.06～4.77	29.4～39.6	富于粘连，延伸性和膨胀性，在面团流变特性方面起粘滞作用
麦谷蛋白	1.99～5.44	36.6～47.5	富有弹性和可塑性，与面团的揉合时间和稳定性有关
不溶蛋白	0.21～2.77	3.7～14.8	不清

资料引自：《小麦品质及其改良》，2000年。

清蛋白和球蛋白存在于胚和糊粉层中，为单体蛋白，也是主要的结构蛋白，占小麦蛋白质总量的比例小，主要功能是作为蛋白酶类参与各种代谢反应，对加工品质作用不大。醇溶蛋白和麦谷蛋白存在于胚乳中，为贮藏蛋白，占小麦总蛋白质的80%左右，其中醇溶蛋白决定面团的黏性和延伸性，麦谷蛋白主要决定面团的强度和弹性。

①醇溶蛋白。醇溶蛋白是单链多肽的异质混合物，在自然状态下溶解于70%的酒精。依照在A-PAGE（酸-PAGE）中的迁移率，它们被分为4组：α-（最快的迁移率）、β-、γ-和ω-醇溶蛋白（最低的迁移率）。分子质量在30 000～75 000u之间变化。γ-型醇溶蛋白与α-和β-醇溶蛋白在天冬氨酸、脯氨酸、甲硫氨酸、酪氨酸、苯基丙氨酸和色氨酸的数量上存在差异。ω-醇溶蛋白在氨基酸组成上不同于其他醇溶蛋白而且无半胱氨酸。ω-醇溶蛋白的特征是高含量的谷氨酰胺（40%～50%）、脯氨酸（20%～30%）和苯基丙氨酸（7%～

9%），表现大于80%完整的氨基酸残基。所有的醇溶蛋白含有低含量的这些氨基酸（组氨酸、精氨酸、赖氨酸和带有自由羧基组的天冬氨酸和谷氨酸）。谷氨酸和天冬氨酸大多数完全地作为氨基化合物存在。根据他们N-末端氨基酸序列谷氨酸也能被鉴定出来。

已明确编码醇溶蛋白的基因位于第1组和第6组部分同源染色体的短臂上，它们紧密地连锁位于1组染色体的3个异质位点Gli-A1、Gli-B1和Gli-D1，和6组染色体的Gli-A2、Gli-B2和Gli-D2位点，Gli-1基因编码全部的ω-和大多数的γ-醇溶蛋白和少数的β-醇溶蛋白及LMW-GS的编码基因，而Gli-2基因编码所有的α-和大多数的β-和部分γ-醇溶蛋白。在普通小麦上鉴定出111个醇溶蛋白等位基因，Gli-Al、Gli-Bl、Gli-D1、Gli-A2、Gli-B2和Gli-D2位点的基因数分别为18、16、12、24、22和19个。Gli-1中每个位点的基因间重组比Glu-1中的X和Y基因重组更少见，因此Sozinov等人提出了麦醇溶蛋白遗传块（gliadin heredity blocks）的概念。醇溶蛋白的遗传表现为孟德尔式的遗传特点，杂交后代醇溶蛋白基因几乎不发生重组。目前国际上比较通用的命名法是Metakovsky（1991）的醇溶蛋白块命名法。

不同醇溶蛋白基因位点上的变异与小麦品质间存在相关性（Metakovasky，1991）。大量研究表明，某些醇溶蛋白及其组分与小麦品质、抗病性、抗逆性或其他农艺性状关系密切。例如，在普通小麦中，醇溶蛋白谱带Rm43.5和Rm59.0可以提高面筋含量和面包体积，而Rm40.0和Rm58.0则相反。晏月明等研究发现，对品质的影响较小的醇溶蛋白块有Gli-1A6、Gli-1B6、Gli-1D3等，而对品质的影响较大的醇溶蛋白块有Gli-1A7、Gli-1B1、Gli-1D4，Gli-6A3、Gli-6B2和Gli-6D2等。对于醇溶蛋白位点的贡献，有研究认为，Gli-1位点对品质的贡献要明显低于Gli-2；对于醇溶蛋白对面团流变学特性及其烘烤品质的影响，国内外科研人员做了大量的研究并取得了较大的进展，但醇溶蛋白组分及相对含量、其与麦谷蛋白的比例、相互作用以及与环境因素的互作等问题对不同的品质参数的影响还有待进一步探索。

②麦谷蛋白质。根据十二烷基硫酸钠聚丙烯酰胺凝胶电泳的迁移率，将麦谷蛋白分为高分子量麦谷蛋白亚基（HMW-GS）和低分子量麦谷蛋白亚基（LMW-GS）两大类。

HMW-GS是由位于第一染色体组长臂Glu-1位点上的基因编码的（1A、1B和1D），这些位点分别命名为Glu-A1、Glu-B1和Glu-D1。每一个位点包括两个连锁基因编码两种不同类型的HMW-GS，x-和y-型亚基。x-型亚基在SDS-PAGE中，通常电泳迁移率较低，且分子量高于y-型亚基。Shewry等将HMW-GS分为3个区域：1个由大量短氨基酸序列组成的中心重复域和两个含有大量半胱氨酸（Cys）残基的非重复末端结构域（N-末端区、C-末端区）。分子间形成二硫键，产生高分子量的线形聚合物，使面团具有良好的弹性。一般每个小麦品种具有3～5个HMW-GS，其中2个由Glu-D1编码，1个或2个由Glu-B1编码，Glu-A1编码1个或无。Payne和Lawrence（1983）总结出Glu-1位点等位基因的范围，Glu-1A有3种等位基因的形式，Glu-1B有11种等位基因，Glu-1D有6种等位基因。在Glu-A1位点有$Glu-A1a$（1）、$Glu-A1b$（2*）和$Glu-A13c$（null）3种等位基因形式，$Glu-B1$位点有11种等位基因，其中比较常见的是$Glu-B1a$（7）、$Glu-B1b$（7+8）、$Glu-B1c$（7+9）、$Glu-B1d$（6+8）、$Glu-B1i$（17+18）和$Glu-B1e$（20），$Glu-D1$位点有6种等位基因形式，其中常见的等位基因是$Glu-D1a$（2+12）和$Glu-D1d$（5+10）。

对于 HMW‑GS 不同位点或亚基以及单个亚基对小麦烘烤品质的贡献，国内外学者做了大量研究。Payne 等采用 SDS‑PAGE 技术研究发现，面粉中的高分子量谷蛋白亚基（HMW‑GS）的组成与烘焙品质密切相关，并以 SDS 沉淀值作为烘焙品质的代表指标，制定了亚基品质评分系统，并指出等位基因的影响具有加性效应。Gupta 等（1994）提出 Glu‑A1 位点对小麦品质性状的效应未达显著水平，而 Glu‑A1 和 Glu‑D1 以及 Glu‑B1 和 Glu‑D1 之间的互作效应达显著水平；Lawrence 等（1996）发现，缺失任何 HMW‑GS 亚基的都会导致烘烤品质变劣，但每个 Glu‑1 位点的缺失对品质的影响不同：Glu‑D1≥Glu‑B1＞Glu‑A1。认为 Glu‑A1 位点的缺失对品质影响较小的原因是，该位点编码的亚基数目和总量比 Glu‑D1 和 Glu‑B1 少。马传喜等（1993）研究表明，中国小麦品种 Glu‑D1 染色体上为 5＋10 亚基和 Glu‑A1 染色体上为 1 或 2* 亚基的品种较少，而 2＋12 亚基和缺失（N）的品种较多，是中国小麦品种面包烘烤品质较差的一个重要原因。张怀刚等（1995）对青海高原 61 个春小麦品种的高分子量麦谷蛋白亚基进行了分析，发现带有优质亚基的品种比率低，且没有发现具有理想优质亚基组成的品种；当时种植的品种都缺优质亚基 5＋10，有的甚至缺亚基 1 或 2；Glu‑1 位点 3 个等位基因的优质 HMW‑GS 在青海高原春小麦品种中都存在。张延滨（2003）研究表明，黑龙江省小麦品种中 1 和 2* 亚基的频率较高，黑龙江省播种面积较大的主栽品种均不含有 5＋10 亚基。柳娜等（2016）对 104 份甘肃育成小麦品种品质基因的分子标记检测结果表明，甘肃育成小麦品种中含适合加工馒头和面粉等传统食品的单个品质优质基因频率较高，而优质基因组合的比例较低。张平平等（2009）选用中国春播麦区 23 份和北部冬麦区 21 份品种（系），发现 Glu‑1 位点等位变异及其亚基表达量显著影响谷蛋白聚合体的粒度分布，且影响程度受蛋白质含量，尤其是高分子量谷蛋白总量水平的影响。Glu‑B1 和 Glu‑D1 位点单个亚基对两者的贡献分别为 7OE＋8*＞7＋9＞17＋18＞7＋8、5＋10＞2＋12。Luo 等（2001）认为，1、2* 和 5＋10 比 7＋8、7＋9 对沉降值作用大，这些亚基比其他亚基在烘烤品质上有更大的正向效应。马传喜等（1993）选取了世界上主要的面包小麦品种及资源，探讨了麦谷蛋白亚基对小麦品质的贡献。结果表明，在 Glu‑1 三个基因位点中，Glu‑B1、Glu‑D1 较为重要，Glu‑A1 的作用较小。其中，来源于 Glu‑D1 位点的 5＋10 和 Glu‑B1 的 7＋8、17＋18 亚基与面包烘焙品质呈正相关，而来源于 Glu‑D1 的 2＋12 和 Glu‑B1 的 7＋9 亚基与烘焙品质呈负相关。李菡（2003）的实验也证明，Glu‑D1 中的 5＋10 亚基和 Glu‑A1 中的 1Ax1、1Ax2* 亚基对馒头体积具有正向效应，是影响馒头品质的优质亚基。范玉顶（2005）认为，HMW‑GS 对馒头体积、重量、比容、结构和黏性的影响较大，对外观、色泽、弹韧性、气味影响较小。并且发现，含 4＋12 亚基的品种制作的馒头外观和结构比较好；含 14＋15 亚基的品种制作的馒头黏性好，但外观和结构较差；亚基组合为 1、17＋18、5＋10 的品种制作的馒头体积和比容最高；组合为 N、7＋9、2＋12 品种的馒头结构最好；组合为 1、14＋15、2＋12 品种的馒头色泽最好；组合为 N、14＋15、2＋12 品种的馒头黏性最好。康志钰等（2005）的研究表明，5＋10、7、22 亚基对馒头结构有较大的正向效应，2＋10 亚基对馒头比容、弹韧性、气味有负面影响，为劣质亚基；对于馒头外观，2＋12 亚基为劣质亚基；对于馒头色泽和黏牙性，2＋11 亚基为劣质亚基，该结论在对 2＋12 亚基观点上与范玉顶的研究不一致，可能是因为馒头制作工艺和评价标准不一致的缘故。康志钰等（2003）研究认为，优质拉面小麦理想的亚基组合应为 1、17＋18、5＋10 组合或 2*、17＋18、5＋10 组合，而 2＋10、

2+11 和 2+12 亚基对拉面品质的作用普遍较低，为劣质亚基。因此，对不同加工工艺中亚基的变化规律还需做进一步的研究。通常认为含有 5+10、7+8、17+18 亚基的小麦形成的面筋强度高，可作为优良烘烤品质的标志。不同的研究者利用不同的材料在分析 HMW-GS 各位点及单个亚基对品质的贡献时，尽管研究结果存在差异，但多数学者认为，Glu-A1 位点上 1 与 2* 优于 N，Glu-B1 位点 7oe+8*、7+8 优于其他亚基，Glu-D1 位点 5+10 优于 2+12。HMW-GS 各位点及各亚基的表达量在不同的品种中含量不同，对小麦加工品质有一定的影响。Huang 等的研究认为，HMW-GS 表达量与面包体积呈正相关，HMW-GS 的表达量对面筋质量和小麦加工品质都起着非常重要的作用。

小麦加工品质的好坏不仅与 HMW-GS 有关，更受 LMW-GS 的影响。LMW-GS 占麦谷蛋白的 60%，大约是贮藏蛋白的 1/3。尽管 LMW-GS 含量丰富，但与 HMW-GS 相比受到很少的研究关注。LMW-GS 分别是由 1A、1B 和 1D 染色体短臂上 Glu-A3、Glu-B3 和 Glu-D3 位点上的基因控制的。Gupta 和 Shepherd（1990a）根据来自 32 个国家的 222 个六倍体小麦品种，发现 20 种等位变异，6 种位于 Glu-A3 位点，9 种位于 Glu-B3 位点，5 种位于 Glu-D3 位点。编码 LMW-GS 的 Glu-3 位点与编码醇溶蛋白的 Gli-1 位点连锁紧密，在 1A 和 1D 染色体短臂上的 Glu-3 位点的基因与位于这个染色体短臂上的编码醇溶蛋白基因不存在交换，而在 1Bs 上 Glu-B3 位点的基因与之交换率也极低，通过分析醇溶蛋白可同时鉴定与之紧密连锁的 Glu-3 等位基因。有研究表明，HMW-GS 与 LMW-GS 对小麦品质的影响具有累加效应和互作效应。目前对各位点和各亚基对面筋强度和各项评价指标的影响研究结果不同，刘丽对来自亚洲、欧洲、美洲等 12 个国家的 103 份小麦品种进行研究分析，建立了 LMW-GS 的标准命名系统。对加工品质性状的研究认为 Glu-A3 位点部分亚基优劣为：Glu-A3d>Glu-A3a>Glu-A3c>Glu-A3e，Glu-B3 位点部分亚基贡献为：Glu-B3d>Glu-B3b>Glu-B3f>Glu-B3j。Ikeda 等认为 Glu-D3 位点的编码基因数目较多，对品质贡献较大。Gupta 等（1994）研究表明各位点对最大阻力和和面时间的贡献为：Glu-B3>Glu-A3>Glu-D3，就各位点等位基因对面筋强度的贡献而言：在 Glu-A3 位点、Glu-B3 位点、Glu-D3 位点上亚基大小依次为 Glu-A3b>Glu-A3c>Glu-A3e，Glu-B3b>Glu-B3c，Glu-D3e>Glu-D3c=Glu-A3b>Glu-D3a>Glu-D3d。也有研究表明，当 Glu-A1 位点是 2* 基因时，LMW-GS 对沉降值的影响小于该位点为 null 的小麦品系；HMW 和 LMW 麦谷蛋白相互作用对沉降值的影响取决于蛋白质含量的大小，蛋白质含量大于或小于 14%，影响效果不同。LMW-GS 不影响面团强度而只影响面团的稳定性。还有研究表明，含 2*、7+8、2+12、Glu-A3b、Glu-B3b 和 Glu-D3b 的品种的延展性最好，亚基组合为 Glu-A3b、Glu-B3b 和 Glu-D3b，Glu-A3b、Glu-B3b 和 Glu-D3c，以及 Glu-A3c、Gl-uB3b 和 Glu-D3c 的品种，其面包品质最好。综上所述，HMW-GS 与 LMW-GS 两者之间的相互作用对品质的影响更明显，更能说明品质与蛋白之间的关系问题。因此，应更多地关注 LMW-GS 各等位基因与小麦品质的关系等，培育出更好的小麦品种。

③麦谷蛋白大聚体。面团是联系小麦和食品的中间纽带，是决定食品质量的关键因素，面团在形成过程中，麦谷蛋白在面筋中是以聚合体形式存在的。因此，研究麦谷蛋白大聚体（GMP）的大小和含量及在加工中的变化规律更有实践意义。

GMP 对面粉的烘焙品质起重要作用，GMP 含量的高低反映了面筋的强弱。Weegels 等

（1997）认为，GMP含量与粗蛋白含量、沉降值、面团形成时间及面包体积等性状相关极显著。Gupta（1998）研究了GMP粒度相对分布与面筋强度参数的关系，与Weegels得出了一致的结果。孙辉（2004）也发现，面粉中GMP含量高的品种，其面筋强度较大，最终面包烘烤品质较好，表明小麦粉中GMP的含量可以很好地预测小麦的加工品质。

陈万义等（2005）从动态角度研究了面团形成过程中GMP的变化后发现，在面团搅拌过程中GMP分子中的亚基组成没有变化，但亚基的含量发生了明显的变化。进一步研究表明，在面团搅拌过程中GMP分子中巯基和二硫键的含量都发生了有规律的变化，其中GMP分子中游离巯基含量变化和GMP含量变化呈负相关性，GMP分子中总巯基和二硫键含量变化与GMP含量变化呈正相关性，说明在面团搅拌过程中GMP发生了重聚和解聚现象。随着近红外检测技术和核磁共振技术的发展，在线检测面团形成过程中各种组分的变化成为可能，HMW-GS和GMP的变化将进一步被揭示出来，从动态考察小麦粉的加工品质，即加工工艺对食品品质的影响将逐步深入，成为研究的热点。

2. 小麦淀粉对品质的影响　淀粉是小麦籽粒胚乳中含量最多的储藏物质，占籽粒干重的65%～75%。小麦淀粉不仅有糊化温度低、热糊稳定性好、淀粉凝胶强度高等很多良好的特性，而且小麦淀粉的含量和组成、颗粒大小、糊化和膨胀特性等对小麦加工及食用品质都有显著影响。

小麦淀粉与小麦品质之间的关系非常密切，淀粉粒的大小、硬度、糊化特性及破损淀粉含量对小麦品质有重要影响。大量研究证明，小麦面粉的食用品质除与蛋白质的数量和质量等性状密切相关外，在很大程度上还取决于小麦淀粉的品质。小麦淀粉特性对馒头、面包、面条及其他面制品的加工和食用品质都具有重要影响。小麦淀粉的含量和颗粒性状等品质特性还会影响面粉的出粉率、白度等。

（1）淀粉组成对品质的影响。小麦淀粉主要由直链淀粉和支链淀粉组成，直链淀粉占20%～25%，支链淀粉占75%～80%。淀粉在小麦籽粒中以颗粒的形式存在，淀粉粒有2种类型：A型和B型。A型淀粉粒颗粒较大，呈透镜状，占12%左右；B型淀粉粒较小，占总量的88%左右。

馒头质量和淀粉组成的关系很大，通常直链淀粉含量与馒头体积、比容、高度及感官评分均呈负相关；而支链淀粉恰好相反，呈正相关。直链淀粉含量多的小麦粉制作的馒头体积小、韧性差、发黏、易老化、酸味强；而直链淀粉含量偏低或中等的小麦粉制作的馒头体积大、韧弹性好、不黏、食用品质好。

多数面条的食用品质（光滑性及口感）受淀粉品质的影响，制作优质面条的面粉应具有一个适宜的直链淀粉与支链淀粉比例。直链淀粉含量高的面粉制成的面条，食用品质差、韧性差而黏；而直链淀粉含量偏低或中等的面粉制成的面条品质好、有韧性、不黏，一般来说，含支链淀粉比例高、糊化温度低的面粉制成的面条口感较好。日本学者Toyokawa等（1989）的研究表明，淀粉是决定日式面条品质的最重要因素，淀粉的质量对日式面条的质地（黏弹性）有重要作用。并且发现，面粉的吸水能力与面条的黏弹性高度相关，直链淀粉增多，面条的吸水力减小，同时面条的硬度和弹性减小。淀粉与面条及煮面品质的关系已成为研究日式面条品质的热点。国内学者也重视淀粉方面的研究。魏益民等（1998）研究了淀粉对挂面及方便面品质的影响，指出淀粉对此类产品的影响主要体现在对蛋白质作用的缓解方面，通过对面筋结构的填充与稀释作用，增加了产品的白度与光滑性，削弱了面筋的强度，以利于加工。

（2）淀粉特性对品质的影响。淀粉特性主要与淀粉粒大小和比例、直链淀粉的含量、直链淀粉与支链淀粉的比例有关，高的峰值黏度和崩解值总是与低的直链淀粉含量同时出现。面粉直链淀粉含量对小麦面粉膨胀势有显著影响，不同小麦基因型面粉膨胀特性的变异很大程度上取决于直链淀粉含量的变异。

淀粉特性对面条品质有重要影响，多数面条品质参数，特别是食用品质（如面条软度、光滑性及口感等）受面粉中淀粉特性的影响。面粉膨胀体积和膨胀势高、峰值黏度高、糊化温度低、崩解速度快，加工的白盐面条品质优良。全麦粉、面粉和淀粉的膨胀和黏度特性与面条品质高度正相关。直链淀粉的含量对小麦淀粉特性和面粉品质具有重要影响，是影响面条品质的重要因素。直链淀粉含量较低的小麦品种或面粉在面条软度、黏性、光滑性、口感和综合评分等品质参数上有较好的表现。直链淀粉含量低是澳大利亚标准白麦适合制作乌冬面的一个重要原因。

面制品在煮熟或烘烤过程中，淀粉特性直接影响食品的组织结构。研究表明，淀粉的膨胀势和 RVA 参数与馒头品质存在着显著的正相关，用膨胀势和 RVA 参数相对较高的面粉蒸制的馒头，外观挺立对称，光泽度好，馒头的内部结构和弹韧性也比较好。

大量研究认为，淀粉的特性，尤其是淀粉糊的高峰黏度对面条品质有重要的影响和作用，峰值黏度高的品种，具有优良的面条加工品质。Konik 等（1994）报道，除了峰值黏度，所有的 RVA 参数均与黄色加碱面条的硬度正相关，而淀粉膨胀势与面条的硬度负相关。姚大年等（1999）对小麦品种主要淀粉性状，包括直链淀粉含量、面粉膨胀势和 RVA 参数与面条的关系进行了研究，结果表明，膨胀势、峰值黏度和面条评分间呈显著正相关，直链淀粉含量与面条品质评分呈极显著负相关，优质面条应具有低直链淀粉含量、高膨胀势和高的峰值黏度等特性，并据此建立了面条评分的回归方程。

（二）环境因素对小麦品质的影响

小麦同一品种在不同的环境条件下，其品质会表现出差异，造成差异的原因就是环境因素。张梅妞等（2005）对青海高原和黄土高原两种环境下 16 个春小麦品种籽品质性状进行的比较研究表明，黄土高原的面团流变学特性明显优于青海高原的。曾创造了单产 15 195kg/hm² 春小麦高产纪录的品种高原 338，在青海高原不同生态环境下籽粒蛋白含量呈现明显差异（表 11 - 9），这就是生态环境差异所致。

表 11 - 9　高原 338 籽粒蛋白质含量的地区分布

产地	代表地区	籽粒蛋白质含量（%）
青海都兰香日德	柴达木盆地	8.41
青海互助安定	高位水地	9.87
青海湟中大源	半浅半脑山地区	10.10
青海平安	湟水流域	10.55
青海贵德瓦农	黄河流域	10.69

环境因子对小麦品质的影响往往不是单一的，而是多个因子综合作用的结果。国内外研究认为，干旱、少雨及光照充足有利于小麦蛋白质和面筋含量的提高。陈云娥等（1988）研

究发现，相同品种在不同年份间品质变化都是气候因子综合影响的结果。庄巧生（1999）指出，在气候、土壤、品种3个因子中，气候生态因子对小麦品质的影响最大，以温度、光照和水分最为重要。而在诸气候生态因子中，小麦开花至成熟期间的日平均温度是影响小麦品质的首要因子，其次是日温差、降雨量和日照时数（荆奇等，2003；郭天财等，2003）。

1. 温度对小麦品质的影响　温度通过以下方式影响小麦籽粒蛋白质含量及品质：影响根系对氮素的吸收速度；影响蛋白酶的活性和蛋白质的降解；影响光合作用和碳水化合物的积累速度；影响植株体各器官的衰老进程和籽粒灌浆持续期；影响土壤中硝化菌对氮素的吸收。温度对小麦品质性状的影响与灌浆期温度范围有关，不同温度范围时，小麦品质性状所受影响不同。年均气温及地温会影响到小麦籽粒蛋白质含量。崔读昌等（1987）、李宗智等（1991）分别分析了中国小麦籽粒蛋白质含量和沉降值与气候条件的关系，结果表明，年均气温每升高1℃，蛋白质含量提高0.435%，沉降值增加1.09mL。Taylor研究表明，气温在25℃时小麦种子发芽最好，根部生长最为健康。闫润涛（1985）研究表明，春季地温与籽粒蛋白质含量呈高度正相关，在8～20℃范围内，地温每升高1℃，蛋白质含量平均增加0.4%，这主要是因为较高的地温有利于土壤中消化菌释放出较多的有效氮，且适宜的地温增加了根系对氮素的吸收。有研究认为，25℃的温度能降低土壤中水溶性磷酸盐的量，减少进入植株体内的磷，致使小麦籽粒中氮积累相对较多。

小麦从开花到成熟是品质形成的关键时期，在一定温度范围内，小麦籽粒蛋白质含量随温度的升高而提高。Blanche等（1986）综合17年的资料，在冬小麦灌浆早期，17年中气温平均上升1℃，籽粒蛋白含量提高0.07%。张国泰等（1991）研究了分期播种条件下小麦籽粒蛋白质含量与温度的关系，结果是开花到成熟期间的日平均气温与籽粒蛋白质含量全部呈正相关，27个品种的相关系数达1%极显著水平，2个品种达5%显著水平。尚勋武等（2003）认为，小麦灌浆期间适宜的高温有利于籽粒蛋白质的合成和积累，有利于面粉筋力的改善，但此期间温度过高（≥30℃）时，将使籽粒蛋白质的积累受到限制，面粉筋力也随之下降。

吴东兵等1998—2000年在北京进行的3年田间春播试验表明，北京试点春播小麦抽穗一成熟期间的日平均气温和平均昼夜温差与籽粒蛋白质含量呈负相关，温差与之的负相关达显著水平，可能与此期高温有关，因为春播小麦整个灌浆过程处在高温条件（日均温24～29℃，平均昼夜温差10～14℃），导致与小麦籽粒蛋白质含量呈负相关；同时得出日均温和昼夜温差皆与沉降值呈5%水平的显著负相关结果。但对温度与蛋白质含量关系的研究也有不同的结论，董洪平（1989）对北方冬麦种植区的品种区域试验资料分析后认为，小麦籽粒蛋白质含量与灌浆期间19.6～22.8℃范围的温度呈负相关，与4～6月份9.3～12.2℃范围的平均温度也呈负相关，似乎凉爽气候有利于蛋白质积累。

直接影响蛋白质含量的温度是成熟前15～25d的土壤温度和日最高气温。Campbell（1979，1981）研究表明，当昼夜温度从22℃/12℃上升到27℃/12℃时，蛋白质的含量从9%提高到13%。Prugar的试验结果表明，影响蛋白质含量的最关键时期在成熟前15～20d。温度对小麦籽粒蛋白质含量是直接影响还是通过降低产量而产生的间接影响，不同研究报道结果不一致。Partridge（1972）采用抽样方差分析表明，温度对小麦籽粒蛋白质含量的85%是通过产量间接影响的，直接影响仅为15%。而Campbell（1979）研究指出，温度对小麦籽粒蛋白质含量影响中直接影响占51%，而49%是由于产量的降低而产生的，但他同时也承认温度主要是通过产量而影响籽粒蛋白质含量，高温下粒重降低导致籽粒蛋白质含量相对升高。Tayor（1971）、Fowler（1990）、Randall（1990）、刘淑贞（1989）等的研究也证明，小麦开花到成熟期15~32℃范围内，随温度升高籽粒干物质和氮、磷的积累速度加快，灌浆持续期缩短，到成熟时粒重明显降低，而籽粒中氮、磷浓度和蛋白质含量有所提高；但当温度升到32℃以上时，则不利于蛋白质含量的提高，因为高温加速停止了营养生长和生殖生长，小麦从开花到成熟是品质形成的关键时期，在一定温度范围内，小麦籽粒蛋白质含量随温度的升高而提高。

灌浆期气温会影响到蛋白质的品质，一般情况下，温度上升时蛋白质含量增加的同时，赖氨酸、缬氨酸、苏氨酸等含量降低，而谷氨酸、脯氨酸、苯丙氨酸却提高。高温也会引起籽粒蛋白质组分的明显变化，改变籽粒贮藏蛋白的组分及醇溶蛋白与麦谷蛋白的比例，降低面团流变学特性，从而影响小麦的籽粒品质。Blumenthal等（1991）研究认为，在高温条件下醇溶蛋白的合成速度比麦谷蛋白快，醇溶蛋白占蛋白质的比例升高，使麦谷蛋白/醇溶蛋白的比值降低，而使其面团强度、面包体积等烘烤品质变劣。Randall和Moss（1990）指出，当温度在30℃以下时，面团强度随温度的升高而增强，但超过这个临界温度时，仅3d时间就导致面团强度下降。Stone和Nicolas（1994）通过对75个小麦品种研究发现，小麦开花后短时间的高温胁迫（日最高40℃，3d）就可以使小麦品质变劣，面条膨胀势变小。赵辉等（2005）研究表明，灌浆期高温提高了小麦籽粒蛋白质含量，且随温度升高籽粒清蛋白、球蛋白和醇溶蛋白含量均有显著的增加，但麦谷蛋白含量降低，其麦谷蛋白/醇溶蛋白的比值均随温度的上升而下降；适温处理条件（26℃/14℃和24℃/16℃）下，麦谷蛋白/醇溶蛋白比值在整个灌浆期都较高，表明在适宜的温度条件下，面粉品质较好。Benzian（1986）在英国17年冬小麦实验资料表明，在籽粒灌浆期出现的高温会促使籽粒中形成大量的优质蛋白质。

温度对淀粉含量的影响也表明，籽粒淀粉含量与开花成熟期的日均温呈二次曲线的相关关系（姚大年等，2000；Daniel & Triboy，2002）；小麦淀粉形成的适宜温度在15~20℃间（金善宝，1992；姚大年等，2000）。

2. 水分对小麦品质的影响　国内外的许多研究表明，小麦品质与天然降水或土壤水分呈负相关。土壤水分过多一方面容易冲掉小麦根部的硝酸盐，使氮素供应不足，引起根系早衰；另一方面也影响光合作用和拖延营养运转时间。在抽穗至乳熟这段时间内，土壤湿度过大会使蛋白质和面筋的含量降低（Simina，1985），还可降低面筋弹性，增加张力，影响烘烤品质（Jarze-binski，1978）；但土壤含水量过少时，产量和蛋白质含量同样会降低（Simina，1985）。干旱有利于土壤中氮素的积累和小麦籽粒蛋白质的形成，因为降水可使根系活力降低，有碍于蛋白质合成。国外的多数研究结果发现，在小麦开花、蜡熟阶段，给予水分胁迫处理，可以明显提高小麦面粉的蛋白质含量。Smika等（1973）研究指出，小麦成熟前40~55d的15d内，其蛋白质含量与降雨量极显著负相关；抽穗后15内，每降雨12.5mm，籽粒的蛋白质含量降低0.75%。Allan（1942）根据14年的数据研究了加拿大干旱带7个点4月1日至8月3日降雨量及其分布对小麦蛋白质的影响，34%是由于降雨的变化而引起的，降水通过提高籽粒淀粉产量，稀释籽粒中氮含量且使根系活力降低，对土壤有效氮的淋溶或反硝化作用，减少了籽粒蛋白质的合成；加拿大的Sosulsk（1996）试验表明，增加水分胁迫程度可使蛋白质含量提高25%。但Benzian（1986）、Partrige（1972）提出相反观点，认为水分胁迫对蛋白质含量无显著影响。有研究表明，小麦灌浆成熟期在高温多湿气候下，蛋白质含量偏低或中等水平，但如果降雨期偏早，小麦蛋白质含量则增加，能形成较好的品质，但在这种条件下小麦粒重却降低，制粉特性偏低，面粉色泽也下降。如果雨期偏晚，容易引起穗发芽，小麦的面粉质量也降低，黏性和弹性都差。

3. 日照对小麦品质的影响　小麦在不同生育期，光照强度对品质影响不同。前苏联学者在论述太阳辐射与春小麦产量和品质的关系时认为，若改善品质，则由抽穗至乳熟期间日照总时数所制约（$r=0.905$）。吴东兵等 1998—2001 年实验表明，抽穗到成熟期间，总日照时数与湿面筋含量呈极显著正相关。在小麦生长后期，光照充足，叶片的光合强度大，二氧化碳和水的利用率高，有利于碳水化合物的形成，蛋白质的相对含量呈下降趋势，所以在小麦生长后期，愈是光照条件好，籽粒产量高，蛋白质的相对含量反而降低。多数报道认为，在小麦灌浆期，光辐射强度与籽粒蛋白质含量呈负相关，减少籽粒发育期的光辐射强度可使籽粒氮素积累增多。中国的小麦生态研究也认为，小麦开花至成熟期籽粒蛋白质含量与日照时数呈负相关；曹广才等（2004）认为，开花至成熟期总日照时数与蛋白质含量呈负相关。

4. 土壤对小麦品质的影响　土壤的理化性质直接影响小麦生长发育及籽粒品质形成。一般认为，土壤的氮素水平、土壤水分、土壤质地等对小麦品质影响较大。

（1）土壤养分的影响。氮素约占小麦籽粒干重的 $2.1\%\sim3.0\%$，占蛋白质重量的 $16\%\sim17\%$，是蛋白质的重要成分。因而氮素的供应量、供应时期及供应方式直接影响小麦籽粒产量和品质。

小麦当年吸收的总氮量中约有 2/3 的来自土壤氮，所以土壤中的氮素水平对籽粒蛋白质有重要作用。北京农业大学梅楠教授用 ^{15}N 测定证实，在氮素水平不同的土壤上种植小麦，不施肥条件下，籽粒蛋白质含量有很大差异，施入等量肥料后，籽粒蛋白质含量随施氮量的增加，几乎保持着平行的直线函数关系，说明即使在施肥条件下，土壤氮素水平对籽粒蛋白质含量也是不可缺少的。一般认为，在一定范围内，随施氮量增加，籽粒蛋白质含量增加，人体必需的多种氨基酸含量随之提高，但当施氮量超过一定量后籽粒蛋白质含量趋于稳定，而其他营养品质以及加工品质则下降，且施氮量的高低与品种、土壤肥力和生态条件等因素有关。

在氮肥施用量方面，王月福等（2003）研究表明，适量增施氮肥可促进营养器官贮存性同化物向籽粒的运转，增加占粒重的比例，提高籽粒可溶性糖含量，促进淀粉积累，进而增加粒重；过量施用氮肥虽促进了开花后小麦的碳素同化，但不利于营养器官贮存性同化物向籽粒中的再分配，籽粒可溶性糖含量减少、影响淀粉积累，导致粒重降低。对于目前多数普通小麦品种来说，蛋白质含量在 $11\%\sim16\%$ 范围内，籽粒产量和蛋白质的矛盾不大，通过增施氮肥两者可以同时增长，当蛋白质含量达到 16% 以上时，两者矛盾变得尖锐起来，此时增施氮肥通常是以牺牲产量为代价提高蛋白质含量。

小麦在全生育期内均能吸收根外所施的氮素营养，但不同时期的氮作用各异。小麦全生育期氮素充足则产量和籽粒蛋白质含量均高。但前期施氮有利于分蘖而增加穗数，后期施氮有利于蛋白质含量的增加、影响氨基酸组成。孔令聪等（1996）研究认为，增施氮肥能明显提高产量和品质，籽粒蛋白质含量随着施氮时期的后延而呈增加趋势。Zeddles（1982）认为穗期施氮可明显提高蛋白质含量，但主要增加醇溶蛋白含量。

氮素和水分之间存在一定的相互作用，一般认为在土壤供氮充足的条件下，土壤水分不足，籽粒产量下降，蛋白质含量增加，产量与蛋白质含量呈负相关；相反，在土壤供氮不足的条件下，土壤水分充足，籽粒产量明显提高，蛋白质含量可能下降；若把水分与增施氮肥相结合，则产量和蛋白质含量同时增长，两者正相关，或至少蛋白质含量不下降。

施磷对小麦籽粒品质有良好的作用。李春喜等（1989）分别以不同小麦品种在不同地区进行施磷水平的试验，表明不同施磷处理对小麦蛋白质含量、氨基酸含量均有较大影响，施磷使产量提高过快，造成籽粒中氮被稀释，可能会降低蛋白质含量。氮磷配施对提高小麦产量和改进品质作用很大，是高产优质的一条重要途径。

钾对小麦品质的影响是通过改善氮代谢而发挥作用的，适当施用钾肥可以改善小麦品质。Authamen（1965）、阎润涛等（1985）、贾振华（1992）等都得到类似的研究结果。但必须要有充足的氮、磷供应，钾的施用才会显示出良好的效果。

硫是小麦贮藏蛋白的重要组成元素，施硫可以提高蛋白质凝胶蛋白和多聚体蛋白组分，硫的施用增加了面团延展性，降低了面团弹性。

锌、铅等元素可增加籽粒蛋白质含量，而且可改变氨基酸的组成比例，降低必需氨基酸含量。也有研究表明，土壤微量元素与籽粒蛋白质含量间的相关性很小。

（2）土壤质地的影响。土壤质地不同，对小麦品质影响也不同。一般认为小麦蛋白质含量随土质黏重程度的提高而增加，质地黏重，其蛋白质含量较高。王绍中等（1995）将河南省 60 个试验站的小麦（相同品种）蛋白质含量与土壤质地种类进行统计分析表明，随土壤质地由沙—沙壤—中壤转变，小麦蛋白质含量由 10.4% 上升到 14.91%，土质继续变黏，则蛋白质含量下降。Stewart（1990）利用 20a 的数据分析证明，土壤质地不同，对小麦蛋白质含量的影响不同，在加拿大棕壤带种植的小麦蛋白质含量最高，从棕壤带到黑土带逐渐降低。土壤剖面 15～46cm 的磷、钾、硝态氮、有机质含量及土表 15cm 有机质含量对小麦蛋白质含量有显著影响。Porter（1980）研究指出，深层土壤剖面有机质含量每增加 0.1%，对蛋白质含量的影响相当于该土层每 20mg/kg 硝态氮所产生的影响。

5. 海拔高度与纬度对小麦品质的影响　在西北高海拔春小麦种植区，小麦籽粒蛋白质含量有随海拔上升而随之降低，品质也随之变差。春小麦品种高原 338 在青海高原海拔 2 100～2 900m 区域种植，籽粒蛋白质含量随着海拔的升高而降低，同样，春小麦品种高原 602 在甘肃河西走廊海拔 1 700～2 400m 范围种植，籽粒蛋白质含量的变化趋势也是如此（表 11-10）。尚勋武等（2003）在甘肃省河西走廊中段海拔 1 330～2 300m 范围布置多点试验，研究了强筋小麦甘春 20 号（以武春 2 号为对照）蛋白质含量随海拔的变化情况，结果表明，随海拔的增加，小麦籽粒蛋白质含量呈"低—高—低"的变化特点，拐点在海拔 1 600m 左右。

表 11-10　不同海拔高度春小麦籽粒蛋白质含量的变化

品种	种植地点	海拔（m）	籽粒蛋白质含量（%）
	青海香日德	2 900	8.71
高原 338	青海湟中	2 400	10.35
	青海平安	2 100	10.65
	甘肃山丹霍城	2 400	11.80
高原 602	甘肃山丹永兴	1 900	14.22
	甘肃山丹东乐	1 700	15.67

吴东兵（2003）报道，生态高度与品种的生育期长短呈正相关，与小麦籽粒蛋白量含量、湿面筋含量、沉降值、降落值之间一般皆呈负相关，某些品种的部分品质性状指标甚至呈显著或极显著负相关。

金善宝（1992）和李鸿恩（1995）研究认为，蛋白质、湿面筋含量与纬度呈正相关。可见，地形因子对小麦籽粒蛋白质含量的影响不仅仅是温度、光照、水分、施肥等环境条件有关，而且与品种也有密切关系。

海拔高度与纬度对小麦品质的影响，实际上可归结为光、热、水、土等环境因子互作对籽粒性状的综合影响。高纬度、高海拔，气温较低，小麦生育天数延长，蛋白质合成天数增多，但积累速率大幅下降，所以相对来说蛋白质含量有下降的趋势。

6. 病虫害及大气污染对小麦品质的影响　植物病害不仅影响小麦产量也影响籽粒品质。Smika（1973）报道，病害引起的黄斑率上升 10％，籽粒蛋白质含量下降 0.4％。Bateman（1990）指出，籽粒的含氮量随着麦类全蚀病侵害加重而降低，但籽粒中氮的百分率不受影响。Wratten（1978）、Lee（1976）及中国的杨益友（1991）研究认为，蚜虫危害可以降低籽粒蛋白质含量，但 Chilikina（1974）、Carillo（1976）报道，麦蚜危害可提高籽粒蛋白质含量。Eriesen（1960）、Kolobora（1971）研究表明，杂草抑制蛋白质合成，降低籽粒品质，除草后小麦蛋白质含量明显增加。超过 0.05 mg/kg 的臭氧对植物有毒性作用，Muichi（1986）、Slaughter（1989）研究了近地面大气层中臭氧的含量，发现其在干燥温暖带对小麦品质有一定的影响，而在冷湿带则无大的影响。孔令聪等（1996）研究认为，增施氮肥能明显提高产量和品质，籽粒蛋白质含量随着施氮时期的后延而呈增加趋势。Zeddles（1982）认为，穗期施氮可明显提高蛋白质含量，但主要增加醇溶蛋白含量。

7. 播期对小麦品质的影响　播期的差异反映了生长条件的差异，即生长发育过程中经受的温光条件不同，因而影响籽粒产量及品质，但也有人认为播种期对小麦的影响主要是由温度的差异引起的。小麦产量达到最大的适宜温度为 19～20℃，小麦淀粉形成的适宜温度在 15～20℃；在适宜的日温差范围内（8～9℃），产量与千粒重达到最大水平，日温差大于或小于适宜温度，产量与千粒重都下降；随开花至成熟期总降雨量的增大，产量与千粒重先逐渐增大，当降雨大于 140～150mm 后，产量和千粒重都将呈下降趋势；花后适宜的温度（21～22℃）、充足的日照以及较少的降雨有利于籽粒蛋白质的积累；花后较少的日照与充足的降雨量有利于淀粉的积累，这也是淀粉与蛋白质含量不能同步增长的主要原因。

播期对小麦产量和品质的影响效应不同步，适当推迟播期可提高小麦品质水平，但可能导致产量有所下降。孔令聪（2004）报道，在一般的播期范围内（10月初至10月下旬），随着播期的推迟，籽粒蛋白质和赖氨酸含量逐渐增加，籽粒透明度逐渐提高，面粉拉伸力逐渐增大，但籽粒中淀粉含量逐渐下降，导致籽粒产量和蛋白质产量明显下降；如果播期提早到9月中旬，其籽粒中粗蛋白质和赖氨酸含量随播期的提早有逐渐增加的趋势；如果播期推迟到11月中旬，则在此范围内随播期推迟，籽粒中蛋白质含量亦有较明显增加的趋势。Mazurek（1982）、蒋纪芸等（1988）进行的播期试验表明，随着播期推迟籽粒产量呈下降趋势，蛋白质、透明度、面粉拉伸力、湿面筋含量增加。

不同品种受播期的影响不同。在不同播期下，播期较早时灌浆的前两个阶段持续时间长，灌浆平稳，随着播期的推迟，灌浆时间缩短，但强度明显加大，说明品种都有一定的自我调节能力。兰涛、郭天财等（2001）研究表明，播期对不同基因型小麦的灌浆特性有着很重要的影响，不同播期籽粒的平均灌浆速率存在极显著差异，强筋品种的平均灌浆速率以晚播最高，弱筋品种以早播处理最高，并且随着播期的推迟平均灌浆速率呈现逐渐降低的趋势；不同播期强、弱筋品种籽粒灌浆速度变化均呈单峰曲线；受播期的影响，不同品种籽粒干物质积累规律不同，强筋型品种的籽粒干重到开花28d以后不但不增反而呈现降低趋势，而弱筋型品种从开花后7d开始，直到花后35d籽粒干重一直处于上升趋势。不论是强筋型品种还是弱筋型品种，早播或晚播都不利于形成较高的单位面积穗数、穗粒数、千粒重和产量，而且随着播期的推迟，各项指标均呈先上升后降低的趋势。

一般地，对于生产优质面包等中高筋力专用小麦，宜在适期范围内适当推迟小麦播期，但不是越迟越好；对于生产优质饼干、糕点等中低筋力优质专用小麦宜适当早播。适当提早播期，高蛋白品种能实现产量与面粉筋力的同步增加，而中、低蛋白品种则在增产的同时降低了面粉筋力（兰涛等，2005）。

第三节　春小麦加工

春小麦是西北地区最主要的口粮作物之一，对国民经济发展和人民生活水平提高具有重要意义。随科学技术的快速发展，春小麦生产连年丰收。但由于对其加工重视不够，加工技术相对滞后，加工规模较小，花色品种少，市场占有率低，产业化发展速度慢，加工转化能力差。尤其是当前农业改革新形势下要求加强小麦加工研究、提高小麦附加值，提高农民收入，使小麦资源优势转化为经济优势。

小麦加工方式多种多样，除加工制成面粉供人们食用外，在食品、饲料、医学、纺织、造纸、铸造、石油等行业也有着广泛的用途，通过图11-1对其加工利用的多样性可窥见一斑。本章主要就小麦加工环节的面粉加工和食品加工作简要介绍。

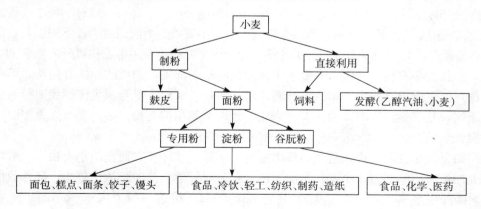

图11-1　小麦加工路线

一、面粉加工

（一）中国小麦粉的分类

商品用小麦粉的种类很多，分类方法也很多，其分类和等级与国民生活水平、饮食消费习惯以及食品工业的要求密切相关。最初小麦粉的生产没有特定的产品用途，其产品用于制作各种面食品。因而小麦粉不分类，仅有加工精度的区别，一般加工精度越高，等级就越高。中国现行国家标准《小麦粉》（GB 1355—1986）中的特制一等粉、特制二等粉、标准粉以及各面粉加工企业自行生产的精度高于特制一等粉的特精粉、精制粉等都属于此类。目前，习惯上把此类面粉称作通用小麦粉或多用途小麦粉。此类小麦粉对面筋质仅有含量要求，没有质量要求，因而相同精度的小麦粉，由于加工原料的内在品质不同，其食用品质就可能存在较大的差异。

食品业将小麦粉的最终产品质量与小麦的内在品质联系在一起。不同的面制食品对小麦粉有不同的品质需求，而在众多的品质指标中，影响力最大的是其蛋白质或面筋质的含量和质量，其中质量比数量更为重要。面制食品的种类虽繁多，但研究归类后发现主要面食品对小麦粉的面筋质的含量和质量的要求从高到低依次为：面包、饺子、面条、馒头、饼干、糕点等。即面包类需要面筋含量高、筋力强的小麦粉；面条、馒头类使用中等筋力的小麦粉即可；而饼干、蛋糕类则必须用面筋含量低、筋力弱的小麦粉来制作。因此，小麦粉依据蛋白质或面筋质含量和质量的不向，一般分为高筋粉、中筋粉和低筋粉等三类，也可分为强筋粉、准强筋粉、中筋粉和弱筋粉等四类。与此对应，小麦也按蛋白质（面筋质）含量高低分为强筋小麦、中筋小麦和弱筋小麦等。此类小麦粉主要作为食品业的基础面粉，食品制作过程中，根据不同食品的加工要求和食品特点，选取其中的某一种或两种，如面包采用二次发酵时，种子面团采用强力粉，主面团可采用中力粉，或将两种面粉重新组合。食品业就是通过这几种基础面粉的重组和配制来满足各类食品的特有要求。此类小麦粉在按面筋质的含量和质量分类的基础上，再根据加工精度的不同分为若干等级，如中国高筋粉中的 1 级和 2 级，日本小麦粉中的特、松、梅等。

不同筋力小麦粉的生产满足了食品业的基本需求，也为食品工业的机械化和自动化奠定了基础。然而对不同面制食品来讲，除了小麦粉的蛋白质或面筋质的含量和质量这一关键因素之外，还有诸多其他因素。因此，人们将小麦粉进一步细分，缩小每一类或每一种小麦粉的适用范围，使其使用更为便捷。目前，习惯上将这种针对小麦粉的不同用途以及不同面制食品的加工性能和品质要求而专门组织生产的小麦粉称为专用小麦粉。专用小麦粉可分为以下 11 类：

（1）面包类小麦粉。面包粉一般采用筋力强的小麦加工，制成的面团有弹性，可经受成型和模制，能生产出体积大、结构细密而均匀的面包。面包质量与面包体积和面粉的蛋白质含量成正比，并与蛋白质的质量有关。为此，制作面包用的面粉，必须具有数量多而质量好的蛋白质。

（2）面条类小麦粉。面条粉包括各类湿面、干面、挂面和方便面用小麦粉。一般应选择中等偏上的蛋白质和筋力。小麦粉色泽要白，灰分含量低，淀粉酶活性较小，降落数值大于300s，面团的吸水率大于 60%，稳定时间大于 5min，抗拉伸阻力大于 300BU，延展件较好，面粉峰值黏度较高，大于 600。这样煮出的面条白亮、弹性好、不黏连，耐煮，不宜糊汤，煮熟过程中干物质损失少。

（3）馒头类小麦粉。馒头粉的吸水率在 60% 左右较好，湿面筋含量在 30%～33%，面筋强度中等，形成时间 3min，稳定时间 3～5min，最大抗拉伸阻力 300～400BU 较为适宜，且延伸性一般应小于 15cm。馒头粉对白度要求较高，在 82 左右，灰分低于 0.6%。

（4）饺子类小麦粉。饺子、馄饨类水煮食品，一般和面时加水量较多，要求面团光滑有弹性，延伸性好，易擀制，不回缩，制成的饺子表皮光滑有光泽，晶莹透亮，耐煮，口感筋道，咬劲足。因此，饺子粉应具有较高的吸水率，面筋质含量在32%以上，稳定时间大于6min，抗拉伸阻力大于500BU，延伸性一般应小于17～20cm。

（5）饼干、糕点类小麦粉。①饼干粉：制作酥脆和香甜的饼干，必须采用面筋含量低的面粉，面粉的蛋白质含量应在10%以下。②糕点粉：糕点种类很多，中式糕点配方中小麦粉占40%～60%，西式糕点中小麦粉用量变化较大。大多数糕点要求小麦粉具有较低的蛋白质含量、灰分和筋力。因此，糕点粉一般采用低筋小麦加工。蛋白质含量为9%～11%的中力粉，适用于制作水果蛋糕、派和肉馅饼等；而蛋白质含量为7%～9%的弱力粉，则适用于制作蛋糕、甜酥点心和大多数中式糕点。

（6）煎炸类食品小麦粉。煎炸食品种类很多，有油条、春卷、油饼等。为满足油炸食品松脆的特点，一般选用筋力较强的小麦粉。

（7）自发小麦粉。自发小麦粉以小麦粉为原料，添加食用膨松剂，不需要发酵便可以制作馒头（包子、花卷）以及蛋糕等膨松食品。自发小麦粉中的膨松剂在一定的水和温度条件下，发生反应生成二氧化碳气体，通过加热后面团中的二氧化碳气体膨胀，形成疏松的多孔结构。自发小麦粉在储存过程中，碳酸盐与酸性盐类可能产生微弱的中和反应，为减缓其反应，小麦粉的水分控制在13.5%以下为宜。不同类别的自发粉，其小麦粉的其他指标需满足相应食品的品质要求。

（8）营养保健类小麦粉。①营养强化小麦粉：高精度面粉的外观和食用品质比较好，但随着小麦粉加工精度的提高，小麦中的部分营养素损失严重。因此，在小麦粉中添加不同的营养成分（氨基酸、维生素、微量元素等），可促进营养平衡，提升其营养价值。②全麦粉：全麦粉顾名思义是将整粒小麦磨碎而成，因而保留了小麦的所有营养成分，同时纤维含量也较高，一般用来制作保健食品。全麦粉做出的成品颜色较深，有特殊的香味，营养成分高，成品体积略低于同类白面粉制品。另外一种全麦粉是由小麦除去5%左右的粗麸皮后磨制而成，因而粗纤维含量相对低些。市场上还有一种是将不同粒度大小的麸皮与小麦粉按比例混合而成的"全麦粉"，此类粉由于不含或含有很少量的麦胚，确切地讲不能称之为全麦粉。

（9）冷冻食品用小麦粉。冷冻食品用小麦粉除了要满足所制作食品的基本要求以外，还要考虑冷冻时各种因素对食品品质的影响，故蛋白质含量和质量要求比同类非冷冻食品的小麦粉严格。冷冻面团经过长时间冷冻之后，容易增加其延展性而降低弹性。因此，冷冻面团专用小麦粉面筋的弹性和耐搅拌性要比较强，以保证发酵面团具有充足的韧性和强度，提高面团在醒发期间的保气性。小麦粉的粒度大小和破损淀粉含量会影响到其吸水率，而吸水率对冷冻面团的稳定性有相当重要的影响。面团中的自由水在冻结和解冻期间对面团和酵母具有十分不利的影响，在冷冻期间若形成大冰晶还会对面筋网络结构产生破坏作用。故冷冻面团专用小麦粉应具有较低的吸水率，从而限制面团中自由水的数量。

（10）预混合小麦粉。预混合粉是将小麦粉与制作某种面食品所需的辅料（如脂肪、糖、香料、改良剂、疏松剂、营养强化剂等）预先混合好（个别辅料除外），消费者制作食品时，只需加入水或牛奶就能较有把握地制作出质量较好的食品，操作很简单，还可以节省时间，使用非常方便。预混合粉一般分为通用预混粉、基本预混粉和浓缩预混粉。其区别在于：通用预混粉包含除酵母和水以外的全部主、辅料；基本预混粉浓度稍高，除酵母和水外，仅含有配方中的1/3或1/2的面粉和辅料，使用时需另添加面粉；浓缩预混粉则是将基本辅料与少量面粉（配方中的1/10左右）混合而成。

（11）颗粒粉。颗粒粉有粗、中、细之分，每一种规格的颗粒粉粒度都相对比较均匀。采用杜伦麦加工成的颗粒粉是制作通心粉的最好原料。一般硬麦生产的颗粒粉可作为饺子粉，和面时采用温水，加入约45%的水，开始面团较散，揉和后变软，静置1～2h后，做出的饺子皮薄，筋道，久煮不烂，口感好。也可用颗粒粉煮汤，煮出的汤稠滑可口。

（二）各类面粉的质量标准

小麦能加工成面包、馒头、水饺、饼干、糕点等多种食品，这些种类繁多的食品应当选用相应的面粉。改革开放以前，中国没有专用粉的概念，只有通用小麦粉，即习惯上的"特质粉"和"标准粉"。改革开放后，随着人民生活水平的不断提高，小麦专用粉的生产引起了国家有关部门的重视，中国农业科学院和商业部先后制定了面包、馒头等专用粉的行业标准。专用小麦粉特指根据不同面食品种类对小麦面粉不同的品质要求，选配的适应不同食品独特要求的面粉，其除包括面包粉、饼干粉、馒头粉和面条粉等外，还包括高筋小麦粉和低筋小麦粉等品种。目前，在数量上，通用小麦粉仍然占主导地位，但专用小麦粉是今后的发展方向。

1. 通用粉质量标准　根据中华人民共和国国家标准《小麦粉》GB 1355—1986 的分类（表11-11），小麦粉按加工精度、灰分、色泽等的不同来划分，被分成特制一等粉、特制二等粉、标准粉和普通粉4个等级。标准粉是加工精度比较低，出粉率比较高的面粉，一般为80%～85%。将加工精度高于标准粉的各个等级的小麦粉称为等级粉。

表 11-11　小麦通用粉等级标准

等级	加工精度	灰分（%）（以干物计）	精细度	面筋质（%）（湿基）	含沙量（%）	磁性金属物（s/kg）	水分（%）	脂肪酸值（湿基）	气味口味
特制一等	按实物标准样品对照检验粉色麸星	≤0.70	全部通过 CB36 号筛，留存在 CB42 号筛的不超过 10.0%	≥26.0	≤0.02	≤0.003	13.5±0.5	≤80	正常
特制二等	按实物标准样品对照检验粉色麸星	≤0.85	全部通过 CB30 号筛，留存在 CB36 号筛的不超过 10.0%	≥25.0	≤0.02	≤0.003	13.5±0.5	≤80	正常
标准粉	按实物标准样品对照检验粉色麸星	≤1.10	全部通过 CQ20 号筛，留存在 CB30 号筛的不超过 20.0%	≥24.0	≤0.02	≤0.003	13.5±0.5	≤80	正常
普通粉	按实物标准样品对照检验粉色麸星	≤1.40	全部通过 CQ20 号	≥22.0	≤0.02	≤0.003	13.5±0.5	≤80	正常

标准粉的出粉率较高，因此，允许有较高的灰分、较差的粉色，允许部分麸屑混入粉中。标准粉的加工精度不高，其制粉工艺比较简单。等级粉要求的加工精度相对较高。灰分低、粉色好。面粉中无麸屑混入。等级粉的制粉工艺较复杂，粉路比较长，心磨磨粉机用光辊，使用清粉机。通用小麦粉的质量指标有：加工精度、灰分、粗细度、面筋质含量、含沙量、磁性金属物含量、水分、脂肪酸值、气味和口味。不同等级面粉的差别主要是在加工精度和灰分指标上。

小麦的加工精度以粉色麸星表示。粉色指小麦粉的色泽，麸星指混入小麦粉中的粉状麸皮。粉色高低、麸星的多少反映加工精度的高低。特制一等粉、特制二等粉和标准粉的加工精度，以国家制定的标准样品为准。普通粉的加工精度标准样品，由省、自治区、直辖市制定。粗细度中的筛上剩余物，用感量 1/10 天平称量不出数的，视为全部通过。气味和口味指一批小麦粉固有的综合气味和口味。卫生标准和动植物检疫项目按照国家有关规定执行。

2. 专用小麦粉质量标准　随着食品工业的迅速发展，中国原有的小麦粉品种与品质无法满足不同面食品的制作要求，因而促进了专用小麦粉的研究和开发。小麦专用粉的开发，一方面满足食品工业加工各种食品对原料的要求，提高食品质量、促进食品工业的发展；另一方面可充分发挥小麦资源优势和生态优势，使不同品质的小麦得到科学合理的利用，提高小麦利用价值，增加农产品产值（表 11‐12）。发达国家在小麦品质方面研究较早，50 多年前就已开展了不同食品专用面粉的研究，研究出成套的专用面粉品质标准。如日本的专用面粉有面包、面条、糕点、饼干等各类食品专用面粉 60 多种，英国有 70 多种专用面粉，美国有 100 多种。近些年，各国专用面粉向更高级、多品种、小批量功能化的方向发展，一些国家专用面粉产量占总面粉产量的 98%，且品种繁多。

表 11‐12　小麦专用粉标准

专用小麦粉名称	等级	水分（%）	灰分（%，干基）	粗细度	湿面筋（%）	粉质曲线稳定时间（min）	降落数值（s）	含沙量（%）	磁性金属物（g/kg）	气味口味
面包用粉	精致	≤14.5	≤0.60	全部通过 CB30 号筛，留存在 CB36 号筛的不超过 15.0%	≥33.0	≥10.0	250～300	≤0.02	≤0.003	无异味
	普通		≤0.75		≥30.0	≥7.0				
面条用粉	精致	≤14.5	≤0.55	全部通过 CB36 号筛，留存在 CB42 号筛的不超过 10.0%	≥28.0	≥4.0	≥200	≤0.02	≤0.003	无异味
	普通		≤0.70		≥26.0	≥3.0				
馒头用粉	精致	≤14.0	≤0.55	全部通过 CB36 号筛	25～30	≥3.0	≥250	≤0.02	≤0.003	无异味
	普通		≤0.70		25～30	≥3.0				
饺子用粉	精致	≤14.5	≤0.55	全部通过 CB36 号筛，留存在 CB42 号筛的不超过 10.0%	28～32	≥3.5	≥200	≤0.02	≤0.003	无异味
	普通		≤0.70		28～32	≥3.5				
酥性饼干用粉	精致	≤14.0	≤0.55	全部通过 CB36 号筛，留存在 CB42 号筛的不超过 10.0%	22～26	≥2.5	≥150	≤0.02	≤0.003	无异味
	普通		≤0.70		22～26	≥3.5				
发酵饼干用粉	精致	≤14.0	≤0.50	全部通过 CB36 号筛，留存在 CB42 号筛的不超过 10.0%	24～30	≥3.5	250～350	≤0.02	≤0.003	无异味
	普通		≤0.70		24～30	≥3.5				
蛋糕用粉	精致	≤14.0	≤0.55	全部通过 CB42 号筛	≤22.0	≥1.5	≥250	≤0.02	≤0.003	无异味
	普通		≤0.70		≤24.0	≥2.0				
糕点用粉	精致	≤14.0	≤0.55	全部通过 CB36 号筛，留存在 CB42 号筛的不超过 10.0%	≤22.0	≥1.5	≥160	≤0.02	≤0.003	无异味
	普通		≤0.70		≤24.0	≥2.0				
自发小麦粉	—	≤14.0	≤0.70	添加剂粗细度应全部通过 CQ20 号筛	酸度：0～6（碱液 ml/10g 粮食）	混合均匀度：变异系数≤0.7%			馒头比容（ml/g）≥1.7	

在中国，1993年原商业部颁发了9种专用小麦粉的行业标准，每种专用小麦粉分为精制级和普通级两个等级，详见表11-12。由于中国小麦专用粉的标准工作起步晚，在某些指标上比国外低一些。同时，考虑到专用小麦粉的研制和生产是一个系统工程，从小麦的品种选育、种植推广到加工制粉和食品制作，需要很多环节，尤其是从优良品种的选育到大面积推广种植需要较长的运作周期。因而，专用小麦粉的研究和开发是一项长期而细致的工作。

3. 高筋粉、低筋粉质量标准 1988年国家技术监督局颁布了高筋小麦粉和低筋小麦粉的国家标准（表11-13）。GB 8607—88 高筋小麦粉面筋含量要求大于30%，用于制作面包等高面筋质食品，使用硬质小麦制成；GB 8608—88 低筋小麦粉面筋含量要求低于24%，用于制作饼干、糕点等低筋质的食品，用软质小麦制成。

表 11-13 小麦高低筋粉标准

项目	高筋小麦粉		低筋小麦粉	
	1级	2级	1级	2级
面筋质（%）（湿基）	≥30		≤24.0	
灰分（%）（干基）	≥12.2		≤10.0	
蛋白质（%）（干基）	≤0.70	≤0.70	≤0.60	≤0.80
粉质、麸量	按实物标准样品对照检验		按实物标准样品对照检验	
粗细度（%）	全部通过 CB30 号筛，留存在 CB36 号筛的不超过 10.0%	全部通过 CB36 号筛，留存在 CB42 号筛的不超过 10.0%	全部通过 CB36 号筛，留存在 CB42 号筛的不超过 10.0%	全部通过 CB30 号筛，留存在 CB36 号筛的不超过 10.0%
含沙量（%）	≤0.02		≤0.02	
磁性金屑物（g/kg）	≤0.003		≤0.003	
水分（%）	≤14.5		≤14.5	
脂肪酸值（湿基）	≤80		≤80	
气味、口味	正常		正常	

（三）面粉加工工艺

1. 麦路 面粉厂将各种清理设备如初清、润麦、净麦等合理组合在一起，构成清理流程，称为麦路。麦路具体包括原料中杂质的清除、小麦水分的调节以及小麦配料技术等环节，各环节具体要求如下：

（1）原料中杂质的清除。原粮品质的好坏将直接影响面粉的品质。小麦在收割、脱粒、堆晒、干燥、运输和储藏等过程中难免会混入各种各样的杂质，如果在小麦磨粉之前不将原料中的杂质清理干净，就会降低面粉的纯度，影响面粉的质量。小麦中如含有石块、金属等坚硬的杂质，在加工过程中容易损坏设备，影响其工艺效果，增加维修费用。有些坚硬的杂质与设备金属表面剧烈摩擦后会产生火花，引起火灾和粉尘爆炸。小麦中如混有体积大、质量轻的杂质（如秸秆、杂草、碎布、麻绳等），一旦进入设备，会阻塞进料机构，使进料不均，减少进料量，有时还会堵塞筛孔。小麦中的泥沙、尘土等细小杂质，在下料、提升、输送过程中，会造成粉尘飞扬，污染环境，并降低面粉的纯度，影响面粉的品质。

小麦中的杂质，按具体成分和性质可分为尘芥杂质、粮谷杂质及有害杂质。尘芥杂质包括植物的根、茎、叶、壳、绳头、布片、虫尸、纸屑等有机杂质，尘土、泥沙、瓦砾、煤渣、玻璃碎块、金属物及其他矿物质等无机杂质。粮谷杂质包括各种异种粮粒、小麦瘪粒、发芽粒、病斑粒等。有害杂质一般指有毒的病害变质的谷粒，如黑穗病粒、赤霉病粒等。

小麦中杂质的清理要根据各种杂质与小麦的体积差异、比重差异、流速差异、导磁性的差异、强度的差异及性状上的不同等物理性质的差异而选择相应的设备和方法。大型的杂质与植物茎叶等，一般在初清筛上去掉；石子等在去石机上去掉；大麦、燕麦、芥子等植物种子在碟片精选机上去掉；灰尘杂质则在风选机上去掉；而麦粒上附着的灰尘和麦毛、麦壳则在打麦机上去掉；金属杂质在磁选机上去掉。

经过清理的小麦，要求尘芥杂质不超过 0.3％，其中沙石不超过 0.02％，粮谷杂质不超过 0.5％，不含金属杂质。

（2）小麦水分的调节。经过清理的净麦，在碾磨之前需进行水分调节，即着水润麦。着水润麦就是向小麦中加水。吸水后的小麦在润麦仓中放置一段时间，使麦粒表面的水分渗透到麦粒的内部，使麦粒内部的水分重新调整以改善小麦制粉性能。

水分调节按温度的不同分为冷调节、温调节和热调节。冷调节是室温条件下着水，温调节是在 45℃温度条件下着水，热调节是在 45℃以上温度条件下着水。

水分调节是获得最好制粉效果的重要因素之一。润麦的目的主要是使麦皮与胚乳结合松弛；小麦皮坚韧而有弹性，加工中麸皮不易破碎，较大块的麸皮容易筛分出去；胚乳变得疏松，硬度降低，使碾磨高效省力，保障面粉水分合乎标准；加温水调节，还可改善面粉的烘焙性质，提高面粉的食用加工品质。小麦吸水能力与小麦原有的水分多少和面筋的含量有关。水分低时吸水力强，反之则反。硬麦、大粒麦吸水能力强，软麦、小粒麦吸水能力弱。小麦水分过高、过低或润麦时间不当，都会影响面粉的品质。水分过高会使麸皮上的胚乳难以剥刮，物料筛理效果差，出粉率低，产量下降；水分过低会使麸皮容易破碎，导致粉色差；润麦时间同样是降低灰分，提高粉色和麸皮质量的重要环节。润麦时间过长或过短，也会使小麦制粉性能降低。

影响润麦时间的因素主要是小麦的原始水分、麦粒的温度和小麦的硬度。麦粒的原始水分越低，所需润麦的时间越长，因为水分渗入的速度慢，所以在加工前期先将小麦的水分提高到 12％左右，再在清理车间进行着水润麦既快又好。麦粒的温度越低，水分的渗透越慢。硬麦胚乳紧密的结构好像是一道屏障，阻碍水分的运动，水分的渗透速度减慢；软麦胚乳比较疏松，易于吸收加入的水分。通常软麦加水到含水量为 15％左右，润麦 16h；硬麦加水到含水量为 16％左右，润麦 24h 或更长一些。一般根据小麦品种和季节不同调节其润麦时间。加工软麦时，气温高，润麦时间短一些；加工硬麦，气温低，则需要较长时间。

小麦着水后水分渗透的主要途径是透过胚部进入胚乳和糊粉细胞层，仅有少量水透过表皮、内果皮、横断细胞层和管状细胞层，通过种皮到珠心层和糊粉细胞层。试验表明，一粒籽粒的不同部分的水分含量不同，糊粉层细胞比胚乳得到的水分要多一些。

（3）配麦技术。由于小麦品种间品质存在差异，若直接用于加工面粉，品质难以稳定，又不易满足某种食品的需求，所以一般采用配麦。根据不同食品专用小麦粉的质量要求，将不同品质类型的小麦在清理以前搭配或分别清理后在磨粉前搭配混合，按国家和国际有关标准，配成各种食品所需专用粉的原料。因此，配麦是专用粉加工的主要环节。在生产专用小麦粉时，从小麦量和质两个方面设计实验，并将最佳结果进行统计分析，得出不同品种的优良组合。合理搭配小麦可以使它们的某些质量指标取长补短，充分利用不太合格的和较廉价的原料。

通常根据小麦的种皮颜色将其分为红麦、白麦，根据小麦籽粒的硬度分为硬麦、软麦。在硬质小麦中淀粉粒与蛋白质难以分开，磨粉时淀粉粒容易破碎，小麦吸水率高。在软质小麦中淀粉粒易于释放，磨粉时淀粉粒不易破碎，小麦粉吸水率低。硬质小麦胚乳与麦皮易分开，麸中含粉少，磨下物易筛理、出粉率高，但其胚乳质地硬，不易磨碎，磨时耗能大。软质小麦胚乳与麦皮不易分开，麸中含粉多，磨碎后的物料不易筛理，耗能多，出粉率较低。硬质小麦的面筋含量高，质量好，而软质小麦则面筋含量较少。籽粒的硬度通常也决定小麦的不同用途，如极硬的硬粒小麦适于制作意大利面条，软质小麦适于制作饼干，而制作面包的小麦硬度要求适中。所以将硬质小麦和软质小麦进行搭配不但可以提高出粉率，保证面粉的面筋含量，还能提高面粉的食品加工品质。

小麦籽粒颜色与品质存在着一定的联系。红粒小麦除出粉率和面粉白度较白粒品种低外，其他性状如蛋白质含量、沉降值及面筋含量等指标均高于白粒品种。国外一些面粉厂一般较多地利用红皮小麦，因为粗粉中红皮小麦的残留物所产生的颜色对面粉的白色起调和作用，有利于降低面粉的白垩色程度。在中国由于加工工艺落后，白粒小麦品种在生产标准粉（低等粉）时，麸星对白度影响较小，故受国内面粉加工业和消费者的欢迎。但一些面粉常出现白垩色，这些品种面粉的白度虽然达到 80%，但品质较差。白麦的制粉性能比红麦稍好一些。生产标准粉时，红麦和白麦的出粉率相差约 2.5%；生产等级粉时，红麦和白麦的出粉率相差约 1.5%。全部红麦加工会由于加工精度难以合格而大大降低出率，全部白麦加工可能会由于灰分难以合格而降低出率。因此将红麦、白麦搭配制粉不但有利于出粉率的提高，保持面粉色泽的均匀，而且能改善面粉的品质，提高经济效益。

小麦搭配的原则是根据面粉质量和品质的要求来进行不同品质和质量的小麦搭配，使之能磨出符合质量要求的小麦面粉，提高资源利用率，降低生产成本，提高经济效益。小麦搭配时首先根据面粉所要求的筋力及色泽进行，然后再考虑其他项目，如库存小麦的类别、灰分、数量、价格等因素。因为面粉面筋含量的多少，对烘焙性质有直接的影响，决定着面粉的食品加工品质，面粉的色泽又是衡量面粉精度的主要依据，因此，在搭配小麦时应作为主要项目来考虑。在按面筋质进行搭配时，应兼顾到小麦的软、硬和红、白的比例。如果小麦面筋质含量符合加工后面粉的质量要求，以色泽搭配时，也应照顾到软、硬小麦的比例，便于稳定操作，稳定生产。

小麦搭配一般采用下麦坑搭配，毛麦仓搭配和润麦仓搭配。小面粉厂多采用下麦坑搭配，大型面粉厂多在毛麦仓出口或润麦仓出口搭配。

2. 粉路 在制粉过程中将研磨、筛理、刷麸、清粉等制粉工序组合起来，对净麦按一定的产品等级标准进行加工的生产过程称为制粉流程，简称粉路。粉路对面粉产量、产品质量、出粉率、动力消耗及成本影响很大，对于安全生产，有效地利用设备也有直接关系。制粉是小麦加工最复杂也是最重要的阶段。制粉的目的是将经过清理和水分调节后的小麦（净度）通过机械作用的方法，加工成适合不同需求的小麦粉，同时分离出副产品。制粉过程主要包括研磨、筛理、刷麸、清粉。

（1）研磨。研磨工作是利用研磨机械对物料施以压力、剪切和剥刮作用，将清理和润麦后的净麦剥开，把其中的胚乳磨成细粉，并将黏结在表皮上的胚乳剥刮干净。研磨的主要设备是辊式磨粉机，此外还有较为原始的盘式磨粉机、锥式磨粉机、石磨等。辊式磨粉机是目前制粉厂主要的研磨机械。

研磨系统主要由皮磨、渣磨、心磨和尾磨构成，统称为心磨系统。皮磨指剥开麦粒，提取麦渣和麦心，并从麸皮上刮净面粉的研磨系统。渣磨指处理从皮磨系统分出麦渣的研磨系统，实际生产中可分为粗麦渣和细麦渣两种。心磨指将皮磨、渣磨和精选系统所取得的麦心逐道磨细成粉的研磨系统。

（2）筛理。筛理的主要作用是把研磨撞击后的物料混合物按照颗粒的大小和比重的不同进行分组并筛出小麦粉。小麦籽粒经一道研磨后，得到的是颗粒大小及质量不同的混合物。其中有麸皮、麦渣、麦心及面粉，必须通过一定的筛理设备筛取面粉，并将其他物料按照颗粒的大小分成麸片、麦渣和麦心，送往不同的研磨系统处理。筛理是制粉工作中的重要环节。常用的筛理设备有平筛、圆筛，专门处理麸皮的设备有打麸机和刷麸机，他们也属于筛理设备。

（3）刷麸。刷麸是利用转动的刷帚刷下残留在麸片上呈松散状的胚乳，使其穿过筛孔。由于刷麸机能分离麸皮上黏附的粉粒，起到磨粉机和平筛所不易起到的作用，所以在制粉厂广泛应用。

（4）清粉。清粉的作用是通过气流和筛理的联合作用，将研磨过程中各系统提取的麦渣、麦心按质量分成麸屑、带皮的胚乳和纯胚乳粒三部分，以实现对麦渣、麦心的提纯，以便获得纯粉粒后再经研磨，可以提高上等粉的出粉率和质量。单纯筛理不能实现清粉，因此在磨制高等级小麦粉并要求有较高出粉率的面粉厂，清粉机不可缺少。

3. 制粉方法

（1）一次粉碎制粉。一次粉碎制粉是一种最简单的制粉方法。其特点是只有一次粉碎过程。小麦经过高速旋转的粉碎机械将其剪切和撞击粉碎，通过筛孔用吸风排出，直接进行筛理并制成小麦粉。一次粉碎制粉很难实现麦皮与胚乳的完全分离，胚乳粉碎的同时，也有部分麦皮被粉碎，而麦皮上的胚乳也不易被刮干净。因此一次制粉的出粉率低，小麦粉质量差，多用于加工全麦粉或工业用小麦粉，不适合制作高等级的食用小麦粉。农村称为"一风吹"。面粉温度很高，破坏了面粉的营养和口味。

（2）简化分级制粉。将小麦进行研磨后筛成小麦粉，剩下较大的颗粒混在一起，进行第二次研磨。这样重复数次，小麦每经一道研磨设备提取一定量的面粉和一种筛上物，直到获得所要求的出粉率。农村采用五遍磨连续生产，称为"一条龙"制粉。这种方法不提取麦渣和麦心，所以单机就可以生产。

（3）逐步研磨筛选分级制粉。小麦在研磨过程中经过几道研磨系统，产生的物料被分离成麸片、麦渣、麦心和粗粉，然后按照它们的质量和粗细程度分别送入各自相应的研磨系统中进行研磨和筛理，这样可以提高加工工艺的效果。国内以前广泛采用的"前路出粉法"生产标准粉，基本上属于这一类型。适于磨制高出粉率、高产量的面粉，也能够生产不同质量的等级粉，但上等粉的出粉率较低。

（4）逐步研磨分级精选制粉。从整粒小麦或再制品中提取麦渣、麦心分别送往精选设备，再提取纯的胚乳，送往心磨研磨成粉。在前几道研磨系统中尽可能多地提取麦渣、麦心和粗粉，并将提取出的麦渣、麦心送往清粉机，按照颗粒大小和质量分级提纯。精选出的纯度较高的麦心和粗粉送入心磨系统磨制高等级小麦粉，而精选出的质量较次的麦心和粗粉送往相应的心磨系统中磨制质量较低的小麦粉。由于出粉的重点放在心磨系统，故这种制粉方法又称作"中路出粉法"。这种制粉方法在国外广泛被应用。高等级的面粉出粉率较高，国内加工精度高的面粉也采用这种方法。

（四）配粉

1. 配粉的意义　配粉就是根据用户对小麦面粉质量的要求，结合配粉仓内的基本粉的品质，算出配方，再按配方上的比例用散存仓内的基本粉配制出要求的小麦粉。这是现代化大型面粉厂所用的方法。目前绝大部分专用小麦粉通过以下4种方法配制获得：在面筋质量基本相同的情况下，根据面筋含量配粉，根据面团评价值配粉，根据降落数值（换算成液化值）配粉，根据灰分值配粉。

随着社会、经济的发展和食品工业的技术进步，对小麦粉的质量和品种提出了更高的要求，越来越重视小麦的适用性、品质的稳定性，所以开发出了各种专用小麦粉和生产专用粉的配粉技术。配粉生产工艺可以提高面粉的均匀性，保证品质的稳定性。实际上，先配麦、后制粉是一种折中的办法，但也不可避免地存在这样或那样的问题。比如几种小麦搭配在一起加工，只能达到均一面粉品质的目标。所谓均一品质的面粉是指从面粉厂所磨制出来的面粉品质能控制在相同的标准之下，不因小麦品质的差异而使生产出来的面粉品质有大的波动差异。但是，要生产某种特定规格（品质）的面粉时，只靠配麦就很难达到，就需要配粉，根据所要求的规格来搭配。所以，最好是不同的小麦分别单独加工，采取在配粉仓配粉的方法，来实现专用小麦粉的生产目标。

将不同品质类型的小麦，经清理后先磨成各种基础粉，分别存入各散装粉仓，再根据需要进行配粉和混合，形成各种专用小麦粉。配粉生产工艺，可以加工大量同类型小麦，面粉均匀性高。由于配粉工序采用计算机控制和储存多种配方，配方准确性高，能保证所要求的质量标准。通过改变配方，可以扩大产品品种，有很大的灵活性。由于小麦粉是散存的，可以采用高速打包机和多台打包机，集中时间打包；可进行散装发放，还方便小麦粉添加剂的使用。

2. 配粉的基本流程　基本面粉经检查筛检查后，入杀虫机杀虫，再由螺旋输送机送入定量秤，经正压输送送入相应的散存仓。散存仓内的几种基本面粉，根据其品质的不同按比例混合搭配，或根据需要加入品质改良剂、营养强化剂等，成为不同用途、不同等级的各种面粉。面粉的搭配比例，可以通过各面粉散存仓出口的螺旋喂料器与批量秤来控制。微量元素的添加通过有精确喂料装置的微量元素添加机实现，最后通过混合机制成各种等级不同用途的面粉。配粉车间制成的成品面粉，可通过气力输送送往打包间的打包仓内打包或送入发送仓，散装发运。

（1）基本粉的散存。基本粉的散存是配料的前提。不同原料加工成的小麦粉要分别收集起来，同一原料加工的不同加工精度和不同蛋白质数量和质量的小麦粉分别收集起来。同一种入磨原料，粉路中可以出15～30种小麦粉，这些小麦粉在色泽、灰分、精度、蛋白质数量和质量方面存在着差异，水分含量也不同，通过合理调配可组成2～3种基本粉。如果没有基本粉的散存，配制小麦粉就无法进行。散存在粉仓里的基本粉是配制小麦粉的原料，一些基本的品质数据必须掌握，否则没有计算依据，无法实施小麦面粉的配制。基本粉的指标一定要稳定。为了使基本粉的指标稳定，原料、流量、清理效率、研磨、筛理操作都要稳定。

（2）基本粉的处理。基本粉在进入散存仓前要进行一定的处理，保证面粉的品质均一化、纯净。包括磁选、检查、计量、杀虫等。磁选用于清除小麦粉中可能含有的磁性金属物。检查用于防止因筛网破损使大量麸星进入小麦粉，或检出偶然落入小麦粉中的异物。计量可以掌握各种基本粉的数量，并传输给控制室，计算出粉率和知道各散存仓中小麦粉的数量。杀虫是用杀虫机将通过粉筛筛网的虫卵撞碎，有利于小麦粉的储存，一般可保证4周内小麦粉不滋生虫害。

（3）小麦粉的输送。配粉系统的小麦粉的输送，一般采用正压输送的方式。正压输送与机械输送相比，具有结构简单、配制灵活、容易实现多点卸料、设备数量少、内部不容易残留、没有死角、占用空间小、投资省、能耗低、容易实现自动控制等优点。

（4）面粉的配制。定量与搅拌均匀是调配专用粉的两项重要操作。面粉的计量及定量控制设备非常重要。配制特殊规格的面粉时，贮存在粉仓内的各种面粉经称量设备按配比定量送入面粉混合机中配制成所需特殊规格的面粉。如需加入添加剂，同样经过称量设备正确定量后加入混合机混合搅拌，所有品种混合均匀后送至保险筛及杀虫机处理，然后包装出厂。成品小麦粉的配制方法有连续式配制和循环式配制两种。连续式配制，散存仓和配料仓是同一仓，仓下有螺旋喂料器按配方进行定量，用混合机或绞龙混合。这种方法配制成品小麦粉不很准确，误差比较大，但简单实用。这种方法也称容积式配粉法。循环式配制，散存仓中的小麦按配方经电子秤称重后进混合机混合，配制成成品小麦粉。这种方法准确度高，但投资大。

（五）面粉品质的改善

在生产专用小麦粉时，往往由于小麦本身质量或制粉工艺的原因，不能满足某种食品的特殊要求。为此需要对制成小麦粉再进行化学或物理性处理。对小麦粉的处理，就其目的而言，可分为改善食用品质、营养强化和其他处理等三类。

1. 改善食用品质

（1）氯化处理。蛋糕用粉一般用筋力弱的软麦制成。但对于高级蛋糕，尤其是高比（高糖、高含水量）蛋糕用粉，要求更弱的筋力和更低的pH，需要氯气处理以提高其质量。氯气处理能增加蛋白质的分散性及面筋的可溶性，使面糊的黏度增加，从而使持气性也增加，蛋糕体积增大内部结构好。氯气与小麦粉反应的结果也降低了pH。pH是蛋糕用粉的一个重要参数。pH在4.6～5.1时，为制作优质蛋糕的最佳值。根据试验，用氯气重量在0.06%～0.12%范围为最佳。氯气处理过的小麦粉需要再经过氧化苯甲酰增白处理以消去由于氯气产生的颜色基团。

（2）氧化处理。小麦粉中添加氧化剂，可加快小麦粉的热化过程。面包用粉中使用氧化剂，可使面团充分起发而不使面筋断裂，最终达到面包体积大，内部结构松软，食用品质好的目的。氧化剂可分为快速氧化剂（如碘酸钾）、中速型（如L-维生素C）和慢速型（如溴酸钾）等三类。对于面包类食品，采用中、慢速氧化剂较为合理，效果更佳，如溴酸钾与维生素C适量复合使用。但复合使用时应注意配比，否则会适得其反。

（3）添加谷朊粉（活性面筋粉）。小麦粉中蛋白质含量不足时，可添加谷朊粉补充。市场上谷朊粉含蛋白质75%左右。谷朊粉原是从小麦粉中提取，其面筋质量就随小麦的品种而定。质量优良的谷朊粉加入小麦粉中，搅拌成面团后，可完全与粉中的面筋质相互作用形成一体。制作面包时可增加面包体积，改善内部结构及松软性，并可延长货架期。制作挂面时，柔性增加，可提高得率，减少断条，但质量差的小麦加工的谷朊粉效果不佳。

（4）添加表面活性剂（俗称乳化剂）。乳化剂的功能特性常用 HLB（亲水亲油平衡值）数值表示。HLB 值的范围为 0～20，值为 10 时表示亲水基与亲油基平衡，低值表示乳化剂具有高的亲油特性，适用于面包。乳化剂在面团中的作用，主要是增加不同组分之间的交联键，改善最终产品的内部组织结构，增大体积，防止老化，延长货架期。乳化剂种类很多，用途广泛。在面制食品中常用的有大豆磷脂，蒸馏分子单甘酯，一酸，硬酪酰乳酸钠（SSL），硬脂酰乳酸钙（CSL，仅用于面包）等。用于面包的用量，大豆磷脂为 0.5%～1.0%；单甘油酯为 0.3%～0.5%；SSL 为 0.3%～0.5%，CSL 为 0.5%。

（5）提高淀粉酶活性处理。为使面团发酵时增加产气量，补充面团酶的活力，可添加 α-淀粉酶。α-淀粉酶来源于发芽麦粉、真菌酶及细菌酶。用于小麦粉中的主要是大、小麦芽粉，其次是真菌酶。α-淀粉酶的添加量由所添加淀粉酶的品种、酶活性、小麦粉原含淀粉酶及破损淀粉量而定。α-淀粉酶只对破损淀粉起作用。酶的活性由降落数值仪测定，降落数值越高，酶活性越低。

（6）小麦粉按蛋白质分级处理。对常规制粉工艺制成的小麦粉，研究其颗粒粗细度和蛋白质含量两者之间的关系时，发现大多数蛋白质包含在 $17\mu m$ 以下的最细粒度内，其含量几乎是平均数的 2 倍，含在 $17～35\mu m$ 粒度内的蛋白质量却只有平均数的一半左右，大于 $40\mu m$ 的粗粒度的蛋白质含量则相当于平均数。所以可从小麦粉中，以 17 和 $40\mu m$ 为 2 个级点，分出富含蛋白质粉（$17\mu m$），低含蛋白质粉（$17～40\mu m$）和正常蛋白质粉（$40\mu m$ 以上）等三级，分别应用。一般，富含蛋白质粉适用于用酵母制作的蛋糕，而低含蛋白质粉则适用于用发酵粉制作而不用自发粉的糕点；富含蛋白质粉以 20% 比例加入标准面包用粉，将十分适合制作卷式面包，也适合作基础粉；软麦粉的低含蛋白质粉适用于普通的或高比的糕点用粉；软麦粉的正常蛋白质粉适合作为生产白发粉的基础粉。

2. 营养强化处理　小麦的很多营养成分大多数存在于麸皮和胚芽中，因而加工成小麦粉，即有大量损失，加工精度高，损失率就越大。根据美国资料，小麦在制粉过程中，维生素和矿物质营养的损失平均为 70%～80%。除制粉过程中营养物质损失外，特殊的小麦粉处理也会导致营养素的损失。例如对小麦粉增白处理，会破坏维生素 B_1，而碱性添加剂会破坏维生素 B_2 等。长期食用这种精度高的面制食品，就会造成某些营养素的缺乏症。因此，需要对小麦粉进行营养强化处理。

（1）维生素、矿物质合理添加量。以美国为例，其在面粉中添加维生素和矿物质的标准量，是以最终产品为最基本全价营养含量为基础考虑的。因此，强化的添加量是在扣除小麦粉中原有含量，同时，为保证被强化的小麦粉在制成食品后，其营养含量达到最低标准，而另加平均数的 10% 超额量来确定的。中国在生产营养强化小麦粉时，根据国内目前营养源品种的实际情况，维生素 B_1 和维生素 B_2 可分别选用盐酸硫胺素和医用核黄素，钙源可选用葡萄糖酸钙、乳酸钙、氯化钙或活性钙，铁源可选用乳酸亚铁，锌源可选用氯化锌。

（2）营养素的添加方式。向小麦粉中添加微量营养的方式有两种：一种是直接添加。这种方式简单易行，但不易混合均匀，影响强化效果；另一种是根据强化标准，先配制成预混合添加剂再加入小麦粉，这是目前国际上普遍采用的强化方式。在配制预混合添加剂时，从营养功能与稳定性两个因素出发，使用了某些呈结合状态的营养素。例如用硫胺素硝酸盐作为维生素 B_1 原料，用维生素 A 的棕榈酸盐作为维生素 A 的原料，以电解还原铁粉的形式作为铁的原料。配制预混合添加剂的载体是含 3% 磷酸三钙的淀粉。

（3）强化小麦粉的赖氨酸。从小麦粉中的必需氨基酸含量来分析，最需添加的氨基酸是赖氨酸。因此英国、日本、美国通常在小麦粉中添加富含赖氨酸的大豆粉或浓缩大豆蛋白。未经热处理的大豆粉含有许多种酶，其中脂肪氧化酶对小麦粉的类胡萝卜素的增白作用，提高面团和面包的质量很重要。但由于酶的存在，会导致面团筋力降低，因而特别要注意。面包用粉中，大豆粉的添加量一般为 3%。高酶活性的大豆粉，添加量最高为 0.5%。由于大豆粉对发酵有影响，大豆粉只用于一次发酵法工艺制面包的小麦粉中，由于蛋糕用粉对筋力要求不高，在有些蛋糕用粉中，大豆粉的添加量为 5%～10%。

3. 其他处理

（1）增白处理。新制成小麦粉中含有浅黄色类胡萝卜素，影响小麦粉的色泽，为迎合顾客心理，快速提高其粉色，可应用增白剂处理。目前中国广泛使用的增白剂是含 27% 过氧化苯甲酰的白色粉状增白剂。美、英等国的允许添加量为 5mg/kg。根据国内各制粉厂的实践，使用量亦以 50mg/kg 为宜，用量过多反会使小麦粉呈浅灰色。添加增白剂后，小麦粉在 1～2d 内即可完成增白作用。在增白过程中，小麦粉中的维生素 E 将会遭到破坏，并由于其微毒性，世界上有些国家如日本，对内销麦粉不准使用，法国和我国台湾地区也禁止使用。

（2）食用纤维的添加。研究资料表明，食用纤维对人体有益。如可溶性纤维可减少血液内胆固醇含量；粗纤维可减少直肠癌的发病率，并对糖尿病有良好的疗效。经常食用粗纤维的食品，可治疗或防止肥胖症，并避免由此引起的一些疾病的发生。小麦粉中所添加的食用纤维，在中国通常是经处理的小麦麸皮，主要用于高纤维面包（俗称麸皮面包），其添加量最高为 20%。近年来，在国内外小麦剥皮制粉研究中，发现在常规制粉生产的麸皮中，食用纤维固然含量高，但伴随有大量的核酸存在，阻碍了人体对铁质的吸收。由小麦皮层中的内 3 层组成的麸皮，具有高含量食用纤维，而植酸含量很少，且富含各种营养素，是高纤维面包的理想添加物。

二、食品加工

小麦面制食品种类繁多，根据熟制方法不同分为：烘烤食品、蒸煮食品、油炸食品等，不同的面制食品出于风味特点及加工方法不同，对其制作的主要原料——小麦粉有不同的质量要求。本节仅对主要面制食品进行阐述

（一）不同食品对小麦和面粉品质性状的要求

小麦粉是食品工业的主要原料之一。小麦制品是人们日常生活的主要食品，特别是在中国北方人民的膳食结构中占有极其重要的地位。小麦通过制粉或直接加工，以面包、面条、馒头、饺子、包子、饼干、饼子、蛋糕等形式供给人们生活所需的热量、蛋白质、纤维素、矿物质和维生素等。同时，小麦也是许多快餐食品的重要原料。随着人民生活水平的提高和食品工业的发展，消费者对食品的质量和安全提出了更高的要求。为了满足市场需求的变化，食品加工业除改进加工工艺和设备以外，更加注重加工原料的质量水平和产品的稳定

性，以及加工原料与其制作食品的适应性，开发新品种，以增加市场占有率，提高企业的经济效益。市场和食品加工企业对加工原料质量和新产品开发的要求，对目前的农业生产、粮食收储、作物育种、食品科学研究、价格政策、产业结构调整提出了新的问题。要解决这些问题，人们必须首先回答用小麦制作的食品品质的评价标准和方法问题，以及小麦品种籽粒品质与其所制作的食品品质的关系问题。

1. 面包对小麦和面粉品质性状的要求　面包制作的基本原理是当水和其他原、辅料一起搅拌时，面粉中的醇溶蛋白和麦谷蛋白吸水膨胀，分子间互相连接构成具有弹性和延展性的面筋网络，面团形成，面团中酵母参与的发酵过程产生大量二氧化碳气体被面筋网络所保持而形成无数气室，使面团膨胀；经烘烤，圆团中的淀粉不断糊化，使面包结构得到固定，将气体保存于气室内，从而得到疏松、柔软、富于弹性的面包。

优质面包要求体积大；面包心孔隙小而均匀，壁厚，结构匀称，松软有弹性，洁白美观；面包皮着色深浅适度，无裂缝和气泡；味美适口等。食品科学家对面包品质的分析与评价方法进行了长时间的研究，对面包品质与小麦籽粒品质的关系也比较清楚，育种工作者已经基本掌握了制作面包的小麦品种的选择方法。一般认为，生产优质面包应以硬麦作原料，即强筋小麦，要求面粉的吸水力强，蛋白质含量较高，面筋筋力好，面团形成时间和稳定时间较长，软化度较小，面团物理性状平衡，耐搅揉，具有一定的抗拉伸阻力和延伸性，发酵性能好。

2. 面条对小麦和面粉品质性状的要求　面条是小麦制品的主要消费形式之一，约占小麦制品的 1/3，在中国北方人民的日常生活中占有重要的地位。面条质量是民间评价小麦籽粒质量和面粉质量的主要依据。面条在中国已有 2000 多年历史，但对面条品质的研究，面条品质与小麦品种品质的关系，面条专用品种的育种与生产等研究还很落后。美国、加拿大、澳大利亚等国早在 20 世纪 70 年代已着手研究这一问题。

制作干面条的基本原理是按配方和面，静止熟化，使面粉中的蛋白质吸水膨胀相互黏接形成面，同时使淀粉吸水浸润饱满起来，从而形成具有可塑性、黏弹性和延伸性的面团，再通过压片、切条、烘干、切断等工序制成挂面。品质优良的面条要求结构细密光滑，耐煮，不易糊汤和断条，色泽白亮，硬度适中，富有弹性和韧性，有咬劲，滑爽适口，不黏牙，具有麦清香味。

一般认为制作优质面条要求小麦籽粒质地较硬，面粉色白、色素、酶类含量低，麸星和灰分少，面筋含量较高，强度较大。面条品质对淀粉有较高的要求、淀粉的吸水膨胀和糊化特性可使面条具有可塑性，煮熟后有黏弹性，其中支链淀粉含量多一些，比较柔软适口。面粉中的色素（类胡萝卜素和黄酮类化合物）和酶类（α-淀粉酶、蛋白水解酶、多酚酶类）含量应尽量低，以保持面条色白，不流变，不黏。非极性脂对增加煮面的表面强度和色泽有利，极性脂可显著增加挂面的断裂强度。

3. 馒头对小麦和面粉品质性状的要求　馒头和面包的制作有相同之处，也有不同之处。相同之处在于两者都有发酵过程。不同之处在于面包是烘烤工艺，有较多的添加料及二次发酵过程；而馒头是蒸煮工艺，添加料少，加水量是面包加水量的 80%。品质优良的馒头要求体积较大、表皮光滑、色白、形状对称、挺而不摊、清香、无异味、瓤心色白、孔隙小而均匀、结构较致密、弹韧性好、有咬劲、爽口不黏牙。

一般认为与面包品质有关的性状也与馒头有关。但馒头比面包的要求较低，适合的面粉质量范围较宽。馒头品质与破损淀粉率（DS）相关显著，随 DS 值变小，馒头比容增大，外观、色泽、结构、弹韧性变好，口感不熟。以 DS 值小于 50％为好。馒头对面粉的面筋含量和筋力有一定的要求，太高太强的面粉做出的馒头虽然比容大，弹韧性好，但由于面团保气力强，制作中不易成形，成品表皮不光滑，有黄斑，瓤结构粗糙，气孔大小不均，反而不佳；若太低太弱，则馒头弹韧性和咬劲差，形状不挺，偏扁。湿面筋 24％～26％，面粉吸水率 51％～62％，稳定时间 2～13min，评价值 33～71 的面粉均可蒸出优质馒头。馒头对发芽小麦非常敏感，表现为体积小，发黏，底部收缩，表面发暗，所以 α-淀粉酶活性对馒头品质影响很大。当降落值（FN）低于 250s 时，馒头的弹韧性、结构、外观变差，黏性增大，故 FN 值以＞250s 为宜，FN 值高对馒头品质无不良影响。根据已有研究，适宜蒸制馒头的小麦应该质地较硬、角质率较高、容重较大、出粉率高、面粉白、蛋白质和面筋含量较高、面筋和面团强度较好，其指标介于面包和糕点之间而又以偏强为宜。

4. 水饺对小麦和面粉品质性状的要求 水饺是中国人民喜爱的传统食品。水饺专用粉要求耐煮性强，在煮熟过程中饺子皮良好不破肚，吃起来口感细腻，不黏牙，有咬劲。试验证明，饺子的耐煮性及口感与面粉的蛋白质含量和湿面筋含量呈显著正相关。

5. 饼干、糕点对小麦和面粉品质性状的要求

（1）优质饼干和糕点的标准。中国食品加工业的饼干有酥性饼干和发酵饼干两种。酥性饼干是在面粉中加入适量白砂糖及其他辅料，调制好面团，直接压片定型，烘烤而成。发酵饼干是在面粉中先加入鲜酵母液形成面团，然后经过两次发酵和调粉后，辊轧成型，烤而成。优质饼干要求色泽均匀，呈金黄色或黄褐色，表面略有光泽，花纹清晰，外形完整，厚薄均匀，不起泡，不凹底，断面有层次，内部呈多孔性结构，口感酥脆，不黏牙，具有香味。

糕点的基本配料是面粉、鲜蛋和糖。糕点属物理起发的烘烤食品。鲜蛋搅打过程裹入的空气经烘烤加热使蛋糕糊起发，制成体积膨大、质地柔软的蛋糕。优质蛋糕要求体积大，比容大，表面色泽黄亮，正常隆起，底面平整，不收缩，不塌陷，不溢边，不黏，外形完整，内部颗粒细，孔泡小而均匀，壁薄，柔软，湿润，瓤色白亮略黄，口感绵软、细腻。

（2）制粉特性。软麦面粉颗粒细，淀粉破损少，吸水少，适宜做糕点。面粉越细，酥饼的口感越细腻酥松，结构越细密。但过细，淀粉损伤多，吸水太多，反而影响花纹、外观和口感，并容易黏牙。酥饼直径与面粉吸水率呈显著负相关。淀粉损伤率应在 20％以下，最好小于 13％。面粉越细，糕点体积越大；但淀粉破损应尽量少，α-淀粉酶活性不宜太高，否则易塌陷。

（3）蛋白质或面筋的含量和质量。通常认为只有低筋弱力粉才适宜做糕点。这种面粉做出的酥饼形状好，花纹清晰，酥脆柔软，适口。一般要求湿面筋 4％～28％，面粉吸水率 51％～55％，面团形成时间 1.5～3.0min，稳定时间 1.2～3.0min，评价值 28～46。用于制作酥饼、饼干的面团应延伸性好，弹性低，这样可使从面团上切下的切片不变形，这一点对产品的外形和包装颇为重要。糕点对面筋含量和筋力的要求更低，一般湿面筋含量宜小于 24％，面团稳定时间小于 2min，评价值小于 38。但筋力过差的面粉可能影响糕点成形，易碎，不适宜加工和运输。最近的研究表明，有可能打破传统的蛋白质与糕点之间的关系，育成蛋白质含量高又能加工出柔软适口糕点的品种。中国北方多数品种，尤其是地方品种就有这种特性。这对于膳食中缺乏蛋白质又以小麦为主食的居民颇有价值。

（二）食品加工品质评价

1. 概述 食品品质评价包括主观评价与客观评价。主观评价即感官评价，利用感官对食品进行评判分析。主观评价能直接反映消费者对产品的接受程度，但人为误差较大，试验结果的可靠性、可比性较差。因此，不少研究者试图用客观方法把人们感官所能感觉到的品质特性表现出来。大多数谷物化学家认为，通过烘烤试验或蒸煮试验，对食品直接品尝、鉴定评分是评价面粉品质的最直接、最客观和最有实际经济价值的科学方法。

小麦粉制品同其他谷物制品一样，应具有两大最基本的功能，一是基本的营养功能；二是给予人以嗅觉、味觉和触觉感觉器官功能的享受。衡量小麦粉制品质量就是要检查上述两大功能。营养成分的检测一般对小麦或面粉进行，外观与感官评价一般对制成品而言。面制食品的评价重点在其外观和感官评价的诸多方面。感官评价是各种面制品质量评价的通用方法。作为一种科学方法，必须有大多数人可接受的评判方法和标准。虽然不同食品的感官评价方法千差万别，但也有需要共同遵守的一般原则，以尽量减少人为或环境所造成的误差，这样的评价结果才准确可靠。

2. 食品品质评价方法

（1）面包品质评价方法。目前，关于面包感官品质的评价大多采用国际国内通用的感官评价体系（参照 GB/T 14611—93），或在此基础上根据实际需要相加修改。中国面包品质评分标准中偏重视觉特征，而国外偏重味觉特征。随着人民生活水平的提高，对食品口味的要求越来越高，口味的比重将增加，将更趋于国外的评分标准。另外，为增加评价的客观性，人们也采用流变仪测定面包品质。

①感官评价：参照 GB/T 14611—93 进行。主要评价指标包括百克重量、体积、比容、表皮色泽、包心色泽、包心平滑度、纹理结构、弹柔性、口感、总评分。

②仪器测试：用质构仪测定面包品质时，一般采用压盘式测试探头。

（2）面条品质评价方法。面条品质包括商品品质（色泽、表现状态、强度）和食用品质（咬劲、食感）。国内外评价面条品质一直沿用感官品尝鉴定方法。世界上的面条种类很多，其中包括通心面、挂面、方便面、各式拉面等。不同种类面条的品质评价指标与方法也有所不同。多年来国外专家一直致力于研究客观、简单易行、标准化程度高的鉴定面条品质的方法，而国内的相关研究则较为滞后。目前，有关面条品质的评价主要包括感官评价、仪器分析和化学分析等方法。白度仪、质构仪等在面条品质评价方面也得到了一定的应用。

①感官评价：煮面品质感官评价的内容包括外观品质和内在品质。外观品质指标有色泽和表观状态，内在品质指标有适口性、韧性、黏性、光滑度和食味。如果评价挂面，还应考虑生面条要有吸引人的外观，具有一定的机械强度和耐贮藏性。机械强度常用断条率表示。

②仪器测定评价：由于感观评价易受人员组成变化和嗜好的影响，所以在评价面条品质时，国际间很难沟通。于是，国外开发生产了有关面条品质测定的仪器，例如，测定于面条强度和煮面特性的仪器有流变仪，万能试验机和通用食品结构仪等。利用这些仪器，对面条进行测定的量化指标有：生面条颜色和断裂强度，煮面条硬度、切断力、抗压力、煮熟重、吸水量和煮面损失，以及弹性、熟结性和融合性等。这些指标与煮面感官评分显著相关。

③常规测定评价：通过常规方法测定煮面品质的指标有煮熟增重率，干物质失落率，蛋

白质损失率等。煮熟增重率与面条外观状态负相关，与适口性、韧性、光滑性、食味以及感官总评分极显著负相关，而与煮面熟性极显著正相关。干物质失落率和蛋白质失落率与面条品质负相关。前者数值越小，面条在煮熟过程不浑汤，煮面条表面光滑，质地均匀，口感佳；后者数值小，可以保证面条含有更多的营养物质。

（3）馒头品质评价方法。馒头是中国人民的传统主食食品，但对其品质研究却较少。国内专用小麦品质国家标准（GB/T 17320—1998）附录中提出了馒头的制作与品质评价规则和方法。馒头评价常采用感官评价，评价指标包括馒头的体积、比容、表皮色泽、外形的对称性、瓤的色泽、内部结构、咬劲、香味、柔韧性等。

（4）糕点、饼干品质评价方法。糕点、饼干的种类繁多，不同的种类其品质评价方法不同。一般采用感官评价。酥性饼干的评价指标包括比容、胀发率、表面花纹、底部孔隙、芯部结构、口感等；蛋糕的评价指标有比容、外观、芯部结构、口感。可参照SB/T 10141—93和SB/T 10142—93进行。

（三）主要食品加工技术

1. 面包加工技术　面包是许多国家的主食，在中国也是重要的面制食品之一。面包的种类按质地可分为软质面包、硬质面包、介于两者之间的脆皮面包和内部分层次的丹麦酥皮面包；按食用用途可分为主食面包和点心面包。

（1）原料和辅料。面包的基本原料有面粉、酵母、食盐和水，其余的则为辅助原料。

①面粉。生产面包宜采用筋力较高的面粉。中国面包专用粉的主要要求是：精制级湿面筋>33%，粉质曲线稳定时间≥10min，降落数值250～350s，灰分≤0.60%，普通级湿面筋30%，粉质曲线稳定时间7min，降落数值250～350s，灰分0.75%。

②酵母、食盐、水。目前广泛采用即发活性干酵母进行面团发酵；精制食盐。

③糖、油脂、蛋品、乳品、果料。普通面包一般只添加适量的糖和油脂，花式面包除糖、油脂外，还应使用一定的蛋品、乳品和果料。从油脂的工艺性能来看，固体油脂要比液体油好。

④面质改良剂。主要有氧化剂、还原剂、乳化剂、酵母食物、酶制剂、硬度和pH调节剂等，常配成面包改良剂供应市场。

（2）工艺流程。面包生产工艺有一次发酵法、二次发酵法、速成发酵法、液体发酵法、连续搅拌法和冷冻面团法等。现代面包制作工艺虽然很多，但都是在传统发酵的基础上发展起来的。国内外通常采用的工艺流程如下：

①一次发酵法（直接法）：调制面团→发酵→分割搓圆→中间醒发→整形→入盘（听）→最后醒发→烘烤→冷却→包装。

②二次发酵法（中种法）：调制种子面团→发酵→调制主面团→延续发酵→分割搓圆→以后工序同一次发酵法。

③速成法（不发酵法）：调制面团→静置（或不静置）→压片→分割搓回→以后工序同一次发酵法。

（3）面团基本配方。一次发酵法和速成法的基本配方如下：

①一次发酵法：面粉100%，水50%～65%，即发酵母0.5%～1.5%，食盐1%～2.0%，糖2%～12%，油脂2%～5%，奶粉2%～8%，面包添加剂0.5%～1.5%。

②速成法：面粉100％，水50％～60％，即发酵母0.8％～2.0％，食盐0.8％～1.2％，糖8％～15％，油脂2％～3％，鸡蛋1％～5％，奶粉1％～3％，面包添加剂0.8％～1.3％。

具体使用时，各原料的用量应根据不同品种调整。

（4）技术要点。主要有以下6道工序：

①调制面团：一次发酵法和速成法的投料顺序为：先将水、糖、蛋、面包添加剂在搅拌机中充分搅匀，再加入面粉。把奶粉和即发酵母搅拌成面团。当面团已经形成，面筋尚未充分扩展时加入油脂。最后在搅拌完成前5～6min加入食盐。搅拌后的面团温度应为27～29℃，搅拌时间一般在15～20min。

二次发酵法的投料顺序为：将种子面团所需的全部原辅料于搅拌机中搅拌8～10min，面团终温应控制在24～26℃进行发酵。再将主面团的水、糖、蛋和添加剂投入搅拌机中搅拌均匀，并加入发酵好的种子面团继续搅拌使之拉开，然后加面粉、奶粉搅拌至面筋初步形成。当加入油脂搅拌到与面团充分混合时，最后加食盐搅拌至面团成熟。搅拌时间一般为12～15min，面团终温为28～30℃。面团搅拌成熟的标志是表面光滑、内部结构细腻，手拉可成半透明的薄膜。

②面团发酵：发酵室的理想温度为28～30℃，相对湿度为75％～85％。一次发酵法的发酵时间约为2.5～3.0h，当发酵到总时间的60％～75％（或体积达到原来的1.5～2倍）时进行翻面。发酵成熟度的判断可采用手按法，用手指轻轻按下面团，手指离开后面团既不弹回也不下落，表示发酵成熟。二次发酵法的种子面团发酵时间为4～5h，成熟时应能闻到比较强烈的酒香和酸味。主面团的发酵时间从20～60min不等，成熟时面团膨大，弹性下降，表面略呈薄感，手感柔软。

③整形与装听：用手工或机械将面团压片、卷成面卷、压紧后做成各种形状。手工适于制作花色面包，机械适于制作主食面包。花色面包用手工装入烤盘，主食面包可从整形机直接落入烤听。

④最后醒发：温度32～34℃、相对湿度85％左右，时间55～65min。

⑤烘烤：其温度和时间与生坯重量、体积、高度和面团配方等因素有关，很难作统一规定。掌握的一般原则是：体积小、重量轻，配方中糖、蛋、乳用量较少，坯形较薄的应采用高温短时间烘烤。反之应进行低温长时间的烘烤。

⑥冷却与包装：烘烤完毕的面包，应采用自然冷却或通风的方法使中心温度降至35℃左右，再进行切片或包装。

2. 馒头加工技术　馒头和各式蒸包是中国特有的面制发酵食品，在人民生活中占有重要地位。过去，馒头制作多以家庭、作坊为主，生产发展很慢。近年来，随着主食品加工社会化的需要，馒头和各式蒸包生产在机械化、冷冻保藏等方面已取得一定进步。但各地对馒头和蒸包生产工艺制作不尽相同。一般加工技术如下：

（1）原料。面粉一般采用中筋粉。中国馒头专用粉的主要指标是：精制级湿面筋25％～30％，粉质曲线稳定时间＞3.0min，降落数值＞250s，灰分＜0.55％；普通级湿面筋25％～30％，粉质曲线稳定时间＞3.0min，降落数值＞250s，灰分＜0.70％。发酵剂主要为面种、酒酿、即发干酵母或鲜酵母。食用碱即纯碱。还有水、糖、乳化剂等。

（2）工艺流程。馒头生产有面种发酵法、酒酿发酵法和纯酵母发酵法（新发酵法），前者最具代表性。其工艺流程如下：原料→和面→发酵→中和→成型→醒发→汽蒸→冷却→

成品。

（3）技术要点。包括以下工序：

①和面：取 70％ 左右的面粉、大部分水和预先用少量温水调成糊状的面种。在和面机中搅拌 5～10min，至面团不黏手、有弹性、表面光滑时投入发酵缸，面团温度要求 30℃。

②发酵：在室温 26～28℃，相对湿度 75％ 左右的发酵室内发酵约 3h，至面团体积增长 1 倍、内部蜂窝组织均匀、有明显酸味时完毕。

③中和：即第二次和面。将已发酵的面团投入和面机，逐渐加入溶解的碱水，以中和发酵后产生的酸度。搅拌 10～15min 至面团成熟。加碱合适，面团有碱香、口感好；加碱不足，产品有酸味；加碱过量，产品发黄、表面开裂、碱味重。

④成型：把第二次和好的面团装入蒸屉内去醒发。

⑤醒发：温度 32～36℃，相对湿度 80％ 左右，醒发时间 15min 即可。

⑥汽蒸和冷却：蒸熟后，冷却 5min 或自然冷却后包装。

3. 拉面制作的加工技术 拉面技术，堪称中国一绝。拉面制作在中国流传已久，是北方地区人民的传统主食。因其具有良好的口感和品质，操作方便，深受当地乃至全国人民的喜爱。拉面可根据不同地方和拉制方法不同，分为兰州拉面、新疆拉面、烩面等。拉面的制作无论从选料、和面、饧面，还是溜条和出条，都巧妙地运用了所含成分的物理性能，即面筋蛋白质的延伸性和弹性。一般的加工技术如下：

（1）选料。选择中等筋力曲面粉，且面团的延伸性好，有弹性，才能为拉面的制作成功保证前提条件。

（2）和面。和面是拉面制作的基础和关键。首先应注意的是水的温度，一般要求和好的面团温度始终保持在 30℃，因为此时面粉中的蛋白质吸水性最高，可以达到 150％，此时面筋的生成率也最高，质量最好，即延伸性和弹性最好，最适宜抻拉。若温度低于 30℃，则蛋白质的吸水性和质量会随温度的下降而下降。超过 30℃，同样也会降低面筋的生成。当温度达到 60℃ 时，则会引起蛋白质的变性，而失去其性能。其次，兰州拉面和面时加适量的蓬灰，新疆拉面、烩面和面也需加适量的盐，蓬灰和盐能提高面团中面筋的生成率和质量。

（3）饧面。即将和好的面团放置一段时间（一般冬天不能低于 30min，比夏天稍短些），其目的也是促进面筋的生成。放置还可以使没有充分吸收水分的蛋白质有充分的吸水时间，以提高面筋的生成和质量。

（4）溜条。将饧好的面团放在面板上，搓成团条，然后用两手握住条的两端，抬起在案板上用力摔打。条拉长后，两端对折，继续握住两端摔打，如此反复。

（5）出条。将溜好的面条放在案板上，手握两端，两臂均匀用力加速向外抻拉，然后两头对折，使面条形成绞索状，同时两手往两边抻拉。面条拉长后，再把右手钩住的一端套在左手指上，右手继续钩住另一端抻拉。抻拉时速度要快，用力要均匀，如此反复。抻拉是一个技术性很强的工作，初学者很难掌握要领。

主要参考文献

安呈峰, 王延训, 毕建杰, 等. 2008. 高产小麦生育后期影响茎秆生长的生理因素与抗倒性的关系 [J]. 山东农业科学 (7): 1-4.

百栋才. 2000. 河套农业发展研究 [M]. 北京: 中国社会出版社.

曹广才, 李希达, 王士英, 等. 1990. 小麦主茎总叶数的变异 [J]. 作物学报, 16 (1): 73-82.

曹广才, 吴东兵, 陈贺芹, 等. 2004. 温度和日照与春播小麦品质的关系 [J]. 中国农业科学, 37 (5): 663-669.

曹广才, 吴东兵, 李家修, 等. 1990. 普通小麦日长反应的探讨 [J]. 生态学报, 10 (3): 255-260.

曹广才, 吴东兵, 张国泰, 等. 1990. 强春性小麦品种的生育特性 [J]. 应用生态学报, 1 (4): 306-314.

曹广才, 吴东兵. 1991. 不同地区春播小麦生育天数的对比试验 [J]. 植物生态学与地植物学学报, 15 (2): 191-195.

曹广才, 徐文生. 1988. 辽春6号春小麦温光反应的特殊性 [J]. 中国农业科学, 21 (2): 94.

曹广才. 1988. 强春性小麦品种春化反应 [J]. 中国农业气象 (3): 8-11.

曹玲, 窦永祥. 1977. 河西走廊中部干热风气候特征分析及其预报方法 [J]. 干旱地区农业研究, 15 (3): 96-102.

长安大学环工学院. 2007. 中国西北地区再造山川秀美战略研究与试验示范 [M]. 北京: 科学出版社.

车京玉, 时家宁, 邵立刚, 等. 2008. 春小麦根系变化与地上部相关关系的研究 [J]. 河南科技学院学报, 36 (2): 12-14.

陈东升, 刘丽, 董建力, 等. 2005. HMW-GS和LMW-GS组成及1BL/1RS易位对春小麦品质性状的影响 [J]. 作物学报, 31 (4): 414-419.

陈官印, 唐慧, 毛永强, 等. 2006. 春小麦新品种-新春17号 [J]. 新疆农业科技 (5): 5.

陈集贤, 赵绪兰. 1995. 丰产抗旱春小麦高原602的研究与应用 [M]. 兰州: 兰州大学出版社.

陈集贤. 1994. 青海高原春小麦生理生态 [M]. 北京: 科学出版社.

陈荣毅, 王荣栋, 孔军, 等. 2005. 新疆小麦品质生态研究 (上) [J]. 新疆农业科学, 42 (6): 369-376.

陈荣毅, 王荣栋, 孔军, 等. 2006. 新疆小麦品质生态研究 (下) [J]. 新疆农业科学, 43 (1): 25-30.

陈万权. 2012. 图说小麦病虫草鼠害防治关键技术 [M]. 北京: 中国农业出版社.

陈源娥, 陈志国, 张慧玲, 等. 2006. 对国家春小麦西北旱地区域试验的几点认识 [J]. 干旱地区农业研究, 24 (5): 42-45.

陈源娥. 2005. 西北旱地春小麦栽培技术 [J]. 现代种业 (1): 15-16.

陈志国, 张怀刚, 陈集贤, 等. 2002. 春小麦新品种高原314及其栽培技术 [J]. 麦类作物学报, 22 (2): 97-97.

程大志, 张怀刚, 谢忠奎, 等. 2005. 高产节水春小麦新品种——高原448 [J]. 麦类作物学报, 25 (4): 152.

邓振镛. 1999. 干旱地区农业气象研究 [M]. 北京: 气象出版社.

丁一汇, 王守荣. 2001. 中国西北地区气候与生态环境概论 [M]. 北京: 气象出版社.

丁正熙.1984.冬小麦的经济合理灌溉［J］.北京农业科学（12）：15-17.

董建国，余叔文，李振国.1986.土壤渍水时小麦乙烯产生的变化与 ACC 及 MCC 含量的关系［J］.植物学报，28（4）：396-403.

董建国，余叔文.1984.细胞分裂素对渍水小麦衰老的影响［J］.植物生理学报，10（1）：55-62.

董玉琛，郑殿升.2000.中国小麦遗传资源［M］.北京：中国农业出版社.

董志平，姜京宇.2007.小麦病虫草害防治彩色图谱［M］.北京：中国农业出版社.

杜金哲，李文雄，胡尚连，等.2001.春小麦不同品质类型氮的吸收、转化利用及与籽粒产量和蛋白质含量的关系［J］.作物学报，27（2）：253-260.

杜久元，周祥椿，杨立荣.2004.不同小麦品种植株光合器官受损对单穗籽粒产量的影响及其补偿效应［J］.麦类作物学报，24（1）：35-39.

俄有浩，霍治国，马玉平，等.2013.中国北方春小麦生育期变化的区域差异性与气候适应性［J］.生态学报，33（19）：6295-6302.

樊明，李红霞，张双喜，等.2014.宁夏引黄灌区不同春小麦新品种（系）的产量潜力［J］.江苏农业科技，42（7）：80-82.

樊哲儒，吴振录，李剑峰，等.2008.多用途优质强筋春小麦新品种-新春 26 号［J］.麦类作物学报，28（2）：356.

樊哲儒，张跃强，李剑峰.2011.优质高产抗病春小麦新品种-新春 33 号［J］.麦类作物学报，31（1）：187.

范新有，王晨阳.1997.小麦优良品种与高产栽培［M］.郑州：河南科学技术出版社.

方亮，李红霞，魏亦勤，等.2008.中强筋春小麦新品种宁春 43 号的选育［J］.种子，27（9）：121-122.

方在明，熊忠炯.1993.沿江地区小麦产量构成因素分析及高产栽培途径研究［J］.安徽农业科学，21（2）：35-36.

房世波，齐月，韩国军，等，Davide Cammarano.2014.1961—2010 年中国主要麦区冬春气象干旱趋势及其可能影响［J］.中国农业科学，47（9）：1754-1763.

冯金朝，黄子琛.1995.春小麦蒸发蒸腾的调控［J］.作物学报，21（5）：544-550.

傅大雄，阮仁武，刘大军，等.2007.近等基因系法对小麦显性矮源的研究［J］.中国农业科学，40（4）：655-664.

傅兆麟.2001.小麦科学研究理论与实践［M］.北京：中国农业科学技术出版社.

苟作旺，杨文雄，刘效华.2008.水分胁迫下旱地小麦品种形态及生理特性研究［J］.农业现代化研究，29（4）：503-505.

韩建民，尚勋武，杨林娟.2003.西北春麦区的优劣势和发展硬红春小麦的对策［J］.中国农业资源与区划，24（1）：37-39.

韩景峰.1986.小麦应用生理［M］.郑州：河南科学技术出版社.

韩一军，姜楠，李雪.2014.中国小麦增产潜力、方向与政策建议［J］.农学学报，4（4）：99-103.

韩一军.2012.中国小麦产业发展与政策选择［M］.北京：中国农业出版社.

韩宇平，张建龙.2007.宁夏引黄灌区气候变化特征分析［J］.华北水利水电学院学报，28（6）：1-3.

郝晨阳，尚勋武，张海泉.2004.甘肃省春小麦品种高分子量麦谷蛋白亚基组成分析［J］.植物遗传资源学报，5（1）：38-42.

何桂花，杨文雄.2005.春小麦新品种陇春 23 选育报告［J］.甘肃农业科（2）：9.

侯光炯，高惠民.1982.中国农业土壤概论［M］.北京：农业出版社.

侯子艾.1982.小麦栽培基础知识［M］.北京：农业出版社.

胡冬梅，王志伟.2003.春小麦新品种青春 114［J］.作物杂志（2）：11.

胡吉帮，王晨阳，郭天财，等.2008.灌浆期高温和干旱对小麦灌浆特性的影响［J］.河南农业大学学报

（6）：597-601.

黄德纯，杨振，周生伟，等.2007.春小麦新品种-新春27号 [J].农村科技 (11)：35.

黄占斌，山仑.1997.春小麦水分利用效率日变化及其生理生态基础的研究 [J].应用生态学报，8 (3)：263-269.

姜楠，张晓颖，韩一军.2012.我国西北地区小麦产业发展研究 [J].农业展望 (5)：28-32，37.

姜玉英.2008.小麦病虫草害发生与监控 [M].北京：中国农业出版社.

金善宝.1992.小麦生态理论与应用 [M].杭州：浙江科学技术出版社.

金善宝.1992.小麦生态研究 [M].杭州：浙江科学技术出版社.

金善宝.1996.中国小麦学 [M].北京：中国农业出版社.

康志钰，尚勋武，任莉萍.2003.甘肃春小麦主要农艺性状的配合力分析 [J].甘肃农业科技 (4)：8-12.

孔祥生，郭秀璞，张妙霞，等.1998.渗透胁迫对小麦萌发生长及某些生理生化特性的影响 [J].麦类作物学报，18 (4)：35-38.

兰巨生，胡福顺，张景瑞.1990.作物抗旱指数的概念和统计方法 [J].华北农学报，5 (2)：20-25.

雷水玲.2001.全球气候变化对宁夏春小麦生长和产量的影响 [J].中国农业气象，22 (2)：33-36.

李春霞，沈建楠，张春林.2007.宁夏春小麦新品种（系）农艺性状品质性状表现 [J].宁夏农林科技 (5)：67-68.

李红霞，魏亦勤，董建力，等.2006.宁夏近50年不同时期小麦品种高分子量麦谷蛋白亚基遗传变异分析 [J].干旱地区农业研究，24 (4)：204-210.

李红霞，魏亦勤，刘旺清，等.2006.优质强筋面条小麦新品种宁春35号简介 [J].宁夏农林科技 (1)：37.

李华，赵展.2007.西北水地春小麦品种试验审定现状浅析 [J].农业科技通讯 (11)：21-22.

李话，大勇.1999.半干旱地区春小麦根系形态特征与生长冗余的初步研究 [J].应用生态学报，10 (1)：26-30.

李建疆，梁晓东.2005.新春12号 [J].农村科技 (4)：20.

李建疆，芦静，吴新元.2003.春小麦新品种新春10号 [J].新疆农垦科技 (3)：38.

李建疆.2009.耐盐春小麦品种——新春29号 [J].科学种养 (5)：48.

李鲁华，陈树宾，秦莉，等.2002.不同土壤水分条件下春小麦品种根系功能效率的研究 [J].中国农业科学，35 (7)：867-871.

李猛.2007.西北地区节水农业发展战略研究 [D].西安：西北农林科技大学.

李勤报，梁厚果.1986.水分胁迫下小麦幼苗呼吸代谢的改变 [J].植物生理学报，12 (4)：379-387.

李生秀.2004.中国旱地农业 [M].北京：中国农业出版社.

李守谦，王亚军.1991.关于发展西北地区春小麦生产的几个问题——西北春小麦考察报告 [J].甘肃农业科技 (3)：2-5.

李寿山，赵奇，陈兴武，等.2007.新疆小麦生产存在的问题及其解决的途径与措施 [J].新疆农业科学，44 (S1)：1-4.

李永芬，宋海涛，盛光明.2009.春小麦青春38品种特性及高产栽培技术 [J].中国农业推广，25 (12)：15.

李元清，崔国惠，吴晓华，等.2012.高产春小麦新品种"农麦3号"选育及栽培 [J].内蒙古农业科技 (2)：119.

李元清，吴晓华，崔国惠，等.2008.基因型、地点及其互作对内蒙古小麦主要品质性状的影响 [J].作物学报，34 (1)：47-53.

李召锋，李卫华，艾尼瓦尔，等.2013.高产优质春小麦新品种-新春39号 [J].麦类作物学报，33 (3)：620.

李志军.2010.宁夏气候变化及其对植被覆盖的影响 [D].兰州:兰州大学.

李志新,曹双河,张相岐,等.2007.小麦及其近缘植物高分子量麦谷蛋白亚基(HMW-GS)基因的研究进展 [J].长江大学学报(自然科学版)农学卷,4(3):91-95.

廖建雄,王根轩.2002.干旱、CO_2和温度升高对春小麦光合、蒸发蒸腾及水分利用效率的影响 [J].应用生态学报,13(5):547-550.

林玉柱,马汇泉,苗吉信.2012.北方小麦病虫草害综合防治 [M].北京:中国农业出版社.

刘宝龙,张怀刚.2007.弱筋小麦品种高分子量谷蛋白亚基组成分析 [J].西北农业学报,16(2):19-23.

刘殿英,石立岩,黄炳茹,董庆裕.1993.栽培措施对冬小麦根系及其活力和植株性状的影响 [J].中国农业科学,26(5):51-56.

刘宏胜,牛俊义,李映.2012.优质旱地春小麦新品种甘春25号的选育及栽培技术研究 [J].安徽农业科学,30:14687-14688.

刘克礼,高聚林,张永平,等.1999.内蒙古春小麦生产现状与持续发展技术对策 [J].沈阳农业大学学报,30(6):624-627.

刘效华,杨文雄,王世红.2010.高产广适春小麦新品种陇春26号栽培技术要点 [J].作物杂志,(3):108-109.

柳娜,曹东,王世红,等.2016.104份甘肃小麦品种主要品质基因的分子标记检测 [J].西北农业学报,5(3):353-360.

柳娜,杨文雄,王世红,等.2015.高产优质春小麦新品种——陇春33号 [J].麦类作物学报,35(10):封三.

陆正铎,刘新正,常守吉,等.1983.干热风对春小麦危害生理机制的研究 [J].农业气象,4(4):402-406.

陆正铎,田锡箴,张建兴,等.1980.内蒙古自治区小麦生态区划与品种布局 [J].内蒙古农业科技(4):5-9.

马翎健,何蓓如.1998.小麦幼穗分化研究进展 [J].湖北农学院学报,19(3):272-275.

马乃喜.1995.中国西北的自然保护区 [M].西安:西北大学出版社.

马兴祥,邓振镛,李栋梁,等.2005.甘肃省春小麦生态气候适宜度在适生种植区划中的应用 [J].应用气象学报,16(6):820-827.

马元喜.1999.小麦的根 [M].北京:中国农业出版社.

米国华,李文雄.1998.小麦穗分化过程中的光温组合效应研究 [J].作物学报,24(4):470-474.

牟丽明.2012.西北旱作春麦区小麦新品种选育现状及展望 [J].陕西农业科学(2):135-136.

宁夏回族自治区科学技术委员会.1988.春小麦栽培技术 [M].银川:宁夏人民出版社.

农业部小麦专家指导组.2012.中国小麦品质区划与高产优质栽培 [M].北京:中国农业出版社.

潘前颖,文学飞,潘田园,等.2012.小麦胚芽鞘与耐深播抗旱研究进展 [J].干旱地区农业研究,30(3):51-62.

潘幸来.1982.小麦根系生长规律及其与产量关系的初步研究 [J].山西农业大学学报,2(1):36-61.

彭永欣,严六零,郭文善,封超年.1992.小麦根系发生规律的研究 [J].江苏农学院学报,13(4):1-5.

裴志新.1988.灌区小麦育种目标探讨 [J].宁夏农林科技(6):6-8.

全国农业技术推广服务中心.2011.春小麦测土培肥施肥技术 [M].北京:中国农业出版社.

山东农学院.1980.作物栽培学(北方本) [M].北京:农业出版社.

山仑,徐萌.1991.节水农业及其生理生态基础 [J].应用生态学报,2(2):70-76.

商鸿生,王凤葵.2012.小麦病虫草害防治手册 [J].北京:金盾出版社.

上官周平，陈培元.1990.小麦叶片光合作用与其渗透调节能力的关系［J］.植物生理学报，16（4）：347-354.

尚勋武，康志钰，柴守玺，等.2003.甘肃省小麦品质生态区划和优质小麦产业化发展建议［J］.甘肃农业科技（5）：10-13.

尚勋武.2005.中国北方春小麦［M］.北京：中国农业出版社.

沈正兴，俞世蓉，吴兆苏.1991.小麦品种抗穗发芽性的研究［J］.中国农业科学，24（5）：44-50.

盛宏达，奚雷，王韶唐.1986.小麦籽粒发育初期土壤水分亏缺对植株各部位光合作用的影响［J］.植物生理学报，12（2）：109-115.

宋家永.2002.优质小麦产业化［M］.北京：中国农业科学技术出版社.

苏毓杰，李润喜.2012.优质高产春小麦品种——甘垦4号［J］.麦类作物学报，32（5）：10-11.

孙宝启.2004.中国北方专用小麦［M］.北京：气象出版社.

孙成权，冯筠.2001.中国西北地区资源与环境问题研究［M］.北京：中国环境科学出版社.

唐新勇，方福强，徐红军，等.2013.春小麦-新春35号［J］.新疆农垦科技（8）：25-26.

王长峰.2012.紫粒春小麦宁春46号的品质研究［J］.宁夏农林科技，53（12）：11-12.

王春乙.2010.中国重大农业气象灾害研究［M］.北京：气象出版社.

王殿武，刘树庆，文宏达，等.1999.高寒半干旱区春小麦田施肥及水肥耦合效应研究［J］.中国农业科学，32（5）：62-68.

王恩鹏.2006.西北地区水资源现状与可持续利用对策的探讨［J］.云南地理环境研究，18（1）：92-96.

王贵全，程明发，权文利，等.2013.旱地优质中筋春小麦新品种-高原437［J］.麦类作物学报，30（3）：846.

王鹤龄，张强，王润元，等.2015.增温和降水变化对西北半干旱区春小麦产量和品质的影响［J］.应用生态学报，26（1）：67-75.

王宏伟.2006.春小麦新品种新春14号特征特性及高产栽培技术［J］.现代农业科技，（12）：101-101.

王建林.2013.高级耕作学［M］.北京：中国农业大学出版社.

王静，续惠云.2000.水分胁迫对春小麦苗期叶肉细胞和气孔数的影响［J］.西北植物学报，20（5）：842-846.

王腊春.2007.中国水问题［M］.南京：东南大学出版社.

王立秋，曹敬山，靳占忠.1997.春小麦产量及其品质的水肥效应研究［J］.干旱地区农业研究，15（1）：58-63.

王连喜.2008.宁夏农业气候资源及其分析［M］.银川：宁夏人民出版社.

王璞.2004.农作物概论［M］.北京：中国农业大学出版社.

王谦.1981.西北地区的农业气候资源分析［J］.西北农学院学报（2）：75-88.

王荣栋，孔军，陈荣毅，等.2005.新疆小麦品质生态区划［J］.新疆农业科学，42（5）：309-314.

王世红，杨文雄，刘效华，等.2013.高产广适春小麦新品种——陇春30号［J］.麦类作物学报，33（2）：408.

王万里，林芝萍，章秀英，等.1982.灌浆—成熟期间土壤干旱对小麦籽粒充实和物质运转的影响［J］.植物生理学报，8（1）：67-80.

王志敏，张英华，薛盈文.2012.关于我国小麦生产现状与未来发展的思考［C］//第十五次中国小麦栽培科学学术研讨会论文集.

魏亦勤，李红霞，刘旺清，等.2002.优质面条（兼面包）小麦新品种宁春32号及其栽培技术［J］.麦类作物学报，22（4）：99.

吴东兵，曹广才，强小林，等.2003.春播小麦品质与生育进程和气候条件的关系［J］.应用生态学报，14（8）：1296-1300.

吴锦文, 陈仲荣. 1989. 新疆的小麦 [M]. 乌鲁木齐: 新疆人民出版社.

吴锦文. 1987. 新疆小麦生态区划 [J]. 新疆农业科学 (2): 4-7.

肖步阳. 2006. 春小麦生态育种 [M]. 北京: 中国农业出版社.

谢德庆, 何学宁. 2009. 优质中筋春小麦新品种——青春 39 [J]. 麦类作物学报, 29 (2): 367.

徐成彬, 吴兆苏. 1988. 小麦收获前穗发芽的生理生化特性研究 [J]. 中国农业科学, 21 (3): 14-20.

徐华军. 2015. 气候变化背景下宁夏冬、春小麦产量和气象灾害特征比较研究 [D]. 北京: 中国农业大学.

徐兆飞. 2000. 小麦品质及其改良 [M]. 北京: 气象出版社.

许为钢. 2006. 中国专用小麦育种与栽培 [M]. 北京: 中国农业出版社.

薛青武, 陈培元. 1990. 不同干旱胁迫方式对小麦水分关系和光合作用的影响 [J]. 华北农学报, 5 (2): 26-32.

阳伏林, 张强, 王文玉, 等. 2014. 黄土高原春小麦农田蒸散及其影响因素 [J]. 生态学报, 34 (9): 2323-2328.

杨春峰. 1996. 西北耕作制度 [M]. 北京: 中国农业出版社.

杨建设. 1992. 不同小麦品种苗期抗旱生理特性研究初报 [J]. 陕西农业科学 (6): 7-9.

杨祁峰, 柴宗文, 李福, 等. 2008. 甘肃省优质专用小麦产业发展现状及对策 [J]. 甘肃农业科技 (7): 45-47.

杨尚威. 2011. 中国小麦生产区域专业化研究 [D]. 重庆: 西南大学.

杨文雄, 张怀刚, 介晓磊. 2004. 西北地区春小麦品种更换特点及育种策略 [J]. 西北农业学报, 13 (3): 22-25.

杨文雄. 2006. 旱地春小麦株型指标与产量形成关系研究 [J]. 干旱地区农业研究, 24 (1): 43-46.

杨文雄. 2009. 甘肃小麦生产技术指导 [M]. 北京: 中国农业科学技术出版社.

杨晓玲, 丁文魁, 董安祥, 等. 2009. 河西走廊气候资源的分布特点及其开发利用 [J]. 中国农业气象, 30 (增 1): 1-5.

杨泽粟, 张强, 郝小翠. 2015. 自然条件下半干旱雨养春小麦生育后期旗叶光合的气孔和非气孔限制 [J]. 中国生态农业学报, 23 (2): 174-182.

叶玉香, 杨志明, 何建, 等. 2006. 优质强筋春小麦新品种——新春 21 号 [J]. 麦类作物学报 (4): 169-169.

于美玲, 李元清, 崔国惠, 等. 2012. 春小麦新品种农麦 4 号特征特性及其栽培 [J]. 内蒙古农业科技 (6): 106.

于熙宏, 张屹厚, 隋洋. 2005. 强筋小麦龙麦 30 号特征特性及栽培技术 [J]. 现代化农业 (5): 15.

于振文. 2003. 作物栽培学各论 (北方本) [M]. 北京: 中国农业出版社.

于振文. 2006. 小麦产量与品质生理及栽培技术 [M]. 北京: 中国农业出版社.

于振文. 2008. 小麦高产创建示范技术 [M]. 北京: 中国农业出版社.

余松烈. 1989. 冬小麦的栽培 [M]. 北京: 农业出版社.

余松烈. 2006. 中国小麦栽培理论与实践 [M]. 上海: 上海科学技术出版社.

袁钊. 2014. 小麦高产栽培新技术 [M]. 北京: 中国农业科学技术出版社.

原亚萍, 陈孝, 肖世和. 2003. 小麦穗发芽的研究进展 [J]. 麦类作物学报, 23 (3): 136-139.

曾启明. 1991. 小麦丰产技术 [M]. 北京: 金盾出版社.

张海峰, 卢荣禾. 1993. 小麦穗发芽抗性机理与遗传研究 [J]. 作物学报, 19 (6): 523-530.

张怀刚, 陈集贤, 赵绪兰, 等. 1995. 青海高原春小麦品种 HMW-GS 组成 [J]. 西北农业学报, 4 (4): 6-10.

张怀刚, 陈志国, 刘宝龙, 等. 2008. 高产抗病春小麦新品种——高原 142 [J]. 麦类作物学报, 28

（2）：355.

张怀刚，杨生荣．2005．高原号春小麦品种的培育与推广［J］．中国科学院院刊，20（3）：205-207.

张怀刚．1994．青海高原春小麦的光合作用［J］．青海农林科技（2）：45-50，22.

张杰，张强，赵建华，等．2008．作物干旱指标对西北半干旱区春小麦缺水特征的反映［J］．生态学报，28（4）：1646-1654.

张凯，李巧珍，王润元，等．2012．播期对春小麦生长发育及产量的影响［J］．生态学杂志，31（2）：324-331.

张磊，李福生，王连喜，等．2009．不同灌溉量对春小麦生长及产量构成的影响［J］．干旱地区农业研究，27（4）：46-49.

张梅妞，张怀刚，杨文雄，等．2005．两种高原环境下春小麦品质比较研究［J］．西北农业学报，14（4）：26-29.

张平军．2005．西北水资源与区域经济的可持续发展研究［M］．北京：中国经济出版社.

张强，邓振镛，赵映东，等．2008．全球气候变化对我国西北地区农业的影响［J］．生态学报，28（3）：1210-1218.

张庆琛，许为钢，胡琳，等．2010．玉米 C_4 型全长 PEPC 基因导入普通小麦的研究［J］．麦类作物学报，30（2）：194-197.

张庆江，张立言，毕桓武．1997．春小麦品种氮的吸收积累和转运特征及与籽粒蛋白质的关系［J］．作物学报，23（6）：712-718.

张学智，杨珍，李玉华，等．2007．高产优质春小麦新品种武春3号的选育及特征特性［J］．作物研究（3）：331.

张雪婷，杨文雄，杨芳萍，等．2012．春小麦新品种陇春27号［J］．甘肃农业科技（1）：50-51.

张志红，成林，李书岭，等．2013．我国小麦干热风灾害研究进展［J］．气象与环境科学，36（2）：72-76.

赵广才，常旭虹，王德梅，等．2012．我国主要春小麦不同区域高产创建技术简介［J］．作物杂志，38（2）：133-136.

赵广才．2006．小麦优质高产新技术［M］．北京：中国农业科学技术出版社.

赵广才．2010．中国小麦种植区划研究（一）［J］．麦类作物学报，30（5）：886-895.

赵广才．2010．中国小麦种植区划研究（二）［J］．麦类作物学报，30（6）：1140-1147.

赵鸿，何春雨，李凤民，等．2008．气候变暖对高寒阴湿地区春小麦生长发育和产量的影响［J］．生态学杂志，27（12）：2111-2117.

赵娜，刘赟．2011．我国小麦干热风危害及其防御措施研究［J］．农业灾害研究，1（2）：68-73.

赵强，梁玉清，常国军，等．1997．河西灌区春小麦超高产品种选育探讨［J］．麦类作物，17（5）：26-28.

赵营，郭鑫年，赵护兵，等．2014．宁夏引黄灌区春小麦施肥现状与评价［J］．麦类作物学报，34（9）：1274-1280.

中国农业科学院．1979．小麦栽培理论与技术［M］．北京：农业出版社.

周玉堂，韩新年，徐红军，等．2015．春小麦-新春38号［J］．新疆农垦科技（6）：49-50.

朱志方．1996．小麦高产高效栽培新技术［M］．北京：地质出版社.

庄巧生．2003．中国小麦品质改良及系谱分析［M］．北京：中国农业出版社.

邹春琴，张福锁．2009．中国土壤—作物中微量元素研究现状和展望［M］．北京：中国农业大学出版社.

Altenbach S B, DuPont F M, Kothari K M, et al. 2003. Temperature, water and fertilizer influence the timing of key events during grain development in a US spring wheat［J］. Journal of Cereal Science, 37 (1)：9-20.

Amani I，Fischer R A，Reynolds M P. 1996. Canopy temperature depression association with yield of irrigated spring wheat cultivars in a hot climate [J] . Journal of Agronomy and Crop Science，176 (2)：119 - 129.

Amir J，Sinclair T R. 1991. A model of water limitation on spring wheat growth and yield [J] . Field Crops Research，28 (1)：59 - 69.

Andersson A，Johansson E，Oscarson P. 2005. Nitrogen redistribution from the roots in post-anthesis plants of spring wheat [J] . Plant and Soil，269 (1 - 2)：321 - 332.

Andersson A，Johansson E. 2006. Nitrogen partitioning in entire plants of different spring wheat cultivars [J] . Journal of Agronomy and Crop Science，192 (2)：121 - 131.

Angus J F，Mackenzie D H，Morton R，et al. 1981. Phasic development in field crops Ⅱ. Thermal and photo-periodic responses of spring wheat [J] . Field crops research，4：269 - 283.

Arfan M，Athar H R，Ashraf M. 2007. Does exogenous application of salicylic acid through the rooting medi-um modulate growth and photosynthetic capacity in two differently adapted spring wheat cultivars under salt stress [J] . Journal of Plant Physiology，164 (6)：685 - 694.

Baker D A，Young D L，Huggins D R，et al. 2004. Economically optimal nitrogen fertilization for yield and protein in hard red spring wheat [J] . Agronomy Journal，96 (1)：116 - 123.

Baker J T，Pinter P J，Reginato R J，et al. 1986. Effects of temperature on leaf appearance in spring and win-ter wheat cultivars [J] . Agronomy Journal，78 (4)：605 - 613.

Blackshaw R E，Molnar L J，Janzen H H. 2004. Nitrogen fertilizer timing and application method affect weed growth and competition with spring wheat [J] . Weed Science，52 (4)：614 - 622.

Blackshaw R E. 2005. Nitrogen fertilizer，manure，and compost effects on weed growth and competition with spring wheat [J] . Agronomy Journal，97 (6)：1612 - 1621.

Blumenthal C S，Bekes F，Batey I L，et al. 1991. Interpretation of grain quality results from wheat variety trials with reference to high temperature stress [J] . Crop and Pasture Science，42 (3)：325 - 334.

Bly A G，Woodard H J. 2003. Foliar nitrogen application timing influence on grain yield and protein concentra-tion of hard red winter and spring wheat [J] . Agronomy Journal，95 (2)：335 - 338.

Butt M S，Anjum F M，Van Zuilichem D J，et al. 2001. Development of predictive models for end-use quality of spring wheat's through canonical analysis [J] . International Journal of Food Science and Technology，36 (4)：433 - 440.

Campbell C A，Nicholaichuk W，Davidson H R，et al. 1977. Effects of fertilizer N and soil moisture on growth，N content，and moisture use by spring wheat [J] . Canadian Journal of Soil Science，57 (3)：289 - 310.

Chen W J，Fan X，Zhang B，et al. 2012. Novel and ancient HMW glutenin genes from Aegilops tauschii and their phylogenetic positions [J] . Genetic Resources and Crop Evolution，59 (8)：1649 - 1657.

Clarke J M，Townley-Smith F，McCaig T N，et al. 1984. Growth analysis of spring wheat cultivars of var-ying drought resistance [J] . Crop Science，24 (3)：537 - 541.

David Mekee. 2006. Focus on Canada. Powerful Canadian Wheat Board Fighting to Keep Its Monopoly Status [J] . World Grain，(7)：14 - 18.

Derera N F，Bhatt G M，McMaster G J. 1977. On the problem of pre-harvest sprouting of wheat [J] . Eu-phytica，26 (2)：299 - 308.

Dhillon S S，Fischer R A. 1994. Date of sowing effects on grain yield and yield components of irrigated spring wheat cultivars and relationships with radiation and temperature in Ludhiana [J]，India. Field Crops Re-search，37 (3)：169 - 184.

Fan X W，Li F M，Xiong Y C，et al. 2008. The cooperative relation between non-hydraulic root signals and osmotic adjustment under water stress improves grain formation for spring wheat varieties [J] . Physiologia plantarum, 132 (3): 283 - 292.

Fischer R A, Wood J T. 1979. Drought resistance in spring wheat cultivars. Ⅲ. * Yield associations with morpho-physiological traits [J] . Crop and Pasture Science, 30 (6): 1001 - 1020.

Fischer R A. 1985. Number of kernels in wheat crops and the influence of solar radiation and temperature [J] . The Journal of Agricultural Science, 105 (02): 447 - 461.

Fischer R A. 1993. Irrigated spring wheat and timing and amount of nitrogen fertilizer. Ⅱ. Physiology of grain yield response [J] . Field Crops Research, 33 (1): 57 - 80.

Fowler D B. 2003. Crop nitrogen demand and grain protein concentration of spring and winter wheat [J] . Agronomy Journal, 95 (2): 260 - 265.

Gaju O, Reynolds M P, Sparkes D L, et al. 2009. Relationships between large-spike phenotype, grain number, and yield potential in spring wheat [J] . Crop Science, 49 (3): 961 - 973.

Gan Y T, Campbell C A, Janzen H H, et al. 2010. Nitrogen accumulation in plant tissues and roots and N mineralization under oilseeds, pulses, and spring wheat [J] . Plant and soil, 332 (1 - 2): 451 - 461.

Gan Y T, Siddique K H M, Turner N C, et al. 2013. Chapter Seven- Ridge-Furrow Mulching Systems - An Innovative Technique for Boosting Crop Productivity in Semiarid Rain-Fed Environments [M] //Advances in Agronomy (Book series), 118: 429 - 476.

Garrido-Lestache E, López-Bellido R J, López-Bellido L. 2004. Effect of N rate, timing and splitting and N type on bread-making quality in hard red spring wheat under rainfed Mediterranean conditions [J] . Field Crops Research, 85 (2): 213 - 236.

Guttieri M J, Ahmad R, Stark J C, et al. 2002. End-use quality of six hard spring wheat at different irrigation levels [J] . Crop Science, 40 (3): 631 - 635.

Guttieri M J, Stark J C, O'Brien K, et al. 2001. Relative sensitivity of spring wheat grain yield and quality parameters to moisture deficit [J] . Crop Science, 41 (2): 327 - 335.

He J, Li H, McHugh A D, et al. 2008. Spring wheat performance and water use efficiency on permanent raised beds in arid northwest China [J] . Soil Research, 46 (8): 659 - 666.

Herbert W, Gerhard Z. 2000. Importance of amounts and proportions of high molecular weight subunits of glutenin for wheat quality [J] . European Food Research and Technology, 210: 324 - 330.

Hirsch W. 1997. China's Flour Milling Industry into 21st Century [J] . US Wheat Associates.

Hunt L A. 2001. Canadian wheat genepco [M] . Univ. Saskatchewan Press.

Hurd E A. 1968. Growth of roots of seven varieties of spring wheat at high and low moisture levels [J] . Agronomy Journal, 60 (2): 201 - 205.

Iqbal M, Ashraf M. 2005. Changes in growth, photosynthetic capacity and ionic relations in spring wheat (Triticum aestivum L.) due to pre-sowing seed treatment with polyamines [J] . Plant Growth Regulation, 46 (1): 19 - 30.

Janzen H H. 1987. Soil organic matter characteristics after long-term cropping to various spring wheat rotations [J] . Canadian Journal of Soil Science, 67 (4): 845 - 856.

Jiang G L, Xiao S. 2005. Factorial cross analysis of pre-harvest sprouting resistance in white wheat [J] . Field Crops Research, 91 (1): 63 - 69.

King R W, Richards R A. 1984. Water uptake in relation to pre-harvest sprouting damage in wheat: ear characteristics [J] . Crop and Pasture Science, 35 (3): 327 - 336.

Kobata T, Palta J A, Turner N C. 1992. Rate of development of postanthesis water deficits and grain filling of spring wheat [J] . Crop Science, 32 (5): 1238 - 1242.

Kolster P，Vereiken J M. 1993. Evaluating HMW glutenin subunits to improve breadmaking quality of wheat ［J］. Cereal Food World，38：76－82.

Kordas L. 2002. The effect of magnetic field on growth，development and the yield of spring wheat［J］. Polish Journal of Environmental Studies，11（5）：527－530.

Li F M，Guo A H，Wei H. 1999. Effects of clear plastic film mulch on yield of spring wheat ［J］. Field Crops Research，63：79－86.

Lin Z J，Miskelly D M，Moss H J. 1990. Suitability of Various Australian Wheat for Chinese-steamed Bread ［J］. Journal of the Science of Food and Agriculture，（53）：203－213.

Liu H S，Li F M. 2005. Root respiration，photosynthesis and grain yield of two spring wheat in response to soil drying ［J］. Plant Growth Regulation，46（3）：233－240.

Li W，Li W，Li Z. 2004. Irrigation and fertilizer effects on water use and yield of spring wheat in semi-arid regions ［J］. Agricultural Water management，67（1）：35－46.

Li Z Z，Li W L. 2004. Dry-period irrigation and fertilizer application affect water use and yield of spring wheat in semi-arid regions ［J］. Agricultural Water Management，65（2）：133－143.

Lobell D B，Ortiz-Monasterio J I. 2007. Impacts of day versus night temperatures on spring wheat yields［J］. Agronomy Journal，99（2）：469－477.

Lockwood. 1960. Flour Milling ［M］. Published by Henry Simon Ltd.

Lohwasser U，Arif M A R，Börner A. 2013. Discovery of loci determining pre-harvest sprouting and dormancy in wheat and barley applying segregation and association mapping ［J］. Biologia Plantarum，57（4）：663－674.

Lowlor D W，Cornic G. 2002. Photosynthetic carbon assimilation and associated metabolism in relation to water deficits in higher plants ［J］. Plant，Cell and Environment，25（2）：275－294.

López-Urrea R，Montoro A，González-Piqueras J，et al. 2009. Water use of spring wheat to raise water productivity ［J］. Agricultural Water Management，96（9）：1305－1310.

Ma B L，Yan W，Dwyer L M，et al. 2004. Graphic analysis of genotype，environment，nitrogen fertilizer，and their interactions on spring wheat yield ［J］. Agronomy Journal，96（1）：169－180.

Ma R，Zhang M，Li B，et al. 2005. The effects of exogenous Ca^{2+} on endogenous polyamine levels and drought-resistant traits of spring wheat grown under arid conditions ［J］. Journal of Arid Environments，63（1）：177－190.

Mares D J. 1984. Temperature dependence of germinability of wheat（Triticum aestivum L.）grain in relation to pre-harvest sprouting ［J］. Crop and Pasture Science，35（2）：115－128.

Mares D J. 1993. Pre-harvest sprouting in wheat. I. Influence of cultivar，rainfall and temperature during grain ripening ［J］. Crop and Pasture Science，44（6）：1259－1272.

Martin J M，Frohberg R C，Morris C F，et al. 2001. Milling and bread baking traits associated with puroindoline sequence type in hard red spring wheat ［J］. Crop Science，41（1）：228－234.

Matsui T，Inanaga S，Shimotashiro T，et al. 2002. Morphological characters related to varietal differences in tolerance to deep sowing in wheat ［J］. Plant Production Science，5（2）：169－174.

Muñoz-Romero V，Benítez-Vega J，López-Bellido R J，et al. 2010. Effect of tillage system on the root growth of spring wheat ［J］. Plant and Soil，326（1－2）：97－107.

Murphy K M，Reeves P G，Jones S S. 2008. Relationship between yield and mineral nutrient concentrations in historical and modern spring wheat cultivars ［J］. Euphytica，163（3）：381－390.

Naruoka Y，Talbert L E，Lanning S P，et al. 2011. Identification of quantitative trait loci for productive tiller number and its relationship to agronomic traits in spring wheat ［J］. Theoretical and Applied Genetics，123

(6): 1043 - 1053.

Niu J Y, Gan Y T, Huang G B. 2004. Dynamics of root growth in spring wheat mulched with plastic film [J]. Crop Science, 44: 1682 - 1688.

Olsen J, Kristensen L, Weiner J, et al. 2005. Increased density and spatial uniformity increase weed suppression by spring wheat [J]. Weed Research, 45 (4): 316 - 321.

Otteson B N, Mergoum M, Ransom J K. 2007. Seeding rate and nitrogen management effects on spring wheat yield and yield components [J]. Agronomy Journal, 99 (6): 1615 - 1621.

Prasad P V V, Pisipati S R, Ristic Z, et al. 2008. Impact of nighttime temperature on physiology and growth of spring wheat [J]. Crop Science, 48 (6): 2372 - 2380.

Pridham J C, Entz M H. 2008. Intercropping spring wheat with cereal grains, legumes, and oilseeds fails to improve productivity under organic management [J]. Agronomy Journal, 100 (5): 1436 - 1442.

Qian W H, Lin X. 2004. Regional trends in recent temperature and indices in China [J]. Climate Research, 27 (2): 119 - 134.

Rajala A, Hakala K, Mäkelä P, et al. 2009. Spring wheat response to timing of water deficit through sink and grain filling capacity [J]. Field Crops Research, 114 (2): 263 - 271.

Ramanjulu S, Sreenivasalu N, Sudhakar C. 1998. Effect of water stress on photosynthesis in two mulberry genotypes with different drought tolerance [J]. Photosynthetica, 35 (2): 279 - 283.

Reynolds M P, Balota M, Delgado M I B, et al. 1994. Physiological and morphological traits associated with spring wheat yield under hot, irrigated conditions [J]. Functional Plant Biology, 21 (6): 717 - 730.

Sadras V O, Angus J F. 2006. Benchmarking water use efficiency of rainfed wheat in dry environments [J]. Australian J of Agricultural Research, 57: 847 - 856.

Simmons S R, Wheat S. 1978. Nitrogen and dry matter accumulation by kernels formed at specific florets in spikelets of spring wheat [J]. Crop Science, 18 (1): 139 - 143.

Souza E J, Martin J M, Guttieri M J, et al. 2004. Influence of genotype, environment, and nitrogen management on spring wheat quality [J]. Crop Science, 44 (2): 425 - 432.

Tang Q C, Zhang J B. 2001. Water resources and eco-environment protection in the arid regions in northwest of China [J]. Prog Geogr, 20 (3): 227 - 233.

Thorup-Kristensen K, Cortasa M S, Loges R. 2009. Winter wheat roots grow twice as deep as spring wheat roots, is this important for N uptake and N leaching losses [J]. Plant and Soil, 322 (1 - 2): 101 - 114.

Viliareal R L, Rajaram S, Mujeeb-Kazi A, et al. 1991. The effect of chromosome 1B/1R translocation on the yield potential of certain spring wheats (Triticum aestivum L.) [J]. Plant Breeding, 106: 77 - 81.

Wang F H, He Z H, Sayre K, et al. 2009. Wheat cropping systems and technologies in China [J]. Field Crops Research, 111: 181 - 188.

White J W, Kimball B A, Wall G W, et al. 2011. Responses of time of anthesis and maturity to sowing dates and infrared warming in spring wheat [J]. Field Crops Research, 124 (2), 213 - 222.

Xiao G, Zhang Q, Xiong Y, et al. 2007. Integrating rainwater harvesting with supplemental irrigation into rain-fed spring wheat farming [J]. Soil and Tillage Research, 93 (2): 429 - 437.

Xie Z K, Wang Y J, Li F M. 2005. Effect of plastic mulching on soil water use and spring wheat yield in arid region of northwest China [J]. Agricultural Water Management, 75 (1): 71 - 83.

Zhang S L, Sadras V, Chen X P, et al. 2013. Water use efficiency of dryland wheat in the Loess Plateau in response to soil and crop management [J]. Field Crops Research, 151: 9 - 18.

Zhang Y, He Z H, Ye G Y, et al. 2004. Effect of environment and genotype on bread-making quality of spring-sown spring wheat cultivars in China [J]. Euphytica, 139: 75 - 83.

Zhao Z Q, Zhu Y G, Li H Y, et al. 2004. Effects of forms and rates of potassium fertilizers on cadmium uptake by two cultivars of spring wheat (*Triticum aestivum* L.) [J] . Environment International, 29 (7): 973 - 978.

Zhu X, Gong H, Chen G, et al. 2005. Different solute levels in two spring wheat cultivars induced by progressive field water stress at different developmental stages [J] . Journal of Arid Environments, 62 (1): 1 -14.

Ziadi N, Bélanger G, Cambouris A N, et al. 2008. Relationship between phosphorus and nitrogen concentrations in spring wheat [J] . Agronomy Journal, 100 (1): 80 - 86.

2005—2015 年西北地区通过审定春小麦品种

1. 水地品种

品种名称	原系号	审定年份	品种来源	选育（报审）单位	适宜区域
农麦 5 号	蒙鉴 13 号	2015	巴 97 - 8812/SD3620	内蒙古自治区农牧业科学院作物研究所	适宜在内蒙古西部≥10℃活动积温 2 500℃以上水地种植
巴丰 7 号	巴 06J478	2015	冀麦 31 号/永良 4 号	巴彦淖尔市农牧业科学研究院 巴彦淖尔市兆丰种业粮食有限公司	适宜在内蒙古巴彦淖尔市、呼和浩特市、鄂尔多斯市种植
陇春 33 号	陇春 9687 - 2	2015	陇春 19 号/陇春 23	甘肃省农业科学院小麦研究所	适宜在甘肃河西灌区的酒泉、张掖、民乐、武威和沿黄灌区的白银等区域推广种植
陇春 34 号	节水 9809	2015	CORYDON/永 1023	甘肃省农业科学院小麦研究所	适宜西北灌溉农业区在主动节水限额灌溉条件下推广种植
张春 22 号	张 182	2015	陇辐 2 号/张春 14 号	张掖市农业科学研究院	适宜在甘肃河西走廊及沿黄灌区推广种植
甘育 3 号	00WT19 - 4	2015	（咸阳 84 加 79/宁农 2 号）/武春 2 号	甘肃农业职业技术学院	适宜在甘肃河西灌区的酒泉、张掖、民乐、武威和沿黄灌区推广种植
酒春 7 号	酒 0423	2015	酒泉市农业科学院自育 F10325/冀 89 - 6091	甘肃省酒泉市农业科学研究院	适宜在甘肃酒泉、武威、张掖市等生态相似区域种植
宁春 53 号	永 1937	2014	宁春 39 号/墨西哥 M7021	宁夏永宁县农作物种子育繁所	适宜在宁夏引黄灌区种植
定丰 17 号	200311 - 9	2014	核 1/CMS858	定西市农业科学研究院	适宜在甘肃定西、临夏、甘南、白银、兰州等地种植
陇春 32 号	2001502 - 23 - 26	2014	89122 - 16/米高粱	甘肃省农业科学院生物技术研究所	适宜在甘肃定西、临夏、兰州等地种植
临麦 36 号	04 - 18 - 47	2014	2 - 0292 [9414×（M75×88 鉴 12）]/00J26	临夏州农业科学研究院	适宜在甘肃临夏、渭源、临洮、甘南等地种植

（续）

品种名称	原系号	审定年份	品种来源	选育（报审）单位	适宜区域
甘育 2 号	99W169-10	2014	C8145/21351	甘肃农业职业技术学院、武威市农作物良种繁育场	适宜在甘肃河西灌区的酒泉、张掖、民乐、武威和沿黄灌区推广种植
甘春 26 号	甘春 9826	2014	(4637-8-38/γ79157-1-2)/TVN-66-33	甘肃农业大学农学院、甘肃省干旱生境作物学重点实验室	适宜在甘肃河西走廊种植
青麦 2 号	04-53	2013	济宁 13/春小麦 97256	大通县农技推广中心	适宜在青海东部农业区川湟水及黄河流域中高位水地山旱地种植
青麦 3 号		2013	互助红/美农 8 号	互助县种子站	适宜在青海互助县中位山旱地和东部农业区部分水地种植
酒春 6 号		2013	酒 96159/酒 9061	酒泉市农业科学研究院	适宜在甘肃酒泉、武威、张掖市等生态相似区域种植
临麦 35 号	98248	2013	以永 2H15/9130-8（贵 86101×79531-1）	临夏州农业科学院	适宜在甘肃临夏、渭源、临洮、甘南等地种植
陇春 30 号	3031	2013	用永 1265、4035、墨引 504、3002、陇春 23、L418-2、m210、CORYDO 加入矮败小麦轮选而成	甘肃省农业科学院小麦研究所、甘肃省敦煌种业股份有限公司	适宜在甘肃河西灌区的酒泉、张掖、民乐、武威和沿黄灌区的白银及生态类型相似区域推广种植
陇春 31 号	0219-4	2013	太谷核不育小麦杂种材料经花药培养选育而成的	甘肃省农业科学院生物技术研究所	适宜在甘肃中部沿黄灌区、高寒阴湿区和二阴地区及周边生态类型相似地区种植
宁春 52 号	永 1579	2012	永 430（永 403/永良 15//永 1147）/230	永宁县小麦育种繁殖所和北京中农良种有限责任公司	适宜在宁夏灌区种植
农麦 4 号		2012	蒙花 1 号/农麦 201	内蒙古自治区农牧业科学院作物所	适宜在内蒙古自治区 ≥ 10℃ 活动积温 2 500℃ 以上水地种植
青麦 1 号	高原 778	2012	[高原 602×青春 533]F1×[民和 853×95-256] F1	中国科学院西北高原生物研究所、青海省小寨良种试验站、青海高原种业有限公司	适宜在青海东部农业区川水地区的湟水及黄河流域中、高位水地，中位山旱地和柴达木盆地灌区种植
陇春 29 号	6396	2012	永 1265/CORYDON	甘肃省农业科学院小麦研究所	适宜在甘肃河西沿山冷凉灌区、平川灌区和白银引黄灌区种植

（续）

品种名称	原系号	审定年份	品种来源	选育（报审）单位	适宜区域
武春 8 号	D68 - 20	2012	永 434/94 - 114	武威市农业科学研究院、武威市武科种业科技有限责任公司	适宜在甘肃河西灌区、平川灌区和白银引黄灌区种植
定丰 16 号	9745	2011	8447/CMS420	定西市旱作农业科研推广中心	适宜在甘肃海拔1 700~2 200 m、年降水量 450 mm 以上的定西、临夏、甘南、白银、兰州等地种植
陇春 28 号	3001	2011	（9807 - 2 - 14/CM7033）/CM7015	甘肃省农业科学院作物研究所	适宜在甘肃中部沿黄灌区、高寒阴湿区和二阴地区种植
宁春 50 号	H5366	2010	宁春 4 号/Chaml//宁春 4 号///宁春 4 号	宁夏回族自治区农林科学院农作物研究所与中国农业科学院作物科学研究所合作培育	适宜在宁夏引黄灌区中上肥力水平田块种植
宁春 51 号	永 1623	2010	永 3002/宁春 4 号	宁夏永宁县小麦育种繁殖所	适宜在宁夏灌区中等以上肥力水平田块种植
高原 437	97 - 437 - 17	2010	高原 602/91 宁 34	中国科学院西北高原生物研究所	适宜在青海东部农业区川水及中、高位水地、中位山旱地和柴达木盆地灌区种植
乐麦 7 号		2010	山东引入	青海省乐都县民乐种业有限公司、青海省乐都县种子管理站、青海省种子管理站	适宜在青海海拔1 650~2 200m 的河湟流域温暖灌区种植
张春 21 号	9075 - 2	2010	高原 602/I97 - 2//高原 602	张掖市农业科学研究所	适宜在甘肃河西走廊及沿黄灌区推广种植
临麦 34 号	97096	2010	（4149 × 贵农 20）/（82316 - 1 × 临麦 26 号）	临夏回族自治州农业科学研究所	适宜在甘肃临夏地区种植
武春 6 号	8972 - 14	2010	（80 - 62 - 3/宁春 4 号//小黑麦）/（印度矮生/辽春 10 号//波兰小麦）	古浪县良种繁殖场	适宜在甘肃武威市的凉州区、古浪县、民勤县及同类地区的张掖、酒泉、白银等地区单种或套种
武春 7 号	E32 - 1	2010	永 434/鉴 94 - 114	武威市农业科学研究所	适宜在甘肃酒泉、张掖、武威、民乐、白银等地种植
陇春 26 号	9913 - 17	2010	永 3263/高原 448	甘肃省农业科学院小麦研究所	适宜在甘肃河西灌区的酒泉、张掖、民乐、武威和沿黄灌区的白银等地推广种植

（续）

品种名称	原系号	审定年份	品种来源	选育（报审）单位	适宜区域
宁春 48 号	展 8	2009	从辽宁省朝阳市农业高新技术研究所引入材料中系统选育而成	宁夏永宁县小麦育种繁殖所	适宜在宁夏引黄灌区中上肥力水平田块种植
陇春 25 号	7095	2009	永 1265/CORYDON	甘肃省农业科学院作物研究所	适宜在甘肃河西及沿黄灌区种植
甘春 24 号	甘春 357786	2009	（张春 11 号/93 - 7 - 31//23416 - 8 - 1）/（矮败小麦/高加索）	甘肃省作物遗传改良与种质创新重点实验室、甘肃富农高科技种业有限公司、甘肃农业大学农学院	适宜在河西走廊、沿黄灌区及条锈病偶发区种植
宁春 46 号	紫繁 3 号	2008	3728/3/77A297/UP301//76 - 336/W3	宁夏回族自治区农林科学院农作物研究所	适宜在宁夏引黄灌区种植
宁春 47 号	03J249	2008	建三江 6918/1658	宁夏回族自治区农林科学院农作物研究所	适宜在宁夏引黄灌区种植
甘春 22 号	甘春 8107	2008	M34IBWSN - 262/M34IBWSN - 252//张春 11 号/永良 4 号	甘肃省作物改良与种质创新重点实验室、甘肃农业大学农学院、甘肃富农高科技种业有限公司	适宜在甘肃中部地区水地种植
甘春 23 号	甘春 8106	2008	34IBWSN - 262/M34IBWSN - 252//甘春 20 号/甘春 18 号	甘肃省作物改良与种质创新重点实验室、甘肃农业大学农学院、甘肃富农高科技种业有限公司	适宜在河西地区推广种植
甘育 1 号	96 - 587 - 3	2008	宁夏引进 504/LAMPO	甘肃农业职业技术学院、武威市农作物良种繁育场	适宜在甘肃张掖的甘州、民乐、山丹和武威的民勤、永昌、凉州等地区种植，特别适合在河西海拔较高的沿山冷凉灌区种植
宁春 43 号	99N5909	2007	Y253/1818	宁夏自治区农林科学院农作物研究所	适宜在宁夏引黄灌区种植
宁春 44 号	99 - 261 - 1	2007	繁 4/89 - 3//繁 290 - 1///T649	宁夏大学农学院选育	适宜在宁夏引黄灌区种植
高原 142	3142	2007	中国科学院西北高原生物研究所 1999 年从国际玉米小麦改良中心引进高代品系	中国科学院西北高原生物研究所	适宜在青海东部农业川水地和柴达木盆地种植
宁春 42 号	98H30	2006	贺兰 4 号/90N3095 的 F1 花药培养	宁夏农业生物技术重点试验室、中国农业科学院作物所、西北第二民族学院	适宜在宁夏引黄灌区单种或套种

（续）

品种名称	原系号	审定年份	品种来源	选育（报审）单位	适宜区域
青春 40	99-2	2006	[（891/91168，890265-10（19）//367B 选）]/咸阳大穗//甘辐 92-310	青海省农林科学院作物研究所	适宜在青海东部农业区川水、高位水浇地和山旱地及柴达木灌区种植
宁春 39	永 3119	2006	海西州种子站从国家西北春小麦水地组西州德令哈试点筛选试种而成	青海省海西州种子站	适宜在青海省柴达木灌区种植
宁春 37 号	品引 1 号	2005	从南非引进	宁夏回族自治区农林科学院农作物研究所引入	适宜在宁夏引黄灌区种植
宁春 38 号	永 3168	2005	Tal 聚合材料永 T2945/永 1265（Veer 后代）	宁夏永宁县小麦育繁所	适宜在宁夏引黄灌区水地种植
宁春 39 号	永 3119	2005	永 833（T2739/农院 G89）/宁春 4 号	宁夏永宁县小麦育繁所	适宜在宁夏引黄灌区水地种植
宁春 40 号	99-245-1	2005	中宁 58912/701/永宁 1712/G89-46	宁夏大学农学院	适宜在宁夏引黄灌区水地种植
宁春 41 号	永 2638	2005	宁春 4 号/永旱 2 号（永 434/莜小麦）	宁夏永宁县小麦育繁所	适宜在宁南山区水浇地种植
巴优 2 号	巴 96—6489	2005	辽春 10 号/陕 167	巴彦淖尔市农业科学院	适宜在内蒙古巴彦淖尔市、呼和浩特市、鄂尔多斯市种植
巴丰 3 号	巴 94—722	2005	宁春 4 号/酒泉 1 号	巴彦淖尔市农业科学院	适宜在 >0℃ 积温 1 900℃ 以上的水浇地或降雨充足的地区旱作种植
巴丰 5 号	00A13	2005	永 1087//Y2008-6/巴麦 10 号	巴彦淖尔市农业科学院	适宜在宁夏、甘肃、内蒙古中西部、青海东部和柴达木盆地、新疆北疆的水浇地作春麦种植
农麦 2 号	15-1105	2005	内麦 19/农麦 201	内蒙古农业科学院作物研究所	适宜在巴彦淖尔市、呼和浩特市、鄂尔多斯市种植
青春 38	202	2005	Consens（加拿大红麦）//冬麦 03702/W97208	青海省农林科学院作物研究所	适宜在青海东部农业区川水及柴达木灌区种植
甘春 21 号	甘春 01-2	2005	（矮败小麦/张春 11 号）F6//（2014/82166-1-2）F2/3/张春 17 号	甘肃农业大学、甘肃富农农高科技种业有限公司	适宜在甘肃河西地区和生态条件相似的地区推广种植
陇春 24 号	陇春 4021	2005	中作 871/永 3263	甘肃省农业科学院粮食作物研究所	适宜在甘肃酒泉、民乐、民勤、白银、黄羊等适宜地区示范种植

（续）

品种名称	原系号	审定年份	品种来源	选育（报审）单位	适宜区域
银春8号	91043	2005	高原602/德国麦//87Q26	甘肃省白银农业科学研究所	适宜在甘肃白银市引黄灌区及我省生态条件相近的同类灌区种植，尤其适宜在中高水肥条件地区进行套种或单种
武春5号	XC-6	2005	中7906/ROBLIN//21-27	甘肃省武威农业科学研究所	适宜在甘肃河西走廊区酒泉、张掖、武威、民勤、白银等地区的大田和带田种植
甘垦4号	NK-1	2005	94-46系从甘肃农垦农业研究院后代材料选育	甘肃省农垦农业研究院	适宜在甘肃酒泉、张掖、武威、民勤、民乐、白银等类似气候条件的地区及灌区、套种区推广种植

2. 旱地品种

品种名称	原系号	审定年份	品种来源	选育（报审）单位	适宜区域
拉07-0145		2014	来源于格来尼诱变种	内蒙古拉布大林农牧场	适宜在内蒙古呼伦贝尔≥10℃活动积温1 900℃以上地区种植
克春8号	克06-486	2014	克99F2-33-3/九三94-9178	黑龙江省农业科学院克山分院	适宜在内蒙古呼伦贝尔≥10℃活动积温1 900℃以上地区种植
西旱4号	X54-94-2	2014	（744/秦麦3号）/DC1946	甘肃农业大学	适宜在甘肃通渭、定西、兰州、白银等干旱半干旱地区种植
银春9号	0417-4	2013	（定西35号×西旱1号）/（定西37×9208）	白银市农业科学研究所	适宜在甘肃中部干旱、半干旱区年降水200～400mm，海拔1 600m～3 000m白银市、定西市、兰州榆中县、临夏州及生态类型相似周边地区种植
甘春25号	A005-1	2012	会宁15/会宁黄	甘肃农业大学、会宁县农牧局	适宜在甘肃省中部会宁、定西、临夏州海拔1 600～3 000m的干旱、半干旱地区种植

（续）

品种名称	原系号	审定年份	品种来源	选育（报审）单位	适宜区域
拉 1553-3		2011	9874/9857	内蒙古拉布大林农牧场	适宜在内蒙古呼伦贝尔≥10℃活动积温1 900℃以上适宜区种植
巴麦 11 号		2011	巴 97-8360 为母本，1608、96-4870、91L鉴 37 为父本，采用多亲本聚合杂交选育	巴彦淖尔市农牧业科学研究院	适宜在内蒙古呼和浩特、鄂尔多斯、巴彦淖尔≥10℃活动积温2 100℃以上适宜区种植
农麦 3 号		2011	宁春 33 号/蒙花 1 号	内蒙古农牧业科学院	适宜在内蒙古呼和浩特、鄂尔多斯、巴彦淖尔≥10℃活动积温2 000℃以上适宜区种植
定丰 16 号	9745	2011	8447/CMS420	定西市旱作农业科研推广中心	适宜在甘肃海拔1 700～2 200m、年降水量450mm以上的定西、临夏、甘南、白银、兰州等地种植。
拉 2577		2010	从宁夏农科院作物所引进的 2916 变异株	海拉尔农垦集团拉布大林农牧场	适宜在内蒙古呼伦贝尔≥10℃活动积温1 900℃以上地区种植
定西 42 号	定西 42-1	2010	ROBUIN/8821-3	定西市农业科学研究院、甘肃省干旱生境作物学重点实验室、陇西县陇中种业科技有限责任公司	适宜在甘肃定西、临夏、兰州、白银等干旱半干旱地区及旱塬地种植
昆仑 13 号	鉴 16	2010	89-828/北青 1 号	青海省农林科学院作物研究所	适宜在青海东部农业区中、高位山旱地和高位水地种植
定西 41 号	8878-8-2	2010	8124-10/东乡 77-011	定西市旱作农业科研推广中心	适宜在甘肃定西、临夏、兰州、白银等干旱半干旱地区及旱塬地种植
宁春 49 号	94-21	2009	宁春 10 号/定西 32 号//会 762-4	宁夏固原市农业科学研究所	适宜在宁南山区旱地及中部干旱带旱地种植
陇春 27 号	陇春 27-4	2009	8858-2/陇春 8 号	甘肃省定西市旱作农业科研推广中心、甘肃省农业科学院生物技术所	适宜在甘肃的定西、榆中、临夏、会宁，青海的互助、大通和宁夏的固原、西吉及河北的坝上等生态条件类似的区域种植

（续）

品种名称	原系号	审定年份	品种来源	选育（报审）单位	适宜区域
西旱 3 号	AD-2	2009	DW803/7992	甘肃农业大学农学院	适宜在甘肃、宁夏西海固、陕西榆林、西藏日喀则等旱地种植，尤其适宜在水肥条件较差、对饲用秸秆产量要求较高的高原旱地种植
丰实麦 3 号	01-163	2008	六倍小黑麦/克 90-514	牙克石丰实种业有限责任公司	适宜在内蒙古呼伦贝尔≥10℃ 活动积温 1 900℃ 以上地区种植。
巴丰 6 号	01-1556	2008	拉繁 8/高优 503//新春 6 号	巴彦淖尔市农业科学研究院	适宜在呼和浩特、鄂尔多斯、巴彦淖尔≥10℃活动积温 1 900℃以上地区种植
定西 38 号	DC-2	2008	RFMⅢ-101-A/定西 32 号	甘肃省定西市旱作农业科研推广中心	适宜在甘肃定西、会宁、榆中、永靖、兰州干旱半干旱区种植
定西 39 号	20729	2008	（南 27/临 3）/8152	甘肃省定西市旱作农业科研推广中心、甘肃省农业科学院生物技术所	适宜在甘肃中部干旱半干旱区的定西、会宁、榆中、永靖、兰州等生态类似地区种植
宁春 45 号	93-399	2007	宁春 10 号/定西 35 号//宁春 20 号	宁夏固原市农业科学研究所	适宜在宁南山区旱地及中部干旱带旱地种植
通麦 2 号	96523	2007	高原 913/互麦 12 号	青海省大通县农技推广中心	适宜在青海海拔 2 400～2 700m 的中位山旱地种植
临麦 33 号	9414-9	2007	92 元-11/贵农 20 号	临夏州农业科学研究所	适宜在临夏、临洮、渭源及省内同类地区种植
武春 4 号	858-40	2007	六亲本复合杂交	古浪县良种繁殖场	适宜在甘肃张掖、民乐、武威、白银等地区种植
定丰 11 号	87（15）	2007	（Tal 雄性不育基因材料 73-3/墨它）/定丰 1 号	定西市旱作农业科研推广中心	适宜在甘肃定西市二阴旱地及生态条件相似的地区种植
海垦九 3 号	九三 00-2474	2006	肯红 14/九三 96-30173 号	黑龙江省农业科学院育种所小麦室、海拉尔农垦（集团）农牧业管理处	适宜在内蒙古呼伦贝尔市岭北旱作麦区种植
北蒙麦 1 号	北 00-27	2005	垦 99 号/新克旱 9 号	黑龙江省农垦北安农业科学研究所	适宜在内蒙古呼伦贝尔市的小麦旱作地区种植

（续）

品种名称	原系号	审定年份	品种来源	选育（报审）单位	适宜区域
九三 99-5611		2005	九三 93u92/克 90-514	海拉尔农垦（集团）农牧业管理处	适宜在内蒙古呼伦贝尔市的小麦旱作地区种植
丰实 002	97Y2	2005	六配体小黑麦/91Y101 张大穗//克 89-303	牙克石丰实种业有限公司	适宜在呼伦贝尔市岭西≥10℃活动积温在 1 900℃以上地区种植
海农-1 号	NF00-692	2005	龙辐麦 9 号/克枫 6 号	呼伦贝尔市海农种业科技发展有限责任公司	适宜在呼伦贝尔市岭西≥10℃活动积温在 1 700～1 900℃地区种植
青春 39	193	2005	TORKA（加拿大红麦）//冬麦 03702/W97148	青海省农林科学院作物研究所	适宜在青海低、中位山旱地种植
互麦 15 号	74	2005		互助县农民从甘肃引进试种而成	适宜在青海海拔 2 700～2 900m，年均温 1.7℃以上的中、高位山旱地推广种植
源卓 3 号		2005	湟源县大华镇自选品系选 135/中国科学院西北高原生物研究所育成的 633 品系	湟源县农业技术推广中心、湟源县种子管理站	适宜在青海海拔 2 500～2 850m，年均温 3℃以上的高位水地及中位山旱地种植
定丰 12 号	核 1	2005	以 Tal 雄性不育基因材料 73-3/墨它，转育定丰 1 号等轮回选育而成	甘肃省定西市旱农中心	适宜在甘肃定西、临夏、甘南、兰州及宁夏西海固、青海民和等生态条件相似的土壤肥力较好的地区种植
定丰 10 号	889-1	2005	渭春 1 号/定西 24 号	甘肃省定西市旱农中心	适宜在类似甘肃定西、会宁、榆中、永靖、兰州，宁夏西海固、内蒙古卓资、青海大通、山西大同、陕西榆林、河北张家口等地区种植

图书在版编目（CIP）数据

中国西北春小麦/杨文雄主编 . —北京：中国农
业出版社，2016.10
ISBN 978 - 7 - 109 - 21938 - 0

Ⅰ.①中… Ⅱ.①杨… Ⅲ.①春小麦－栽培技术－西
北地区 Ⅳ.①S512.1

中国版本图书馆 CIP 数据核字（2016）第 173769 号

ISBN 978-7-109-21938-0

中国农业出版社出版
（北京市朝阳区麦子店街 18 号楼）
（邮政编码 100125）
责任编辑 张 利 赵立山

中国农业出版社印刷厂印刷 新华书店北京发行所发行
2016 年 10 月第 1 版 2016 年 10 月北京第 1 次印刷

开本：787mm×1092mm 1/16 印张：25.75
字数：650 千字
定价：98.00 元
（凡本版图书出现印刷、装订错误，请向出版社发行部调换）